Swift
细致入门与最佳实践

陈强 ◎编著

中国铁道出版社
CHINA RAILWAY PUBLISHING HOUSE

内 容 简 介

Swift 是苹果公司在 WWDC2014 大会上所发布的一门全新的编程语言，用来编写 OS X 和 iOS 应用程序。随着苹果公司开发团队的不断努力，Swift 的版本也不断更新，并且日趋稳定。本书基于稳定版本的 Swift 2.0 进行讲解，详细介绍了开发 Swift 应用程序的知识点。本书共分 25 章，循序渐进地讲解了 Swift 语言的基本语法知识，并剖析了基于 Swift 开发 iOS 应用程序的方法。本书内容全面，几乎涵盖了 Swift 开发的所有内容。全书内容言简意赅，讲解方法通俗易懂、详细，特别适合于初学者学习并消化。

本书适合 Swift 初学者、iOS 爱好者、iPhone 开发人员、iPad 开发人员、iOS 开发人员学习，也可以作为相关培训学校和大、中专院校相关专业的教学用书。

图书在版编目（CIP）数据

Swift 细致入门与最佳实践 / 陈强编著. —北京：中国铁道出版社，2016.6

ISBN 978-7-113-21675-7

Ⅰ. ①S… Ⅱ. ①陈… Ⅲ. ①移动终端－应用程序－程序设计 Ⅳ. ①TN929.53

中国版本图书馆 CIP 数据核字（2016）第 066041 号

书　　名： Swift 细致入门与最佳实践
作　　者： 陈强　编著

责任编辑： 荆　波　　**读者热线电话：** 010-63560056
责任印制： 赵星辰　　**封面设计：** MXK DESIGN STUDIO

出版发行： 中国铁道出版社（北京市西城区右安门西街 8 号　邮政编码：100054）
印　　刷： 北京明恒达印务有限公司
版　　次： 2016 年 6 月第 1 版　　2016 年 6 月第 1 次印刷
开　　本： 787mm×1092mm　1/16　**印张：** 37.25　**字数：** 900 千
书　　号： ISBN 978-7-113-21675-7
定　　价： 79.00 元

前　言　Foreword

Swift是苹果公司在WWDC2014大会上所发布的一门全新的编程语言，用来编写OS X和iOS应用程序。苹果公司在设计Swift语言时，就有意将其与Objective-C共存，Objective-C是苹果操作系统在导入Swift前使用的编程语言。随着苹果公司开发团队的不断努力，Swift的版本也不断更新，并且日趋稳定。为了帮助读者迅速掌握Swift开发的核心技术知识，本书基于稳定版本的Swift 2.0进行讲解，详细介绍了Swift应用程序开发的知识点。

Swift的优势

（1）易学

作为一项苹果独立发布的支持型开发语言，Swift语言的语法内容混合了Objective-C、JS和Python，其语法简单、使用方便、易学，大大降低了开发者进入的门槛。同时Swift语言可以与Objective-C混合使用，对于用惯了高难度Objective C语言的开发者来说，Swift语言更加易学。

（2）功能强大

Swift允许开发者通过更简洁的代码来实现更多的内容。在WWDC2014发布会上，工作人员演示了如何只通过一行简单的代码，完成一个完整图片列表加载的过程。另外，Swift还可以让开发人员一边编写程序，一边预览应用程序，从而快速测试应用在某些特殊情况下的反应。

（3）提升性能

Swift语言可以提升程序性能，并同时降低开发难度，没有开发者不喜欢这样的编程语言。

（4）简洁、精良、高效

Swift是一种非常简洁的语言。与Python类似，不必编写大量代码即可实现强大的功能，并且有利于提高应用开发速度。Swift可以更快捷有效地编译出高质量的应用程序。

（5）执行速度快

Swift的执行速度比Objective-C应用更快，这样会在游戏中看见更引人入胜的画面（需要苹果新的Metal界面的帮助），而其他应用也会有更好的响应性。与此同时，消费者不用购买新手机即可体验到这些效果。

（6）全面融合

苹果对全新的Swift语言的代码进行了大量简化，在更快、更安全、更好的交互、更现代的同时，开发者们可以在同一款软件中同时使用Objective-C、Swift、C三种语言，实现了三类开发人员的完美融合。

（7）测试工作更加便捷

方便快捷地测试所编写应用将帮助开发者更快地开发出复杂应用。以往对规模较大的应用来说，编译和测试过程极为冗繁，Swift在这一方面带来较大的改进，应用开发者可以更快地发布经过彻底测试的应用。

本书特色

（1）内容讲解循序渐进

本书从基础语法和搭建开发环境讲起，循序渐进地讲解了Swift语言开发的基本语法知识和核心应用技术。适合初学者学习。

（2）结构合理

从用户的实际需要出发，科学安排知识结构，内容由浅入深，叙述清楚。全书详细地讲解了和Swift开发有关的知识点。

（3）易学易懂

本书条理清晰、语言简洁，可帮助读者快速掌握每个知识点。使读者既可以按照本书编排的章节顺序进行学习，也可以根据自己的需求对某一章节进行针对性的学习。

（4）实用性强

本书彻底摒弃枯燥的理论和简单的操作，注重实用性和可操作性，通过实例的实现过程，详细讲解了各个知识点的基本知识。

（5）内容全面

本书可以号称市面中“内容最全面的一本Swift书”，无论是搭建开发环境，还是基本语法、面向对象、函数方法，在本书中您都能找到解决问题的答案。

本书参考内容

任何一门全新编程语言的推出，大家最初的学习资料往往是其官方资料。当苹果公司在WWDC2014大会发布Swift语言后，也一起公布了其参考使用文档《Swift Programming Language》，官方不但提供了此学习文档的PDF文件，而且提供了在线阅读版本。和广大初学者一样，笔者也将此使用文档作为学习Swift的第一手资料。

读者对象

iOS开发初学者

Swift初学者

大、中专院校的师生

毕业设计的学生

iOS编程爱好者

相关培训机构的师生

从事iOS开发的程序员

本书在编写过程中得到了中国铁道出版社编辑的大力支持。正是各位编辑的求实、耐心和效率，才能使得本书得以出版。另外也十分感谢我的家人，在我写作的时候给予的巨大支持。另外，由于编者知识水平有限，书中如有纰漏和不尽如人意之处在所难免，诚请广大读者提出意见或建议，以便修订并使之更臻完善。

编　者

2016年4月

源代码下载包地址 http://upload.crphdm.com/2016/0514/1463193004576.rar

目　录

Contents

第 1 章　Swift 语言基础

1.1　Swift 概述 1

1.1.1　Swift 的创造者 1

1.1.2　Swift 的优势 2

1.2　搭建开发环境 3

1.2.1　Xcode 介绍 3

1.2.2　下载并安装 Xcode 7 4

1.3　使用 Xcode 开发环境 7

1.3.1　改变公司名称 7

1.3.2　通过搜索框缩小文件范围 8

1.3.3　格式化代码 8

1.3.4　代码缩进和自动完成 9

1.3.5　文件内查找和替代 10

1.3.6　快速定位到代码行 13

1.3.7　快速打开文件 13

1.3.8　使用书签 14

1.3.9　自定义导航条 15

1.3.10　使用 Xcode 帮助 16

1.3.11　调试代码 17

1.4　创建一个 iOS 9 项目 18

1.5　打开一个现有的 iOS 9 项目 23

1.6　第一段 Swift 程序 24

实例 1-1　使用 Xcode 7 开发第一个 Swift 程序 24

第 2 章　Swift 的基础语法

2.1　分号 31

2.2　空白 32

2.3　标识符和关键字 32

2.3.1　标识符 32

2.3.2　关键字 33

2.4　常量和变量 34

2.4.1　声明常量 34

实例 2-1　输出常量的值 35

2.4.2　声明变量 35

实例 2-2　输出变量的值 37

2.4.3　输出常量和变量 39

实例 2-3　计算一个圆的面积 39

2.4.4　标注类型 40

实例 2-4　省略类型声明 40

2.4.5　常量和变量的命名规则 41

实例 2-5　修改变量值 41

2.5　注释 42

2.5.1　注释的规则 42

实例 2-6　演示注释的用法 43

2.5.2　使用注释的注意事项 43

2.6　数据类型 44

2.6.1　数据类型的分类 45

2.6.2　类型安全和类型推断 45

2.6.3　类型注解 46

2.6.4　类型标识符 46

2.6.5　元组类型 47

2.6.6　函数类型 47

2.6.7　数组类型 48

2.6.8　可选类型 48

2.6.9　隐式解析可选类型 49

2.6.10　协议合成类型 50

2.6.11　元类型 50

2.6.12　类型继承子句 50

2.6.13　类型推断 51

2.7　最基本的数值类型 51

2.7.1　整数 52

实例 2-7　输出整数 53

2.7.2　浮点数 54

实例 2-8　使用浮点数 54

2.8　字面量 55

2.8.1　数值型字面量 55

实例 2-9　使用数值型字面量 56

2.8.2 整型字面量 56
实例 2-10 输出不同进制的 17 57
2.8.3 浮点型字面量 57
2.8.4 文本型字面量 58
实例 2-11 演示特殊符号的使用 59
2.8.5 数值的可读性 59
2.9 数值型类型转换 60
2.9.1 整数转换 60
2.9.2 整数和浮点数转换 60
实例 2-12 演示整数和浮点数转换 61
2.9.3 进制的转换 61
2.10 类型别名 62
实例 2-13 演示类型别名的用法 63
2.11 布尔值 63
2.12 元组 65
2.12.1 定义元组类型 65
2.12.2 获取元组中的元素值 66
实例 2-14 演示元组的用法 66
2.13 可选类型 67
2.13.1 if 语句以及强制解析 68
实例 2-15 演示 if 语句的强制解析 68
2.13.2 可选绑定 68
实例 2-16 使用可选绑定重写实例 2-15 69
2.13.3 nil 空值 69
2.13.4 隐式解析可选类型 70
2.14 断言 71
2.14.1 使用断言进行调试 71
2.14.2 何时使用断言 72
2.15 综合演练 72
实例 2-17 综合演示 Swift 各个基本语法的用法 72

第 3 章 字符、字符串和运算符

3.1 字符和字符串 74
3.1.1 字符和字符串基础 74
3.1.2 字符串字面量（String Literals） 75
实例 3-1 演示各种特殊字符的使用过程 75
3.1.3 初始化空字符串 76
实例 3-2 初始化空字符串实例演示 76
3.1.4 字符串可变性 76
实例 3-3 使用换行符、双引号和单引号 77
3.1.5 字符串是值类型 77
3.1.6 字符串遍历 78
实例 3-4 遍历字符串实例演示 78
3.1.7 计算字符数量 79
实例 3-5 设置字符值 79
3.1.8 连接字符串和字符 80
实例 3-6 连接字符串和字符实例演示 80
3.1.9 字符串插值 81
3.1.10 比较字符串 81
实例 3-7 验证字符串是否相等 82
实例 3-8 实现字符串的大小写转换 83
3.2 运算符概述 84
3.3 赋值运算符 85
3.3.1 基本赋值运算符 85
实例 3-9 使用基本的赋值运算符 86
3.3.2 复合赋值 86
实例 3-10 使用复合赋值运算符 87
3.4 算数运算符 87
3.4.1 单目运算符 88
实例 3-11 使用单目运算符 89
3.4.2 双目运算符 89
实例 3-12 使用双目运算符 90
3.4.3 求余运算 90
实例 3-13 使用求余运算符 91
3.4.4 浮点数求余计算 91
实例 3-14 使用浮点数求余运算符 92
3.5 比较运算符（关系运算符） 92
实例 3-15 使用比较运算符 93
3.6 三元条件运算 93
实例 3-16 使用三元条件运算符 94

3.7 区间运算符......94
3.7.1 闭区间运算符......95
实例 3-17 使用闭区间运算符......95
3.7.2 半闭区间运算符......95
实例 3-18 使用半闭区间运算符......95
3.8 逻辑运算......96
3.8.1 逻辑非......96
3.8.2 逻辑与......97
3.8.3 逻辑或......97
3.8.4 组合逻辑......97
3.8.5 使用括号设置运算优先级......98
实例 3-19 使用括号设置运算优先级......98
3.9 位运算符......99
3.9.1 按位取反运算符......99
3.9.2 按位与运算符......100
3.9.3 按位或运算符......101
3.9.4 按位异或运算符......102
3.9.5 按位左移/右移运算符......103
实例 3-20 使用左移/右移运算符......105
3.10 溢出运算符......106
实例 3-21 使用溢出运算符......106
3.11 运算符的优先级和结合性......109
实例 3-22 演示运算符的优先级和结合性......111

第 4 章 集合类型

4.1 数组......113
4.1.1 定义数组......113
实例 4-1 定义一个数组......114
4.1.2 数组构造语句......114
4.1.3 访问和修改数组......115
实例 4-2 演示对数组的基本操作......117
4.1.4 数组的遍历......118
实例 4-3 实现对数组的遍历......119
4.1.5 创建并构造一个数组......119
实例 4-4 演示创建并且构造一个数组......120
4.2 字典......122
4.2.1 字典字面量......122
实例 4-5 创建一个字典......123
4.2.2 读取和修改字典......124
实例 4-6 演示读取并修改字典......124
实例 4-7 对字典数据进行操作......125
实例 4-8 添加或修改字典数据......126
实例 4-9 在字典中移除键值对......127
4.2.3 字典遍历......128
实例 4-10 在字典中遍历数据......128
4.2.4 创建一个空字典......129
实例 4-11 实现字典复制操作......130
4.2.5 字典类型的散列值......130
4.3 集合的可变性......131
4.4 综合演练......131
实例 4-12 综合演练字典的操作......131

第 5 章 语句和流程控制

5.1 Swift 语句概述......133
5.1.1 循环语句......134
实例 5-1 简单演示使用 for 语句遍历数组......134
实例 5-2 简单演示使用 while 语句......136
实例 5-3 演示 while 和 for 的对比......136
5.1.2 分支条件语句......138
实例 5-4 简单演示使用 if 分支语句......138
实例 5-5 简单演示使用 switch 分支语句......140
5.1.3 带标签的语句......141
5.1.4 控制传递语句......142
5.2 for 循环......143
5.2.1 for-in......143
实例 5-6 for in 语句应用：打印 10 以内偶数......144
5.2.2 for 条件递增......145
实例 5-7 使用 for 条件递增语句......146
5.3 while 循环......147
5.3.1 While 语句......147

实例 5-8 while 循环语句应用：100 以内 10 的倍数 149
5.3.2 do-while 语句 149
实例 5-9 do-while 循环语句应用：蛇和梯子小游戏 150
5.4 条件语句 151
5.4.1 if 语句 151
实例 5-10 if 语句应用：判断温度 151
5.4.2 switch 语句 152
实例 5-11 switch 语句应用：匹配名为 SomeCharacter 的小写字符 153
5.5 控制转移语句 155
5.5.1 continue 语句 155
5.5.2 break 语句 155
实例 5-12 简单演示使用 break 语句 157
5.5.3 贯穿（fallthrough） 157
5.5.4 带标签的语句（labeled statements） 158

第 6 章 函数

6.1 函数的定义 161
6.1.1 定义无参函数 162
6.1.2 定义有参函数 162
6.2 函数声明 164
6.2.1 函数声明的格式 164
实例 6-1 声明一个函数 165
6.2.2 声明中的参数名 165
实例 6-2 用“...”获取不固定个数参数 166
6.2.3 声明中的特殊类型参数 167
6.3 函数调用 167
6.3.1 调用函数的格式 167
实例 6-3 调用定义的函数 168
6.3.2 函数调用的方式 169
实例 6-4 通过函数比较两个数的大小 169
6.4 函数参数 170
6.4.1 多重输入参数 170
实例 6-5 演示多重输入参数的用法 171
6.4.2 无参函数（Functions Without Parameters） 171
6.4.3 无返回值函数 171
6.5 返回值 172
实例 6-6 演示函数的返回值的用法 173
6.6 函数参数的名称 174
6.6.1 外部参数名 174
6.6.2 简写外部参数名 175
6.6.3 默认参数值 175
6.6.4 默认值参数的外部参数名 176
6.6.5 可变参数 177
6.6.6 常量参数和变量参数 178
6.6.7 输入/输出参数 179
实例 6-7 编写函数求平均值 180
6.6.8 扩展参数 180
6.7 函数类型 181
6.7.1 使用函数类型 182
6.7.2 函数类型作为参数类型 182
实例 6-8 演示在函数中使用另一个函数作为参数 183
6.7.3 函数类型作为返回类型 183
实例 6-9 演示将函数类型作为返回类型 184
6.8 嵌套函数 185
实例 6-10 演示嵌套函数的用法 186
6.9 函数和闭包 186
实例 6-11 重写一个闭包来对所有奇数返回 0 187
实例 6-12 在函数中定义函数 187
6.10 内置库函数 189
实例 6-13 查询“.”的位置 191

第 7 章 类

7.1 类和结构体基础 193
7.1.1 定义类和结构体 195

7.1.2 声明结构体字段......196
实例 7-1 演示结构体的用法......196
7.2 类的成员......197
7.2.1 最简单的数据成员......198
7.2.2 最重要的函数成员......198
7.3 结构体成员......199
7.3.1 字段......199
实例 7-2 创建结构体变量赋初始值......199
7.3.2 函数......200
实例 7-3 在结构体中直接存储方法......200
7.3.3 属性......201
实例 7-4 演示结构体属性的用法......201
7.4 类和结构体实例......201
实例 7-5 定义并使用类的实例......202
7.5 类的继承......202
7.5.1 类的层次结构......202
7.5.2 继承概述......203
7.5.3 定义子类......203
实例 7-6 创建 StudentLow 的子类 StudentHight......205
7.5.4 重写......206
实例 7-7 演示面向对象、继承、重写和构造......209
7.5.5 继承规则......210
7.6 属性访问......210
实例 7-8 演示类中的属性、常量和变量......210

第 8 章　构造函数和析构函数

8.1 构造函数概述......212
8.1.1 结构体中的构造函数......213
实例 8-1 使用有参数构造函数......213
实例 8-2 演示使用加了“_”标记的参数构造函数......214
8.1.2 类中的构造函数......215
实例 8-3 演示类中的构造函数......215
8.2 构造过程详解......217
8.2.1 为存储型属性赋初始值......218
实例 8-4 演示为存储型属性赋初始值......219
8.2.2 定制化构造过程......219
8.2.3 默认构造器......221
8.2.4 值类型的构造器代理......222
8.2.5 类的继承和构造过程......224
8.2.6 可失败构造器......231
8.3 析构函数......233
8.3.1 析构过程原理......233
实例 8-5 在 Swift 中使用析构函数......233
8.3.2 析构函数操作......234
8.4 综合演练......236
实例 8-6 声明并调用 Swift 中各种常用的函数......236

第 9 章　泛型

9.1 泛型所解决的问题......243
实例 9-1 定义泛型......244
9.2 泛型函数......245
9.3 类型参数......246
实例 9-2 使用函数和类支持泛型......246
9.4 命名类型参数和泛型类型......249
9.5 扩展一个泛型......252
9.6 类型约束......252
9.6.1 类型约束语法......253
9.6.2 类型约束行为......253
9.7 关联类型......255
9.7.1 关联类型行为......255
9.7.2 扩展一个存在的类型为一指定关联类型......257
9.8 Where 语句......257

第 10 章　协议和扩展

10.1 协议的语法......259
实例 10-1 定义并使用协议......260
10.2 对属性的规定......261
10.3 对方法的规定......263

10.4 对突变方法的规定 263
10.5 协议类型 264
10.6 委托（代理）模式 266
10.7 在扩展中添加协议成员 268
10.8 通过扩展补充协议声明 269
10.9 集合中的协议类型 269
10.10 协议的继承 269
10.11 协议合成 270
10.12 检验协议的一致性 271
10.13 对可选协议的规定 272
10.14 扩展详解 274
10.14.1 扩展语法 274
10.14.2 计算型属性 275
实例 10-2 演示计算型属性的用法 275
10.14.3 构造器 276
实例 10-3 演示构造器的用法 277
10.14.4 扩展方法 278
实例 10-4 演示扩展方法的用法 278
10.14.5 下标 279
实例 10-5 演示下标的用法 279
10.14.6 嵌套类型 280
10.14.7 扩展字符串的用法 281
实例 10-6 演示扩展字符串的用法 281

第 11 章 Swift 和 Objective-C 混编开发

11.1 在同一个工程中使用 Swift 和 Objective-C 282
11.1.1 Mix and Match 概述 282
11.1.2 在同一个应用的 target 中导入 283
11.1.3 在同一个 Framework 的 target 中导入 284
11.1.4 导入外部 Framework 285
11.1.5 在 Objective-C 中使用 Swift 285
11.1.6 实践练习 286
实例 11-1 在 Objective-C 中调用 Swift 286
11.2 Swift 调用 C 语言函数 288
11.2.1 调用简单的 C 语言函数 288
实例 11-2 在 Swift 中调用简单的 C 语言函数 288
11.2.2 增加一个 C 语言键盘输入函数 292
实例 11-3 演示增加 C 语言键盘输入函数 292
11.3 Swift 调用 C 语言函数的综合演练 293
实例 11-4 综合演练调用 C 语言中的各种函数 293

第 12 章 Xcode Interface Builder 界面开发

12.1 Interface Builder 基础 297
12.1.1 Interface Builder 的作用 297
12.1.2 Interface Builder 的新特色 298
12.2 Interface Builder 采用的方法 300
12.3 Interface Builder 的故事板 300
12.3.1 推出的背景 300
12.3.2 故事板的文档大纲 301
12.3.3 文档大纲的区域对象 303
12.4 创建一个界面 303
12.4.1 对象库 304
12.4.2 将对象加入视图中 305
12.4.3 使用 IB 布局工具 305
12.5 定制界面外观 308
12.5.1 使用属性检查器 309
12.5.2 设置辅助功能属性 309
12.5.3 测试界面 310

第 13 章 使用 Xcode 编写 MVC 程序

13.1 MVC 模式基础 312
13.1.1 诞生背景 312
13.1.2 分析结构 313
13.1.3 MVC 的特点 313

13.1.4 使用 MVC 实现程序设计的结构化......314
13.2 Xcode 中的 MVC......314
13.2.1 原理......314
13.2.2 模板就是给予 MVC 的......315
13.3 在 Xcode 中实现 MVC......316
13.3.1 视图......316
13.3.2 视图控制器......316
13.4 数据模型......318
13.5 综合演练......319
实例 13-1 使用 UISwitch 控件控制是否显示密码明文......319

第 14 章 基本组件

14.1 文本框（UITextField）......324
14.1.1 文本框基础......324
14.1.2 实践练习......325
实例 14-1 为 TextField 添加震动效果......325
14.2 文本视图（UITextView）......326
14.2.1 文本视图基础......326
14.2.2 实践练习......327
实例 14-2 显示 UITextView 中的文本......327
14.3 标签（UILabel）......329
14.3.1 标签（UILabel）的属性......329
14.3.2 实践练习......329
实例 14-3 使用 UILabel 控件输出一个指定样式的文本......329
14.4 按钮（UIButton）......331
14.4.1 按钮基础......331
14.4.2 实践练习......332
实例 14-4 自定义一个按钮......332
14.5 滑块控件（UISlider）......334
实例 14-5 使用 UISlider 控件......334
14.6 步进控件（UIStepper）......337
14.6.1 步进控件基础......337
14.6.2 实践练习......338
实例 14-6 使用步进控件自动增减数字......338
14.7 图像视图控件（UIImageView）......339
14.7.1 UIImageView 的常用操作......340
14.7.2 实践练习......343
实例 14-7 使用 UIImageView 控件......344
14.8 开关控件（UISwitch）......346
14.8.1 开关控件基础......346
14.8.2 实践练习......346
实例 14-8 使用 UISwitch 控件控制是否显示密码明文......346
14.9 分段控件（UISegmentedControl）......349
14.9.1 分段控件基础......349
14.9.2 实践练习......350
实例 14-9 自定义 UISegmentedControl 控件的样式......350

第 15 章 提醒、操作表、工具栏和日期选择器

15.1 提醒视图（UIAlertView）......351
15.1.1 UIAlertView 基础......351
15.1.2 实践练习......352
实例 15-1 演示如何使用 UIAlertView 控件......352
15.2 操作表（UIActionSheet）......353
实例 15-2 使用 UIActionsheet 实现一个分享 App......353
15.3 工具栏（UIToolbar）......356
15.3.1 工具栏基础......356
15.3.2 自定义工具栏......358
实例 15-3 使用 UIToolbar 控件制作自定义工具栏......358
15.4 选择器视图（UIPickerView）......366
15.4.1 选择器视图基础......366
15.4.2 实践练习......367
实例 15-4 使用 UIPickerView 实现倒计时器......367

15.5 日期选择（UIDatePicker）.............376
15.5.1 UIDatePicker 基础................376
15.5.2 实践练习.............................377
实例 15-5 演示如何使用 UIDatePicker 控件..........377

第 16 章 视图控制处理

16.1 Web 视图控件（UIWebView）........382
16.1.1 Web 视图基础........................382
16.1.2 实践练习.............................383
实例 16-1 加载指定的 HTML 网页并自动播放网页音乐.........383
16.2 可滚动视图控件（UIScrollView）....386
16.2.1 UIScrollView 的基本用法....386
16.2.2 实践练习.............................388
实例 16-2 演示如何使用 UIScrollView 控件.........388
16.3 翻页控件（UIPageControl）............390
16.3.1 PageControll 控件基础.........390
16.3.2 实践练习.............................391
实例 16-3 使用 UIPageControl 控件设置四个界面................391
16.4 表视图（UITable）..........................394
16.4.1 表视图基础..........................394
16.4.2 添加表视图..........................395
16.4.3 UITableView 详解................397
16.4.4 实践练习.............................397
实例 16-4 在表视图中动态操作单元格............................397

第 17 章 活动指示器、进度条和检索条

17.1 活动指示器（UIActivityIndicatorView）.............403
17.1.1 活动指示器基础..................403
17.1.2 实践练习.............................403
实例 17-1 演示如何使用 UIActivityIndicatorView 控件...............................404
17.2 进度条（UIProgressView）.............405
17.2.1 进度条基础..........................405
17.2.2 实践练习.............................406
实例 17-2 实现自定义进度条效果..............................406
17.3 检索条（UISearchBar）.................412
17.3.1 检索条基础..........................412
17.3.2 实践练习.............................413
实例 17-3 演示如何使用 UISearchBar 控件...............................413

第 18 章 UIView 和视图控制器

18.1 UIView 基础....................................416
18.1.1 UIView 的结构....................417
18.1.2 视图架构.............................418
18.1.3 视图层次和子视图管理......419
18.1.4 视图绘制周期.....................420
18.1.5 实践练习.............................420
实例 18-1 在 UIView 中创建一个滚动图片浏览器...........420
18.2 导航控制器（UIViewController）简介...427
18.2.1 UIViewController 基础........427
18.2.2 实践练习.............................428
实例 18-2 使用 UIViewController 控件创建会员登录系统........428
18.3 使用 UINavigationController...........431
18.3.1 导航栏、导航项和栏按钮项...............................433
18.3.2 UINavigationController 详解....................................433
18.3.3 在故事板中使用导航控制器.................................434
18.3.4 实践练习.............................437
实例 18-3 创建主从关系的“主-子”视图...............................437
18.4 选项卡栏控制器...............................439
18.4.1 选项卡栏和选项卡栏项.......439
18.4.2 在选项卡栏控制器管理的场景之间共享数据......................441

18.4.3 UITabBarController 使用详解 441
18.4.4 实践练习 443
实例 18-4 开发一个界面选择器 443

第 19 章　图形、图像、图层和动画

19.1 图形处理 446
19.1.1 iOS 的绘图机制 446
19.1.2 实践练习 447
实例 19-1 使用 Quartz 2D 绘制移动的曲线 447
19.2 图层 450
19.2.1 视图和图层 451
19.2.2 实践练习 451
实例 19-2 演示 CALayers 图层的用法 451
19.3 实现动画 453
19.3.1 UIImageView 动画 453
19.3.2 视图动画 UIView 454
19.3.3 Core Animation 详解 454
19.3.4 实践练习 455
实例 19-3 图形图像的人脸检测处理 455

第 20 章　多媒体应用

20.1 声音服务 461
20.1.1 声音服务基础 462
20.1.2 实践练习 462
实例 20-1 使用 AudioToolbox 播放列表中的音乐 462
20.2 提醒和震动 474
20.2.1 播放提醒音 474
20.2.2 实践练习 474
实例 20-2 演示两种震动 474
20.3 Media Player 框架 476
20.3.1 Media Player 框架中的类 476
20.3.2 实践练习 476
实例 20-3 播放指定的视频 476
20.4 AV Foundation 框架 479
20.4.1 准备工作 480
20.4.2 实践练习 480
实例 20-4 使用 AVAudioPlayer 播放和暂停指定的 MP3 480
20.5 图像选择器（UIImagePickerController） 482
20.5.1 使用图像选择器 482
20.5.2 实践练习 482
实例 20-5 实现 ImagePicker 功能 482

第 21 章　定位处理

21.1 Core Location 框架 486
21.1.1 Core Location 基础 486
21.1.2 实践练习 487
实例 21-1 定位显示当前的位置信息 487
21.2 获取位置 493
21.2.1 位置管理器委托 493
21.2.2 处理定位错误 494
21.2.3 位置精度和更新过滤器 494
21.2.4 获取航向 494
21.3 地图功能 495
21.3.1 Map Kit 基础 495
21.3.2 为地图添加标注 496
21.3.3 实践练习 496
实例 21-2 在地图中定位当前的位置信息 496

第 22 章　和硬件之间的操作

22.1 CoreMotion 框架 500
22.1.1 CoreMotion 框架介绍 500
22.1.2 加速计基础 501
22.1.3 陀螺仪 502
22.1.4 实践练习 502
实例 22-1 使用 iPhone 中的 Motion 传感器 502
22.2 访问朝向和运动数据 505

22.2.1 通过 UIDevice 请求朝向通知 505
22.2.2 使用 Core Motion 读取加速计和陀螺仪数据 505
22.2.3 实践练习 506
实例 22-2 传感器综合练习：海拔和距离测试器 506

第 23 章 游戏开发

23.1 Sprite Kit 框架基础 518
23.1.1 Sprite Kit 的优点和缺点 518
23.1.2 Sprite Kit、Cocos2D、Cocos2D-X 和 Unity 的选择 519
23.2 实践练习 519
实例 23-1 开发一个四子棋游戏 519

第 24 章 WatchKit 智能手表开发

24.1 Apple Watch 介绍 535
24.2 WatchKit 开发详解 537
24.2.1 WatchKit 架构 537
24.2.2 WatchKit 布局 540
24.2.3 Glances 和 Notifications 540
24.2.4 Watch App 的生命周期 540
24.3 开发 Apple Watch 应用程序 542
24.3.1 创建 Watch 应用 542
24.3.2 创建 Glance 界面 542
24.3.3 自定义通知界面 543
24.3.4 配置 Xcode 项目 543
24.4 实践练习 546
实例 24-1 开发一个综合性智能手表管理系统 546
24.4.1 系统介绍 547
24.4.2 创建工程项目 547
24.4.3 iPhone 端的具体实现 549
24.4.4 Watch 端的具体实现 551

第 25 章 企业客服即时通信系统（第三方框架+云存储）

25.1 即时通信系统介绍 559
25.2 系统模块结构 560
25.3 创建工程 561
25.4 使用 CocoaPods 配置第三方框架 ... 562
25.4.1 什么是 CocoaPods 562
25.4.2 CocoaPods 的核心组件 562
25.4.3 本项目的 CocoaPods 562
25.5 用户登录 563
25.5.1 登录主界面 563
25.5.2 新用户注册 568
25.6 系统聊天 571
25.7 UI 界面优化 573
25.7.1 文本框优化 573
25.7.2 HUD 优化 575
25.8 使用第三方框架 576
25.9 使用云存储保存系统数据 580
25.10 执行效果 581

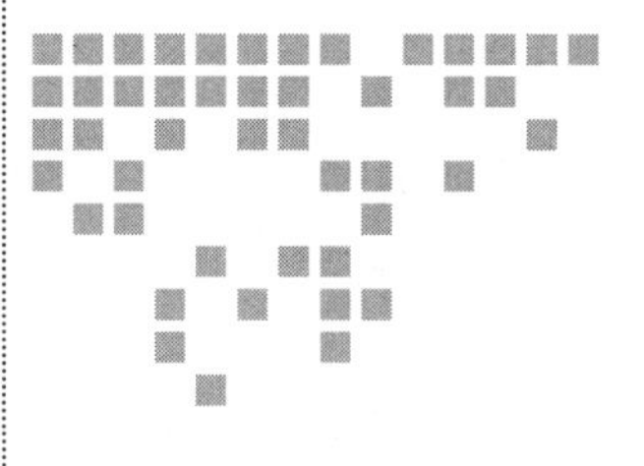

Chapter 1 第1章

Swift 语言基础

Swift 是苹果公司在 WWDC2014 大会上所发布的一门全新的编程语言，用来编写 OS X 和 iOS 应用程序。苹果公司在设计 Swift 语言时，就有意将其与 Objective-C 共存，Objective-C 是苹果操作系统在导入 Swift 前使用的编程语言。在本章的内容中，将带领大家初步认识一下 Swift 这门神奇的开发语言，为读者步入本书后面知识的学习打下基础。

1.1 Swift 概述

Swift 是一种为开发 iOS 和 OS X 应用程序而推出的全新编程语言，是建立在 C 语言和 Objective-C 语言基础之上的，并且没有 C 语言的兼容性限制。Swift 采用安全模型的编程架构模式，使整个编程过程变得更容易、更灵活、更有趣。另外，Swift 完全支持市面中的主流框架：Cocoa 和 Cocoa Touch，这为开发人员重构软件和提高开发效率带来了很大的帮助。在本节的内容中，将带领大家一起探寻 Swift 的诞生历程。

1.1.1 Swift 的创造者

苹果 Swift 语言的创造者是苹果开发者工具部门总监 Chris Lattner 及其团队开发的，Chris Lattner 是 LLVM 项目的主要发起人和作者之一，Clang 编译器的作者。LLVM 是一种用于优化编译器的基础框架，能将高级语言转换为机器语言。LLVM 极大提高了高级语言的效率，Chris Lattner 也因此获得了首届 SIGPLAN 奖。

2005 年，Chris Lattner 加入 LLVM 开发团队，正式成为苹果公司的一名员工。在苹果公司的 9 年间，他由一名架构师一路升职为苹果开发者工具部门总监。目前 Chris Lattner 主要负责 Xcode 项目，这也为 Swift 的开发提供了灵感。

Chris Lattner 从 2010 年 7 月开始开发 Swift 语言，当时它在苹果内部属于机密项目，只有很少人知道这一语言的存在。Chris Lattner 在个人博客上称，Swift 的底层架构大多是他自己开发完成的。2011 年，其他工程师开始参与项目开发，Swift 也逐渐获得苹果公司内部的重视，直到 2013 年成为苹果主推的开发工具。

Swift 的开发结合了众多工程师的心血，包括语言专家、编译器优化专家等，苹果其他团队也为改进产品提供了很大帮助。同时 Swift 也借鉴了其他语言的优点，例如 Objective-C、Rust、Ruby 等。

Swift 语言的核心吸引力在于 Xcode Playgrounds 功能和 REPL，它们使开发过程具有更好的交互性，也更容易上手。Playgrounds 在很大程度上受到了 Bret Victor 的理念和其他互动系统的启发。同样，具有实时预览功能的 Swift 使编程变得简单，学习起来也更加容易，目前已经引起了开发者的极大兴趣。这有助于苹果吸引更多的开发者，甚至将改变计算机科学的教学方式。图 1-1 是 Chris Lattner 在 WWDC14 大会上对 Swift 进行演示。

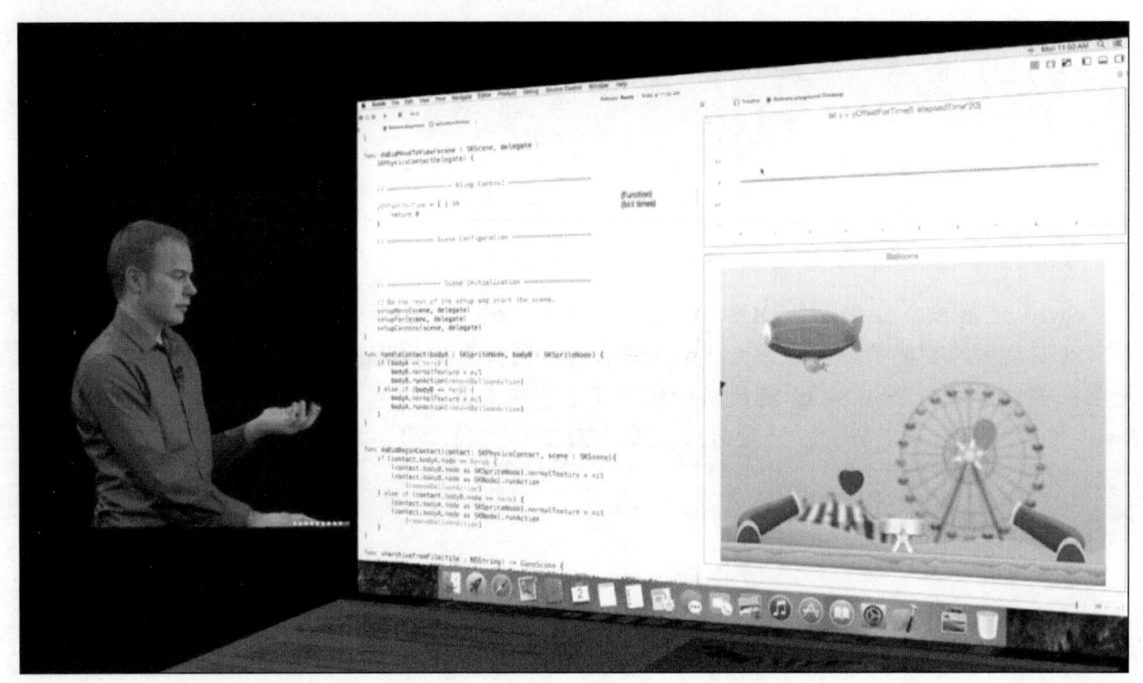

图 1-1　Chris Lattner 在 WWDC14 大会上对 Swift 进行演示

1.1.2　Swift 的优势

在 WWDC2014 大会中，苹果展示了如何能让开发人员更快地进行代码编写及显示结果的“Swift Playground”，在左侧输入代码的同时，可以在右侧实时显示结果。苹果公司表示 Swift 是基于 Cocoa 和 Cocoa Touch 而专门设计的。Swift 不仅可以用于基本的应用程序编写，比如各种社交网络 App，同时还可以使用更先进的“Metal”3D 游戏图形优化工作。由于 Swift 可以与 Objective-C 兼容使用，因此开发人员可以在开发过程中进行无缝切换。

具体来说，Swift 语言的突出优势如下所示。

（1）易学

作为一项苹果独立发布的支持型开发语言，Swift 语言的语法内容混合了 Objective-C、JS 和 Python，其语法简单、使用方便、易学，极大降低了开发者入门的门槛。同时 Swift 语言可以与 Objective-C 混合使用，对于用惯了高难度 Objective C 语言的开发者来说，Swift 语言更加易学。

（2）功能强大

Swift 允许开发者通过更简洁的代码来实现更多的内容。在 WWDC2014 发布会上，苹果演示了如何只通过一行简单的代码，完成一个完整图片列表加载的过程。另外，Swift 还可以让开发人员一边编写程序，一边预览自己的应用程序，从而快速测试应用程序在某些特殊情况下的反应。

（3）提升性能

Swift 语言可以提升程序性能，并同时降低开发难度，没有开发者不喜欢这样的编程语言。

（4）简洁、精良、高效

Swift 是一种非常简洁的语言。与 Python 类似，不必编写大量代码即可实现强大的功能，并且也有利于提高应用开发速度。Swift 可以更快捷有效地编译出高质量的应用程序。

（5）执行速度快

Swift 的执行速度比 Objective-C 应用更快，这样会在游戏中看见更引人入胜的画面（需要苹果新的 Metal 界面的帮助），而其他应用也会有更好的响应性。与此同时，消费者不用购买新手机即可体验到这些效果。

（6）全面融合

苹果对全新的 Swift 语言的代码进行了大量简化，在更快、更安全、更好的交互、更现代的同时，开发者们可以在同一款软件中同时用 Objective-C、Swift、C 三种语言，这样便实现了三类开发人员的完美融合。

（7）测试工作更加便捷

方便快捷地测试所编写应用将帮助开发者更快地开发出复杂应用。以往对规模较大的应用来说，编译和测试过程极为冗繁，如果 Swift 能在这一方面带来较大的改进，那么应用开发者将可以更快地发布经过更彻底测试的应用。

当然，Swift 还有一些不足之处。其中 Swift 最大的问题在于，要求使用者学习一门全新的语言。程序员通常喜欢掌握最新、最优秀的语言，但关于如何指导人们编写 iPhone 应用，目前已形成了完整的产业。在苹果发布 Swift 之后，所有一切都要被推翻重来。另外，编程语言的易学性，会让更多的开发者加入手机应用软件的开发当中，这或许不是一件好事。

1.2　搭建开发环境

都说“工欲善其事，必先利其器”，这一说法在编程领域同样行得通，学习 Swift 开发也离不开好的开发工具的帮助。在本节的内容中，将详细讲解搭建 Swift 语言开发环境的基本知识。

1.2.1　Xcode 介绍

要开发 iOS 的应用程序，需要一台安装有 Xcode 工具的 Mac OS X 电脑。Xcode 是苹果提供的开发工具集，提供了项目管理、代码编辑、创建执行程序、代码调试、代码库管理和性能调节等功能。这个工具集的核心就是 Xcode 程序，提供了基本的源代码开发环境。

Xcode 是一款强大的专业开发工具，可以简单快速，而且以我们熟悉的方式执行绝大多数常见的软件开发任务。相对于创建单一类型的应用程序所需要的能力而言，Xcode 要强大得多，它的设计目的是使我们可以创建任何想象得到的软件产品类型，从 Cocoa 及 Carbon 应用程序，到内核扩展及 Spotlight 导入器等各种开发任务，Xcode 都能完成。Xcode 独具特色的用户界面可以帮助我们以不同的方式来漫游工具中的代码，并且可以访问工具箱的大量功能，包括 GCC、javac、jikes 和 GDB，这些功能都是制作软件产品需要的。它是一个由专业人员设计的、又由专业人员使用的工具。

由于能力出众，Xcode 已经被 Mac 开发者社区广泛采纳。而且随着苹果电脑向基于 Intel 的 Macintosh 迁移，转向 Xcode 变得比以往的任何时候更加重要。这是因为使用 Xcode 可以创建通用的二进制代码，这里所说的通用二进制代码是一种可以将 PowerPC 和 Intel 架构下的本地代码同时放到一个程序包的执行文件格式。事实上，对于还没有采用 Xcode 的开发人员，转向 Xcode 是将应用程序连编为通用二进制代码的第一个必要的步骤。

Xcode 的官方地址是：https://developer.apple.com/xcode/，如图 1-2 所示。

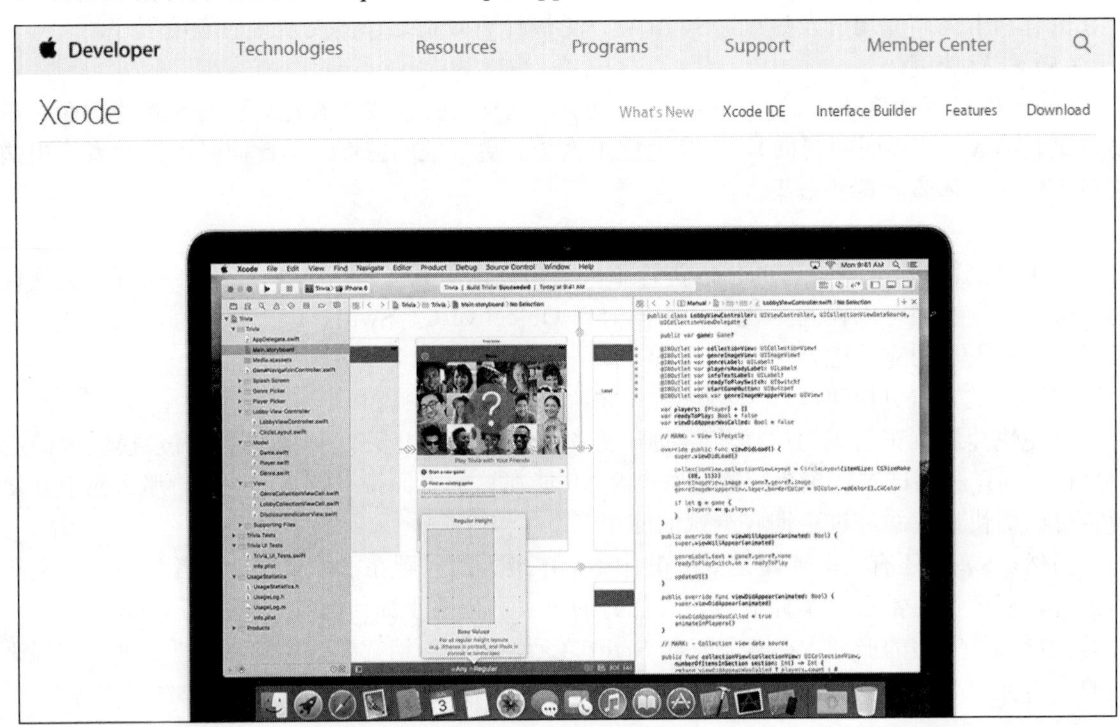

图 1-2　Xcode 的官方地址

截止到 2016 年 4 月，市面中的最主流的版本是 Xcode 6，最新版本是为 iOS 9 和 Swift 2.0 推出的 Xcode 7 beta 4。在本书的内容中，将以 Xcode 7 beta 4 为开发工具讲解 Swift 2.0 的基本知识。

1.2.2　下载并安装 Xcode 7

其实对于初学者来说，只需安装 Xcode 即可。通过使用 Xcode，既能开发 iPhone 程序，也能开发 iPad 程序。并且 Xcode 还是完全免费的，通过它提供的模拟器即可在电脑上测试 iOS 程序。如果要发布 iOS 程序或在真实机器上测试 iOS 程序，就需要花 99 美元了。

1．下载 Xcode

（1）下载的前提是先注册成为一名开发人员，登录到苹果开发页面主页 https://developer.apple.com/，如图 1-3 所示。

图 1-3　苹果开发页面主页

（3）登录 Xcode 的下载页面 https://developer.apple.com/xcode/downloads/，找到“Xcode 7 beta”选项，如图 1-4 所示。

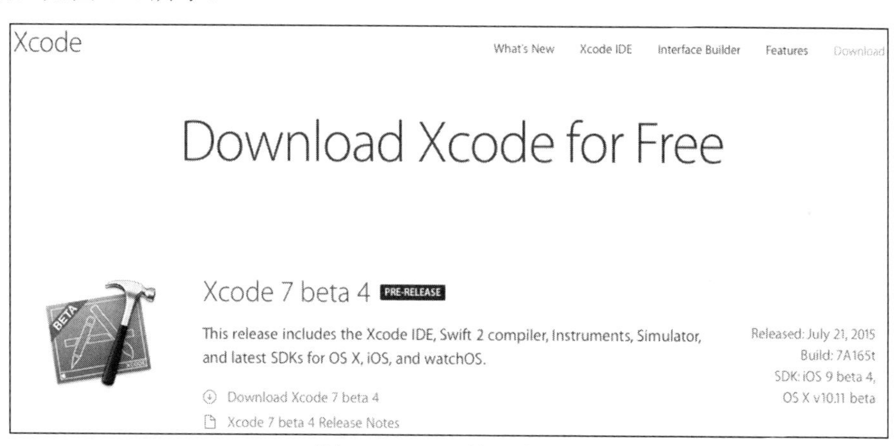

图 1-4　Xcode 的下载页面

（4）如果是付费账户，可以直接在苹果官方网站中下载获得。如果不是付费会员账户，可以从网络中搜索热心网友们的共享信息，以此来达到下载 Xcode 7 的目的。

注意：我们可以使用 App Store 来获取 Xcode，这种方式的优点是完全自动，操作方便。

2. 安装 Xcode

（1）下载完成后单击打开下载的“.dmg”格式文件，然后双击 Xcode 文件开始安装。如图 1-5 所示。

图 1-5　打开下载的 Xcode 文件

（2）双击 Xcode 下载到的文件开始安装，在弹出的对话框中单击“Continue”按钮，如图 1-6 所示。

（3）在弹出的欢迎界面中单击“Agree”按钮，如图 1-7 所示。

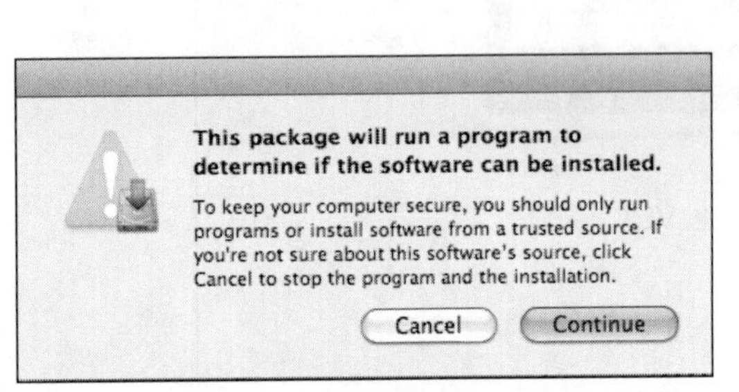

图 1-6　单击“Continue”按钮

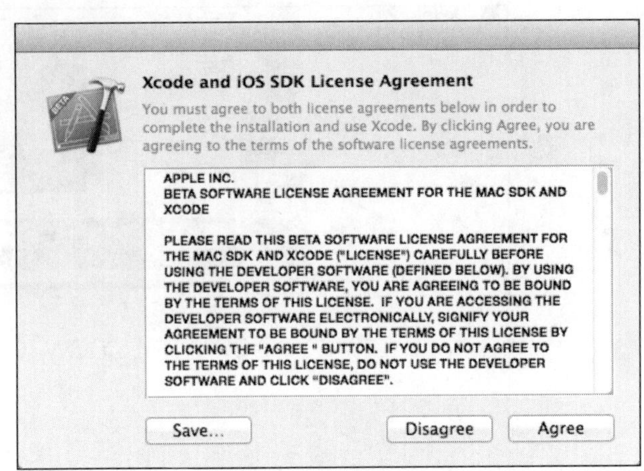

图 1-7　单击“Agree”按钮

（4）在弹出的对话框中单击“Install”按钮，如图 1-8 所示。

（5）在弹出的对话框中输入用户名和密码，然后单击“好”按钮。如图 1-9 所示。

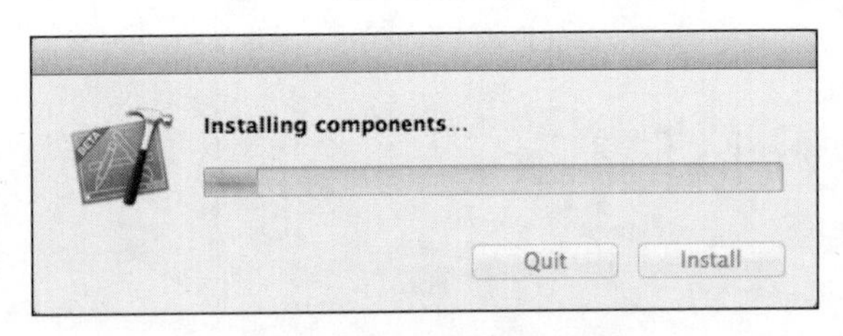

图 1-8　单击“Install”按钮

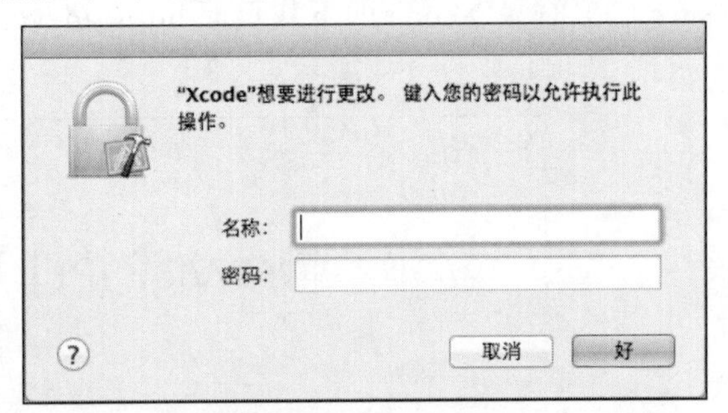

图 1-9　单击“好”按钮

（6）在弹出的新对话框中显示安装进度，进度完成后的界面如图 1-10 所示。

图 1-10　完成安装

（7）Xcode 7 的默认启动界面如图 1-11 所示。

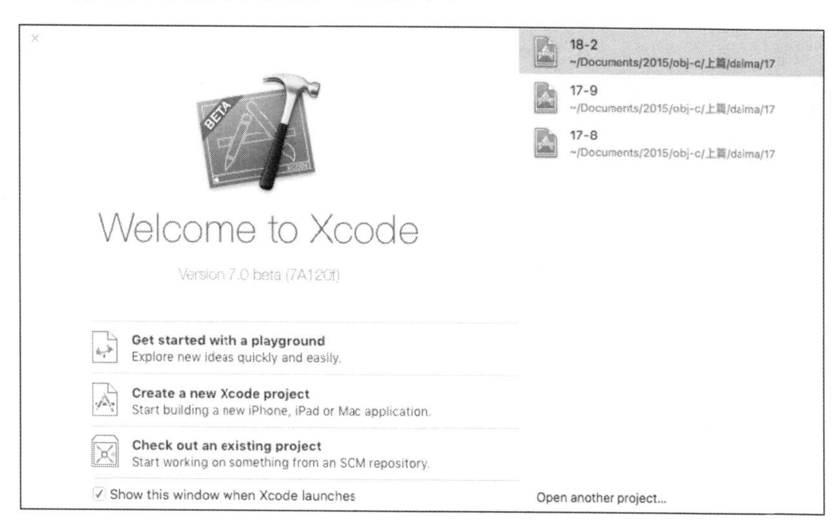

图 1-11 启动 Xcode 7 后的初始界面

注意：

（1）考虑到很多初学者一般都是学生用户，如果没有购买苹果机的预算，可以在 Windows 系统上采用虚拟机的方式安装 OS X 系统。

（2）无论读者们是已经有一定 Xcode 经验的开发者，还是刚刚开始迁移的新用户，都需要对 Xcode 的用户界面及如何使用 Xcode 组织软件工具有一定的理解，这样才能真正高效地使用这个工具。这种理解可以大大加深您对隐藏在 Xcode 背后的哲学的认识，并帮助您更好地使用 Xcode。

（3）建议读者将 Xcode 安装在 OS X 的 Mac 机器上，也就是安装有苹果系统的苹果机上。一般来说，在苹果机器的 OS X 系统中已经内置了 Xcode，默认目录是“/Developer/Applications”。

1.3 使用 Xcode 开发环境

经过本书 1.2 节内容的讲解之后，接下来开始讲解使用 Xcode 开发环境的基本知识，为读者步入后面 Objective-C 知识的学习打下坚实的基础。

1.3.1 改变公司名称

通过 xcode 编写代码，代码的头部会出现类似于图 1-12 所示的内容。

```
swift-game 〉 swift-game 〉 AppearanceProvider.swift 〉 No Selection
//  Copyright name guan
//  AppearanceProvider.swift


import UIKit

protocol AppearanceProviderProtocol {
  func tileColor(value: Int) -> UIColor
  func numberColor(value: Int) -> UIColor
  func fontForNumbers() -> UIFont
}
```

图 1-12 头部内容

在此可以将这部分内容改为公司的名称或者项目的名称。

1.3.2 通过搜索框缩小文件范围

当项目开发到一段时间后，源代码文件会越来越多。再从 Groups & Files 的界面去点选，效率会比较差。可以借助 Xcode 的浏览器窗口，如图 1-13 所示。

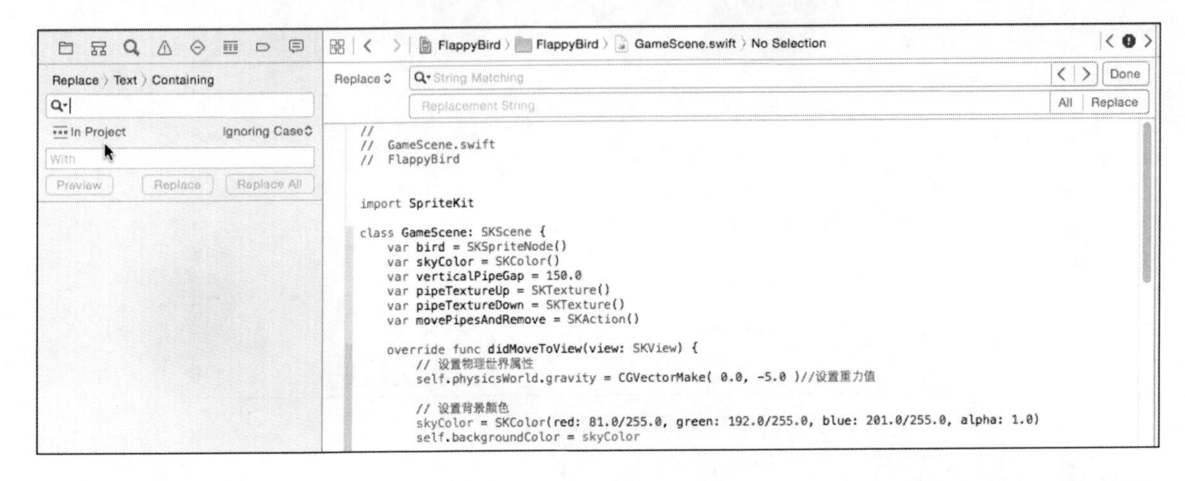

图 1-13 Xcode 的浏览器窗口

在图 1-13 的搜索框中可以输入关键字，这样浏览器窗口中只显示带有关键字的文件，如图 1-14 所示。

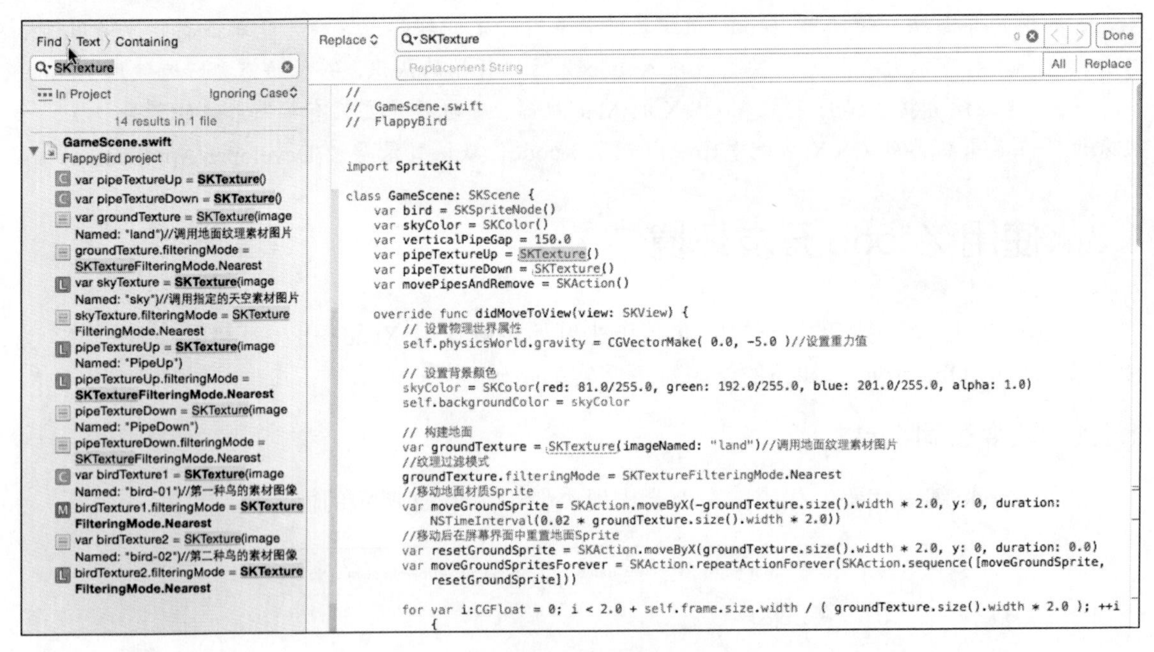

图 1-14 输入关键字

1.3.3 格式化代码

例如，在图 1-15 所示的界面中，有很多行都顶格了，此时需要进行格式化处理。

```
SimpleObjcDemo.m:21 ◇  main() ◇
//#import "Book.h"
#import "MusicBook.h"
#import "PlayMusic.h"
#import "Author.h"
//@class Author;


int main (int argc, const char * argv[]) {
NSAutoreleasePool * pool = [[NSAutoreleasePool alloc] init];

NSString *message=@"你好，世界！";
NSLog(@"%@, 长度为： %i",message,[message length]);
[message printHelloInfo];

Book *book=[[Book alloc] init];
[book printName:@"Objective-C入门手册"];
NSLog(@"book author: %@",book.author);


    book.author=[[Author alloc]init];
```

图 1-15　多行顶格

选中需要格式化的代码，在上下文菜单中进行查找，这是比较常规的办法。如图 1-16 所示。

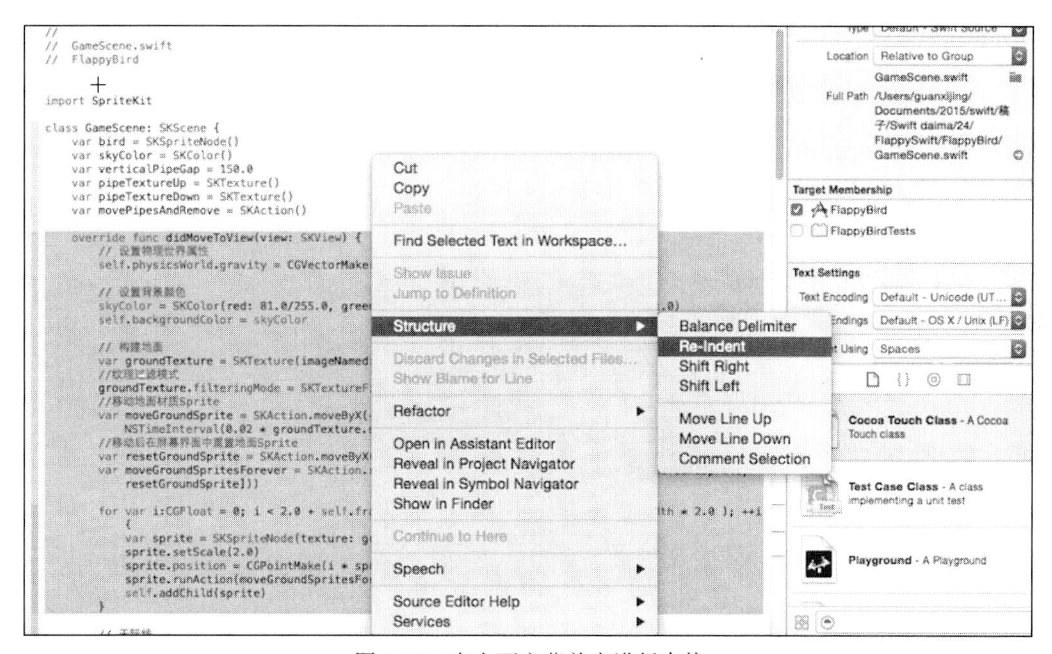

图 1-16　在上下文菜单中进行查找

Xcode 没有提供快捷键，当然可以自己设置，此时可以用快捷键实现，例如：ctrl+a（全选文字），ctrl+x（剪切文字），ctrl+v（粘贴文字）。Xcode 会对粘贴的文字进行格式化。

1.3.4　代码缩进和自动完成

有时代码需要缩进，有时又要做相反的操作。单行缩进和其他编辑器类似，只需使用【tab】键即可。如果选中多行则需要使用快捷键，其中【command+]】表示缩进，【 command+[】表示反向缩进。

使用 IDE 工具的一大好处是能够帮助我们自动完成冗长的类型名称。Xcode 提供了这一方面的功能。比如下面的输出日志：

```
NSLog(@"book author: %@",book.author);
```

如果都是自己输入会很麻烦的，可以先输入 ns，然后使用快捷键【ctrl+.】，会自动出现如下代码：

```
NSLog(NSString * format)
```

填写参数即可。快捷键【ctrl+.】的功能是自动给出第一个匹配 ns 关键字的函数或类型，而 NSLog 是第一个。如果继续使用【ctrl+.】，则会出现 NSString 的形式。以此类推，会显示所有 ns 开头的类型或函数，并循环往复。或者也可以使用快捷键【ctrl+,】，比如还是 ns，那么会显示全部 ns 开头的类型、函数、常量等的列表。可以在这里选择。其实，Xcode 也可以在输入代码的过程中自动给出建议。比如要输入 NSString。当输入 NSStr 时：

```
NSString
```

此时后面的 ing 会自动出现，如果和预想的一样，只需直接按【tab】键确认即可。也许你想输入的是 NSStream，那么可以继续输入。另外也可按【esc】键，这时就会出现以下结果列表以供选择。如图 1-17 所示。

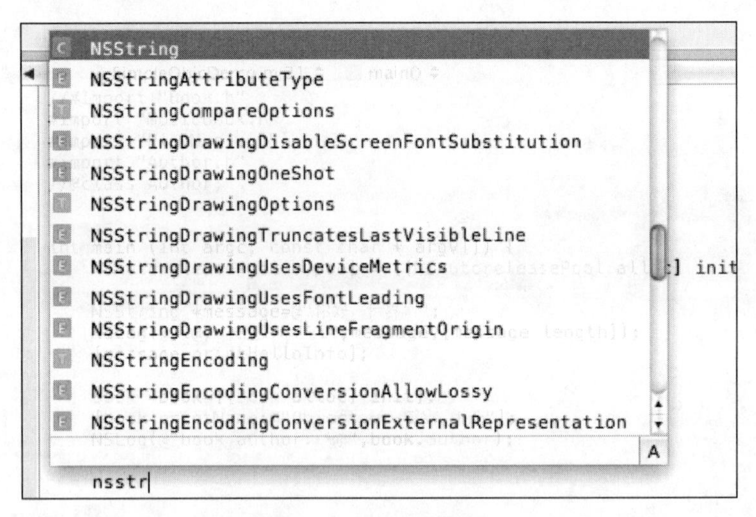

图 1-17 出现结果列表

如果是正在输入方法，那么会自动完成，如图 1-18 所示。

```
Book *book=[[Book alloc] init];
[book printName:(NSString *)bookName authorName:(NSString *)name
```

图 1-18 自动完成的结果

可以使用【tab】键确认方法中的内容，或者通过快捷键【ctrl+/】在方法中的参数来回切换。

1.3.5 文件内查找和替代

在编辑代码的过程中经常会做查找和替代的操作，如果只是查找则直接按快捷键【command+f】即可，在代码的右上角会出现图 1-19 所示的对话框。只需输入关键字，不论大小写，代码中所有命中的文字都会高亮显示。

```
Find ⌃   Q▾ SKTexture                                          14 ⊗ < > Done
//
//  GameScene.swift
//  FlappyBird


import SpriteKit

class GameScene: SKScene {
    var bird = SKSpriteNode()
    var skyColor = SKColor()
    var verticalPipeGap = 150.0
    var pipeTextureUp = SKTexture()
    var pipeTextureDown = SKTexture()
    var movePipesAndRemove = SKAction()

    override func didMoveToView(view: SKView) {
        // 设置物理世界属性
        self.physicsWorld.gravity = CGVectorMake( 0.0, -5.0 )//设置重力值

        // 设置背景颜色
        skyColor = SKColor(red: 81.0/255.0, green: 192.0/255.0, blue: 201.0/255.0, alpha: 1.0)
        self.backgroundColor = skyColor

        // 构建地面
        var groundTexture = SKTexture(imageNamed: "land")//调用地面纹理素材图片
        //纹理过滤模式
        groundTexture.filteringMode = SKTextureFilteringMode.Nearest
        //移动地面材质Sprite
        var moveGroundSprite = SKAction.moveByX(-groundTexture.size().width * 2.0, y: 0, duration:
            NSTimeInterval(0.02 * groundTexture.size().width * 2.0))
        //移动后在屏幕界面中重置地面Sprite
        var resetGroundSprite = SKAction.moveByX(groundTexture.size().width * 2.0, y: 0, duration: 0.0)
        var moveGroundSpritesForever = SKAction.repeatActionForever(SKAction.sequence([moveGroundSprite,
            resetGroundSprite]))

        for var i:CGFloat = 0; i < 2.0 + self.frame.size.width / ( groundTexture.size().width * 2.0 ); ++i
            {
```

图 1-19　查找界面

也可以实现更复杂的查找，比如是否大小写敏感，是否使用正则表达式等。设置界面如图 1-20 所示。

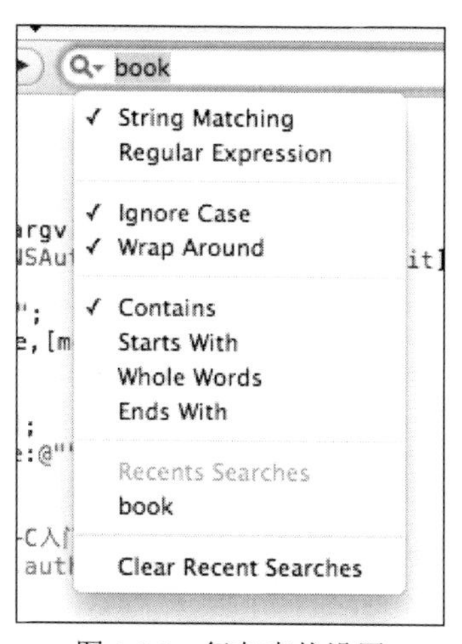

图 1-20　复杂查找设置

通过图 1-21 中的“Find & Replace”可以切换到替代界面。

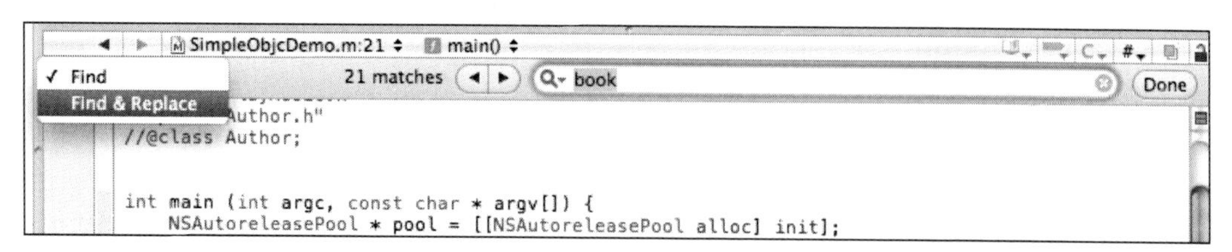

图 1-21　“Find & Replace”替换

图 1-22 所示的界面将查找设置为大小写敏感，然后替代为 myBook。

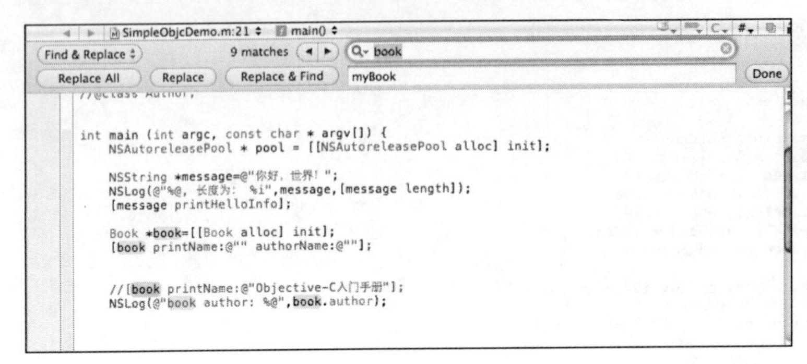

图 1-22　替代为 myBook

另外，也可以单击按钮是否全部替代，还是查找一个替代一个等。如果需要在整个项目内查找和替代，则依次选择“Find”→“Find in Project…”命令，如图 1-23 所示。

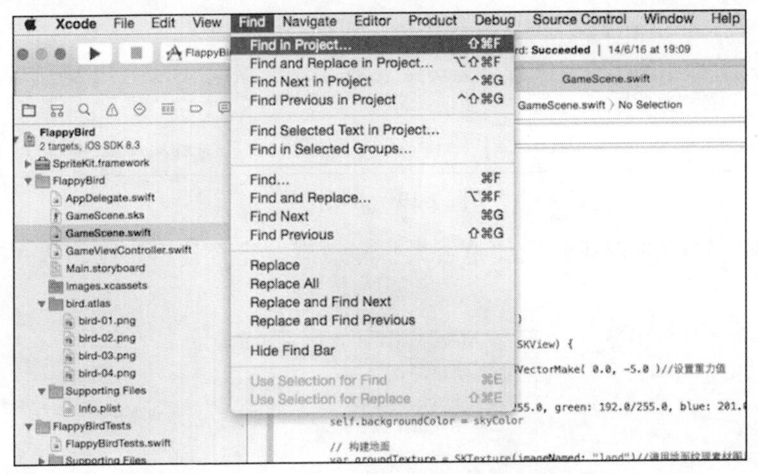

图 1-23　“Find”→“Find in Project…”命令

还是以查找关键字 book 为例，实现界面如图 1-24 所示。

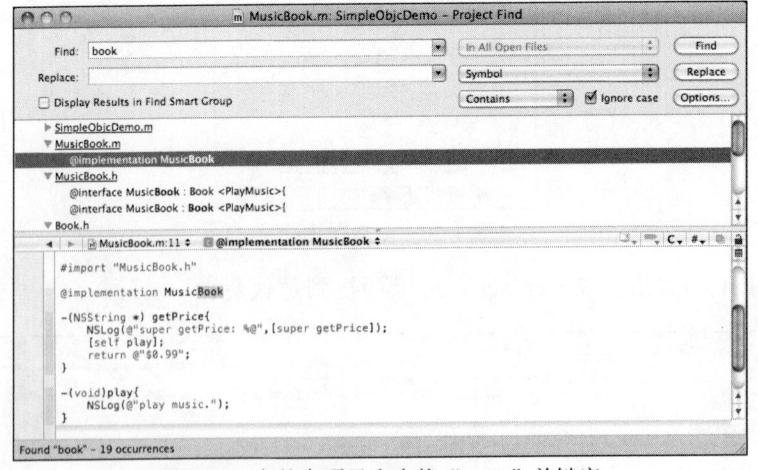

图 1-24　在整个项目内查找“book”关键字

替代操作的过程也与之类似，在此不再赘述。

1.3.6　快速定位到代码行

如果想定位光标到选中文件的行上，可以使用快捷键【Command+L】来实现，也可以依次选择“Navigate”→“Jump to Line…”命令实现。如图 1-25 所示。

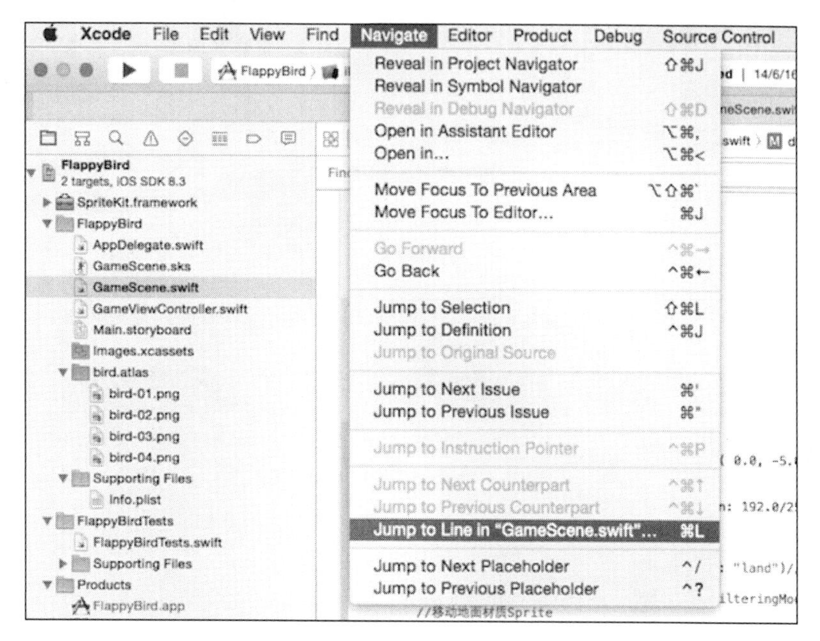

图 1-25　“Navigate”→“Jump to Line…”命令

在使用菜单或者快捷键时会出现下面的对话框，输入行号和按回车键后就会来到该文件的指定行。如图 1-26 所示。

```
Line Number
 SKColor()
peGap = 150.0
eUp = SKTexture()
eDown = SKTexture()
ndRemove = SKAction()

didMoveToView(view: SKView) {
世界属性
csWorld.gravity = CGVectorMake( 0.0, -5.0 )//设置重力值

颜色
 SKColor(red: 81.0/255.0, green: 192.0/255.0, blue: 201.0/255.0, alpha: 1.0)
roundColor = skyColor


Texture = SKTexture(imageNamed: "land")//调用地面纹理素材图片
```

图 1-26　输入行号

1.3.7　快速打开文件

有时需要快速打开头文件，如图 1-27 所示的界面。要想知道这里的文件 Cocoa.h 到底是什么内容，可以通过单击选中文件 Cocoa.h 来实现。

依次选择“File”→“Open Quickly…”命令，如图 1-28 所示。

```
//
//  Book.h
//  SimpleObjcProto
//
//  Created by Marshal Wu on 11-5-18.
//  Copyright 2011 __MyCompanyName__. All rights reserved.
//

#import <Cocoa/Cocoa.h>

@interface GeneralBook : NSObject {

}

@end
```

图 1-27 一个头文件

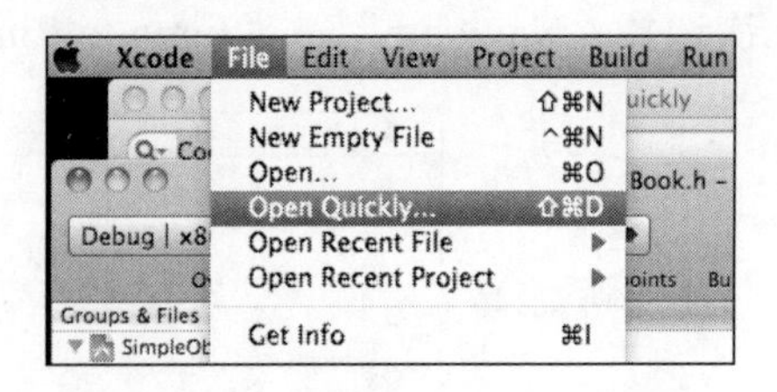

图 1-28 “Open Quickly…”命令

弹出如图 1-29 所示的对话框。

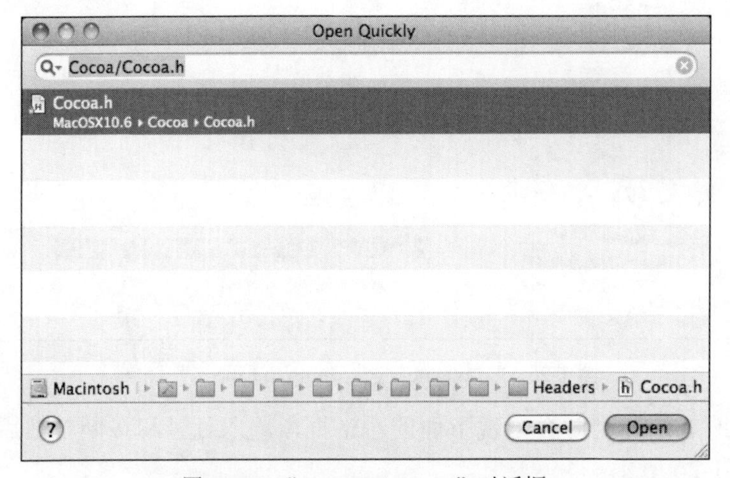

图 1-29 “Open Quickly…”对话框

双击文件 Cocoa.h 的条目即可看到图 1-30 所示的界面。

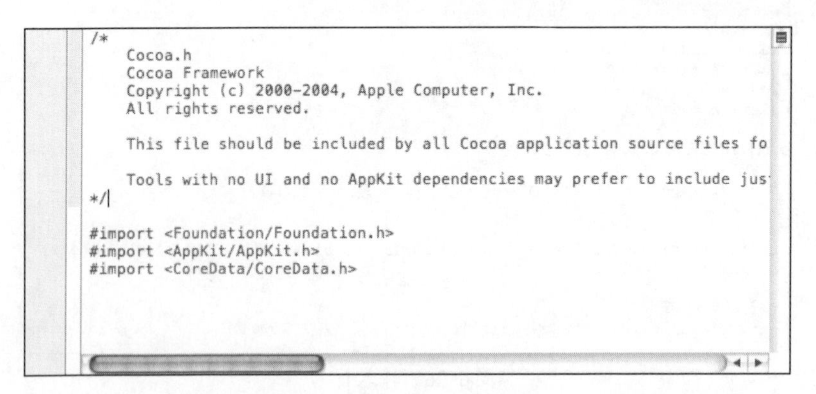

图 1-30 文件 Cocoa.h 的内容

1.3.8 使用书签

使用 Eclipse 的用户会经常用到 TODO 标签，比如正在编写代码时需要做其他事情，或者提醒自己以后再实现的功能时，可以写一个 TODO 注释，这样在 Eclipse 的视图中可以找到，方便以后查找这个代码并进行修改。其实 Xcode 也有类似的功能，比如存在一段图 1-31 所示的代码。

这段代码的方法 printInfomation 是空的，暂时不需要实具体现。但是需要要记下来，便于以后查找并进行补充。可以让光标在方法内部，然后右击，选择“Add to Bookmarks”命令。如图 1-32 所示。

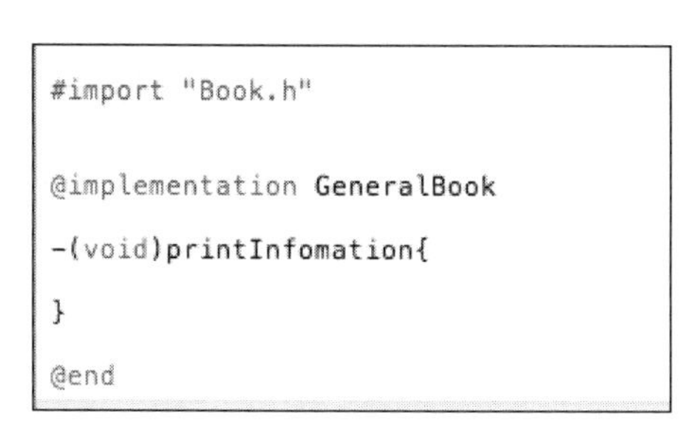

图 1-31　一段代码

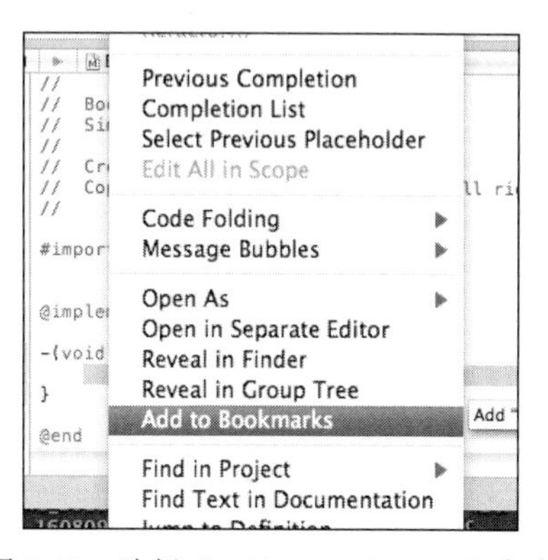

图 1-32　选择“Add to Bookmarks”命令

此时会弹出以下对话框，可以在里面填写标签的内容，如图 1-33 所示。

这样即可在项目的书签节点中找到这个条目，如图 1-34 所示。此时单击该条目，可以返回刚才添加书签时光标的位置。

图 1-33　填写标签的内容

图 1-34　在项目的书签节点找到这个条目

1.3.9　自定义导航条

在代码窗口上有一个工具条，可以提供很多方便的导航功能。如图 1-35 所示。

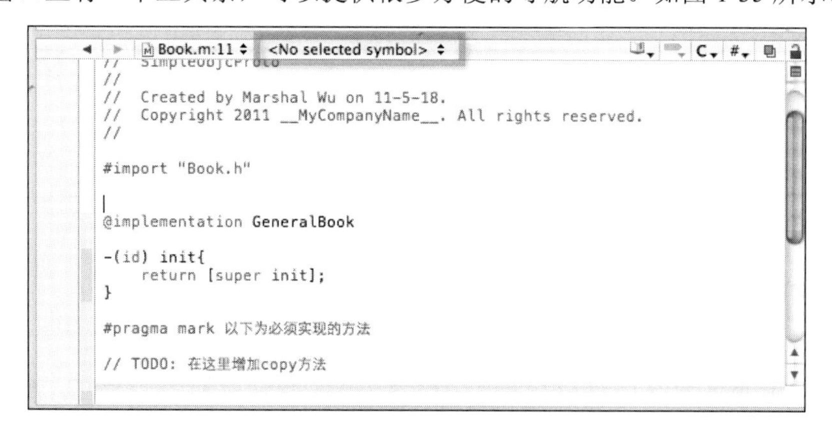

图 1-35　导航条

也可以用来实现 TODO 的需求。这里有两种自定义导航条的写法。下面是标准写法。

```
#pragma mark
```

下面是 Xcode 兼容的格式。

```
// TODO: xxx
// FIXME: xxx
```

完整的代码如图 1-36 所示。

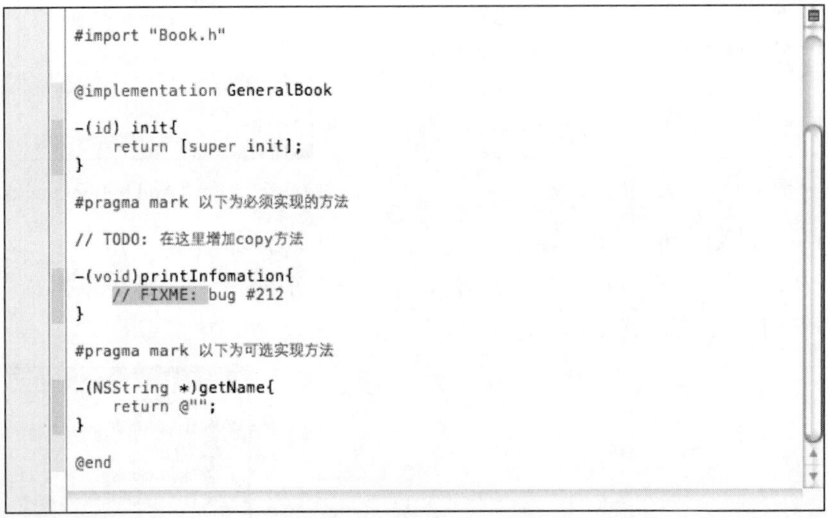

#import "Book.h"
@implementation GeneralBook
-(id) init{
return [super init];
}
#pragma mark 以下为必须实现的方法
// TODO: 在这里增加copy方法
-(void)printInfomation{
// FIXME: bug #212
}
#pragma mark 以下为可选实现方法
-(NSString *)getName{
return @"";
}
@end

图 1-36　完整的代码

此时会产生图 1-37 所示的导航条效果。

@implementation GeneralBook
-init
以下为必须实现的方法
TODO: 在这里增加copy方法
-printInfomation
FIXME: bug #212
以下为可选实现方法
-getName

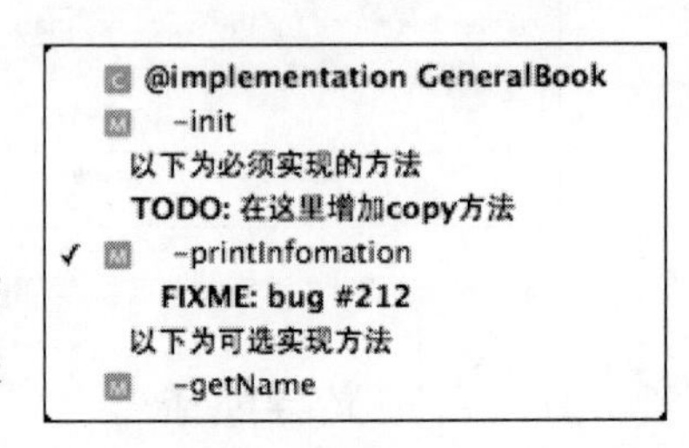

图 1-37　产生的导航条效果

1.3.10　使用 Xcode 帮助

如果想快速地查看官方 API 文档，可以在源代码中按【Option】键并双击该类型（函数、变量等），图 1-38 所示的是 SKTextureFilteringMode 的 API 文档对话框。

ture.filteringMode = SKTextureFilteringMode.Nearest
Declaration enum SKTextureFilteringMode : Int
Description Texture filtering modes to use when the texture is drawn in a size other than its native size.
Availability iOS (7.0 to 8.2)
Declared In SpriteKit
Reference SKTexture Class Reference
e.setScale(2.0)

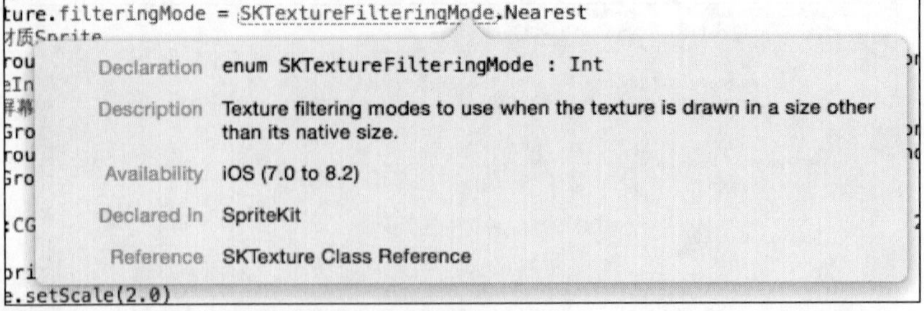

图 1-38　SKTextureFilteringMode 的 API 文档对话框

如果单击图 1-38 中标识的按钮，会弹出完整文档的窗口。如图 1-39 所示。

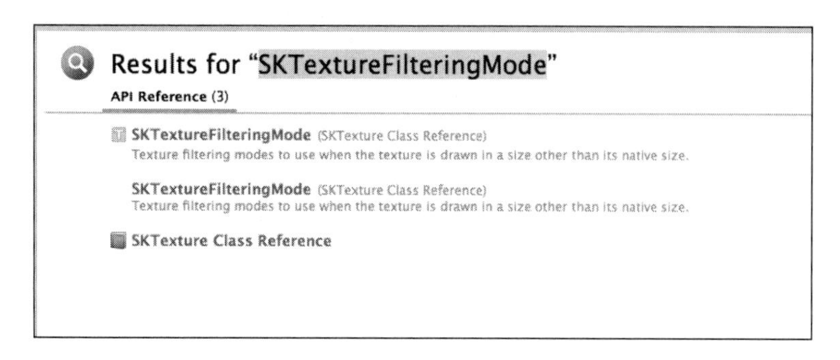

图 1-39　完整文档的窗口

1.3.11　调试代码

最简单的调试方法是通过 NSLog 打印出程序运行中的结果，然后根据这些结果判断程序运行的流程和结果值是否符合预期。对于简单的询问项目，通常使用这种方式即可。但是，如果开发的是商业项目，需要借助 Xcode 提供的专门调试工具。所有的编程工具的调试思路都是相同的。首先要在代码中设置断点，此时可以想象一下，程序的执行是顺序的，可能怀疑某个地方的代码出了问题（引发 bug），可以在这段代码开始的地方，比如在方法的第一行，或者循环的开始部分，设置一个断点。程序在调试时会在运行到断点时中止，接下来可以一行一行地执行代码，判断执行顺序是否是自己预期的，或者变量的值是否和自己想的保持一致。

设置断点的方法非常简单，比如要对红框表示的行设置断点，可以单击该行左侧红圈位置。如图 1-40 所示。

```
-(NSString *) getPrice;

@end

@implementation GeneralBook

-(NSString *) getPrice{
    return @"$17";
}

@end

int main (int argc, const char * argv[]) {
    NSAutoreleasePool * pool = [[NSAutoreleasePool alloc] init];

    GeneralBook *book=[[GeneralBook alloc] init];
    NSLog(@"Book price: %@",[book getPrice]);
    [pool drain];
    return 0;
}
```

图 1-40　单击该行左侧红圈位置

单击后会出现断点标志，如图 1-41 所示。

```
int main (int argc, const char * argv[]) {
    NSAutoreleasePool * pool = [[NSAutoreleasePool alloc] init];

    NSString *message=@"你好，世界！";
    NSLog(@"%@, 长度为： %i",message,[message length]);
    [message printHelloInfo];

    Book *book=[[Book alloc] init];
    [book printName:@"" authorName:@""];
```

图 1-41　出现断点标志

然后运行代码，比如使用“Command+Enter”命令，这时将运行代码，并且停止在断点处。如图 1-42 所示。

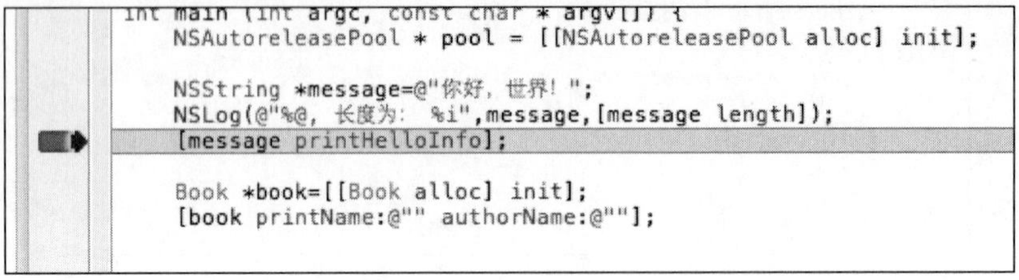

```
int main (int argc, const char * argv[]) {
    NSAutoreleasePool * pool = [[NSAutoreleasePool alloc] init];

    NSString *message=@"你好，世界！";
    NSLog(@"%@, 长度为: %i",message,[message length]);
    [message printHelloInfo];

    Book *book=[[Book alloc] init];
    [book printName:@"" authorName:@""];
```

图 1-42　停止在断点处

可以通过“Shift+Command+Y”命令调出调试对话框，如图 1-43 所示。

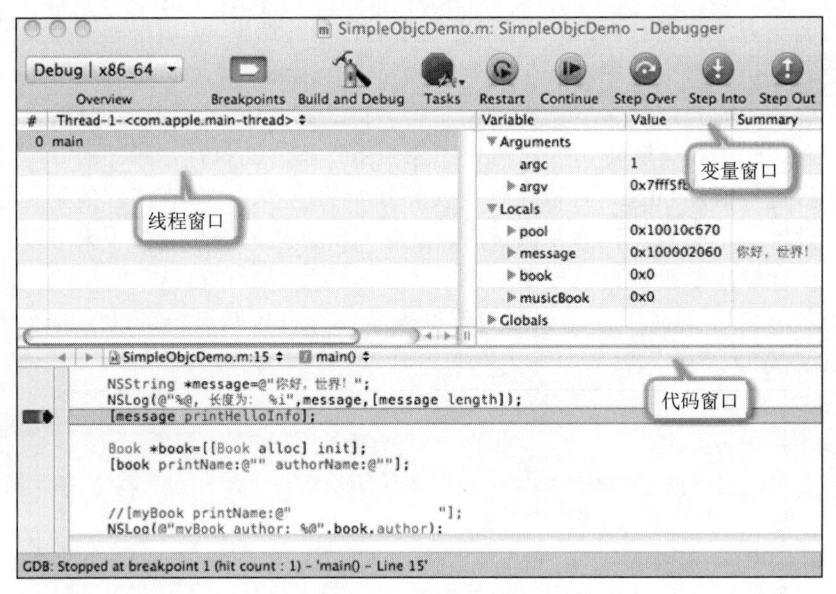

图 1-43　调试对话框

这和其他语言 IDE 工具的界面大同小异，因为都具有类似的功能。下面是主要命令的具体说明：

- continue：继续执行程序。
- step over, step into, step out：用于单步调试，分别如下：
- step over：将执行当前方法内的下一个语句。
- step into：如果当前语句是方法调用，将单步执行当前语句调用方法内部的第一行。
- step out：将跳出当前语句所在方法，到方法外的第一行。

通过调试工具，可以对应用做全面和细致的调试。

1.4　创建一个 iOS 9 项目

Xcode 是一款功能全面的应用程序，通过此工具可以轻松输入、编译、调试并执行 Swift 程序。如果想在 Mac 上快速开发 iOS 应用程序，必须学会使用这个强大的工具的方法。接下来将简单介绍使用 Xcode 编辑启动模拟器的基本方法。

（1）Xcode 位于“Developer”文件夹内的“Applications”子文件夹中，快捷图标如图 1-44 所示。

图 1-44　Xcode 图标

（2）启动 Xcode 7 后的初始界面如图 1-45 所示，在此可以设置创建新工程或打开一个已存在的工程。

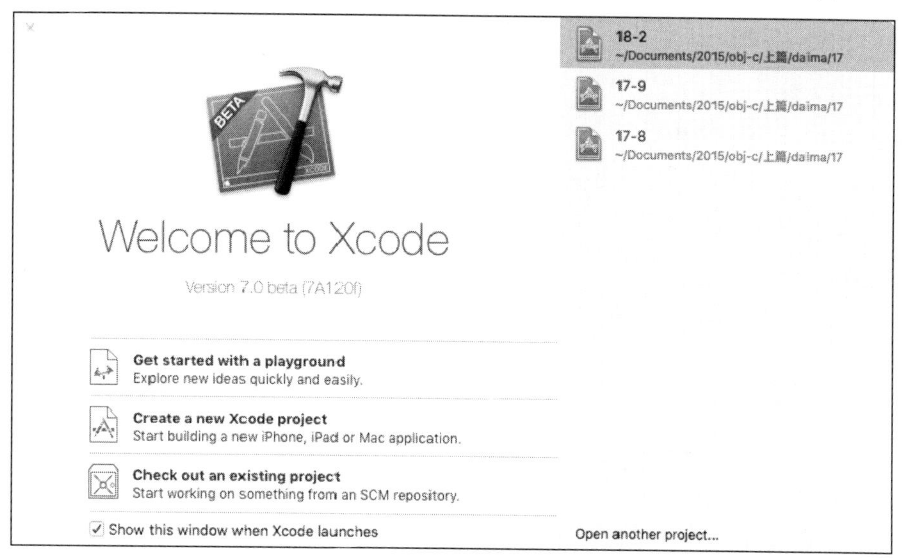

图 1-45　启动一个新项目

（3）单击“Create a new Xcode project”后会出现如图 1-46 所示的窗口。

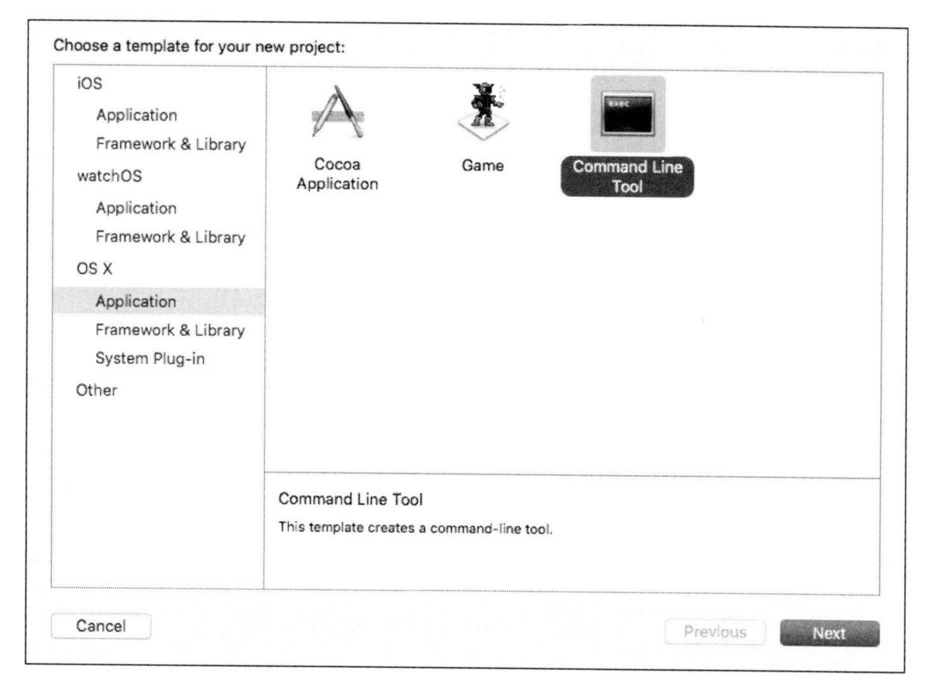

图 1-46　启动一个新项目：选择应用程序类型

（4）从 iOS 9 开始，在“Choose a template...”窗口的左侧新增了“watchOS”选项，这是为开发苹果手表应用程序所准备的。选择“watchOS”选项后的效果如图 1-47 所示。

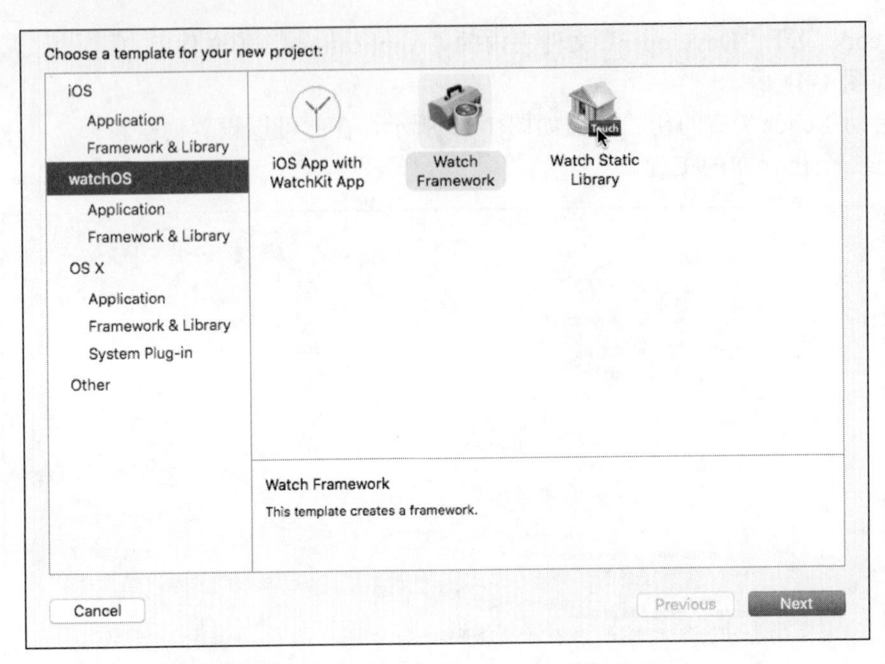

图 1-47 选择 “watchOS”选项后的效果

（5）对于大多数 iOS 9 应用程序来说，只需选择 “iOS”下的“Single View Application（单视图应用程序）”模板，单击“Next”（下一步）按钮即可。如图 1-48 所示。

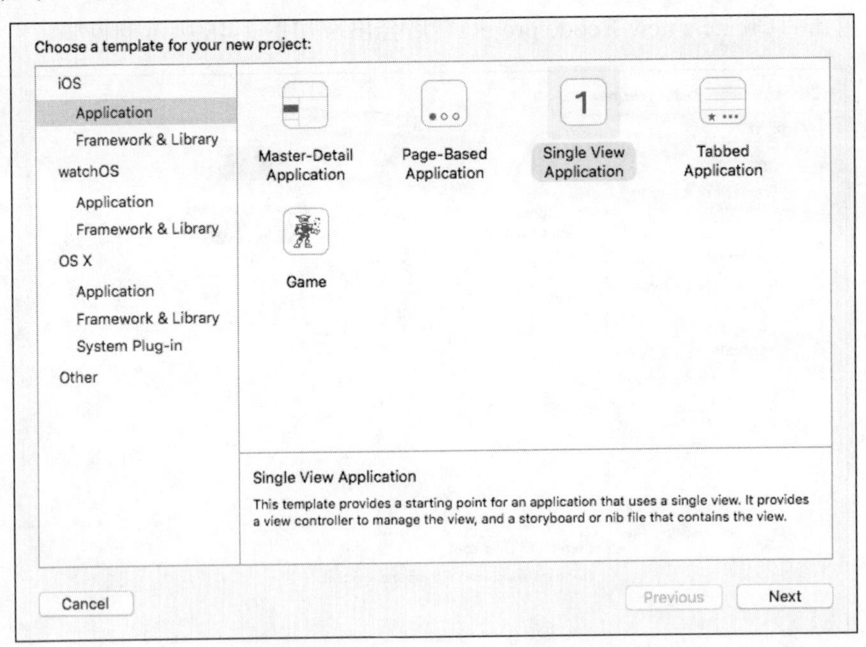

图 1-48 单击模板“Empty Application（空应用程序）”

（6）选择模板单击“Next”按钮后，在新界面中，Xcode 将要求您指定产品名称和公司标识符。产品名称就是应用程序的名称，而公司标识符创建应用程序的组织或个人的域名，但按相反的顺序排列。这两者组成了结束标识符，它将您的应用程序与其他 iOS 应用程序区分开来。如图 1-49 所示。

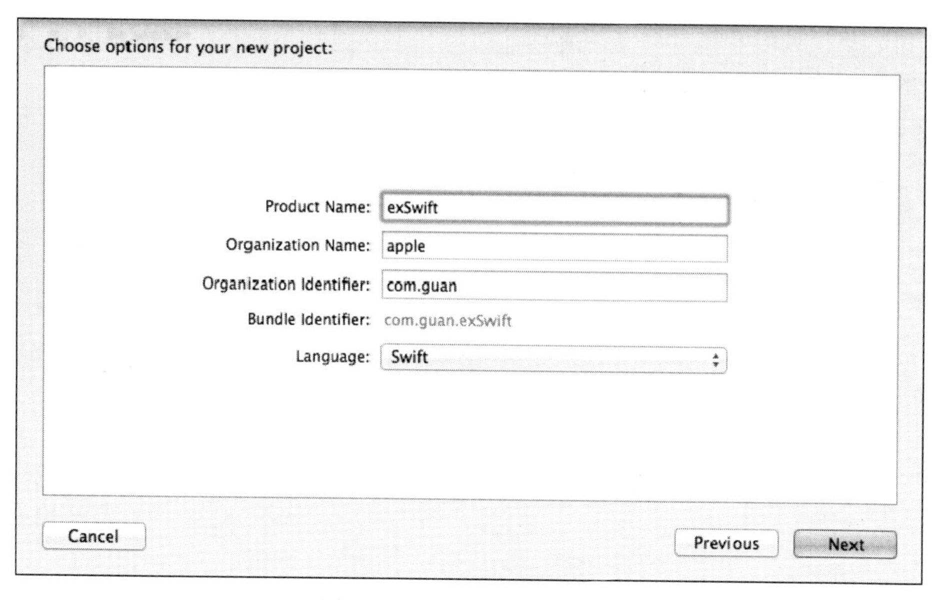

图 1-49　Xcode 文件列表窗口

例如，创建一个名为“exSwift”的应用程序，设置域名为“apple”。如果没有域名，在开发时可以使用默认的标识符。

（7）单击“Next”按钮，Xcode 将要求我们指定项目的存储位置。切换到硬盘中合适的文件夹，确保没有选择复选框 Source Control，再单击“Create（创建）”按钮。Xcode 将创建一个名称与项目名相同的文件夹，并将所有相关联的模板文件都放到该文件夹中。如图 1-50 所示。

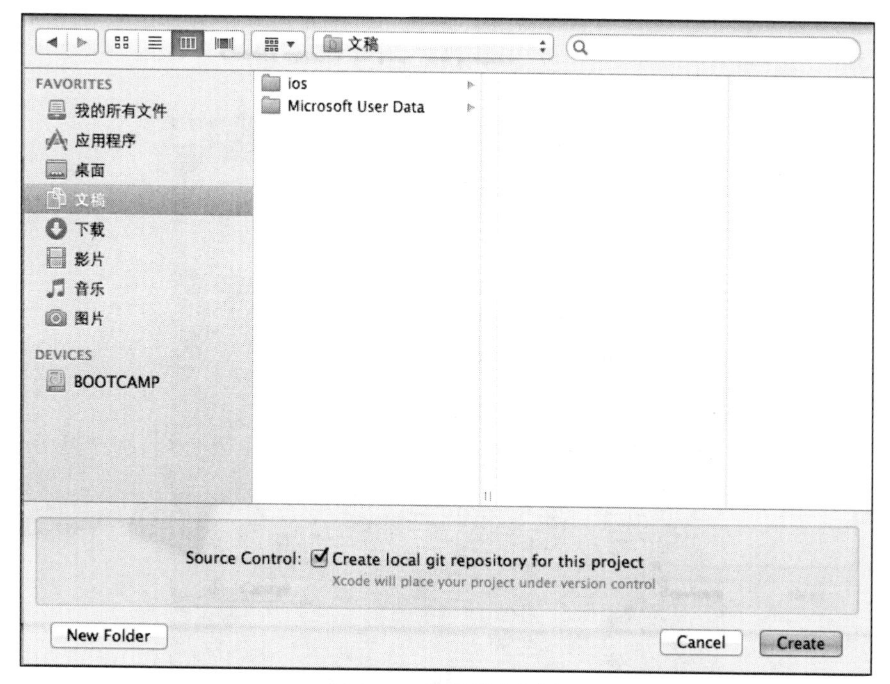

图 1-50　选择保存位置

（8）在 Xcode 中创建或打开项目后，将出现一个类似于 iTunes 的窗口，可以使用它来完成所有的工作，从编写代码到设计应用程序界面。如果这是您第一次接触 Xcode，令人眼花缭乱的按钮、下拉列表和图标会让您感到无所适从。为了让您对这些有大致的认识，下面介绍该界面的主要功能区域，如图 1-51 所示。

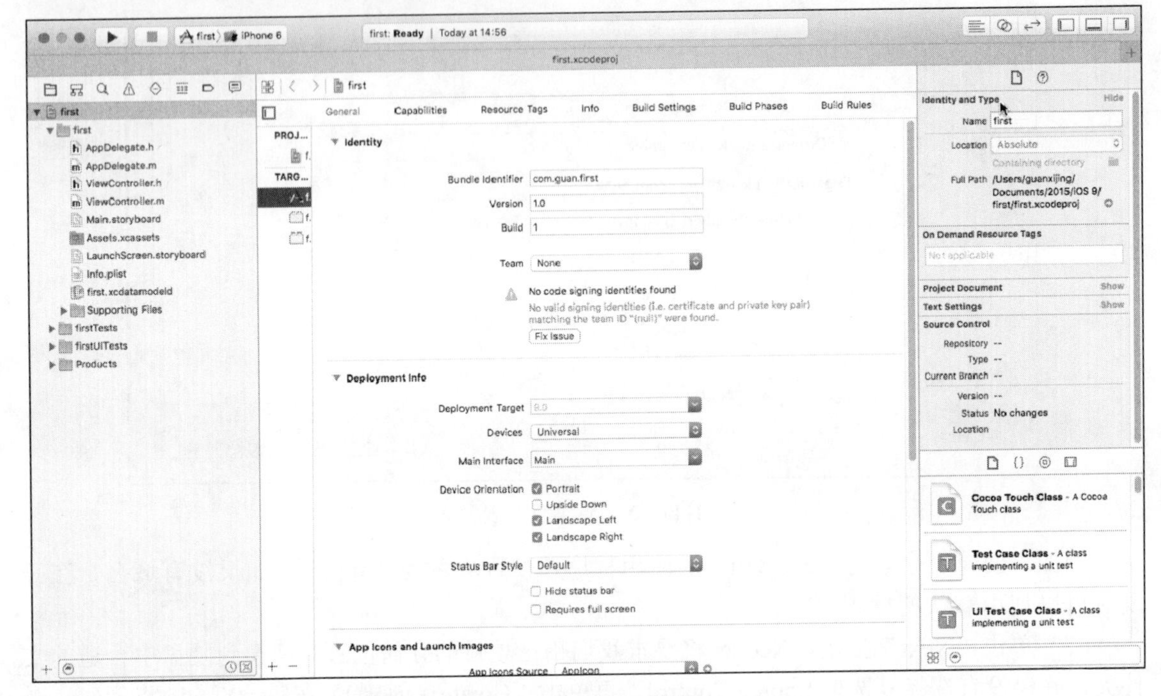

图 1-51 Xcode 界面

（9）运行 iOS 模拟器的方法十分简单，只需单击左上角的▶按钮即可。运行效果如图 1-52 所示。

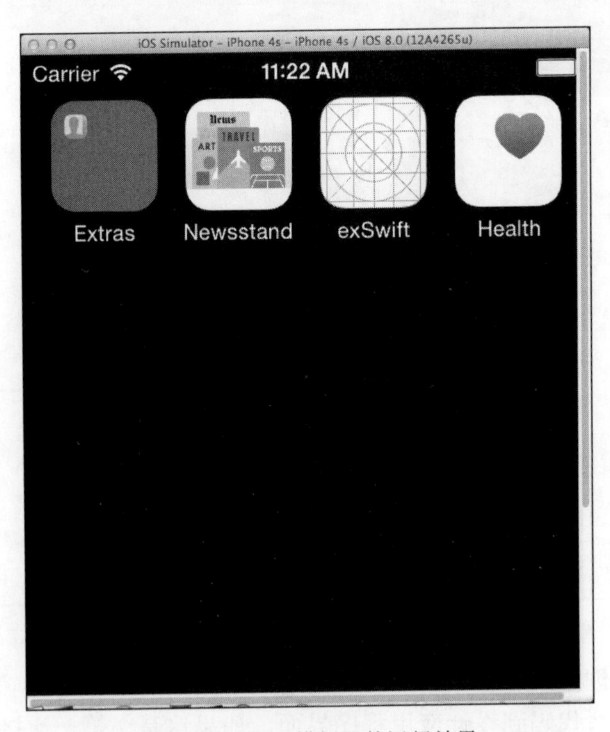

图 1-52 iOS 9 模拟器的运行效果

1.5　打开一个现有的 iOS 9 项目

在开发过程中，经常需要打开一个现有的 iOS 9 项目，例如，读者打开本书源代码下载包中的源码工程。

（1）启动 Xcode 7 开发工具，选择右下角的“Open another project…”命令。如图 1-53 所示。

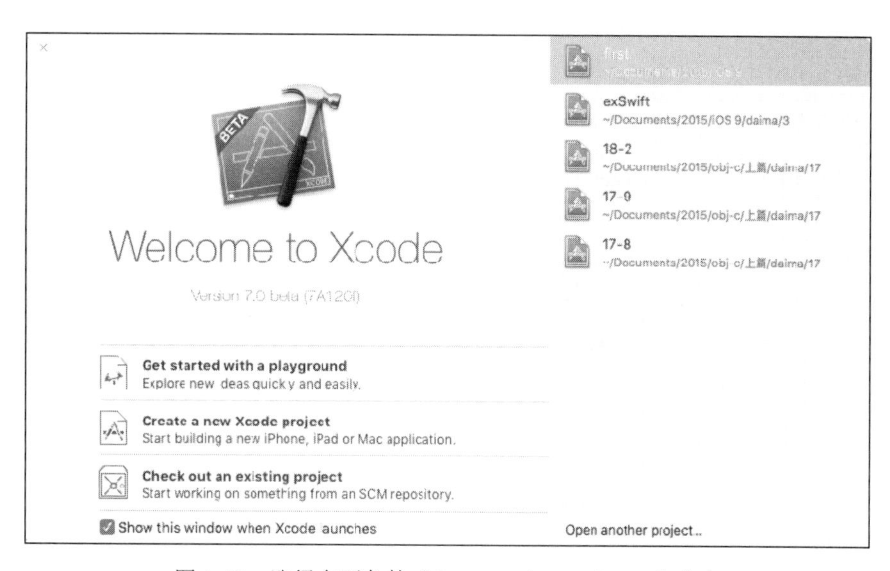

图 1-53　选择右下角的“Open another project…”命令

（2）此时会弹出选择目录对话框界面，在此找到要打开项目的目录，单击“.xcodeproj”格式的文件即可打开这个 iOS 9 项目。如图 1-54 所示。

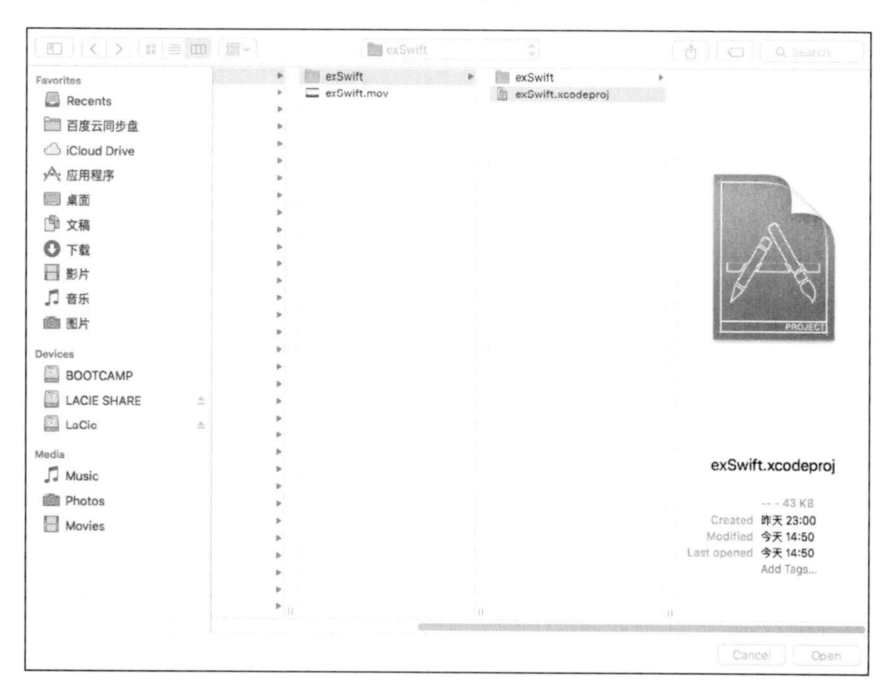

图 1-54　单击“.xcodeproj”格式的文件

另外，读者也可以直接来到要打开工程的目录位置，双击其中的“.xcodeproj”格式的文件也可以打开 iOS 9 项目。

1.6 第一段 Swift 程序

苹果公司推出 Swift 编程语言时，建议使用 Xcode 7 来开发 Swift 程序。在本节的内容中，将详细讲解使用 Xcode 7 创建 Swift 程序的方法。

实例 1-1	使用 Xcode 7 开发第一个 Swift 程序
源码路径	源代码下载包:\daima\1\exSwift

（1）打开 Xcode 7，单击“Create a new Xcode project”新建一个工程文件。如图 1-55 所示。

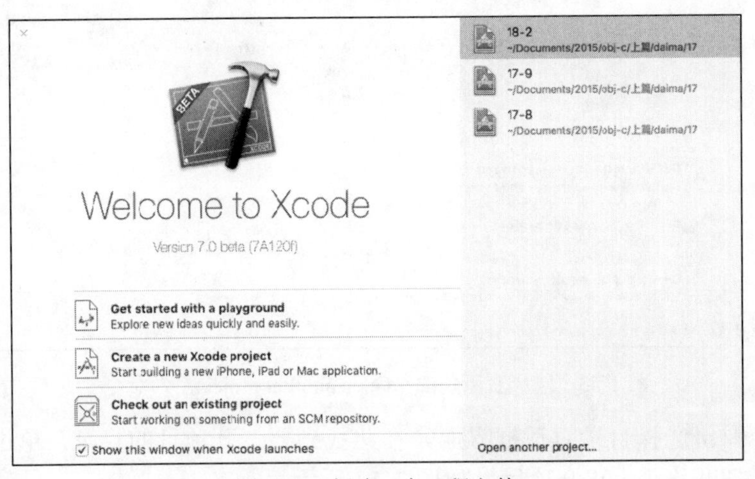

图 1-55 新建一个工程文件

（2）弹出界面，在左侧栏目中选择“Application”，在右侧选择“Command Line Tool”，单击“Next”按钮。如图 1-56 所示。

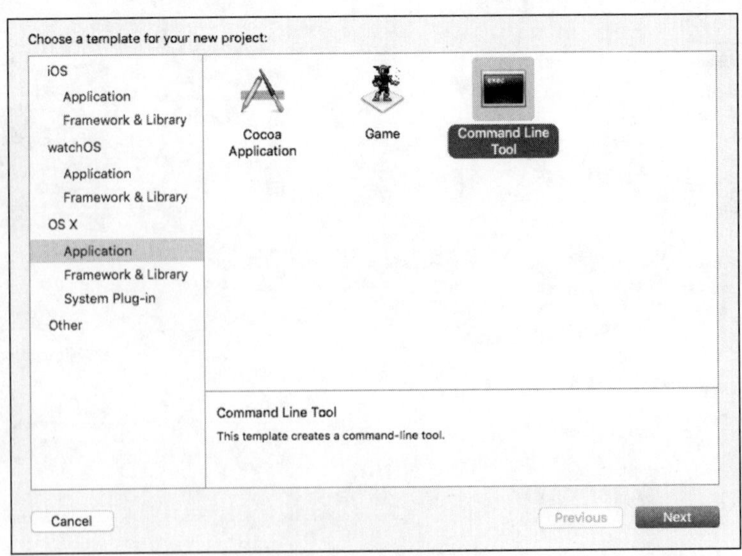

图 1-56 新建一个“Command Line Tool”工程

（3）在弹出的界面中设置各个选项值，在“Language”选项中设置编程语言为“Swift”，单击“Next”按钮。如图 1-57 所示。

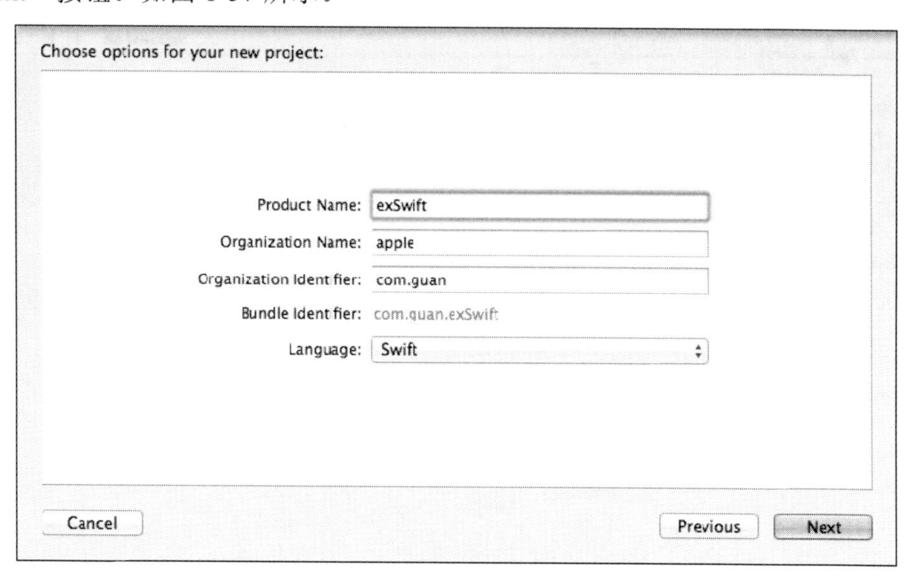

图 1-57　设置编程语言为“Swift”

（4）在弹出的界面中设置当前工程的保存路径，如图 1-58 所示。

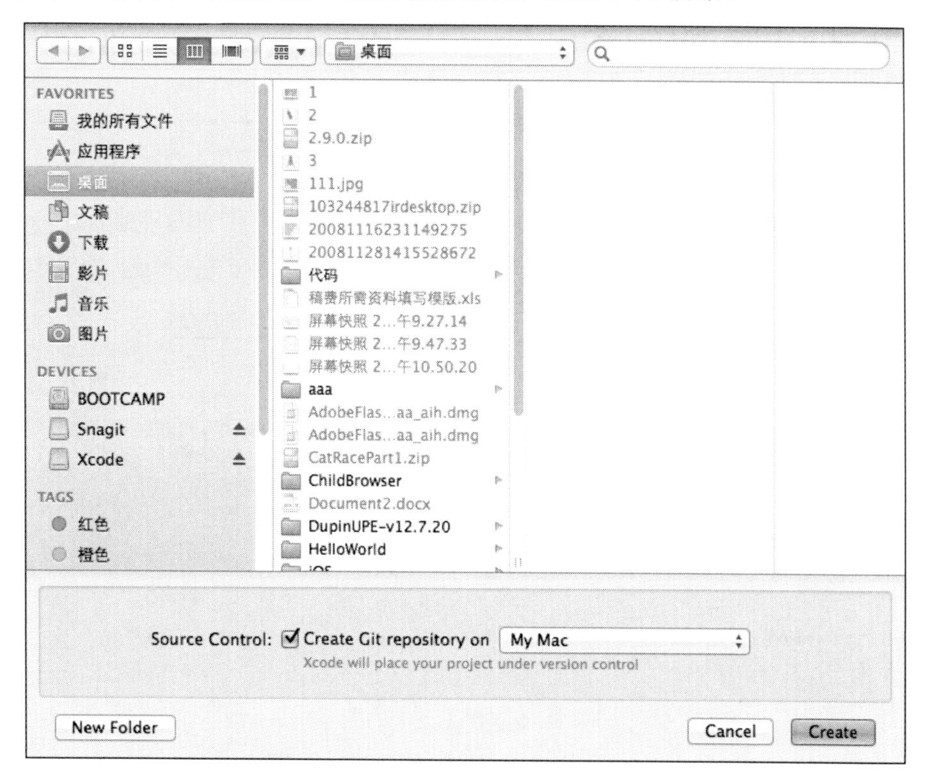

图 1-58　设置保存路径

（5）单击“Create”按钮，自动生成一个用 Swift 语言编写的 iOS 工程。在工程文件 main.swift 中会自动生成一个“Hello, World!”语句。如图 1-59 所示。

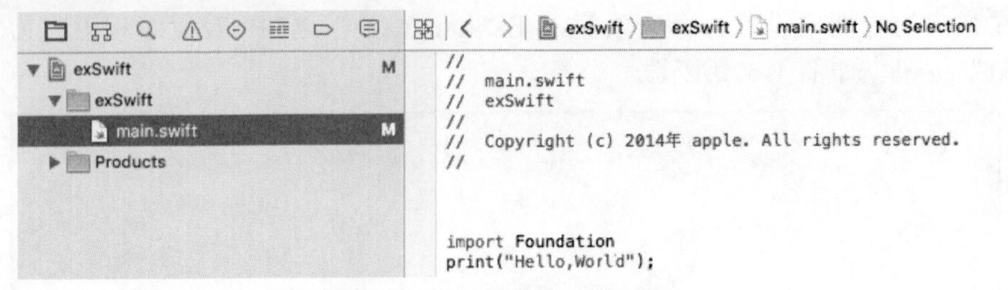

图 1-59　自动生成的 Swift 代码

文件 main.swift 的代码是自动生成的，具体代码如下所示。

```
//
// main.swift
// exSwift
//
// Created by admin on 15-6-7.
// Copyright (c) 2015年 apple. All rights reserved.
//

import Foundation

print("Hello, World!")
```

单击图 1-59 左上角的▶按钮运行工程，会在 Xcode 7 下方的控制台中输出运行结果，如图 1-60 所示。

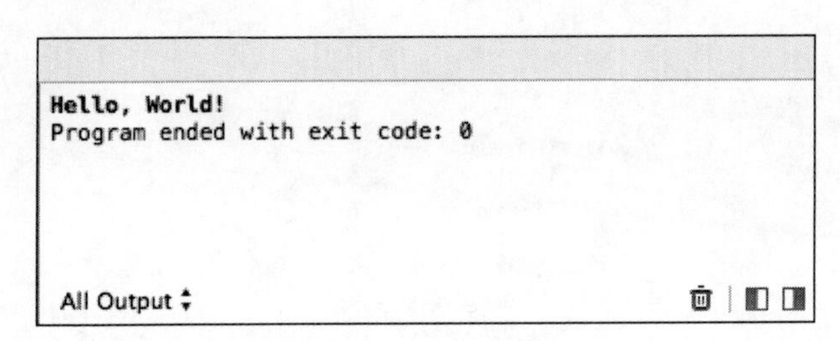

图 1-60　输出运行结果

（6）为了提高代码的复杂性，重新编辑文件 main.swift 的内容，编辑后的具体代码如下所示。

```
import Foundation
func testfunc()
{
   let bgen:Bool = true
   //分支
   if(bgen)
   {
      print(bgen);

   }else

   {
      print(bgen);
```

```
}
let value=123;
switch(value)

    {
case 123:
    print("1")
    fallthrough; //继续执行

case 2:

    print("2")
case 3:

    print("3")
default:
    print("没有匹配的")

}
//switch ()中的值可以是字符串
switch("理想")
    {
case "理想":
    print("理想")
case "理想2":

    print("理想2")
case "理想3":
    print("理想3")
default:

    print("没有匹配的字符")

}
//case 中可以有多个匹配项

switch("abc")

    {

case "123":

    print("123");
case "456","abc":

    print("123  abc ");
default:

    print("没有找到合适的匹配");

}
```

```
//  比较操作  hasSuffix 函数是判断字符串是不是以其参数结尾
switch("理想 and swift")

   {
case let x  where x.hasSuffix("swift"): // 注意此时的 x 的值就是switch()中的
值 where 额外的判断条件

   print("swift");
case  "理想":

   print("理想");

default:

   print("me");

}
var i:Int = 0;
while( i<10)
{

   i++;

   print(i);

}
repeat
{
   i--;

   print(i);
}while(i>0);
//for in
//使用for-in循环来遍历一个集合里面的所有元素，例如由数字表示的区间、数组中的元素、字符串
中的字符
for index in 1...5
{

   print("index=\(index)");
}
//如果你不需要知道区间内每一项的值，你可以使用下画线（_）替代变量名来忽略对值的访问
var num=0;
for _ in 1...5
{
   num++;
   print("num =\(num)");
}
//遍历字符
for str in "ABCDE".characters
{
   print("str=\(str)");
}
```

```
    for(var i=0; i<10; i++)
    {
        print("i=\(i)");
     }
}
// 调用函数
testfunc();
```

重新在 Xcode 7 中执行上述文件，单击图 1-59 左上角的▶按钮运行工程，会在 Xcode 7 下方的控制台中输出运行结果，如图 1-61 所示。

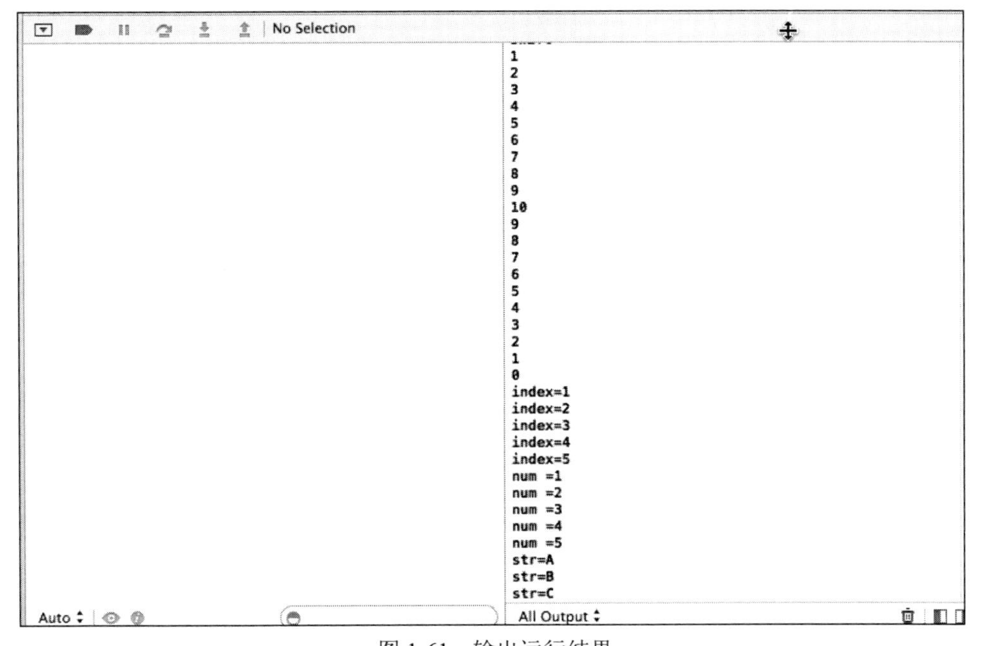

图 1-61　输出运行结果

图 1-61 执行效果的完整输出内容如下所示。

```
true
1
2
理想
123  abc
swift
1
2
3
4
5
6
7
8
9
10
9
8
```

```
7
6
5
4
3
2
1
0
index=1
index=2
index=3
index=4
index=5
num =1
num =2
num =3
num =4
num =5
str=A
str=B
str=C
str=D
str=E
i=0
i=1
i=2
i=3
i=4
i=5
i=6
i=7
i=8
i=9
Program ended with exit code: 0
```

此时读者无须理解文件 main.swift 中每一行代码的具体含义，在此只是以此文件为基础，作为本书后面讲解 Swift 基本语法构成的素材。

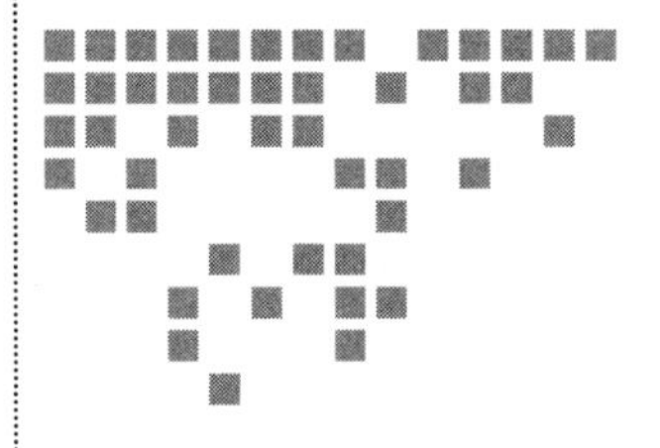

Chapter 2 第2章

Swift的基础语法

Swift是基于iOS和OS X应用开发的一门新语言。然而，如果读者有C或Objective-C开发的经验，会发现Swift的很多内容与C或Objective-C相似。例如Int是整型，Double和Float是浮点型，Bool是布尔型。另外，Swift也使用变量来进行存储并通过变量名来关联值。在本章的内容中，将详细讲解Swift语言的基础性语法知识，为读者步入本书后面知识的学习打下基础。

2.1　分号

与其他大部分编程语言不同，Swift语言并不强制要求在每条语句的结尾处使用分号“;”。当然，开发人员可以按照自己的习惯添加分号。当在Swift程序中的同一行内写多条独立的语句时，必须要用分号进行隔开，例如如下所示的演示代码。

```
let cat = "aaa"; print(cat)
// 输出 "?"
```

从上述代码中可以看出，如果在同一行写多条语句，语句之间必须加分号。但多条语句的最后一条语句后面可以不加分号。如果一行只写一条语句，可以不加分号， 当然，也可以加分号。不过可能有很多程序员习惯了C、C++、Java、C#等语言的写法，总习惯在后面加分号。但这也无所谓，反正加一个分号也没什么。

Swift语言比较特殊，不必在每一句后面加分号，而且也不需要一个main函数作为入口。例如通过如下代码即可实现简单的赋值处理。

```
var a=1
a=2
let b=1
```

注意：Swift 的分号规则的唯一例外就是 for-conditional-increment 结构，该结构中分号是必需的。

2.2 空白

在 Swift 语言中，空白（whitespace）有如下所示的两个用途。

- 分隔源文件中的标记。
- 区分运算符属于前缀还是后缀。

在 Swift 语言中，在除了上述两个用途之外，在其他情况下的空白都会被忽略。例如下面的字符会被当作空白：

- 空格（space）（U+0020）。
- 换行符（line feed）（U+000A）。
- 回车符（carriage return）（U+000D）。
- 水平 tab（horizontal tab）（U+0009）。
- 垂直 tab（vertical tab）（U+000B）。
- 换页符（form feed）（U+000C）。
- 空（null）（U+0000）。

读者在使用运算符时候需要注意，Swift 的运算符是左右对称的，如过左侧有空格，则在右侧就必须写空格。如果在左侧没有空格，则右侧也不用有。否则会出错，运算符会被判断为闭包表达式。

2.3 标识符和关键字

在 Swift 程序中，标识符和关键字是最基本的构成元素之一。在本节的内容中，将详细讲解 Swift 标识符和关键字的基本知识，为读者步入本章后面知识的学习打下基础。

2.3.1 标识符

所谓标识符，是指为变量、函数和类以及其他对象所起的名称。但是这些名称不能随意命名，因为在 Swift 系统中已经预定义了很多标识符，这些预定义的标识符不能被用来定义其他意义。

在 Swift 语言中，标识符（Identifiers）可以由以下的字符开始。

- 大写或小写的字母 A 到 Z。
- 下画线“_”、基本多语言面（Basic Multilingual Plane）中的 Unicode 非组合字符。
- 基本多语言面以外的非专用区（Private Use Area）字符。

在上述首字符之后，标识符允许使用数字和 Unicode 字符组合。

在 Swift 语言中，如果想使用保留字（reserved word）作为标识符，需要在其前后增加反引号“`”。例如，虽然 class 不是合法的标识符，但是可以使用`class`。反引号不属于标识符的一部分，`x` 和 x 表示同一标识符。

注意：有关基本多语言面(Basic Multilingual Plane)的知识，请读者参阅维基百科中的“Unicode 字符平面映射”。另外，在 Swift 的闭包（closure）中，如果没有明确指定参数名称，参数将被隐式命名为 $0、$1、$2... 这些命名在闭包作用域内是合法的标识符。

在 Swift 语言中，标识符需要遵循如下命名规则。

（1）所有标识符必须由一个字母“a~z”、“A~Z”或下画线“_”开头。

（2）标识符的其他部分可以用字母、下画线或数字“0~9”组成。

（3）大小写字母表示的意义不同，即代表不同的标识符，如前面的 cout 和 Cout。

（4）在定义标识符时，虽然语法上允许用下画线开头，但是，最好避免定义用下画线开头的标识符，因为编译器常常定义一些下画线开头的标识符。

（5）Swift 没有限制一个标识符中字符的个数，但是大多数的编译器都会有限制。在定义标识符时，通常无须担心标识符中字符数会不会超过编译器的限制，因为编译器限制的数字很大，例如 255。

（6）标识符应当直观且可以拼读，可以望文知义。标识符最好采用英文单词或其组合，便于记忆和阅读，切忌使用汉语拼音来命名。程序中的英文单词一般不会太复杂，用词应当准确。例如不要把 CurrentValue 写成 NowValue。

（7）命名规则尽量与所采用的操作系统或开发工具的风格保持一致。例如 Windows 应用程序的标识符通常采用“大小写”混排的方式，如 AddChild。而 Unix 应用程序的标识符通常采用“小写加下画线”的方式，如 add_child。不要将这两类风格混在一起使用。

（8）程序中不要出现仅靠大小写区分的相似的标识符。例如：

```
int x, X;
```

（9）程序中不要出现标识符完全相同的局部变量和全局变量，尽管两者的作用域不同而不会发生语法错误，但是这样会使人产生误解。

例如，identifier、userName、User_Name、_sys_val、“身高”等为合法的标识符，而 2mail、room#和 class 为非法的标识符。其中，使用中文“身高”命名的变量是合法的。

Swift 程序中的字母采用的是 Unicode 编码，Unicode 被称作统一编码制，它包含了亚洲文字编码，如中文、日文、韩文等字符。甚至还包含在聊天工具中使用的表情符号，例如😀👤😱等。因为这些符号其实也是 Unicode 字符，而并非图片，所以可以在 Swift 程序中使用这些符号。另外，如果一定要使用关键字作为标识符，可以在关键字前后添加重音符号“`”。例如下面的代码都是合法的：

```
let π =3.14159
let_Hello = "Hello"
let 您好 = "你好"
let `class` = " 😄 😊 😁"
```

在上述代码中，“class”是 Swift 中的关键字，事实上重音符号“`”不是标识符的一部分，它也可以用于其他标识符，如 π 和`π`是等价的。在 Swift 程序中，使用关键字作为标识符是一种很不好的编程习惯。

2.3.2 关键字

在 Swift 程序中，不允许将被保留的关键字（keywords）作为标识符，除非被反引号转义。在 Swift 语言中，常用的关键字如下所示。

- 用作声明的关键字：class、deinit、enum、extension、func、import、init、let、protocol、static、struct、subscript、typealias、var。

- 用作语句的关键字：break、case、continue、default、do、else、fallthrough、if、in、for、return、switch、where、while。
- 用作表达和类型的关键字：as、dynamicType、is、new、super、self、Self、Type、_COLUMN_、_FILE_、_FUNCTION_、_LINE_。
- 特定上下文中被保留的关键字：associativity、didSet、get、infix、inout、left、mutating、none、nonmutating、operator、override、postfix、 precedence、prefix、right、set、unowned、unowned(safe)、unowned(unsafe)、weak、willSet，这些关键字在特定上下文之外可以被用作标识符。

对于上述关键字来说，没有必要全部知道它们的具体含义。但是需要牢记的是：在 Swift 程序中，关键字是区分大小写的，因此 class 和 Class 是不同的，当然 Class 不是 Swift 的关键字。

2.4 常量和变量

Swift 语言中的基本数据类型，按其取值可以分为常量和变量两种。在程序执行过程中，其值不发生改变的量被称为常量，其值可变的量被称为变量。两者可以和数据类型结合起来进行分类，例如可以分为整型常量、整型变量、浮点常量、浮点变量、字符常量、字符变量、枚举常量、枚举变量。在 C 语言程序中，常量是可以不经说明而被直接引用的，而变量则必须先定义后使用。在本节的内容中，将对常量和变量的知识进行深入讲解。

2.4.1 声明常量

不管是什么语言，变量都必须确定数据类型，否则不能存储数据。但不同的语言，获取数据类型的方式是有区别的。例如，对于静态语言（Java、C#等）， 必须在定义变量时指定其数据类型。当然，为了让这个变量什么类型的值都能存储，也可以将变量类型设置为 Object 或相似的类型。但不管设置为什么，类型是必须要指定一个的。所以，静态语言变量的数据类型是在编译时确定的。

在 Swift 语言中，在使用常量和变量前必须声明，使用关键字“let”来声明常量，使用关键字“var”来声明变量。

在 Swift 语言中，使用关键字 let 声明常量，具体语法格式如下所示。

```
let name = value
```

（1）name：表示常量的名字，在命名时建议遵循如下规则。

- 变量名首字母必须为字母(小写 a-z，大写 A-Z)或下画线“_”开始；
- 常量名之间不能包含空格。

（2）value：常量的值。

例如在下面的演示代码中，展示了用常量和变量来记录用户尝试登录次数的方法。

```
let mm = 10
var nn = 0
```

在上述代码中，声明一个名为“mm”的新常量，并且将其赋值为 10。然后，声明一个名为“nn”的变量，并且将其值初始化为 0。这样，允许的最大尝试登录次数被声明为一个常量，因为这个值不会改变。当前尝试登录次数被声明为一个变量，因为每次尝试登录失败时都需要增加这个值。

对于常量来说，不管指定不指定数据类型，都必须进行初始化。例如，下面两条语句都是不合法的。

```
let const1                    //  不合法，常量必须初始化
let const2:Int                //  不合法，常量必须初始化
```

要想定义一个合法的常量，必须使用下面的形式。

```
let const3:Int = 20           //  合法的常量定义（指定数据类型）
let const3 = 20               //  合法的常量定义（不指定数据类型，动态推导）
```

实例 2-1	输出常量的值
源码路径	源代码下载包:\daima\2\2-1

实例文件 main.swift 的具体实现代码如下所示。

```
import Foundation
let friendlyWelcome = "我爱巴西世界杯！"
let aa = 10
let name = "fan pei xi"
print(friendlyWelcome)
print(aa)
print(name)
```

本实例执行后的效果如图 2-1 所示。

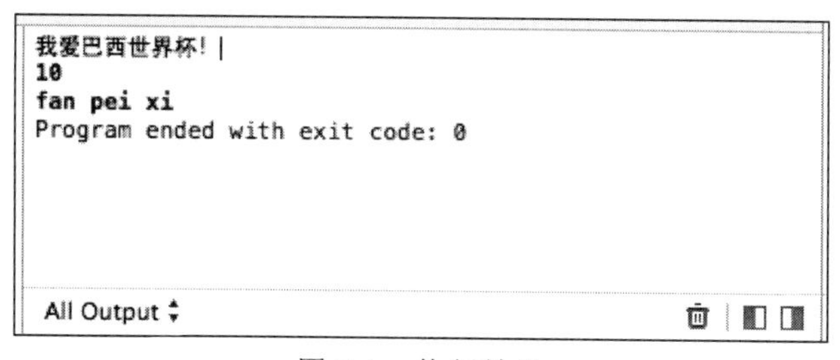

图 2-1　执行效果

注意：Swift 的编程风格

（1）常量通过 let 关键字定义，而变量使用 var 关键字定义。任何值如果是一个不变量，那么请使用 let 关键字恰如其分地定义它，最后你会发现自己喜欢使用 let 远多于 far。

（2）有一个方法可以帮开发者符合该项规则，将所有值都定义成常量，然后编译器提示时将其改为变量。

2.4.2　声明变量

对于动态语言来说，变量也必须要有一个数据类型，只是这个数据类型并不是在定义变量时指定的，而是在程序运行到变量第一次初始化的语句时才确定数据类型。所以，动态语言的变量数据类型是在程序运行时确定的，这也是这种语言被称为动态语言的原因之一。

在Swift语言中，其值可以改变的量被称为变量。一个变量应该有一个名字，在内存中占据一定的存储单元。变量定义必须放在变量使用之前，一般放在函数体的开头部分。可以在Swift程序的同一行代码中声明多个常量或者多个变量，之间用逗号“,”隔开。例如下面的演示代码。

```
var x = 0.0, y = 0.0, z = 0.0
var m = 10,  n= 2134, q = 12345
```

在Swift语言中，如果在代码中有不需要改变的值，则需要使用关键字“let”将其声明为常量，将需要改变的值声明为变量。

无论是变量还是常量，一旦确定了数据值类型，便不能改变。例如，下面的代码会抛出编译错误。

```
var value = "abc"
value = 20
```

在上述代码中，value已经确定了是字符串（String）类型，不能再次被定义为Int类型。

除此之外还要注意，如果变量或常量在定义时未指定数据类型，初始化什么值都可以。一旦指定了数据类型，必须初始化与数据类型相符的值。例如，下面的代码是错误的。

```
var value:String = 123    //  必须初始化字符串值
```

如果想使用一个var或let定义多个变量或常量，可以用逗号“,”分隔多个变量或常量。例如，下面定义的变量和常量都是合法的。

```
var v1 = "abc", v2:Float = 20.12,v3:Bool
let const1 = "xyz", const2:Double = 12.34;
```

在Swift程序中，声明根据变量类型和值的不同有着不同的形式，例如，存储型变量和属性，计算型变量和属性，存储型变量监视器和属性监视器，类和静态变量属性等，所使用的声明形式取决于变量所声明的范围和打算声明的变量类型。

（1）声明存储型变量和存储型属性

在Swift语言中，通过如下所示的格式声明一个存储型变量或存储型变量属性。

```
var name: type = expression
```

在上述格式中，“name”表示声明的标量名字，“type”表示声明的变量的类型，“expression”表示具体的变量值描述。在Swift语言中，可以使用上述格式在全局、函数、类和结构体的声明（context）中声明一个变量，具体说明如下所示。

- 当以上述形式在全局或者一个函数内声明变量时，声明的变量代表的是一个存储型变量。
- 当在类或者结构体中被声明时，声明的变量代表的是一个存储型变量属性。
- 初始化的表达式不可以在协议（protocol）定义中出现，在其他情况下的初始化表达式是可选的。如果没有初始化表达式，那么在定义变量时必须显示的声明变量类型（:type）。
- 正如名字一样，存储型变量的值或存储型变量属性均存储在内存中。

实例 2-2	输出变量的值
源码路径	源代码下载包:\daima\2\2-2

实例文件 main.swift 的具体实现代码如下所示。

```
import Foundation
var r :Float=5
var pi :Float=3.14
var circ :Float=pi*2*r
var area :Float=pi*r*r
print(r)             //显示结果
print(circ)          //显示结果
print(area)          //显示结果
```

本实例执行后的效果如图 2-2 所示。

```
5.0
31.4000015258789
78.5
Program ended with exit code: 0

All Output ⬍
```

图 2-2　执行效果

（2）计算型变量和计算型属性

在 Swift 语言中，通过如下所示的格式声明一个存储型变量或存储型属性。

```
var variable name: type {
    get {
       statements
    }
    set(setter name) {
       statements
    }
}
```

在 Swift 程序中，可以使用上述格式在全局、函数体、类、结构体、枚举和扩展中声明一个变量。具体说明如下所示。

- 当变量以这种形式在全局或者一个函数内被声明时，声明的变量代表一个计算型变量。
- 当在类、结构体、枚举、扩展的上下文中被声明时，声明的变量代表一个计算型变量属性。
- getter 用来读取变量值，setter 用来写入变量值。setter 子句是可选择的，而 getter 是必需的。在实际应用中可以将这些语句全部省略，只是简单的直接返回请求值。但是 setter 语句和 getter 语句必须成对出现，如果提供了一个 setter 语句，也必须提供一个 getter 语句。
- setter 的名字和圆括号内的语句是可选的。如果设置了一个 setter 名，它就会作为 setter 的参数被使用。
- 和存储型变量和存储型属性不同，计算型属性和计算型变量的值不存储在内存中。

（3）存储型变量监视器和属性监视器

在 Swift 语言中，可以使用 willset 和 didset 监视器来声明一个存储型变量或属性。声明一个包含监视器的存储型变量或属性的语法格式如下所示。

```
var variable name: type = expression {
    willSet(setter name) {
        statements
    }
    didSet(setter name) {
        statements
    }
}
```

在 Swift 程序中，可以使用上述格式在全局、函数体、类、结构体、枚举、扩展中声明一个变量。具体说明如下所示。

- 当变量以上述格式在全局或者一个函数内被声明时，监视器代表一个存储型变量监视器。
- 当在类、结构体、枚举、扩展中被声明变量时，监视器代表属性监视器。
- 可以为适合的监视器添加任何存储型属性，也可以通过重写子类属性的方式为适合的监视器添加任何继承的属性（无论是存储型还是计算型的）。
- 初始化表达式在类或者结构体的声明中是可选的，但是在其他地方是必需的。无论在什么地方声明，所有包含监视器的变量声明都必须有类型注释（Type Annotation）。
- 当改变变量或属性的值时，willset 和 didset 监视器提供了一个监视的方法（适当的回应）。监视器不会在变量或属性第一次初始化时运行，只有在值被外部初始化语句改变时才会被运行。
- willset 监视器只有在变量或属性值被改变之前运行。新的值作为一个常量经过 willset 监视器，因此不可以在 willset 语句中改变它。didset 监视器在变量或属性值被改变后立即运行。和 willset 监视器相反，为了以防止仍然需要获得旧的数据，旧变量值或者属性会经过 didset 监视器。这表示如果在变量或属性自身的 didiset 监视器语句中设置了一个值，设置的新值会取代在 willset 监视器中经过的那个值。
- 在 willset 和 didset 语句中，setter 名和圆括号的语句是可选的。如果设置了一个 setter 名，它就会作为 willset 和 didset 的参数被使用。如果不设置 setter 名，willset 监视器初始名为 newvalue，didset 监视器初始名为 oldvalue。
- 当提供一个 willset 语句时，didset 语句是可选的。同样道理，当提供一个 didset 语句时，willset 语句是可选的。

（4）类和静态变量属性

在 Swift 语言中，使用 class 关键字用来声明类的计算型属性，使用 static 关键字用来声明类的静态变量属性。

注意：在大多数静态语言中，指定整数或浮点数会确认默认的类型。例如，在 Java 语言中，如果直接写 23，会认为 23 是 int 类型；如果要让 23 变成 long 类型，则需要使用 23L。如果直接写 23.12，编译器会认为 23.12 是 double 类型，如果要将 23.12 变成 float 类型，需要使用 23.12f。而对于 float v = 23.12;，Java 编译器会认为是错误的，因为 23.12 是 double，而不是 float，正确的写法是 float v = 23.12f。而对于 short value = 23 是正确的。因为 Java 编译器会自动将 23 转换为 short 类型，但 23 必须在 short 类型的范围内。这么做是因为在 byte code 中 byte、short、int 都是使用同一个指令，而 float 和 double 使用了不同的指令，所以浮点数没有自动转换（理论上是可以的）。在 Swift 语言中，浮点数会自动转换，所以 var v:Float = 20.12 是没问题的。

2.4.3 输出常量和变量

在 Swift 语言中，可以用函数 println 来输出当前常量或变量的值。例如如下所示的演示代码。

```
var friendlyWelcome = "Hello!"
friendlyWelcome = "mm!"
print(friendlyWelcome)
// 输出 "mm!"
```

在 Swift 语言中，println 是一个用来输出的全局函数，输出的内容会在最后换行。如果使用 Xcode，println 将会输出内容到“console”面板上。另一种函数称为 print，唯一区别是在输出内容最后不会换行。

例如在下面的演示代码中，println 函数会输出传入的 String 值。

```
print("This is a string")
// 输出 "This is a string"
```

与 Cocoa 中的函数 NSLog 类似，函数 println 可以输出更复杂的信息，这些信息可以包含当前常量和变量的值。

在 Swift 语言中，使用字符串插值（string interpolation）的方式将常量名或者变量名当作占位符加入长字符串中。Swift 会用当前常量或变量的值替换这些占位符，将常量或变量名放入圆括号中，并在括号前使用反斜杠将其转义。例如如下所示的演示代码。

```
var friendlyWelcome = "Hello!"
friendlyWelcome = "mm!"
print("The current value of friendlyWelcome is \(friendlyWelcome)")
// 输出 "The current value of friendlyWelcome is mm!
```

注意：字符串插值所有可用的选项，请参考字符串插值。

实例 2-3	计算一个圆的面积
源码路径	源代码下载包:\daima\2\2-3

实例文件 main.swift 的具体实现代码如下所示。

```
import Foundation
var r,pi,area,circ:Float
r=5
pi=3.14
circ=pi*2*r
area=pi*r*r
print(r)        //显示结果
print(circ)     //显示结果
```

```
print(area)      //显示结果
```

本实例执行后的效果如图 2-3 所示。

```
5.0
31.4000015258789
78.5
Program ended with exit code: 0

All Output ⬍
```

图 2-3　执行效果

2.4.4　标注类型

在 Swift 语言中，在声明常量或者变量时可以添加类型标注（Type annotation），用以说明常量或者变量中要存储的值的类型。当在程序中添加类型标注时，需要在常量或者变量名后添加一个冒号和空格，然后添加类型名称。

例如在下面的代码中，为变量 welcomeMessage 标注了类型，表示这个变量可以存储 String 类型的值。

```
var welcomeMessage: String
```

声明中的冒号代表着“是…类型”，所以这行代码可以被理解为：

- “声明一个类型为 String，名字为 welcomeMessage 的变量。”

“类型为 String”是指“可以存储任意 String 类型的值。”

- 此时变量 welcomeMessage 可以被设置成任意字符串，例如如下所示的演示代码。

```
welcomeMessage = "Hello"
```

在 Swift 编程应用中，一般很少需要用到类型标注。如果在声明常量或者变量时赋了一个初始值，Swift 可以推断出这个常量或者变量的类型，具体方法请参考本书后面的类型安全和类型推断章节的内容。在上面的演示代码中，因为没有为变量 welcomeMessage 赋初始值，所以变量 welcomeMessage 的类型是通过一个类型标注指定的，而不是通过初始值推断的。

注意：从 Xcode6 Beta4 版本开始，多个相关变量可以用“类型标注”(type annotaion)在同一行中声明为同一类型。

实例 2-4	省略类型声明
源码路径	源代码下载包:\daima\2\2-4

实例文件 main.swift 的具体实现代码如下所示。

```
import Foundation

var r=5
var pi=3.14
var aa="I love you"
print(r)    //显示结果
print(pi)   //显示结果
print(aa)   //显示结果
```

本实例执行后的效果如图 2-4 所示。

```
5
3.14
I love you
Program ended with exit code: 0

All Output ⬍
```

图 2-4　执行效果

2.4.5　常量和变量的命名规则

在 Swift 语言中，可以用任何喜欢的字符作为常量和变量名，这其中也包括 Unicode 字符。例如如下所示的演示代码。

```
let π = 3.14159
let 你好 = "你好世界"
let □□ = "dogcow"
```

在 Swift 语言中，常量与变量名不能包含如下所示的元素。

- 数学符号。
- 箭头。
- 保留的（或者非法的）Unicode 码位。
- 连线。
- 制表符。

不能以数字开头，但是可以在常量与变量名的其他地方包含数字。

一旦将常量或者变量声明为确定的类型，那么就不能使用相同的名字再次进行声明，或者改变其存储的值的类型。另外，也不能将常量与变量进行互转。

注意：如果需要使用与 Swift 保留关键字相同的名称作为常量或者变量名，必须使用反引号“`”将关键字包围并将其作为名字使用。尽管如此，建议读者开始应当避免使用关键字作为常量或变量名，除非别无选择。

在 Swift 语言中，可以修改现有的变量值为其他同类型的值，例如在下面的演示代码中，将变量 friendlyWelcome 的值从“Hello!”改为了“mm!”。

```
var friendlyWelcome = "Hello!"
friendlyWelcome = "mm!"
// friendlyWelcome 现在的值是 "mm!"
```

实例 2-5	修改变量值
源码路径	源代码下载包:\daima\2\2-5

实例文件 main.swift 的具体实现代码如下所示。

```
var r=5
var pi=3.14
var aa="I love you"
r=10
```

```
pi=3.1415
print(r)    //显示结果
print(pi)   //显示结果
print(aa)   //显示结果
```

本实例执行后的效果如图 2-5 所示。

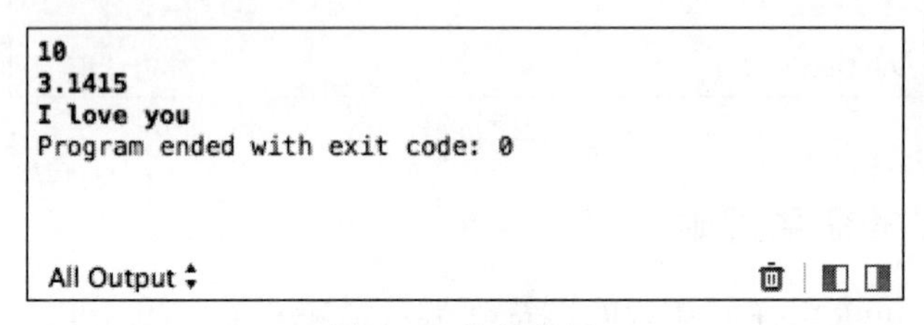

图 2-5　执行效果

与变量不同，常量的值一旦被确定就不能更改了。如果对常量尝试进行上述修改操作，就会发生编译报错的情形。例如如下所示的演示代码。

```
let languageName = "Swift"
languageName = "C++"
// 此时会发生编译报错，因为languageName 不可改变
```

2.5 注释

在通常情况下，注释是说明你的代码做些什么，具有什么功能。在 Swift 程序中，将非执行文本写为注释提示或者笔记的方式以方便将来进行阅读。Swift 编译器将会在编译代码时自动忽略掉注释部分。在本节的内容中，将详细讲解 Swift 注释的基本知识。

2.5.1 注释的规则

在 Swift 语言中，通过使用注释可以帮助阅读程序，通常用于概括算法、确认变量的用途或者阐明难以理解的代码段。注释并不会增加可执行程序的大小，编译器会忽略所有注释。Swift 中有两种类型的注释，分别是单行注释和成对注释。单行注释以双斜线“//”开头，行中处于双斜杠右边的内容是注释，被编译器忽略。例如如下所示的演示代码。

```
// 这是一个注释
```

另一种是定界符：注释对（/**/），是从 C 语言继承过来的。这种注释以“/*”开头，以“*/”结尾，编译器将落入注释对“/**/”之间的内容作为注释。例如如下所示的演示代码。

```
/* 这是一个,
多行注释 */
```

与 C 语言多行注释不同，Swift 的多行注释可以嵌套在其他的多行注释中。例如，可以先生成一个多行注释块，然后在这个注释块之中再嵌套成第二个多行注释。在终止注释时，先插入第二个注释块的终止标记，然后再插入第一个注释块的终止标记。例如如下所示的演示代码。

```
/* 这是第一个多行注释的开头
/* 这是第二个被嵌套的多行注释 */
这是第一个多行注释的结尾 */
```

通过运用嵌套多行注释，你可以快速方便的注释掉一大段代码，即使这段代码之中已经含有多行注释块。

由此可见，Swift 和 C++的注释几乎是相同的，也支持单行注释（用“//”进行注释）和多行注释（用“/* ... */进行注释）。不过 Swift 语言对其进行了扩展，在多行注释中可以嵌套多行注释。例如，右面的注释在 Swift 程序中是合法的。

```
/*  上层的多行注释
    /*  嵌套的
多行注释
    */
*/
```

实例 2-6	演示注释的用法
源码路径	源代码下载包:\daima\2\2-6

实例文件 main.swift 的具体实现代码如下所示。

```
import Foundation
//定义了一个变量r，初始值是5
var r=5
/*
在下面的代码中，“var pi=3.14”表示定义了一个变量 pi，初始值是 3.14

var aa="I love you"  表示表示定义了一个变量aa,初始值是"I love you"
"r=10"表示修改了变量r的值为10
pi=3.1415表示修改了变量pi的值为3.1415
*/
var pi=3.14
var aa="I love you"
r=10
pi=3.1415
print(r)    //显示结果
print(pi)   //显示结果
print(aa)   //显示结果
```

本实例执行后的效果如图 2-6 所示。

```
10
3.1415
I love you
Program ended with exit code: 0

All Output
```

图 2-6　执行效果

2.5.2　使用注释的注意事项

在 Swift 语言中，可以在任何允许有制表符、空格或换行符的地方放置注释对。注释对可跨越程序的多行，但不是一定非要如此。当注释跨越多行时，最好能直观地指明每一行都是注释的一部分。我们的风格是在注释的每一行以星号开始，指明整个范围是多行注释的一部分。

在 Swift 程序中通常可以混用两种注释形式。注释对一般用于多行解释，而双斜线注释则常用于半行或单行的标记。太多的注释混入程序代码可能会使代码难以理解，通常最好是将一个注释块放在所解释代码的上方。

当改变代码时，注释应与代码保持一致。程序员即使知道系统其他形式的文档已经过期，还是会信任注释，认为它是正确的。错误的注释比没有注释更糟，因为它会误导后来者。

在 Swift 程序中使用注释时，必须遵循如下所示的原则。

- 禁止乱用注释。
- 注释必须和被注释内容一致，不能描述与其无关的内容。
- 注释要放在被注释内容的上方或被注释语句的后面。
- 函数头部需要注释，主要包含文件名、作者信息、功能信息和版本信息。
- 注释对不可嵌套：注释总是以“/*”开始并以“/*”结束。这意味着，一个注释对不能出现在另一个注释对中。由注释对嵌套导致的编译器错误信息容易使人迷惑。

注意：Swift 编程风格

（1）在程序需要时，使用注释说明一块代码为什么这么做。注释必须时刻跟进代码，不然删掉。

（2）因为代码应该尽可能的自文档化，所以避免在代码中使用成块的注释。另外：该规则不适用于生成文档的成块注释。

2.6 数据类型

在 Swift 语言中，数据类型是根据被定义变量的性质、表示形式、占据存储空间的多少和构造特点来划分的。在 Swift 语言中的数据类型可分为：基本数据类型、构造数据类型、指针类型和空类型四大类。上述各类型的具体结构如图 2-7 所示。

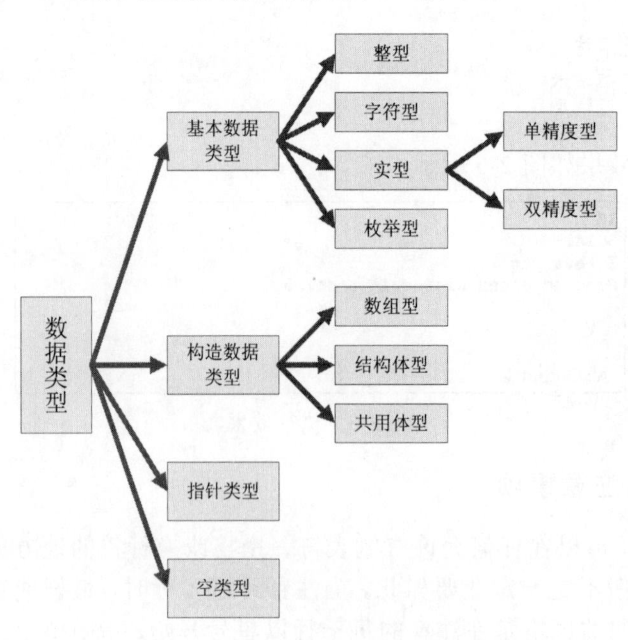

图 2-7 Swift 语言数据类型结构图

Swift 语言存在两种类型，分别是命名型类型和复合型类型。命名型类型是指定义时可以给定名字的类型。命名型类型包括类、结构体、枚举和协议。例如，一个用户定义的类 MyClass 的实例拥有类型 MyClass。除了用户定义的命名型类型，Swift 标准库也定义了很多常用的命名型类型，包括那些表示数组、字典和可选值的类型。

（1）命名型类型

在 Swift 语言中，通常被其他语言认为是基本或初级的数据型类型（Data types）即为命名型类型，例如表示数字、字符和字符串，在 Swift 标准库中使用结构体来定义和实现它们。因为是命名型类型，所以可以通过声明扩展的方式来增加它们的行为，以适应程序的需求。

（2）复合型类型

在 Swift 语言中，复合型类型是没有名字的类型，它由 Swift 本身定义。Swift 存在两种复合型类型：函数类型和元组类型。一个复合型类型可以包含命名型类型和其他复合型类型。例如，元组类型（Int,（Int, Int））包含两个元素，其中第一个是命名型类型 Int，第二个是另一个复合型类型（Int, Int）。

在本节的内容中，将详细讨论 Swift 语言本身定义的类型，并讲解 Swift 程序中的类型推断行为。

2.6.1 数据类型的分类

在 Swift 语言中，可以将数据类型分为以下三种类型。

（1）基本数据类型

基本数据类型最主要的特点是其值不可以再分解为其他类型。也就是说，基本数据类型是自我说明的。

（2）构造数据类型

构造数据类型是在基本类型基础上产生的复合数据类型。也就是说，一个构造类型的值可以分解成若干个“成员”或“元素”。每个“成员”都是一个基本数据类型或是一个构造类型。在 C 语言中，有以下三种构造类型。

- 数组类型。
- 结构体类型。
- 共用体（联合）类型。

（3）指针类型

指针是一种特殊的类型，同时又是具有重要作用的数据类型。其值用来表示某个变量在内部存储器中的地址。虽然指针变量的取值类似于整型量，但这是两个类型完全不同的量，因此不能混为一谈。

2.6.2 类型安全和类型推断

Swift 是一门类型安全（type safe）的语言，此类语言可以让开发者清楚地知道代码要处理的值的类型。如果在代码中需要一个 String，绝对不可能不小心传入一个 Int。因为 Swift 语言类型是安全的，所以会在编译代码时进行类型检查（Type Checks），并把不匹配的类型标记为错误，这样可以在开发时尽早发现并修复错误。

在 Swift 语言中，当需要处理不同类型的值时，通过类型检查可以避免很多错误。但是类型检查并不意味着每当声明常量和变量时都需要显式指定类型，如果没有显式指定类型，

Swift 会使用类型推断（type inference）来选择合适的类型。通过类型推断机制，编译器可以在编译代码时自动推断出表达式的类型。具体的实现原理很简单，只要检查在代码中的具体赋值即可。

在 Swift 语言中，因为具有类型推断机制，所以和 C 语言或者 Objective-C 语言相比，在 Swift 程序中很少见到声明类型的代码。尽管常量和变量虽然需要明确类型，但是大部分工作并不需要开发者来完成。

在 Swift 语言中，类型推断在声明常量或者变量并赋初值时变得非常有用。当在声明常量或者变量时，赋给它们一个字面量（literal value 或 literal）即可触发类型推断。此处的字面量是直接出现在代码中的值，比如 42 和 3.14159。

例如，如果你给一个新常量赋值 42 并且没有标明类型，Swift 可以推断出常量类型是 Int，因为赋的初始值看起来像是一个整数：

```
let meaningOfLife = 42
// meaningOfLife 会被推测为 Int 类型
```

同理，如果你没有给浮点字面量标明类型，Swift 会推断你想要的是 Double：

```
let pi = 3.14159
// pi 会被推测为 Double 类型
```

当推断浮点数的类型时，Swift 总是会选择 Double 而不是 Float。

如果表达式中同时出现了整数和浮点数，会被推断为 Double 类型：

```
let anotherPi = 3 + 0.14159
// anotherPi 会被推测为 Double 类型
```

2.6.3 类型注解

在 Swift 语言中，类型注解显式指定一个变量或表达式的值。类型注解从“:”开始，终于类型。下面是实现两个类型注解的例子。

```
let someTuple: (Double, Double) = (3.14159, 2.71828)
func someFunction(a: Int){ /* ... */ }
```

在上述代码中，第一个例子中的表达式 someTuple 的类型被指定为（Double, Double），第二个例子中的函数 someFunction 的参数 a 的类型被指定为 Int。

在 Swift 语言中，类型注解可以在类型之前包含一个类型特性（type attributes）的可选列表。

2.6.4 类型标识符

在 Swift 语言中，类型标识符用于引用命名型类型或者是命名型/复合型类型的别名。在大多数情况下，类型标识符引用的是同名的命名型类型，例如类型标识符 Int 引用命名型类型 Int。同样的道理，类型标识符 Dictionary<String, Int>引用的是命名型类型 Dictionary<String, Int>。

在如下所示的两种情况下，类型标识符引用的不是同名的类型。

（1）类型标识符引用的是命名型/复合型类型的类型别名。比如，在下面的例子中，类型标识符使用 Point 引用元组（Int, Int）。

```
typealias Point = (Int, Int)
let origin: Point = (0, 0)
```

（2）类型标识符使用点“.”语法来表示在其他模块（modules）或其他类型嵌套内声明的命名型类型。在下面例子中，类型标识符引用在 ExampleModule 模块中声明的命名型类型 MyType。

```
var someValue: ExampleModule.MyType
```

2.6.5 元组类型

在 Swift 语言中，元组类型使用逗号隔开，并使用括号括起来的 0 个或多个类型组成的列表。在 Swift 语言中，可以使用元组类型作为一个函数的返回类型，这样即可使函数返回多个值。也可以命名元组类型中的元素，然后用这些名字来引用每个元素的值。元素的名字由一个标识符和“:”组成。关键字 void 是空元组类型（）的别名。如果括号内只有一个元素，那么该类型就是括号内元素的类型。比如，（Int）的类型是 Int 而不是（Int）。所以，只有当元组类型包含两个元素以上时才可以标记为元组元素。

2.6.6 函数类型

在 Swift 语言中，函数类型表示一个函数、方法或闭包的类型，由一个参数类型和返回值类型组成，中间用箭头→隔开。例如：

```
parameter type → return type
```

由于参数类型和返回值类型可以是元组类型，所以函数类型可以让函数与方法支持多参数与多返回值。

在 Swift 语言中，可以对函数类型应用带有参数类型()并返回表达式类型的 auto_closure 属性。一个自动闭包函数捕获特定表达式上的隐式闭包而非表达式本身。在下面的例子中，使用 auto_closure 属性定义了一个很简单的 assert 函数。

```
func simpleAssert(condition: @auto_closure () → Bool, message: String){
    if !condition(){
        print(message)
    }
}
let testNumber = 5
simpleAssert(testNumber % 2 == 0, "testNumber isn't an even number.")
// prints "testNumber isn't an even number."
```

函数类型可以拥有一个可变长参数作为参数类型中的最后一个参数。从语法角度上来讲，可变长参数由一个基础类型名字和...组成，如 Int...。可变长参数被认为是一个包含了基础类型元素的数组。即 Int...就是 Int[]。

为了在 Swift 程序中指定一个 in-out 参数，可以在参数类型前加 inout 前缀。但不可以对可变长参数或返回值类型使用 inout。

在 Swift 语言中，柯里化函数（curried function）的类型相当于一个嵌套函数类型。例如，下面的柯里化函数 addTwoNumber()()的类型是 Int → Int → Int：

```
func addTwoNumbers(a: Int)(b: Int) → Int{
    return a + b
}
addTwoNumbers(4)(5)     // returns 9
```

在 Swift 语言中，柯里化函数的函数类型从右向左组成一组。例如，函数类型 Int→Int→Int 可以被理解为 Int → (Int → Int)。也就是说，一个函数传入一个 Int，然后输出作为另一个函数的输入，然后又返回一个 Int。可以使用如下嵌套函数代码来重写柯里化函数 addTwoNumbers()()。

```
func addTwoNumbers(a: Int) → (Int → Int){
    func addTheSecondNumber(b: Int) → Int{
        return a + b
    }
    return addTheSecondNumber
}
addTwoNumbers(4)(5)    // Returns 9
```

2.6.7 数组类型

在 Swift 语言中，使用类型名紧接中括号[]来简化标准库中定义的命名型类型 Array<T>。换句话来说，下面两个声明代码是等价的。

```
let someArray: String[] = ["Alex", "Brian", "Dave"]
let someArray: Array<String> = ["Alex", "Brian", "Dave"]
```

在上述两种情况下，常量 someArray 均被声明为字符串数组。数组的元素也可以通过[]获取访问：someArray[0]是指第 0 个元素“Alex”。上面的例子同时显示，可以使用[]作为初始值构造数组，空的[]则用来构造指定类型的空数组。

```
var emptyArray: Double[] = []
```

在 Swift 语言中，也可以使用链接起来的多个[]集合来构造多维数组。在如下所示的演示代码中，使用三个[]集合构造了三维整型数组。

```
var array3D: Int[][][] = [[[1, 2], [3, 4]], [[5, 6], [7, 8]]]
```

当在 Swift 程序中访问一个多维数组的元素时，最左边的下标指向最外层数组的相应位置元素。接下来向右的下标指向第一层嵌入的相应位置元素，依此类推。这就意味着，在上面的演示代码中，array3D[0]是指[[1, 2], [3, 4]]，array3D[0][1]是指[3, 4]，array3D[0][1][1]是指[4]。

2.6.8 可选类型

在 Swift 语言中，通过定义后缀“?”的方式来作为标准库中定义的命名型类型 Optional<T>的简写行使。也就是说，如下两个声明语句是等价的。

```
var optionalInteger: Int?
var optionalInteger: Optional<Int>
```

在上述两种情况下，变量 optionalInteger 都被声明是可选整型类型。注意在类型和“?”

之间没有空格。

在 Swift 语言中，类型 Optional<T>是一个枚举，有两种形式，分别是 None 和 Some(T)，分别用于代表可能出现或可能不出现的值。任意类型都可以被显式的声明（或隐式的转换）为可选类型。当声明一个可选类型时，确保使用括号给“?”提供合适的作用范围。例如，声明一个整型的可选数组，需要写成如下形式：

```
(Int[])?
```

如果写成如下形式就会出错。

```
Int[]?
```

在 Swift 语言中，如果在声明或定义可选变量或特性时没有提供初始值，其值会自动赋成默认值 nil。

在 Swift 语言中，因为可选类型完全符合 LogicValue 协议，所以可以出现在布尔值环境下。此时，如果一个可选类型 T?实例包含类型为 T 的值（也就是说值为 Optional.Some（T）），那么这个可选类型就是 true，否则为 false。

在 Swift 语言中，如果一个可选类型的实例包含一个值，可以使用后缀操作符“!”来获取该值，例如下面的演示代码。

```
optionalInteger = 42
optionalInteger!      // 42
```

使用“!”操作符获取值为 nil 的可选项会导致运行错误（runtime error）。

在 Swift 语言中，也可以使用可选链和可选绑定来选择性的执行可选表达式上的操作。如果值为 nil，则不会执行任何操作，因此也就没有运行错误产生。

2.6.9 隐式解析可选类型

在 Swift 语言中，通过定义后缀“!”的方式作为标准库中命名类型 ImplicitlyUnwrappedOptional<T>的简写形式。也就是说，下面的两个声明代码是等价的。

```
var implicitlyUnwrappedString: String!
var implicitlyUnwrappedString: ImplicitlyUnwrappedOptional<String>
```

在上述两种情况下，变量 implicitlyUnwrappedString 被声明为一个隐式解析可选类型的字符串。在此需要注意，类型与“!”之间没有空格。

在 Swift 语言中，可以在使用可选的地方同样使用隐式解析可选。比如，可以将隐式解析可选的值赋给变量、常量和可选特性，反之亦然。

在 Swift 语言中，通过可选可以在声明隐式解析可选变量或特性时不用指定初始值，因为它有默认值 nil。

在 Swift 语言中，由于隐式解析可选的值会在使用时自动解析，所以没有必要使用操作符“!”来解析它。也就是说，如果使用值为 nil 的隐式解析可选，会导致运行错误。

在 Swift 语言中，使用可选链会选择性的执行隐式解析可选表达式上的某一个操作。如果值为 nil，不会执行任何操作，因此也不会产生运行错误。

2.6.10 协议合成类型

在Swift语言中，协议合成类型是一种符合每个协议的指定协议列表类型。在现实应用中，协议合成类型可能会用在类型注解和泛型参数中。

在Swift语言中，协议合成类型的语法形式如下所示。

```
protocol<Protocol 1, Procotol 2>
```

在Swift语言中，协议合成类型允许指定一个值，其类型可以适配多个协议的条件，而且不需要定义一个新的命名型协议来继承其他想要适配的各个协议。比如，协议合成类型protocol<Protocol A, Protocol B, Protocol C>等效于一个从Protocol A，Protocol B， Protocol C继承而来的新协议Protocol D，很显然这样做有效率得多，甚至不需引入一个新名字。

在Swift语言中，协议合成列表中的每项必须是协议名或协议合成类型的类型别名。如果列表为空，则会指定一个空协议合成列表，这样每个类型都能适配。

2.6.11 元类型

在Swift语言中，元类型是指所有的类型，包括类、结构体、枚举和协议。类、结构体或枚举类型的元类型是相应的类型名紧跟".Type"。协议类型的元类型并不是运行时适配该协议的具体类型，而是该协议名字紧跟".Protocol"。比如，类SomeClass的元类型就是SomeClass.Type，协议SomeProtocol的元类型就是SomeProtocal.Protocol。

在Swift语言中，可以使用后缀self表达式来获取类型。比如，SomeClass.self返回SomeClass本身，而不是SomeClass的一个实例。同样，SomeProtocol.self返回SomeProtocol本身，而不是运行时适配SomeProtocol的某个类型的实例。另外，还可以对类型的实例使用dynamicType表达式来获取该实例在运行阶段的类型，例如下面的演示代码。

```
class SomeBaseClass {
    class func printClassName() {
        print("SomeBaseClass")
    }
}
class SomeSubClass: SomeBaseClass {
    override class func printClassName() {
        print("SomeSubClass")
    }
}
let someInstance: SomeBaseClass = SomeSubClass()
// someInstance is of type SomeBaseClass at compile time, but
// someInstance is of type SomeSubClass at runtime
someInstance.dynamicType.printClassName()
// prints "SomeSubClass
```

2.6.12 类型继承子句

在Swift语言中，类型继承子句被用来指定一个命名型类型继承哪个类且适配哪些协议。类型继承子句开始于冒号":"，紧跟由逗号","隔开的类型标识符列表。

在Swift语言中，类可以继承单个超类，适配任意数量的协议。当定义一个类时，超类的名字必须出现在类型标识符列表首位，然后跟上该类需要适配的任意数量的协议。如果一个类不是从其他类继承而来，那么列表可以以协议开头。

在 Swift 语言中，其他命名型类型可能只继承或适配一个协议列表。协议类型可能继承于其他任意数量的协议。当一个协议类型继承于其他协议时，其他协议的条件集合会被集成在一起，然后其他从当前协议继承的任意类型必须适配所有条件。

在 Swift 语言中，在枚举中定义的类型继承子句可以是一个协议列表，或是一个指定原始值的枚举，也可以是一个单独的指定原始值类型的命名型类型。

2.6.13　类型推断

在 Swift 语言中，通过使用类型推断的方式，从而允许开发者可以忽略很多变量和表达式的类型或部分类型。比如下面的代码：

```
var x: Int = 0
```

可以完全忽略类型而简写成：

```
var x = 0
```

编译器会正确的推断出 x 的类型 Int。类似的，当完整的类型可以从上下文推断出来时，也可以忽略类型的一部分。比如，如果写成下面的形式：

```
let dict: Dictionary = ["A": 1]
```

编译器也能推断出 dict 的类型是 Dictionary<String, Int>。

在上面的两个例子中，类型信息从表达式树（expression tree）的叶子节点传向根节点。也就是说，var x: Int = 0 中 x 的类型首先根据 0 的类型进行推断，然后将该类型信息传递到根节点（变量 x）。

在 Swift 语言中，类型信息也可以反方向流动——从根节点传向叶子节点。例如在下面的代码中，常量 eFloat 上的显式类型注解（:Float）导致数字字面量 2.71828 的类型是 Float，而不是 Double。

```
let e = 2.71828                  // The type of e is inferred to be Double.
let eFloat: Float = 2.71828      // The type of eFloat is Float.
```

在 Swift 语言中，类型推断工作是在单独的表达式或语句水平上进行。这说明所有用于推断类型的信息，必须可以从表达式或其某个子表达式的类型检查中获取。

2.7　最基本的数值类型

数据是人们记录概念和事物的符号表示，例如，记录人的姓名用汉字表示，记录人的年龄用十进制数字表示，记录人的体重用十进制数字和小数点表示等，由此得到的姓名、年龄和体重都是数据。根据数据的性质不同，可以把数据分为不同的类型。在日常开发应用中，数据主要被分为数值和文字（即非数值）两大类，数值又细分为整数和小数两类。

这里的数值型是指能够数学运算的数据类型，可以分为整型、浮点型和双精度型。整型数字可以用十进制、八进制、十六进制三种进制表示。根据整型字长的不同，又可以分为短整型、整型和长整型。

2.7.1 整数

整数（integers）就是像-3、-2、-1、0、1、2、3 等之类的数。整数的全体构成整数集，整数集是一个数环。在整数系中，零和正整数统称为自然数。-1、-2、-3、…、-n、…（n 为非零自然数）为负整数。则正整数、零与负整数构成整数系。

在 Swift 语言中支持 8、16、32、64 位的整型。这四类整型的类型名称如下。

- 8 位整型：Int8。
- 16 位整型：Int16。
- 32 位整型：Int32。
- 64 位整型：Int64。

在 Swift 语言中，不同的整型拥有不同的类型别名（会在本书后面详细介绍），这些类型别名如下。

- Byte：8 位整型（UInt8）。
- SignedByte：8 位整型（Int8）。
- ShortFixed：16 位整型（Int16）。
- Int：32 位整型（Int32）。
- Fixed：32 位整型（Int32）。

在实际使用中，可以使用这些类型别名代替相应的整型。例如，下面是使用这些类型和类型别名定义的一些变量和常量。

```
var value1:Byte = 20
var value2:SignedByte = 30
var value3:ShortFixed = 1234
let value4:Int = 200
let value5:Fixed = 12345
var value6:Int64 = 4433113567
```

注意：在初始化不同的整型时要注意整型的取值范围。例如，SignedByte 的取值范围是－128~127。如果超过了这个取值范围，将无法成功编译程序。例如，var value:Byte = 1234 是不合法的。

在 Swift 语言中，整数就是没有小数部分的数字，比如 42 和-23。整数可以是有符号（正、负、零）或者无符号（正、零）。Swift 提供了 8、16、32 和 64 位的有符号和无符号整数类型。这些整数类型和 C 语言的命名方式很像，比如 8 位无符号整数类型是 UInt8，32 位有符号整数类型是 Int32。就像 Swift 的其他类型一样，整数类型采用大写命名法。

（1）整数范围

在 Swift 语言中，可以通过访问不同整数类型的 min 和 max 属性的方式，来获取对应类型的最大值和最小值。例如下面所示的演示代码。

```
let minValue = UInt8.min  // minValue 为 0，是 UInt8 类型的最小值
let maxValue = UInt8.max  // maxValue 为 255，是 UInt8 类型的最大值
```

（2）Int

一般来说，无须专门指定整数的长度。Swift 提供了一个特殊的整数类型 Int，长度与当前平台的原生字长相同：

- 在 32 位平台上，Int 和 Int32 长度相同。
- 在 64 位平台上，Int 和 Int64 长度相同。

除非需要特定长度的整数，一般来说使用 Int 即可，这可以提高代码的一致性和可复用性。即使是在 32 位平台上，Int 可以存储的整数范围也可以达到-2147483648～2147483647，大多数时候这已经足够大了。

（3）UInt

在 Swift 语言中，提供了一个特殊的无符号类型 UInt，长度与当前平台的原生字长相同。

- 在 32 位平台上，UInt 和 UInt32 长度相同。
- 在 64 位平台上，UInt 和 UInt64 长度相同。

注意：建议读者尽量不要使用 UInt，除非真的需要存储一个和当前平台原生字长相同的无符号整数。除了这种情况，最好使用 Int，即使你要存储的值已知是非负的。统一使用 Int 可以提高代码的可复用性，避免不同类型数字之间的转换，并且匹配数字的类型推断，请参考类型安全和类型推断。

实例 2-7	输出整数
源码路径	源代码下载包:\daima\2\2-7

实例文件 main.swift 的具体实现代码如下所示。

```
import Foundation
var r,pi,aa:Int
 r=5
 pi=123451
 aa=123
print(r)    //显示结果
print(pi)   //显示结果
print(aa)   //显示结果
```

本实例执行后的效果如图 2-8 所示。

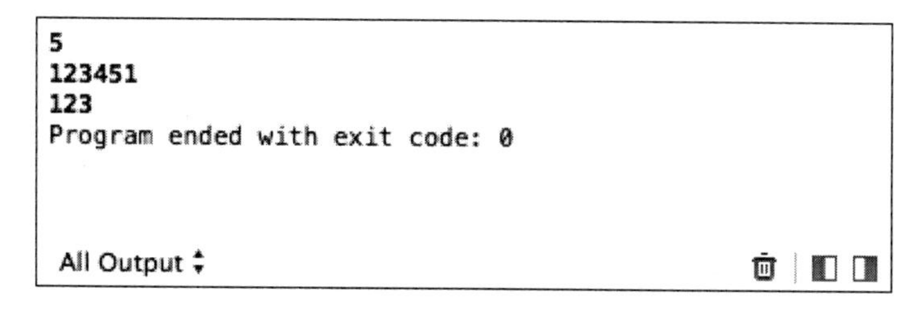

图 2-8　执行效果

Swift 还提供了另外一套整型，这就是无符号类型。与前面相应的有符号整型相比，对应的无符号整型如下所示。

- 8 位无符号整型：UInt8。
- 16 位无符号整型：UInt16。
- 32 位无符号整型：UInt32。
- 64 位无符号整型：UInt64。

在 Swift 程序中，关于无符号整型的具体说明如下所示。

（1）无符号整型除了 Uint 之外，并未定义其他的类型别名。也就是说，并没有像 UByte 这样的数据类型（至少目前没有）。

（2）无符号整型的最小值是 0，不允许设置负数；否则无法成功编译。

（3）每一个有符号整型和无符号整型都有其取值范围，也就是最大值和最小值。例如，Int8 的取值范围是-128～127，UInt8 的取值范围是 0～255。对于取值范围更大的整型，我们也没有必要记住。因为每一个整型都有 min 和 max 属性，用于获取当前类型的最大值和最小值。例如，下面的代码可以分别获取 Int32 的最小值和最大值。

```
let minIntValue = Int32.min;
let maxIntValue = Int32.max;
```

除此之外，在 Swift 语言中还定义了许多内置的变量，用于获取数值类型的最大值和最小值。例如，INT16_MAX 用于获取 Int16 的最大值，INT16_MIN 用于获取 Int16 的最小值。但有一些数值类型的这些变量并没有定义，估计是因为 Swift 语言目前还是测试版的原因，可能 Swift 正式版出来后会好一些。

注意：对于 Int 类型比较特殊，该类型会随着当前 OS X 系统支持的位数不同而不同。例如，如果在 32 位的 OS X 系统中，Int = Int32；如果在 64 位的 OS X 系统中，Int = Int64。

2.7.2 浮点数

浮点数就是实数，有两种表示方式：十进制形式（如 123,123.0）和指数形式（如 123e3，E 前必须有数字，后面必须是整数）。

在 Swift 语言中，浮点数是有小数部分的数字，比如 3.14159，0.1 和-273.15。在 Swift 程序中，浮点类型比整数类型表示的范围更大，可以存储比 Int 类型更大或者更小的数字。Swift 提供了两种有符号浮点数类型：

- Double 表示 64 位浮点数。当需要存储很大或者很高精度的浮点数时可以使用此类型。
- Float 表示 32 位浮点数。精度要求不高的话可以使用此类型。

Double 精确度很高，至少有 15 位数字，而 Float 最少只有 6 位数字。选择哪个类型取决于代码需要处理的值的范围。

实例 2-8	使用浮点数
源码路径	源代码下载包:\daima\2\2-8

实例文件 main.swift 的具体实现代码如下所示。

```
import Foundation
var r,pi,aa:Float
r=5.0
 pi=123451.123
 aa=123.0


print(r)    //显示结果
print(pi)   //显示结果
print(aa)   //显示结果
```

本实例执行后的效果如图 2-9 所示。

```
5.0
123451.125
123.0
Program ended with exit code: 0

All Output ⬍
```

图 2-9　执行效果

在 Swift 程序中，Double 也可以用 Float64 来代替。例如，下面是一些声明为浮点类型的变量和常量。

```
var value1:Float = 30.12
var value2:Float64 = 12345.54
let value3:Double = 332211.45
```

2.8　字面量

在 Swift 语言中，字面量是一个表示整型、浮点型数字或文本类型的值。例如下面的演示代码。

```
42                                  // 整型字面量
3.14159                             // 浮点型字面量
"Hello, world!"                     // 文本型字面量
```

在本节的内容中，将详细讲解 Swift 字面量的基本知识。

2.8.1　数值型字面量

在 Swift 语言中，整数字面量可以被写作为如下所示的形式。

- 一个十进制数，没有前缀。
- 一个二进制数，前缀是 0b。
- 一个八进制数，前缀是 0o。
- 一个十六进制数，前缀是 0x。

例如在下面的演示代码中，所有整数字面量的十进制值都是 17。

```
let decimalInteger = 17
let binaryInteger = 0b10001         // 二进制的17
let octalInteger = 0o21             // 八进制的17
let hexadecimalInteger = 0x11       // 十六进制的17
```

浮点字面量可以是十进制（没有前缀）或者是十六进制（前缀是 0x）。小数点两边必须有至少一个十进制数字（或者是十六进制的数字）。浮点字面量还有一个可选的指数（exponent），在十进制浮点数中通过大写或者小写的 e 来指定，在十六进制浮点数中通过大写或者小写的 p 来指定。

如果一个十进制数的指数为 exp，那这个数相当于基数和 10^exp 的乘积：

- 1.25e2 表示 1.25 × 10^2，等于 125.0。
- 1.25e-2 表示 1.25 × 10^-2，等于 0.0125。

如果一个十六进制数的指数为 exp，那这个数相当于基数和 2^exp 的乘积：

- 0xFp2 表示 15 × 2^2，等于 60.0。
- 0xFp-2 表示 15 × 2^-2，等于 3.75。

下面的这些浮点字面量都等于十进制的 12.1875。

```
let decimalDouble = 12.1875
let exponentDouble = 1.21875e1
let hexadecimalDouble = 0xC.3p0
```

数值类字面量可以包括额外的格式来增强可读性。整数和浮点数都可以添加额外的零并且包含下画线，并不会影响字面量。

实例 2-9	使用数值型字面量
源码路径	源代码下载包:\daima\2\2-9

实例文件 main.swift 的具体实现代码如下所示。

```
import Foundation
let paddedDouble = 000123.456
let oneMillion = 1_000_000
let justOverOneMillion = 1_000_000.000_000_1
print(paddedDouble)            //显示结果
print(oneMillion)              //显示结果
print(justOverOneMillion)      //显示结果
```

本实例执行后的效果如图 2-10 所示。

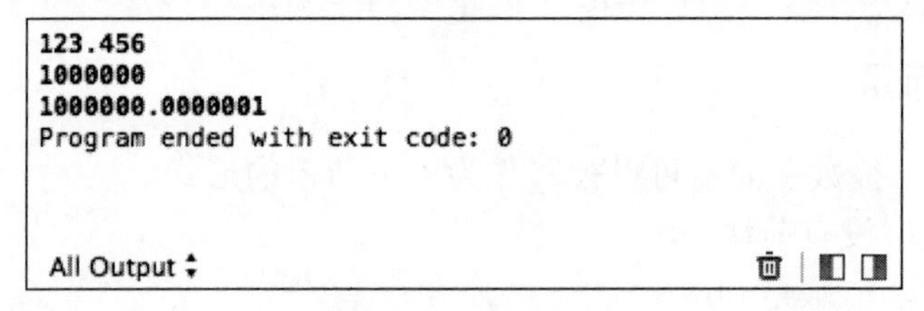

图 2-10　执行效果

2.8.2　整型字面量

整型字面量（integer literals）表示未指定精度整型数的值。在 Swift 语言中，整型字面量默认用十进制表示，可以加前缀来指定其他进制，具体说明如下所示。

- 二进制字面量加 0b。
- 八进制字面量加 0o。
- 十六进制字面量加 0x。

在 Swift 语言中，整型字面量的具体规则如下所示。

（1）十进制字面量包含数字 0 至 9。

（2）二进制字面量只包含 0 或 1。

（3）八进制字面量包含数字 0 至 7。

（4）十六进制字面量包含数字 0 至 9 以及字母 A 至 F（大小写均可）。

（5）负整数的字面量的写法是在数字前加减号“-”，例如“-42”。

（6）允许使用下画线“_”来增加数字的可读性，下画线不会影响字面量的值。整型字面量也可以在数字前加 0，同样不会影响字面量的值。例如下面的演示代码。

```
1000_000        // 等于 1000000
005             // 等于 5
```

（7）除非特殊指定，整型字面量的默认类型为 Swift 标准库类型中的 Int。另外，在 Swift 标准库中还定义了其他不同长度以及是否带符号的整数类型。

实例 2-10	输出不同进制的 17
源码路径	源代码下载包:\daima\2\2-10

实例文件 main.swift 的具体实现代码如下所示。

```
import Foundation
let aa = 17              // 十进制17
let zz = 0b10001         // 二进制17
let cc = 0o21            // 八进制17
let dd = 0x11            // 十六进制17
print(aa)                // 显示结果
print(zz)                // 显示结果
print(cc)                // 显示结果
print(dd)                // 显示结果
```

本实例执行后的效果如图 2-11 所示。

```
17
17
17
17
Program ended with exit code: 0

All Output ⬍
```

图 2-11　执行效果

2.8.3　浮点型字面量

浮点型字面量（floating-point literals）表示未指定精度浮点数的值。在 Swift 语言中，浮点型字面量默认用十进制表示（无前缀），也可以用十六进制表示（加前缀 0x）。

在 Swift 语言中，浮点型字面量的具体使用规则如下。

（1）十进制浮点型字面量（Decimal Floating-point Literals）：由十进制数字串后跟小数部分或指数部分（或两者皆有）组成。十进制小数部分由小数点 . 后跟十进制数字串组成。指数部分由大写或小写字母 e 后跟十进制数字串组成，这串数字表示 e 之前的数量乘以 10 的几次方。例如：1.25e2 表示 1.25×10^2，也就是 125.0；同样，1.25e-2 表示 1.25×10^-2，也就是 0.0125。

（2）十六进制浮点型字面量（Hexadecimal Floating-point Literals）：由前缀“0x”后跟可选的十六进制小数部分以及十六进制指数部分组成。十六进制小数部分由小数点后跟十六进制数字串组成，指数部分由大写或小写字母“p”后跟十进制数字串组成，这串数字表示“p”之前的数量乘以 2 的几次方。例如下面的演示代码。

```
0xFp2  //表示 15×2^2，也就是 60;
0xFp-2 //表示 15×2^-2，也就是 3.75。
```

（3）与整型字面量不同，负的浮点型字面量由一元运算符减号“-”和浮点型字面量组成，例如“-42.0”代表是一个表达式，而不是一个浮点整型字面量。

（4）允许使用下画线“_”来增强可读性，下画线不会影响字面量的值。浮点型字面量也可以在数字前加 0，同样不会影响字面量的值。例如下面的演示代码。

```
10_000.56   // 等于 10000.56
005000.76   // 等于 5000.76
```

（5）除非特殊指定，浮点型字面量的默认类型为 Swift 标准库类型中的 Double，表示 64 位浮点数。Swift 标准库也定义 Float 类型，表示 32 位浮点数。

2.8.4 文本型字面量

在 Swift 语言中，文本型字面量（string literal）由双引号中的字符串组成，具体形式如下。

```
"characters"
```

在 Swift 语言中，文本型字面量的具体使用规则如下。

（1）文本型字面量中不能包含未转义的双引号“"”、未转义的反斜线“\”、回车符（Carriage Return）或换行符（Line Feed）。

（2）可以在文本型字面量中使用的转义特殊符号，具体说明如下。

- 空字符（Null Character）\0。
- 反斜线（Backslash）\\。
- 水平 Tab （Horizontal Tab）\t。
- 换行符（Line Feed）\n。
- 回车符（Carriage Return）\r。
- 双引号（Double Quote）\"。
- 单引号（Single Quote）\'。

（3）可以用以下方式来表示一个字符，后跟的数字表示一个 Unicode 码点。

- \x 后跟两位十六进制数字。
- \u 后跟四位十六进制数字。
- \U 后跟八位十六进制数字。

（4）文本型字面量允许在反斜线小括号“\()”中插入表达式的值。插入表达式（interpolated expression）不能包含未转义的双引号“"”、反斜线“\”、回车符或者换行符。表达式值的类型必须在 String 类中有对应的初始化方法。例如，下面代码中的所有文本型字面量的值相同。

```
"1 2 3"
"1 2 \(3)"
"1 2 \(1 + 2)"
var x = 3; "1 2 \(x)"
```

（5）文本型字面量的默认类型为 String，组成字符串的字符类型为 Character。

实例 2-11	演示特殊符号的使用
源码路径	源代码下载包:\daima\2\2-11

实例文件 main.swift 的具体实现代码如下所示。

```
import Foundation
var r=5
var pi=3.14
var aa="I love you"
r=10
pi=3.1415
var dd="123"
var ee="12\(3)"
print("r\n\n")      //显示结果
print(pi)           //显示结果
print(aa)           //显示结果
print("\"pi\"")     //显示结果
print(dd)           //显示结果
print(ee)           //显示结果
```

本实例执行后的效果如图 2-12 所示。

```
r


3.1415
I love you
"pi"
123
123
Program ended with exit code: 0

All Output ⬍
```

图 2-12　执行效果

2.8.5　数值的可读性

在 Swift 语言中，为了增强较大数值的可读性，特意增加了下画线“_”来分隔数值中的数值。例如，如果看到 1 000 000 000，估计很少有人会立刻正确地读出是 10 亿，需要查 0 的个数来判断该数值的大小。但使用 1_000_000_000，大多数人（尤其是搞财务的）一眼就可以看出是 10 亿。

在 Swift 语言中，不管是整数还是浮点数，都可以使用下画线来分割数字。例如，下面是几个使用下画线分隔的数值初始化的变量和常量。

```
let value1 = 12_000_000
let value2 = 1_000_000.000_000_1
var value3:Int = 1_00_000
```

在此需要注意的是，下画线两侧的数字不一定是 3 个为一组。分隔一个或 n 个数字都可以，例如，1_0_0_0_0_1 也是合法的数字，不过这样的分隔没有意义。

2.9 数值型类型转换

通常来讲，即使代码中的整数常量和变量已知非负，也建议使用 Int 类型。在程序中总是使用默认的整数类型，可以保证整数常量和变量可以直接被复用，并且可以匹配整数类字面量的类型推断。只有在必要时才使用其他整数类型，比如要处理外部的长度明确的数据或者为了优化性能、内存占用等。通过使用显式指定长度的类型，不但可以及时发现值溢出，并且可以暗示正在处理特殊数据。

2.9.1 整数转换

在 Swift 语言中，不同整数类型的变量和常量可以存储不同范围的数字。Int8 类型的常量或者变量可以存储的数字范围是-128～127，而 UInt8 类型的常量或者变量能存储的数字范围是 0～255。如果数字超出了常量或者变量可存储的范围，编译时会报错。例如如下所示的演示代码。

```
let cannotBeNegative: UInt8 = -1
// UInt8 类型不能存储负数，所以会报错
let tooBig: Int8 = Int8.max + 1
// Int8 类型不能存储超过最大值的数，所以会报错
```

由于每种整数类型都可以存储不同范围的值，所以必须根据不同的情况选择性使用数值型类型转换。这种选择性使用的方式，可以预防隐式转换的错误并让代码中的类型转换意图变得清晰。

在 Swift 语言中，要将一种数字类型转换成另一种，需要用当前值来初始化一个期望类型的新数字，这个数字的类型就是目标类型。例如，在下面的例子中，常量 twoThousand 是 UInt16 类型，而常量 one 是 UInt8 类型。它们不能直接相加，因为它们类型不同。所以要调用 UInt16（one）来创建一个新的 UInt16 数字并用 one 的值来初始化，然后使用这个新数字来计算。

```
let twoThousand: UInt16 = 2_000
let one: UInt8 = 1
let twoThousandAndOne = twoThousand + UInt16(one)
```

现在两个数字的类型都是 UInt16，可以进行相加。目标常量 twoThousandAndOne 的类型被推断为 UInt16，因为它是两个 UInt16 值的和。

SomeType（ofInitialValue）是调用 Swift 构造器并传入一个初始值的默认方法。在语言内部，UInt16 有一个构造器，可以接受一个 UInt8 类型的值，所以这个构造器可以用现有的 UInt8 来创建一个新的 UInt16。注意，并不能传入任意类型的值，只能传入 UInt16 内部有对应构造器的值。

2.9.2 整数和浮点数转换

整数和浮点数的转换必须显式指定类型，例如如下所示的演示代码。

```
let three = 3
let pointOneFourOneFiveNine = 0.14159
```

```
let pi = Double(three) + pointOneFourOneFiveNine
// pi 等于 3.14159，所以被推测为 Double 类型
```

在这个例子中，常量 three 的值被用来创建一个 Double 类型的值，所以加号两边的数类型必须相同。如果不进行转换，两者无法相加。

浮点数到整数的反向转换同样行，整数类型可以用 Double 或者 Float 类型来初始化。例如如下所示的演示代码。

```
let integerPi = Int(pi)
// integerPi 等于 3，所以被推测为 Int 类型
```

当用这种方式来初始化一个新的整数值时，浮点值会被截断。也就是说 4.75 会变成 4，-3.9 会变成-3。

实例 2-12	演示整数和浮点数转换
源码路径	源代码下载包:\daima\2\2-12

实例文件 main.swift 的具体实现代码如下所示。

```
import Foundation
var a,b,c,pi : Float
var d,e,f:Int
pi=3.14
a=1.1
b=0.12
c=5
d=Int(pi)*Int(a)
print(d)
```

本实例执行后的效果如图 2-13 所示。

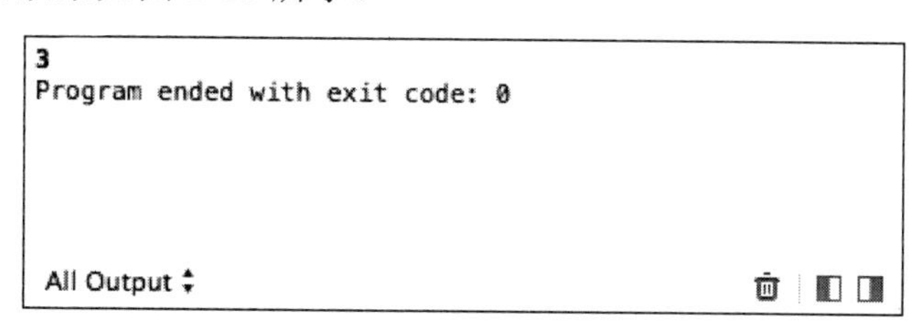

图 2-13　执行效果

注意： 结合数字类常量和变量不同于结合数字类字面量。字面量 3 可以直接和字面量 0.14159 相加，因为数字字面量本身没有明确的类型。它们的类型只在编译器需要求值时被推测。

2.9.3　进制的转换

Swift 语言中的数值类型可以表示为十进制、二进制、八进制和十六进制。默认是十进制，数值前面加“0b”为二进制，数值前加“0o”为八进制，数值前加“0x”为十六进制。例如在下面的代码中，分别用十进制、二进制、八进制和十六进制的数值进行了常量初始化，并输出了这些常量的值。

```
let decimalInt  = 20
let binaryInt = 0b1100       // 相当于十进制的12
```

```
let octalInt = 0o21              //  相当于十进制的17
let hexInt = 0x11                // 相当于十进制的17
print(binaryInt);
print(octalInt);
print(hexInt);
```

执行上述代码后会输出如下结果。

```
12
17
17
```

从这一点可以看出，尽管初始化时使用的是二进制表示法，但仍然以十进制数值表示常量值。

注意：Swift 编程风格

Swift 的编译器可以推断出变量和常量的类型。可以通过类型别名（在冒号后面指出其类型）提供显式类型，不过大多数情况下这都是不必要的。应保持代码的紧凑性，然后让编译器推断变量跟常量的类型。例如最佳做法是:

```
let message = "Click the button"
var currentBounds = computeViewBounds()
```

而不建议使用:

```
let message: String = "Click the button"
var currentBounds: CGRect = computeViewBounds()
```

遵循这条编程风格准则意味着描述性强的名称比之前更为重要。

2.10 类型别名

在 Swift 语言中，类型别名（type aliases）就是给现有类型定义另一个名字。可以使用 typealias 关键字来定义类型别名。当想要为现有类型起一个更有意义的名字时，类型别名非常有用。假设正在处理特定长度的外部资源的数据，例如如下所示的演示代码。

```
typealias AudioSample = UInt16
```

在 Swift 语言中，typealias 的语法格式如下。

```
typealias 类型别名 = 原始类型
```

在 Swift 语言中，当定义了一个类型别名之后，可以在任何使用原始名的地方使用别名。例如如下所示的演示代码。

```
var maxAmplitudeFound = AudioSample.min
// maxAmplitudeFound 现在是 0
```

在上述演示代码中，AudioSample 被定义为 UInt16 的一个别名。因为它是别名，

AudioSample.min 实际上是 UInt16.min，所以会为 maxAmplitudeFound 赋一个初值 0。

下面的代码就是一个典型的类型别名的例子，其中 NewType 就是 Int32 的类型别名。也就是说，在定义变量或常量时，NewType 和 Int32 完全一致。

```
typealias NewType = Int32
var new_value:NewType = 123
```

实例 2-13	演示类型别名的用法
源码路径	源代码下载包:\daima\2\2-13

实例文件 main.swift 的具体实现代码如下所示。

```
import Foundation

typealias tt = UInt32
var a,b,c,pi : Float
var d,e,f:tt
pi=3.14
a=1.1
b=0.12
c=5
d=tt(pi)*tt(a)
print(a)
print(b)
print(d)
```

本实例执行后的效果如图 2-14 所示。

```
1.10000002384186
0.119999997317791
3
Program ended with exit code: 0

All Output ⇕
```

图 2-14　执行效果

2.11　布尔值

在 Swift 语言中，基本的布尔（Boolean）类型称作：Bool。布尔值指逻辑上的（Logical），因为它们只能是真或者假。在 Swift 程序中有两个布尔常量，分别是 true 和 false。例如下面的演示代码。

```
let orangesAreOrange = true
let turnipsAreDelicious = false
```

orangesAreOrange 和 turnipsAreDelicious 的类型会被推断为 Bool，因为它们的初值是布尔字面量。就像之前提到的 Int 和 Double 一样，如果你创建变量时给它们赋值 true 或者 false，则不需要将常量或者变量声明为 Bool 类型。初始化常量或者变量时如果所赋的值类型已知，即可触发类型推断，这使 Swift 代码更加简洁并且可读性更高。

在 Swift 语言中，布尔值在编写的条件语句时非常有用。例如如下所示的演示代码。

```
if turnipsAreDelicious {
   print("Mmm, tasty turnips!")
} else {
   print("Eww, turnips are horrible.")
}
// 输出 "Eww, turnips are horrible."
```

下面的代码定义了一个布尔类型的变量，然后通过 if 语句进行判断。如果布尔类型变量值为 true，则会执行 if 语句中的部分，否则会执行 else 语句中的部分。

```
var isFile:Bool = true
if isFile
{
    print("isFile is true");
}
```

如果改用布尔类型的地方使用了其他数据类型，那么将会编译出错。例如，下面的 if 语句无法编译通过。

```
let i = 20
if i                        //  无法编译通过，i不是Bool类型，是Int类型
{
    print("i = \(i)");
}
```

正确的写法应该将 if 后面的部分改成 Bool 类型的值，具体代码如下所示。

```
let i = 20
if i == 20                  //  i = 20的结果是Bool类型，所以可以成功编译
{
    print("i = \(i)");
}
```

在 Swift 语言中，如果在需要使用 Bool 类型的地方使用了非布尔值，Swift 的类型安全机制会报错。例如下面的例子会报告一个编译时错误。

```
let i = 1
if i {
   // 这个例子不会通过编译，会报错
}
```

然而，下面的演示例子是合法的。

```
let i = 1
if i == 1 {
    // 这个例子会编译成功
}
```

i == 1 的比较结果是 Bool 类型，所以第二个例子可以通过类型检查。类似 i == 1 这样的比较，请参考基本操作符。

和 Swift 中的其他类型安全的例子一样，这个方法可以避免错误并保证这块代码的意图总是清晰的。

2.12　元组

在 Swift 语言中，元组（tuples）把多个值组合成一个复合值。元组内的值可以使任意类型，并不要求是相同的类型。例如，在下面的例子中，(404, "Not Found")是一个描述 HTTP 状态码（HTTP status code）的元组。HTTP 状态码是当你请求网页时 Web 服务器返回的一个特殊值。如果请求的网页不存在，就会返回如下所示的 404 Not Found 状态码。

```
let http404Error = (404, "Not Found")
// http404Error 的类型是 (Int, String)，值是 (404, "Not Found")
```

在上述代码中，(404, "Not Found")元组将一个 Int 值和一个 String 值组合起来表示 HTTP 状态码的两个部分：一个数字和一个人类可读的描述。这个元组可以被描述为“一个类型为(Int, String)的元组”。

2.12.1　定义元组类型

在 Swift 语言中，可以将任意顺序的类型组合成一个元组，这个元组可以包含所有类型。只要你想，便可以创建一个类型为（Int, Int, Int）或者（String, Bool）或者其他任何你想要的组合的元组。元组类型没有像那些简单类型（如 String、Int）一样有类型名，不过如果初始化时指定了元组值，Swift 编译器会自动推导出该变量或常量是元组类型。元组类型变量（常量）在初始化时使用一对圆括号将元组中的值括起来。例如下面的代码定义了一个元组类型常量，并输出了这个常量值。

```
let product1 = (20, "iPhone6", 5888)
print(product1)
```

当执行上述代码时会输出如下结果。

```
(20, iPhone6, 5888)
```

很明显，product1 表示的元组类型常量包含了 3 个值，其中 20 是 Int 类型的值，“iPhone6”是 String 类型的值，5888 是 Int 类型的值。

在 Swift 语言中，可以将一个元组的内容分解（decompose）成单独的常量和变量，然后即可正常使用。例如如下所示的演示代码。

```
let (statusCode, statusMessage) = http404Error
print("The status code is \(statusCode)")
// 输出 "The status code is 404"
print("The status message is \(statusMessage)")
// 输出 "The status message is Not Found"
```

在 Swift 语言中，如果只需要一部分元组值，分解时可以将要忽略的部分用下画线“_”标记。例如如下所示的演示代码。

```
let (justTheStatusCode, _) = http404Error
print("The status code is \(justTheStatusCode)")
// 输出 "The status code is 404"
```

在 Swift 语言中，还可以通过下标来访问元组中的单个元素，下标从零开始。例如如下所示的演示代码。

```
print("The status code is \(http404Error.0)")
// 输出 "The status code is 404"
print("The status message is \(http404Error.1)")
// 输出 "The status message is Not Found"
```

在 Swift 语言中，可以在定义元组时给单个元素命名，例如如下所示的演示代码。

```
let http200Status = (statusCode: 200, description: "OK")
```

2.12.2 获取元组中的元素值

在 Swift 语言中，为元组中的元素命名后，可以通过名字来获取这些元素的值。例如如下所示的演示代码。

```
print("The status code is \(http200Status.statusCode)")
// 输出 "The status code is 200"
print("The status message is \(http200Status.description)")
// 输出 "The status message is OK"
```

当然还有另外一种获取元组中的元素值的方法，既然元组类型可以存储多个值，那么就面临一个问题，如何获取元组中某个元素的值呢？只需要将元组类型中每一个元素的值分别赋给不同的变量或常量即可。赋值的方法是用圆括号定义多个变量或常量，然后使用元组类型值在右侧赋值，具体代码如下：

```
let product1 = (20, "iPhone6", 5888);
var (id, name, price) = product1;//  分别将product1中的3个值赋给3个变量(id, name,price)
//  分别输出product1中的3个值
print("id=\(id)  name=\(name)  price=\(price)");
```

如果只想获取元组类型值中的一个或几个值，并不想全部获取这些值，那么对那些不打算获取值的元组元素，可以使用下画线（_）占位。例如，下面的代码只获取了 product1 的第二个元素值，也就是 name，其他的位置都使用下画线替代（不需要定义变量或常量）。

```
let (_,name1,_) = product1
print("name1=\(name1)")
```

在 Swift 语言中，当元组作为函数返回值时非常有用，例如，一个用来获取网页的函数可能会返回一个（Int, String）元组来描述是否获取成功。和只能返回一个类型的值相比，一个包含两个不同类型值的元组可以让函数的返回信息更有用。请参考函数参数与返回值。

实例 2-14	演示元组的用法
源码路径	源代码下载包:\daima\2\2-14

实例文件 main.swift 的具体实现代码如下所示。

```
import Foundation
let first = (10000, "1月份")
let (gongzi1, yiyue) = first
let second = (20000, "2月份")
let (gongzi2, eryue) = second

print("今年的收入，yiyue: \(gongzi1)")
// 输出 "The status code is 404"
print("今年的收入，eryue: \(gongzi2)")
// 输出 "The status message is Not Found"
```

本实例执行后的效果如图 2-15 所示。

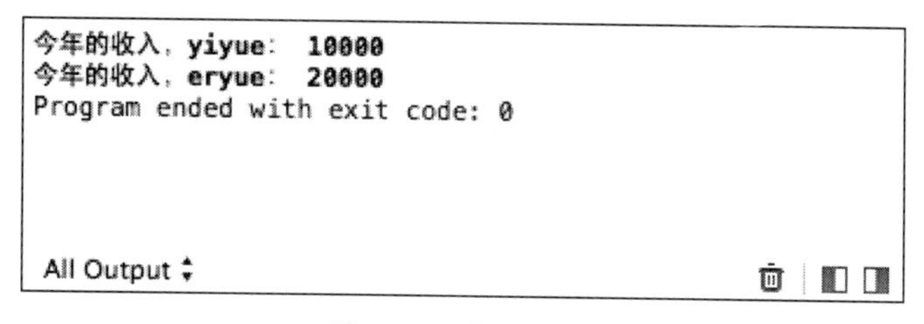

图 2-15 执行效果

注意：元组在临时组织值时很有用，但是并不适合创建复杂的数据结构。如果数据结构并不是临时使用，请使用类或者结构体而不是元组。请参考类和结构体。

2.13 可选类型

在 Swift 语言中，使用可选类型（optionals）来处理值可能缺失的情况。可选类型表示：

- 有值，等于 x，或者没有值。

注意：C 和 Objective-C 中并没有可选类型这个概念。最接近的是 Objective-C 中的一个特性，一个方法如果不返回一个对象就要返回 nil，nil 表示“缺少一个合法的对象”。然而，这只对对象起作用——对于结构体，基本的 C 类型或者枚举类型不起作用。对于这些类型，Objective-C 方法一般会返回一个特殊值（比如 NSNotFound）来暗示值缺失。这种方法假设方法的调用者知道并记得对特殊值进行判断。然而，Swift 的可选类型可以让你暗示任意类型的值缺失，并不需要一个特殊值。

举例来说，在 Swift 的 String 类型中有一个称作 toInt 的方法，其功能是将一个 String 值转换成一个 Int 值。然而，并不是所有的字符串都可以转换成一个整数。字符串"123"可以被转换成数字 123，但是字符串"hello, world"不行。

下面的演示代码使用 toInt 方法来尝试将一个 String 转换成 Int。

```
let possibleNumber = "123"
let convertedNumber = possibleNumber.toInt()
// convertedNumber 被推测为类型 "Int?", 或者类型 "optional Int"
```

因为 toInt 方法可能会失败，所以它返回一个可选类型（optional）Int，而不是一个 Int。一个可选的 Int 被写作 Int?而不是 Int。问号暗示包含的值是可选类型，也就是说，可能包含 Int 值也可能不包含值。（不能包含其他任何值比如 Bool 值或者 String 值。只能是 Int 或者什么都没有。）

注意：在 Xcode6 Beta5 中 Swift 语法更新中，可选类型（Optionals） 若有值时，不再隐式的转换为 true，同样，若无值时，也不再隐式的转换为 false，这是为了避免在判断 optional Bool 的值时产生困惑。替代的方案是，用== 或 != 运算符显式地去判断 Optional 是否是 nil，以确认其是否包含值。

2.13.1 if 语句以及强制解析

在 Swift 语言中，可以使用 if 语句来判断一个可选是否包含值。如果可选类型有值，结果是 true；如果没有值，结果是 false。

在 Swift 语言中，当确定可选类型确实包含值之后，可以在可选的名字后面加一个感叹号“!”来获取值。这个感叹号表示“我知道这个可选有值，请使用它。”这被称为可选值的强制解析（forced unwrapping）。

实例 2-15	演示 if 语句的强制解析
源码路径	源代码下载包:\daima\2\2-15

实例文件 main.swift 的具体实现代码如下所示。

```
import Foundation
let possibleNumber = "123"
let convertedNumber = Int(possibleNumber)

if (convertedNumber != nil) {
    print("\(possibleNumber) has an integer value of \(convertedNumber!)")
} else {
    print("\(possibleNumber) could not be converted to an integer")
}
```

本实例执行后的效果如图 2-16 所示。

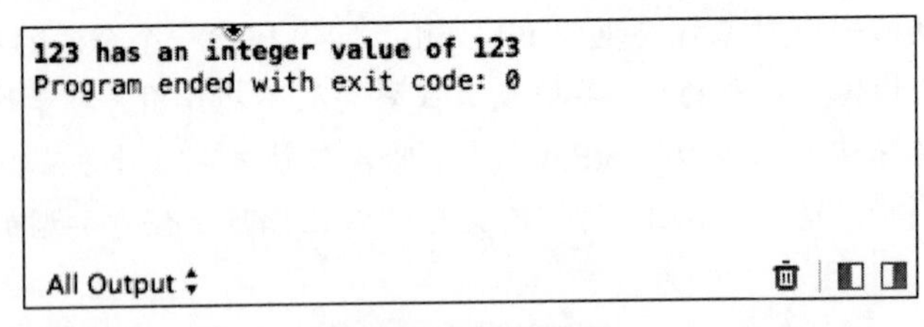

图 2-16 执行效果

注意：使用“!”来获取一个不存在的可选值会导致运行时错误。使用!来强制解析值之前，一定要确定可选包含一个非 nil 的值。

2.13.2 可选绑定

在 Swift 语言中，使用可选绑定（optional binding）来判断可选类型是否包含值，如果包含就把值赋给一个临时常量或者变量。可选绑定可以用在 if 和 while 语句中来对可选类型的值进行判断并把值赋给一个常量或者变量。if 和 while 语句，请参考控制流。

例如，在如下所示的 if 语句中写一个可选绑定。

```
if let constantName = someOptional {
    statements
}
```

在 Swift 语言中，可以像上面这样使用可选绑定的方式来重写 possibleNumber 这个例子，例如如下文件所示的演示代码。

实例 2-16	使用可选绑定重写实例 2-15
源码路径	源代码下载包:\daima\2\2-16

实例文件 main.swift 的具体实现代码如下所示。

```
import Foundation
let possibleNumber = "123"
let convertedNumber = possibleNumber.toInt()
if let actualNumber = possibleNumber.toInt() {
    print("\(possibleNumber) has an integer value of \(actualNumber)")
} else {
    print("\(possibleNumber) could not be converted to an integer")
}
```

本实例执行后的效果如图 2-17 所示。

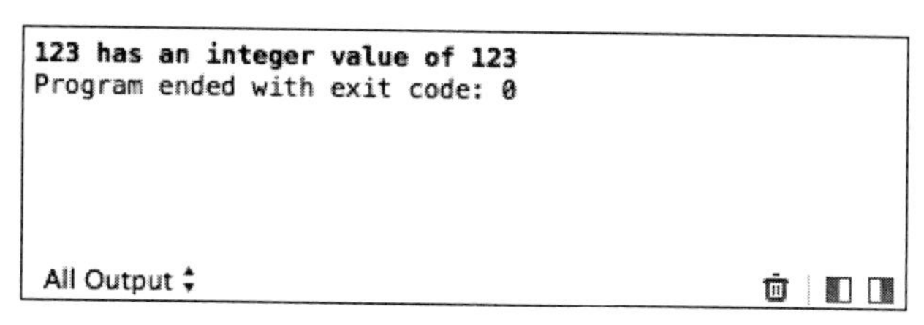

图 2-17　执行效果

上述代码可以被理解为：如果 possibleNumber.toInt 返回的可选 Int 包含一个值，创建一个称作 actualNumber 的新常量并将可选包含的值赋给它。

在 Swift 语言中，如果转换成功，常量 actualNumber 可以在 if 语句的第一个分支中使用。它已经被可选类型包含的值初始化过，所以不需要再使用!后缀来获取它的值。在这个例子中，actualNumber 只被用来输出转换结果。

在 Swift 语言中，可以在可选绑定中使用常量和变量。如果想在 if 语句的第一个分支中操作 actualNumber 的值，可以改成 if var actualNumber，这样可选类型包含的值就会被赋给一个变量而非常量。

2.13.3　nil 空值

在 Swift 语言中，可以给可选变量赋值为 nil 来表示它没有值，例如如下所示的演示代码。

```
var serverResponseCode: Int? = 404
// serverResponseCode 包含一个可选的 Int 值 404
serverResponseCode = nil
// serverResponseCode 现在不包含值
```

在 Swift 语言中，nil 不能用于非可选的常量和变量，如果代码中有常量或者变量需要处理值缺失的情况，请把它们声明成对应的可选类型。

注意：在 Xcode6 Beta4 中 Swift 语法更新中，nil 和布尔运算中的 true 和 false 开始被定义为字面量 Literals。

在 Swift 语言中，如果声明一个可选常量或者变量但是没有赋值，它们会自动被设置为 nil。例如如下所示的演示代码。

```
var surveyAnswer: String?
// surveyAnswer 被自动设置为 nil
```

注意：Swift 的 nil 和 Objective-C 中的 nil 并不一样。在 Objective-C 中，nil 是一个指向不存在对象的指针。在 Swift 中，nil 不是指针——它是一个确定的值，用来表示值缺失。任何类型的可选状态都可以被设置为 nil，不只是对象类型。

2.13.4 隐式解析可选类型

在 Swift 语言中，可选类型暗示了常量或者变量可以“没有值”。可选可以通过 if 语句来判断是否有值，如果有值可以通过可选绑定来解析值。

在 Swift 语言中，在程序架构中第一次被赋值之后，可以确定一个可选类型总会有值。在这种情况下，每次都要判断和解析可选值是非常低效的，因为可以确定它总会有值。

这种类型的可选状态被定义为隐式解析可选类型（implicitly unwrapped optionals）。把想要用作可选的类型的后面的问号（String?）改成感叹号（String!）来声明一个隐式解析可选类型。

在 Swift 语言中，当可选类型被第一次赋值之后就可以确定之后一直有值时，隐式解析可选类型非常有用。隐式解析可选类型主要被用在 Swift 中类的构造过程中，请参考类实例之间的循环强引用。

在 Swift 语言中，一个隐式解析可选类型其实就是一个普通的可选类型，但是可以被当作非可选类型来使用，并不需要每次都使用解析来获取可选值。例如在下面的例子中，展示了可选类型 String 和隐式解析可选类型 String 之间的区别。

```
let possibleString: String? = "An optional string."
print(possibleString!)      // 需要感叹号来获取值
// 输出 "An optional string."
let assumedString: String! = "An implicitly unwrapped optional string."
print(assumedString)        // 不需要感叹号
// 输出 "An implicitly unwrapped optional string."
```

在 Swift 语言中，可以把隐式解析可选类型当作一个可以自动解析的可选类型，开发者要做的只是声明时把感叹号放到类型的结尾，而不是每次取值的可选名字的结尾。

注意：如果在隐式解析可选类型没有值时尝试取值，会触发运行时错误。和在没有值的普通可选类型后面加一个感叹号一样。

在 Swift 语言中，可以把隐式解析可选类型当作普通可选类型来判断它是否包含值，例如如下所示的演示代码。

```
if assumedString {
```

```
    print(assumedString)
}
// 输出 "An implicitly unwrapped optional string."
```

在 Swift 语言中，也可以在可选绑定中使用隐式解析可选类型来检查并解析它的值，例如如下所示的演示代码。

```
if let definiteString = assumedString {
    print(definiteString)
}
// 输出 "An implicitly unwrapped optional string."
```

注意：如果一个变量之后可能变成 nil 请不要使用隐式解析可选类型。如果需要在变量的生命周期中判断是否是 nil，请使用普通可选类型。

2.14　断言

在 Swift 语言中，可选类型可以判断值是否存在，可以在代码中优雅地处理值缺失的情况。但是在某些情况下，如果值缺失或者值并不满足特定的条件，我们的代码可能并不需要继续执行。此时可以在代码中触发一个断言（assertion）来结束代码运行，并通过调试来找到值缺失的原因。

2.14.1　使用断言进行调试

在 Swift 语言中，断言会在运行时判断一个逻辑条件是否为 true。从字面意思来说，断言一个条件是否为真。可以使用断言来保证在运行其他代码之前，某些重要的条件已经被满足。如果条件判断为 true，代码运行会继续进行；如果条件判断为 false，代码运行停止，应用将被终止。

在 Swift 语言中，如果在代码调试环境下触发了一个断言，比如在 Xcode 中构建并运行一个应用，则可以清楚地看到不合法的状态发生在哪里并检查断言被触发时的应用状态。此外，断言允许开发者附加一条调试信息。

在 Swift 语言中，可以使用全局 assert 函数来写一个断言，例如向 assert 函数传入一个结果为 true 或者 false 的表达式以及一条信息，当表达式为 false 时这条信息会被显示。

```
let age = -3
assert(age >= 0, "A person's age cannot be less than zero")
// 因为 age < 0，所以断言会触发
```

在上述例子中，只有 age >= 0 为 true 时代码运行才会继续，也就是说，当 age 的值非负时。如果 age 的值是负数，就像代码中那样，age >= 0 为 false，断言被触发，结束应用。

在 Swift 语言中，断言信息不能使用字符串插值。断言信息可以省略，例如如下所示的演示代码。

```
assert(age >= 0)
```

2.14.2 何时使用断言

当条件可能为假时使用断言，但是最终一定要保证条件为真，这样代码才能继续运行。断言的适用情景：

- 整数类型的下标索引被传入一个自定义下标脚本实现，但是下标索引值可能太小或者太大。
- 需要给函数传入一个值，但是非法的值可能导致函数不能正常执行。
- 一个可选值现在是 nil，但是后面的代码运行需要一个非 nil 值。

断言可能导致应用程序终止运行，所以开发者需要仔细设计代码，避免出现非法条件。然而，在发布应用程序之前，有时可能会出现非法条件，这时使用断言可以快速发现问题。

2.15 综合演练

实例 2-17	综合演示 Swift 各个基本语法的用法
源码路径	源代码下载包:\daima\2\2-17

实例文件 main.swift 的具体实现代码如下所示。

```
import Cocoa

var str = "Hello, playground"

//声明多个变量或常量的话中间用 "," 隔开; 注意: 要在同一行
var x = 0.0 , y = 1.0 , z = 2.0
let x1 = 0.0 , y1 = 1.0 , z1 = 2.0

//指定类型声明变量或常量; 注意: 声明常量时要指定值
var a:String
a = "Hello"
var b:String = "Hello"
let a1:String = "Hello"

//参数的命名规则, 可以用任何你想用的名字去命名参数; 注意: 你不能用数字命名, 不能用"-"等
数学符号, 等等。
let 我 = "Hello"
let □ = "Hello"

//打印常量或变量 注意: \(t) t是你想打印的任何变量和常量
print("\(我),\(□),\(a1)")

//在一句话的结尾swift是不允许写分号, 注意: 一行中写多条语句时需要使用分号!
print("\(我),\(□),\(a1)");print("\(我)")

//强制类型转换必须显示转换
let three = 3
let pointOneFourOneFiveNine = 0.14159
let pi = Double(three) + pointOneFourOneFiveNine
let integerPi = Int(pi)
```

```
//typealias的应用；将类型指定为你想要的名字
typealias AudioSample = UInt16

//Bool 类型；注意：ture和false来指明
let orangesAreOrange = true
let turnipsAreDelicious = false

/*
元组（Tuples）
1:你可以定义任何类型 任何数目
2:如果你只想要元组的一部分，可以用"_"当占位符
3:你可以通过元组的.0,..来去的对应的值
4:你可以元组中的元素命名，读取时直接用名字读取
5:当然你可以用元组来作为一个函数的返回值
*/
let http404Error = (404, "Not Found")
let (statusCode, statusMessage) = http404Error
let (statusCode1,_) = http404Error
print("\(statusCode1),\(http404Error.0),\(http404Error.1)")

let http200Status = (statusCode: 200, description: "OK")
print("\(http200Status.statusCode),\(http200Status.description)")

/*
1:在swift中有?keyword,这个的意思是值可能有可能没有。Int和Int?是两个不同的理解在swift中。
2:在swift中有!keyword,这个的意思是值确定有。Int和Int!是两个不同的理解在swift中。nil不
能赋值给!声明的变量或常量
3:在swift中nil可以赋值给任何变量和常量，不仅仅是对象才可以
*/
var nonOptional: Int? = nil
if var asdf = nonOptional{
   print("存在")
}else{
   print("不存在")
}
```

本实例执行后的效果如图 2-18 所示。

```
Hello,Hello,Hello
Hello,Hello,Hello
Hello
404,404,Not Found
200,OK
不存在
Program ended with exit code: 0

All Output ⇕
```

图 2-18　执行效果

注意：在 Xcode6 Beta6 的 Swift 语法更新中，断言（assertions）可以使用字符串内插语法，并删除文档中有冲突的注释。

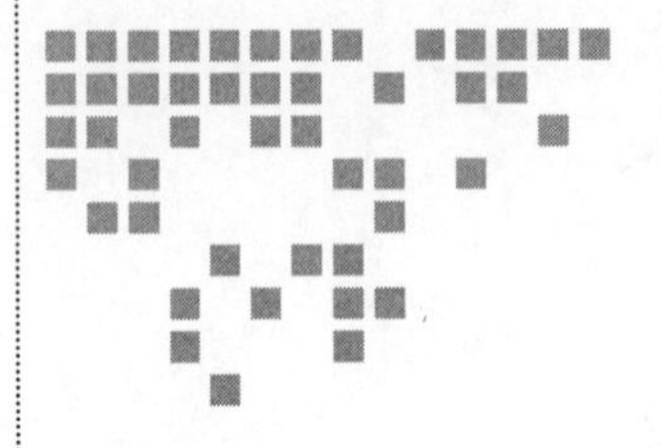

Chapter 3 第3章

字符、字符串和运算符

即使有了变量和常量，也不能进行日常程序处理，还必须使用某种方式来将变量、常量的关系表示出来，运算符和表达式便应运而生。通过专用的运算符和表达式，可以实现对变量和常量的处理，以实现现实中的项目需求。这样即可对变量和常量进行必要的运算处理，来实现特定的功能。另外，多个字符可以构成字符串，字符串（String）是由0个或多个字符组成的有限序列，是编程语言中表示文本的数据类型。通常以串的整体作为操作对象，例如在字符串中查找某个子串、求取一个子串、在串的某个位置上插入一个子串以及删除一个子串等。本章将详细介绍Swift语言中字符、字符串和运算符的基本知识，为读者步入本书后面知识的学习打下基础。

3.1 字符和字符串

在Swift语言中，字符类型是String，例如“hello, world”，“海贼王”等有序的Character（字符）类型的值的集合，通过String类型来表示。Swift中的String和Character类型提供了一个快速的、兼容 Unicode 的方式来处理代码中的文本信息。在Swift语言中，创建和操作字符串的语法与在 C 语言中字符串的操作相似。字符串连接操作只需通过“+”号将两个字符串相连即可。在Swift语言中，每一个字符串都是由独立编码的 Unicode 字符组成，并提供了以不同 Unicode 表示（representations）来访问这些字符的支持。Swift 可以在常量、变量、字面量和表达式中进行字符串插值操作，可以轻松创建用于展示、存储和打印的自定义字符串。

3.1.1 字符和字符串基础

在Swift语言中，String类型与 Foundation NSString类进行了无缝桥接。如果利用 Cocoa 或 Cocoa Touch 中的 Foundation 框架进行开发工作，那么所有的NSString API 都可以调用创建的任意 String 类型的值。除此之外，还可以使用本章介绍的 String 特性，在任意要求传入 NSString 实例作为参数的 API 中使用 String 类型的值作为替代。

Swift 字符串和字符的基本内容如图 3-1 所示。

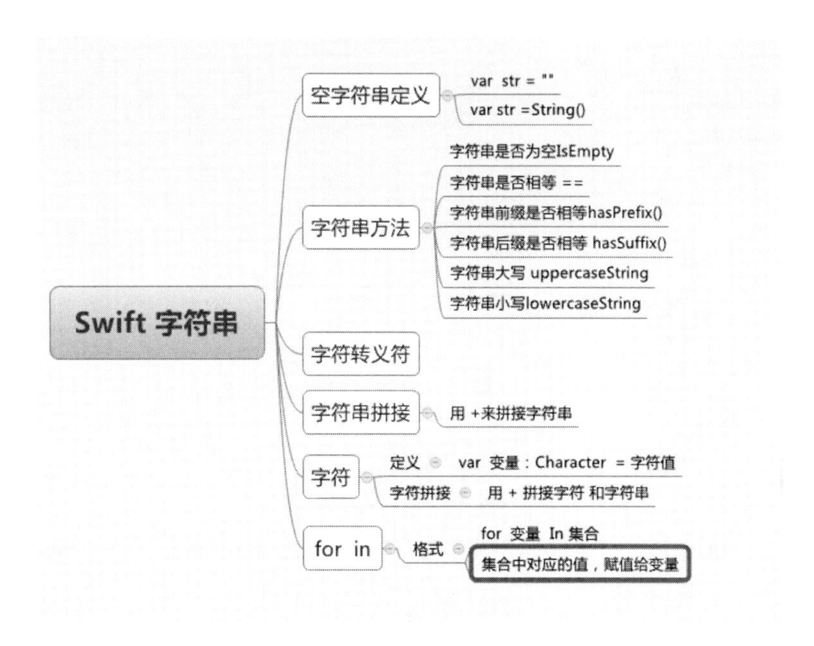

图 3-1 Swift 字符串和字符的基本内容

3.1.2 字符串字面量（String Literals）

在 Swift 语言中，可以在代码中包含一段预定义的字符串值作为字符串字面量。字符串字面量是由双引号“""”包裹着的具有固定顺序的文本字符集。

在 Swift 语言中，字符串字面量可以用于为常量和变量提供初始值。例如如下所示的演示代码。

```
let someString = "Some stri    ng literal value"
```

在上述演示代码中，变量 someString 通过字符串字面量进行初始化，Swift 因此推断该变量为 String 类型。

在 Swift 语言中，字符串字面量可以包含如下所示的特殊字符。

- 转义字符\0（空字符）、\\（反斜线）、\t（水平制表符）、\n（换行符）、\r（回车符）、\"（双引号）、\'（单引号）。
- Unicode 标量，写成\u{n}（u 为小写），其中 n 为任意的一到八位十六进制数。

例如下面的代码演示了各种特殊字符的使用过程。

实例 3-1	演示各种特殊字符的使用过程
源码路径	源代码下载包:\daima\3\3-1

实例文件 main.swift 的具体实现代码如下所示。

```
import Foundation
let wiseWords = "\"做人当如孙仲谋\" -那一夜"
```

```
let dollarSign = "\u{24}"              // $, Unicode scalar U+0024
let blackHeart = "\u{2665}"            // ♥, Unicode scalar U+2665
let sparklingHeart = "\u{1F496}"       // □, Unicode scalar U+1F496


print(wiseWords)
print(dollarSign)
print(blackHeart)
print(sparklingHeart)
```

本实例执行后的效果如图 3-2 所示。

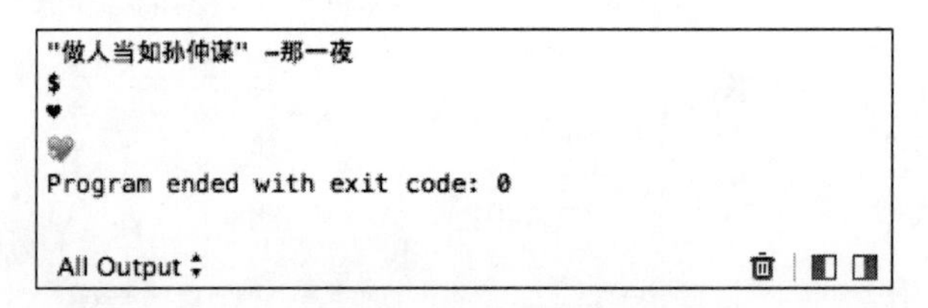

图 3-2 执行效果

其中常量 wiseWords 包含了两个转移特殊字符（双括号），常量 dollarSign、blackHeart 和 sparklingHeart 演示了三种不同格式的 Unicode 标量。

3.1.3 初始化空字符串

在 Swift 语言中，为了构造一个很长的字符串，可以创建一个空字符串作为初始值。可以将空的字符串字面量赋值给变量，也可以初始化一个新的 String 实例。

实例 3-2	初始化空字符串实例演示
源码路径	源代码下载包:\daima\3\3-2

实例文件 main.swift 的具体实现代码如下所示。

```
var emptyString = ""                        // 空字符串字面量
var anotherEmptyString = String()           // 初始化 String 实例
// 两个字符串均为空并等价。
接下来可以通过检查其Boolean类型的isEmpty属性，以判断该字符串是否为空。
if emptyString.isEmpty {
    print("什么都没有")
}
```

本实例执行后的效果如图 3-3 所示。

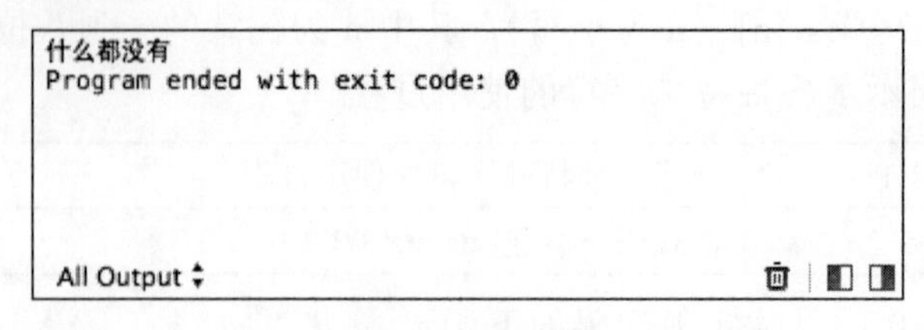

图 3-3 执行效果

3.1.4 字符串可变性

在 Swift 语言中，可以通过将一个特定字符串分配给一个变量来对其进行修改，或者分配给一个常量的方式来保证其不会被修改。例如如下所示的演示代码。

```
var variableString = "Horse"
variableString += " and carriage"
// variableString 现在为 "Horse and carriage"
let constantString = "Highlander"
constantString += " and another Highlander"
// 这会报告一个编译错误 (compile-time error) - 常量不可以被修改。
```

在 Objective-C 程序和 Cocoa 程序中，通过选择两个不同的类（NSString 和 NSMutableString）来指定该字符串是否可以被修改。在 Swift 语言中，字符串是否可以修改仅通过定义的是变量还是常量来决定，实现了多种类型可变性操作的统一。

实例 3-3	使用换行符、双引号和单引号
源码路径	源代码下载包:\daima\3\3-3

实例文件 main.swift 的具体实现代码如下所示。

```
import Foundation

//------------------换行符----------------
var  strA = "Hello World \n  1"     // \n是换行符
print("strA=\(strA)")
//------------------双引号----------------
var  strB = "\"双引号"              // \" 是代表双引号
print("strB=\(strB)")
//------------------单引号----------------
var  strC = "\'单引号"              // \' 代表单引号
print("strC=\(strC)")
var  aa = "你好"                    // \n是换行符
aa += "你好"
print(aa)
```

本实例执行后的效果如图 3-4 所示。

```
strA=Hello World
  1
strB="双引号
strC='单引号
你好你好
Program ended with exit code: 0

All Output
```

图 3-4　执行效果

3.1.5　字符串是值类型

在 Swift 语言中，String 类型是值类型。如果创建了一个新的字符串，那么当对其进行常量、变量赋值操作时，或在函数/方法中被传递时，会进行值复制操作。在任何情况下，都会对已有字符串值创建新副本，并对新副本进行传递或赋值操作。

在 Swift 语言中，与 Cocoa 中的 NSString 不同，当在 Cocoa 中创建了一个 NSString 实例，并将其传递给一个函数/方法，或者赋值给一个变量时，被传递或被赋值的是该 NSString 实例的一个引用，除非特别要求进行值复制，否则字符串不会生成新的副本来进行赋值操作。

在 Swift 语言中，通过默认字符串复制的方式保证了在函数/方法中传递的是字符串的值。由此可见，无论该值来自于哪里，都是我们独自拥有的，开发者可以放心自己传递的字符串本身不会被更改。在实际编译时，Swift 编译器会优化字符串的使用，使实际的复制只发生在绝对必要的情况下，这意味着当将字符串作为值类型的同时可以获得极高的性能。

3.1.6 字符串遍历

在 Swift 语言中，String 类型表示特定序列的 Character（字符）类型值的集合。每一个字符值代表一个 Unicode 字符。在 Swift 程序中，可利用 for-in 循环来遍历字符串中的每一个字符。for in 是一个遍历语句，for 后面跟临时变量，in 后面跟数组，临时变量不需要定义，编译器会自动生成一个临时变量。for in 会遍历字符集合，然后将每个集合赋值临时变量。

例如如下所示的演示代码。

```
for character in "Dog!□" {
   print(character)
}
// D
// o
// g
// !
// □
```

另外，通过标明一个 Character 类型注解并通过字符字面量进行赋值，可以建立一个独立的字符常量或变量。例如如下所示的演示代码。

```
let yenSign: Character = "¥"
```

实例 3-4	遍历字符串实例演示
源码路径	源代码下载包:\daima\3\3-4

实例文件 main.swift 的具体实现代码如下所示。

```
import Foundation
var str = "ABCDEFG"
/*
1:str 是字符串变量 是字符集合
2:temp是临时变量
3:for in 会遍历字符集合，然后将每个集合赋值临时变量temp

*/

for temp  in str {
   print(temp)
}
```

本实例执行后的效果如图 3-5 所示。

```
A
B
C
D
E
F
G
Program ended with exit code: 0
All Output
```

图 3-5 执行效果

3.1.7 计算字符数量

在 Swift 程序中，定义字符的格式如下所示。

```
变量关键字和常量关键字 变量 : Character = 字符值
```

“字符值”必须用双引号括起来，必须是一个字符。字符串和字符的关系是：字符串是由 N 个字符组成的，即字符串是字符的集合。

实例 3-5	设置字符值
源码路径	源代码下载包:\daima\3\3-5

实例文件 main.swift 的具体实现代码如下所示。

```
import Foundation
var ch :Character = "c"  // 字符值 必须用双引号，并且是一个字符
print("ch=\(ch)")
```

本实例执行后的效果如图 3-6 所示。

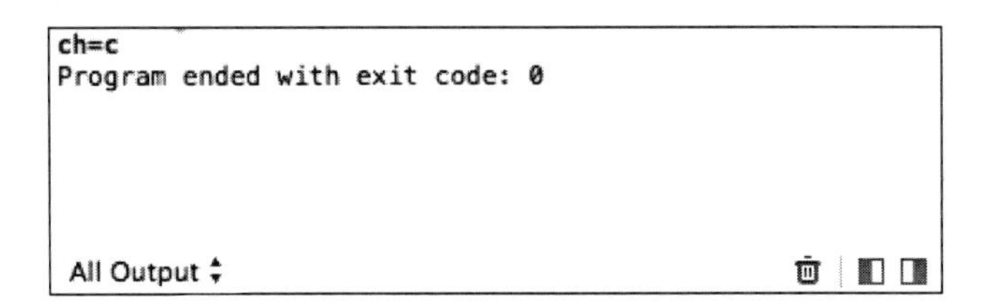

图 3-6 执行效果

在 Swift 语言中，通过调用全局函数 count 将字符串作为参数进行传递的方式，可以获取该字符串的字符数量。在 Swift 程序中，可能需要内存空间来存储不同的 Unicode 字符的不同表示方式，以及相同 Unicode 字符的不同表示方式。所以对于在 Swift 的一个字符串中的字符来说，并不一定占用相同的内存空间。因此字符串的长度不得不通过迭代字符串中每一个字符的长度来进行计算。如果您正在处理一个长字符串，需要注意 countElements 函数必须遍历字符串中的字符以精准计算字符串的长度。另外需要注意的是，通过 countElements 返回的字符数量并不总是与包含相同字符的 NSString 的 length 属性相同。NSString 的 length 属性是基于利用 UTF-16 表示的十六位代码单元数字，而不是基于 Unicode 字符。为了解决这一问题，NSString 的 length 属性在被 Swift 的 String 访问时会成为 utf16count。

3.1.8 连接字符串和字符

在 Swift 语言中，字符串可以通过加法运算符（+）相加在一起（或称“串联”）并创建一个新的字符串。例如如下所示的演示代码。

```
let string1 = "hello"
let string2 = " there"
var welcome = string1 +  string2
// welcome 现在等于 "hello there"
```

在 Swift 语言中，也可以通过加法赋值运算符（+=）将一个字符串添加到一个已经存在的字符串变量上，例如如下所示的演示代码。

```
var instruction = "look over"
instruction += string2
// instruction
```

在 Swift 语言中，不能将一个字符串或者字符添加到一个已经存在的字符变量上，因为字符变量只能包含一个字符。从 Xcode6 Beta7 的 Swift 语法更新开始，字符类型不能使用+运算法链接，可以以 `String（C1）+String（2）` 的方式实现字符间链接。

在 Swift 语言中，可以使用 append 方法将一个字符附加到一个字符串变量的尾部，例如如下所示的演示代码。

```
let exclamationMark: Character = "!"
welcome.append(exclamationMark)
// welcome 现在等于 "hello there!"
```

实例 3-6	连接字符串和字符实例演示
源码路径	源代码下载包:\daima\3\3-6

实例文件 main.swift 的具体实现代码如下所示。

```
import Foundation

//-----------多个字符串变量拼接 用“+”来拼接

var  str4 = "hello"
var  str5 = " swift"
var  str6 = str4+str5                  //字符串变量拼接
print("str6=\(str6)")


//-----------字符串变量和常量用“+”或“+=”来拼接
var  str7="hello "
str7 += "swift"                        //字符串变量和字符常量拼接可以用“+=”拼接
print("str7=\(str7)")
```

本实例执行后的效果如图 3-7 所示。

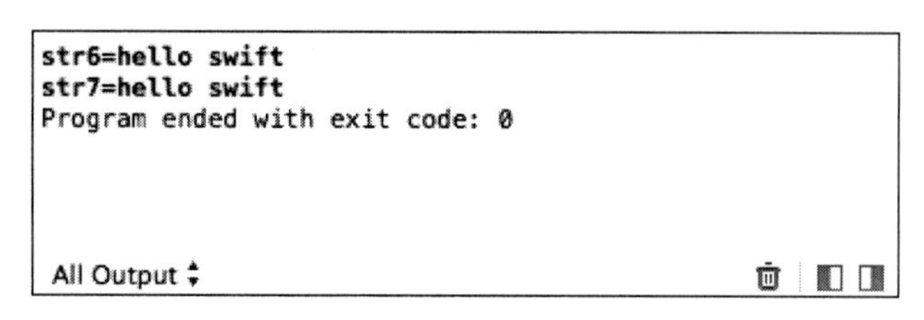

图 3-7　执行效果

3.1.9　字符串插值

在 Swift 语言中，字符串插值是一种构建新字符串的方式，可以在其中包含常量、变量、字面量和表达式。插入的字符串字面量的每一项都被包裹在以反斜杠为前缀的圆括号中，例如如下所示的演示代码。

```
let multiplier = 3
let message = "\(multiplier) 乘以 2.5 是 \(Double(multiplier) * 2.5)"
// message 是 "3 乘以 2.5 是 7.5"
```

在上面的演示代码中，multiplier 作为\（multiplier）被插入一个字符串字面量中。当创建字符串执行插值计算时此占位符会被替换为 multiplier 实际的值。

multiplier 的值也作为字符串中后面表达式的一部分。 该表达式计算 Double（multiplier）* 2.5 的值并将结果 (7.5) 插入字符串中。在这个例子中，表达式写为\（Double（multiplier）* 2.5）并包含在字符串字面量中。

在 Swift 语言中，插值字符串中写在括号中的表达式不能包含非转义双引号“"”和反斜杠“\”，并且不能包含回车或换行符。

3.1.10　比较字符串

在 Swift 语言中，提供了三种方式来比较字符串的值，分别是字符串相等、前缀/后缀相等、大写和小写字符串。在本节的内容中，将详细讲解这三种比较字符串的基本知识。

1．字符串相等

在 Swift 语言中，如果两个字符串以同一顺序包含完全相同的字符，则认为两者字符串相等。例如如下所示的演示代码。

```
let quotation = "我们是一样一样滴."
let sameQuotation = "我们是一样一样滴."
if quotation == sameQuotation {
   print("这两个字符串被认为是相同的")
}
// 打印输出："这两个字符串被认为是相同的"
```

2．前缀/后缀相等

在 Swift 语言中，通过调用字符串中的 hasPrefix/hasSuffix 方法来检查字符串是否拥有特定的前缀/后缀。这两个方法均需要以字符串作为参数传入并传出 Boolean 值，并且都执行基本字符串和前缀/后缀字符串之间逐个字符的比较操作。

在下面的演示代码中，以一个字符串数组表示莎士比亚话剧《罗密欧与朱丽叶》中前两场的场景位置。

```
let romeoAndJuliet = [
    "Act 1 Scene 1: Verona, A public place",
    "Act 1 Scene 2: Capulet's mansion",
    "Act 1 Scene 3: A room in Capulet's mansion",
    "Act 1 Scene 4: A street outside Capulet's mansion",
    "Act 1 Scene 5: The Great Hall in Capulet's mansion",
    "Act 2 Scene 1: Outside Capulet's mansion",
    "Act 2 Scene 2: Capulet's orchard",
    "Act 2 Scene 3: Outside Friar Lawrence's cell",
    "Act 2 Scene 4: A street in Verona",
    "Act 2 Scene 5: Capulet's mansion",
    "Act 2 Scene 6: Friar Lawrence's cell"
]
```

接下来可以利用 hasPrefix 方法来计算话剧中第一幕的场景数，例如如下所示的演示代码。

```
var act1SceneCount = 0
for scene in romeoAndJuliet {
    if scene.hasPrefix("Act 1 ") {
        ++act1SceneCount
    }
}
print("There are \(act1SceneCount) scenes in Act 1")
// 打印输出: "There are 5 scenes in Act 1"
```

同样的道理，可以使用 hasSuffix 方法来计算发生在不同地方的场景数。例如如下所示的演示代码。

```
var mansionCount = 0
var cellCount = 0
for scene in romeoAndJuliet {
    if scene.hasSuffix("Capulet's mansion") {
        ++mansionCount
    } else if scene.hasSuffix("Friar Lawrence's cell") {
        ++cellCount
    }
}
print("\(mansionCount) mansion scenes; \(cellCount) cell scenes")
// 打印输出: "6 mansion scenes; 2 cell scenes"
```

实例 3-7	验证字符串是否相等
源码路径	源代码下载包:\daima\3\3-7

实例文件 main.swift 的具体实现代码如下所示。

```
import Foundation

var  strA = "Hello"
var  strB = "Hello"

//-----------字符串相等 == -------
if  strA == strB{
    print("字符串-相等")
}
```

```
else{
    print("字符串-不相等")
}

//-----------字符串前缀相等 hasPrefix---------


if strA.hasPrefix("H"){
    print("字符串前缀-相等")
}
else{
    print("字符串前缀-不相等")
}

//-----------字符串后缀相等 hasSuffix---------


if strA.hasSuffix("o"){
    print("字符串后缀-相等")
}
else{
    print("字符串后缀-不相等")
}
```

本实例执行后的效果如图 3-8 所示。

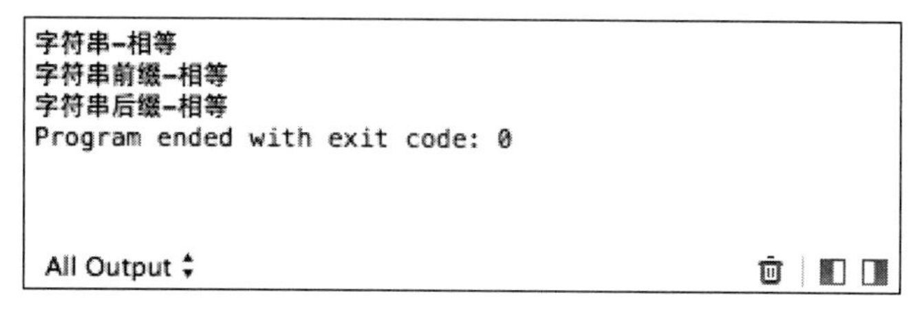

图 3-8　执行效果

注意：在 Xcode6 Beta5 的 Swift 语法更新中，为了反映和展示“字符串和字符的比较”以及“前缀（prefix）/后缀（postfix）比较”，它们都开始基于扩展字符集（extended grapheme clusters）规范的等价比较。

3. 大写和小写字符串

在 Swift 语言中，可以通过字符串的 uppercaseString 和 lowercaseString 属性来访问大写/小写版本的字符串。例如如下所示的演示代码。

```
let normal = "Could you help me, please?"
let shouty = normal.uppercaseString
// shouty 值为 "COULD YOU HELP ME, PLEASE?"
let whispered = normal.lowercaseString
// whispered 值为 "could you help me, please?"
```

实例 3-8	实现字符串的大小写转换
源码路径	源代码下载包:\daima\3\3-8

实例文件 main.swift 的具体实现代码如下所示。

```
import Foundation
var  strA = "Hello"

//-----------字符串大写转换
var  strB = strA.uppercaseString //uppercaseString 字符串大写转换
println (strB)

//------------字符串小写转换
var strC = strA.lowercaseString //lowercaseString 字符串小写转换
print(strC)
var  strD = "AAAbbb"

//-----------字符串大写转换
var  strE = strD.uppercaseString //uppercaseString 字符串大写转换
println (strE)
var strF = strD.lowercaseString //lowercaseString 字符串小写转换
print(strF)
```

本实例执行后的效果如图 3-9 所示。

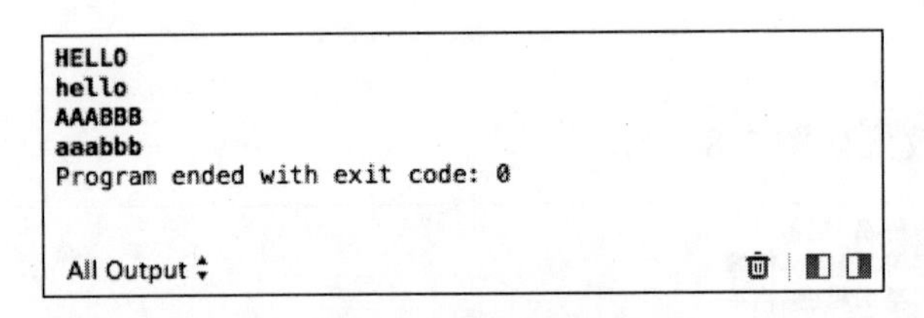

图 3-9 执行效果

注意：在 Xcode6 Beta4 的 Swift 语法更新中，Swift 的内建 String 类型不再拥有 uppercaseString 和 lowercaseString 属性。

3.2 运算符概述

在 Swift 语言中，运算符是检查、改变、合并值的特殊符号或短语。例如，通过加号“+”将两个数相加。

```
let i = 1 + 2;
```

复杂一些的运算例如逻辑与运算符&&，例如：

```
if enteredDoorCode && passedRetinaScan
```

或者让 i 值加 1 的便捷自增运算符++i 等。

Swift 支持大部分标准 C 语言的运算符，并且改进了许多特性来减少常规编码错误。例如赋值运算符“=”不返回值，以防止将想要判断相等运算符“==”的地方写成赋值符导致的错误。数值运算符（+，-，*，/，%等）会检测并不允许值溢出，以此来避免保存变量时由于变量大于或小于其类型所能承载的范围时导致的异常结果。在 Swift 程序中，允许使用溢出运算符来实现溢出。

和 C 语言相比，在 Swift 中可以对浮点数进行取余运算（%）。另外，Swift 还提供了 C

语言中没有的表达两数之间的值的区间运算符，例如“a..b”和“a...b”，这更方便表达一个区间内的数值。

在Swift语言中，可以将运算符分为如下所示的类别。

（1）算术运算符：用于各类数值运算。包括加（+）、减（-）、乘（*）、除（/）、求余（或称模运算，%）、自增（++）、自减（--）等。

（2）关系运算符：用于比较运算。包括大于（>）、小于（<）、等于（==）、大于等于（>=）、小于等于（<=）和不等于（!=）等。

（3）逻辑运算符：用于逻辑运算。包括与（&&）、或（||）、非（!）等。

（4）位操作运算符：参与运算的量，按二进制位进行运算。

（5）赋值运算符：用于赋值运算。

（6）条件运算符：这是一个三目运算符，用于条件求值（?:）。

（7）逗号运算符：用于将若干表达式组合成一个表达式（,）。

在Swift语言中，根据操作对象的个数可以将运算符分为三种，分别是一元、二元和三元运算符，具体说明如下所示。

- 一元运算符：对单一操作对象操作（如-a）。一元运算符分前置运算符和后置运算符，前置运算符需排在操作对象之前（如!b），后置运算符需排在操作对象之后（如i++）。
- 二元运算符：操作两个操作对象（如2 + 3），是中置的，因为它们出现在两个操作对象之间。
- 三元运算符：操作三个操作对象，和C语言一样，Swift只有一个三元运算符，就是三元条件运算符（a ? b : c）。

在Swift语言中，受运算符影响的值称为操作数，在表达式1 + 2中，“+”是二元运算符，它的两个操作数值是1和2。

3.3　赋值运算符

Swift语言中的赋值运算符包括基本赋值运算符和复合赋值运算符两种，此运算符的含义是为某变量或表达式赋值，相当于直接给出一个值。在本节的内容中，将详细讲解赋值运算符和赋值表达式的基本知识。

3.3.1　基本赋值运算符

在Swift语言中，赋值运算（a = b）表示用b的值来初始化或更新a的值。Swift语言的基本赋值运算符记为“=”，由“=”连接的式子称为赋值表达式。其一般使用格式如下所示。

```
变量=表达式
```

例如如下所示的代码都是基本赋值处理：

```
let b = 10
var a = 5
a = b
// a 现在等于 10
```

赋值表达式的功能是计算表达式的值再赋予左边的变量，赋值运算符具有向右结合性。

所以 a=b=c=10 可以理解为 a=（b=（c=5））。

在 Swift 语言中，如果赋值的右边是一个多元组，它的元素可以马上被分解为多个变量。例如如下所示的演示代码。

```
let (x, y) = (1, 2)
// 现在 x 等于 1, y 等于 2
```

与 C 语言和 Objective-C 语言不同，Swift 的赋值操作并不返回任何值。所以下面的代码是错误的。

```
if x = y {
    // 此句错误，因为 x = y 并不返回任何值
}
```

Swift 语言的这个特性使开发者无法将（==）错写成（=），由于 if x = y 是错误代码，Swift 从底层帮助开发者避免了这些错误代码。

实例 3-9	使用基本的赋值运算符
源码路径	源代码下载包:\daima\3\3-9

实例文件 main.swift 的具体实现代码如下所示。

```
import Foundation

var str = "hello"              //无类型，即自动识别类型
var s:String = "World"         //字符串类型
var i:Int = 100                //int类型
var words:String = "http://www.toppr.net"//
print(str)
print(i)
print(words)
```

本实例执行后的效果如图 3-10 所示。

```
hello
100
http://www.toppr.net
Program ended with exit code: 0

All Output ⬍
```

图 3-10 执行效果

3.3.2 复合赋值

为了简化程序并提高编译效率，Swift 语言允许在赋值运算符“=”之前加上其他运算符，这样就构成了复合赋值运算符。复合赋值运算符的功能是对赋值运算符左、右两边的运算对象进行指定的算术运算符运算，再将运算结果赋予右边的变量。使用复合赋值运算符的具体格式如下所示。

```
算术运算符=
```

例如加赋运算“+=”就是复合赋值的一个例子。

```
var a = 1
a += 2 // a 现在是 3
```

表达式 a += 2 是 a = a + 2 的简写，一个加赋运算即可将加法和赋值两件事完成了。

实例 3-10	使用复合赋值运算符
源码路径	源代码下载包:\daima\3\3-10

实例文件 main.swift 的具体实现代码如下所示。

```
import Foundation
var num1, num2, num3 :Int
num1=10
num2=10
num3=10
    num1 += 2
    num2*=num3
print(num1)
print(num2)
print(num3)
print(num1+num2+num3)
```

本实例执行后的效果如图 3-11 所示。

```
12
100
10
122
Program ended with exit code: 0

All Output ÷
```

图 3-11　执行效果

注意：复合赋值运算没有返回值，let b = a += 2 这类代码是错误的。这不同于上面提到的自增和自减运算符。

3.4　算数运算符

算术表达式是指用算术运算符和括号将运算对象（也称操作数）连接起来的、符合 C 语言规则的式子。而算术表达式是由算术运算符和括号连接起来的式子。在 Swift 语言中有如下几种算数运算符。

- +：加，一目取正。
- -：减，一目取负。
- *：乘。
- /：除。
- %：取模。
- --：减 1。
- ++：加 1。

Swift 语言中的运算符可以分为单目运算符和双目运算符两种，在本节将详细讲解这两种运算符的基本知识。

3.4.1 单目运算符

单目运算符是指只有一个运算对象。C 语言中的单目运算符有++（自增 1，运算对象必须为变量），--（自减 1，运算对象必须为变量），+（取正），-（取负），共对应四种运算。例如，-a 是对 a 进行一目负操作。

（1）自增和自增运算

和 C 语言一样，Swift 也提供了方便对变量本身加 1 或减 1 的自增（++）和自减（--）的运算符。其操作对象可以是整形和浮点型。例如如下所示的演示代码。

```
var i = 0
++i      // 现在 i = 1
```

在 Swift 语言中，每调用一次++i，i 的值就会加 1。实际上，++i 是 i = i + 1 的简写，而--i 是 i = i - 1 的简写。++和--既是前置又是后置运算，++i，i++，--i 和 i--都是有效的写法。

在 Swift 语言中，自增和自增运算修改了 i 后有一个返回值。如果只想修改 i 的值，那么即可忽略这个返回值。但如果想使用返回值，就需要留意前置和后置操作的返回值是不同的，具体说明如下所示。

- 当++前置时，先自增再返回。
- 当++后置时，先返回再自增。

例如如下所示的演示代码。

```
var a = 0
let b = ++a // a 和 b 现在都是 1
let c = a++ // a 现在 2, 但 c 是 a 自增前的值 1
```

在上述演示代码中，“let b = ++a” 先把 a 加 1，然后再返回 a 的值，所以 a 和 b 都是新值 1。

而“let c = a++”，是先返回 a 的值，然后 a 再加 1，所以 c 得到了 a 的旧值 1，而 a 加 1 后变成 2。

在现实开发应用中，除非需要使用 i++的特性，不然推荐使用++i 和--i，因为先修改后返回这样的行为更符合逻辑。一般的算数运算符的结合顺序都是“从左向右”，但自增和自左运算符的方向却是“从右向左”。特别是当++和--与它们同级的运算符一起运算时，一定要注意它们的运算顺序。例如，-m++，因为-和++是属于同级运算符，所以一定要先计算++，再计算取负-。

（2）一元负号

在 Swift 语言中，数值的正负号可以使用前缀-（即一元负号）来切换，例如如下所示的演示代码。

```
let three = 3
let minusThree = -three         // minusThree 等于 -3
let plusThree = -minusThree     // plusThree 等于 3, 或 "负负3"
```

一元负号（-）写在操作数之前，中间没有空格。

（3）一元正号

在 Swift 语言中，一元正号（+）不做任何改变地返回操作数的值。例如如下所示的演示代码。

```
let minusSix = -6
let alsoMinusSix = +minusSix  // alsoMinusSix 等于 -6
```

虽然一元（正号+）做无用功，但当你在使用一元负号来表达负数时，你可以使用一元正号来表达正数，如此代码会具有对称美。

实例 3-11	使用单目运算符
源码路径	源代码下载包:\daima\3\3-11

实例文件 main.swift 的具体实现代码如下所示。

```
import Foundation
var a,b,c :Int              //声明两个整型变量
a=20
b = ++a;
print(b)                    //输出结果
a=20
b = a++;
print(b)                    //输出结果
a=20
b = --a;
print(b)                    //输出结果
a=20
b = a--;
print(b)                    //输出结果
```

本实例执行后的效果如图 3-12 所示。

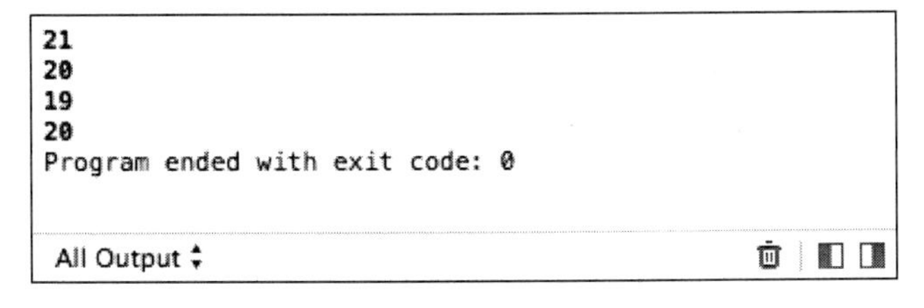

图 3-12　执行效果

3.4.2　双目运算符

双目运算符是指可以有两个操作数进行操作的运算符，Swift 中所有数值类型都支持如下基本的四则运算，这些都是双目运算符。

- 加法（+）。
- 减法（-）。
- 乘法（*）。
- 除法（/）。

例如：

```
1 + 2                    // 等于 3
5 - 3                    // 等于 2
```

```
2 * 3                 // 等于 6
10.0 / 2.5            // 等于 4.0
```

与 C 语言和 Objective-C 语言不同的是，Swift 默认不允许在数值运算中出现溢出情况。但可以使用 Swift 的溢出运算符来达到有目的的溢出（如 a &+ b）。

在 Swift 语言中，加法运算符也可用于 String 的拼接操作，例如如下所示的演示代码。

```
"hello, " + "world"    // 等价于 "hello, world"
```

两个 Character 值或一个 String 和一个 Character 值，相加会生成一个新的 String 值，例如如下所示的演示代码。

```
let dog: Character = "d"
let cow: Character = "c"
let dogCow = dog + cow
// dogCow 现在是 "dc"
```

实例 3-12	使用双目运算符
源码路径	源代码下载包:\daima\3\3-12

实例文件 main.swift 的具体实现代码如下所示。

```
import Foundation
var a = 1        //变量
a = 10           //给变量赋值
var b = 2        //变量
let c = a+b      //定义一个常量c，c的值等于变量a和变量b的和
let d = a-b
let e = a*b
let f = a/b
print(c)
print(d)
print(e)
print(f)
```

```
12
8
20
5
Program ended with exit code: 0

All Output ⌃
```

图 3-13　执行效果

本实例执行后的效果如图 3-13 所示。

3.4.3 求余运算

求余运算也称为取模运算，是一种双目运算符。求余运算（a % b）是计算 b 的多少倍刚好可以容入 a，返回多出来的那部分（余数）。假如计算 9 % 4，应该先计算出 4 的多少倍刚好可以容入 9 中，如图 3-14 所示。

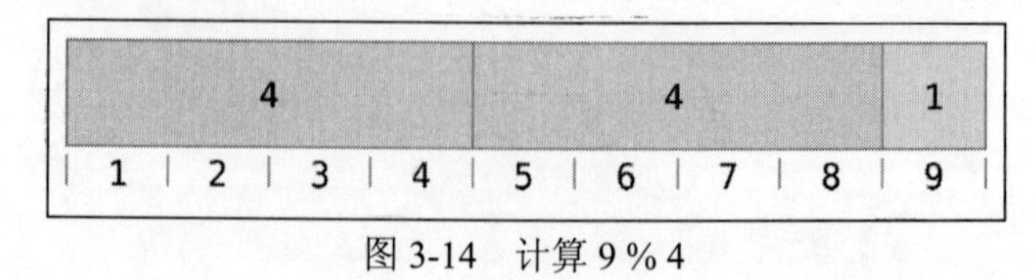

图 3-14　计算 9 % 4

由此可见，计算 9 % 4 的余数是 1，用橙色标出。在 Swift 中的表达方式是：

```
9 % 4    // 等于 1
```

为了得到 a % b 的结果，%计算了以下等式，并输出余数作为结果。

```
a = (b × 倍数) + 余数
```

当倍数取最大值的时候，刚好可以容入 a 中。
把 9 和 4 代入等式中，得 1：

```
9 = (4 × 2) + 1
```

用同样的方法计算“-9 % 4”，

```
-9 % 4   // 等于 -1
```

把-9 和 4 代入等式，-2 是取到的最大整数：

```
-9 = (4 × -2) + -1
```

余数是-1。
在对负数 b 求余时，b 的符号会被忽略。这意味着 a % b 和 a % -b 的结果相同。

实例 3-13	使用求余运算符
源码路径	源代码下载包:\daima\3\3-13

实例文件 main.swift 的具体实现代码如下所示。

```
import Foundation
var a,i,j,k,m :Int
a=1949
    i=a/1000;                    //求该数的千位数字
    j=a%1000/100;                //求该数的百位数字
    k=a%1000%100/10;             //求该数的十位数字
    m=a%1000%100%10;             //求该数的个位数字
print(i)
print(j)
print(k)
print(m)
```

本实例执行后的效果如图 3-15 所示。

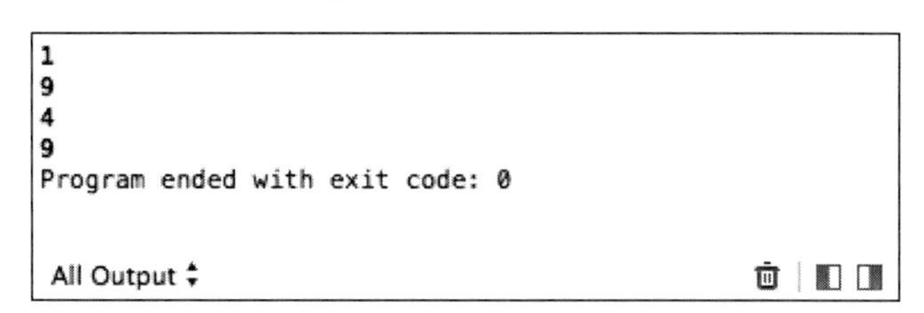

图 3-15　执行效果

3.4.4　浮点数求余计算

不同于 C 语言和 Objective-C 语言，在 Swift 程序中可以对浮点数进行求余。

实例 3-14	使用浮点数求余运算符
源码路径	源代码下载包:\daima\3\3-14

实例文件 main.swift 的具体实现代码如下所示。

```
import Foundation
var j,b :Double
b=2.5
j=8%b                //求该数的百位数字
print(j)
```

本实例执行后的效果如图 3-16 所示。

在上述演示代码中，8 除以 2.5 等于 3 余 0.5，所以结果是一个 Double 值 0.5。如图 3-17 所示。

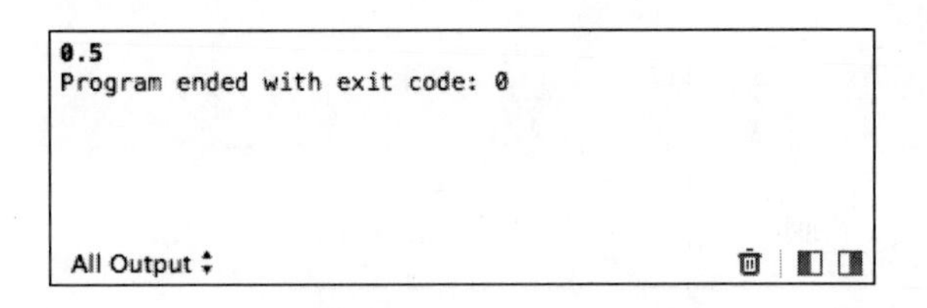

图 3-16　执行效果

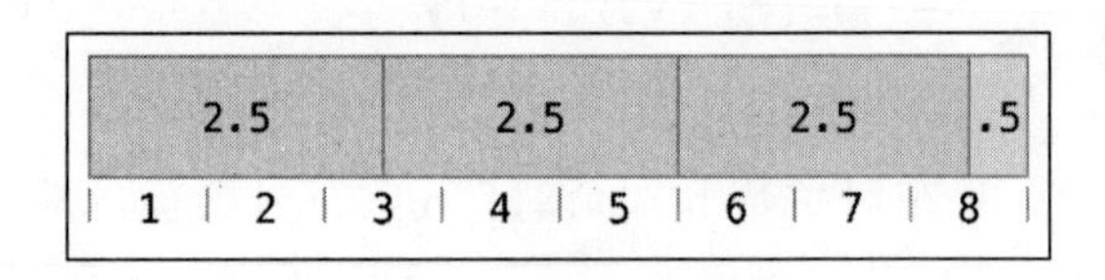

图 3-17　浮点运算演示

3.5　比较运算符（关系运算符）

在 Swift 语言程序中经常用到关系运算，其实关系运算就是比较运算。所有标准 C 语言中的比较运算都可以在 Swift 中使用，具体说明如下所示。

- 等于（a == b）。
- 不等于（a != b）。
- 大于（a > b）。
- 小于（a < b）。
- 大于等于（a >= b）。
- 小于等于（a <= b）。

上述关系运算符的优先级低于算数运算符，高于赋值运算符。其中<、<=、>和>=是同级的，而==和!=是同级的，并且前四种的优先级高于后两种。

在 Swift 语言中，也提供了恒等“==”和不恒等“!==”这两个比较符用来判断两个对象是否引用同一个对象实例。每个比较运算都返回了一个标识表达式是否成立的布尔值，例如如下所示的演示代码。

```
1 == 1      // true, 因为 1 等于 1
2 != 1      // true, 因为 2 不等于 1
2 > 1       // true, 因为 2 大于 1
1 < 2       // true, 因为 1 小于2
1 >= 1      // true, 因为 1 大于等于 1
2 <= 1      // false,因为 2 并不小于等于 1
```

在 Swift 语言中，比较运算多用于条件语句，例如 if 条件。例如如下所示的演示代码。

```
let name = "world"
if name == "world" {
    print("hello, world")
} else {
    print("I'm sorry \(name), but I don't recognize you")
}
// 输出 "hello, world", 因为 `name` 就是等于 "world"
```

实例 3-15	使用比较运算符
源码路径	源代码下载包:\daima\3\3-15

实例文件 main.swift 的具体实现代码如下所示。

```
import Foundation
let a = 20
let b =10

if a>b {
    print("hello, world")
} else {
    print("I'm sorry \(a), but I don't recognize you")
}
```

本实例执行后的效果如图 3-18 所示。

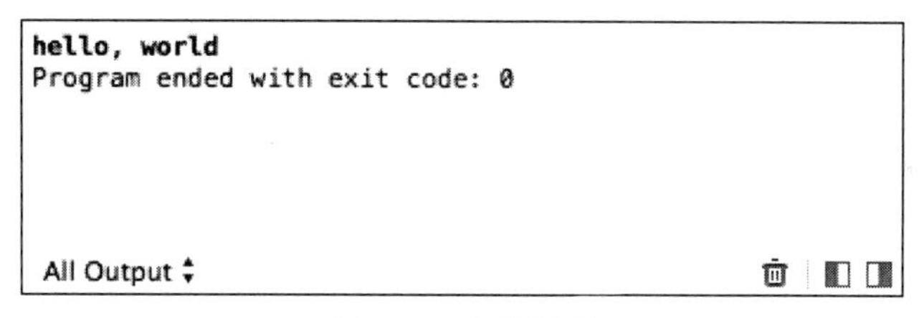

图 3-18　执行效果

3.6　三元条件运算

在 Swift 语言中，三元条件运算有三个操作数，其使用原型如下所示。

```
问题 ? 答案1 : 答案2
```

三元条件运算可以简洁地表达根据问题成立与否做出二选一的操作。如果问题成立，返回答案 1 的结果；　如果不成立，则返回答案 2 的结果。

可以使用三元条件运算简化如下所示的代码。

```
if question: {
  answer1
} else {
  answer2
}
```

下面有一个计算表格行高的例子，如果有表头，那么行高应比内容高度高出 50 像素。如果没有表头，只需高出 20 像素。

实例 3-16	使用三元条件运算符
源码路径	源代码下载包:\daima\3\3-16

实例文件 main.swift 的具体实现代码如下所示。

```
import Foundation
let contentHeight = 40
let hasHeader = true
let rowHeight = contentHeight + (hasHeader ? 50 : 20)
print(contentHeight)
print(hasHeader)
print(rowHeight)
```

本实例执行后的效果如图 3-19 所示。

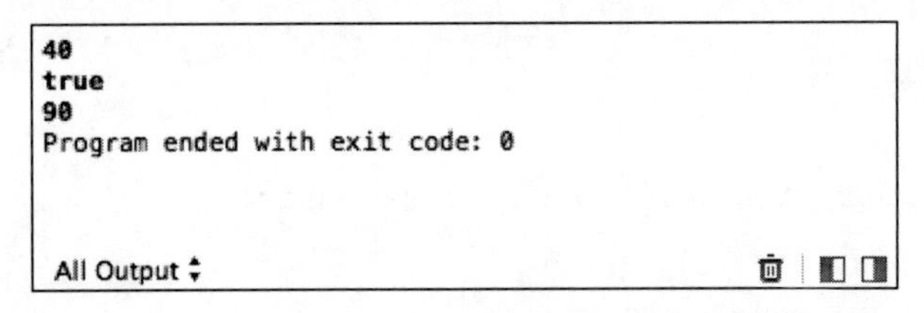

图 3-19　执行效果

这样写会比下面的代码更为简洁：

```
let contentHeight = 40
let hasHeader = true
var rowHeight = contentHeight
if hasHeader {
    rowHeight = rowHeight + 50
} else {
    rowHeight = rowHeight + 20
}
// rowHeight 现在是 90
```

在上述代码中，第一段代码使用了三元条件运算，所以一行代码即可让我们得到正确答案。这比第二段代码简洁得多，无须将 rowHeight 定义成变量，因为它的值无须在 if 语句中改变。

在 Swift 语言中，三元条件运算提供了有效率并且便捷的方式来表达二选一的选择。读者需要注意的是，过度使用三元条件运算会使简洁的代码变成难懂的代码，所以应该应避免在一个组合语句使用多个三元条件运算。

3.7　区间运算符

在 Swift 语言中提供了两个方便表达一个区间的值的运算符，分别是闭区间运算符和半闭区间运算符。在本节的内容中，将详细讲解区间运算符的基本知识。

3.7.1　闭区间运算符

在 Swift 语言中，闭区间运算符（a...b）定义一个包含从 a 到 b（包括 a 和 b）的所有值的区间。闭区间运算符在迭代一个区间的所有值时非常有用，例如在 for-in 循环中的演示代码。

实例 3-17	使用闭区间运算符
源码路径	源代码下载包:\daima\3\3-17

实例文件 main.swift 的具体实现代码如下所示。

```
import Foundation
for index in 1...5 {
print("Hello, World!")
print("\(index) * 5 = \(index * 5)")
}
```

本实例执行后的效果如图 3-20 所示。

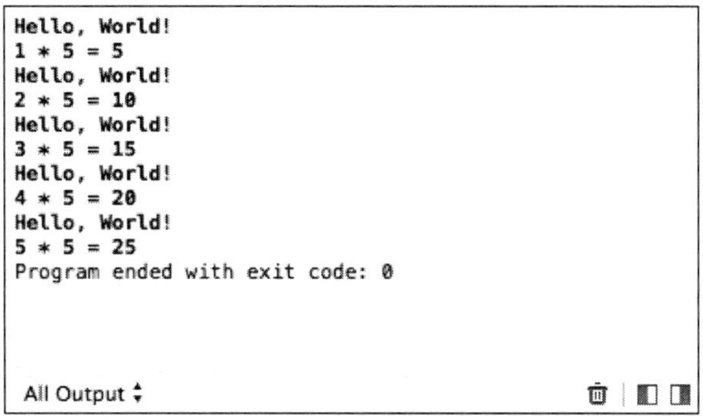

```
Hello, World!
1 * 5 = 5
Hello, World!
2 * 5 = 10
Hello, World!
3 * 5 = 15
Hello, World!
4 * 5 = 20
Hello, World!
5 * 5 = 25
Program ended with exit code: 0
```

All Output

图 3-20　执行效果

3.7.2　半闭区间运算符

在 Swift 语言中，半闭区间（a..<b）定义了一个从 a 到 b 但不包括 b 的区间。之所以称为半闭区间，是因为该区间包括第一个值而不包括最后的值。

在 Swift 语言中，半闭区间的实用性在于当你使用一个 0 始的列表（如数组）时，非常方便地从 0 数到列表的长度。

实例 3-18	使用半闭区间运算符
源码路径	源代码下载包:\daima\3\3-18

实例文件 main.swift 的具体实现代码如下所示。

```
import Foundation
let coutry = ["荷兰", "德国", "巴西", "法国"]
let count = coutry.count
for i in 0..<count {
   print("2014年世界杯第 \(i + 1) 名: \(coutry[i])")
}
```

本实例执行后的效果如图 3-21 所示。

```
2014年世界杯第 1 名: 荷兰
2014年世界杯第 2 名: 德国
2014年世界杯第 3 名: 巴西
2014年世界杯第 4 名: 法国
Program ended with exit code: 0

All Output ≑
```

图 3-21 执行效果

在上述代码中的数组有 4 个元素，但是“0..<count”只数到 3（最后一个元素的下标），因为它是半闭区间。

3.8 逻辑运算

在 Swift 语言中，逻辑运算就是将关系表达式用逻辑运算符连接起来，并对其求值的一个运算过程。逻辑运算的操作对象是逻辑布尔值。Swift 支持基于 C 语言的三个标准逻辑运算。

- 逻辑非（!a）。
- 逻辑与（a && b）。
- 逻辑或（a || b）。

其中，“逻辑与”和“逻辑或”是双目运算符，要求有两个运算量，例如（A>B）&&（X>Y）。“逻辑非”是单目运算符，只要求有一个运算量，例如 !（A>B）。

?“逻辑与”相当于日常生活中所说的“并且”，就是在两个条件都成立的情况下“逻辑与”的运算结果才为“真”。“逻辑或”相当于日常生活中的“或者”，当两个条件中有任意一个条件满足，“逻辑或”的运算结果就为“真”。“逻辑非”相当于日常生活中的“不”，当一个条件为真时，“逻辑非”的运算结果为“假”。

查看表 3-1 中 a 和 b 之间的逻辑运算，在此假设 a=5，b=2。

表 3-1 逻辑运算

<table>
<tr><th>表 达 式</th><th>结 果</th><th>表 达 式</th><th>结 果</th></tr>
<tr><td>!a</td><td>0</td><td>!a&&!b</td><td>0</td></tr>
<tr><td>!b</td><td>0</td><td>a||b</td><td>1</td></tr>
<tr><td>a&&b</td><td>1</td><td>!a||b</td><td>1</td></tr>
<tr><td>!a&&b</td><td>0</td><td>a||!b</td><td>1</td></tr>
<tr><td>a&&!b</td><td>0</td><td>!a||!b</td><td>0</td></tr>
</table>

从表 3-2 中的运算结果可以得出如下规律：

（1）进行与运算时，只要参与运算中的两个对象有一个是假，则结果就为假。

（2）进行或运算时，只要参与运算中的两个对象有一个是真，则结果就为真。

3.8.1 逻辑非

在 Swift 语言中，逻辑非运算（!a）对一个布尔值取反，使得 true 变 false，false 变 true。“!a”是一个前置运算符，需出现在操作数之前，且不加空格，读作非 a。例如如下所示的演示代码。

```
let allowedEntry = false
if !allowedEntry {
    print("ACCESS DENIED")
}
// 输出 "ACCESS DENIED"
```

在上述演示代码中，if !allowedEntry 语句可以读作 "如果非 alowed entry。"，接下一行代码只有在如果"非 allow entry" 为 true，即 allowEntry 为 false 时被执行。

3.8.2　逻辑与

在 Swift 语言中，逻辑与（a && b）表达了只有 a 和 b 的值都为 true 时，整个表达式的值才会是 true。只要任意一个值为 false，整个表达式的值就为 false。事实上，如果第一个值为 false，那么不去计算第二个值，因为它已经不可能影响整个表达式的结果了。这被称作 "短路计算（short-circuit evaluation）"。

例如如下所示的演示代码，只有两个 Bool 值都为 true 值时才允许进入。

```
let enteredDoorCode = true
let passedRetinaScan = false
if enteredDoorCode && passedRetinaScan {
    print("Welcome!")
} else {
    print("ACCESS DENIED")
}
// 输出 "ACCESS DENIED"
```

3.8.3　逻辑或

在 Swift 语言中，逻辑或（a || b）是由两个连续的|组成的中置运算符。逻辑或表示两个逻辑表达式的其中一个为 true，整个表达式就为 true。

同逻辑与运算类似，逻辑或也是"短路计算"的，当左端的表达式为 true 时，将不计算右边的表达式，因为它不可能改变整个表达式的值。

例如如下所示的演示代码，第一个布尔值（hasDoorKey）为 false，但第二个值（knows OverridePassword）为 true，所以整个表达是 true，于是允许进入。

```
let hasDoorKey = false
let knowsOverridePassword = true
if hasDoorKey || knowsOverridePassword {
    print("Welcome!")
} else {
    print("ACCESS DENIED")
}
// 输出 "Welcome!"
```

3.8.4　组合逻辑

在 Swift 语言中，可以组合多个逻辑运算来表达一个复合逻辑。例如如下所示的演示代码。

```
if enteredDoorCode && passedRetinaScan || hasDoorKey || knowsOverridePassword {
    print("Welcome!")
} else {
```

```
    print("ACCESS DENIED")
}
// 输出 "Welcome!"
```

这个演示代码中使用了含多个&&和||的复合逻辑。但无论怎样，&&和||始终只能操作两个值。所以这实际是三个简单逻辑连续操作的结果。对上述演示代码的具体说明如下所示。

如果输入了正确的密码并通过视网膜扫描，或者我们有一把有效的钥匙，又或者我们知道紧急情况下重置的密码，就能将门打开进入。如果对于前两种情况都不能满足，所以前两个简单逻辑的结果是 false，但是知道紧急情况下重置的密码，所以整个复杂表达式的值还是 true。

3.8.5 使用括号设置运算优先级

在 Swift 语言中，为了一个复杂表达式更容易读懂，在合适的地方使用括号来明确优先级是很有效的，虽然它并非必要的。在上个关于门的权限的示例代码中，给第一个部分加上括号，使用它看起来逻辑更明确。

```
if (enteredDoorCode && passedRetinaScan) || hasDoorKey || knowsOverridePassword {
    print("Welcome!")
} else {
    print("ACCESS DENIED")
}
// 输出 "Welcome!"
```

这括号使得前两个值被看作是整个逻辑表达中独立的一部分。虽然有括号和没括号的输出结果一样，但对于读代码的人来说有括号的代码更清晰。可读性比简洁性更重要，建议在可以让代码变清晰的地方加上一个括号。

实例 3-19	使用括号设置运算优先级
源码路径	源代码下载包:\daima\3\3-19

实例文件 main.swift 的具体实现代码如下所示。

```
import Foundation
//声明变量并定义初值

var a,b,c:Int
a=17
b=15
c=20
let x=a>b
let y=a<c
if x && y {

    print("欢迎光临马拉卡纳球场！！！")
} else {
    print("对不起，您没有球票，禁止入内！")
}
```

本实例执行后的效果如图 3-22 所示。

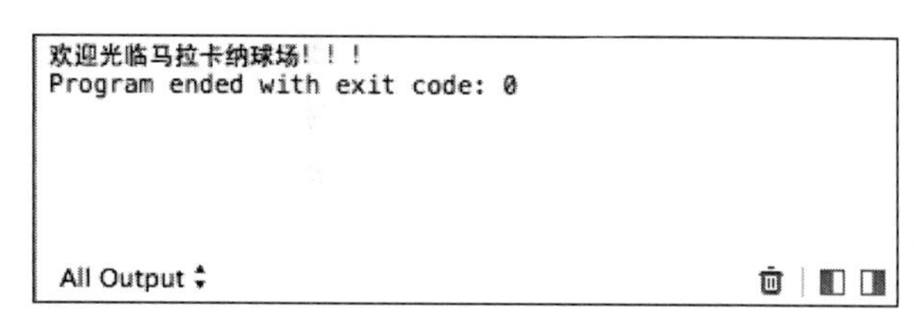

图 3-22　执行效果

3.9　位运算符

位操作符通常在诸如图像处理和创建设备驱动等底层开发中使用，使用它可以单独操作数据结构中原始数据的比特位。在使用一个自定义的协议进行通信时，运用位运算符来对原始数据进行编码和解码也非常有效。

在 Swift 语言中提供了如下 6 种位运算符：

- &：按位与。
- |：按位或。
- ^：按位异或。
- ~：取反。
- <<：左移。
- >>：右移。

在本节的内容中，将详细讲解 Swift 位运算符的基本知识。

3.9.1　按位取反运算符

按位取反运算符“～”对一个操作数的每一位都取反，具体过程如图 3-23 所示。

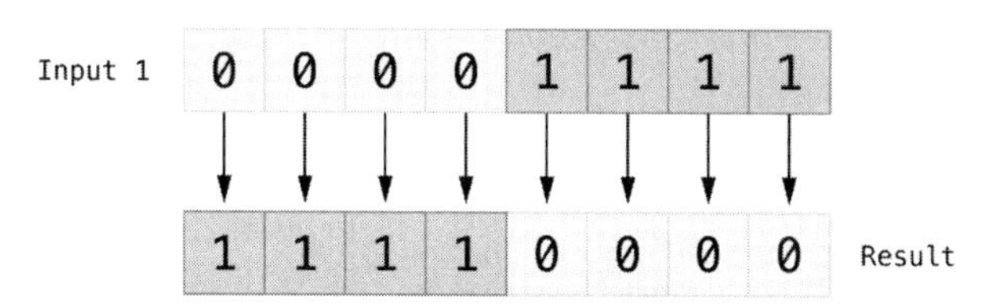

图 3-23　按位取反运算符

“～”运算符是前置的，所以请不添加任何空格地写在操作数之前。

```
let initialBits: UInt8 = 0b00001111
let invertedBits = ~initialBits  // 等于 0b11110000
```

UInt8 是 8 位无符整型，可以存储 0～255 之间的任意数。这个例子初始化一个整型为二进制值 00001111（前 4 位为 0，后 4 位为 1），它的十进制值为 15。

使用按位取反运算符“～”对 initialBits 进行操作，然后赋值给 invertedBits 这个新常量。这个新常量的值等于所有位都取反的 initialBits，即 1 变成 0，0 变成 1，变成了 11110000，十进制值为 240。

由此可见，求反运算符“～”为单目运算符，具有向右结合性的特点。其功能是对参与运算的数的各二进位按位求反。例如，～9 的运算为：

```
~(0000000000001001)
```

结果为：

```
1414141414140140
```

3.9.2 按位与运算符

按位与运算符“&”是一个双目运算符，其功能是参与运算的两数各对应的二进位相与。只有对应的两个二进位均为 1 时，结果位才为 1，否则为 0。参与运算的数以补码方式出现。例如，9&5 可以写为如下所示的算式。

00001001　　　　（9 的二进制补码）
& 00000101　　　（5 的二进制补码）
00000001　　　　（1 的二进制补码）

由此可见 9&5=1。

按位与运算通常用来对某些位清 0 或保留某些位。例如将 a 的高八位清 0，保留低八位，可作 a&255 运算（255 的二进制数为 0000000014141414）。

位与运算的实质是将参与运算的两个数据，按对应的二进制数逐位进行逻辑与运算。例如：int 型常量 4 和 7 进行位与运算的过程如下所示。

4=　　　　　　　　0000 0000 0000 0100
&　　7 =　　　　　0000 0000 0000 0141
=　　　　　　　　0000 0000 0000 0100

如果是负数，需要按其补码进行运算。例如，int 型常量-4 和 7 进行位与运算的运算过程如下所示。

-4 =　　　　　　　1414 1414 1414 1400
&7 =　　　　　　　0000 0000 0000 0141
=　　　　　　　　0000 0000 0000 0100

位与运算的主要用途如下所示。

（1）清零：快速对某一段数据单元的数据清零，即将其全部的二进制位为 0。例如，整型数 a=321 对其全部数据清零的操作为 a=a&0x0。

321=　　　　　　　0000 0001 0100 0001
& 0=　　　　　　　0000 0000 0000 0000
=　　　　　　　　0000 0000 0000 0000

（2）获取一个数据的指定位。

（3）保留数据区的特定位。假如要获得整型数 a=的第 7-8 位（从 0 开始）位的数据操作符，可以通过如下所示的过程实现。

140000000
321=　　　　　　　0000 0001 0100 0001
&　　384=　　　　0000 0001 1000 0000
=　　　　　　　　0000 0001 0000 0000

按位与运算符“&”对两个数进行操作，然后返回一个新的数，这个数的每个位都需要两个输入数的同一位都为 1 时才为 1。具体过程如图 3-24 所示。

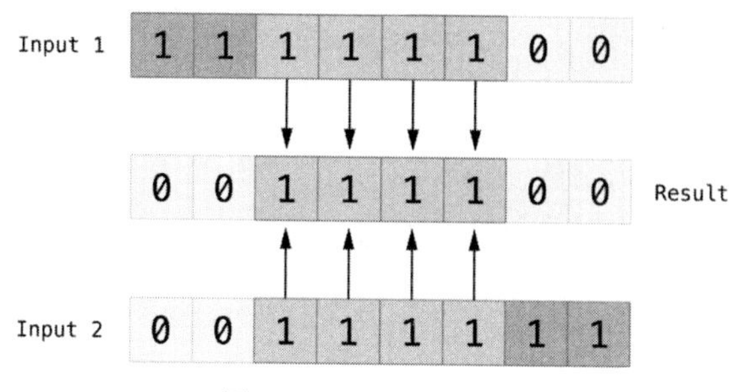

图 3-24　按位与运算符

在以下代码中，firstSixBits 和 lastSixBits 中间 4 个位都为 1。对其进行按位与运算后，得到 00111100，即十进制的 60。

```
let firstSixBits: UInt8 = 0b11111100
let lastSixBits: UInt8  = 0b00111111
let middleFourBits = firstSixBits & lastSixBits  // 等于 00111100
```

3.9.3　按位或运算符

按位或运算符“|”的功能是比较两个数，然后返回一个新的数，这个数的每一位设置 1 的条件是两个输入数的同一位都不为 0（即任意一个为 1，或都为 1）。具体过程如图 3-25 所示。

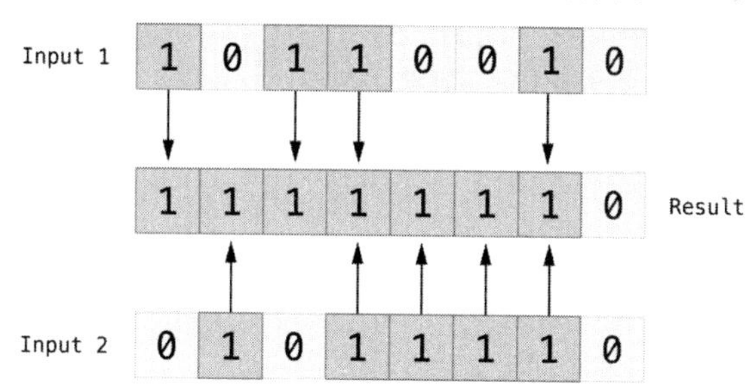

图 3-25　按位或运算符

按位或运算符“|”是一个双目运算符，其功能是参与运算的两数各对应的二进位相或。只要对应的两个二进位有一个为 1 时，结果位就为 1。参与运算的两个数均以补码出现。例如，int 型常量 5 和 7 进行位或运算的表达式为 5|7，具体结果如下所示。

 5=　　　　0000 0000 0000 0101
| 7=　　　　0000 0000 0000 0141
 =　　　　0000 0000 0000 0141

位或运算的主要用途是设定一个数据的指定位。例如整型数“a=321”，将其低八位数据设置为 1 的操作为“a=a|0XFF”。

321=　　　　0000 0001 0100 0001
 |　　　　0000 0000 1414 1414
 =　　　　0000 0000 1414 1414

例如：9|5 的可写算式如下所示。

00001001
|00000101
00001401　　　　（十进制为 13）可见 9|5=13

例如在如下所示的演示代码中，someBits 和 moreBits 在不同位上有 1。按位或运行的结果是 11111110，即十进制的 254。

```
let someBits: UInt8 = 0b10110010
let moreBits: UInt8 = 0b01011110
let combinedbits = someBits | moreBits  // 等于 11111110
```

3.9.4 按位异或运算符

按位异或运算符“^”的功能是比较两个数，然后返回一个数，这个数的每个位设为 1 的条件是两个输入数的同一位不同，如果相同就设置为 0。具体过程如图 3-26 所示。

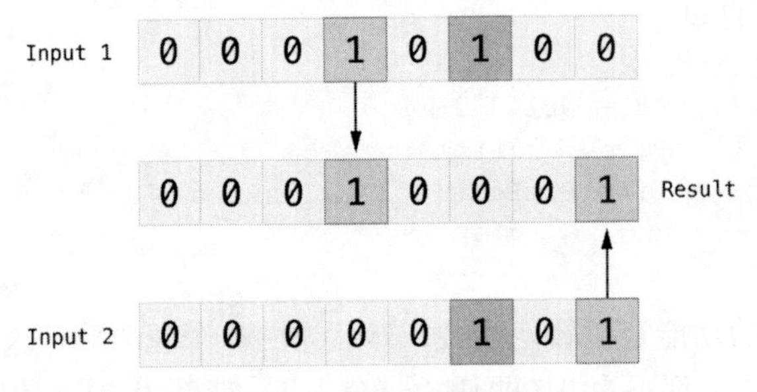

图 3-26 按位异或运算符

按位异或运算符“^”是双目运算符，其功能是参与运算的两个数各对应的二进位相异或。当两个对应的二进位相异时，结果为 1。参与运算数仍以补码出现，例如 9^5 可写成如下所示的算式。

00001001
^00000101
00001400 （十进制为 12）

例如，int 型常量 5 和 7 进行位异或运算的表达式为 5^7，结果如下所示。

5= 0000 0000 0000 0101
^ 7= 0000 0000 0000 0141
= 0000 0000 0000 0010

位异或运算的主要作用如下所示。

（1）定位翻转。例如设定一个数据的指定位，将 1 换为 0，0 换为 1。例如整型数“a=321”，将其低八位数据进行翻位的操作为 a=a^0XFF，即下面的运算过程：

（a）10 =（321）10=（0000 0001 0100 0001）2
a^0XFF=（0000 0001 1014 1410）2=（0x1BE）16

321= 0000 0001 0100 0001
^ 0xFF= 0000 0000 1414 1414
= 0000 0001 1014 1410

（2）数值交换。例如 a=3，b=4，这样可以通过如下代码，无须引入第三个变量，利用位运算即可实现数据交换。

例如，在下面所示的演示代码中，firstBits 和 otherBits 都有一个 1 和另一个数不同。所以按位异或的结果是将这些位设置为 1，其他都设置为 0。

```
let firstBits: UInt8 = 0b00010100
let otherBits: UInt8 = 0b00000101
let outputBits = firstBits ^ otherBits  // 等于 00010001
```

3.9.5 按位左移/右移运算符

左移运算符“<<”和右移运算符“>>”会将一个数的所有比特位按以下定义的规则向左或向右移动指定位数。按位左移和按位右移的效果相当于将一个整数乘以或除以一个因子为 2 的整数。向左移动一个整型的比特位相当于将这个数乘以 2，向右移一位就是除以 2。

1. 左移运算符

左移运算符“<<”是双目运算符，其功能是将“<<”左边的运算数的各二进位全部左移若干位，由“<<”右边的数指定移动的位数，高位丢弃，低位补 0。例如：

```
a<<4
```

上述代码的功能是将 a 的各二进位向左移动 4 位。如 a=00000014（十进制 3），左移 4 位后为 00140000（十进制 48）。

左移运算的实质是将对应的数据的二进制值逐位左移若干位，并在空出的位置上填 0，最高位溢出并舍弃。

右移运算符“>>”是一个双目运算符，其功能是将“>>”左边的运算数的各二进位全部右移若干位，“>>”右边的数指定移动的位数。例如：

```
a=15,
a>>2
```

这表示将 000001414 右移为 00000014（十进制 3）。

2. 右移运算符

右移运算符的实质是将对应的数据的二进制值逐位右移若干位，并舍弃出界的数字。如果当前的数为无符号数，高位补 0。

如果当前的数据为有符号数，在进行右移时，根据符号位决定左边补 0 还是补 1。如果符号位为 0，则左边补 0；但是如果符号位为 1，则根据不同的计算机系统，可能有不同的处理方式。

由此可见，位右移运算可以实现对除数为 2 的整除运算。在此需要说明的是，对于有符号数，在右移时符号位将随同移动。当为正数时，最高位补 0，而为负数时，符号位为 1，最高位是补 0 或补 1 取决于编译系统的规定。

3. 无符整型的移位操作

对无符整型的移位的效果如下：

已经存在的比特位向左或向右移动指定的位数。被移出整型存储边界的位数直接抛弃，移动留下的空白位用 0 来填充。这种方法称为逻辑移位。

以下展示了 11111111 << 1（11111111 向左移 1 位）和 11111111 >> 1（11111111 向右移 1 位）。蓝色的是被移位的，灰色是被抛弃的，橙色的 0 是被填充进来的。具体过程如图 3-27 所示。

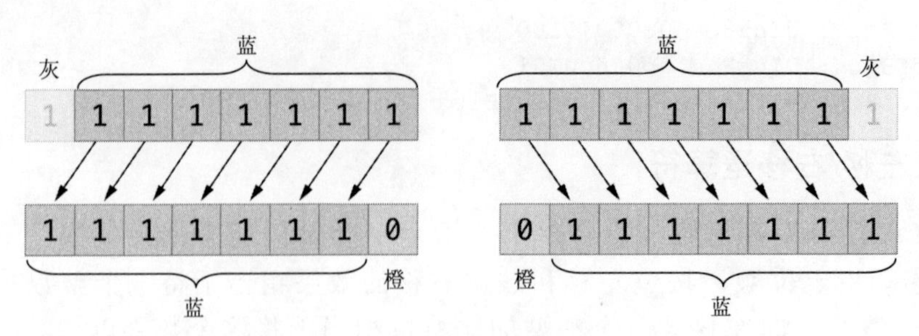

图 3-27 无符整型的移位操作过程

例如如下所示的演示代码。

```
let shiftBits: UInt8 = 4    // 即二进制的00000100
shiftBits << 1              // 00001000
shiftBits << 2              // 00010000
shiftBits << 5              // 10000000
shiftBits << 6              // 00000000
shiftBits >> 2              // 00000001
```

可以使用移位操作进行其他数据类型的编码和解码。

```
let pink: UInt32 = 0xCC6699
let redComponent = (pink & 0xFF0000) >> 16    // redComponent 是 0xCC, 即 204
let greenComponent = (pink & 0x00FF00) >> 8   // greenComponent 是 0x66, 即 102
let blueComponent = pink & 0x0000FF           // blueComponent 是 0x99, 即 153
```

在上述演示代码中，使用了一个 UInt32 的命名为 pink 的常量来存储层叠样式表 CSS 中粉色的颜色值，CSS 颜色#CC6699 在 Swift 用十六进制 0xCC6699 来表示。然后使用按位与(&)和按位右移即可从这个颜色值中解析出红（CC），绿（66），蓝（99）三个部分。

对 0xCC6699 和 0xFF0000 进行按位与&操作即可得到红色部分。0xFF0000 中的 0 遮盖了 0xCC6699 的第二和第三个字节，这样 6699 被忽略了，只留下 0xCC0000。

然后，按向右移动 16 位，即 >> 16。十六进制中每两个字符是 8 比特位，所以移动 16 位的结果是将 0xCC0000 变成 0x0000CC。这和 0xCC 是相等的，都是十进制的 204。

同样的，绿色部分来自于 0xCC6699 和 0x00FF00 的按位操作得到 0x006600。然后向右移动 8 位，得到 0x66，即十进制的 102。

最后，蓝色部分对 0xCC6699 和 0x0000FF 进行按位与运算，得到 0x000099，无须向右移位，所以结果就是 0x99，即十进制的 153。

4. 有符整型的移位操作

有符整型的移位操作相对复杂得多，因为正负号也是用二进制位表示的。有符整型通过第 1 个比特位（称为符号位）来表达这个整数是正数还是负数。0 代表正数，1 代表负数。其余的比特位（称为数值位）存储其实值。有符正整数和无符正整数在计算机中的存储结果是一样的，下面来看一下“+4”内部的二进制结构。具体如图 3-28 所示。

符号位为 0，代表正数，另外 7 比特位二进制表示的实际值刚好是 4。负数和正数不同，负数存储的是 2 的 n 次方减去它的绝对值，n 为数值位的位数。一个 8 比特的数有 7 个数值位，所以是 2 的 7 次方，即 128。

接下来看一下“-4”存储的二进制结构，具体如图 3-29 所示。

现在符号位为 1，代表负数，7 个数值位要表达的二进制值是 124，即 128−4。具体如图 3-30 所示。

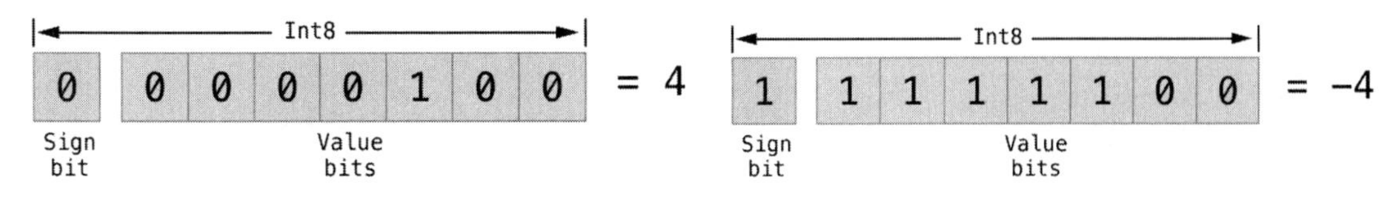

图 3-28　“+4”内部的二进制结构　　　图 3-29　“-4”存储的二进制结构

负数的编码方式称为二进制补码表示。这种表示方式看起来很奇怪，但它有几个优点。

首先，只需要对全部 8 个比特位（包括符号）做标准的二进制加法即可完成 −1 + −4 的操作，忽略加法过程产生的超过 8 个比特位表达的任何信息。具体过程如图 3-31 所示。

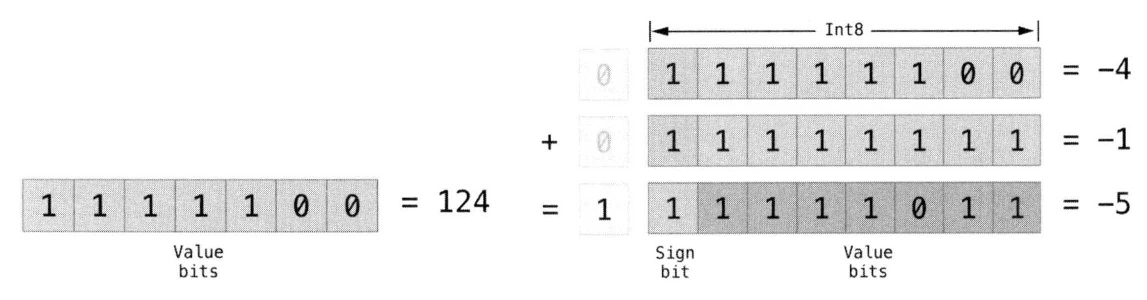

图 3-30　7 个数值位要表达的二进制值是 124　　　图 3-31　完成 −1 + −4 的操作

其次，由于使用二进制补码表示，可以和正数一样对负数进行按位左移或右移，同样也是左移 1 位时乘以 2，右移 1 位时除以 2。要达到此目的，对有符整型的右移有一个特别的要求：

对有符整型按位右移时，使用符号位（正数为 0，负数为 1）填充空白位。具体过程如图 3-32 所示。

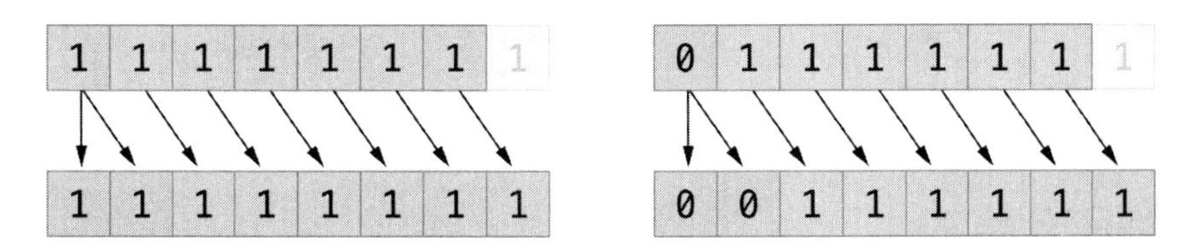

图 3-32　对有符整型按位右移

这就确保了在右移的过程中，有符整型的符号不会发生变化。称为算术移位。正因为正数和负数特殊的存储方式，向右移位使它接近于 0。移位过程中保持符号会不变，负数在接近 0 的过程中一直是负数。

实例 3-20	使用左移/右移运算符
源码路径	源代码下载包:\daima\3\3-20

实例文件 main.swift 的具体实现代码如下所示。

```
import Foundation
var a,b,i:Int//定义三个整型变量
a=255
```

```
b=10

    //计算两个数的与运算
    print(a & b);
    //计算两个数的或运算
    print(a | b);
    //计算两个数的异或运算
    print(a^b);
    //计算a进行取反运算的值
    print(~a);
    for(i=1;i<4;i++)
    {
        b=a<<i                          //使a左移i位
        print(b)                        //输出当前左移结果
    }
    for(i=1;i<4;i++)

    {
        b=a>>i;                         //使a右移i位
        print(b)                        //输出当前右移结果
    }
```

本实例执行后的效果如图 3-33 所示。

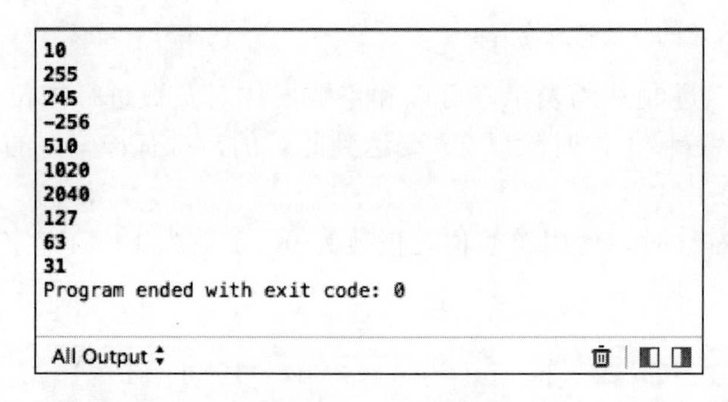

图 3-33　执行效果

3.10　溢出运算符

在默认情况下，当向一个整型常量或变量赋予一个它不能承载的大数时，Swift 会发出报错信息。这样在操作过大或过小的数时就很安全了。

实例 3-21	使用溢出运算符
源码路径	源代码下载包:\daima\3\3-21

实例文件 main.swift 的具体实现代码如下所示。

```
import Foundation
var mm:Int16
mm = 12
print(mm)
var nn = Int16.max
```

```
// nn 等于 32767, 这是 Int16 能承载的最大整数
nn += 1              //出错
print(nn)
```

本实例执行后的效果如图 3-34 所示。

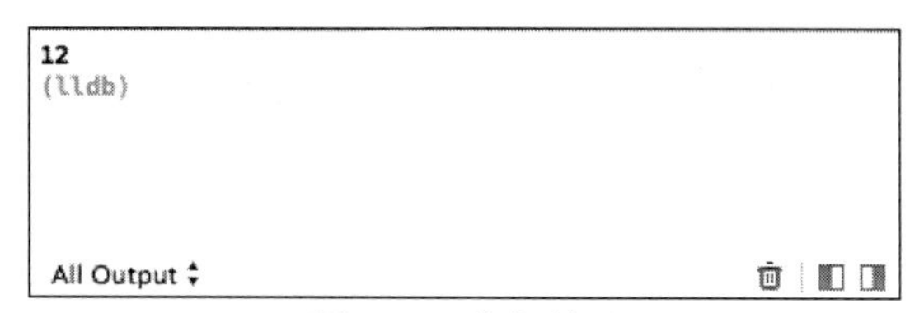

图 3-34　执行效果

并且 Xcode 7 会报错，如图 3-35 所示。

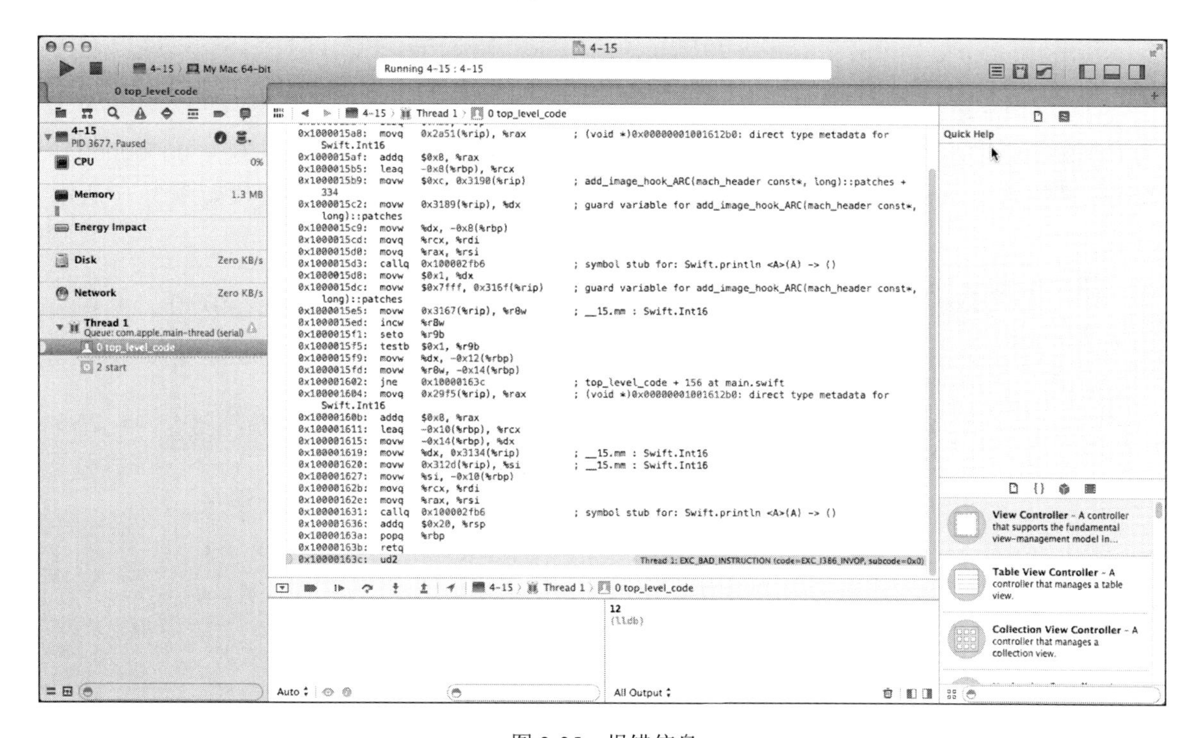

图 3-35　报错信息

例如，Int16 整型能承载的整数范围是-32768 到 32767，如果给它赋予超过这个范围的数时就会报错。

```
var potentialOverflow = Int16.max
// potentialOverflow 等于 32767, 这是 Int16 能承载的最大整数
potentialOverflow += 1
//出错
```

对过大或过小的数值进行错误处理可以让数值边界条件更加灵活。

当然，如果有意在溢出时对有效位进行截断，可以采用溢出运算，而不说错误处理。在 Swfit 语言中，为整型计算提供了如下 5 个&符号开头的溢出运算符。

- 溢出加法 &+。
- 溢出减法 &-。

- 溢出乘法 &*。
- 溢出除法 &/。
- 溢出求余 &%。

（1）值的上溢出

如下所示代码使用了溢出加法来解剖的无符整数的上溢出。

```
var willOverflow = UInt8.max
// willOverflow 等于UInt8的最大整数 255
willOverflow = willOverflow &+ 1
// 这时候 willOverflow 等于 0
```

在上述演示代码中，willOverflow 用 Int8 所能承载的最大值 255（二进制 11111111），然后用&+加 1。然后 UInt8 无法表达这个新值的二进制了，导致这个新值上溢出，如图 3-36 所示。溢出后，新值在 UInt8 的承载范围内的那部分是 00000000，也就是 0。

（2）值的下溢出

数值也有可能因为太小而越界。举例来说，UInt8 的最小值是 0（二进制为 00000000）。使用&-进行溢出减 1，就会得到二进制的 11111111 即十进制的 255。具体过程如图 3-37 所示。

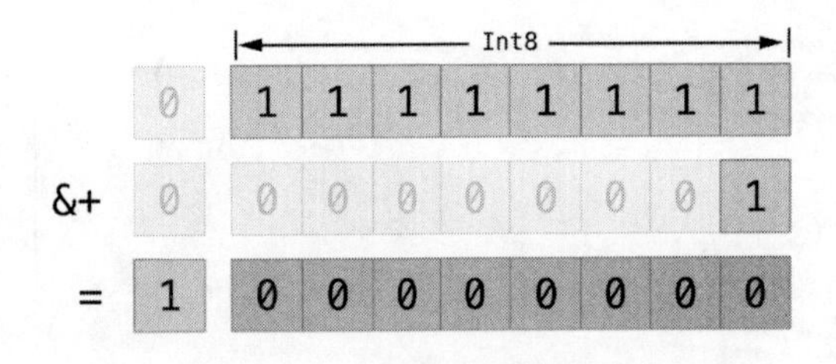

图 3-36 导致新值溢出

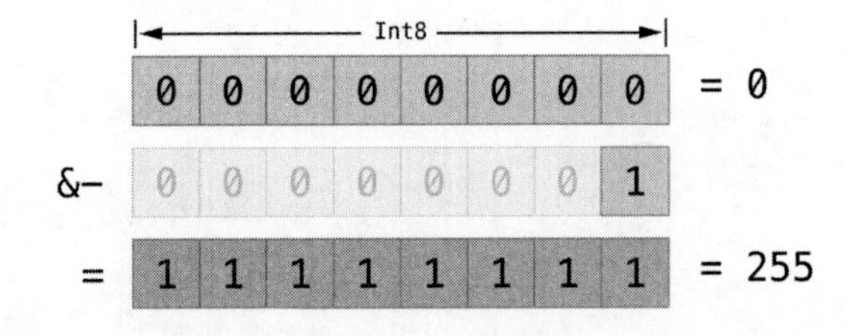

图 3-37 值的下溢出

例如如下所示对应 Swift 的代码。

```
var willUnderflow = UInt8.min
// willUnderflow 等于UInt8的最小值0
willUnderflow = willUnderflow &- 1
// 此时 willUnderflow 等于 255
```

有符整型也有类似的下溢出，有符整型所有的减法都是对包括符号位在内的二进制数进行二进制减法，最小的有符整数是-128，即二进制的 10000000。用溢出减法减去 1 后，变成 01111111，即 UInt8 所能承载的最大整数 127。具体过程如图 3-38 所示。

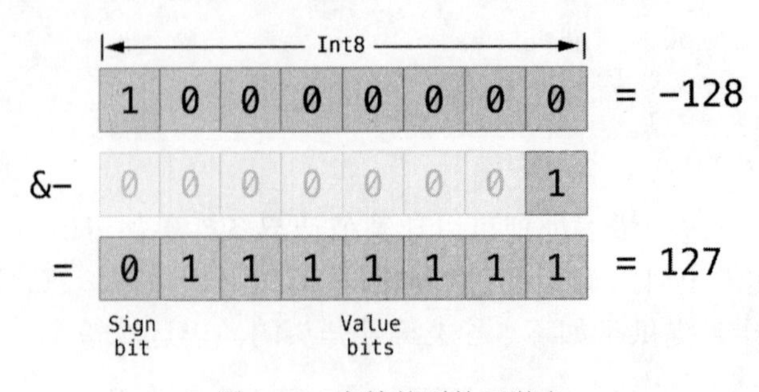

图 3-38 有符整型的下溢出

例如如下所示对应 Swift 的代码。

```
var signedUnderflow = Int8.min
// signedUnderflow 等于最小的有符整数 -128
signedUnderflow = signedUnderflow &- 1
// 如今 signedUnderflow 等于 127
```

（3）除零溢出

一个数除以 0 i / 0，或者对 0 求余数 i % 0，就会产生一个错误。

```
let x = 1
let y = x / 0
```

当使用它们对应的可溢出版本的运算符&/和&%进行除 0 操作时，就会得到 0 值。

```
let x = 1
let y = x &/ 0
// y 等于 0
```

3.11　运算符的优先级和结合性

优先级，即处理的先后顺序。在日常生活中，无论是排队买票还是超市结账，都需遵循先来后到的顺序。在 Swift 语言运算中，也要遵循某种运算顺序。Swift 语言运算符的运算优先级共分为 15 级，1 级最高，15 级最低。在表达式中，优先级较高的先于优先级较低的进行运算。当一个运算符号两侧的运算符优先级相同时，则按运算符的结合性所规定的结合方向处理。

如果属于同级运算符，则按照运算符的结合性方向来处理。Swift 语言中各运算符的结合性可以分为如下两种：

- 左结合性：由左向右进行运算
- 右结合性：由右向左进行运算

例如，算术运算符的结合性是由左向右，即先左后右。如有表达式 x-y+z 则 y 应先与“-”结合，执行 x-y 运算，然后再执行+z 的运算。这种由左向右的结合方向称为“左结合性”。而由右向左的结合方向称为“右结合性”。 最典型的右结合性运算符是赋值运算符。如 x=y=z，由于“=”的右结合性，应先执行 y=z 再执行 x=（y=z）运算。

Swift 语言运算符中有很多遵循向右结合性，读者应注意区别，以避免理解错误。

Swift 语言运算符优先级的具体说明如表 3-2 所示。

表 3-2　Swift 语言运算符优先级的具体说明

优先级	运算符	解释	结合方式
1	() [] → .	括号（函数等），数组，两种结构成员访问	由左向右
2	! ~ ++ -- + -	否定，按位否定，增量，减量，正负号， 间接，取地址	由右向左
3	* / %	乘，除，取模。	由左向右
4	+ -	加，减	由左向右
5	<< >>	左移，右移	由左向右

续表

<table>
<tr><th>优 先 级</th><th>运 算 符</th><th>解 释</th><th>结 合 方 式</th></tr>
<tr><td>6</td><td>< <= >= ></td><td>小于，小于等于，大于等于，大于</td><td>由左向右</td></tr>
<tr><td>7</td><td>== !=</td><td>等于，不等于</td><td>由左向右</td></tr>
<tr><td>8</td><td>&</td><td>按位与</td><td>由左向右</td></tr>
<tr><td>9</td><td>^</td><td>按位异或</td><td>由左向右</td></tr>
<tr><td>10</td><td>|</td><td>按位或</td><td>由左向右</td></tr>
<tr><td>11</td><td>&&</td><td>逻辑与</td><td>由左向右</td></tr>
<tr><td>12</td><td>||</td><td>逻辑或</td><td>由左向右</td></tr>
<tr><td>13</td><td>? :</td><td>条件</td><td>由右向左</td></tr>
<tr><td>14</td><td>= += -= *= /=
&= ^= |= <<= >>=</td><td>各种赋值</td><td>由右向左</td></tr>
<tr><td>15</td><td>,</td><td>逗号（顺序）</td><td>由左向右</td></tr>
</table>

在 Swift 语言中，可以为自定义的中置运算符指定优先级和结合性。可以查看一下优先级和结合性解释这两个因素是如何影响多种中置运算符混合表达式的计算的。

在 Swift 语言中，结合性（associativity）的可取值有 left，right 和 none。左结合运算符和其他优先级相同的左结合运算符写在一起时，会和左边的操作数结合。同理，右结合运算符会和右边的操作数结合。而非结合运算符不能和其他相同优先级的运算符写在一起。

结合性（associativity）的值默认为 none，优先级（precedence）的值默认为 100。例如在下面的演示代码中定义了一个新的中置符“+-”，是左结合的 left，优先级为 140。

```
operator infix +- { associativity left precedence 140 }
func +- (left: Vector2D, right: Vector2D) → Vector2D {
   return Vector2D(x: left.x + right.x, y: left.y - right.y)
}
let firstVector = Vector2D(x: 1.0, y: 2.0)
let secondVector = Vector2D(x: 3.0, y: 4.0)
let plusMinusVector = firstVector +- secondVector
// plusMinusVector 此时的值为 (4.0, -2.0)
```

上述运算符将两个向量的 x 相加，将向量的 y 相减。因为它实际是属于加减运算，所以让它保持了和加法一样的结合性和优先级（left 和 140）。

在混合表达式中，运算符的优先级和结合性是非常重要的。举例来说，为什么下列表达式的结果为 4?

```
2 + 3 * 4 % 5
// 结果是 4
```

如果严格地从左到右计算，计算过程会是这样：

```
2 + 3 = 5
5 * 4 = 20
20 / 5 = 4 余 0
```

但是正确的结果是 4 而不是 0。优先级高的运算符要先计算，在 Swift 和 C 语言中都是先乘除后加减。所以，执行完乘法和求余运算才能执行加减运算。乘法和求余拥有相同的优先级，在运算过程中，还需要结合性，乘法和求余运算都是左结合的。这相当于在表达式中有隐藏的括号让运算从左开始。2+（(3 * 4）% 5）的计算过程如下：

首先计算 3 * 4 = 12，所以相当于：

```
2 + (12 % 5)
```

因为 12 % 5 = 2，所以相当于：

```
2 + 2
```

所以最终的计算结果为 4。

注意：Swift 的运算符较 C 语言和 Objective-C 来得更简单和保守，这意味着和基于 C 的语言可能不一样。所以，在移植已有代码到 Swift 时，需要确保代码按我们想要的那样去执行。

实例 3-22	演示运算符的优先级和结合性
源码路径	源代码下载包:\daima\3\3-22

实例文件 main.swift 的具体实现代码如下所示。

```
import Cocoa

var str = "Hello, playground"

/**
注意：在swift中x=y是不返回任何值的，所以如果
if x=y{
}这样去判断的话会出现错误
*/
var x =  2, y = 4
if x == y{

}
var addStr = str + "! 你好，雨燕"

/**
和c,Objective-C相比较，swift支持浮点型余数
*/
var remainderOfFloat = 8%2.5


/**
快速遍历中a..<b代表 从a到b并包括b ,  a..<b 代表从a到b不包括b
a...b
a..b
*/
for index in 1..<5 {
```

```
    print("\(index) times 5 is \(index * 5)")
}

let names = ["Anna", "Alex", "Brian", "Jack"]
let count = names.count
for i in 0..count {
    print("Person \(i + 1) is called \(names[i])")
}
```

本实例执行后的效果如图 3-39 所示。

```
1 times 5 is 5
2 times 5 is 10
3 times 5 is 15
4 times 5 is 20
5 times 5 is 25
Person 1 is called Anna
Person 2 is called Alex
Person 3 is called Brian
Person 4 is called Jack
Program ended with exit code: 0
All Output
```

图 3-39　执行效果

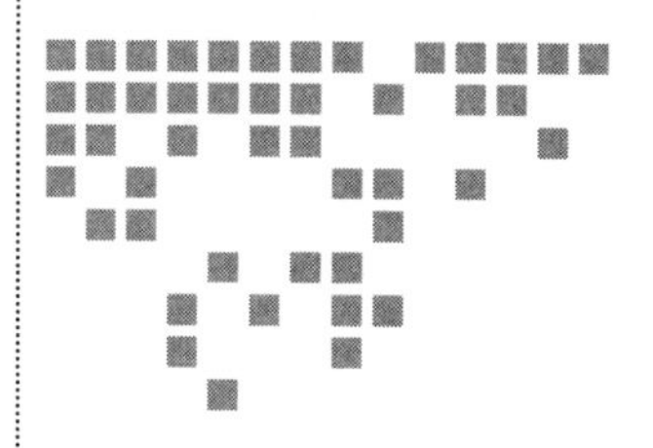

Chapter 4 第4章

集合类型

在Swift语言中，提供了数组和字典两种集合类型来存储集合数据。数组用来按顺序存储相同类型的数据。字典虽然无序存储相同类型数据值，但需要由独有的标识符引用和寻址（就是键值对）。Swift语言规定，程序的数组和字典中存储的数据值类型必须明确，这意味着不能将不正确的数据类型插入其中，同时这也说明完全可以对获取值的类型非常自信。在Swift语言中，对显式类型集合的使用确保了代码对工作所需要的类型非常清楚，也可以确保在开发中可以快速找到任何类型的不匹配错误。在本章的内容中，将详细讲解Swift集合类型的基本知识。

4.1 数组

在程序设计时为了处理上的方便，通常将具有相同类型的若干数据变量按有序的形式组织起来，这些按序排列的同类数据元素的集合称为数组。在Swift语言中，数组属于构造数据类型。一个数组可以分解为多个数组元素，这些数组元素可以是基本数据类型或构造类型。按数组元素的类型不同，数组又可分为数值数组、字符数组、指针数组、结构数组等各种类型。数组使用有序列表存储同一类型的多个值。相同的值可以多次出现在一个数组的不同位置中。Swift数组特定于它所存储元素的类型，这与Objective-C的NSArray和NSMutableArray不同，这两个类可以存储任意类型的对象，并且不提供所返回对象的任何特别信息。在Swift程序中，数据值在被存储进入某个数组之前类型必须明确，方法是通过显式的类型标注或类型推断，而且不用必须是class类型。例如创建了一个Int值类型的数组，则不能向其中插入任何不是Int类型的数据。Swift中数组的类型是安全的，并且它们中包含的类型必须明确。

4.1.1 定义数组

在Swift语言中，书写数组应该遵循Array<SomeType>的形式，其中SomeType是这个数组中唯一允许存在的数据类型。也可以使用 SomeType[]这样的简单语法。 尽管两种形式在功能上一致，但是推荐使用较短的那种，而且在本文中都会使用这种形式来使用数组。

在 Swift 语言中，使用数组之前必须先进行定义，定义数组的基本格式如下所示。

```
var name:[type] = ["value", …]
```

其中，“name”是数组的名字，“type”是数组的数据类型；“value”是数组内元素的值。

实例 4-1	定义一个数组
源码路径	源代码下载包:\daima\4\4-1

实例文件 main.swift 的具体实现代码如下所示。

```
import Foundation

//1定义数组

var numarr: [Int] = [1,3,5,7,9];

var strarr: [String] = ["理想","swift"];
//访问和修改数组

//分别输出数组的长度和访问数组中的某个元素

print("strarr 数组的长度为:\(strarr.count) 数组的第1个值为:\(strarr[0])");
```

本实例执行后的效果如图 4-1 所示。

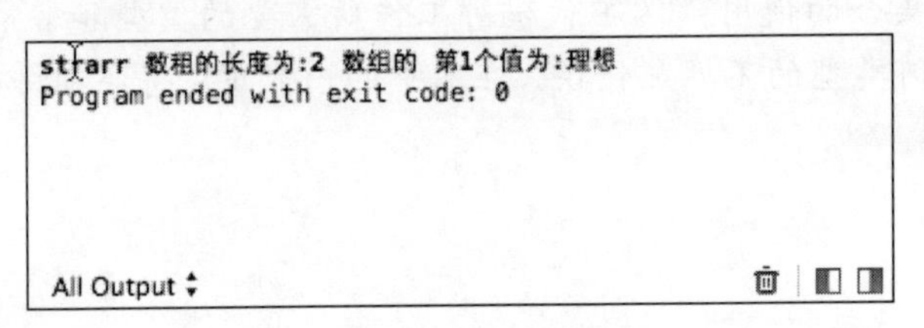

图 4-1　执行效果

4.1.2 数组构造语句

在 Swift 语言中，可以使用字面量来进行数组构造，这是一种用一个或者多个数值构造数组的简单方法。字面量是一系列由逗号分隔并由方括号包含的数值。 [value 1, value 2, value 3]。

例如在下面所示的代码中，创建了一个称作 shoppingList 并且存储字符串的数组。

```
var shoppingList:[String] = ["Eggs", "Milk"]
// shoppingList 已经被构造并且拥有两个初始项。
```

在上述代码中，shoppingList 变量被声明为“字符串值类型的数组“，记作 String[]。 因为这个数组被规定只有 String 一种数据结构，所以只有 String 类型可以在其中被存取。 在这里，shoppinglist 数组由两个 String 值（"Eggs" 和"Milk"）构造，并且由字面量定义。

数组 shoppinglist 被声明为变量（var 关键字创建），而不是常量（let 创建）的原因是以后可能会有更多的数据项被插入其中。在上述代码中，字面量仅仅包含两个 String 值。匹配了该数组的变量声明（只能包含 String 的数组），所以这个字面量的分配过程就是允许用两个初始项来构造 shoppinglist。

因为 Swift 的类型推断机制，当使用字面量构造只拥有相同类型值数组时，不必将数组的类型定义清楚。所以数组 shoppinglist 也可以写作如下所示的格式。

```
var shoppingList = ["Eggs", "Milk"]
```

因为所有字面量中的值都是相同的类型，Swift 可以推断出 String[]是 shoppinglist 中变量的正确类型。

4.1.3 访问和修改数组

在 Swift 语言中，可以通过数组的方法和属性来访问和修改数组或下标语法，还可以使用数组的只读属性 count 来获取数组中的数据项数量。例如如下所示的演示代码。

```
print("The shopping list contains \(shoppingList.count) items.")
// 输出"The shopping list contains 2 items."（这个数组有2个项）
```

在 Swift 语言中，可以使用布尔项 isEmpty 来作为检查 count 属性的值是否为 0 的捷径。例如如下所示的演示代码。

```
if shoppingList.isEmpty {
   print("The shopping list is empty.")
} else {
   print("The shopping list is not empty.")
}
// 打印 "The shopping list is not empty."（shoppinglist不是空的）
```

在 Swift 语言中，也可以使用 append 方法在数组后面添加新的数据项。例如如下所示的演示代码。

```
shoppingList.append("Flour")
// shoppingList 现在有3个数据项有人在摊煎饼
```

除此之外，使用加法赋值运算符也可以直接在数组后面添加数据项。例如如下所示的演示代码。

```
shoppingList += "Baking Powder"
// shoppingList 现在有4项
```

在 Swift 语言中，也可以使用加法赋值运算符直接添加拥有相同类型数据的数组。例如如下所示的演示代码。

```
shoppingList += ["Chocolate Spread", "Cheese", "Butter"]
// shoppingList 现在有7项
```

注意：在 Xcode6 Beta5 的 Swift 语法更新中，从该版本开始，不能再通过“+=”运算符为一个数组添加一个新的项。对应的替代方案是使用 append 方法，或者通过+=运算符来添加一个只有一个项的数组。

在 Swift 语言中，可以直接使用下标语法来获取数组中的数据项，将需要的数据项的索引值直接放在数组名称的方括号中。例如如下所示的演示代码。

```
var firstItem = shoppingList[0]
// 第一项是 "Eggs"
```

注意第一项在数组中的索引值是 0 而不是 1。 Swift 中的数组索引总是从 0 开始。

在 Swift 语言中，也可以用下标来改变某个已有索引值对应的数据值。例如如下所示的演示代码。

```
shoppingList[0] = "Six eggs"
// 其中的第一项现在是 "Six eggs" 而不是 "Eggs"
```

在 Swift 语言中，还可以利用下标来一次改变一系列数据值，即使新数据和原有数据的数量是不一样的。例如在下面的代码中，将"Chocolate Spread"，"Cheese"，和"Butter"替换为"Bananas"和 "Apples"。

```
shoppingList[4...6] = ["Bananas", "Apples"]
// shoppingList 现在有6项
```

注意：在 Swift 语言中，不能使用下标语法在数组尾部添加新项。如果试着用这种方法对索引越界的数据进行检索或者设置新值的操作，会引发一个运行期错误。可以使用索引值和数组的 count 属性进行比较来在使用某个索引之前先检验是否有效，除了当 count 等于 0 时（说明这是个空数组），最大索引值一直是 count - 1，因为数组都是零起索引。

接下来可以调用数组的 insert（atIndex:）方法来在某个具体索引值之前添加数据项。

```
shoppingList.insert("Maple Syrup", atIndex: 0)
// shoppingList 现在有7项
// "Maple Syrup" 现在是这个列表中的第一项
```

此时函数 insert 调用将值为"Maple Syrup"的新数据项插入列表的最开始位置，并且使用 0 作为索引值。

与之类似的是，可以使用 removeAtIndex 方法来移除数组中的某一项。这个方法将数组在特定索引值中存储的数据项移除，并且返回这个被移除的数据项（不需要时即可无视它）。例如如下所示的演示代码。

```
let mapleSyrup = shoppingList.removeAtIndex(0)
// 索引值为0的数据项被移除
// shoppingList 现在只有6项，而且不包括Maple Syrup
// mapleSyrup常量的值等于被移除数据项的值 "Maple Syrup"
```

当数据项被移除后，数组中的空出项会被自动填补，所以现在索引值为 0 的数据项的值再次等于"Six eggs"。例如如下所示的演示代码。

```
firstItem = shoppingList[0]
// firstItem 现在等于 "Six eggs"
```

如果只想将数组中的最后一项移除，可以使用 removeLast 方法而不是 removeAtIndex 方法来避免需要获取数组的 count 属性。如同后者一样，前者也会返回被移除的数据项。例如如下所示的演示代码。

```
let apples = shoppingList.removeLast()
// 数组的最后一项被移除了
// shoppingList现在只有5项，不包括cheese
// apples 常量的值现在等于"Apples" 字符串
```

实例 4-2	演示对数组的基本操作
源码路径	源代码下载包:\daima\4\4-2

实例文件 main.swift 的具体实现代码与操作如下所示。

```
import Foundation
print("数组")
/*

Swift 语言中的数组用来按顺序存储相同类型的数据

*/
```

1．定义数组

```
var numarr: [Int] = [1,3,5,7,9];

var strarr: [String] = ["理想","swift"];
```

2．访问和修改数组

（1）数组长度和访问数组中的某个元素

```
print("strarr 数组的长度为:\(strarr.count) 数组的第1个值为:\(strarr[0])");
```

（2）向数组中追加元素

```
strarr.append("ios");
运行结果:[理想, swift, ios]
```

（3）使用加法赋值运算符（+=）也可以直接在数组后面添加元素

```
strarr+=["android"];
运行结果:[理想, swift, ios, android]
```

（4）直接向数组最后添加一个数组

```
strarr+=["AAA","BBB","CCC"];

运行结果:[理想, swift, ios, android, AAA, BBB, CCC]
```

（5）使用 Index 向数组中插入元素

```
strarr.insert("000",atIndex:2);

运行结果:[理想, swift, 000, ios, android, AAA, BBB, CCC]
```

（6）使用 removeAtIndex 删除某个数组元素　注意 removeAtIndex()是有返回值的，返回的就是删除的元素

```
strarr.removeAtIndex(2);
运行结果:[理想, swift, ios, android, AAA, BBB, CCC]
```

（7）删除数组的最后一个元素

```
strarr.removeLast();

运行结果:[理想, swift, ios, android, AAA, BBB]
```

（8）使用 enumerate 函数来遍历数组 返回值是一个元组

```
for bgen in enumerate(strarr)
  {
     print("元素下标:\(bgen.0)  元素值:\(bgen.1)");
  }
```

本实例执行后的效果如图 4-2 所示。

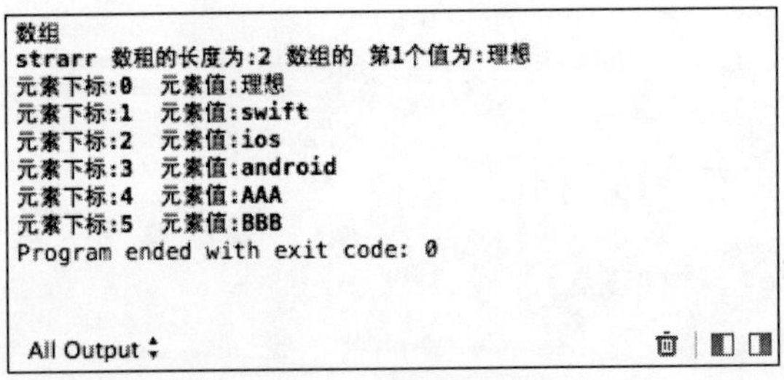

```
数组
strarr 数租的长度为:2 数组的 第1个值为:理想
元素下标:0  元素值:理想
元素下标:1  元素值:swift
元素下标:2  元素值:ios
元素下标:3  元素值:android
元素下标:4  元素值:AAA
元素下标:5  元素值:BBB
Program ended with exit code: 0

All Output
```

图 4-2　执行效果

4.1.4　数组的遍历

在 Swift 语言中，可以使用 for-in 循环来遍历所有数组中的数据项。例如如下所示的演示代码。

```
for item in shoppingList {
   print(item)
}
// Six eggs
// Milk
// Flour
// Baking Powder
// Bananas
```

如果同时需要每个数据项的值和索引值，可以使用全局 enumerate 函数来进行数组遍历。enumerate 返回一个由每一个数据项索引值和数据值组成的元组。例如下面的代码即可将这个元组分解成临时常量或者变量来进行遍历。

```
for (index, value) in enumerate(shoppingList) {
   print("Item \(index + 1): \(value)")
}
// Item 1: Six eggs
```

```
// Item 2: Milk
// Item 3: Flour
// Item 4: Baking Powder
// Item 5: Bananas
```

实例 4-3	实现对数组的遍历
源码路径	源代码下载包:\daima\4\4-3

实例文件 main.swift 的具体实现代码如下所示。

```
import Foundation
var num: [Int]=[1,2,3,4,5,6,7,8,9]        /*定义一个整数型数组num和变量i*/
for item in num {
   print(item)
}
```

本实例执行后的效果如图 4-3 所示。

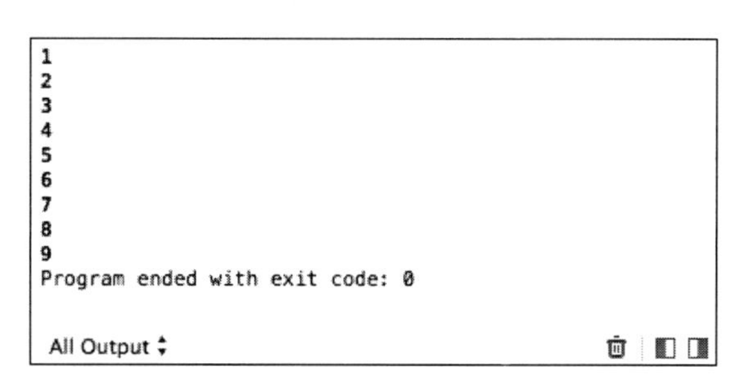

图 4-3 执行效果

更多关于 for-in 循环的介绍请参见 for 循环。

4.1.5 创建并构造一个数组

在 Swift 语言中，可以使用构造语法来创建一个由特定数据类型构成的空数组。例如如下所示的演示代码。

```
var someInts = [Int]()
print("someInts is of type Int[] with \(someInts.count) items。")
// 打印 "someInts is of type [Int] with 0 items。"(someInts是0数据项的Int[]数组)
```

在上述格式中，someInts 被设置为一个 Int[]构造函数的输出，所以它的变量类型被定义为 Int[]。除此之外，如果代码上下文中提供了类型信息，例如一个函数参数或者一个已经定义好类型的常量或者变量，可以使用空数组语句创建一个空数组，它的写法很简单，只需使用[]（一对空方括号）即可。例如如下所示的演示代码。

```
someInts.append(3)
// someInts 现在包含一个INT值
someInts = []
// someInts 现在是空数组，但是仍然是Int[]类型的。
```

在 Swift 语言中，Array 类型还提供了一个可以创建特定大小并且所有数据都被默认的构造方法。可以将准备加入新数组的数据项数量（count）和适当类型的初始值（repeatedValue）传入数组构造函数，例如如下所示的演示代码。

```
var threeDoubles = [Double](count: 3, repeatedValue:0.0)
// threeDoubles 是一种 [Double]数组, 等于 [0.0, 0.0, 0.0]
```

因为类型推断的存在，使用这种构造方法时不需要特别指定数组中存储的数据类型，因为类型可以从默认值推断出来。例如如下所示的演示代码。

```
var anotherThreeDoubles = Array(count: 3, repeatedValue: 2.5)
// anotherThreeDoubles is inferred as [Double], and equals [2.5, 2.5, 2.5]
```

最后，可以使用加法操作符（+）来组合两种已存在的相同类型数组。新数组的数据类型会被从两个数组的数据类型中推断出来。例如如下所示的演示代码。

```
var sixDoubles = threeDoubles + anotherThreeDoubles
// sixDoubles 被推断为 [Double], 等于 [0.0, 0.0, 0.0, 2.5, 2.5, 2.5]
```

实例 4-4	演示创建并且构造一个数组
源码路径	源代码下载包:\daima\4\4-4

实例文件 main.swift 的具体实现代码和操作如下所示。

```
import Foundation
//开始使用构造语法来创建数组，首先创建一个Int数据类型构成的空数组
var nums=[Int]();
class Student // 创建一个类 ,后面会具体说，这里就是为了得到这个类的类型
{
//数据成员和成员函数略
}
// 下面的students 是一个Student 类型的数组
var students = [Student]();
//创建特定大小并且所有数据都被默认值的数组

var  nums2 = [Int](count: 5, repeatedValue:3);  // 有5 个元素  元素的值都是 3
print(nums2);

//运行结果:[3, 3, 3, 3, 3]
//数组的赋值和复制行为

var testarr1:[Int]=[1,2,3,4,5];
var testarr2=testarr1;
print(" testarr1:\(testarr1)\n testarr2:\(testarr2)");
//执行结果
/*
testarr1:[1, 2, 3, 4, 5]
testarr2:[1, 2, 3, 4, 5]
*/
//改变testarr1 中第二个(下标为1)的元素的值为 1000
testarr1[1]=1000;
print(" testarr1:\(testarr1)\n testarr2:\(testarr2)");
//执行结果
/*
testarr1:[1, 1000, 3, 4, 5]
testarr2:[1, 1000, 3, 4, 5]
```

```
*/
testarr2.removeLast();//删除数组的最后一个元素
print(" testarr1:\(testarr1)\n testarr2:\(testarr2)");
testarr1[1]=2;//改变testarr1 中第二个（下标为1）的元素的值为 1000

print(" testarr1:\(testarr1)\n testarr2:\(testarr2)");
//执行结果:
/*
testarr1:[1, 2, 3, 4, 5]
testarr2:[1, 1000, 3, 4]
*/
//解决数组复制问题：确保数组的唯一性
*/
var testarr4:[Int]=[1,2,3,4,5];
var testarr5=testarr4;
var testarr6=testarr5;
testarr5[2]=0;
print("testarr4: \(testarr4)\n testarr5:\(testarr5) \n testarr6:\(testarr6)");
//强制复制数组
var names = ["Mohsen", "Hilary", "Justyn", "Amy", "Rich", "Graham", "Vic"]
var copiedNames = names;
copiedNames[0] = "Mo"
print(names[0]);
```

在上述代码中涉及了数组的复制操作，Swift 数组的复制行为只有在必要时才会发生。如果将一个数组(Array)实例赋给一个变量或常量，或者将其作为参数传递给函数或方法调用，在事件发生时数组的内容不会被复制。当在一个数组内修改某一元素，修改结果也会在另一数组显示。数组的复制行为仅仅当操作有可能修改数组长度时才会发生。

在操作一个数组或将其传递给函数以及方法调用之前，很有必要先确定这个数组是有一个唯一复制的。Apple 在 beta 3 里重写了 Array，它的行为简化了许多。首先 copy 和 unshare 两个方法被删掉了，而类似的行为现在以更合理的方式在幕后帮我们完成了。例如如下所示的代码：

```
var dic = [0:0, 1:0, 2:0]
var newDic = dic
//检查 dic 和 newDic
dic[0] = 1
dic    //[0: 1, 1: 0, 2: 0]
newDic //[0: 0, 1: 0, 2: 0]

var arr = [0,0,0]
var newArr = arr
arr[0] = 1
//Check arr and newArr
arr    //[1, 0, 0]
newArr //原来 beta3的数据是:[1, 0, 0]，后来beta3的数据是:[0, 0, 0]
```

Dictionary 当然还是 OK，但是对于 Array 中元素的改变，在 beta 3 中发生了变化。现在不再存在作为一个值类型但是却在赋值和改变时表现为参照类型的 Array 的特例，而是彻头彻尾表现出了值类型的特点。这个改变避免了原来需要小心翼翼地对 Array 进行 copy 或者 unshare 的操作，而 Apple 也承诺在性能上没有问题。文档中提到其实现在的行为和之前是一贯的，只不过对于数组的复制工作现在是在背后由 Apple 只在必要时才去做。所以可以猜测其实在背后 Array 和 Dictionary 的行为并不是像其他 struct 那样简单的在栈上分配，而是类似参照那样，通过栈上指向堆上位置的指针来实现的。而对于它的复制操作，也是在相对空间较为宽裕的堆上来完成的。

本实例执行后的效果如图 4-4 所示。

```
[3, 3, 3, 3, 3]
 testarr1:[1, 2, 3, 4, 5]
 testarr2:[1, 2, 3, 4, 5]
 testarr1:[1, 1000, 3, 4, 5]
 testarr2:[1, 1000, 3, 4, 5]
 testarr1:[1, 1000, 3, 4, 5]
 testarr2:[1, 1000, 3, 4]
 testarr1:[1, 2, 3, 4, 5]
 testarr2:[1, 1000, 3, 4]
testarr4: [1, 2, 3, 4, 5]
 testarr5:[1, 2, 0, 4, 5]
 testarr6:[1, 2, 3, 4, 5]
Mohsen
Program ended with exit code: 0

All Output
```

图 4-4　执行效果

在 Swift 语言中，如果仅需要确保对数组的引用是唯一引用，请调用 unshare 方法，而不是 copy 方法。unshare 方法仅会在确有必要时才会创建数组复制。copy 方法会在任何时候都创建一个新的复制，即使引用已经是唯一引用。

4.2 字典

在 Swift 语言中，字典是一种存储多个相同类型的值的容器。每个值（value）都关联唯一的键（key），键作为字典中的这个值数据的标识符。和数组中的数据项不同，字典中的数据项并没有具体顺序。在需要通过标识符（键）访问数据时使用字典，这种方法很大程度上和我们在现实世界中使用字典查字义的方法一样。

在 Swift 语言中，在使用字典时需要具体规定可以存储键和值的类型。不同于 Objective-C 的 NSDictionary 和 NSMutableDictionary 类，Swift 字典可以使用任何类型的对象作为键和值并且不提供任何关于这些对象的本质信息。在 Swift 语言中，在某个特定字典中可以存储的键和值必须提前定义清楚，方法是通过显性类型标注或者类型推断。

在 Swift 语言中，字典使用 Dictionary<KeyType, ValueType>来定义，其中 KeyType 是字典中键的数据类型，ValueType 是字典中对应于这些键所存储值的数据类型。KeyType 的唯一限制就是可散列的，这样可以保证它是独一无二的，所有的 Swift 基本类型（例如 String，Int，Double 和 Bool）都是默认可散列的，并且所有这些类型都可以在字典中作为键使用。未关联值的枚举成员（参见枚举）也是默认可散列的。

4.2.1 字典字面量

在 Swift 语言中，可以使用字典字面量来构造字典，它们和前面介绍过的数组字面量拥有相似的语法。一个字典字面量是一个定义拥有一个或者多个键值对的字典集合的简单语句。字典是一种存储相同类型多重数据的存储器。每个值（value）都关联独特的键（key），键作为字典中值数据的标识符。和数组中的数据项不同，字典中的数据项并没有具体顺序。在需要通过标识符（键）访问数据时使用字典。

在 Swift 语言中，字典类型的速记语法是：

```
Dictionary<Key, Value>
```

其中 Key 是值类型，可以作为字典的键，这些键和值是字典存储值的类型。也可以写为速记形式的<Key, Value>格式。虽然这两种形式的功能相同，但是简写形式是首选。

在 Swift 语言中，一个键值对是一个 key 和一个 value 的结合体。在字典字面量中，每个键值对的键和值都由冒号分割。这些键值对构成一个列表，其中这些键值对由方括号包含，并且由逗号“,”分割。例如如下所示的演示代码。

```
[key 1: value 1, key 2: value 2, key 3: value 3]
```

例如在如下所示的代码中，创建了一个存储国际机场名称的字典。在这个字典中，键代表三个字母的国际航空运输相关代码，值代表机场名称。例如如下所示的演示代码。

```
var airports: Dictionary<String, String> = ["TYO": "Tokyo", "DUB": "Dublin"]
```

在上述演示代码中，airports 字典被定义为一种 Dictionary<String, String>，这意味着这个字典的键和值都是 String 类型。

注意：字典 airports 被声明为变量（用 var 关键字）而不是常量（let 关键字）的原因是后来更多的机场信息会被添加到这个示例字典中。字典 airports 使用字典字面量初始化，包含两个键值对。第一对的键是 TYO，值是 Tokyo。第二对的键是 DUB，值是 Dublin。上述字典语句包含了两个 String: String 类型的键值对，它们对应 airports 变量声明的类型（一个只有 String 键和 String 值的字典）所以这个字典字面量是构造两个初始数据项的 airport 字典。

和数组一样，如果使用字面量构造字典就不用将类型定义清楚。例如字典 airports 也可以用这种方法实现简短定义，例如如下所示的演示代码。

```
var airports = ["TYO": "Tokyo", "DUB": "Dublin"]
```

因为这个语句中所有的键和值都分别是相同的数据类型，Swift 可以推断出 Dictionary <String, String>是 airports 字典的正确类型。

实例 4-5	创建一个字典
源码路径	源代码下载包:\daima\4\4-5

实例文件 main.swift 的具体实现代码如下所示。

```
import Foundation
//(1)创建一个字典

var dic:Dictionary<String,String>=["三国演义":"罗贯中","水浒传":"施耐庵","红楼梦":"
曹雪芹","西游记":"吴承恩"]

print(dic)
```

本实例执行后的效果如图 4-5 所示。

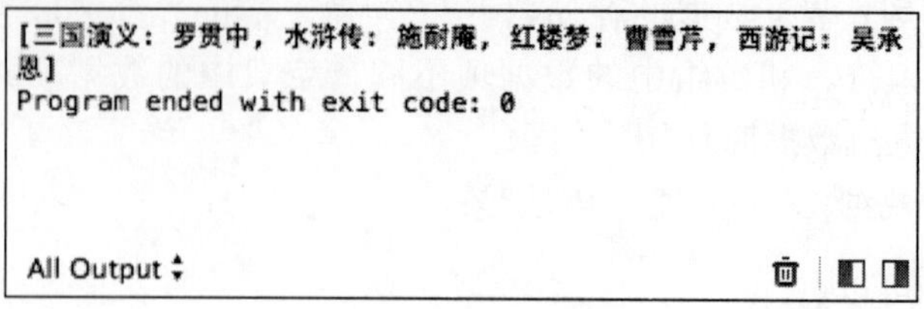

```
[三国演义: 罗贯中, 水浒传: 施耐庵, 红楼梦: 曹雪芹, 西游记: 吴承恩]
Program ended with exit code: 0

All Output
```

图 4-5 执行效果

4.2.2 读取和修改字典

在 Swift 语言中，可以通过字典的方法和属性来读取和修改字典，或者使用下标语法实现。和数组一样，可以通过字典的只读属性 count 来获取某个字典的数据项数量。例如如下所示的演示代码。

```
var airports = ["TYO": "Tokyo", "DUB": "Dublin"]print("The dictionary of airports
contains \(airports.count) items.")
// 打印 "The dictionary of airports contains 2 items."（这个字典有两个数据项）
```

实例 4-6	演示读取并修改字典
源码路径	源代码下载包:\daima\4\4-6

实例文件 main.swift 的具体实现代码如下所示。

```
import Foundation
//(1)创建一个字典

var dic:Dictionary<String,String>=["三国演义":"罗贯中","水浒传":"施耐庵","红楼梦":
"曹雪芹","西游记":"吴承恩"];

print(dic)
var name1=dic["三国演义"]
print(name1)
var name2=dic["水浒传"]
print(name2)
var name3=dic["红楼梦"]
print(name3)
var name4=dic["西游记"]
print(name4)
```

本实例执行后的效果如图 4-6 所示。

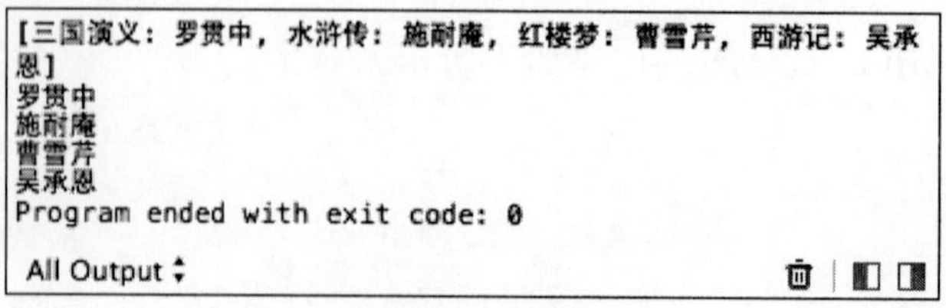

```
[三国演义: 罗贯中, 水浒传: 施耐庵, 红楼梦: 曹雪芹, 西游记: 吴承恩]
罗贯中
施耐庵
曹雪芹
吴承恩
Program ended with exit code: 0
All Output
```

图 4-6 执行效果

在 Swift 语言中，也可以在字典中使用下标语法来添加新的数据项。可以使用一个合适类型的 key 作为下标索引，并且分配新的合适类型的值。例如如下所示的演示代码。

```
var airports = ["TYO": "Tokyo", "DUB": "Dublin"]
airports["LHR"] = "London"
// airports 字典现在有三个数据项
```

在 Swift 语言中，可以使用布尔属性 isEmpty 来快捷的检查字典的 count 属性是否等于 0。例如如下所示的演示代码。

```
if airports.isEmpty {
    print("The airports dictionary is empty.")
} else {
    print("The airports dictionary is not empty.")
}
// 打印输出"The airports dictionary is not empty.(这个字典不为空)"
```

实例 4-7	对字典数据进行操作
源码路径	源代码下载包:\daima\4\4-7

实例文件 main.swift 的具体实现代码如下所示。

```
import Foundation

// 声明一个学生字典  键: 姓名  值:学号

var student:Dictionary<String,Int> = ["小明":10001,"小华":10002,"小红":10003];

//添加

student["罗本"]=10004;
student["范佩西"]=10005;
print(student);
```

本实例执行后的效果如图 4-7 所示。

```
[小华: 10002, 范佩西: 10005, 小红: 10003, 小明: 10001, 罗
本: 10004]
Program ended with exit code: 0

All Output
```

图 4-7 执行效果

在 Swift 语言中，也可以使用下标语法来改变特定键对应的值。例如如下所示的演示代码。

```
airports["LHR"] = "London Heathrow"
// "LHR"对应的值被改为 "London Heathrow
```

在 Swift 语言中，作为另一种下标方法，字典的 updateValue（forKey:）方法可以设置或者更新特定键对应的值。就像上面所示的示例，updateValue（forKey:）方法在这个键不存在对应值时设置值或者在存在时更新已存在的值。和上面的下标方法不一样，这个方法返回更

新值之前的原值。这样可以方便开发者检查更新是否成功。

函数 updateValue（forKey:）会返回包含一个字典值类型的可选值。举例来说：对于存储 String 值的字典，这个函数会返回一个 String?或者“可选 String”类型的值。如果值存在，则这个可选值等于被替换的值，否则将会是 nil。例如如下所示的演示代码。

```
if let oldValue = airports.updateValue("Dublin Internation", forKey: "DUB") {
    print("The old value for DUB was \(oldValue).")
}
// 输出 "The old value for DUB was Dublin."（DUB原值是dublin）
```

在 Swift 语言中，也可以使用下标语法来在字典中检索特定键对应的值。由于使用一个没有值的键这种情况可能发生，可选类型返回这个键存在的相关值，否则就返回 nil。例如如下所示的演示代码。

```
if let airportName = airports["DUB"] {
    print("The name of the airport is \(airportName).")
} else {
    print("That airport is not in the airports dictionary.")
}
// 打印 "The name of the airport is Dublin Internation."（机场的名字是都柏林国际）
```

实例 4-8	添加或修改字典数据
源码路径	源代码下载包:\daima\4\4-8

实例文件 main.swift 的具体实现代码如下所示。

```
import Foundation
// 声明一个学生字典  键：姓名  值:学号
var student:Dictionary<String,Int> = ["小明":10001,"小华":10002,"小红":10003];
//添加
student["范佩西"]=10004;
//输出执行结果
print(student);
//修改
// 将"范佩西"的学号改为12345
//updateValue() 这个方法返回更新值之前的原值。这样方便我们检查更新是否成功
student.updateValue(12345,forKey:"范佩西");
//输出执行结果
print(student);
```

本实例执行后的效果如图 4-8 所示。

```
[小华: 10002, 范佩西: 10004, 小红: 10003, 小明: 10001]
[小华: 10002, 范佩西: 12345, 小红: 10003, 小明: 10001]
Program ended with exit code: 0

All Output ⬍
```

图 4-8　执行效果

在 Swift 语言中，还可以使用下标语法通过给某个键的对应值赋值为 nil，这样可以从字

典里移除一个键值对。例如如下所示的演示代码。

```
airports["APL"] = "Apple Internation"
// "Apple Internation"不是真的 APL机场, 删除它
airports["APL"] = nil
// APL现在被移除了
```

另外，方法 removeValueForKey 也可以用来在字典中移除键值对。这个方法在键值对存在的情况下会移除该键值对并且返回被移除的 value，或者在没有值的情况下返回 nil。例如如下所示的演示代码。

```
if let removedValue = airports.removeValueForKey("DUB") {
   print("The removed airport's name is \(removedValue).")
} else {
   print("The airports dictionary does not contain a value for DUB.")
}
// 输出 "The removed airport's name is Dublin International."
```

实例 4-9	在字典中移除键值对
源码路径	源代码下载包:\daima\4\4-9

实例文件 main.swift 的具体实现代码如下所示。

```
import Foundation

var student:Dictionary<String,Int> = ["小明":10001,"小华":10002,"小红":10003];
                                        // 声明一个学生字典
//添加
student["理想"]=10004;
print(student);
//修改
student.updateValue(12345,forKey:"理想");   // 将理想的学号改为12345
print(student);
//删除
student.removeValueForKey("理想");          // 将理想删除
print(student);
//执行结果:[小华: 10002, 小红: 10003, 小明: 10001]
//获得键对应的值

let value = student["小明"];                // 将理想删除
print("小明的 value 为 \(value)");
```

本实例执行后的效果如图 4-9 所示。

```
[小华: 10002, 小红: 10003, 小明: 10001, 理想: 10004]
[小华: 10002, 小红: 10003, 小明: 10001, 理想: 12345]
[小华: 10002, 小红: 10003, 小明: 10001]
小明 的 value 为 10001
Program ended with exit code: 0

All Output
```

图 4-9 执行效果

4.2.3 字典遍历

在 Swift 语言中，可以使用 for-in 循环来遍历某个字典中的键值对。每一个字典中的数据项都由（key, value）元组形式返回，并且可以使用临时常量或者变量来分解这些元组。例如如下所示的演示代码。

```
for (airportCode, airportName) in airports {
   print("\(airportCode): \(airportName)")
}
// TYO: Tokyo
// LHR: London Heathrow
```

在 Swift 语言中，也可以通过访问它的 keys 或者 values 属性（都是可遍历集合）的方式检索一个字典的键或者值。例如如下所示的演示代码。

```
for airportCode in airports.keys {
   print("Airport code: \(airportCode)")
}
// Airport code: TYO
// Airport code: LHR
for airportName in airports.values {
   print("Airport name: \(airportName)")
}
// Airport name: Tokyo
// Airport name: London Heathrow
```

在 Swift 语言中，如果只是需要使用某个字典的键集合或者值集合来作为某个接受 Array 实例 API 的参数，可以直接使用 keys 或者 values 属性构造一个新数组。例如如下所示的演示代码。

```
let airportCodes = Array(airports.keys)
// airportCodes is ["TYO", "LHR"]

let airportNames = Array(airports.values)
// airportNames is ["Tokyo", "London Heathrow"]
```

注意：Swift 程序中的字典类型是无序集合类型。其中字典键、值、键值对在遍历时会重新排列，而且其中顺序是不固定的。

实例 4-10	在字典中遍历数据
源码路径	源代码下载包:\daima\4\4-10

实例文件 main.swift 的具体实现代码如下所示。

```
import Foundation
 // 声明一个学生字典
var student:Dictionary<String,Int> = ["小明":10001,"小华":10002,"小红":10003];
//添加
student["理想"]=10004;
print(student);
//遍历  for in 字典  会以元组(键, 值)的形式返回
```

```
for (key,value) in student          //无序
{

   print("键:\(key) 值:\(value)");

}
//或者
for tuples in student               //无序
{

   print("键:\(tuples.0) 值:\(tuples.1)");

}
//也可以通过访问它的keys或者values属性（都是可遍历集合）检索一个字典的键或者值
for key in student.keys
{
   print("key=:\(key)");

}
//执行结果:
for value in student.values
{
   print("value=:\(value)");

}
```

本实例执行后的效果如图 4-10 所示。

```
[小华: 10002, 小红: 10003, 小明: 10001, 理想: 10004]
键:小华 值:10002
键:小红 值:10003
键:小明 值:10001
键:理想 值:10004
键:小华 值:10002
键:小红 值:10003
键:小明 值:10001
键:理想 值:10004
key=:小华
key=:小红
key=:小明
key=:理想
value=:10002
value=:10003
value=:10001
value=:10004
Program ended with exit code: 0

All Output
```

图 4-10 执行效果

4.2.4 创建一个空字典

在 Swift 语言中，可以像数组一样使用构造语法创建一个空字典，例如如下所示的演示代码。

```
var namesOfIntegers = Dictionary<Int, String>()
// namesOfIntegers 是一个空的 Dictionary<Int, String>
```

上述演示代码创建了一个 Int, String 类型的空字典来储存英语对整数的命名。它的键是 Int 型，值是 String 型。

如果上下文已经提供了信息类型，则可以使用空字典字面量来创建一个空字典，记作[:]（中括号中有一个冒号）。例如如下所示的演示代码。

```
namesOfIntegers[16] = "sixteen"
// namesOfIntegers 现在包含一个键值对
namesOfIntegers = [:]
// namesOfIntegers 又成为一个 Int, String类型的空字典
```

在后台，Swift 的数组和字典都是由泛型集合来实现的。

实例 4-11	实现字典复制操作
源码路径	源代码下载包:\daima\4\4-11

实例文件 main.swift 的具体实现代码如下所示。

```
import Foundation
// 声明一个学生字典  键: 姓名  值:学号
var student:Dictionary<String,Int> = ["小明":10001,"小华":10002,"小红":10003];
//添加
student["理想"]=10004;
print(student);
//字典类型的赋值和复制行为
var student2=student;  // 字典赋值
print("  student 为:\(student)\n student2 为:\(student2) ");
// 改变 student 中 小明的 value  student2不会改变
student.updateValue(12345,forKey:"小明");
print("  student 为:\(student)\n student2 为:\(student2) ");
```

本实例执行后的效果如图 4-11 所示。

```
[小华: 10002, 小红: 10003, 小明: 10001, 理想: 10004]
  student 为:[小华: 10002, 小红: 10003, 小明: 10001, 理想: 10004]
 student2 为:[小华: 10002, 小红: 10003, 小明: 10001, 理想: 10004]
  student 为:[小华: 10002, 小红: 10003, 小明: 12345, 理想: 10004]
 student2 为:[小华: 10002, 小红: 10003, 小明: 10001, 理想: 10004]
Program ended with exit code: 0
```

图 4-11　执行效果

注意：字典和数组的复制是不同的

（1）无论何时将一个字典实例赋给一个常量或变量，或者传递给一个函数或方法，这个字典会即会在赋值或调用发生时被复制。

（2）如果字典实例中所储存的键（keys）和/或值（values）是值类型（结构体或枚举），当赋值或调用发生时，它们都会被复制。相反，如果键（keys）和/或值（values）是引用类型，被复制的将会是引用，而不是被它们引用的类实例或函数。

4.2.5 字典类型的散列值

在 Swift 程序，字典类型必须是可散列的以被存储在一组中，该类型必须为本身的散列计算值提供了一种处理方法。散列值是一个 int 值，所有的散列对象相等，即如果 a = b，则：a.hashvalue = = b.hashvalue。

Swift 的基本类型（String、Int、Double 和 Bool）是默认的表，并且可以作为设定值类型或字典的键类型。即使枚举成员的值没有关联的值（如枚举）也默认散列。

4.3 集合的可变性

在 Swift 语言中，数组和字典都是在单个集合中存储可变值。如果创建一个数组或者字典并且把它分配成一个变量，这个集合将会是可变的。这意味着可以在创建之后添加更多或移除已存在的数据项来改变这个集合的大小。与此相反，如果将数组或字典分配成常量，那么它就是不可变的，它的大小不能被改变。对于字典来说，不可变性也意味着不能替换其中任何现有键所对应的值。不可变字典的内容在被首次设定之后不能更改。不可变性对数组来说有一点不同，当然不能试着改变任何不可变数组的大小，但是可以重新设定相对现存索引所对应的值。这使得 Swift 数组在大小被固定时依然可以做得很好。在 Swift 语言中，数组的可变性行为同时影响着数组实例如何被分配和修改。在不需要改变数组大小时创建不可变数组是很好的习惯，Swift 编译器可以优化创建的集合。

4.4 综合演练

实例 4-12	综合演练字典的操作
源码路径	源代码下载包:\daima\4\4-12

实例文件 main.swift 的具体实现代码如下所示。

```
// 字典操作
// 1 创建一个字典对象
var dicInfo:Dictionary<String,Int>= ["张飞":1,
"刘备":2]
// 2 访问数组对象
print(dicInfo["张飞"])

// 3 修改数组对象
dicInfo["张飞"] = 3
print(dicInfo)
dicInfo.updateValue(131,forKey: "张飞")
print(dicInfo)

// 4 向字典中添加数据
dicInfo["赵云"] = 32
print(dicInfo)

// 5 删除操作
dicInfo.removeValueForKey("张飞")
print(dicInfo)

// 6 取相应的值
let value = dicInfo["赵云"]
print(value)

// 7 遍历(无序的)
for(key,value) in dicInfo
```

```
{
    print("键\(key) 值\(value)")
}
for tuples in dicInfo
{
    print("键: \(tuples.0) 值\(tuples.1)")
    // 打印的是一个字典对象
    print(tuples)
}
for value in dicInfo.values
{
    print("value=\(value)")
}
// 8 构造一个字典对象
var names = Dictionary<Int,String>()

// 9 字典类型的赋值和复制行为
var dicInfo1 = dicInfo
print(dicInfo)
print(dicInfo1)
//[刘备: 2, 赵云: 32]
//[刘备: 2, 赵云: 32]


dicInfo.updateValue(11111, forKey:"赵云")
print(dicInfo)
print(dicInfo1)
//[刘备: 2, 赵云: 11111]
//[刘备: 2, 赵云: 32]
```

本实例执行后的效果如图 4-12 所示。

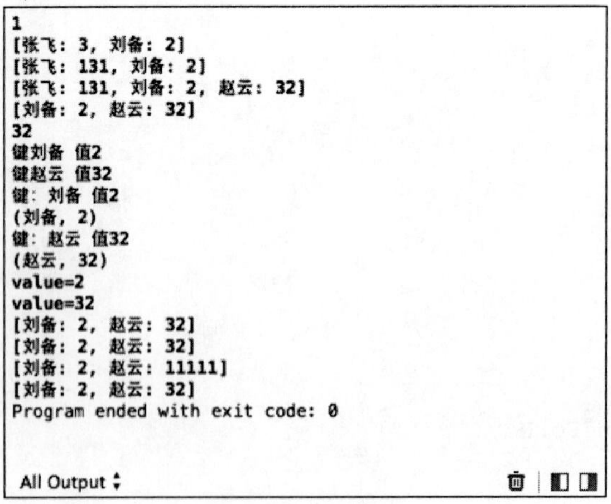

```
1
[张飞: 3, 刘备: 2]
[张飞: 131, 刘备: 2]
[张飞: 131, 刘备: 2, 赵云: 32]
[刘备: 2, 赵云: 32]
32
键刘备 值2
键赵云 值32
键: 刘备 值2
(刘备, 2)
键: 赵云 值32
(赵云, 32)
value=2
value=32
[刘备: 2, 赵云: 32]
[刘备: 2, 赵云: 32]
[刘备: 2, 赵云: 11111]
[刘备: 2, 赵云: 32]
Program ended with exit code: 0

All Output ⬍
```

图 4-12　执行效果

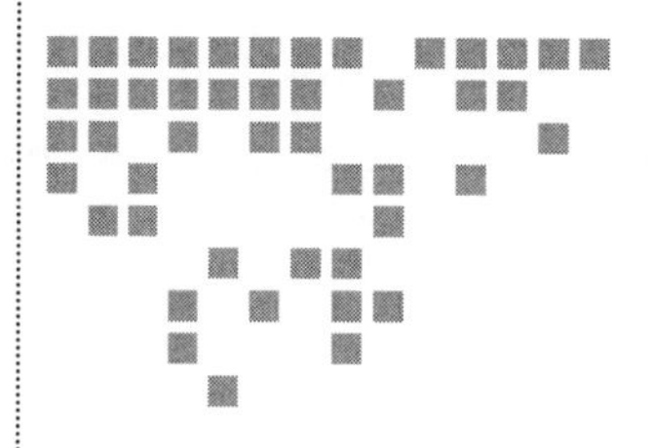

Chapter 5 第 5 章

语句和流程控制

在 Swift 语言中，也提供了类似 C 语言的流程控制结构，包括可以多次执行任务的 for 和 while 循环，基于特定条件选择执行不同代码分支的 if 和 switch 语句，还有控制流程跳转到其他代码的 break 和 continue 语句。除了 C 语言中传统的 for 条件递增（for-condition-increment）循环，Swift 还增加了 for-in 循环，用来更简单地遍历数组（array），字典（dictionary），区间（range），字符串（string）和其他序列类型。Swift 的 switch 语句比 C 语言中更加强大。在 C 语言中，如果某个 case 不小心漏写了 break，这个 case 就会贯穿（fallthrough）至下一个 case，Swift 无须写 break，所以不会发生这种贯穿（fallthrough）的情况。case 还可以匹配更多的类型模式，包括区间匹配（range matching），元组（tuple）和特定类型的描述。switch 的 case 语句中匹配的值可以由 case 体内部临时的常量或者变量决定，也可以由 where 分句描述更复杂的匹配条件。在本章的内容中，将详细讲解语句和流程控制的基本知识。

5.1 Swift 语句概述

在 Swift 语言中有两种类型的语句，分别是简单语句和控制流语句。其中简单语句是最常见的，用于构造表达式和声明。控制流语句用于控制程序执行的流程，Swift 中有三种类型的控制流语句：循环语句、分支语句和控制传递语句，具体说明如下所示。

- 循环语句：用于重复执行代码块。
- 分支语句：用于执行满足特定条件的代码块。
- 控制传递语句：用于修改代码的执行顺序。

在本小节中会对三种类型的语句进行简单描述，也会搭配几个小实例；在本章后面的小节中，将会详细地介绍每一种类型的控制流语句。

5.1.1 循环语句

循环语句取决于特定的循环条件，允许重复执行代码块。在 Swift 语言中提供了四种类型的循环语句，分别是 for 语句、for-in 语句、while 语句和 do-while 语句。在 Swift 程序中，通过 break 语句和 continue 语句可以改变循环语句的控制流。

1．for 语句

在 Swift 程序中，for 语句允许在重复执行代码块的同时，递增一个计数器。for 语句的具体语法格式如下所示。

```
for initialzation; condition; increment {
statements
}
```

在上述格式中，initialzation、condition 和 increment 之间的分号，以及包围循环体 statements 的大括号都是不可省略的。

在 Swift 程序中，for 语句的执行流程如下所示。

（1）initialzation 只会被执行一次，通常用于声明和初始化在接下来的循环中需要使用的变量。

（2）计算 condition 表达式：如果为 true，statements 将会被执行，然后转到后面的第（3）步。如果为 false，statements 和 increment 都不会被执行，for 至此执行完毕。

（3）计算 increment 表达式，然后转到第（2）步。

（4）定义在 initialzation 中的变量仅在 for 语句的作用域以内有效，condition 表达式的值的类型必须遵循 LogicValue 协议。

2．for-in 语句

在 Swift 程序中，for-in 语句允许在重复执行代码块的同时，迭代集合（或遵循 Sequence 协议的任意类型）中的每一项。for-in 语句的语法格式如下所示。

```
for item in collection {
statements
}
```

在 Swift 程序中，for-in 语句在循环开始前会调用 collection 表达式的 generate 方法来获取一个生成器类型（这是一个遵循 Generator 协议的类型）的值。接下来开始执行循环，调用 collection 表达式的 next 方法。如果其返回值不是 None，它将会被赋给 item，然后执行 statements，执行完毕后返回循环开始处。否则，将不会赋值给 item，也不会执行 statements，for-in 至此执行完毕。

实例 5-1	简单演示使用 for 语句遍历数组
源码路径	源代码下载包:\daima\5\5-1

实例文件 main.swift 的具体实现代码如下所示。

```
import Foundation

//遍历数组
var arr = [String]()  //定义一个空的字符串数组
```

```
//for遍历数组方式1
for index in 0..<100{
   arr.append("item \(index)")   //给数组赋值
}
print(arr)

//for遍历数组方式2
for value in arr{
   print(value)
}

//while遍历数组
var i = 0
while i<arr.count {
   print(arr[i])
   i++
}
//遍历字典
var dict = ["name":"xiangtao","age":"16"]
for (key,value) in dict{
   print("\(key),\(value)")
}
```

本实例执行后的效果如图 5-1 所示。

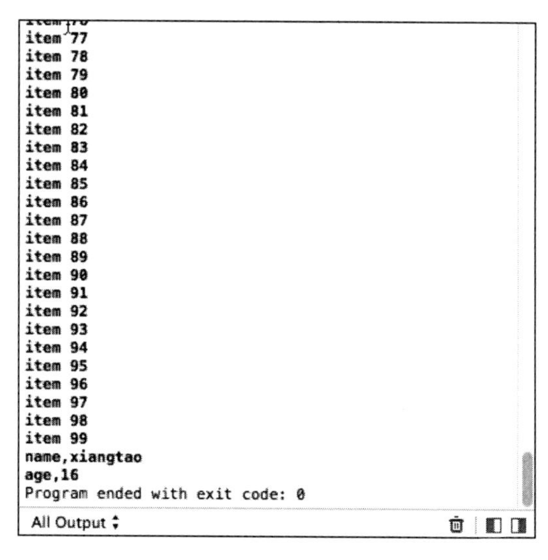

图 5-1　执行效果

3．while 语句

在 Swift 程序中，while 语句允许重复执行代码块。while 语句的语法格式如下所示。

```
while condition {
statements
}
```

while 语句的执行流程如下所示。

（1）计算 condition 表达式：如果为真 true，转到第（2）步。如果为 false，while 至此执行完毕。

（2）执行 statements，然后转到第（1）步。

在 Swift 程序中，因为 condition 的值在执行 statements 前就已经被计算出，因此 while 语句中的 statements 可能会被执行若干次，也可能不会被执行。

在 Swift 程序中，condition 表达式的值的类型必须遵循 LogicValue 协议。同时，condition 表达式也可以使用可选绑定。

4．do-while 语句

在 Swift 程序中，do-while 语句允许代码块被执行一次或多次。do-while 语句的语法格式如下所示。

```
do {
statements
} while condition
```

在 Swift 程序中，do-while 语句的执行流程如下所示。

（1）执行 statements，然后转到第（2）步。

（2）计算 condition 表达式：如果为 true，转到第（1）步。如果为 false，do-while 至此执行完毕。

实例 5-2	简单演示使用 while 语句
源码路径	源代码下载包:\daima\5\5-2

实例文件 main.swift 的具体实现代码如下所示。

```
import Foundation
var i:Int = 0;
while( i<10)
{
    i++;
    print(i);
}
do
{
    i--;
    print(i);
}while(i>0);
```

本实例执行后的效果如图 5-2 所示。

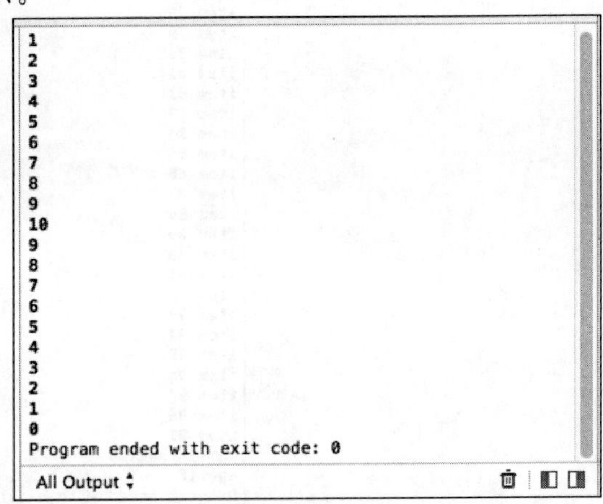

图 5-2　执行效果

因为 condition 表达式的值是在执行 statements 后才被计算出，所以 do-while 语句中的 statements 至少会被执行一次。

在 Swift 程序中，condition 表达式的值的类型必须遵循 LogicValue 协议。同时，condition 表达式也可以使用可选绑定。

实例 5-3	演示 while 和 for 的对比
源码路径	源代码下载包:\daima\5\5-3

实例文件 main.swift 的具体实现代码如下所示。

```
import Foundation
//for in
//使用for-in循环来遍历一个集合里面的所有元素，例如由数字表示的区间、数组中的元素、字符串中的字符
```

```
for index in 1..<5
{
   print("index=\(index)");
}
//如果不需要知道区间内每一项的值，可以使用下画线（_）替代变量名来忽略对值的访问
var num=0;
for _ in 1..<5
{
   num++;
   print("num =\(num)");
}
//遍历字符
for str in "ABCDE"
{
   print("str=\(str)");
}
//for(){ }
for(var i=0; i<10; i++)
{
   print("i=\(i)");
}
```

在上述代码中，区间“1...5”的意思是[1,5]，index 是一个每次循环遍历开始时被自动赋值的常量。在这种情况下，index 在使用前不需要声明，只需要将它包含在循环的声明中，即可对其进行隐式声明，而无须使用 let 关键字声明。index 常量只存在于循环的生命周期里，如果想在循环完成后访问 index 的值，又或者想让 index 成为一个变量而不是常量，必须在循环之前自己进行声明。

本实例执行后的效果如图 5-3 所示。

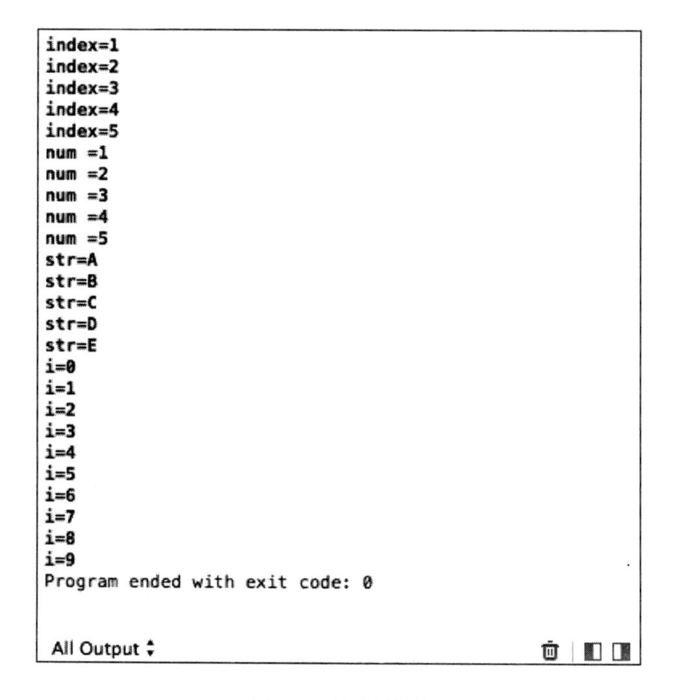

图 5-3 执行效果

5.1.2 分支条件语句

在 Swift 程序中，分支条件语句取决于一个或者多个条件的值，分支语句允许程序执行指定部分的代码。由此可见，分支语句中条件的值将会决定如何分支以及执行哪一块代码。在 Swift 程序中，提供了两种类型的分支语句，分别是 if 语句和 switch 语句。

在 Swift 程序中，可以使用 break 语句修改 switch 语句中的控制流。

1. if 语句

在 Swift 程序中，if 语句取决于一个或多个条件的值，if 语句将决定执行哪一块代码。if 语句有两种标准形式，在这两种形式里都必须有大括号。

（1）第一种形式是当且仅当条件为真时执行代码，例如如下所示的演示代码。

```
if condition {
statements
}
```

（2）第二种形式是在第一种形式的基础上添加 else 语句，当只有一个 else 语句时，例如如下所示的演示代码。

```
if condition {
 statements to execute if condition is true
 } else
 {
 statements to execute if condition is false
}
```

同时，else 语句也可包含 if 语句，从而形成一条链来测试更多的条件，例如如下所示的演示代码。

```
if condition 1 {
statements to execute if condition 1 is true
} else if condition 2 {
statements to execute if condition 2 is true
}
else {
statements to execute if both conditions are false
}
```

在 Swift 程序中，if 语句中条件的值的类型必须遵循 LogicValue 协议。同时，条件也可以使用可选绑定。

实例 5-4	简单演示使用 if 分支语句
源码路径	源代码下载包:\daima\5\5-4

实例文件 main.swift 的具体实现代码如下所示。

```
import Foundation

//声明一个Bool 类型的变量 赋值为true
```

```
var bgen:Bool = true
//分支
if(bgen)
{
   print(bgen);

}else
{
   print(bgen);

}
```

本实例执行后的效果如图 5-4 所示。

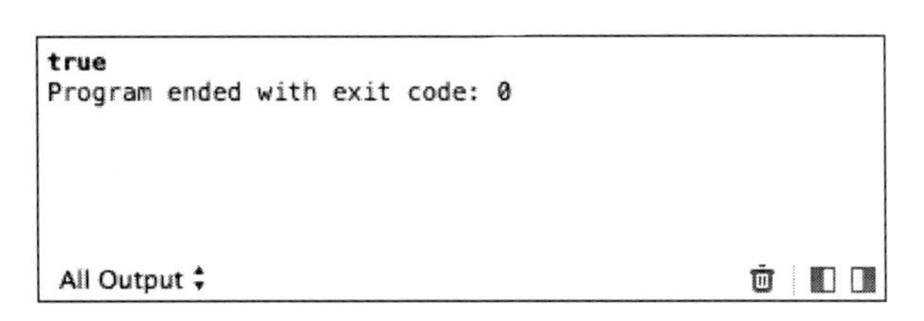

图 5-4　执行效果

2. switch 语句

在 Swift 程序中，switch 语句取决于 switch 语句的控制表达式（control expression），switch 语句将决定执行哪一块代码。switch 语句的语法格式如下所示。

```
switch control expression {
   case pattern 1:
   statements
   case pattern 2 where condition:
   statements
   case pattern 3 where condition,
   pattern 4 where condition:
   statements
   default:
   statements
}
```

在上述格式中，会首先计算 switch 语句的控制表达式（control expression），然后与每一个 case 的模式(pattern)进行匹配。如果匹配成功，程序将执行对应的 case 分支里的 statements。另外，每一个 case 分支都不能为空，也就是说在每一个 case 分支中至少有一条语句。如果不想在匹配到的 case 分支中执行代码，只需在该分支里写一条 break 语句即可。

在 Swift 程序中，分支 switch {case:...}语句的特点如下所示。

支持任意类型的数据以及各种比较操作，不仅仅是整数以及测试相等。

运行 switch 中匹配到的子句之后，程序会退出 switch 语句，并不会继续向下运行，所以不需要在每个子句结尾写 break 如果想继续执行在原来 break 的位置写 fallthrough 即可。

在 Swift 程序中，可以用作控制表达式的值是十分灵活的，除了标量类型（scalar types，如 Int、Character）外，还可以使用任何类型的值，包括浮点数、字符串、元组、自定义类的实例和可选（optional）类型，甚至是枚举类型中的成员值和指定的范围（range）等。

在Swift程序中，可以在模式后面添加一个起保护作用的表达式（guard expression）。起保护作用的表达式是这样构成的：关键字 where 后面跟着一个作为额外测试条件的表达式。因此，当且仅当控制表达式匹配一个case的某个模式且起保护作用的表达式为真时，对应case分支中的statements才会被执行。例如在下面的代码中，控制表达式只会匹配含两个相等元素的元组，如（1, 1）。

```
case let (x, y) where x == y:
```

正如上面的演示代码，也可以在模式中使用let（或var）语句来绑定常量（或变量）。这些常量（或变量）可以在其对应的起保护作用的表达式和其对应的case块里的代码中引用。但是，如果在case中有多个模式匹配控制表达式，那么这些模式都不能绑定常量（或变量）。

在Swift程序中，switch语句也可以包含默认（default）分支，只有其他case支都无法匹配控制表达式时，默认分支中的代码才会被执行。一个switch语句只能有一个默认分支，而且必须在switch语句的最后面。

尽管模式匹配操作实际的执行顺序，特别是模式的计算顺序是不可知的，但是Swift规定switch 语句中的模式匹配的顺序和书写源代码的顺序保持一致。因此，当多个模式含有相同的值且能够匹配控制表达式时，程序只会执行源代码中第一个匹配的case分支中的代码。

在Swift程序中，switch语句的控制表达式的每一个可能的值都必须至少有一个case分支与之对应。在某些情况下（例如，表达式的类型是Int），可以使用默认块满足该要求。

在Swift程序中，当匹配的 case 分支中的代码执行完毕后，程序会终止switch语句，而不会继续执行下一个case分支。这就意味着，如果想继续执行下一个case分支，需要显式地在case分支里使用fallthrough语句。

实例 5-5	简单演示使用 switch 分支语句
源码路径	源代码下载包:\daima\5\5-5

实例文件main.swift的具体实现代码如下所示。

```
import Foundation

////switch ()中的值可以是Int
var value=123;
switch(value)
   {
case 123:
   print("1")
   fallthrough; //继续执行
case 2:
   print("2")
case 3:
   print("3")
default:
   print("没有匹配的")
}
//switch ()中的值可以是字符串
switch("理想")
   {
```

```
case "理想":
    print("理想")
case "理想2":
    print("理想2")
case "理想3":
    print("理想3")
default:
    print("没有匹配的字符")
}
//case 中可以有多个匹配项
switch("abc")
    {
case "123":
    print("123");
case "456","abc":
    print("123  abc ");
default:
    print("没有找到合适的匹配");
}
//   比较操作hasSuffix函数是判断字符字符串是不是以其参数结尾
switch("理想 and swift")
    {
case let x  where x.hasSuffix("swift"):  // 注意此时的 x 的值就是switch()中的值
where 额外的判断条件
    print("swift");
case  "理想":
    print("理想");
default:
    print("me");
}
```

本实例执行后的效果如图 5-5 所示。

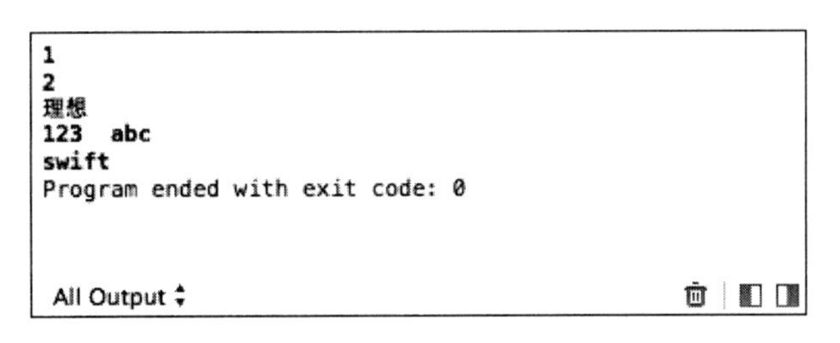

图 5-5　执行效果

5.1.3　带标签的语句

在 Swift 程序中，可以在循环语句或 switch 语句前面加上标签，它由标签名和紧随其后的冒号“:”组成。在 break 和 continue 后面跟上标签名可以显式地在循环语句或 switch 语句中更改控制流，将控制权传递给指定标签标记的语句。

在 Swift 程序中，标签的作用域是该标签所标记的语句之后的所有语句。开发者可以不使用带标签的语句，但只要使用它，标签名就必须唯一。

5.1.4 控制传递语句

在 Swift 程序中，通过无条件地将控制权从一块代码传递到另一块代码，控制传递语句能够改变代码执行的顺序。Swift 提供了四种类型的控制传递语句，分别是 break 语句、continue 语句、fallthrough 语句和 return 语句。

1. break 语句

在 Swift 程序中，break 语句用于终止循环或 switch 语句的执行。在使用 break 语句时，可以只写 break 这个关键词，也可以在 break 后面跟上标签名（label name），例如如下所示的演示代码。

```
break
break label name
```

在 Swift 程序中，当 break 语句后面带标签名时，可用于终止由这个标签标记的循环或 switch 语句的执行。而当只写 break 时，则会终止 switch 语句或上下文中包含 break 语句的最内层循环的执行。在上述两种情况下，控制权都会被传递给循环或 switch 语句外面的第一行语句。

2. continue 语句

在 Swift 程序中，continue 语句用于终止循环中当前迭代的执行，但不会终止该循环的执行。在使用 continue 语句时，可以只写 continue 这个关键词，也可以在 continue 后面跟上标签名（label name），例如如下所示的演示代码。

```
continue
continue label name
```

在 Swift 程序中，当在 continue 语句后面带标签名时，可用于终止由这个标签标记的循环中当前迭代的执行。而当只写 break 时，可用于终止上下文中包含 continue 语句的最内层循环中当前迭代的执行。在上述两种情况下，控制权都会被传递给循环外面的第一行语句。

在 Swift 程序中，执行了 for 语句中的 continue 语句后，increment 表达式还是会被计算，这是因为每次循环体执行完毕后，increment 表达式都会被计算。

3. fallthrough 语句

在 Swift 程序中，fallthrough 语句用于在 switch 语句中传递控制权。fallthrough 语句会将控制权从 switch 语句中的一个 case 传递给下一个 case。这种传递是无条件的，即使下一个 case 的模式与 switc 语句的控制表达式的值不匹配。

在 Swift 程序中，fallthrough 语句可以出现在 switch 语句中的任意 case 中，但不能出现在最后一个 case 分支中。同时，fallthrough 语句也不能将控制权传递给使用了可选绑定的 case 分支。

4. return 语句

在 Swift 程序中，return 语句用于在函数或方法的实现中将控制权传递给调用者，接着程序将会从调用者的位置继续向下执行。在使用 return 语句时，可以只写 return 这个关键词，也可以在 return 后面跟上表达式，例如如下所示的演示代码。

```
return
return expression
```

在 Swift 程序中，当在 return 语句后面带表达式时，表达式的值将会返回给调用者。如果表达式值的类型与调用者期望的类型不匹配，Swift 会在返回表达式的值之前将表达式值的类型转换为调用者期望的类型。

在 Swift 程序中，当只写 return 时，仅仅是将控制权从该函数或方法传递给调用者，而不返回一个值。也就是说，该函数或方法的返回类型为 Void 或（）。

5.2 for 循环

for 循环用来按照指定的次数多次执行一系列语句，Swift 提供了两种 for 循环形式。

- for-in 用来遍历一个区间（range），序列（sequence），集合（collection），系列（progression）中所有的元素执行一系列语句。
- for 条件递增（for-condition-increment）语句，用来重复执行一系列语句直到特定条件达成，一般通过在每次循环完成后增加计数器的值来实现。

5.2.1 for-in

在 Swift 语言中，可以使用 for-in 循环来遍历一个集合中的所有元素，例如由数字表示的区间、数组中的元素、字符串中的字符。

例如在如下所示的演示代码中，输出了乘 5 乘法表前面的一部分内容。

```
for index in 1..<5 {
   print("\(index) times 5 is \(index * 5)")
}
// 1 times 5 is 5
// 2 times 5 is 10
// 3 times 5 is 15
// 4 times 5 is 20
// 5 times 5 is 25
```

在上述代码中，用来进行遍历的元素是一组使用闭区间操作符“...”表示的从 1 到 5 的数字。index 被赋值为闭区间中的第一个数字（1），然后循环中的语句被执行一次。在本例中，这个循环只包含一个语句，用来输出当前 index 值所对应的乘 5 乘法表结果。该语句执行后，index 的值被更新为闭区间中的第二个数字（2），之后 println 方法会再执行一次。整个过程会进行到闭区间结尾为止。

在上面的代码中，index 是一个每次循环遍历开始时被自动赋值的常量。这种情况下，index 在使用前不需要声明，只需要将它包含在循环的声明中，即可对其进行隐式声明，无须使用 let 关键字声明。

注意：index 常量只存在于循环的生命周期里。如果想在循环完成后访问 index 的值，又或者想让 index 成为一个变量而不是常量，必须在循环之前进行声明。

在 Swift 语言中，如果需要知道区间内每一项的值，可以使用下画线“_”替代变量名来忽略对值的访问来实现。例如如下所示的演示代码。

```
let base = 3
let power = 10
var answer = 1
```

```
for _ in 1..<power {
   answer *= base
}
print("\(base) to the power of \(power) is \(answer)")
// 输出 "3 to the power of 10 is 59049"
```

在上述代码中，计算 base 这个数的 power 次幂（本例中，是 3 的 10 次幂），从 1（3 的 0 次幂）开始做 3 的乘法， 进行 10 次，使用 1 到 10 的闭区间循环。上述计算过程并不需要知道每一次循环中计数器具体的值，只需要执行正确的循环次数即可。下画线符号_（替代循环中的变量）能够忽略具体的值，并且不提供循环遍历时对值的访问。

例如如下使用 for-in 遍历一个数组所有元素的演示代码。

```
let names = ["Anna", "Alex", "Brian", "Jack"]
for name in names {
   print("Hello, \(name)!")
}
// Hello, Anna!
// Hello, Alex!
// Hello, Brian!
// Hello, Jack!
```

在 Swift 语言中，也可以通过遍历一个字典来访问它的键值对（key-value pairs）。在遍历字典时，字典的每项元素会以（key, value）元组的形式返回，可以在 for-in 循环中使用显式的常量名称来解读（key, value）元组。下面的例子中，字典的键（key）解读为常量 animalName，字典的值会被解读为常量 legCount。

```
let numberOfLegs = ["spider": 8, "ant": 6, "cat": 4]
for (animalName, legCount) in numberOfLegs {
   print("\(animalName)s have \(legCount) legs")
}
// spiders have 8 legs
// ants have 6 legs
// cats have 4 legs
```

字典元素的遍历顺序和插入顺序可能不同，字典的内容在内部是无序的，所以遍历元素时不能保证顺序。

在 Swift 语言中，除了数组和字典，也可以使用 for-in 循环来遍历字符串中的字符（Character）。例如如下所示的演示代码。

```
for character in "Hello" {
   print(character)
}
// H
// e
// l
// l
// o
```

实例 5-6	for in 语句应用：打印 10 以内偶数
源码路径	源代码下载包:\daima\5\5-6

实例文件 main.swift 的具体实现代码如下所示。

```
import Foundation

//打印10以内偶数
for index in 0..<10{
    if index%2==0{
        print(index)
    }
}
//可选变量（O-C中没有）
var myName:String?="xiangtao"       //注意问号
myName = nil
if let name=myName{                 //为空则不执行
    print("hello \(name)")

}
```

本实例执行后的效果如图 5-6 所示。

```
0
2
4
6
8
Program ended with exit code: 0
```

图 5-6　执行效果

5.2.2　for 条件递增

在 Swift 语言中，除了 for-in 循环外，Swift 还提供了使用条件判断和递增方法的标准 C 样式 for 循环。例如如下所示的演示代码。

```
for var index = 0; index < 3; ++index {
    print("index is \(index)")
}
// index is 0
// index is 1
// index is 2
```

在 Swift 语言中，for 条件递增循环方式的语法格式如下所示。

```
for initialization; condition; increment {
statements
}
```

和 C 语言中一样，分号“;”将循环的定义分为三个部分。不同的是，Swift 不需要使用圆括号将“initialization; condition; increment”括起来。

在 Swift 语言中，for 条件递增循环的执行流程如下所示。

（1）循环首次启动时，初始化表达式（initialization expression）被调用一次，用来初始化循环所需的所有常量和变量。

（2）条件表达式（condition expression）被调用，如果表达式调用结果为 false，循环结束，继续执行 for 循环关闭大括号“}”之后的代码。如果表达式调用结果为 true，则会执行大括号内部的代码（statements）。

（3）执行所有语句（statements）之后，执行递增表达式（increment expression）。通常会增加或减少计数器的值，或者根据语句（statements）输出来修改某一个初始化的变量。当递增表达式运行完成后，重复执行第（2）步，条件表达式会再次执行。

上述描述和循环格式等同于如下所示的格式。

```
initialization
while condition {
statements
increment
}
```

在 Swift 语言中，在上述初始化表达式中声明的常量和变量（比如 var index = 0）只在 for 循环的生命周期里有效。如果想在循环结束后访问 index 的值，必须在循环生命周期开始前声明 index。例如如下所示的演示代码。

```
var index: Int
for index = 0; index < 3; ++index {
   print("index is \(index)")
}
// index is 0
// index is 1
// index is 2
print("The loop statements were executed \(index) times")
// 输出 "The loop statements were executed 3 times
```

注意：index 在循环结束后最终的值是 3 而不是 2。最后一次调用递增表达式++index 会将 index 设置为 3，从而导致 index < 3 条件为 false，并终止循环。

实例 5-7	使用 for 条件递增语句
源码路径	源代码下载包:\daima\5\5-7

实例文件 main.swift 的具体实现代码如下所示。

```
import Foundation

var a,b,c,t:Int                        //声明四个变量

a=20
b=10
c=30
    if(a<b)                            //判断a和b的大小
    {t=a;a=b;b=t;}
    if(a<c)                            //判断a和c的大小
    {t=a;a=c;c=t;}
    if(b<c)                            //判断b和c的大小
    {t=b;b=c;c=t;}
    print(a)
print(b)
```

```
print(c)
```

本实例执行后的效果如图 5-7 所示。

```
30
20
10
Program ended with exit code: 0

All Output
```

图 5-7　执行效果

注意：Swift 编程风格

对于 for 循环来说，优选 for-in 风格而不是 for-condition-increment 风格。例如下面的做法是优选的：

```
for _ in 0..<5 {
  print("Hello five times")
}

for person in attendeeList {
  // do something
}
```

而不建议使用：

```
for var i = 0; i < 5; i++ {
  print("Hello five times")
}

for var i = 0; i < attendeeList.count; i++ {
  let person = attendeeList[i]
  // do something
}
```

5.3　while 循环

在 Swift 语言中，while 循环会一直运行一系列语句直到条件变成 false 为止。这类循环适合使用在第一次迭代前迭代次数未知的情况下。在 Swift 语言中，提供了如下两种 while 循环形式。

- while 循环，每次在循环开始时计算条件是否符合。
- do-while 循环，每次在循环结束时计算条件是否符合。

在本节的内容中，将详细讲解 Swift 2.0 中 while 循环的基本知识。

5.3.1　While 语句

在 Swift 语言中，while 循环从计算单一条件开始。如果条件为 true，会重复运行一系列语句，直到条件变为 false。

一般情况下，while 循环的语法格式如下所示。

```
while condition {
statements
}
```

下面讲解蛇和梯子（Snakes and Ladders）小游戏，也叫作滑道和梯子（Chutes and Ladders），如图 5-8 所示。

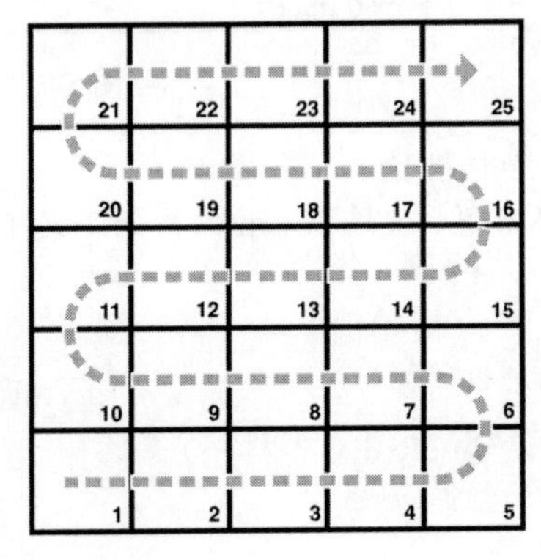

图 5-8 蛇和梯子小游戏

蛇和梯子（Snakes and Ladders）小游戏的规则如下所示。

- 游戏盘面包括 25 个方格，游戏目标是达到或者超过第 25 个方格。
- 每一轮，你通过掷一个 6 边的骰子来确定移动方块的步数，移动的路线如上图中横向的虚线所示。
- 如果在某轮结束时移动到梯子的底部，可以顺着梯子爬上去。
- 如果在某轮结束时移动到蛇的头部，会顺着蛇的身体滑下去。

游戏盘面可以使用一个 Int 数组来表达。数组的长度由一个 finalSquare 常量存储，用来初始化数组和检测最终胜利条件。游戏盘面由 26 个 Int 0 值初始化，而不是 25 个（由 0 到 25，一共 26 个）。

```
let finalSquare = 25
var board = Int[](count: finalSquare + 1, repeatedValue: 0)
```

一些方块被设置成有蛇或者梯子的指定值。梯子底部的方块是一个正值，可以向上移动，蛇头处的方块是一个负值，可以向下移动。

```
board[03] = +08; board[06] = +11; board[09] = +09; board[10] = +02
board[14] = -10; board[19] = -11; board[22] = -02; board[24] = -08
```

3 号方块是梯子的底部，会让你向上移动到 11 号方格，使用 board[03]等于+08（来表示 11 和 3 之间的差值）。使用一元加运算符（+i）是为了和一元减运算符（-i）对称，为了让盘面代码整齐，小于 10 的数字都使用 0 补齐（这些风格上的调整都不是必需的，只是为了让代码看起来更加整洁）。

玩家由左下角编号为 0 的方格开始游戏。一般来说，玩家第一次掷骰子后才会进入游戏盘面。

```
var square = 0
var diceRoll = 0
while square < finalSquare {
    // 掷骰子
    if ++diceRoll == 7 { diceRoll = 1 }
    // 根据点数移动
    square += diceRoll
    if square < board.count {
        // 如果玩家还在棋盘上，顺着梯子爬上去或者顺着蛇滑下去
        square += board[square]
    }
}
print("Game over!")
```

在上述演示代码中，使用了最简单的方法来模拟掷骰子的过程。diceRoll 的值并不是一个随机数，而是以 0 为初始值，之后每一次 while 循环，diceRoll 的值使用前置自增操作符（++i）来自增 1，然后检测是否超出最大值。++diceRoll 调用完成后，返回值等于 diceRoll 自增后的值。任何时候如果 diceRoll 的值等于 7 时，就超过了骰子的最大值，会被重置为 1。所以 diceRoll 的取值顺序会一直是 1，2，3，4，5，6，1，2。

掷完骰子后，玩家向前移动 diceRoll 个方格，如果玩家移动超过了第 25 个方格，这时游戏结束。相应的，代码会在 square 增加 board[square]的值向前或向后移动（遇到了梯子或者蛇）之前，检测 square 的值是否小于 board 的 count 属性。

如果没有这个检测（square < board.count），board[square]可能会越界访问 board 数组，从而导致错误发生。例如，如果 square 等于 26，代码会去尝试访问 board[26]，超过数组的长度。

当本轮 while 循环运行完毕，会再检测循环条件是否需要再运行一次循环。如果玩家移动到或者超过第 25 个方格，循环条件结果为 false，此时游戏结束。

while 循环比较适合本例中的这种情况，因为在 while 循环开始时，并不知道游戏的长度或者循环的次数，只有在达成指定条件时循环才会结束。

实例 5-8	while 循环语句应用：100 以内 10 的倍数
源码路径	源代码下载包:\daima\5\5-8

实例文件 main.swift 的具体实现代码如下所示。

```
import Foundation
var num,result:Int
num=1
    while (num<=10) {
        result=num*10
        print(result)
        num++;
}
```

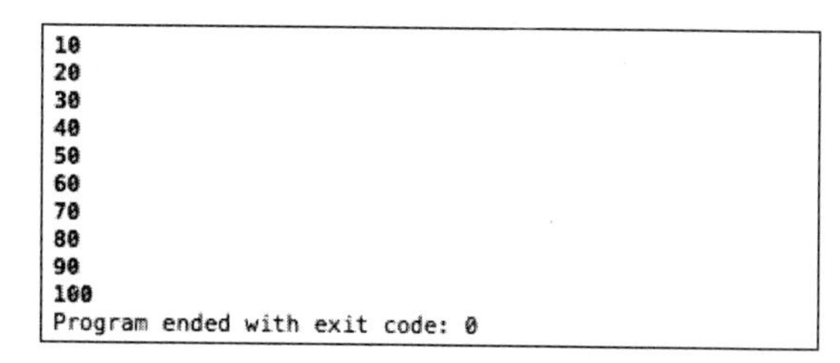

图 5-9　执行效果

本实例执行后的效果如图 5-9 所示。

5.3.2　do-while 语句

在 Swift 语言中，while 循环的另外一种形式是 do-while，它和 while 的区别是在判断循环条件之前，先执行一次循环的代码块，然后重复循环直到条件为 false。

在 Swift 语言中，do-while 循环的语法格式如下所示。

```
do {
statements
} while condition
```

还是以蛇和梯子游戏为例，讲解使用 do-while 循环来替代 while 循环的过程。finalSquare、board、square 和 diceRoll 的值初始化同 while 循环一样。

实例 5-9	do-while 循环语句应用：蛇和梯子小游戏
源码路径	源代码下载包:\daima\5\5-9

实例文件 main.swift 的具体实现代码如下所示。

```
let finalSquare = 25
var board = [Int](count: finalSquare + 1, repeatedValue: 0)
board[03] = +08; board[06] = +11; board[09] = +09; board[10] = +02
board[14] = -10; board[19] = -11; board[22] = -02; board[24] = -08
var square = 0
var diceRoll = 0
```

在上述 do-while 循环的实现版本中，循环中第一步就需要去检测是否在梯子或者蛇的方块上。没有梯子会让玩家直接上到第 25 个方格，所以玩家不会通过梯子直接赢得游戏。这样在循环开始时先检测是否踩在梯子或者蛇上是安全的。

在游戏开始时，玩家在第 0 个方格上，board[0]一直等于 0，这不会有什么影响。例如如下所示的演示代码。

```
repeat {
    // 顺着梯子爬上去或者顺着蛇滑下去
    square += board[square]
    // 掷骰子
    if ++diceRoll == 7 { diceRoll = 1 }
    // 根据点数移动
    square += diceRoll
} while square < finalSquare
print("Game over!")
```

检测完玩家是否踩在梯子或者蛇上之后，开始掷骰子，然后玩家向前移动 diceRoll 个方格，本轮循环结束。本实例执行后的效果如图 5-10 所示。

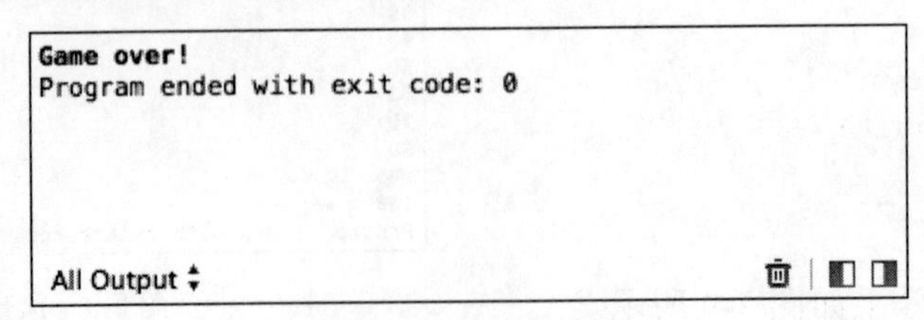

图 5-10　执行效果

循环条件（while square < finalSquare）和 while 方式相同，但是只会在循环结束后进行计算。在这个游戏中，do-while 表现得比 while 循环更好。do-while 方式会在条件判断 square 没有超出后直接运行 square += board[square]，这种方式可以去掉 while 版本中的数组越界判断。

5.4　条件语句

在 Swift 程序中，根据特定的条件执行特定的代码通常是十分有用的，例如当错误发生时可能想运行额外的代码，或者当输入的值太大或太小时向用户显示一条消息等。要实现上述功能时，就需要使用条件语句。

在 Swift 语言中提供了两种类型的条件语句：if 语句和 switch 语句。通常，当条件较为简单且可能的情况很少时使用 if 语句。而 switch 语句更适用于条件较复杂、可能情况较多且需要用到模式匹配（pattern-matching）的情境。

5.4.1　if 语句

在 Swift 语言中，if 语句最简单的形式就是只包含一个条件，当且仅当该条件为 true 时才执行相关代码。例如如下所示的演示代码。

```
var temperatureInFahrenheit = 30
if temperatureInFahrenheit <= 32 {
    print("It's very cold. Consider wearing a scarf.")
}
// 输出 "It's very cold. Consider wearing a scarf."
```

上面的演示代码会判断温度是否小于等于 32 华氏度（水的冰点）。如果是则打印一条消息，否则不打印任何消息，继续执行 if 块后面的代码。

在 Swift 语言中，if 语句允许二选一，也就是当条件为 false 时执行 else 语句。例如如下所示的演示实例。

实例 5-10	if 语句应用：判断温度
源码路径	源代码下载包:\daima\5\5-10

实例文件 main.swift 的具体实现代码如下所示。

```
import Foundation

var temperatureInFahrenheit = 40

if temperatureInFahrenheit <= 32 {
    print("It's very cold. Consider wearing a scarf.")
} else {
    print("It's not that cold. Wear a t-shirt.")
}
```

本实例执行后的效果如图 5-11 所示。

```
It's not that cold. Wear a t-shirt.
Program ended with exit code: 0

All Output ÷
```

图 5-11　执行效果

显然，这两条分支中总有一条会被执行。由于温度已升至 40 华氏度，不算太冷，没必要再围围巾，所以 else 分支就被触发了。

在 Swift 语言中，可以将多个 if 语句链接在一起，例如如下所示的演示代码。

```
temperatureInFahrenheit = 90
if temperatureInFahrenheit <= 32 {
   print("It's very cold. Consider wearing a scarf.")
} else if temperatureInFahrenheit >= 86 {
   print("It's really warm. Don't forget to wear sunscreen.")
} else {
   print("It's not that cold. Wear a t-shirt.")
}
// 输出 "It's really warm. Don't forget to wear sunscreen."
```

在上面的演示代码中，额外的 if 语句用于判断是不是特别热。而最后的 else 语句被保留下来，用于打印既不冷也不热时的消息。实际上，最后的 else 语句是可选的，例如如下所示的演示代码。

```
temperatureInFahrenheit = 72
if temperatureInFahrenheit <= 32 {
   print("It's very cold. Consider wearing a scarf.")
} else if temperatureInFahrenheit >= 86 {
   print("It's really warm. Don't forget to wear sunscreen.")
}
```

在上述代码中，由于既不冷也不热，所以不会触发 if 或 else if 分支，也就不会打印任何消息。

5.4.2 switch 语句

在 Swift 语言中，switch 语句会尝试将某个值与若干个模式（pattern）进行匹配。根据第一个匹配成功的模式，switch 语句会执行对应的代码。当可能的情况较多时，通常使用 switch 语句替换 if 语句。

在 Swift 语言中，switch 语句最简单的形式就是将某个值与一个或若干个相同类型的值做比较，具体格式如下所示。

```
switch (变量)
{
 case 变量值 :
   执行方法
 case  变量值:
    执行方法
 default :
  执行方法
}
```

对上述格式的具体说明如下。

- switch 条件语句中至少有一个 case 语句和 default 语句，缺一不可。
- case 后面必须跟执行方法。

- 变量值可以是多个或一个，多个变量用逗号隔开。
- 变量值可以是任何类型。

在 Swift 语言中，switch 语句都由多个 case（条件）构成。为了匹配某些更特定的值，Swift 提供了几种更复杂的匹配模式。在上述格式中，每一个 case 都是代码执行的一条分支，这与 if 语句类似。与之不同的是，switch 语句会决定哪一条分支应该被执行。例如如下所示的代码：

```
var  i = 1
switch(i)
{

case 0 :        //case 后面跟一个变量  当 i=0 就在执行 case语句下面对应的方法
   print("i=\(i)")

case 1 ,2 :     //case  后面跟两个变量,多个变量用逗号隔开  当i=1和2  就执行  case语句
下面对应的方法
    print("i=\(i)")

default :
   //如果 i 不等于 0, 1, 2 时, 就执行 default 语句下面对应的方法
   print("default")

}
```

运行结果是输出：

```
i=1
```

在 Swift 语言中，switch 语句必须是完备的。也就是说，每一个可能的值都必须至少有一个 case 分支与之对应。在某些不可能涵盖所有值的情况下，可以使用默认（default）分支满足该要求，这个默认分支必须在 switch 语句的最后面。

例如在如下所示的实例代码中，使用 switch 语句来匹配一个名为 someCharacter 的小写字符。

实例 5-11	switch 语句应用：匹配名为 SomeCharacter 的小写字符
源码路径	源代码下载包:\daima\5\5-11

实例文件 main.swift 的具体实现代码如下所示。

```
let someCharacter: Character = "e"
switch someCharacter {
case "a", "e", "i", "o", "u":
   print("\(someCharacter) is a vowel")
case "b", "c", "d", "f", "g", "h", "j", "k", "l", "m",
"n", "p", "q", "r", "s", "t", "v", "w", "x", "y", "z":
   print("\(someCharacter) is a consonant")
default:
   print("\(someCharacter) is not a vowel or a consonant")
}
```

本实例执行后的效果如图 5-12 所示。

```
e is a vowel
Program ended with exit code: 0

All Output ⇕
```

图 5-12 执行效果

在这个例子中，第一个 case 分支用于匹配五个元音，第二个 case 分支用于匹配所有的辅音。继续看一下 switch 序列的匹配，如下代码所示：

```
//-------第一种用法  范围匹配

var  i = 75

switch(i)
{

case 1...50 :  //case 后面跟一个序列，序列是一个集合变量   当 i 在1到50范围下就执行case语句下面对应的方法
    print("1...50→ i=\(i)")

case 50...100 : //case   后面跟一个序列，序列是一个集合变量     当i在1 到100 范围下就执行case语句下面对应的方法
     print("50...100→  i=\(i)")

default :
    //如果 i 不等于1到100范围下，就执行 default 语句下面对应的方法
    print("default")

}
上述代码的运行结果是输出：
50...100→  i=75
再看switch元组的匹配，看一下如下所示的代码：
import Foundation
//-------第一种用法元组匹配
let  str = (1,2)             // str 是元组变量
switch (str)
{
case (0...1,0...1) :        // 如果元组变量str的范围 （0到1 ,0 到1 ）
        print("(0...1,0...1)-→str=\(str)")
case (1...2,1...2) :        // 如果元组变量str的范围 （1到2 ,1到2 ）
        print("(1...2,1...2)-→str=\(str)")
    default :
    print("default")
}
```

上述代码的运行结果是输出：

```
(1...2,1...2)-→str=(1, 2)
```

由于为其他可能的字符写 case 分支没有实际的意义，因此在这个例子中使用了默认分支来处理剩下的既不是元音也不是辅音的字符——这就保证了 switch 语句的完备性。

5.5 控制转移语句

在 Swift 语言中，控制转移语句可以改变代码的执行顺序，通过它可以实现代码的跳转。在 Swift 语言中，提供了如下所示的四种控制转移语句。

```
continue
break
fallthrough
return
```

在本节的内容中，将会详细讲解 continue、break 和 fallthrough 语句的基本知识，return 语句的内容将会在函数章节中进行详细讨论。

5.5.1 continue 语句

在 Swift 语言中，continue 语句告诉一个循环体立刻停止本次循环迭代，重新开始下次循环迭代。就好像在说“本次循环迭代我已经执行完了”，但是并不会离开整个循环体。在一个 for 条件递增（for-condition-increment）循环体中，在调用 continue 语句后，迭代增量仍然会被计算求值。循环体继续像往常一样工作，仅仅只是循环体中的执行代码会被跳过。

例如在下面的演示代码中，将一个小写字符串中的元音字母和空格字符移除，生成一个含义模糊的短句。

```
let puzzleInput = "great minds think alike"
var puzzleOutput = ""
for character in puzzleInput {
    switch character {
    case "a", "e", "i", "o", "u", " ":
        continue
    default:
        puzzleOutput += character
    }
}
print(puzzleOutput)
    // 输出 "grtmndsthnklk"
```

在上面的代码中，只要匹配到元音字母或者空格字符，就调用 continue 语句，使本次循环迭代结束，重新开始下次循环迭代。这种行为使 switch 匹配到元音字母和空格字符时不做处理，而不是让每一个匹配到的字符都会被打印。

5.5.2 break 语句

在 Swift 语言中，break 语句会立刻结束整个控制流的执行。当想要更早的结束一个 switch 代码块或一个循环体时，即可使用 break 语句来实现。

1. 循环语句中的 break

在 Swift 语言中，当在一个循环体中使用 break 时，会立刻中断该循环体的执行，然后跳转到表示循环体结束的大括号（}）后的第一行代码。不会再有本次循环迭代的代码被执行，也不会再有下次的循环迭代产生。

2. switch 语句中的 break

在 Swift 语言中，当在一个 switch 代码块中使用 break 时，会立即中断该 switch 代码块的执行，并且跳转到表示 switch 代码块结束的大括号（}）后的第一行代码。这个特性可以被用来匹配或者忽略一个或多个分支。因为 Swift 的 switch 需要包含所有的分支而且不允许有为空的分支，有时为了使意图更明显，需要特意匹配或者忽略某个分支。那么想忽略某个分支时，可以在该分支内写上 break 语句。当分支被匹配到时，分支内的 break 语句立即结束 switch 代码块。

注意：当一个 switch 分支仅包含注释时，会被报编译时错误。注释不是代码语句而且也不能让 switch 分支达到被忽略的效果，可以使用 break 来忽略某个分支。

例如在下面的代码中，通过 switch 来判断一个 Character 值是否代表下面四种语言之一。为了保持简洁，多个值将被包含在同一个分支情况中。

```
let numberSymbol: Character = "三"  // 简体中文里的数字 3
var possibleIntegerValue: Int?
switch numberSymbol {
case "1", "١", "一", "๑":
    possibleIntegerValue = 1
case "2", "٢", "二", "๒":
    possibleIntegerValue = 2
case "3", "٣", "三", "๓":
    possibleIntegerValue = 3
case "4", "٤", "四", "๔":
    possibleIntegerValue = 4
default:
    break
}
if let integerValue = possibleIntegerValue {
    print("The integer value of \(numberSymbol) is \(integerValue).")
} else {
    print("An integer value could not be found for \(numberSymbol).")
}
// 输出 "The integer value of 三 is 3."
```

通过上述演示代码，检查了 numberSymbol 是否是拉丁、阿拉伯、中文或者泰语中的 1 到 4 其中的一个。如果被匹配到，该 switch 分支语句给 Int?类型变量 possibleIntegerValue 设置一个整数值。当 switch 代码块执行完后，接下来的代码通过使用可选绑定来判断 possibleIntegerValue 是否曾经被设置过值。因为是可选类型，possibleIntegerValue 有一个隐式的初始值 nil，所以仅当 possibleIntegerValue 曾被 switch 代码块的前四个分支中的某个设置过一个值时，可选的绑定将会被判定为成功。

在上面的演示代码中，想要将 Character 所有的可能性都列举出来是不现实的，所以使用 default 分支来包含所有上面没有匹配到字符的情况。由于这个 default 分支不需要执行任何动作，所以它只写了一条 break 语句。一旦落入 default 分支中后，break 语句就完成了该分支的所有代码操作，代码继续向下，开始执行 if let 语句。

实例 5-12	简单演示使用 break 语句
源码路径	源代码下载包:\daima\5\5-12

实例文件 main.swift 的具体实现代码如下所示。

```
import Foundation

//switch支持任意类型的数据以及各种比较操作——不仅仅是整数以及测试相等

//注意如果去掉default程序会报错

let strings = "hello3"
switch strings{
case "hello1":
    let stringsComment = "say hello1"
    print("stringsComment is \(stringsComment)")
    break
case "hello2","hello3":
    let stringsComment = "say hello2 and hello3"
    print("stringsComment is \(stringsComment)")
    break
case let x where x.hasSuffix("hello4"):
    let stringsComment = "Is it a spicy \(x)?"
    print("stringsComment is \(stringsComment)")
    break
default:
    let stringsComment = "say everything"
    print("stringsComment is \(stringsComment)")
}
```

本实例执行后的效果如图 5-13 所示。

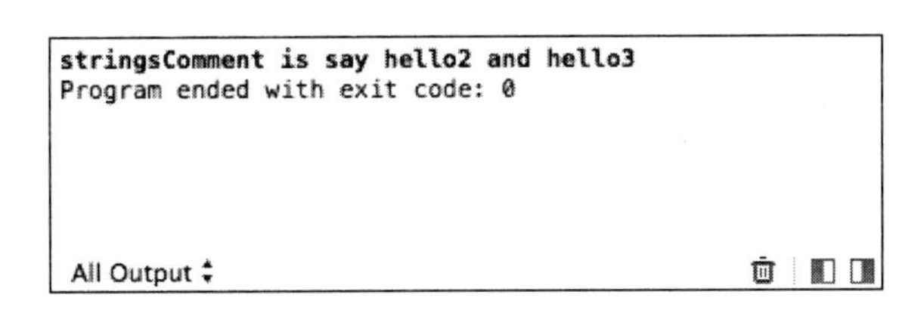

图 5-13　执行效果

5.5.3　贯穿（fallthrough）

在 Swift 语言中，switch 不会从上一个 case 分支落入下一个 case 分支中。相反，只要第一个匹配到的 case 分支完成它需要执行的语句，整个 switch 代码块完成它的执行。相比之下，C 语言要求显示的插入 break 语句到每个 switch 分支的末尾来阻止自动落入下一个 case 分支中。Swift 的这种避免默认落入下一个分支中的特性，意味着其 switch 功能要比 C 语言的更加清晰和可预测，可以避免无意识地执行多 case 分支而引发的不必要错误。

在 Swift 语言中，如果确实需要 C 风格的贯穿（fallthrough）的特性，可以在每个需要该特性的 case 分支中使用 fallthrough 关键字。例如在下面的代码中，使用关键字 fallthrough 创建了一个数字的描述语句。

```
let integerToDescribe = 5
var description = "The number \(integerToDescribe) is"
switch integerToDescribe {
case 2, 3, 5, 7, 11, 13, 17, 19:
    description += " a prime number, and also"
    fallthrough
default:
    description += " an integer."
}
print(description)
// 输出 "The number 5 is a prime number, and also an integer."
```

在上述演示代码中，定义了一个 String 类型的变量 description，并且给它设置了一个初始值。函数使用 switch 逻辑来判断 integerToDescribe 变量的值。当 integerToDescribe 的值属于列表中的质数之一时，该函数添加一段文字在 description 后，用来表明这个是数字是一个质数。然后使用 fallthrough 关键字“贯穿”到 default 分支中。在 default 分支中的 description 最后添加一段额外的文字，至此 switch 代码块执行结束。

如果 integerToDescribe 的值不属于列表中的任何质数，那么它不会匹配到第一个 switch 分支。而这里没有其他特别的分支情况，所以 integerToDescribe 匹配到包含所有的 default 分支中。

在 Swift 语言中，当 switch 代码块执行完后，使用函数 println 打印该数字的描述。在这个例子中，数字 5 被准确的识别为一个质数。

注意：fallthrough 关键字不会检查它下一个将会落入执行的 case 中的匹配条件。fallthrough 简单地使代码执行继续连接到下一个 case 中的执行代码，这和 C 语言标准中的 switch 语句特性是一致的。

5.5.4 带标签的语句（labeled statements）

在 Swift 语言中，可以在循环体和 switch 代码块中嵌套循环体和 switch 代码块来创造复杂的控制流结构。然而，循环体和 switch 代码块都可以使用 break 语句来提前结束整个方法体。因此，显式地指明 break 语句想要终止的是哪个循环体或者 switch 代码块会变得很有用。类似的，如果有许多嵌套的循环体，显式指明 continue 语句想要影响哪一个循环体也非常有用。为了实现这个目的，在 Swift 语言中可以使用标签来标记一个循环体或者 switch 代码块，当使用 break 或者 continue 时带上这个标签，可以控制该标签代表对象的中断或者执行。

在 Swift 语言中，产生一个带标签的语句是通过在该语句的关键词的同一行前面放置一个标签，并且该标签后面还需带一个冒号实现。例如下面是一个 while 循环体的语法，同样的规则适用于所有的循环体和 switch 代码块。

```
label name: while condition {
statements
}
```

例如，在下面的演示代码中，在一个带有标签的 while 循环体中调用了 break 和 continue 语句，该循环体是前面章节中蛇和梯子的改编版本。这次在游戏中增加了一条额外的规则：为了获胜，必须刚好落在第 25 个方块中。如果某次掷骰子使你的移动超出第 25 个方块，则必须重新掷骰子，直到掷出的骰子数刚好使你能落在第 25 个方块中为止。游戏的棋盘和之前一样，如图 5-14 所示。

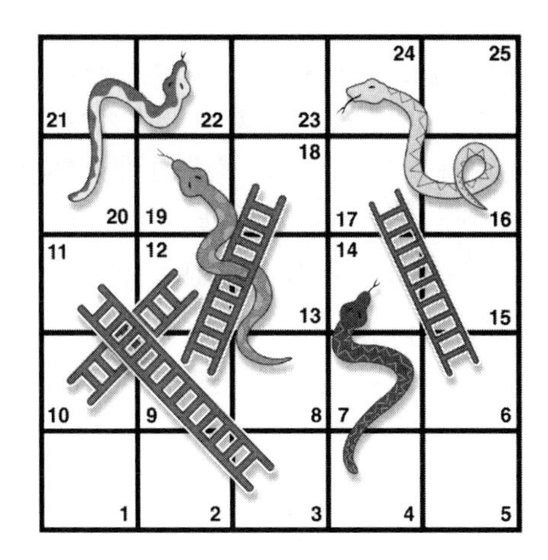

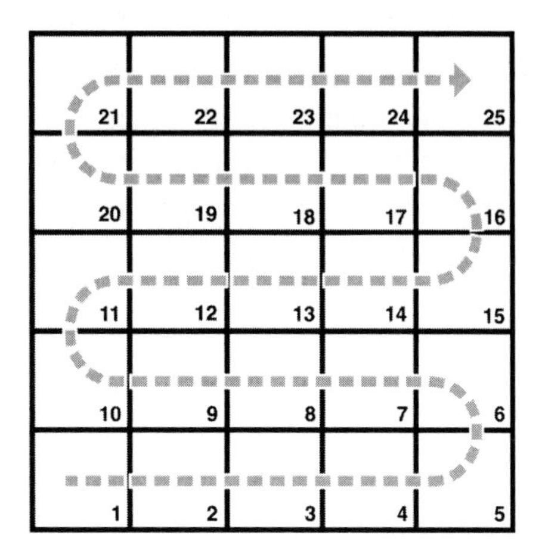

图 5-14 游戏棋盘

在本实例中，值 finalSquare、board、square 和 diceRoll 的初始化也和之前的一样，例如如下所示的演示代码。

```
let finalSquare = 25
var board = Int[](count: finalSquare + 1, repeatedValue: 0)
board[03] = +08; board[06] = +11; board[09] = +09; board[10] = +02
board[14] = -10; board[19] = -11; board[22] = -02; board[24] = -08
var square = 0
var diceRoll = 0
```

本版本的游戏使用 while 循环体和 switch 方法块来实现游戏的逻辑，在 while 循环体中有一个名为 gameLoop 的标签，用于表明它是蛇与梯子的主循环。该 while 循环体的条件判断语句是 while square !=finalSquare，这表明必须刚好落在方格 25 中。例如如下所示的演示代码。

```
gameLoop: while square != finalSquare {
    if ++diceRoll == 7 { diceRoll = 1 }
    switch square + diceRoll {
    case finalSquare:
        // 到达最后一个方块，游戏结束
        break gameLoop
    case let newSquare where newSquare > finalSquare:
        // 超出最后一个方块，再掷一次骰子
        continue gameLoop
    default:
        // 本次移动有效
        square += diceRoll
        square += board[square]
    }
}
print("Game over!")
```

在上述代码中，当每次循环迭代开始时掷骰子。与之前玩家掷完骰子就立即移动不同，此处使用了 switch 来考虑每次移动可能产生的结果，从而决定玩家本次是否能够移动。

如果骰子数刚好使玩家移动到最终的方格里，则整个游戏结束。break gameLoop 语句跳转控制去执行 while 循环体后的第一行代码，游戏结束。

如果骰子数将会使玩家的移动超出最后的方格，那么这种移动是不合法的，玩家需要重新掷骰子。continue gameLoop 语句结束本次 while 循环的迭代，开始下一次循环迭代。

在剩余的所有情况中，骰子数产生的都是合法的移动。玩家向前移动骰子数个方格，然后游戏逻辑再处理玩家当前是否处于蛇头或者梯子的底部。本次循环迭代结束，控制跳转到 while 循环体的条件判断语句处，再决定是否能够继续执行下次循环迭代。

注意：如果在上述的 break 语句中没有使用 gameLoop 标签，那么它将会中断 switch 代码块而不是 while 循环体。使用 gameLoop 标签清晰地表明了 break 想要中断的是哪个代码块。同时请注意，当调用 continue gameLoop 去跳转到下一次循环迭代时，这里使用 gameLoop 标签并不是严格必需的。因为在这个游戏中，只有一个循环体，所以 continue 语句会影响到哪个循环体是没有歧义的。然而，continue 语句使用 gameLoop 标签也是没有危害的。这样做符合标签的使用规则，同时参照旁边的 break gameLoop，能够使游戏的逻辑更加清晰和易于理解。

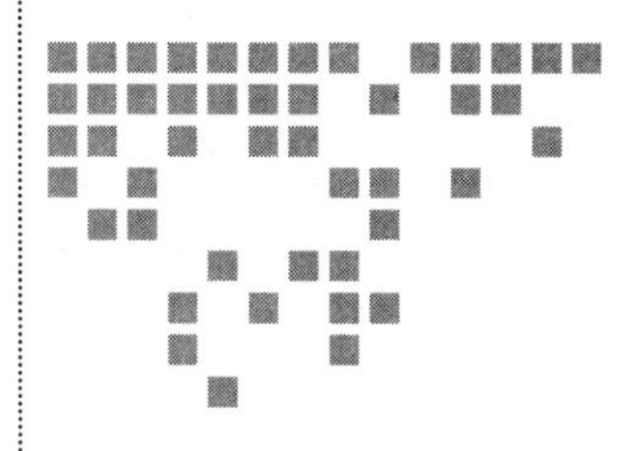

Chapter 6 第 6 章

函　数

函数是 Swift 源程序的基本模块，通过对函数模块的调用能够实现特定的功能。Swift 语言中的函数相当于其他高级语言的子程序，项目中的基本功几乎都是通过一个个函数实现的。函数在 Swift 语言中的地位，犹如 CPU 在计算机中的地位，是高高在上的。在本章的内容中，将详细介绍 Swift 语言中函数的基本知识，为读者步入本书后面知识的学习打下坚实的基础。

6.1 函数的定义

无论是什么编程语言，函数都必须由以下部分组成。

- 函数名。
- 返回值类型。
- 函数的参数列表，在列表中包含参数名（形参）和参数类型。
- 函数体。

在 Swift 语言中，函数是用来完成特定任务的独立的代码块，需要给一个函数起一个合适的名字，用来标识函数做什么，并且当函数需要执行时，这个名字会被“调用”。Swift 制定函数语法十分灵活，可以用来表示任何函数，包括从最简单的没有参数名字的 C 风格函数，到复杂的带局部和外部参数名的 Objective-C 风格函数。函数的参数可以提供默认值，以简化函数调用。参数也可以既当作传入参数，也当作传出参数，也就是说，一旦函数执行结束，传入的参数值可以被修改。

在 Swift 语言中，每个函数都有一种类型，包括函数的参数值类型和返回值类型。在日常编程应用中，可以将函数类型当作任何其他普通变量类型一样处理，这样即可更简单地将函数当别的函数的参数，也可以从其他函数中返回函数。函数的定义可以写在其他函数定义中，也可以在嵌套函数范围内实现功能封装。

定义 Swift 语函数的语法形式如下所示。

```
func functionName(paramName1:paramType1, paramName2,paramType2,...) → returnType
{
        function body
}
```

很明显，Swift 函数和 C 语言的函数在定义上差别很大。首先 Swift 函数必须以 func 开头，其次跟着函数名，再次是函数参数列表，最后是返回值类型。其中函数参数列表和返回值类型之间需要用“→”分隔。最后需要用一对花括号（{...}）将函数体括起来，这里函数参数类型列表和返回值类型都是可选的。如果不指定函数参数列表，则函数没有参数，但必须在函数名后面指定一对圆括号。如果不指定返回值类型，则函数没有返回值，相当于 C 语言函数前面指定了 void。

在本节的内容中，将详细讲解 Swift 函数的基本知识。

6.1.1 定义无参函数

在 Swift 语言中，定义无参函数的语法格式如下所示。

```
关键字 函数名()→类型标识符
{
  数据定义语句序列;
  执行语句序列;
}
```

对上述格式的具体说明如下所示。

（1）定义 Swift 函数的关键字是 fun。

（2）函数名：是当前函数的名称，在同一编译单元中不能有重复的函数名。

（3）类型标识符：即数据类型说明符，规定了当前函数的返回值类型，例如 String。可以是各种的数据类型，也可以是指针型。

（4）数据定义语句序列：由当前函数中使用的变量、数组、指针变量等语句组成。

（5）执行语句序列：由当前函数中完成函数功能的程序段组成，如果当前函数有返回值，则此序列中会有返回语句“return（表达式）;”，其中表达式的值就是当前函数的返回值；如果当前函数没有返回值，则返回语句是“return;”，也可以省略返回语句。

6.1.2 定义有参函数

在 Swift 语言中，定义有参函数的语法格式如下所示。

```
关键字 函数名(形参列表) →类型标识符
{
  数据定义语句序列;
  执行语句序列;
}
```

对上述格式的具体说明如下所示。

（1）定义 Swift 函数的关键字是 fun。

（2）函数名：是当前函数的名称，在同一编译单元中不能有重复的函数名。

（3）形参列表：是函数中的形式参数，用逗号来分割若干个形式参数的声明语句，格式如下所示。

```
数据类型 形式参数1，......数据类型 形式参数n
```

每个形参可以是一个变量、数组、指针变量、指针数组等。

（4）类型标识符：即数据类型说明符，规定了当前函数的返回值类型，例如String。可以是各种的数据类型，也可以是指针型。

（5）数据定义语句序列：由当前函数中使用的变量、数组、指针变量等语句组成。

（6）执行语句序列：由当前函数中完成函数功能的程序段组成，如果当前函数有返回值，则此序列中会有会有返回语句“return（表达式）;”，其中表达式的值就是当前函数的返回值；如果当前函数没有返回值，则返回语句是“return;”，也可以省略返回语句。

例如，下面是一个标准的Swift函数的代码，该函数接收一个String类型的参数，返回一个String类型的值，最后调用sayHello函数，并输出函数的返回值。

```
func sayHello(personName: String) → String
{
   let greeting = "hello " + personName + "!"
   return greeting
}
//  调用sayHello函数
print(sayHello("大海"))
```

执行上述代码后会输出如下结果：

```
hello 大海!
```

下面是一些其他形式的函数（多个参数、没有参数、没有返回值）。

```
//  多个参数的函数
func add(a:Int, b:Int) → Int
{
   return a + b
}
//  调用add函数
print(add(20, 30))
//  没有参数，但又返回值的函数
func process() → Float
{
   return 3*20
}
//  调用process函数
print(process())
//  既没有参数，也没有返回值的函数
func method()
{
   print("hello world")
}
//  调用method方法
method()
```

执行这段代码后会输出如下所示的内容。

```
50
60.0
hello world
```

6.2 函数声明

在本书前面的内容中，曾经多次提到声明和定义，例如声明变量和定义变量。在大多数情况下，开发人员和读者会对上述两个概念混为一谈。实际上它们的意义也基本相同，但是从严格意义上来讲，声明和定义是完全不同的概念，具体说明如下所示。

（1）定义

“定义”是指对函数功能的确立，包括指定函数名，函数值类型、形参类型、函数体等，它是一个完整的、独立的函数单位。

（2）声明

“声明”的作用是将函数的名字、函数类型以及形参类型、个数和顺序通知编译系统，以便在调用该函数时系统按此进行对照检查（例如函数名是否正确，实参与形参的类型和个数是否一致）。从具体程序中可以看出，对函数的声明与函数定义中的函数首部基本上是相同的。因此可以简单地照写已定义的函数的首部就成了对函数的“声明”。在函数声明中也可以不写形参名，而只写形参的类型。

在本节的内容中，将详细讲解 Swift 函数声明的基本知识。

6.2.1 函数声明的格式

在 Swift 语言中，可以使用函数声明在程序里引入新的函数。函数可以在类的上下文、结构体、枚举或者作为方法的协议中被声明。在 Swift 程序中，函数声明的一般格式如下所示。

```
func name(parameters) → returntype {
statements
}
```

其中“name”是函数的名字，“returntype”表示函数的返回类型。

如果函数不返回任何值，则可以忽略返回类型，具体格式如下所示。

```
func function name(parameters) {
   statements
}
```

在上述代码中，需要标明每个参数的类型，因为不能被推断出来。初始时函数的参数是常量，在这些参数前面添加 var 使它们成为变量，作用域内任何对变量的改变只在函数体内有效，或者用 inout 使得这些改变可以在调用域内生效。

Swift 函数可以使用元组类型作为返回值来返回多个变量。另外，函数定义可以出现在另一个函数声明内，这种函数被称作 nested 函数。

在 Swift 程序中，可以在如下所示的情况下省略函数声明。

（1）函数定义的位置在主调函数之前。

（2）当函数的返回值为整型或字符型，且实参和形参的数据类型都为整型或字符型。

（3）如果已在所有函数定义之前，在函数的外部已做了函数的声明，则在各个主调函数中不必对所调用的函数再做声明。

实例 6-1	声明一个函数
源码路径	源代码下载包:\daima\6\6-1

实例文件 main.swift 的具体实现代码如下所示。

```
import Foundation
//声明一个没有参数 没有返回值的函数  func是声明函数关键字 testfunc1是函数名
func testfunc2()
{
    print("testfunc2 不带参数 不带返回值的函数");
}
//testfunc2函数名  canshu1参数名字  Int是参数类型    canshu2参数名 String参数类型
func testfunc3(canshu1:Int ,canshu2:String)
{
    print("testfunc3 是有两个参数的函数，第一个参数的类型是Int类型 值为:\(canshu1) ,
第二个参数的类型为:String 类型 值为:\(canshu2)");
}
testfunc2()

testfunc3(123,"理想")
```

本实例执行后的效果如图 6-1 所示。

```
testfunc2 不带参数 不带返回值的函数
testfunc3 是有两个参数的函数，第一个参数的类型是Int类型 值为:
123 ,第二个参数的类型为:String 类型 值为:理想
Program ended with exit code: 0

All Output ⬍
```

图 6-1 执行效果

6.2.2 声明中的参数名

在 Swift 语言中，函数的参数是一个以逗号分隔的列表。函数调用时的变量顺序必须和函数声明时的参数顺序一致。在 Swift 程序中，最简单的参数列表的形式如下所示。

```
parameter name: parameter type
```

对于 Swift 函数的参数来说，参数名在函数体内被使用，而不是在函数调用时使用。对于方法参数来说，参数名在函数体内被使用，同时也在方法被调用时作为标签被使用。该方法的第一个参数名仅仅在函数体内被使用，就像函数的参数一样。请读者参看如下所示的代码。

```
func f(x: Int, y: String) → String {
    return y + String(x)
}
f(7, "hello")           // x and y have no name

class C {
    func f(x: Int, y: String) → String {
```

```
        return y + String(x)
    }
}
let c = C()
c.f(7, y: "hello")        // x没有名称，y有名称
```

开发者可以按如下的形式重写参数名被使用的过程。

```
external parameter name local parameter name: parameter type
#parameter name: parameter type
_ local parameter name: parameter type
```

在本地参数前命名的第二名称（second name）使得参数有一个扩展名，并且不同于本地的参数名。扩展参数名在函数被调用时必须被使用，对应的参数在方法或函数被调用时必须有扩展名。

在参数名前所写的散列符号“#”代表着这个参数名可以同时作为外部或本体参数名来使用，这等同于书写两次本地参数名。在函数或方法调用时，与其对应的语句必须包含这个名字。

本地参数名前的强调字符“_”使参数在函数被调用时没有名称。在函数或方法调用时，与其对应的语句必须没有名字。

实例 6-2	用“...”获取不固定个数参数
源码路径	源代码下载包:\daima\6\6-2

实例文件 main.swift 的具体实现代码如下所示。

```
import Foundation
func sumOf(numbers:Int...)→Int{
    var sum=0
    for number in numbers{
        sum+=number
    }
    return sum
}
sumOf()
sumOf(2,5)
sumOf(42,597,12,55)
```

在上述代码中，函数的参数是有一个可变参数，和数组参数不同，请读者和下面的代码进行对比。

```
func sumOf(numbers:Int[])→Int{
    var sum=0
    for number in numbers{
       sum+=number
    }
    return sum
}
//sumOf()
sumOf([42,597,12,55])
```

在上述代码中，第二段代码用的是数组，虽然数组中项个数不固定，但参数必须是一个数组。

6.2.3 声明中的特殊类型参数

在Swift程序中的参数可以被忽略，值是可以变化的，并且提供一个初始值，这种方法有着如下所示的形式。

```
_ : <#parameter type#.
parameter name: parameter type...
parameter name: parameter type = default argument value
```

在上述格式中，使用强调符“_”命名的参数在函数体内不能被访问。

在Swift语言中，一个以基础类型名的参数，如果紧跟着三个点“...”，这被理解为可变参数。一个函数至多可以拥有一个可变参数，并且必须是最后一个参数。可变参数被作为该基本类型名的数组看待。例如可变参数int...被看作是int[]。查看可变参数的使用例子，详见可变参数(variadic parameters)一节。

在Swift语言中，在参数的类型后面有一个以“=”连接的表达式，这样的参数被看作有着给定表达式的初始值。如果参数在函数调用时被省略后就会使用初始值。如果参数没有省略，那么它在函数调用是必须有自己的名字。例如f（）和f（x:7）都是只有一个变量x的函数的有效调用，但是f（7）是非法的，因为它提供了一个值而不是名称。

注意：Swift编程风格

在现实中要保持函数声明短小精悍，尽量在一行中完成声明，同时还包含了开括号。例如:

```
func reticulateSplines(spline: Double[]) → Bool {
  // reticulate code goes here
}
```

对于有着很长的参数函数来说，请在适当的位置进行断行且对后续行缩进一级。例如:

```
func reticulateSplines(spline: Double[], adjustmentFactor: Double,
    translateConstant: Int, comment: String) → Bool {
  // reticulate code goes here
}
```

6.3 函数调用

当定义了一个函数后，在程序中需要通过对函数的调用来执行函数体，调用函数的过程与其他语言中的子程序调用相似。在本节的内容中，将详细介绍Swift语言中函数调用的基本知识。

6.3.1 调用函数的格式

在调用用户自定义的函数时，需要满足以下两个条件。

（1）被调用函数必须已经定义。

（2）如果被调用函数与调用它的函数在同一个源文件中，一般在主调函数中对被调用的函数进行声明。

在Swift语言中，函数调用的一般格式如下所示。

```
函数名(实际参数表)
```

当调用无参函数时，则不需要实际参数表。实际参数表中的参数可以是常数，变量或其他构造类型数据及表达式。各实参之间用逗号分隔。

例如在下面例子中，函数的名字称作“greetingForPerson”，之所以叫这个名字是因为这个函数用一个人的名字当作输入，并返回给这个人的问候语。为了完成这个任务，定义一个输入参数，这是一个叫作 personName 的 String 值，和一个包含给这个人问候语的 String 类型的返回值。

```
func greetingForPerson(personName: String) → String {
   let greeting = "Hello, " + personName + "!"
   return greeting
}
```

所有的这些信息汇总起来成为函数的定义，并以 func 作为前缀。指定函数返回类型时，用返回箭头“→”（一个连字符后跟一个右尖括号）后跟返回类型的名称的方式来表示。上述定义格式描述了函数做什么，它期望接收什么和执行结束时它返回的结果是什么。

在 Swift 语言中，每个函数有一个函数名，用来描述函数执行的任务。要使用一个函数时使用函数名“调用”，并传给它匹配的输入值（称作实参，arguments）。一个函数的实参必须与函数参数表里参数的顺序一致。

这样的定义使函数可以在别的地方以一种清晰的方式被调用，例如如下所示的演示代码。

```
print(greetingForPerson("Anna"))
// 输出 "Hello, Anna!"
print(greetingForPerson("Brian"))
// 输出"Hello, Brian!"
```

当调用函数时，在圆括号中传给它一个 String 类型的实参。因为这个函数返回一个 String 类型的值，greetingForPerson 可以包含在 println 的调用中，用来输出这个函数的返回值，正如上面的演示代码所示。

在函数 greetingForPerson 的函数体中，先定义了一个新的名为 greeting 的 String 常量，同时赋值给 personName 一个简单的问候消息。然后用关键字 return 将这个问候返回出去。一旦 return greeting 被调用，该函数结束它的执行并返回 greeting 的当前值。

在 Swift 语言中，可以用不同的输入值多次调用 greetingForPerson 函数。例如上面的例子展示的是用"Anna"和"Brian"调用的结果，该函数分别返回了不同的结果。为了简化对上述函数的定义，可以将问候消息的创建和返回写成一句。例如如下所示的演示代码。

```
func greetingForPersonAgain(personName: String) → String {
   return "Hello again, " + personName + "!"
}
print(greetingForPersonAgain("Anna"))
// 输出 "Hello again, Anna!"
```

实例 6-3	调用定义的函数
源码路径	源代码下载包:\daima\6\6-3

实例文件 main.swift 的具体实现代码如下所示。

```
import Foundation

func testfunc4(str:Int)→String
{
    return String(str)+"理想";
}
 print("函数testfunc4的参数为Int，返回值类型为String的函数 :\(testfunc4(1000))");
```

本实例执行后的效果如图 6-2 所示。

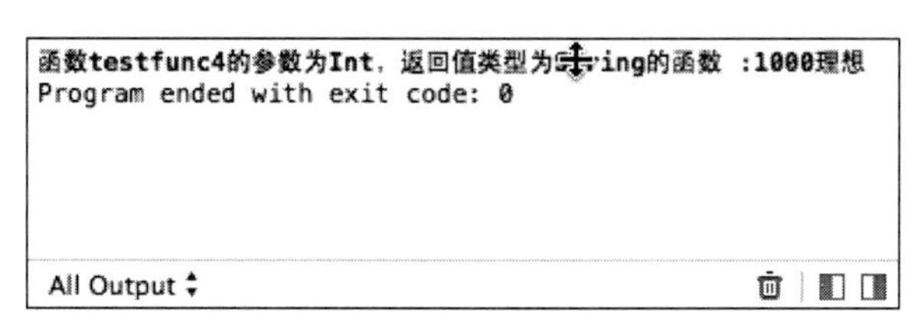

图 6-2 执行效果

6.3.2 函数调用的方式

在 Swift 语言中，可以使用如下三种方式调用函数。

（1）函数表达式

函数作为表达式中的一项出现在表达式中，以函数返回值参与表达式的运算。这种方式要求函数是有返回值的。例如下面的代码是一个赋值表达式，将函数 greetingForPersonAgain 的返回值赋予变量 z。

```
z= greetingForPersonAgain (Anna)
```

（2）函数语句

函数调用的一般形式加上分号即构成函数语句，例如下面所示的都是以函数语句的方式调用函数。

```
print(greetingForPersonAgain("Anna"))
print(greetingForPerson("Anna"))
```

（3）函数实参

函数作为另一个函数调用的实际参数出现，此时将该函数的返回值作为实参进行传送，因此要求该函数必须有返回值。例如下面的代码：

```
print(greetingForPersonAgain("max("vlue")))
```

在上述格式中，将 max 调用的返回值作为 greetingForPersonAgain 函数的实参使用。

实例 6-4	通过函数比较两个数的大小
源码路径	源代码下载包:\daima\6\6-4

实例文件 main.swift 的具体实现代码如下所示。

```
import Foundation
```

```
//定义函数返回值的类型、函数名、形式参数
func max(a:Int ,b:Int)
{
    if(a>b){
        print(a)
        }
    else    {
        print(b)
        }
}

var x,y,z:Int
x=12                 //设置一个数
y=5                  //设置一个数
z=max(x,y)           //调用函数，比较两个数的大小
print("x和y相比，较大的数是:\(z)")
```

本实例执行后的效果如图 6-3 所示。

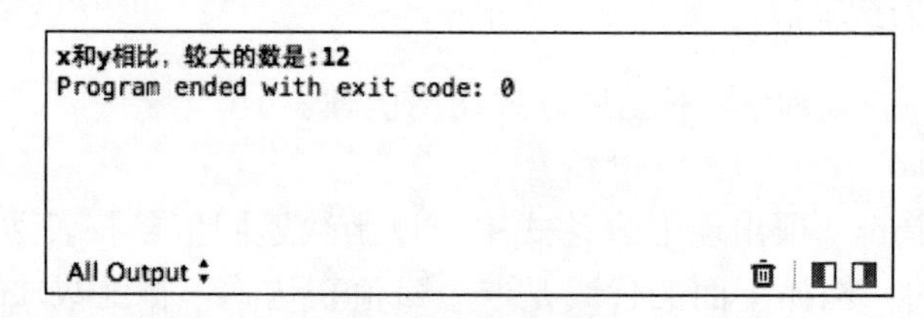

图 6-3 执行效果

6.4 函数参数

当在 Swift 程序中定义一个函数时，可以定义一个或多个有名字和类型的值，作为函数的输入（称为参数，parameters），也可以定义某种类型的值作为函数执行结束的输出（称为返回类型）。在 Swift 语言中，函数参数与返回值极为灵活。开发者可以定义任何类型的函数，包括从只带一个未名参数的简单函数到复杂的带有表达性参数名和不同参数选项的复杂函数。

6.4.1 多重输入参数

在 Swift 语言中，函数可以有多个输入参数，方法是写在圆括号中并用逗号“,”分隔。例如在下面的函数代码中，用一个半开区间的开始点和结束点，计算出这个范围内包含多少数字。

```
func halfOpenRangeLength(start: Int, end: Int) → Int {
    return end - start
}
print(halfOpenRangeLength(1, 10))
// 输出 "9"
```

在 Swift 程序中，函数可以接受可变参数的个数，即可以接受不确定个数的参数，并放在数组中进行运算。

实例 6-5	演示多重输入参数的用法
源码路径	源代码下载包:\daima\6\6-5

实例文件 main.swift 的具体实现代码如下所示。

```
func sumOf(numbers: Int...) → Int {
    var sum = 0
    for number in numbers {
        sum += number

    }
     return sum
}
print(sumOf(1, 2, 3))
```

本实例执行后的效果如图 6-4 所示。

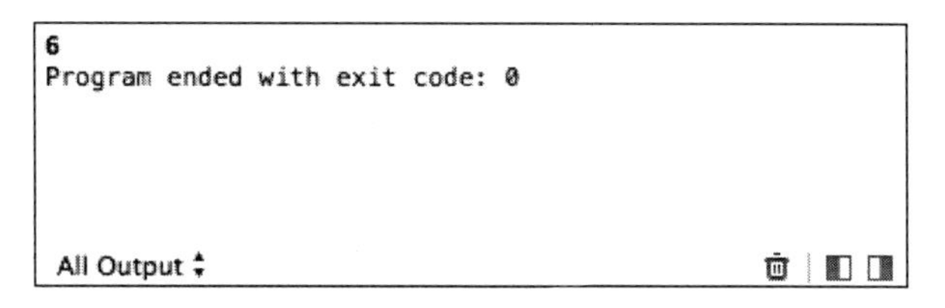

图 6-4 执行效果

6.4.2 无参函数（Functions Without Parameters）

在 Swift 语言中的函数可以没有参数，例如，在下面的函数代码中定义了一个无参函数，当被调用时会返回固定的 String 消息。

```
func sayHelloWorld() → String {
    return "hello, world"
}
print(sayHelloWorld())
// 输出 "hello, world"
```

尽管上述函数没有参数，但是定义中在函数名后还是需要一对圆括号。当上述被调用时，也需要在函数名后写一对圆括号。

6.4.3 无返回值函数

在 Swift 语言中的函数可以没有返回值。例如下面的代码是 sayHello 函数的另一个版本，称为 waveGoodbye，这个函数可以直接输出 String 值，而不是返回它。

```
func sayGoodbye(personName: String) {
    print("Goodbye, \(personName)!")
}
sayGoodbye("Dave")
// 输出"Goodbye, Dave!"
```

因为上述函数不需要返回值，所以这个函数的定义中没有返回箭头“→”和返回类型。

注意：从严格意义上来说，虽然没有返回值被定义，函数 sayGoodbye 依然返回值。没有定义返回类型的函数会返回特殊的值，称作 Void。它其实是一个空的元组（tuple），没有任何元素，可以写成 ( )。

当函数被调用时，一个函数的返回值可以被忽略。例如如下所示的演示代码。

```
func printAndCount(stringToPrint: String) → Int {
   print(stringToPrint)
   return countElements(stringToPrint)
}
func printWithoutCounting(stringToPrint: String) {
   printAndCount(stringToPrint)
}
printAndCount("hello, world")
//输出"hello, world" and returns a value of 12
printWithoutCounting("hello, world")
//输出"hello, world" but does not return a value
```

在上述代码中，第一个函数 printAndCount 输出一个字符串并返回 Int 类型的字符数。第二个函数 printWithoutCounting 调用了第一个函数，但是忽略了它的返回值。当第二个函数被调用时，消息依然会由第一个函数输出，但是返回值不会被用到。

注意：在 Swift 语言中可以忽略返回值，但是当定义有返回值的函数时必须返回一个值。如果在函数定义底部没有返回任何值，这将会导致编译错误发生。

6.5 返回值

函数的返回值是指函数被调用之后，执行函数体中的程序段所取得的并返回给主调函数的值，例如调用正弦函数取得正弦值。当在 Swift 程序中使用函数返回值时，应该注意如下所示问题。

（1）函数的值只能通过 return 语句返回主调函数

在 Swift 语言中，从函数返回一个值可以用 return 语句来实现，return 语句的使用格式有如下两种：

```
return 表达式;
return (表达式);
```

上述格式的功能是计算表达式的值，并返回给主调函数。在函数中允许有多个 return 语句，但每次调用只能有一个 return 语句被执行，因此只能返回一个函数值。

（2）函数值的类型和函数定义中函数的类型应保持一致。如果两者不一致，以函数类型为准，自动进行类型转换。如果函数值为整型，在定义函数时可以省去类型说明。

在 Swift 语言中，可以将不返回函数值的函数定义为“空类型”。一旦函数被定义为空类型后，就不能在主调函数中使用被调函数的函数值了。另外，可以使用元组（tuple）类型让多个值作为一个复合值从函数中返回。例如，在下面的示例中，函数 count 用来计算一个字符串中元音，辅音和其他字母的个数（基于美式英语的标准）。

```
func count(string: String) → (vowels: Int, consonants: Int, others: Int) {
```

```
    var vowels = 0, consonants = 0, others = 0
    for character in string {
        switch String(character).lowercaseString {
        case "a", "e", "i", "o", "u":
            ++vowels
        case "b", "c", "d", "f", "g", "h", "j", "k", "l", "m",
          "n", "p", "q", "r", "s", "t", "v", "w", "x", "y", "z":
            ++consonants
        default:
            ++others
        }
    }
    return (vowels, consonants, others)
}
```

在 Swift 语言中，可以用 count 函数来处理任何一个字符串，返回的值将是一个包含三个 Int 型值的元组（tuple）。例如如下所示的演示代码。

```
let total = count("some arbitrary string!")
print("\(total.vowels) vowels and \(total.consonants) consonants")
// 输出 "6 vowels and 13 consonants"
```

需要注意的是，元组的成员不需要在函数中返回时命名，因为它们的名字已经在函数返回类型中有了定义。

实例 6-6	演示函数的返回值的用法
源码路径	源代码下载包:\daima\6\6-6

实例文件 main.swift 的具体实现代码如下所示。

```
import Foundation
//带有多个返回值的函数
func testfunc5()→(Int ,String)
{
    return(123456,"ABC");
}
let (v1,v2) = testfunc5();
print(" testfunc5 是一个有两个返回值的函数 ");
print(" 第一个返回值为Int类型 值为:\(v1) ");
print(" 第二个返回值为String类型 值为:\(v2) ");
```

本实例执行后的效果如图 6-5 所示。

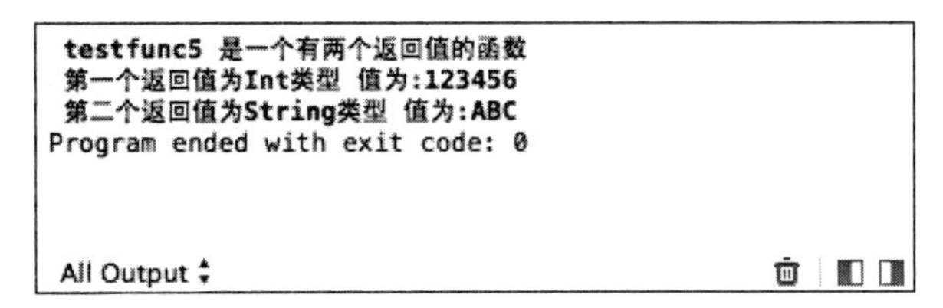

图 6-5　执行效果

6.6 函数参数的名称

在本章前面的演示代码中，所有的函数都给它们的参数定义了参数名（parameter name）。例如如下所示的演示代码。

```
func someFunction(parameterName: Int) {
    // 在此编写函数体代码，可以用 parameterName设置参数值
}
```

但是，这些参数名仅在函数体中使用，不能在函数调用时使用。这种类型的参数名被称作局部参数名（local parameter name），因为它们只能在函数体中使用。

6.6.1 外部参数名

在 Swift 语言中，在调用函数的过程中有时给每个参数命名非常实用，因为这些参数名可以指出各个实参的用途是什么。如果希望函数的使用者在调用函数时提供参数名字，那就需要给每个参数除了局部参数名外再定义一个外部参数名。外部参数名写在局部参数名之前，使用空格进行分隔。例如如下所示的演示代码。

```
func someFunction(externalParameterName localParameterName: Int) {
    // function body goes here, and can use localParameterName
    // to refer to the argument value for that parameter
}
```

注意：如果在 Swift 语言中提供了外部参数名，那么函数在被调用时，必须使用外部参数名。例如在下面的演示代码中，这个函数使用一个结合者（joiner）将两个字符串联在一起。

```
func join(s1: String, s2: String, joiner: String) → String {
    return s1 + joiner + s2
}
```

当调用这个函数时，这三个字符串的用途是不清楚的。例如如下所示的演示代码。

```
join("hello", "world", ", ")
// 返回 "hello, world"
```

为了让上述字符串的用途更为明显，需要为 join 函数添加外部参数名。例如如下所示的演示代码。

```
func join(string s1: String, toString s2: String, withJoiner joiner: String) →
String {
    return s1 + joiner + s2
}
```

在上述版本的 join 函数中，第一个参数有一个名为 string 的外部参数名和 s1 的局部参数名，第二个参数有一个名为 toString 的外部参数名和 s2 的局部参数名，第三个参数有一个名为 withJoiner 的外部参数名和 joiner 的局部参数名。

此时可以使用这些外部参数名以一种清晰地方式来调用函数，例如如下所示的演示代码。

```
join(string: "hello", toString: "world", withJoiner: ", ")
// 返回 "hello, world"
```

使用外部参数名让第二个版本的 join 函数的调用更为有表现力，更为通顺，同时还可以保持函数体是可读的和有明确意图的。

6.6.2 简写外部参数名

在 Swift 语言中，如果需要提供外部参数名，但是局部参数名已经定义好了，那么不需要写两次参数名。相反，只写一次参数名，并用“#”作为前缀即可。这就是告诉 Swift 使用这个参数名作为局部和外部参数名。

例如在下面的演示代码中定义了一个名为 containsCharacter 的函数，使用“#”的方式定义了外部参数名。

```
func containsCharacter(#string: String, #characterToFind: Character) → Bool {
    for character in string {
        if character == characterToFind {
            return true
        }
    }
    return false
}
```

通过上述方式定义参数名，使得函数体更为可读和清晰，同时也可以以一个不确定的方式被调用。例如如下所示的演示代码。

```
let containsAVee = containsCharacter(string: "aardvark", characterToFind: "v")
// containsAVee 值是 true, 因为在"aardvark" 中包含了字符 "v"
```

6.6.3 默认参数值

在 Swift 语言中，可以在函数体中为每个参数定义默认值。当默认值被定义后，调用这个函数时可以忽略这个参数。Swift 的函数支持对参数设置默认参数值（很多面向对象语言并不支持方法的默认参数，在这种情况下，可以使用方法的重载来实现默认参数值的功能。不过这仍然没有默认参数值方法。所以如果语言支持默认参数值，应尽量使用默认参数值。）当调用时不指定该参数值时，就会使用这个默认的参数值。默认参数值需要在实现函数时指定，直接在参数类型后面用等号赋值即可。下面是两个典型的使用默认参数值的函数的代码。例如如下所示的演示代码：

```
//默认参数
func process3(name p1: String = "Mike", age p2:Int = 30) → String
{
    return "name:" + p1 + " age:" + String(p2)
}
// process3的两个参数都使用了默认参数值
print(process3())
// 只有第二个参数使用了默认参数值
print(process3(name:"John"))
func process4(name: String = "John", age:Int = 30) → String
```

```
{
    return "name:" + name + " age:" + String(age)
}
// 第二个参数使用了默认参数
print(process4(name:"Mike"))
```

注意：建议将带有默认值的参数放在函数参数列表的最后，这样可以保证在函数调用时，非默认参数的顺序是一致的，同时使得相同的函数在不同情况下调用时显得更为清晰。例如下面是另一个版本的 join 函数的实现代码，其中 joiner 有默认参数值。

```
func join(string s1: String, toString s2: String, withJoiner joiner: String = "
") → String {
    return s1 + joiner + s2
}
```

像第一个版本的 join 函数一样，如果 joiner 被赋值时，函数将使用这个字符串值来连接两个字符串。例如如下所示的演示代码。

```
join(string: "hello", toString: "world", withJoiner: "-")
// 返回"hello-world"
```

当这个函数被调用时，如果 joiner 的值没有被指定，函数会使用默认值（" "）。例如如下所示的演示代码。

```
join(string: "hello", toString:"world")
// 返回 "hello world"
```

6.6.4 默认值参数的外部参数名

在 Swift 语言中，在大多数情况下，给带默认值的参数起一个外部参数名是很有必要的。这样可以保证当函数被调用、且带默认值的参数被提供值时，实参的意图是明显的。为了使定义外部参数名更加简单，当没有给带默认值的参数提供外部参数名时，Swift 会自动提供外部名字。此时外部参数名与局部名字相同，就像已经在局部参数名前写了“#”一样。

例如下面是 join 函数的另一个版本的实现代码，在此版本中并没有为它的参数提供外部参数名，但是参数 joiner 依然有外部参数名。

```
func join(s1: String, s2: String, joiner: String = " ") → String {
    return s1 + joiner + s2
}
```

在上述代码中，Swift 自动为函数 joiner 提供了外部参数名。因此当发生函数调用时必须使用外部参数名，这样使得参数的用途变得清晰。例如如下所示的演示代码。

```
join("hello", "world", joiner: "-")
// 返回 "hello-world"
```

在 Swift 语言中，可以使用下画线“_”作为默认值参数的外部参数名，这样可以在调用时不用提供外部参数名。但是给带默认值的参数命名总是更加合适的。

6.6.5 可变参数

在 Swift 语言中，一个可变参数（variadic parameter）可以接受一个或多个值。在发生函数调用时，可以用可变参数来传入不确定数量的输入参数。通过在变量类型名后面加入“...”的方式来定义可变参数。由此可见，可变参数必须是函数的最后一个参数，表示该参数可以传递任意多个值。在函数体中可以通过数组的方式读取这些值。定义的方法就是在参数类型后面加三个点（...）。这个定义方法和 Java 是相同的。例如下面是使用可变参数的典型示例。

```
// strArray是可变参数
 func process5(header:String, strArray:String...) → String
 {
  var result = header
 // 以数组的方式读取可变参数的值
 for s in strArray
 {
  result += " " + s
 }
 return result
 }
 // 调用时最后一个参数可传递任意多个值("a","b","c","d"都是最后一个参数的值)
 print(process5("bill", "a","b","c","d"))
```

执行上述代码后会输出：

```
bill a b c d
```

在 Swift 语言中，传入可变参数的值在函数体内当作这个类型的一个数组。例如，一个称作 numbers 的 Double... 型可变参数，在函数体内可以当作一个称为 numbers 的 Double[] 型的数组常量。

例如在下面演示代码的函数中，能够计算一组任意长度数字的算术平均数。

```
func arithmeticMean(numbers: Double...) → Double {
    var total: Double = 0
    for number in numbers {
        total += number
    }
    return total / Double(numbers.count)
}
arithmeticMean(1, 2, 3, 4, 5)
// 返回 3.0, 是这五个数的平均数
arithmeticMean(3, 8, 19)
// 返回 10.0, 是这三个数的平均数
```

在 Swift 语言中，一个函数至多能有一个可变参数，而且它必须是参数表中的最后一个。这样做的目的是，避免在函数调用时出现歧义。

如果函数有一个或多个带默认值的参数，而且还有一个可变参数，那么将可变参数放在参数表的最后。

6.6.6 常量参数和变量参数

在 Swift 语言中，函数参数默认是常量。如果试图在函数体中更改参数值将会导致编译错误。这意味着你不能错误地更改参数值。由此可见，Swift 函数的所有参数默认都是常量，无法修改。如果要想修改参数，可以使用 var 将参数声明为变量。

```
//  header参数是变量，可以在函数体内修改header的值
func process6(var header:String, strArray:String...) → String
{

    for s in strArray
    {
       header += " " + s
    }
    return header
}
print(process6("bill", "a","b","c","d"))
```

但是，有时如果在函数中有传入参数的变量值副本，此时将会变得十分有用，开发者可以通过指定一个或多个参数为变量参数的方式避免自己在函数中定义新的变量。变量参数不是常量，可以在函数中将它当作新的可修改副本来使用。

在 Swift 语言中，可以通过在参数名前加关键字 var 的方式来定义变量参数。例如如下所示的演示代码。

```
func alignRight(var string: String, count: Int, pad: Character) → String {
    let amountToPad = count - countElements(string)
    for _ in 1...amountToPad {
        string = pad + string
    }
    return string
}
let originalString = "hello"
let paddedString = alignRight(originalString, 10, "-")
// paddedString 等于 "-----hello"
// originalString 还是等于 "hello"
```

在上述演示代码中定义了一个名为 alignRight 的函数，用来右对齐输入的字符串到一个长的输出字符串中。左侧空余的地方用指定的填充字符填充。在这个代码中，字符串"hello"被转换成了："-----hello"。函数 alignRight 将参数 string 定义为变量参数，这意味着 string 现在可以作为一个局部变量，用传入的字符串值初始化，并且可以在函数体中进行操作。函数 alignRight 会首先计算出多少个字符需要被添加到 string 的左边，以右对齐到总的字符串中。这个值存在局部常量 amountToPad 中。这个函数将 amountToPad 多的（pad）字符填充到 string 的左边，并返回结果。函数 alignRight 使用了变量参数 string 来进行所有字符串的操作。

注意：对变量参数所进行的修改在函数调用结束后便消失了，并且对于函数体外是不可见的。变量参数仅仅存在于函数调用的生命周期中。

6.6.7　输入/输出参数

在 Swift 语言中，变量参数仅仅能在函数体内被更改。如果想要一个函数可以修改参数的值，并且想要在这些修改在函数调用结束后仍然存在，那么应该将这个参数定义为输入/输出参数（In-Out Parameters）。

在 Swift 语言中，在定义一个输入/输出参数时，可以在参数定义前加 inout 关键字。一个输入/输出参数有传入函数的值，这个值被函数修改，然后被传出函数，替换原来的值。Swift 函数的参数都是值传递，即使参数是变量，在函数体内修改了参数值，当函数结束后，也不能将修改结果保留。如果要想利用参数传递值，可以用 inout 关键字将参数修改为输入/输出参数。这样在函数体内修改该参数值后，当函数结束后，仍然可以保留修改的结构。例如如下所示的演示代码。

```
//name是输入/输出参数
func process7(inout name:String, age:Int) → String
{
    name = "Mike"
    return "Name:" + name + "Age:" + String(age)
}
var name:String = "bill"
print(process7(&name, 40));
//输出name最后的值
print(name)
```

在 Swift 语言中，只能传入一个变量作为输入/输出参数。不能传入常量或者字面量（literal value），因为这些量是不能被修改的。当传入的参数作为输入/输出参数时，需要在参数前加&符，表示这个值可以被函数修改。

注意：在 Swift 语言中，输入/输出参数不能有默认值，而且可变参数不能用 inout 标记。如果用 inout 标记一个参数，这个参数不能被 var 或者 let 所标记。

例如在下面的演示代码中，函数 swapTwoInts 有两个分别称作 a 和 b 的输入/输出参数。

```
func swapTwoInts(inout a: Int, inout b: Int) {
    let temporaryA = a
    a = b
    b = temporaryA
}
```

上述 swapTwoInts 函数仅仅能够交换 a 与 b 的值。该函数先将 a 的值存到一个暂时常量 temporaryA 中，然后将 b 的值赋给 a，最后将 temporaryA 赋值给 b。开发者可以使用两个 Int 型的变量来调用 swapTwoInts。在此需要注意的是，someInt 和 anotherInt 在传入 swapTwoInts 函数前都加了前缀“&”。例如如下所示的演示代码。

```
var someInt = 3
var anotherInt = 107
swapTwoInts(&someInt, &anotherInt)
print("someInt is now \(someInt), and anotherInt is now \(anotherInt)")
// 输出 "someInt is now 107, and anotherInt is now 3"
```

从上面的代码中可以看到，someInt 和 anotherInt 的原始值在函数 swapTwoInts 中被修改，尽管它们的定义在函数体外。

在 Swift 语言中，输入/输出参数和返回值不同。例如上面的函数 swapTwoInts 并没有定义任何返回值，但是仍然修改了 someInt 和 anotherInt 的值。输入/输出参数是函数对函数体外产生影响的另一种方式。

实例 6-7	编写函数求平均值
源码路径	源代码下载包:\daima\6\6-7

实例文件 main.swift 的具体实现代码如下所示。

```
import Foundation
func sumOf(numbers: Int...) → Int {
    var sum = 0 ,i=0
    for number in numbers {
        i++
        sum+=number
    }
    return sum/i
}
print(sumOf(4, 8, 3))
```

本实例执行后的效果如图 6-6 所示。

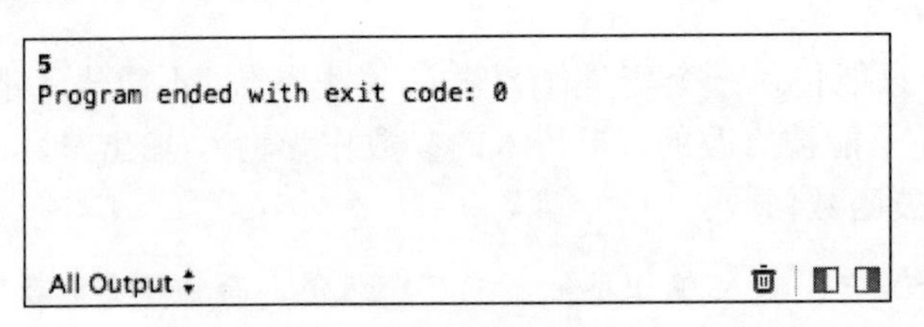

图 6-6　执行效果

在传递输入/输出参数值时应注意如下三点。

（1）指定输入/输出参数值时必须使用变量，不能使用常量或值。

（2）指定变量时前面需要加“&”。

（3）在声明变量时，必须初始化。

6.6.8　扩展参数

有些读者可能会发现，在 Swift 语言中的很多函数/方法在调用时不只是传入一个参数值，在前面还要跟一个有意义的英文名，该英文名和参数值之间用冒号（:）分隔。例如，Dictionary 有一个 updateValue 方法，该方法的第二个参数需要给一个 forKey，然后才能传入参数值，其调用形式如下所示。

```
dict.updateValue("飞机", forKey:21)
```

实际上，上面的 forKey 就是扩展参数名，该参数也可以被称为命名参数。也就是说，在定义函数时指定的参数名是函数内部使用的，可以成为函数的内部参数名。为了让代码更容易理解，在定义函数时还为其指定了一个参数名，该参数名就是扩展参数名。只在调用函数时指定。定义扩展参数名也很简单，只需要在内部参数名之前指定扩展参数名即可，两侧参数之间用空格分隔。

例如两个函数，前者（process）是没有扩展参数名的函数，后者（process1）是有扩展参数名的函数，此时可以观察它们在调用时的差别。

```
//  没有扩展参数名的函数
    func process(p1: String, p2:Int) → String
    {
        return "name:" + p1 + " age:" + String(p2)
    }
process("bill", 20)
    //  有扩展参数名的函数，其中name和age是扩展参数名，需要在调用时指定
    func process1(name p1: String, age p2:Int) → String
    {
        return "name:" + p1 + " age:" + String(p2)
    }
    //  调用process1函数，在调用时必须指定扩展参数名
    print(process1(name: "Mike", age:17))
```

执行上述代码后会输出：

```
name:Mike age:17
```

注意：在使用扩展参数名调用函数时，不能将参数顺序写错了，否则无法成功编译。

虽然 Swift 的扩展参数很好，但是每次定义函数时都要为一个参数指定两个参数名，这样太麻烦了。其实 Swift 已经考虑到了这一点，可以将扩展参数和内部参数合二为一。做法很简单，只需要在内部参数名之前加一个“#”即可。

```
//  name和age即时内部参数，又是扩展参数
    func process2(#name: String, #age:Int) → String
    {
        return "name:" + name + " age:" + String(age)
    }
    //  调用process2函数
    print(process2(name:"Bill", age:30))
```

执行这段代码后会输出：

```
name:Bill age:30
```

6.7 函数类型

在 Swift 语言中，每个函数都有种特定的函数类型，这些类型由函数的参数类型和返回类型组成。例如如下所示的演示代码。

```
func addTwoInts(a: Int, b: Int) → Int {
    return a + b
}
func multiplyTwoInts(a: Int, b: Int) → Int {
    return a * b
}
```

在上述代码中定义了两个简单的数学函数：addTwoInts 和 multiplyTwoInts，这两个函数都传入两个 Int 类型，返回一个合适的 Int 值。上述两个函数的类型是 (Int, Int) → Int，可以读作“这个函数类型，它有两个 Int 型的参数并返回一个 Int 型的值。”。

下面是另一个演示代码，一个没有参数，也没有返回值的函数。

```
func printHelloWorld() {
    print("hello, world")
}
```

上述函数的类型是：() → ()，或者称为“没有参数，并返回 Void 类型的函数”。没有指定返回类型的函数总返回 Void。在 Swift 语言中，Void 与空的元组相同。

6.7.1 使用函数类型

在 Swift 语言中，使用函数类型和使用其他类型一样，例如，可以定义一个类型为函数的常量或变量，并将函数赋值给它。例如如下所示的演示代码。

```
var mathFunction: (Int, Int) → Int = addTwoInts
```

上述定义代码可以读作:“定义一个称作 mathFunction 的变量,类型是‘一个有两个 Int 型的参数并返回一个 Int 型的值的函数’，并让这个新变量指向 addTwoInts 函数”。

函数 addTwoInts 和函数 mathFunction 拥有同样的类型，所以这个赋值过程在 Swift 类型检查中是允许的。现在可以用 mathFunction 来调用被赋值的函数了，例如如下所示的演示代码。

```
print("Result: \(mathFunction(2, 3))")
// 输出 "Result: 5"
```

在 Swift 语言中，有相同匹配类型的不同函数可以被赋值给同一个变量，就像非函数类型的变量一样。例如如下所示的演示代码。

```
mathFunction = multiplyTwoInts
print("Result: \(mathFunction(2, 3))")
// 输出 "Result: 6"
```

在 Swift 语言中，就像其他类型一样，当赋值一个函数给常量或变量时，可以让 Swift 来推断其函数类型。例如如下所示的演示代码。

```
let anotherMathFunction = addTwoInts
// anotherMathFunction 是一个推断类型 (Int, Int) → Int
```

6.7.2 函数类型作为参数类型

在 Swift 语言中，可以用（Int, Int）→ Int 之类的函数类型作为另一个函数的参数类型，这样可以将函数的一部分实现交给函数的调用者。

例如，下面是另一段演示代码，正如上面的函数一样，同样是输出某种数学运算结果。

```
func printMathResult(mathFunction: (Int, Int) → Int, a: Int, b: Int) {
    print("Result: \(mathFunction(a, b))")
}
```

```
printMathResult(addTwoInts, 3, 5)
// 输出 "Result: 8"
```

在上述演示代码定义了 printMathResult 函数，它有如下所示的三个参数。

- 第一个参数：mathFunction，类型是(Int, Int) → Int，可以传入任何这种类型的函数。
- 第二个和第三个参数：a 和 b，类型都是 Int，这两个值作为已给的函数的输入值。

当函数 printMathResult 被调用时，它被传入 addTwoInts 函数和整数 3 和 5。它用传入 3 和 5 调用 addTwoInts，并输出结果：8。

函数 printMathResult 的作用就是输出另一个合适类型的数学函数的调用结果，它不关心传入函数是如何实现的，它只关心这个传入的函数类型是正确的。这使得 printMathResult 可以以一种类型安全（type-safe）的方式来保证传入函数的调用是正确的。

实例 6-8	演示在函数中使用另一个函数作为参数
源码路径	源代码下载包:\daima\6\6-8

实例文件 main.swift 的具体实现代码如下所示。

```
import Foundation
//若有一个数字符合小于10这个条件，则返回true
func hasAnyMatches(list: [Int], condition: Int → Bool) → Bool {
    for item in list {
        if condition(item) {
            return true
        }
    }
    return false
}
func lessThanTen(number: Int) → Bool {
    print("iii")
    return number < 10
}
var numbers = [20, 19, 7, 12]
print(hasAnyMatches(numbers, lessThanTen))
```

本实例执行后的效果如图 6-7 所示。

```
iii
iii
iii
true
Program ended with exit code: 0

All Output ⬍
```

图 6-7　执行效果

6.7.3　函数类型作为返回类型

在 Swift 语言中，可以用函数类型作为另一个函数的返回类型。开发者需要做得是在返回箭头“→”后写一个完整的函数类型。例如，在下面的代码中定义了两个简单函数，分别是 stepForward 和 stepBackward。其中函数 stepForward 用于返回一个比输入值大 1 的值，函数 stepBackward 用于返回一个比输入值小 1 的值，这两个函数的类型都是（Int）→ Int。

```
func stepForward(input: Int) → Int {
    return input + 1
}
func stepBackward(input: Int) → Int {
    return input - 1
}
```

下面演示代码中的函数称作 chooseStepFunction 的函数，其返回类型是（Int）→ Int 的函数。函数 chooseStepFunction 能够根据布尔值 backwards 返回 stepForward 函数或 stepBackward 函数。

```
func chooseStepFunction(backwards: Bool) → (Int) → Int {
    return backwards ? stepBackward : stepForward
}
```

现在可以使用函数 chooseStepFunction 来获得一个函数，而不管是哪个方向。例如如下所示的演示代码。

```
var currentValue = 3
let moveNearerToZero = chooseStepFunction(currentValue > 0)
// moveNearerToZero 代表 stepBackward() 的功能
```

通过上述演示代码可以计算出从 currentValue 逐渐接近 0 是需要向正数走还是向负数走。currentValue 的初始值是 3，这意味着 currentValue > 0 是真（true），这将使得 chooseStepFunction 返回 stepBackward 函数。一个指向返回的函数的引用保被存在常量 moveNearerToZero 中。

现在函数 moveNearerToZero 指向正确的函数，此时可以被用来数到 0。例如如下所示的演示代码。

```
print("Counting to zero:")
// 设置为0
while currentValue != 0 {
    print("\(currentValue)... ")
    currentValue = moveNearerToZero(currentValue)
}
print("zero!")
// 3...
// 2...
// 1...
// zero!
```

实例 6-9	演示将函数类型作为返回类型
源码路径	源代码下载包:\daima\6\6-9

实例文件 main.swift 的具体实现代码如下所示。

```
import Foundation
//函数可以返回另一个函数:
func makeIncrementer() → (Int → Int) {
    func addOne(number: Int) → Int {    //构造这个函数
        return 1 + number
```

```
    }
    return addOne                              //返回这个函数
}
var increment = makeIncrementer()
print(increment(7))
//带有标签的函数 Name为函数的第一个标签  name为第一个参数名
//String为第一个参数的类型，Age为第二个参数的标签  age为第二个参数名  Int为第二个参数的类型
func testfunc7(Name name:String, Age age:Int)
{
    print("testfunc7 是带有标签的函数 Name 为函数的第一个标签 name 为第一个参数名String
    为第一个参数的类型，Age 为第二个参数的标签 age 为第二个参数名 Int 为第二个参数的类型
    参数的值分别为：\(name) \(age)");
}
testfunc7(Name:"理想", Age:20)
```

本实例执行后的效果如图 6-8 所示。

```
8
testfunc7 是带有标签的函数 Name为函数的第一个标签name为第一个参数名String为第一个参数的类型，Age为第第二个参数的标签age为第二个参数名Int为第二个参数的类型  参数的值分别为：理想 20
Program ended with exit code: 0

All Output ⇕
```

图 6-8 执行效果

6.8 嵌套函数

在本章前面的内容中所见到的所有函数都称为全局函数（global functions），它们都被定义在全局域中。在 Swift 语言中，也可以将函数定义在其他的函数体中，这被称作嵌套函数（nested functions）。在默认情况下，嵌套函数对外界是不可见的，但可以被作为封闭函数（enclosing function）来调用。一个封闭函数也可以返回某一个嵌套函数，使得这个函数可以在其他域中被使用。

例如，在 Swift 语言中，可以用返回嵌套函数的方式重写 chooseStepFunction 函数。例如如下所示的演示代码。

```
func chooseStepFunction(backwards: Bool) → (Int) → Int {
    func stepForward(input: Int) → Int { return input + 1 }
    func stepBackward(input: Int) → Int { return input - 1 }
    return backwards ? stepBackward : stepForward
}
var currentValue = -4
let moveNearerToZero = chooseStepFunction(currentValue > 0)
while currentValue != 0 {
    print("\(currentValue)... ")
    currentValue = moveNearerToZero(currentValue)
}
print("zero!")
// -4...
// -3...
```

```
// -2...
// -1...
// zero!
```

再看如下所示的演示代码：

```
func myFun5(flag:Bool, m:Int, n:Int) → Int
{
    // method1为内嵌函数
func method1() →Int{return m+n}
    // method2为内嵌函数
    func method2() →Int{return m - n}

    return flag ? method1() : method2()
}

print(myFun5(true, 10,20))
print(myFun5(false, 10,20))
```

执行上述代码后会输出：

```
30
-10
```

在下面的实例代码中，将以函数作为参数，将其他函数逻辑代入当前函数中。

实例 6-10	演示嵌套函数的用法
源码路径	源代码下载包:\daima\6\6-10

实例文件 main.swift 的具体实现代码如下所示。

```
import Foundation
func hasAnyMatches(list: [Int],condition:Int→Bool)→Bool{
    for item in list{
        if condition(item){
            return true
        }
    }
    return false
}
func lessThanTen(number:Int)→Bool{
    return number<10
}
var numbers=[20,19,1,12]
hasAnyMatches(numbers, lessThanTen)
```

6.9 函数和闭包

在 Swift 程序中，可以将函数理解为是闭包的一种特殊形式。开发者可以写一个没名字的闭包，放入大括号“{}”中即可，然后使用 in 从闭包中分离参数、返回类型。例如如下所示的演示代码。

```
var numbers = [20, 19, 7, 12]
numbers.map({
(number: Int) → Int in
let result = 3 * number
    print(result)
    return result;
})
```

上述代码的输出结果是：

```
60 57 21 36
```

上述代码等价于如下所示的代码。

```
numbers.map({
number in
    3*number
})
```

实例 6-11	重写一个闭包来对所有奇数返回 0
源码路径	源代码下载包:\daima\6\6-11

实例文件 main.swift 的具体实现代码如下所示。

```
var numbers = [20, 19, 7, 12]
numbers.map({
(number: Int) → Int in
var result = number
    if (!((number%2)==0))
    {
        result=0
    }
    print(result)
    return result;
})
```

本实例执行后的效果如图 6-9 所示。

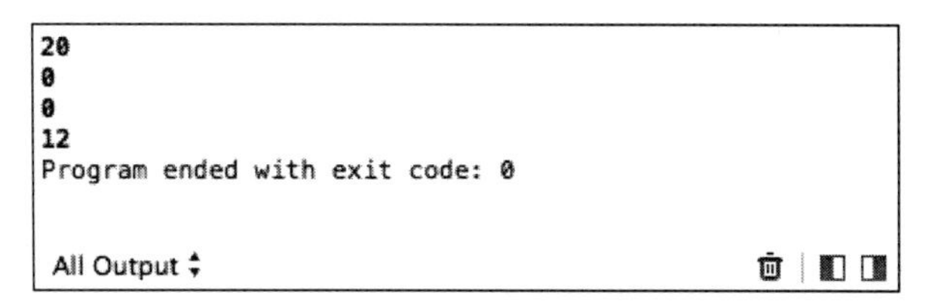

图 6-9 执行效果

在 Objective-C 时代，使用 block 来实现高阶函数或者闭包已经是非常成熟的技术了。Swift 相比 Objective-C 的提高在于为函数式编程添加了诸多语法上的便利。

在 Swift 程序中，可以在函数内定义函数，下面就是一个很典型的例子。

实例 6-12	在函数中定义函数
源码路径	源代码下载包:\daima\6\6-12

实例文件 main.swift 的具体实现代码如下所示。

```
import Foundation

func greetingGenerator(object:String) → (greeting:String) → String {
    func sayGreeting(greeting:String) → String {
        return greeting + ", " + object
    }
    return sayGreeting
}

let sayToWorld = greetingGenerator("world")
sayToWorld(greeting: "Hello")       // "Hello, World"
sayToWorld(greeting: " 你好 ")       // " 你好, World"
```

如果使用 block 实现上述功能，可读性就不会有这么好，而且 block 的语法本身也比较怪异。在 Swift 中可以将函数当作对象赋值，这和很多函数式编程语言相同。

另外，Swift 的函数系统也有很多 JavaScript 的影子，例如，可以定义如下函数。

```
let add = {
   (a:Int, b:Int) → Int in
   return a+b
}
  add(1, 2) // 3
```

在上述代码中，等号之后被赋予变量 add 的是一个闭包表达式，这是将一个闭包赋值给常量了。注意在闭包表达式中，in 关键字之前是闭包的形式定义，之后是具体的代码实现。Swift 中的闭包和匿名函数没有什么区别。如果将它赋值给对象，就和 JavaScript 中相同的实践是一样的。

Swift 的闭包表达式和函数都可以作为函数的参数，从下面的代码中可以看出闭包和函数的一致性。

```
func function() {
   print("this is a function")
 }
  let closure = {
   () → () in  print("this is a closure")
 }
  func run(somethingCanRun:()→())
 {
   somethingCanRun()
 }
```

run（function）run（closure）类似于 Ruby，Swift 作为函数参数的闭包做了一点语法糖。当在 Ruby 中使用 Block 时，只能写为下面的形式。

```
(1...5).map {|x| x*2} // => [2, 4, 6, 8]
```

在 Swift 当中可以得到几乎一样的表达式。

```
var a = Array(1..5).map {x in x*2} // a = [2, 4, 6, 8]
```

也就是说，如果一个函数的最后一个参数是闭包，那么它在语法上可以放在函数调用的外面。闭包还可以用$0、$1 等分别来表示第 0、第 1 个参数等。基本的运算符也可以看作是函数。下面的几种方式都可以实现逆序倒排的功能。

```
let thingsToSort = Array(1..5)
 var reversed1 = sort(thingsToSort) {
 a, b in a<b
}
 var reversed2 = sort(thingsToSort) {
 $0 < $1
}
var reversed3 = sort(thingsToSort, <) // operator as a function
// all the above are [5, 4, 3, 2, 1]
```

总体来说，Swift 在添加方便函数操作、添加相关语法糖方面走得很远，基本上整合了目前各种语言中比较方便的特性，实用性较好。

6.10 内置库函数

在 Swift 中共有 74 个内置函数，但是在 Swift 官方文档（“The Swift Programming Language”）中只记录了 7 个，剩下的 67 个都没有记录。在本节将介绍 Swift 中常用的内置函数，这些内建函数是指那些在 Swift 中不需要导入任何模块（如 Foundation 等）或者引用任何类即可使用的函数。

（1）abs（signedNumber）：返回给定的有符号数字的绝对值，例如：

```
abs(-1) == 1
abs(-42) == 42
abs(42) == 42
```

（2）contains（sequence, element）：如果给定的序列（如数组）包含特定的元素，则返回 true。例如：

```
var languages = ["Swift", "Objective-C"]
contains(languages, "Swift") == true
contains(languages, "Java") == false
contains([29, 85, 42, 96, 75], 42) == true
```

（3）dropFirst（sequence）：返回一个去掉第一个元素的新序列（如数组），例如：

```
var languages = ["Swift", "Objective-C"]
var oldLanguages = dropFirst(languages)
equal(oldLanguages, ["Objective-C"]) == true
```

（4）dropLast（sequence）：返回一个的新序列（如数组），该序列去掉作为参数传递给函数的最后一个元素。例如：

```
var languages = ["Swift", "Objective-C"]
var newLanguages = dropLast(languages)
equal(newLanguages, ["Swift"]) == true
```

（5）dump（object）：一个对象的内容转存到标准输出，例如：

```
var languages = ["Swift", "Objective-C"]
dump(languages)
// 输出两个元素
// - [0]: Swift
// - [1]: Objective-C
```

（6）equal（sequence1, sequence2）：如果序列 1 和序列 2 包含相同的元素，则返回 true。例如：

```
var languages = ["Swift", "Objective-C"]
equal(languages, ["Swift", "Objective-C"]) == true
var oldLanguages = dropFirst(languages)
equal(oldLanguages, ["Objective-C"]) == true
```

（7）filter（sequence, includeElementClosure）：返回序列的一个元素，这个元素满足 includeElementClosure 所指定的条件。例如：

```
for i in filter(1...100, { $0 % 10 == 0 })
{
    // 10, 20, 30, ...
    print(i)
    assert(contains([10, 20, 30, 40, 50, 60, 70, 80, 90, 100], i))
}
```

（8）find（sequence, element）：在给定的序列中返回一个指定的索引，如果在序列中没有找到这个元素就返回 nil。例如：

```
var languages = ["Swift", "Objective-C"]
find(languages, "Objective-C") == 1
find(languages, "Java") == nil
find([29, 85, 42, 96, 75], 42) == 2
```

（9）indices（sequence）：在指定的序列中返回元素的索引（0 索引），例如：

```
equal(indices([29, 85, 42]), [0, 1, 2])
for i in indices([29, 85, 42]) {
    // 0, 1, 2
    print(i)
}
```

（10）join（separator, sequence）：返回一个由给定的分隔符分离出来的序列的元素，例如：

```
join(":", ["A", "B", "C"]) == "A:B:C"
var languages = ["Swift", "Objective-C"]
join("/", languages) == "Swift/Objective-C"
```

（11）map（sequence, transformClosure）：如果 transformClosure 适用于所给序列中所有的元素，则返回一个新序列。例如：

```
equal(map(1...3, { $0 * 5 }), [5, 10, 15])
```

```
for i in map(1...10, { $0 * 10 }) {
    // 10, 20, 30, ...
    print(i)
    assert(contains([10, 20, 30, 40, 50, 60, 70, 80, 90, 100], i))
}
```

（12）max（comparable1, comparable2, etc.）：返回函数所给参数中的最大值，例如：

```
max(0, 1) == 1

max(8, 2, 3) == 8
```

（13）maxElement（sequence）：返回所给序列的同类元素中的最大元素，例如：

```
maxElement(1...10) == 10
var languages = ["Swift", "Objective-C"]
maxElement(languages) == "Swift"
```

（14）minElements（sequence）：返回所给序列的同类元素中的最小元素，例如：

```
minElement(1...10) == 1
var languages = ["Swift", "Objective-C"]
minElement(languages) == "Objective-C"
```

（15）reduce（sequence, initial, combineClosure）：从第一个初始值开始对其进行 combine Closure 操作，递归式地将序列中的元素合并为一个元素。例如：

```
var languages = ["Swift", "Objective-C"]
reduce(languages, "", { $0 + $1 }) == "SwiftObjective-C"
reduce([10, 20, 5], 1, { $0 * $1 }) == 1000
```

（16）reverse（sequence）：返回所给序列的倒序，例如：

```
equal(reverse([1, 2, 3]), [3, 2, 1])
for i in reverse([1, 2, 3]) {
    // 3, 2, 1
    print(i)
}
```

（17）startsWith（sequence1, sequence2）：如果序列 1 和序列 2 的起始元素相等，则返回 true。例如：

```
startsWith("foobar", "foo") == true
startsWith(10..100, 10..15) == true
var languages = ["Swift", "Objective-C"]
startsWith(languages, ["Swift"]) == true
```

实例 6-13	查询“.”的位置
源码路径	源代码下载包:\daima\6\6-13

实例文件 main.swift 的具体实现代码如下所示。

```
import Foundation
let string = "Hello.World"
let needle: Character = "."
```

```
if let idx = find(string, needle) {
   let pos = distance(string.startIndex, idx)
   print("Found \(needle) at position \(pos)")
}
else {
   print("Not found")
}

extension String
{
   public func indexOfCharacter(char: Character) → Int? {
      if let idx = find(self, char) {
         return distance(self.startIndex, idx)
      }
      return nil
   }
}
```

本实例执行后的效果如图 6-10 所示。

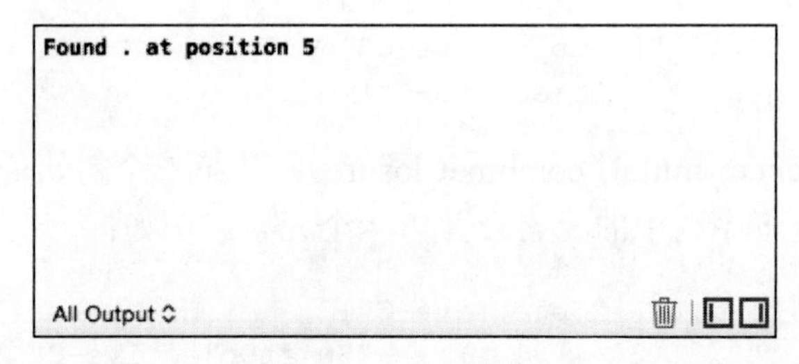

图 6-10　执行效果

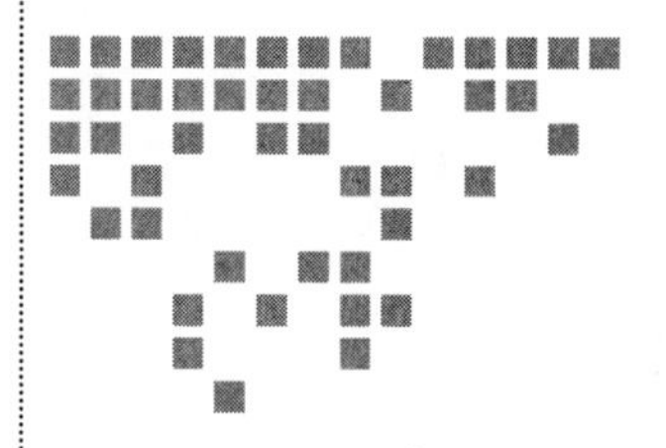

Chapter 7 第7章

类

类是 Swift 语言中最核心的内容之一，表示一种数据结构，它能够封装数据成员、函数成员和其他的类。类是 Swift 语言的基础，可以将 Swift 内的一切类型看作类，并且所有的语句都位于类内。另外，Swift 还支持自定义类，用户可以根据需要在程序内定义自己需要的类。在本章的内容中，将详细讲述类的基本知识。

7.1 类和结构体基础

在现实世界中，通常一个类的实例被称为对象。然而在 Swift 语言中，类和结构体的关系要比在其他语言中更为密切，本章中所讨论的大部分功能都可以用在类和结构体上。因此，主要使用实例而不是对象。在 Swift 语言中，类和结构体的共同点如下所示。

- 定义属性用于存储值。
- 定义方法用于提供功能。
- 定义附属脚本用于访问值。
- 定义构造器用于生成初始化值。
- 通过扩展以增加默认实现的功能。
- 符合协议以对某类提供标准功能。

与结构体相比，类还有如下附加功能。

- 继承允许一个类继承另一个类的特征。
- 类型转换允许在运行时检查和解释一个类实例的类型。
- 解构器允许一个类实例释放任何其所被分配的资源。
- 引用计数允许对一个类的多次引用。

注意： 结构体总是通过被复制的方式在代码中传递，因此建议不要使用引用计数。

在 Swift 语言中，系统结构体的具体结构如图 7-1 所示。

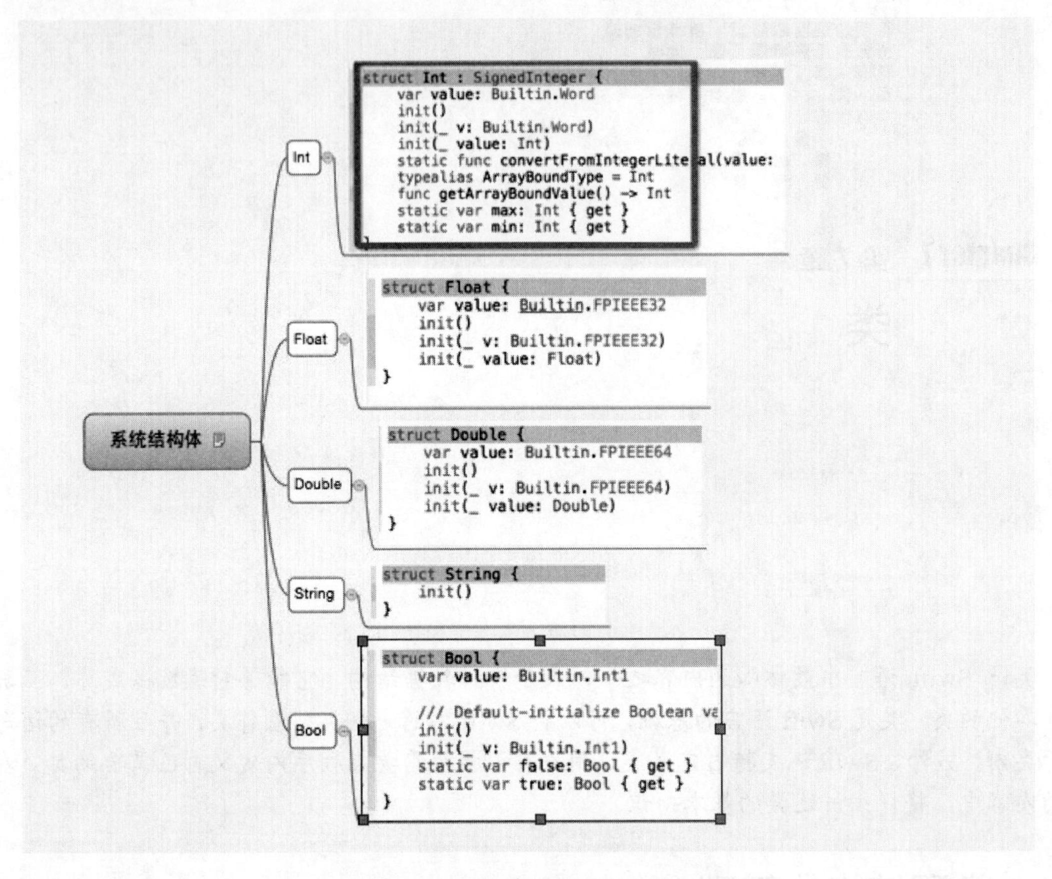

图 7-1　系统结构体的具体结构

Swift 结构体的主要内容如图 7-2 所示。

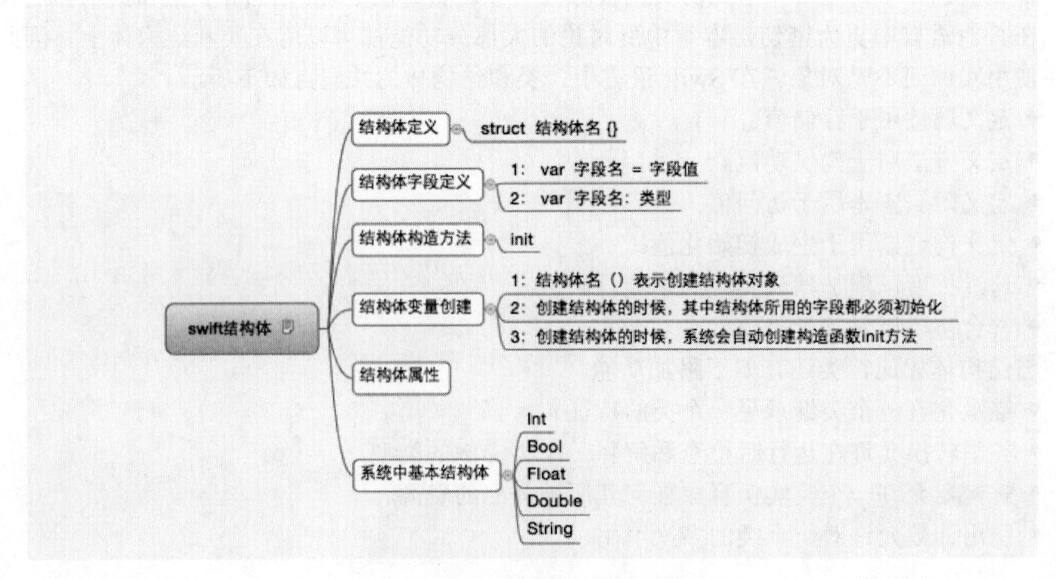

图 7-2　Swift 结构体的主要内容

7.1.1 定义类和结构体

在 Swift 语言中，类和结构体有着类似的定义方式。通过关键字 class 和 struct 分别来表示类和结构体，并在一对大括号中定义它们的具体内容。具体格式如下所示。

```
class SomeClass {
    // 在此编写定义类的代码
}
struct SomeStructure {
    // 在此编写定义结构的代码
}
```

在 Swift 语言中，每当定义一个新类或者结构体时，实际上是有效地定义了一个新的 Swift 类型。因此请使用 UpperCamelCase 这种方式来命名（如 SomeClass 和 SomeStructure 等），以便符合标准 Swift 类型的大写命名风格（如 String，Int 和 Bool）。相反的，建议使用 lowerCamelCase 这种方式为属性和方法命名（如 framerate 和 incrementCount），以便更好地和类区分。

例如下面是定义结构体和定义类的演示代码。

```
struct Resolution {
    var width = 0
    var heigth = 0
}
class VideoMode {
    var resolution = Resolution()
    var interlaced = false
    var frameRate = 0.0
    var name: String?
}
```

上述代码中定义了一个名为 Resolution 的结构体，用来描述一个显示器的像素分辨率。这个结构体包含了两个名为 width 和 height 的存储属性。存储属性是捆绑和存储在类或结构体中的常量或变量。当这两个属性被初始化为整数 0 时，它们会被推断为 Int 类型。

在上面的示例中还定义了一个名为 VideoMode 的类，用来描述一个视频显示器的特定模式。这个类包含了四个储存属性变量。第一个是分辨率，它被初始化为一个新的 Resolution 结构体的实例，具有 Resolution 的属性类型。新 VideoMode 实例同时还会初始化其他三个属性，它们分别是，初始值为 false(意为“non-interlaced video”)的 interlaced，回放帧率初始值为 0.0 的 frameRate 和值为可选 String 的 name。name 属性会被自动赋予一个默认值 nil，意为“没有 name 值”，因为它是一个可选类型。

注意：Swift 编程风格

下面的演示代码是一个很有标准范儿的类定义：

```
class Circle: Shape {
  var x: Int, y: Int
  var radius: Double
  var diameter: Double {
    get {
```

```
      return radius * 2
    }
    set {
      radius = newValue / 2
    }
  }

  init(x: Int, y: Int, radius: Double) {
    self.x = x
    self.y = y
    self.radius = radius
  }

  convenience init(x: Int, y: Int, diameter: Double) {
    self.init(x: x, y: y, radius: diameter / 2)
  }

  func describe() → String {
    return "I am a circle at (\(x),\(y)) with an area of \(computeArea())"
  }

  func computeArea() → Double {
    return M_PI * radius * radius
  }
}
```

上面的演示代码阐述了下面几个风格上的准则:

当为属性、变量、常量、参数声明以及其他语句等定义类型时，而冒号的后面加上空格而不是前面，比如：x: Int 跟 Circle: Shape。

要对 getter 和 setter 定义以及属性观察器进行缩进。

如果多个变量、结构有着同样的目的或者上下文，在同一行上进行定义。

7.1.2 声明结构体字段

在 Swift 语言中，声明结构体字段的方法有两种，具体格式如下所示。

```
struct  结构体名 {
//第一种直接定义字段名 并且给字段名赋初始值
    var 或 let  字段名 = 初始化值
// 第二种定义字段名并且指定字段类型
    var 或 let  字段名:类型

}
```

例如如下所示的演示代码。

```
struct  student {
    var  age = 0 //直接定义一个字段名称，并且给字段名赋初始值
    var  name:String // 直接定义一个字符串字段name。
}
```

实例 7-1	演示结构体的用法
源码路径	源代码下载包:\daima\7\7-1

实例文件 main.swift 的具体实现代码如下所示。

```
import Foundation
struct  student {
    var  age = 0           //直接定义一个字段名称，并且赋初始值
    var  name:String       // 直接定义一个字符串变量
    //定义 无参数构造函数
    init() {
        name = "zs"
        age = 1
    }
}
/*
1: student  () 创建一个结构体变量 ，系统会自动调用构造函数init ( )
*/
var stu = student ()
print("name=\(stu.name),age=\(stu.age)")
```

本实例执行后的效果如图 7-3 所示。

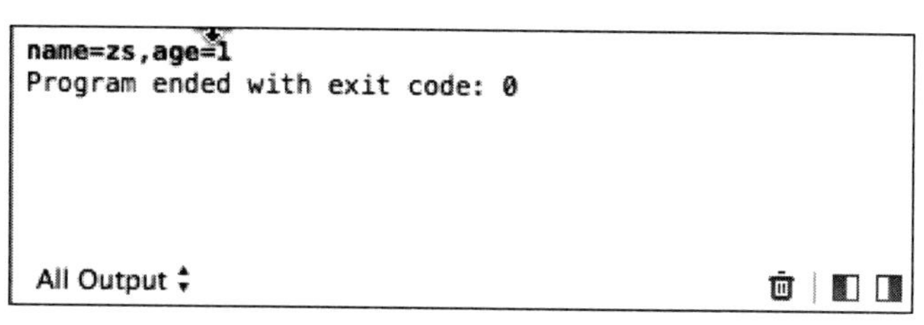

图 7-3　执行效果

注意：Swift 编程风格

因为 Swift 程序中的类型会自动加入包含它们的模块的命名空间，所以即使是为了最小化命名冲突的可能性，前缀也是不必要的。如果来自于不同模块的两个名称冲突了，可以通过在名称前面加上模块名的方式以消除歧义：

```
import MyModule
var myClass = MyModule.MyClass()
```

而不应该在自己创建的类型上加前缀。

如果需要将 Swift 类型暴露在 Objective-C 环境中使用，请按照以下方式提供合适的前缀：

```
@objc (RWTChicken) class Chicken {
   ...
}
```

7.2　类的成员

当定义声明一个 Swift 类后，在类体内的所有元素都是这个类的成员。Swift 的类成员有两种，分别是数据成员和函数成员。在本节的内容中，将对上述两种类成员的基本知识进行介绍。

7.2.1 最简单的数据成员

Swift的数据成员包括字段和常量两种，具体说明如下所示。

1. 字段

字段是在类中定义的成员变量，能够存储描述这个类的特征值。在类内的字段可以预先初始化声明，声明的字段将作用于整个类体。例如，在下面的代码中分别定义了两个不同类型的字段mm和nn。

```
class lei
  {
    var mm= "Swift";
    var nn=20;
  }
```

2. 常量

常量是在类内定义的常量成员，在本书第2章中介绍的常量声明方法也适用于类内的常量成员。例如，在下面的代码中定义了常量mm和nn。

```
class lei{
    let mm=20;
    let nn= " Swift ";
  }
```

7.2.2 最重要的函数成员

Swift类的函数成员主要包括7种，分别是函数、属性、索引、事件、运算符、构造函数和析构函数。在下面的内容中，将分别介绍上述7种函数成员。

（1）函数

函数是用来实现某种特定功能的计算和操作，在Swift的类中可以定义和调用需要的函数。例如在下面的代码中，在类Shape内定义了函数simpleDescription。

```
class Shape {
    var numberOfSides = 0
    func simpleDescription() → String {
        return "A shape with \(numberOfSides) sides."
    }
}
```

（2）属性

属性是字段的扩展，并且属性和字段都是命名的成员，都有对应的类型，访问两者的语法格式也相同。两者唯一的区别是属性不能表示存储位置，并且属性有访问器。

（3）索引

索引和属性基本类似，但是索引能够使类的实例按照和数组相同的语法格式进行检索。

（4）事件

事件常用于定义可以由类生成的通知或信息，通过事件可以使相关的代码激活执行。

（5）运算符

运算符常用于定义对当前类的实例进行运算处理的运算符，可以对预定义的运算符进行重载处理。

（6）构造函数

名称和类相同的函数称作构造函数，当类被实例化后，首先被执行的就是构造函数。

（7）析构函数

析构函数也是一种特殊的函数，其名称是在类名前加字符“~”。在当前的类无效时，会执行定义的析构函数。

注意： 在上述函数成员中，除了方法在前面的章节内进行了详细介绍外，只是进行了简单介绍，甚至有的根本没有介绍。读者只要了解上述函数成员即可，至于其他成员的具体信息将在本书后面的章节中进行详细讲解。

7.3　结构体成员

当定义声明一个 Swift 结构体后，在结构体内的所有元素都是这个类的成员。Swift 的结构体成员有字段、方法和属性，在本节的内容中，将详细讲解上述结构成员的基本知识。

7.3.1　字段

在 Swift 结构体中可以定义变量和常量等字段，这些字段能够存储描述这个结构体的特征值。在结构体内的字段可以预先初始化声明，声明的字段将作用于整个结构体。例如，在下面的代码中分别定义了两个不同类型的字段 mm 和 nn。

```
struct  student {
   var  age = 0         //直接定义一个字段名称，并且赋初始值
   var  name:String?    // 直接定义一个字符串变量
}
```

实例 7-2	创建结构体变量赋初始值
源码路径	源代码下载包:\daima\7\7-2

实例文件 main.swift 的具体实现代码如下所示。

```
import Foundation

struct  student {

   var  age = 0         //直接定义一个字段名称，并且赋初始值

   var  name:String?    // 直接定义一个字符串变量

}
/*------创建结构体变量赋初始值
var stu = student(age:12,name:" 范佩西")
说明:
1: 创建一个结构体变量stu,其中字段 age 的值为12  name 的值为 "甘超波"

注意点:
student()括号后面跟着参数必须和定义结构体的字段的顺序一致
```

```
错误写法
var  stu1 = student(name:" 范佩西",age:12)
因为创建结构体的变量中初始化字段的顺序和定义结构体声明字段的顺序不一致
*/
var stu = student(age:12,name:"范佩西")

print("name=\(stu.name),age=\(stu.age)")
```

本实例执行后的效果如图 7-4 所示。

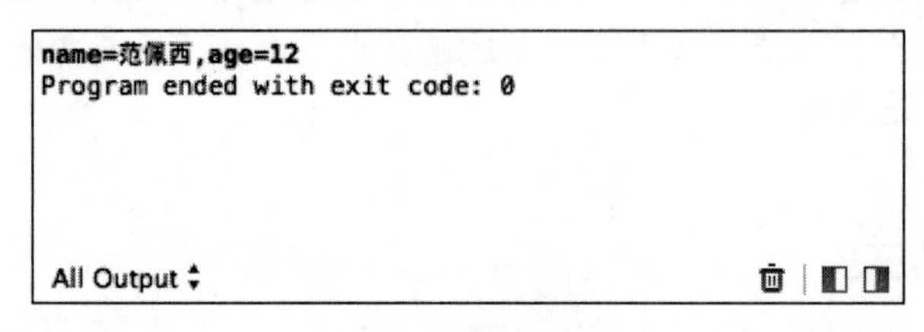

图 7-4　执行效果

7.3.2　函数

函数是用来实现某特定功能的计算和操作，在 Swift 的类中可以定义和调用需要的函数。并且在结构体中可以直接存储方法，但是结构体中的方法不能直接修改字段值，否则会报错。

实例 7-3	在结构体中直接存储方法
源码路径	源代码下载包:\daima\7\7-3

实例文件 main.swift 的具体实现代码如下所示。

```
import Foundation
struct  student {
    var  age = 0  //直接定义一个字段名称，并且赋初始值
    //定义结构体函数
    func GetAge() →Int{
        return age
    }
}
/*
注意点： 结构体中方法不能直接修改字段的值，否则会报错
*/
var stu = student()
stu.age = 12
print(stu.age)
```

本实例执行后的效果如图 7-5 所示。

```
12
Program ended with exit code: 0

All Output
```

图 7-5　执行效果

7.3.3 属性

在 Swift 结构体中，可以使用属性作为结构体的成员。系统提供的常见结构体有 Bool Int Float、Double String 等。在 Swift 语言中，String 是结构体类型。

实例 7-4	演示结构体属性的用法
源码路径	源代码下载包:\daima\7\7-4

实例文件 main.swift 的具体实现代码如下所示。

```
import Foundation
struct Point{
    var x = 0.0
    var y = 0.0
}
struct  CPoint {
    var p = Point()
    //声明属性 , get set方法
    var GPoint :Point{
    get{
        return p
    }
    set(newPoint){
        p.x = newPoint.x
        p.y = newPoint.y
    }

    }
}

var p = Point(x:7.0,y:11.0)

var CP = CPoint()
CP.GPoint = p

print("x=\(CP.GPoint.x),y=\(CP.GPoint.y)")
```

本实例执行后的效果如图 7-6 所示。

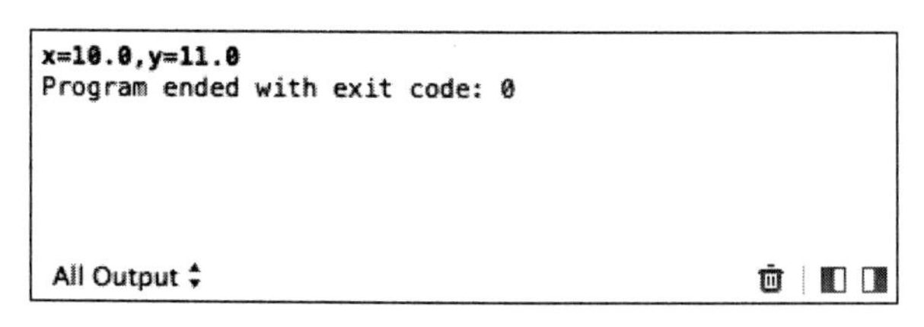

图 7-6 执行效果

7.4 类和结构体实例

在本章前面的演示代码中，定义结构体 Resolution 和类 VideoMode 的过程仅仅描述了什么是 Resolution 和 VideoMode，并没有描述一个特定的分辨率（resolution）或者视频模式（video mode）。为了描述一个特定的分辨率或者视频模式，接下来还需要生成一个实例。

在 Swift 语言中，生成结构体和类实例的语法非常相似，具体格式如下所示。

```
let someResolution = Resolution()
let someVideoMode = VideoMode()
```

结构体和类都使用构造器语法来生成新的实例。构造器语法的最简单形式是在结构体或者类的类型名称后跟随一个空括号，如 Resolution()或 VideoMode()。通过这种方式所创建的类或者结构体实例，其属性均会被初始化为默认值。例如如下所示的演示代码。

```
/*
1: struct 是结构体的关键字
2: student 结构体名称
3: student()  创建一个结构体变量
*/
struct  student {
}
var stu = student () //student() 表示创建一个结构体变量
```

实例 7-5	定义并使用类的实例
源码路径	源代码下载包:\daima\7\7-5

实例文件 main.swift 的具体实现代码如下所示。

```
import Foundation
class Shape {
    var numberOfSides = 0
    func simpleDescription() → String {
        return "A shape with \(numberOfSides) sides."
    }
}
var shape = Shape()
shape.numberOfSides = 7
var shapeDescription = shape.simpleDescription()
```

在上述代码中，可以将一个类直接赋值给 var 类型变量，这个变量直接调用类中的成员变量名或者方法名即可调用。

7.5 类的继承

如果 Swift 程序内的一个类直接继承了基类的成员，那么这个类就被称为这个基类的子类或派生类。派生类能够从其基类继承所有的成员，包括变量和函数结合属性等。基类和子类通过继承形成了一种层次结构，在具体项目应用中可以同时完成不同的功能。

7.5.1 类的层次结构

通过类的继承后，将会在项目中生成一个层次结构，所以在使用继承前，应该确定各类之间的层次关系。例如，有一个 mm 类表示俱乐部的子类，一个 en 类表示英国的派生类，一个 fr 表示法国的派生类。那么就可以根据它们之间的对应关系画出层次结构图。如图 7-7 所示。

在图7-7所示的层次结构关系中，类en和fr都是类mm的子类。所以en和fr都继承mm的成员，所以在声明基类时，应该定义其子类中共同拥有的数据成员，例如函数成员和数据成员等。

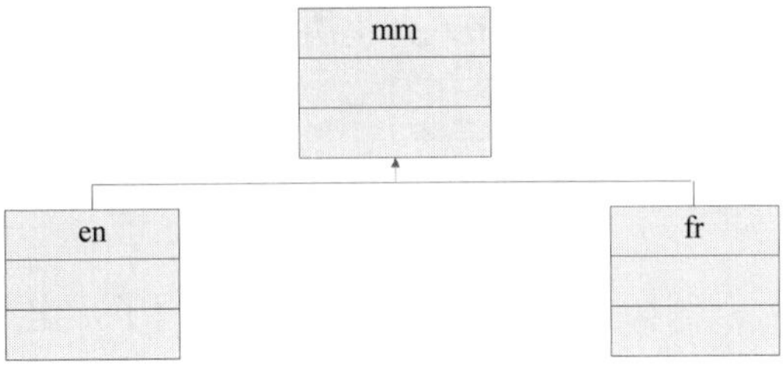

mm

en

fr

图7-7 继承关系层次结构图

7.5.2 继承概述

在Swift语言中，类可以调用和访问超类的方法、属性和下标脚本（subscripts），并且可以重写（override）这些方法、属性和下标脚本来优化或修改它们的行为。Swift会检查重写定义在超类中是否有匹配的定义，以此来确保重写的行为是否正确。

在Swift语言中，可以给类中继承来的属性添加属性观察器（property observer），这样当属性值发生改变时，类就会被通知到。开发者可以为任何属性添加属性观察器，无论它本来被定义为存储型属性（stored property），还是被定义为计算型属性（computed property）。

在Swift语言中，不继承于其他类的类被称为基类（Base Class）。Swift程序中的类并不是从一个通用的基类继承而来，如果不为定义的类指定一个超类，那么这个类就自动成为基类。

例如在下面的例子中定义了一个名为Vehicle的基类，在这个基类中声明了一个名为currentSpeed，默认值为0.0的存储属性（属性类型推断为Double）。属性currentSpeed的值被一个String类型的只读计算型属性description使用，用来创建车辆的描述。基类Vehicle也定义了一个名为makeNoise的方法，这个方法实际上不为Vehicle实例做任何事，但之后将会被Vehicle的子类定制。

```
class Vehicle {
    var currentSpeed = 0.0
    var description: String {
        return "traveling at \(currentSpeed) miles per hour"
    }
    func makeNoise() {
        // 整个函数什么也不做，因为车辆不一定会有噪声
    }
}
```

接下来可以用初始化语法来创建一个Vehicle的新实例，即在TypeName后面加一个空括号。

```
let someVehicle = Vehicle()
```

现在已经创建了一个Vehicle的新实例，此时可以访问它的description属性来打印车辆的当前速度。

```
print("Vehicle: \(someVehicle.description)")
// Vehicle: traveling at 0.0 miles per hour
```

7.5.3 定义子类

在Swift语言中，子类生成（Subclassing）是指在一个已有类的基础上创建一个新的类。子类继承于超类的特性，并且可以优化或改变它，还可以为子类添加新的特性。

为了在Swift程序中指明某个类的超类，可以将超类名写在子类名的后面，然后使用冒号“:”

进行分隔。具体格式如下所示。

```
class SomeClass: SomeSuperclass {
    // 类的定义
}
```

例如在下面的演示代码中的例子，定义一个更具体的车辆类称为Bicycle。这个新类是在类Vehicle的基础上创建而来。因此需要将类Vehicle放在类Bicycle的后面，然后用冒号分隔。

```
class Bicycle: Vehicle {
    var hasBasket = false
}
```

可以将上述代码理解为：定义一个名为Bicycle的新类，此类继承了Vehicle的特性。

新类Bicycle自动获得了类Vehicle的所有特性，比如currentSpeed和description属性，还有它的makeNoise方法。

新类Bicycle除了它所继承的特性外，类Bicycle还定义了一个默认值为false的存储型属性hasBasket（属性推断为Bool）。在默认情况下，创建的任何新的Bicycle实例将不会有一个篮子，创建该实例后，可以为特定的Bicycle实例设置hasBasket属性为ture：

```
let bicycle = Bicycle()
bicycle.hasBasket = true
```

接下来还可以修改Bicycle实例所继承的currentSpeed属性，也可以查询实例所继承的description属性。例如：

```
bicycle.currentSpeed = 15.0
print("Bicycle: \(bicycle.description)")
// Bicycle: 以每小时15英里的速度行驶
```

子类还可以继续被其他类继承，下面的演示代码为Bicycle创建了一个名为Tandem（双人自行车）的子类：

```
class Tandem: Bicycle {
    var currentNumberOfPassengers = 0
}
```

在上述代码中，Tandem从类Bicycle中继承了所有的属性与方法，这又使它同时继承了类Vehicle的所有属性与方法。Tandem也增加了一个新的名为currentNumberOfPassengers的存储型属性，其默认值为0。

如果创建了一个Tandem的实例，接下来便可以使用它所有的新属性和继承的属性，还能查询从Vehicle继承来的只读属性description。例如：

```
let tandem = Tandem()
tandem.hasBasket = true
tandem.currentNumberOfPassengers = 2
tandem.currentSpeed = 22.0
print("Tandem: \(tandem.description)")
// Tandem: 以每小时22英里的速度行驶
```

注意：在Swift语言中，子类只允许修改从超类继承来的变量属性，而不能修改继承来的常量属性。

实例 7-6	创建 StudentLow 的子类 StudentHight
源码路径	源代码下载包:\daima\7\7-6

实例文件 main.swift 的具体实现代码如下所示。

```
import Foundation
class StudentLow{
    var numberlow:Int = 0
    var namelow:String
    //构造函数，构造器来赋值
    init(namelow:String){
        /*
        self被用来区别实例变量，当你创建实例时，像传入函数参数一样给类
        传入构造函数的参数。每个属性都需要赋值-无论是通过声明（numberlow）
        还是通过构造函数(就像namelow)
        */

        self.namelow = namelow
    }

    func simpleDescription()→String{

        return "I am is low studnet"
    }
}
/*
继承说明:
子类的定义方法是在它们的类名后面加上父类的名字,用冒号分隔。
创建类时并不需要一个标准的根类,所以可以忽略父类。
*/
class StudentHight:StudentLow{

    var grade:Double
    init(grade:Double,name:String){
        self.grade = grade
        //注意namelow:name参数传递

        super.init(namelow:name)
        numberlow = 3
    }
    func Grade()→Double{
        return grade*0.9
    }
    //子类如果要重写父类的方法,需要使用 override 标记—如果没有添加 override 就重写
    父类方法，编译器会报错。
    //编译器同样会检测 override 标记的方法是否确实在父类中。
    override func simpleDescription()→String{
        return "I am a hight student"
    }
```

```
}
//创建实例对象
let studenthight1 = StudentHight(grade:98,name:"lucy")
print("studenthight1 num is \(studenthight1.numberlow)")
print("studenthight1 name is \(studenthight1.namelow)")
//调用函数
print("Greades is \(studenthight1.Grade())")
print("studenthight1 grade is \(studenthight1.grade)")
//调用函数
print("studenthight1 information is \(studenthight1.simpleDescription())");
```

本实例执行后的效果如图 7-8 所示。

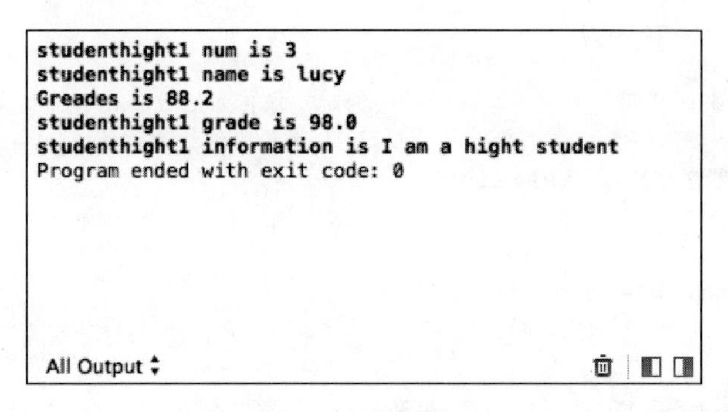

图 7-8　执行效果

7.5.4　重写

在 Swift 语言中，子类可以为如下对象提供自己定制的具体实现（implementation）。

- 继承来的实例方法（instance method）。
- 类方法（class method）。
- 实例属性（instance property）。
- 下标脚本（subscript）。

在 Swift 语言中，将上述定制行为称为重写（overriding）。如果要重写某个特性，需要在重写定义的前面加上 override 关键字。这样就表明了是想提供一个重写版本，而并不是错误地提供一个相同的定义。意外的重写行为可能会导致不可预知的错误，任何缺少 override 关键字的重写都会在编译时被诊断为错误。

在 Swift 语言中，关键字 override 会提醒 Swift 编译器去检查该类的超类（或其中一个父类）是否有匹配重写版本的声明，这个检查工作可以确保重写定义是正确的。

1．访问超类的方法、属性及下标脚本

当在 Swift 程序的子类中重写超类的方法、属性或下标脚本时，如果在重写版本中使用已经存在的超类实现，会对开发的程序大有好处。例如可以优化已有实现的行为，或者在一个继承来的变量中存储一个修改过的值。

在 Swift 程序中，在合适的位置可以使用 super 前缀的方式来访问超类版本的方法、属性或下标脚本，具体说明如下所示。

- 在方法 someMethod 的重写实现中，可以通过 super.someMethod()来调用超类版本的 someMethod 方法。

- 在属性 someProperty 的 getter 或 setter 的重写实现中，可以通过 super.someProperty 来访问超类版本的 someProperty 属性。
- 在下标脚本的重写实现中，可以通过 super[someIndex]来访问超类版本中的相同下标脚本。

2. 重写方法

在 Swift 语言的子类中，可以重写继承来的实例方法或类方法，这样可以提供一个定制或替代的方法实现。例如在下面的例子中定义了 Vehicle 的一个新的子类 Train，它重写了从 Vehicle 类继承来的 makeNoise 方法：

```
class Train: Vehicle {
    override func makeNoise() {
        print("Choo Choo")
    }
}
```

如果创建一个 Train 新实例，并调用了它的 makeNoise 方法，就会发现 Train 版本的方法被调用。

```
let train = Train()
train.makeNoise()
// 输出 "Choo Choo"
```

3. 重写属性

在 Swift 语言中，可以重写继承来的实例属性或类属性，提供自己定制的 getter 和 setter，或添加属性观察器使重写的属性观察属性值什么时候发生改变。

（1）重写属性的 Getters 和 Setters

在 Swift 语言中，可以提供定制的 getter（或 setter）来重写任意继承来的属性，无论继承来的属性是存储型的还是计算型属性。子类并不知道继承来的属性是存储型的还是计算型的，只知道继承来的属性会有一个名字和类型。在 Swift 语言中，当重写一个属性时必需将它的名字和类型都写出来。只有这样，才能使编译器去检查重写的属性是与超类中同名同类型的属性相匹配。

在 Swift 语言中，可以将一个继承来的只读属性重写为一个读写属性，实现方法是在重写版本的属性中提供 getter 和 setter。尽管如此，仍不可以将一个继承来的读写属性重写为一个只读属性。

注意：如果在重写属性中提供了 setter，那么也一定要提供 getter。如果不想在重写版本中的 getter 里修改继承来的属性值，那么可以直接通过 super.someProperty 来返回继承来的值，其中 someProperty 是要重写的属性的名字。

在下面的演示代码中定义了一个新类 Car，它是类 Vehicle 的子类。类 Car 引入了一个新的存储型属性 gear，默认为整数 1。类 Car 重写了继承自 Vehicle 的 description 属性，提供自定义的，包含当前挡位的描述：

```
class Car: Vehicle {
    var gear = 1
    override var description: String {
        return super.description + " in gear \(gear)"
```

```
        }
    }
```

在上述重写的 description 属性中，首先要调用 super.description 返回类 Vehicle 的 description 属性。然后类 Car 版本的 description 在末尾增加一些额外的文本来提供关于当前挡位的信息。

如果创建了 Car 的实例并且设置了它的 gear 和 currentSpeed 属性，便可以看到它的 description 返回 Car 中定义的 description。

```
let car = Car()
car.currentSpeed = 25.0
car.gear = 3
print("Car: \(car.description)")
// Car: 在25英里每小时的速度行驶3英里
```

（2）重写属性观察器（Property Observer）

在 Swift 语言中，可以在属性重写中为一个继承来的属性添加属性观察器。这样当继承来的属性值发生改变时就会被通知到，无论那个属性原本是如何实现的。

在 Swift 语言中，不可以为继承来的常量存储型属性或继承来的只读计算型属性添加属性观察器。这些属性的值不可以被设置，所以，为它们提供 willSet 或 didSet 实现是不恰当的。另外还要注意，不可以同时提供重写的 setter 和重写的属性观察器。如果想观察属性值的变化，并且已经为那个属性提供了定制的 setter，那么在 setter 中即可观察到任何值的变化。

例如在下面的例子中定义了一个名为 AutomaticCar 的新类，它是 Car 的子类。AutomaticCar 表示自动挡汽车，它可以根据当前的速度自动选择合适的挡位。

```
class AutomaticCar: Car {
    override var currentSpeed: Double {
        didSet {
            gear = Int(currentSpeed / 7.0) + 1
        }
    }
}
```

当设置 AutomaticCar 的 currentSpeed 属性时，属性的 didSet 观察器就会自动设置 gear 属性，为新的速度选择一个合适的挡位。具体来说，属性观察器将新的速度值除以 10，然后向下取得最接近的整数值，最后加 1 来得到挡位 gear 的值。例如速度为 7.0 时，挡位为 1；速度为 35.0 时，挡位为 4。

```
let automatic = AutomaticCar()
automatic.currentSpeed = 35.0
print("AutomaticCar: \(automatic.description)")
// AutomaticCar: 以35英里每小时的速度行驶4英里
```

4. 防止重写

在 Swift 语言中，可以通过将方法、属性或下标脚本标记为 final 的方式防止被重写，具体方法是在声明关键字前加上@final 特性即可。例如如下所示的演示代码。

```
@final var
@final func
```

```
@final class fun
@final subscript
```

如果在 Swift 程序中重写了 final 方法、属性或下标脚本，那么在编译时会报错。在扩展中，添加到类里的方法、属性或下标脚本也可以在扩展的定义里标记为 final。

在 Swift 语言中，可以通过在关键字 class 前添加@final 特性（例如：@final class）的方式将整个类标记为 final，这样此类是不可被继承的，否则会报编译错误。

实例 7-7	演示面向对象、继承、重写和构造
源码路径	源代码下载包:\daima\7\7-7

实例文件 main.swift 的具体实现代码如下所示。

```
import Foundation

class Hi{
    func sayHi(){
        print("hi xiangtao")
    }
}
var hi = Hi()
hi.sayHi()
//继承
class Hello:Hi{

}
var h = Hello()
h.sayHi()
//重写
class Hello2:Hi{
    var _name:String
    //构造方法
    init(name:String){
        self._name = name
    }

    override func sayHi(){
        print("hello \(self._name)")
    }
}
var h2 = Hello2(name: "zhangsan")
h.sayHi()
```

本实例执行后的效果如图 7-9 所示。

```
hi xiangtao
hi xiangtao
hi xiangtao
Program ended with exit code: 0

All Output ⌃
```

图 7-9 执行效果

7.5.5 继承规则

（1）无论基类成员的访问性如何，所有的基类成员都能被其子类继承，构造函数和析构函数除外。但是需要注意的是，虽然子类能够继承基类的成员，但是不能保证在子类中可以使用这些成员，这取决于成员的可访问性。

（2）子类可以扩展它的直接基类，能够在继承基类的基础上添加新的成员，但是不能删除集成成员的定义。

（3）继承是可以传递的。例如，如果 C 从 B 派生，而 B 从 A 派生，那么 C 就会继承在 B 中声明的成员，也能继承在 A 中声明的成员。

7.6 属性访问

在 Swift 语言中，通过使用点语法（dot syntax）可以访问实例中所含有的属性。其语法规则是实例名后面紧跟属性名，两者通过点号“.”连接。例如下面所示的演示代码。

```
print("The width of someResolution is \(someResolution.width)")
// 输出 "The width of someResolution is 0"
```

在上面的例子中，someResolution.width 引用 someResolution 的 width 属性，返回 width 的初始值 0。

在 Swift 语言中也可以访问子属性，例如通过如下代码访问 VideoMode 中 Resolution 属性的 width 属性。

```
print("The width of someVideoMode is \(someVideoMode.resolution.width)")
// 输出 "The width of someVideoMode is 0"
```

在 Swift 语言中，也可以使用点语法为属性变量赋值。例如如下所示的演示代码。

```
someVideoMode.resolution.width = 12880
print("The width of someVideoMode is now \(someVideoMode.resolution.width)")
// 输出 "The width of someVideoMode is now 1280"
```

注意：与 Objective-C 语言不同的是，Swift 允许直接设置结构体属性的子属性。上面的最后一个例子，就是直接设置 someVideoMode 中 resolution 属性的 width 子属性，以上操作并不需要重新设置 resolution 属性。

在 Swift 语言中，所有结构体都有一个自动生成的成员逐一构造器，用于初始化新结构体实例中成员的属性。新实例中各个属性的初始值可以通过属性的名称传递到成员逐一构造器之中。

```
let vga = resolution(width:640, heigth: 480)
```

在下面的实例中，使用 class 和类名来创建一个类名 student，在此类中属性的声明和常量、变量的声明一样，唯一的区别就是它们的上下文是类，并且方法和函数声明也一样。

实例 7-8	演示类中的属性、常量和变量
源码路径	源代码下载包:\daima\7\7-8

实例文件 main.swift 的具体实现代码如下所示。

```
import Foundation

class Student{

    //变量学号初始化为0
    var num = 0;
    //成员函数
    func GetNum()→Int{
        return num
    }
}
//创建类的实例对象

var student = Student()
//访问类的成员变量
student.num = 1
//访问类的成员函数
var Num = student.GetNum()

//打印出类的变量和成员函数
print("student1 num is \(student.num)")
print("student2 num is \(Num)")
```

本实例执行后的效果如图 7-10 所示。

```
student1 num is 1
student2 num is 1
Program ended with exit code: 0

All Output
```

图 7-10 执行效果

注意：在 Swift 程序中，所有的结构体都有一个自动生成的成员逐一构造器，用于初始化新结构体实例中成员的属性。对于新实例中各个属性的初始值来说，可以通过属性的名称传递到成员逐一构造器之中。

```
let vga = Resolution(width:640, height: 480)
```

与结构体不同，类实例没有默认的成员逐一构造器。

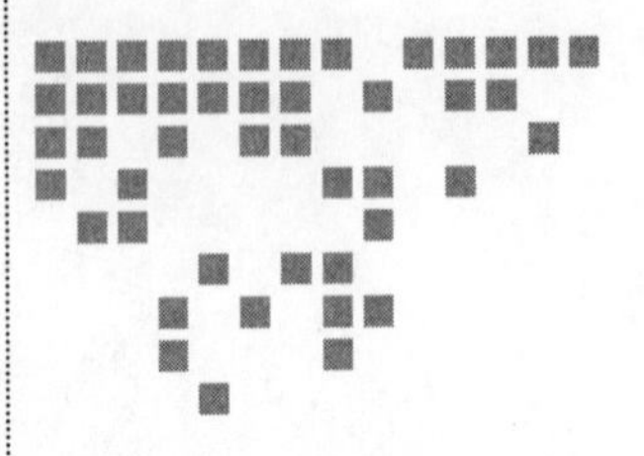

Chapter 8 第8章

构造函数和析构函数

构造函数的功能是初始化程序内类的实例，这是Swift类的特殊函数之一。另外，在Swift程序中，释放在一个类的实例之前会立即调用析构函数。在Swift程序中使用关键字deinit来标示析构函数，这类似于初始化函数用init来标示，析构函数只适用于类类型。在本章的内容中，将详细讲解Swift构造函数和析构函数的基本知识。

8.1 构造函数概述

Swift构造函数能够初始化类的实例。在Swift程序中，每个类都有构造函数。构造函数的名称与所属类的名称相同，其基本特点如下所示。

- 构造函数不声明返回类型，也没有返回值。
- 在构造函数中不要做对类的实例进行初始化以外的事情，也不能被显式的调用。

在Swift程序中，构造过程是为了使用某个类、结构体或枚举类型的实例而进行的准备过程，在构造过程中，对每个属性进行初始值预设和其他必要的准备和初始化工作。

与OC相比，Swift的构造函数不需要返回值。同时，在类和结构体的构造过程中，必须对所有的存储类型属性，包含继承自父类的属性，赋予合适的初始值，存储类型值不能处于未知状态。

在对属性进行初始化的过程中有如下所示的两种方法。

- 第一：使用构造方法。
- 第二：在定义属性时，直接赋予默认值。

当使用构造方法对属性赋值时，不会触发任何属性观测器。当一个属性总是使用同一个初始值时，可以通过默认值的形式进行赋值。这样可以使构造器更加简洁，同时也可以自动导出属性的类型。

在构造函数中，可以对常量属性进行修改。只要在构造函数结束前可以确定常量值，即可在构造函数中任意时间点对常量进行修改。

可以在构造器中添加参数，参数的数量和类型可以根据具体需要而定。但在每个制定构造器中，都必须对所有属性进行赋值。

当一个类型有多个制定构造器时，主要通过参数名和类型来确定需要调用的构造器。所以构造器的外部参数名显得尤为重要。

跟普通函数一样，系统会自动为每个构造器的参数自动生成一个跟内部名字相同的外部参数名称。相当于在构造函数前添加了一个“#”。

如果要去掉这种默认结构，可以使用“_”来定义自己喜欢的外部参数名。

注意： 在调用构造函数时，必须通过外部参数名称，否则在编译器中会报错。如果一个属性可以为空，在定义时，可以将其声明为可选属性类型，例如 var string:String?。

当结构、枚举、类型中的所有属性都已经提供默认值，而且自身没有提供任何构造函数时，系统会自动生成一个构造器，构造器中的所有属性的值都为默认值。

（1）指定构造函数和便利构造函数

为了保证类中的所有存储属性，包含继承自父类的属性都有初始值。Swift 提供了两种构造函数：指定构造函数和便利构造函数。每个类都必须拥有至少一个制定构造器，在 init 前添加 convenience 关键字，即可声明为便利构造函数。

在指定构造函数和便利构造函数之间的调用关系时，必须遵循如下所示的三个规则。

- 指定构造函数必须调用其直接父类的构造器，即 super.init()。
- 便利构造函数必须调用同一类中定义的其他构造器，包含制定构造器和便利构造器。
- 便利构造器最终必须以调用一个制定构造器结束。

制定构造器是向上代理，便利构造器是横向代理。

（2）继承和重载

在子类中，是不会自动继承父类的构造器的，需要手动调用，即 super、init。在重载构造器函数时，不用写 override 关键字。

当要为子类引入任意新属性提供默认值时，需要遵循如下所示的两条规则。

- 当子类中没有任何指定构造器，子类将自动继承所有父类的制定构造器。
- 如果子类提供了所有父类制定构造器的实现，不管是通过规则 1 实现的，还是通过自定义实现的，它将自动继承所有父类的便利构造器。

8.1.1　结构体中的构造函数

在 Swift 程序中，结构体成员可以是函数，这其中就包括构造函数。

实例 8-1	使用有参数构造函数
源码路径	源代码下载包:\daima\8\8-1

实例文件 main.swift 的具体实现代码如下所示。

```
import Foundation
struct  student {
   var  age = 0          //直接定义一个字段名称，并且赋初始值
   var  name:String      // 直接定义一个字符串变量
   //定义有参数构造函数
```

```
    init(Name:String,Age:Int) {
        self.name = Name //self 指的是当前结构体变量    self.name 当前结构体的变量的字段
        self.age = Age
    }
}
/*
1; student (Name:"ls",Age:12) 创建结构体变量系统会调动构造函数，并且创建结构体的参数于构造函数参数一致
2: student (Name:"ls",Age:12) 后面跟着的参数名称必须于构造函数参数变量名相同
*/ print(
var stu = student (Name:"ls",Age:12)  //因为构造函数有两个参数，所对应创建结构体的变量的参数要一致
print("name=\(stu.name),age=\(stu.age)")
```

本实例执行后的效果如图 8-1 所示。

```
name=ls,age=12
Program ended with exit code: 0

All Output ⇕
```

图 8-1　执行效果

在下面的实例中，在参数变量中加了“_”标记。读者需要注意，创建结构体的对象中对应参数必须和构造函数对应的参数一致，如果构造函数中参数变量前加“_”，其对应创建对象的参数则不需要变量名。

实例 8-2	演示使用加了“_”标记的参数构造函数
源码路径	源代码下载包:\daima\8\8-2

实例文件 main.swift 的具体实现代码如下所示。

```
struct Point{
    var x = 0.0
    var y = 0.0

    init(_ x :Double ,_ y :Double){
        self.x = x
        self.y = y
    }

}
/*
1:    init(_ x :Double ,_ y :Double) 构造函数中对应变量前面加_其对应创建对象后面不需要变量名。
*/
var p = Point(10.0,8.0)
print("x=\(p.x) y=\(p.y)")
```

本实例执行后的效果如图 8-2 所示。

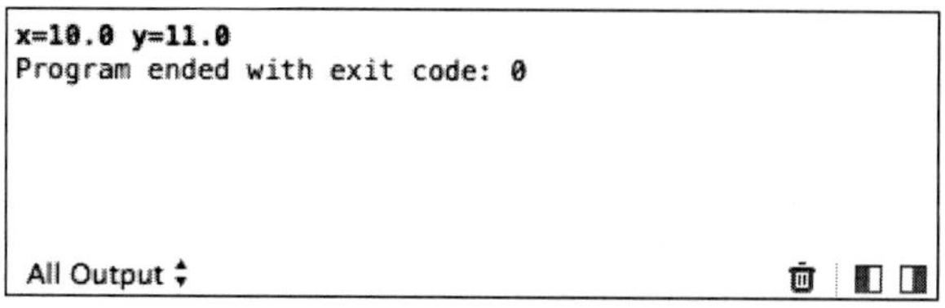

```
x=10.0 y=11.0
Program ended with exit code: 0
```

All Output

图 8-2　执行效果

8.1.2　类中的构造函数

在 Swift 2.0 程序中，可以在类中使用构造函数。例如在下面的实例中，演示了类中的构造函数的具体作用。

实例 8-3	演示类中的构造函数
源码路径	源代码下载包:\daima\8\8-3

实例文件 main.swift 的具体实现代码如下所示。

```
class Student{

    //变量学号初始化值为0
    var num = 0;

    //成员函数
    func GetNum()→Int{
        return num
    }
}

//创建类的实例对象

var student = Student()


//访问类的成员变量

student.num = 1

//访问类的成员函数
var Num = student.GetNum()

//打印出类的变量和成员函数
print("student1 num is \(student.num)")
print("student2 num is \(Num)")


// 2 ---- 类中的构造函数和析构函数

/*
    构造函数 init
    析构函数 deinit
*/
```

```
class StudentLow{
    var numberlow:Int = 0
    var namelow:String

    //构造函数，构造器来赋值
    init(namelow:String){

        /*
            self被用来区别实例变量，当创建实例时，像传入函数参数一样给类
            传入构造函数的参数。每个属性都需要赋值-无论是通过声明(numberlow)
            还是通过构造函数(就像namelow)
        */

        self.namelow = namelow
    }

    func simpleDescription()→String{

        return "I am is low studnet"
    }

}

//注意构造函数有参数,创建实例对象时，要加上参数才正确

var studentlow1 = StudentLow(namelow:"Jhon")

studentlow1.numberlow = 2

print("studentlow1 num is \(studentlow1.numberlow)")
print("studentlow1 name is \(studentlow1.namelow)")
print("studentlow1 information is \(studentlow1.simpleDescription())")


// 3 ---- 继承类，创建StudentLow的子类StudentHight

/*
    继承说明:
        子类的定义方法是在它们的类名后面加上父类的名字,用冒号分隔。
        创建类时并不需要一个标准的根类,所以可以忽略父类。
*/

class StudentHight:StudentLow{

    var grade:Double

    init(grade:Double,name:String){
        self.grade = grade

        //注意namelow:name参数传递

        super.init(namelow:name)
        numberlow = 3
    }
```

```
    func Grade()→Double{
       return grade*0.9
    }

    //子类如果要重写父类的方法,需要使用 override 标记——如果没有添加 override 就重写
    父类方法的话编译器会报错。
    //编译器同样会检测 override 标记的方法是否确实在父类中。

    override func simpleDescription()→String{
       return "I am a hight student"
    }

}

//创建实例对象

let studenthight1 = StudentHight(grade:98,name:"lucy")

print("studenthight1 num is \(studenthight1.numberlow)")

print("studenthight1 name is \(studenthight1.namelow)")

//调用函数
print("Greades is \(studenthight1.Grade())")

print("studenthight1 grade is \(studenthight1.grade)")

//调用函数
print("studenthight1 information is \(studenthight1.simpleDescription())");
```

执行效果如图 8-3 所示。

```
student1 num is 1
student2 num is 1
studentlow1 num is 2
studentlow1 name is Jhon
studentlow1 information is I am is low studnet
studenthight1 num is 3
studenthight1 name is lucy
Greades is 88.2
studenthight1 grade is 98.0
studenthight1 information is I am a hight student
Program ended with exit code: 0

All Output ⬍
```

图 8-3　执行效果

8.2　构造过程详解

在 Swift 语言中，构造过程是一个为了使用某个类、结构体或枚举类型的实例而进行的准备过程。在这个过程中，为实例中的每个属性设置了初始值并为其执行必要的准备和初始化任务。构造过程是通过定义构造器（Initializers）来实现的，这些构造器可以看作是用来创建

特定类型实例的特殊方法。与 Objective-C 中的构造器不同，Swift 构造器无须返回值，主要任务是保证新实例在第一次使用前完成正确的初始化。构造过程是为了使用某个类、结构体或枚举类型的实例而进行的准备过程。这个过程包含了为实例中的每个属性设置初始值和为其执行必要的准备和初始化任务。构造过程是通过定义构造器（Initializers）来实现的，这些构造器可以看作是用来创建特定类型实例的特殊方法。与 Objective-C 中的构造器不同，Swift 的构造器无须返回值，它们的主要任务是保证新实例在第一次使用前完成正确的初始化。类实例也可以通过定义析构器（deinitializer）在类实例释放之前执行特定的清除工作。

8.2.1 为存储型属性赋初始值

在 Swift 语言中，当使用类和结构体创建实例时，必须为所有存储型属性设置合适的初始值，存储型属性的值不能处于一个未知的状态。开发者可以在构造器中为存储型属性赋初值，也可以在定义属性时为其设置默认值。当为存储型属性设置默认值或者在构造器中为其赋值时，它们的值是被直接设置的，不会触发任何属性观测器（property observers）。

1. 构造器

在 Swift 语言中，构造器在创建某特定类型的新实例时调用，其最简单的形式类似于一个不带任何参数的实例方法，使用关键字 init 进行命名。例如在下面例子中，定义了一个用来保存华氏温度的结构体 Fahrenheit，在其中包含了一个 Double 类型的存储型属性 temperature。

```
struct Fahrenheit {
   var temperature: Double
   init() {
      temperature = 32.0
   }
}
var f = Fahrenheit()
print("The default temperature is \(f.temperature)° Fahrenheit")
// 输出 "The default temperature is 32.0° Fahrenheit"
```

上述结构体定义了一个不带参数的构造器 init，并在其中将存储型属性 temperature 的值初始化为 32.0（华摄氏度下水的冰点）。

2. 默认属性值

在 Swift 语言中，可以在构造器中为存储型属性设置初始值。同样，也可以在属性声明时为其设置默认值。如果一个属性总是使用同一个初始值，可以为其设置一个默认值。无论定义默认值还是在构造器中赋值，最终它们实现的效果是一样的，只不过默认值跟属性构造过程结合得更紧密。

在 Swift 程序中，使用默认值后能够让构造器变得更加简洁、更加清晰，并且能通过默认值自动推导出属性的类型。同时，也能让开发者充分利用默认构造器、构造器继承（后续章节将讲到）等特性。

在 Swift 语言中，在定义结构体 Fahrenheit 时可以使用更简单的方式为属性 temperature 设置一个默认值。例如如下所示的演示代码。

```
struct Fahrenheit {
   var temperature = 32.0
}
```

实例 8-4	演示为存储型属性赋初始值
源码路径	源代码下载包:\daima\8\8-4

实例文件 main.swift 的具体实现代码如下所示。

```
import Foundation
struct Celsius {
   var temperatureInCelsius: Double = 0.0
   init(fromFahrenheit fahrenheit: Double) {
      temperatureInCelsius = (fahrenheit - 32.0)
         / 1.8
   }
   init(fromKelvin kelvin: Double) {
      temperatureInCelsius = kelvin - 273.15
   }
}
let boilingPointOfWater = Celsius(fromFahrenheit:212.0)
// boilingPointOfWater.temperatureInCelsius 是 100.0
let freezingPointOfWater = Celsius(fromKelvin:273.15)
// freezingPointOfWater.temperatureInCelsius 是 0.0
```

8.2.2　定制化构造过程

在 Swift 语言中，可以通过输入参数和可选属性类型来定制构造过程，也可以在构造的过程中修改常量属性。在本节的内容中，将详细讲解定制化构造过程的知识。

1．构造参数

在 Swift 语言中，可以在定义构造器时提供构造参数，为其提供定制化构造所需值的类型和名字。Swift 中的构造器参数的功能和语法及函数和方法参数相同。

例如在如下所示的例子中，定义了一个包含摄氏度温度的结构体 Celsius，它定义了两个不同的构造器：init（fromFahrenheit:）和 init（fromKelvin:），两者分别通过接受不同刻度表示的温度值来创建新的实例。

```
struct Celsius {
   var temperatureInCelsius: Double = 0.0
   init(fromFahrenheit fahrenheit: Double) {
      temperatureInCelsius = (fahrenheit - 32.0) / 1.8
   }
   init(fromKelvin kelvin: Double) {
      temperatureInCelsius = kelvin - 273.15
   }
}

let boilingPointOfWater = Celsius(fromFahrenheit: 212.0)
// boilingPointOfWater.temperatureInCelsius 是 100.0
let freezingPointOfWater = Celsius(fromKelvin: 273.15)
// freezingPointOfWater.temperatureInCelsius 是 0.0"
```

在上述代码中，第一个构造器拥有一个构造参数，其外部名字为 fromFahrenheit，内部名字为 fahrenheit。第二个构造器也拥有一个构造参数，其外部名字为 fromKelvin，内部名字为 kelvin。

这两个构造器都将唯一的参数值转换成摄氏温度值，并保存在属性 temperatureInCelsius 中。

2. 内部和外部参数名

在 Swift 语言中，与函数和方法参数相同，构造参数也存在一个在构造器内部使用的参数名字和一个在调用构造器时使用的外部参数名字。但是，构造器并不像函数和方法那样在括号前有一个可辨别的名字。所以在调用构造器时，主要通过构造器中的参数名和类型来确定需要调用的构造器。正因为参数如此重要，如果在定义构造器时没有提供参数的外部名字，Swift 会为每个构造器的参数自动生成一个和内部名字相同的外部名，就相当于在每个构造参数之前加了一个散列符号。

在 Swift 程序中，如果不希望为构造器的某个参数提供外部名字，可以使用下画线“_”来显式描述它的外部名，以此覆盖上面所说的默认行为。

例如在下面的代码中定义了一个结构体 Color，它包含了三个常量：red、green 和 blue。这些属性可以存储 0.0 到 1.0 之间的值，用来指示颜色中红、绿、蓝成分的含量。Color 提供了一个构造器，其中包含三个 Double 类型的构造参数。

```
struct Color {
    let red = 0.0, green = 0.0, blue = 0.0
    init(red: Double, green: Double, blue: Double) {
        self.red   = red
        self.green = green
        self.blue  = blue
    }
}
```

每当创建一个新的 Color 实例时，都需要通过三种颜色的外部参数名来传值，并调用构造器。例如如下所示的演示代码。

```
let magenta = Color(red: 1.0, green: 0.0, blue: 1.0)
```

如果不通过外部参数名字传值，就无法调用这个构造器的。只要构造器定义了某个外部参数名，就必须使用它，忽略它将导致编译错误。例如如下所示的演示代码。

```
let veryGreen = Color(0.0, 1.0, 0.0)
// 报编译时错误，需要外部名称
```

3. 可选属性类型

在 Swift 语言中，如果定制的类型包含了一个逻辑上允许取值为空的存储型属性。这样无论是因为它无法在初始化时赋值，还是因为它可以在之后某个时间点可以赋值为空，都需要将它定义为可选类型 optional type。可选类型的属性将自动初始化为空 nil，表示这个属性是故意在初始化时设置为空的。

例如在下面的代码中定义了类 SurveyQuestion，它包含了一个可选字符串属性 response。

```
class SurveyQuestion {
    var text: String
    var response: String?
    init(text: String) {
        self.text = text
```

```
    }
    func ask() {
        print(text)
    }
}
let cheeseQuestion = SurveyQuestion(text: "Do you like cheese?")
cheeseQuestion.ask()
// 输出 "Do you like cheese?"
cheeseQuestion.response = "Yes, I do like cheese.
```

在上述代码中，因为我们在调查问题提出之后才能得到回答，所以将属性回答 response 声明为 String?类型，或者说是可选字符串类型 optional String。每当 SurveyQuestion 实例化时，它将自动赋值为空 nil，表明暂时还不存在此字符串。

4．构造过程中常量属性的修改

在 Swift 语言中，只要能够在构造过程结束前确定常量的值，即可在构造过程中的任意时间点修改常量属性的值。对于某个类实例来说，它的常量属性只能在定义它的类的构造过程中修改，不能在子类中修改。

例如在接下来的代码中可以修改前面的 SurveyQuestion 示例，用常量属性替代变量属性 text，指明问题内容 text 在其创建之后不会再被修改。尽管 text 属性现在是常量，我们仍然可以在其类的构造器中修改它的值。

```
class SurveyQuestion {
    let text: String
    var response: String?
    init(text: String) {
        self.text = text
    }
    func ask() {
        print(text)
    }
}
let beetsQuestion = SurveyQuestion(text: "How about beets?")
beetsQuestion.ask()
// 输出 "How about beets?"
beetsQuestion.response = "I also like beets. (But not with cheese.)
```

8.2.3　默认构造器

在 Swift 语言中，将为所有属性已提供默认值的且自身没有定义任何构造器的结构体或基类，提供一个默认的构造器。这个默认构造器能够简单的创建一个所有属性值都设置为默认值的实例。

例如在下面的例子中创建了类 ShoppingListItem，此类封装了购物清单中的某一项的属性：名字（name）、数量（quantity）和购买状态 purchase state。

```
class ShoppingListItem {
    var name: String?
    var quantity = 1
    var purchased = false
```

```
}
var item = ShoppingListItem()
```

在上述代码中，因为类 ShoppingListItem 中的所有属性都有默认值，并且是没有父类的基类，所以会自动获得一个可以为所有属性设置默认值的默认构造器（尽管代码中没有显式为 name 属性设置默认值，但由于 name 是可选字符串类型，它将默认设置为 nil）。在上述代码中使用默认构造器创造了一个 ShoppingListItem 类的实例（使用 ShoppingListItem()形式的构造器语法），并将其赋值给变量 item。

在 Swift 语言中，除上面提到的默认构造器以外，如果结构体对所有存储型属性提供了默认值，并且自身没有提供定制的构造器，它们会自动获得一个逐一成员构造器。逐一成员构造器是用来初始化结构体新实例里成员属性的快捷方法。我们在调用逐一成员构造器时，通过与成员属性名相同的参数名进行传值来完成对成员属性的初始赋值。

例如在下面的代码中定义了一个结构体 Size，它包含两个属性 width 和 height。Swift 可以根据这两个属性的初始赋值 0.0 自动推导出它们的类型 Double。

```
struct Size {
    var width = 0.0, height = 0.0
}
let twoByTwo = Size(width: 2.0, height: 2.0)
```

在上述代码中，由于 width 和 height 两个存储型属性都有默认值，所以结构体 Size 会自动获得一个逐一成员构造器 init（width:height:)，可以用它来为 Size 创建新的实例。

8.2.4 值类型的构造器代理

在 Swift 语言中，构造器可以通过调用其他构造器来完成实例的部分构造过程，这一过程称为构造器代理，功能是能减少多个构造器间的代码重复。

构造器代码的实现规则和形式在值类型和类类型中有所不同。值类型（结构体和枚举类型）不支持继承，所以构造器代理的过程相对简单，因为它们只能代理任务给本身提供的其他构造器。而类则不同，它可以继承自其他类（请参考继承），这意味着类有责任保证其所有继承的存储型属性在构造时也能正确的初始化。

对于 Swift 语言中的值类型来说，可以使用 self.init 在自定义的构造器中引用其他的属于相同值类型的构造器，并且只能在构造器内部调用 self.init。读者需要注意，如果为某个值类型定义了一个定制的构造器，就将无法访问到默认构造器（如果是结构体，则无法访问逐一对象构造器）。这个限制可以防止在为值类型定义了一个更复杂的、完成了重要准备构造器之后，别人还是错误的使用了那个自动生成的构造器。

在 Swift 语言中，如果想通过默认构造器、逐一对象构造器以及自己定制的构造器为值类型创建实例，建议读者将自己定制的构造器写到扩展（extension）中，而不是和值类型定义混在一起。

例如在下面的代码中定义一个能够展现图形的体结构体 Rect，辅助结构体 Size 和 Point 各自为其所有的属性提供了初始值 0.0。

```
struct Size {
    var width = 0.0, height = 0.0
}
```

```
struct Point {
    var x = 0.0, y = 0.0
}
```

接下来可以通过以下三种方式为 Rect 创建实例。

- 使用默认的 0 值来初始化 origin 和 size 属性。
- 使用特定的 origin 和 size 实例来初始化。
- 使用特定的 center 和 size 来初始化。

例如在下面定义 Rect 结构体的演示代码中，分别为上述三种方式提供了三个自定义的构造器。

```
struct Rect {
    var origin = Point()
    var size = Size()
    init() {}
    init(origin: Point, size: Size) {
        self.origin = origin
        self.size = size
    }
    init(center: Point, size: Size) {
        let originX = center.x - (size.width / 2)
        let originY = center.y - (size.height / 2)
        self.init(origin: Point(x: originX, y: originY), size: size)
    }
}
```

对上述代码的具体说明如下所示。

（1）第一个 Rect 构造器 init()，在功能上和没有自定义构造器时自动获得的默认构造器是一样的。这个构造器是一个空函数，使用一对大括号{}来描述，它没有执行任何定制的构造过程。调用这个构造器将返回一个 Rect 实例，它的 origin 和 size 属性都使用定义时的默认值 Point（x: 0.0, y: 0.0）和 Size（width: 0.0, height: 0.0）。例如如下所示的演示代码。

```
let basicRect = Rect()
// basicRect 的原点是 (0.0, 0.0)，尺寸是 (0.0, 0.0)
```

（2）第二个 Rect 构造器 init（origin:size:），在功能上和结构体在没有自定义构造器时获得的逐一成员构造器是一样的。这个构造器只是简单地将 origin 和 size 的参数值赋给对应的存储型属性，例如如下所示的演示代码。

```
let originRect = Rect(origin: Point(x: 2.0, y: 2.0),
    size: Size(width: 5.0, height: 5.0))
// originRect 的原点是 (2.0, 2.0)，尺寸是 (5.0, 5.0)
```

（3）第三个 Rect 构造器 init（center:size:）稍微复杂一点。先通过 center 和 size 的值计算出 origin 的坐标，然后再调用（或代理给）init（origin:size:）构造器来将新的 origin 和 size 值赋值到对应的属性中。例如如下所示的演示代码。

```
let centerRect = Rect(center: Point(x: 4.0, y: 4.0),
size: Size(width: 3.0, height: 3.0))
// centerRect 的原点是 (2.5, 2.5)，尺寸是 (3.0, 3.0)
```

尽管此时构造器 init（center:size:）可以自己将 origin 和 size 的新值赋值到对应的属性中，但是尽量利用现有的构造器和它所提供的功能来实现 init（center:size:）的功能，是更方便、更清晰和更直观的方法。

8.2.5 类的继承和构造过程

在 Swift 语言中，类里面的所有存储型属性都必须在构造过程中设置初始值，包括所有继承自父类的属性。Swift 提供了两种类型的类构造器来确保所有类实例中存储型属性都能获得初始值，它们分别是指定构造器和便利构造器。

1．指定构造器和便利构造器

（1）指定构造器

在 Swift 语言中，指定构造器是类中最主要的构造器。一个指定构造器会将初始化类中提供的所有属性，并根据父类链往上调用父类的构造器来实现父类的初始化。

在 Swift 语言中，每一个类都必须拥有至少一个指定构造器。在某些情况下，许多类通过继承了父类中的指定构造器而满足了这个条件。

（2）便利构造器

在 Swift 语言中，便利构造器是类中比较次要的、辅助型的构造器。可以定义便利构造器来调用同一个类中的指定构造器，并为其参数提供默认值。另外，也可以定义便利构造器来创建一个特殊用途或特定输入的实例。

在 Swift 语言中，应当只在必要的时候为类提供便利构造器，例如说某种情况下通过使用便利构造器来快捷调用某个指定构造器，能够节省更多开发时间并让类的构造过程更清晰明了。

2．构造器链

在 Swift 语言中，为了简化指定构造器和便利构造器之间的调用关系，Swift 采用以下三条规则来限制构造器之间的代理调用。

（1）指定构造器必须调用其直接父类的指定构造器。

（2）便利构造器必须调用同一类中定义的其他构造器。

（3）便利构造器必须最终以调用一个指定构造器结束。

由此可以总结为：

- 指定构造器必须总是向上代理。
- 便利构造器必须总是横向代理。

上述规则可以通过图 8-4 进行说明。

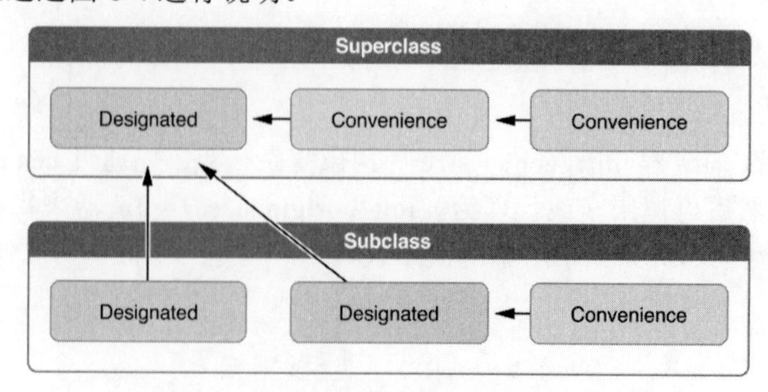

图 8-4　限制构造器之间的代理调用规则

如图 8-4 所示，在父类中包含一个指定构造器和两个便利构造器。其中一个便利构造器调用了另一个便利构造器，而后者又调用了唯一的指定构造器。这满足了上面提到的规则 2 和 3。这个父类没有自己的父类，所以规则 1 没有用到。

在子类中包含了两个指定构造器和一个便利构造器。便利构造器必须调用两个指定构造器中的任意一个，因为它只能调用同一个类中的其他构造器。这满足了上面提到的规则 2 和 3。而两个指定构造器必须调用父类中唯一的指定构造器，这满足了规则 1。

注意：上述规则不会影响在使用时如何用类去创建实例。任何在图 8-4 中展示的构造器都可以用来完整创建对应类的实例，这些规则只在实现类的定义时有影响。

图 8-5 展示了一种更复杂的类层级结构，演示了指定构造器是如果在类层级中充当“管道”的作用，在类的构造器链上简化了类之间的内部关系。

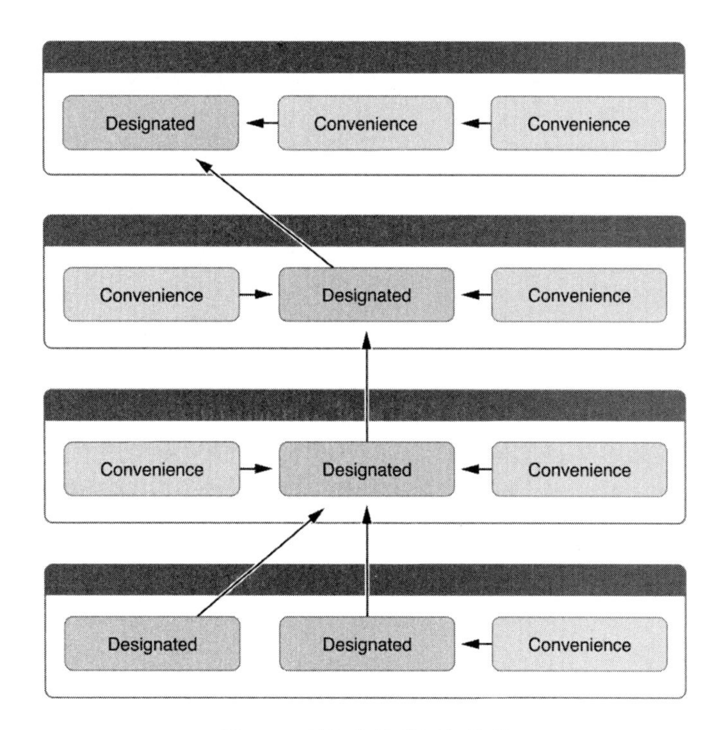

图 8-5　更复杂的类层级结构

3. 两段式构造过程

在 Swift 语言中，类的构造过程包含如下所示的两个阶段。

- 第一个阶段，每个存储型属性通过引入它们的类的构造器来设置初始值。
- 第二个阶段：当每一个存储型属性值被确定后，第二阶段开始，它给每个类一次机会在新实例准备使用之前进一步定制它们的存储型属性。

两段式构造过程的使用让构造过程更安全，同时在整个类层级结构中给予了每个类完全的灵活性。两段式构造过程可以防止属性值在初始化之前被访问；也可以防止属性被另外一个构造器意外地赋予不同的值。

注意：Swift 的两段式构造过程和 Objective-C 中的构造过程类似。最主要的区别在于阶段 1，Objective-C 给每一个属性赋值 0 或空值（比如说 0 或 nil）。Swift 的构造流程则更加灵活，它允许设置定制的初始值，并自如应对某些属性不能以 0 或 nil 作为合法默认值的情况。

在 Swift 语言中，Swift 编译器将执行如下四种有效的安全检查工作，以确保两段式构造过程能顺利完成。

（1）安全检查 1

指定构造器必须保证它所在类引入的所有属性都必须先初始化完成，之后才能将其他构造任务向上代理给父类中的构造器。因为一个对象的内存只有在其所有存储型属性确定之后才能完全初始化，为了满足这一规则，指定构造器必须保证它所在类引入的属性在它往上代理之前先完成初始化。

（2）安全检查 2

指定构造器必须先向上代理调用父类构造器，然后再为继承的属性设置新值。如果没这么做，指定构造器赋予的新值将被父类中的构造器覆盖。

（3）安全检查 3

便利构造器必须先代理调用同一类中的其他构造器，然后再为任意属性赋新值。如果没这么做，便利构造器赋予的新值将被同一类中其他指定构造器覆盖。

（4）安全检查 4

构造器在第一阶段构造完成之前，不能调用任何实例方法、不能读取任何实例属性的值，也不能引用 self 的值。例如下面是两段在构造过程中基于上述安全检查的构造流程展示。

- 阶段 1
  - 某个指定构造器或便利构造器被调用。
  - 完成新实例内存的分配，但此时内存还没有被初始化。
  - 指定构造器确保其所在类引入的所有存储型属性都已赋初始值。存储型属性所属的内存完成初始化。
  - 指定构造器将调用父类的构造器，完成父类属性的初始化。
  - 这个调用父类构造器的过程沿着构造器链一直向上执行，直到到达构造器链的最顶部。
  - 当到达了构造器链最顶部，且已确保所有实例包含的存储型属性都已经赋值，这个实例的内存被认为已经完全初始化。此时阶段 1 完成。
- 阶段 2
  - 从顶部构造器链一直往下，每个构造器链中类的指定构造器都有机会进一步定制实例。构造器此时可以访问 self、修改它的属性并调用实例方法等。
  - 最终，任意构造器链中的便利构造器可以有机会定制实例和使用 self。

图 8-6 展示了在假定的子类和父类之间构造的阶段 1。

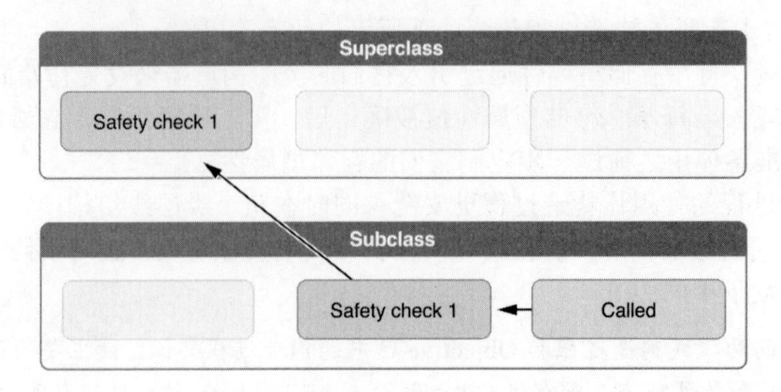

图 8-6 阶段 1

在上述例子中，构造过程从对子类中一个便利构造器的调用开始。这个便利构造器此时没法修改任何属性，它把构造任务代理给同一类中的指定构造器。正如安全检查 1 所示，指定构造器将确保所有子类的属性都有值。然后它将调用父类的指定构造器，并沿着造器链一直往上完成父类的构建过程。

父类中的指定构造器确保所有父类的属性都有值。由于没有更多的父类需要构建，也就无须继续向上做构建代理。一旦父类中所有属性都有了初始值，实例的内存被认为是完全初始化，而阶段 1 也已完成。

图 8-7 展示了相同构造过程的阶段 2。

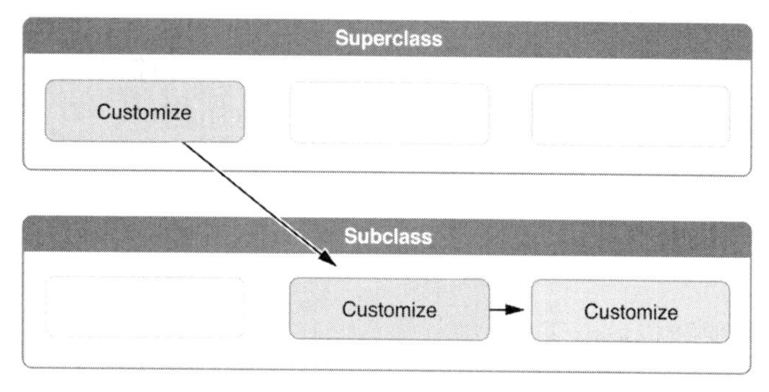

图 8-7　阶段 2

父类中的指定构造器现在有机会时会进一步来定制实例，尽管它没有这种必要。一旦父类中的指定构造器完成调用，子类的构指定构造器可以执行更多的定制操作（同样，它也没有这种必要）。最终，一旦子类的指定构造器完成调用，最开始被调用的便利构造器可以执行更多的定制操作。

4．构造器的继承和重载

和 Objective-C 中的子类不同，Swift 程序中的子类不会默认继承父类的构造器。Swift 的这种机制可以防止一个父类的简单构造器被一个更专业的子类继承，并被错误的用来创建子类的实例。

假如希望自定义的子类中能实现一个或多个跟父类相同的构造器，也许是为了完成一些定制的构造过程，这样可以在定制的子类中提供和重载与父类相同的构造器。

如果重载的构造器是一个指定构造器，可以在子类中重载它的实现，并在自定义版本的构造器中调用父类版本的构造器。如果重载的构造器是一个便利构造器，则重载过程必须通过调用同一类中提供的其他指定构造器来实现。

注意：在 Swift 语言中，与方法、属性和下标不同，在重载构造器时无须使用关键字 override。

5．自动构造器的继承

在 Swift 语言中，子类不会默认继承父类的构造器。但是如果特定条件可以满足，父类构造器是可以被自动继承的。在现实开发应用中，对于许多常见场景不必重载父类的构造器，并且在尽可能安全的情况下以最小的代价来继承父类的构造器。

假设要为子类中引入的任意新属性提供默认值，请遵守以下两个规则：

（1）如果子类没有定义任何指定构造器，它将自动继承所有父类的指定构造器。

（2）如果子类提供了所有父类指定构造器的实现，不管是通过规则 1 继承过来的，还是通过自定义实现的，它将自动继承所有父类的便利构造器。

即使在子类中添加了更多的便利构造器，这两条规则仍然适用。

注意：在 Swift 语言中，子类可以通过部分满足规则 2 的方式，使用子类便利构造器来实现父类的指定构造器。

6. 指定构造器和便利构造器的语法

在 Swift 语言中，类的指定构造器的写法跟值类型简单构造器一样，具体格式如下所示。

```
init(parameters) {
    statements
}
```

在 Swift 语言中，便利构造器也采用相同样式的写法，但需要在 init 关键字之前放置 convenience 关键字，并使用空格将它们分开。具体格式如下所示。

```
convenience init(parameters) {
    statements
}
```

7. 指定构造器和便利构造器实战

在接下来的例子中，将展示指定构造器、便利构造器和自动构造器的继承。在例子中定义了包含三个类 Food、RecipeIngredient 以及 ShoppingListItem 的类层次结构，并将演示它们的构造器是如何相互作用的。实例中的基类是 Food，它是一个简单的用来封装食物名字的类。Food 类引入了一个称作 name 的 String 类型属性，并且提供了两个构造器来创建 Food 实例。

```
class Food {
    var name: String
    init(name: String) {
        self.name = name
    }
    convenience init() {
        self.init(name: "[Unnamed]")
    }
}
```

图 8-8 展示了 Food 的构造器链。

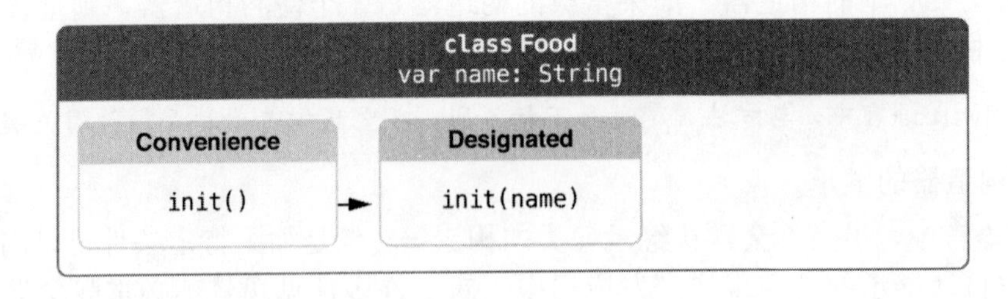

图 8-8 Food 的构造器链

类没有提供一个默认的逐一成员构造器，所以类 Food 提供了一个接受单一参数 name 的指定构造器。这个构造器可以使用一个特定的名字来创建新的 Food 实例，例如如下所示的演示代码。

```
let namedMeat = Food(name: "Bacon")
// namedMeat 的名字是 "Bacon"
```

类 Food 中的构造器 init（name: String）被定义为一个指定构造器，因为它能确保所有新 Food 实例的中存储型属性都被初始化。类 Food 没有父类，所以 init（name: String）构造器不需要调用 super.init()来完成构造。

类 Food 同样提供了一个没有参数的便利构造器 init()，这个 init()构造器为新食物提供了一个默认的占位名字，通过代理调用同一类中定义的指定构造器 init（name: String）并给参数 name 传值[Unnamed]来实现。例如如下所示的演示代码。

```
let mysteryMeat = Food()
// mysteryMeat 的名字是 [Unnamed]
```

类层级中的第二个类是 Food 的子类 RecipeIngredient，类 RecipeIngredient 构建了食谱中的一味调味剂，它引入了 Int 类型的数量属性 quantity（以及从 Food 继承过来的 name 属性），并且定义了两个构造器来创建 RecipeIngredient 实例。例如如下所示的演示代码。

```
class RecipeIngredient: Food {
    var quantity: Int
    init(name: String, quantity: Int) {
        self.quantity = quantity
        super.init(name: name)
    }
    convenience init(name: String) {
        self.init(name: name, quantity: 1)
    }
}
```

图 8-9 展示了 RecipeIngredient 类的构造器链。

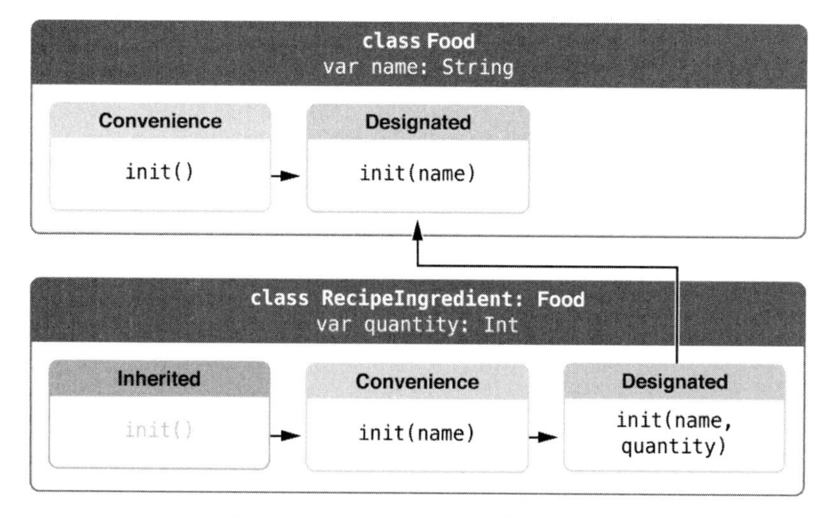

图 8-9　RecipeIngredient 类的构造器链

类 RecipeIngredient 拥有一个指定构造器 init(name: String, quantity: Int)，它可以用来产生新 RecipeIngredient 实例的所有属性值。这个构造器一开始先将传入的 quantity 参数赋值给

quantity 属性，这个属性也是唯一在 RecipeIngredient 中新引入的属性。随后，构造器将任务向上代理给父类 Food 的 init（name: String）。这个过程满足两段式构造过程中的安全检查 1。

RecipeIngredient 也定义了一个便利构造器 init（name: String），它只通过 name 来创建 RecipeIngredient 的实例。这个便利构造器假设任意 RecipeIngredient 实例的 quantity 为 1，所以不需要显示指明数量即可创建出实例。这个便利构造器的定义可以让创建实例更加方便和快捷，并且避免了使用重复的代码来创建多个 quantity 为 1 的 RecipeIngredient 实例。这个便利构造器只是简单的将任务代理给了同一类中提供的指定构造器。

注意：在 RecipeIngredient 的便利构造器 init (name: String) 中，使用了跟 Food 中指定构造器 init (name: String) 相同的参数。尽管 RecipeIngredient 这个构造器是便利构造器，RecipeIngredient 依然提供了对所有父类指定构造器的实现。因此，RecipeIngredient 也能自动继承了所有父类的便利构造器。

在这个例子中，RecipeIngredient 的父类是 Food，它有一个便利构造器 init()。这个构造器因此也被 RecipeIngredient 继承。这个继承的 init()函数版本跟 Food 提供的版本是一样的，除了它是将任务代理给 RecipeIngredient 版本的 init（name: String）而不是 Food 提供的版本。

所有的这三种构造器都可以用来创建新的 RecipeIngredient 实例，例如如下所示的演示代码。

```
let oneMysteryItem = RecipeIngredient()
let oneBacon = RecipeIngredient(name: "Bacon")
let sixEggs = RecipeIngredient(name: "Eggs", quantity: 6)
```

类层级中第三个也是最后一个类是 RecipeIngredient 的子类，叫作 ShoppingListItem。这个类构建了购物单中出现的某一种调味料。

购物单中的每一项总是从 unpurchased 未购买状态开始的，为了展现这一事实，在 ShoppingListItem 中引入了一个布尔类型的属性 purchased，它的默认值是 false。ShoppingListItem 还添加了一个计算型属性 description，它提供了关于 ShoppingListItem 实例的一些文字描述。例如如下所示的演示代码。

```
class ShoppingListItem: RecipeIngredient {
    var purchased = false
    var description: String {
    var output = "\(quantity) x \(name.lowercaseString)"
        output += purchased ? " ✔" : " ✘"
        return output
    }
}
```

在上述代码中，ShoppingListItem 没有定义构造器来为 purchased 提供初始化值，这是因为任何添加到购物单的项的初始状态总是未购买。由于它为自己引入的所有属性都提供了默认值，并且自己没有定义任何构造器，类 ShoppingListItem 将自动继承所有父类中的指定构造器和便利构造器。

图 8-10 展示了所有三个类的构造器链。

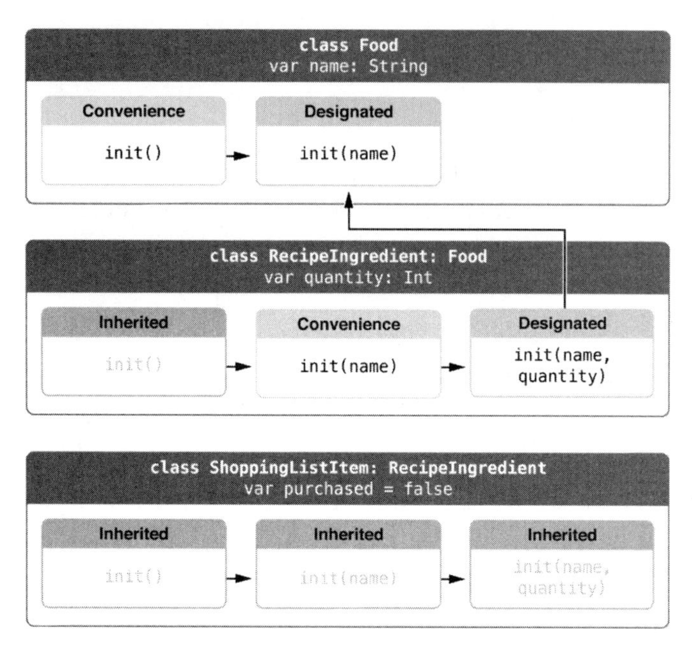

图 8-10　所有三个类的构造器链

此时可以使用全部三个继承来的构造器来创建 ShoppingListItem 的新实例，例如如下所示的演示代码。

```
var breakfastList = [
    ShoppingListItem(),
    ShoppingListItem(name: "Bacon"),
    ShoppingListItem(name: "Eggs", quantity: 6),
]
breakfastList[0].name = "Orange juice"
breakfastList[0].purchased = true
for item in breakfastList {
    print(item.description)
}
// 执行后输出:
// 1 x orange juice ✔
// 1 x bacon ✘
// 6 x eggs ✘
```

在上述代码中，通过字面量方式创建了一个新数组 breakfastList，它包含了三个新的 ShoppingListItem 实例，因此数组的类型也能自动推导为 ShoppingListItem[]。在数组创建完之后，数组中第一个 ShoppingListItem 实例的名字从[Unnamed]修改为 Orange juice，并标记为已购买。接下来通过遍历数组每个元素并打印它们的描述值，展示了所有项当前的默认状态都已按照预期完成了赋值。

8.2.6　可失败构造器

在 Swift 程序中的某个类、结构体或枚举类型的对象，如果在构造自身的过程中有发生失败的可能，则很有必要为其定义一个可失败构造器。这里所指的“失败”是指如下所示的类似情形：

- 给构造器传入无效的参数值。
- 缺少某种所需的外部资源。
- 不满足某种必要的条件。

为了妥善处理上述构造过程中可能会失败的情况，可以在一个类、结构体或枚举类型的定义中添加一个或多个可失败构造器。其语法格式是在关键字 init 后面加添问号。

```
init?
```

在此需要注意，可失败构造器的参数名和参数类型，不能与其他非可失败构造器的参数名，及其类型相同。可失败构造器在构建对象的过程中，创建一个其自身类型为可选类型的对象。通过 return nil 语句，来表明可失败构造器在何种情况下“失败”。

严格来说，Swift 构造器都不支持返回值。因为构造器本身的作用，只是为了能确保对象自身能被正确构建。所以即使在表明可失败构造器失败的这种情况下用到了 return nil，也不要在表明可失败构造器成功的情况下使用关键字 return。

例如在下面的演示代码中，定义了一个名为 Animal 的结构体，其中有一个名为 species 的 String 类型的常量属性。同时在该结构体还定义了一个带 String 类型参数 species 的可失败构造器。这个可失败构造器，被用来检查传入的参数是否为一个空字符串。如果为空字符串，则该可失败构造器构建对象失败，否则成功。

```
struct Animal {
    let species: String
    init?(species: String) {
        if species.isEmpty { return nil }
        self.species = species
    }
}
```

接下来可以通过该可失败构造器来构建一个 Animal 的对象，并检查其构建过程是否成功。具体代码如下所示：

```
let someCreature = Animal(species: "Giraffe")
// someCreature 的类型是 Animal? 而不是 Animal
if let giraffe = someCreature {
    print("An animal was initialized with a species of \(giraffe.species)")
}
// 输出 "An animal was initialized with a species of Giraffe"
```

如果给该可失败构造器传入一个空字符串作为其参数，则该可失败构造器失败。具体演示代码如下所示：

```
let anonymousCreature = Animal(species: "")
// anonymousCreature 的类型是 Animal?, 而不是 Animal
if anonymousCreature == nil {
    print("The anonymous creature could not be initialized")
}
// 输出 "The anonymous creature could not be initialized"
```

注意：空字符串“""”和一个值为 nil 的可选类型的字符串是两个完全不同的概念。在上面的演示代码中，空字符串（""）其实是一个有效的非可选类型的字符串。在这里之所以让 Animal 的可失败构造器构建对象失败，是因为对于 Animal 这个类的 species 属性来说，它更适合有一个具体的值，而不是空字符串。

8.3　析构函数

在 Swift 语言中，释放在一个类的实例之前会立即调用析构函数。在 Swift 程序中使用关键字 deinit 来定义析构函数，这类似于初始化函数用 init 来标示，析构函数只适用于类类型。在本节的内容中，将详细讲解 Swift 析构过程的基本知识。

8.3.1　析构过程原理

在 Swift 语言中，会自动释放不再需要的实例以释放资源。例如自动引用计数那一章描述，Swift 通过自动引用计数（ARC）处理实例的内存管理。通常在释放实例时不需要手动地去清理。但是，当使用自己的资源时，可能需要进行一些额外的清理。例如创建了一个自定义的类来打开一个文件，并写入一些数据，此时可能需要在类实例被释放之前关闭该文件。

在 Swift 程序中定义类时，每个类最多只能有一个析构函数。析构函数不带任何参数，在写法上不带括号。析构器与构造器相反，在对象释放时调用。使用关键字 deinit 构建析构，具体格式如下所示。

```
deinit {
    // 执行析构过程
}
```

在 Swift 语言中，析构函数是在实例释放发生前一步被自动调用，不允许主动调用自己的析构函数。子类继承了父类的析构函数，并且在子类析构函数实现的最后，父类的析构函数被自动调用。即使子类没有提供自己的析构函数，父类的析构函数也总是被调用。

因为直到实例的析构函数被调用时才会被释放实例，所以析构函数可以访问所有请求实例的属性，并且根据那些属性可以修改它的行为（比如查找一个需要被关闭的文件的名称）。

实例 8-5	在 Swift 中使用析构函数
源码路径	源代码下载包:\daima\8\8-5

实例文件 main.swift 的具体实现代码如下所示。

```
import Foundation

class Player {
    var coinsInPurse:Int
    init(coins: Int) {
        print("call init")
        coinsInPurse = coins
    }
    func winCoins(coins: Int) {
        coinsInPurse += 10
    }
```

```
    deinit {
        coinsInPurse = 0
    }
}
var playerOne: Player? = Player(coins: 100)
print("coinsInPurse   : \(playerOne!.coinsInPurse)coins")
    playerOne = nil
    print("PlayerOne has leftthe game")
```

本实例执行后的效果如图 8-11 所示。

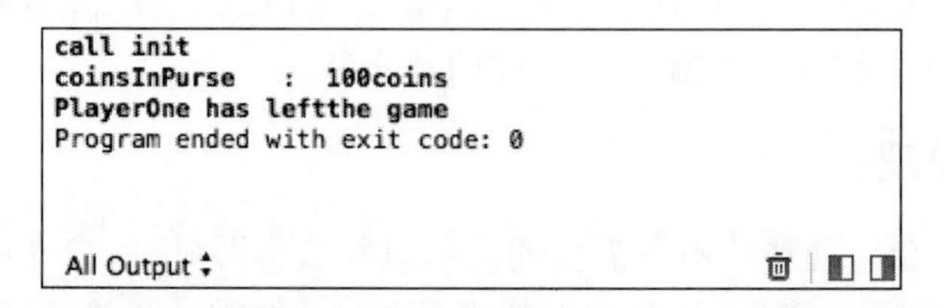

图 8-11　执行效果

8.3.2　析构函数操作

在本节的演示代码中演示了一个析构函数操作过程，这个例子是一个简单的游戏，定义了两种新类型，Bank 和 Player。Bank 结构体管理一个虚拟货币的流通，在这个流通中 Bank 永远不可能拥有超过 10 000 的硬币。在这个游戏中有且只能有一个 Bank 存在，因此 Bank 由带有静态属性和静态方法的结构体实现，从而存储和管理其当前的状态。

```
struct Bank {
    static var coinsInBank = 10_000
    static func vendCoins(var numberOfCoinsToVend: Int) → Int {
         numberOfCoinsToVend = min(numberOfCoinsToVend, coinsInBank)
         coinsInBank -= numberOfCoinsToVend
        return numberOfCoinsToVend
    }
    static func receiveCoins(coins: Int) {
        coinsInBank += coins
    }
}
```

对上述代码的具体说明如下所示。

- Bank 根据它的 coinsInBank 属性来跟踪当前它拥有的硬币数量。银行还提供两个方法——vendCoins 和 receiveCoins——用来处理硬币的分发和收集。
- 方法 vendCoins 在 bank 分发硬币之前检查是否有足够的硬币。如果没有足够多的硬币，Bank 返回一个比请求时小的数字（如果没有硬币留在 bank 中就返回 0）。vendCoins 方法声明 numberOfCoinsToVend 为一个变量参数，这样即可在方法体的内部修改数字，而不需要定义一个新的变量。vendCoins 方法返回一个整型值，表明了提供的硬币的实际数目。
- 方法 receiveCoins 只是将 bank 的硬币存储和接收到的硬币数目相加，再保存回 bank。

- 类 Player 描述了游戏中的一个玩家。每一个 player 在任何时刻都有一定数量的硬币存储在他们的钱包中。这可以通过方法 player 中的属性 coinsInPurse 来体现，例如如下所示的演示代码。

```
class Player {
    var coinsInPurse: Int
    init(coins: Int) {
        coinsInPurse = Bank.vendCoins(coins)
    }
    func winCoins(coins: Int) {
        coinsInPurse += Bank.vendCoins(coins)
    }
    deinit {
        Bank.receiveCoins(coinsInPurse)
    }
}
```

通过上述代码，每个 Player 实例都由一个指定数目硬币组成的启动额度初始化，这些硬币在 bank 初始化的过程中得到。如果没有足够的硬币可用，Player 实例可能收到比指定数目少的硬币。类 Player 定义了一个 winCoins 方法，该方法从银行获取一定数量的硬币，并把它们添加到玩家的钱包。

另外，Player 类还实现了一个析构函数，这个析构函数在 Player 实例释放前一步被调用。此时的析构函数只是将玩家的所有硬币都返回给银行。

继续看如下所示的演示代码。

```
var playerOne: Player? = Player(coins: 100)
print("A new player has joined the game with \(playerOne!.coinsInPurse) coins")
// 输出 "A new player has joined the game with 100  coins"
print("There are now \(Bank.coinsInBank) coins left  in the bank")
// 输出 "There are now 9900 coins left in the bank"
```

在上述代码中，一个新的 Player 实例随着一个 100 个硬币（如果有）的请求而被创建。这个 Player 实例存储在一个名为 playerOne 的可选 Player 变量中。这里使用一个可选变量，是因为玩家可以随时离开游戏。设置为可选使得你可以跟踪当前是否有玩家在游戏中。

因为 playerOne 是可选的，所以由一个感叹号（!）来修饰，每当其 winCoins 方法被调用时，coinsInPurse 属性被访问并打印出它的默认硬币数目。例如如下所示的演示代码。

```
playerOne!.winCoins(2_000)
print("PlayerOne won 2000 coins & now has \ (playerOne!.coinsInPurse) coins")
// 输出 "PlayerOne won 2000 coins & now has 2100 coins"
print("The bank now only has \(Bank.coinsInBank) coins left")
// 输出 "The bank now only has 7900 coins left"
```

在上述代码中，player 已经赢得了 2 000 个硬币。player 的钱包现在有 2 100 个硬币，bank 只剩余 7 900 个硬币。例如如下所示的演示代码。

```
playerOne = nil
print("PlayerOne has left the game")
// 输出 "PlayerOne has left the game"
```

```
print("The bank now has \(Bank.coinsInBank) coins")
// 输出 "The bank now has 10000 coins"
```

此时玩家已经离开了游戏，这表明是要将可选的 playerOne 变量设置为 nil，意思是“没有 Player 实例”。当这种情况发生时，变量 playerOne 对 Player 实例的引用被破坏了。没有其他属性或者变量引用 Player 实例，因此为了清空它占用的内存从而释放它。在这发生前一步，其析构函数被自动调用，其硬币被返回到银行。

8.4 综合演练

在本节下面的实例中，综合演示了 Swift 类的基本知识，包括如下所示的知识点。

- 属性设置。
- 构造、释构。
- 接口实现多态。
- 函数的重载和重写（override）。
- 类函数（静态成员函数）。
- 各种函数的声明，带参，默认值，多个返回，多个输出参数，内连函数等。
- 函数类型变量，函数地址作为传参，返回函数地址。
- 单例。

实例 8-6	声明并调用 Swift 中各种常用的函数
源码路径	源代码下载包:\daima\8\8-6

实例文件 main.swift 的具体实现流程如下所示。

（1）定义结构、协议、枚举和接口，对应实现代码如下所示。

```
import Foundation
let unk = "unKnow"
//显示器屏幕宽高
struct MonitorWH {
    var width          = 0
    var height         = 0
    var resolution      = 0.0           //分辨率
}

//协议，接口，实现多重继承
protocol ProtocolComputer {
    var price : Double {get}            //只有get方法

    func runComputer()
}

//计算机类型
enum ComputerType :Int
{
    case none
    case book                           //笔记本
```

```
    case superBook                      //超级笔记本
    case home                           //家庭电脑
}


func callbackWhenStarting()//computer:Computer
{

}
```

（2）定义计算机类 Computer，并在类中定义构造函数和析构函数，对应实现代码如下所示。

```
//计算机类
class Computer : NSObject,ProtocolComputer
{
    var cpu          = unk              //cpu
    var memory       = unk              //内存
    var hardDisk     = unk              //硬盘
    var monitor      = unk              //显示器
    var cpName       = unk              //品牌
    var computertype : ComputerType = .none

    //@lazy //这关键词声明的有啥作用啊？？？？

    //继承接口的属性
    var price :Double = 0.0

    //willset didset属性
    var totalPrice: Int = 0 {
    willSet(newTotalPrice) { //参数使用new+变量名且变量名首地址大写
        print("准备将totalPrice值(原值为:\(totalPrice))设为: \(newTotalPrice)")
        //to do somthing before set.
    }
    didSet {
        if totalPrice > oldValue  {
            print("设置后新值比旧值增加了\(totalPrice - oldValue)")
        }
    }
    }

    //声明一个set,get属性
    var computerPrice: Double {
    get {
        print("you call computerPrice.")
        return price
    }
    set {
        price = newValue
        print("you set computerPrice value is \(price)")
    }
    }
```

```
//下面是默认构造函数
override init()
{
   print("default creatrustor is called.")
}

//因为默认构造函数不能和init()共存，所以下面的代码将会出错
//    convenience init() {
//        self.init(computerName: "unknow" ,price:0)
//    }


//自定义构造函数
init(computerName:String,price:Double)
{
   print("custom creatrustor is called.")
   self.cpName = computerName
   self.price = price
}

//析构函数
deinit {
   print("this is destory?")
}


func descriptionm() -> String
{
   //换行方式输出参数
   return "Computer description : product \(self.cpName) ,type is \(self.
   computertype.rawValue) , cpu is \(self.cpu) ,memory is \(self.memory),disk
   is \(self. hardDisk) ,monitor is \(self.monitor) ,price is \(self.price)"
}

//类函数 (OC 中的+号操作， c/c++ 中的static 函数)
class func shareInstance() -> Computer
{
   return Computer()
}

//开机关机 (不带返回值函数)
func operationComputer(onOrOff : Bool)
{
   if onOrOff
   {
      print("computer is starting")
   }
   else
   {
      print("computer is stopping")
   }
```

```
}

//无参，无返回值函数
func computerRunning()
{
    print("computer is running")
}

//多个返回值(即输出参数)
func getComputerConfig()->(cpu:String,hd:String,mem:String,mon:String)
{
    return (self.cpu,self.hardDisk,self.memory,self.monitor)
}

//使用inout参数来作为输出参数
func getComputerConfig(inout cpu:String,inout hd:String,inout mem:String,
inout mon:String)
{
    cpu      = self.cpu
    hd       = self.hardDisk
    mem      = self.memory
    mon      = self.monitor
}

//外部参数名函数（目的是让调用者更加清楚每个参数的具体函义）
//computerCPU,withComputerhardDisk,withComputerMemory,withComputerMonitor
//等等都是外部参数名
//在调用时必须带上
func setComputerConfig(computerCPU cpu:String,withComputerhardDisk
hd:String,
    withComputerMemory mem:String,withComputerMonitor mon:String)
{
    self.cpu            = cpu
    self.hardDisk       = hd
    self.memory         = mem
    self.monitor        = mon
}

//使用#来把变量名提升为具有外部参数名作用的变量名
//这样就不用再写一次外部参数名（在外部参数名与变量名相同时使用）

func setComputerConfig(#cpu:String,disk:String,mem:String,mon:String)
{
    self.cpu            = cpu
    self.hardDisk       = disk
    self.memory         = mem
    self.monitor        = mon
}

//参数的默认值
func macBookPro(pname:String = "Apple",cpu:String = "Intel Core
I5",type:ComputerType,
```

```
    mem:String = "2G",disk:String ,mon:String = "Intel HD Graphics 4000")
{
    self.cpu            = cpu
    self.hardDisk       = disk
    self.memory         = mem
    self.monitor        = mon
    self.cpName         = pname
    self.computertype   = type
}

//可变参数
func usbNumbers(usbs:String...) -> String
{
    var ret : String = ""
    for usb in usbs
    {
        print(usb)
        ret += (usb + ",")
    }
    return ret
}

//常量参数、变量参数
//尽管函数内部修改了version,但并不影响原来外部设定的值
func lookWindowsVersion(var version:String) ->String
{
    version = "default windows " + version
    return version
}

//mutating func

func getResolution(pname:String) -> MonitorWH
{
    var mt = MonitorWH(width: 1364,height: 1280,resolution: 16/9)
    if pname == "Phripse"
    {
        mt = MonitorWH(width: 5555,height: 3333,resolution: 29/10)
    }

    return mt
}

//函数作为参数传递参数

//var callbackWhenStarting : ()->() = callbackWhenStarting

func openTask()
{
    func openOtherTask()
    {
```

```
            print("open other task")
        }
        print("open task")
    }

    //函数重写
    func lookComputerBasicHardInfo(computer:Computer)
    {
    }

    //接口实现
    func runComputer()
    {
        print("Computer run.")
    }
}
class Lenove : Computer
{
    override func lookComputerBasicHardInfo(computer:Computer)
    {
        if computer is Lenove        {
            print("这是联想")
        }
    }
}
```

（3）开始编写测试代码，调用前面的函数测试输出结果，对应实现代码如下所示。

```
//var cpt = Computer()                                    //调用默认构造
var cpt = Computer(computerName: "Apple",price:12000)     //调用自定义构造
print(cpt.description)
print(cpt.getComputerConfig())

//属性测试
print("价钱为:\(cpt.computerPrice)")
cpt.computerPrice = 2000.0;
print("设置后的价钱为:\(cpt.computerPrice)")

//测试willset didset
cpt.totalPrice = 100;
cpt.totalPrice = 400;
cpt.totalPrice = 900;

var a = "",b = "",c = "",d = ""
cpt.getComputerConfig(&a,hd: &b,mem: &c,mon: &d)
print("a=\(a),b=\(b),c=\(c),d=\(d)")

cpt.setComputerConfig(computerCPU :"inter i5", withComputerhardDisk:"WD 500",
    withComputerMemory:"4G",withComputerMonitor:"Phripse")

print("最新配置:\(cpt.description)")
```

```
cpt.setComputerConfig(cpu: "AMD", disk: "HD 1T", mem: "8G", mon: "SamSung")
print("最新配置:\(cpt.description)")

//使用默认值调用函数
cpt.macBookPro(type: ComputerType.book,disk: "5")
print("平果配置:\(cpt.description)")

let usbSupportType = cpt.usbNumbers("2.0","3.0")
print("支持USB接口:\(usbSupportType))")

let extentUsbType = cpt.usbNumbers("5.0")
print("扩展USB接口:\(extentUsbType)")

var version = "xp 3";
let newversion = cpt.lookWindowsVersion(version);
print(version)
print(newversion)
```

本实例执行后的效果如图 8-12 所示。

```
Computer description : product Apple ,type is 0 , cpu
is unKnow ,memory is unKnow,disk is unKnow ,monitor
is unKnow ,price is 12000.0
(unKnow, unKnow, unKnow, unKnow)
you call computerPrice.
价钱为:12000.0
you set computerPrice value is 2000.0
you call computerPrice.
设置后的价钱为:2000.0
准备将totalPrice值(原值为:0)设为: 100
设置后新值比旧值增加了100
准备将totalPrice值(原值为:100)设为: 400
设置后新值比旧值增加了300
准备将totalPrice值(原值为:400)设为: 900
设置后新值比旧值增加了500
a=unKnow,b=unKnow,c=unKnow,d=unKnow
最新配置:Computer description : product Apple ,type is
0 , cpu is inter i5 ,memory is 4G,disk is WD
500 ,monitor is Phripse ,price is 2000.0
最新配置:Computer description : product Apple ,type is
0 , cpu is AMD ,memory is 8G,disk is HD 1T ,monitor
is SamSung ,price is 2000.0
平果配置:Computer description : product Apple ,type is
1 , cpu is Intel Core I5 ,memory is 2G,disk is
5 ,monitor is Intel HD Graphics 4000 ,price is 2000.0
2.0
3.0
支持USB接口:2.0,3.0,)
5.0
扩展USB接口:5.0,
xp 3
default windows xp 3
Program ended with exit code: 0
All Output
```

图 8-12　执行效果

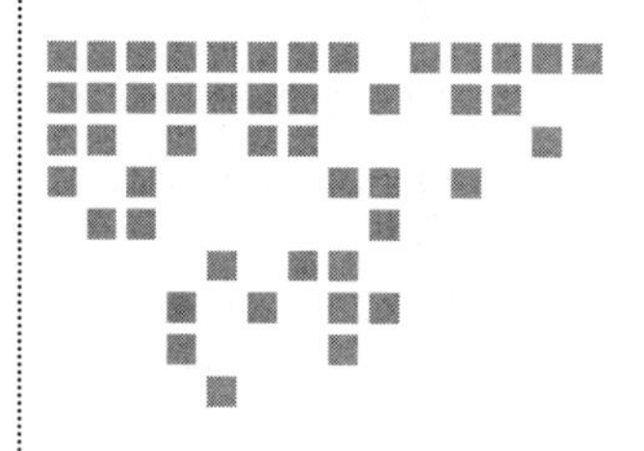

Chapter 9 第9章

泛　　型

在 Swift 语言中，通过泛型可以让开发者写出根据自我需求定义、适用于任何类型的、灵活、可重用的函数和类型。泛型可以让开发者避免重复的代码，用一种清晰和抽象的方式来表达代码的意图。泛型是 Swift 语言强大特征中的其中一个，许多 Swift 标准库是通过泛型代码构建出来的。例如 Swift 的数组和字典类型都是泛型集，我们可以创建一个 Int 数组，也可以创建一个 String 数组，或者甚至可以是任何其他 Swift 的类型数据数组。同样的，也可以创建存储任何指定类型的字典（dictionary），而且这些类型可以是没有限制的。在本章的内容中，将详细讲解 Swift 泛型的基本知识。

9.1　泛型所解决的问题

例如在如下所示的演示代码中，定义了一个标准的、非泛型函数 swapTwoInts，功能是交换两个 Int 值。

```
func swapTwoInts(inout a: Int, inout b: Int)
  let temporaryA = a
  a = b
  b = temporaryA
}
```

上述函数使用写入/读出（in-out）参数来交换 a 和 b 的值。

函数 swapTwoInts 可以交换 b 的原始值到 a，也可以交换 a 的原始值到 b，可以调用这个函数交换两个 Int 变量值。例如如下所示的演示代码。

```
var someInt = 3
var anotherInt = 107
swapTwoInts(&someInt, &anotherInt)
```

```
print("someInt is now \(someInt), and anotherInt is now \(anotherInt)")
// 输出 "someInt is now 107, and anotherInt is now 3"
```

函数 swapTwoInts 是非常有用的，但是它只能交换 Int 值，如果想要交换两个 String 或者 Double，就不得不写更多的函数，例如 swapTwoStrings 和 swapTwoDoublesfunctions。例如如下所示的演示代码。

```
func swapTwoStrings(inout a: String, inout b: String) {
    let temporaryA = a
    a = b
    b = temporaryA
}

func swapTwoDoubles(inout a: Double, inout b: Double) {
    let temporaryA = a
    a = b
    b = temporaryA
}
```

在上述代码中可能会注意到 swapTwoInts、 swapTwoStrings 和 swapTwoDoubles 函数功能都是相同的，唯一不同之处就在于传入的变量类型不同，分别是 Int、String 和 Double。

但是在实际应用中，通常需要一个用处更强大并且尽可能的考虑到更多的灵活性单个函数，可以用来交换两个任何类型值。幸运的是，泛型代码帮你解决了这个问题。

注意：在上述所示的三个函数中，a 和 b 的类型是一样的。如果 a 和 b 不是相同的类型，那么 a 和 b 就不能互换值。Swift 是类型安全的语言，所以它不允许一个 String 类型的变量和一个 Double 类型的变量互相交换值。

在 Swift 程序中，使用尖括号可以定义泛型函数或类型。例如如下所示的代码。

```
func repeat<ItemType>(item: ItemType, times: Int) → ItemType[] {
     var result = ItemType[]()
     for i in 0..times {
        result += item
     }
      return result
 }
 repeat("knock", 4)
```

同样可以创建泛型类、枚举类型和结构体类型，例如如下所示的代码。

```
//重新实现Swift标准库中的optional类型 enum OptionalValue<T> {
    case None     case Some(T)
}
  var possibleInteger: OptionalValue<Int> = .None possibleInteger = .Some(100)
```

实例 9-1	定义泛型
源码路径	源代码下载包:\daima\9\9-1

实例文件 main.swift 的具体实现代码如下所示。

```
import Foundation
//函数定义的乏型
func test<T>(item:T) → [T]{ //为方法定义泛型T,而T的类型是参数的格式,返回是参数格式的数组
    var a = [T]();
    a += [item];
    return a;
}
print(test("a"));
print(test(1));


//类定义的泛型
class A<T> {
    func method(a:T){
        print(a);
    }
}
var a = A<String>();
a.method("abc");


//枚举定义泛型
enum B<T>{
    case a;
    case b(T);
}
```

本实例执行后的效果如图 9-1 所示。

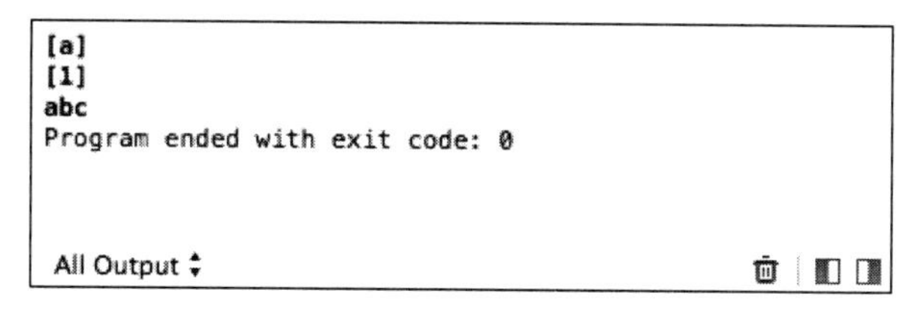

图 9-1　执行效果

9.2　泛型函数

在 Swift 语言中，泛型函数可以工作于任何类型。例如下面是一个上面 swapTwoInts 函数的泛型版本，用于交换两个值。

```
func swapTwoValues<T>(inout a: T, inout b: T) {
    let temporaryA = a
    a = b
    b = temporaryA
}
```

函数 swapTwoValues 的主体和 swapTwoInts 函数是一样的，它只在第一行稍微有那么一点儿不同于 swapTwoInts。例如如下所示的演示代码。

```
func swapTwoInts(inout a: Int, inout b: Int)
func swapTwoValues<T>(inout a: T, inout b: T)
```

在上述代码中，函数的泛型版本使用了占位类型名字（通常此情况下用字母 T 表示）来代替实际类型名（如 In、String 或 Doubl）。占位类型名没有提示 T 必须是什么类型，但是它提示了 a 和 b 必须是同一类型 T，而不管 T 表示什么类型。只有 swapTwoValues 函数在每次调用时所传入的实际类型才能决定 T 所代表的类型。在上述泛型函数名后面跟着的展位类型名字（T）是用尖括号括起来的（<T>），这个尖括号告诉 Swift 那个 T 是 swapTwoValues 函数所定义的一个类型。因为 T 是一个占位命名类型，所以 Swift 不会去查找命名为 T 的实际类型。

函数 swapTwoValues 除了要求传入的两个任何类型值是同一类型外，也可以作为 swapTwoInts 函数被调用。每当调用 swapTwoValues 函数时，T 所代表的类型值都会传给函数。

例如在下面的两个例子中，T 分别代表 Int 和 String。

```
var someInt = 3
var anotherInt = 107
swapTwoValues(&someInt, &anotherInt)
// someInt is now 107, and anotherInt is now 3
var someString = "hello"
var anotherString = "world"
swapTwoValues(&someString, &anotherString)
// someString is now "world", and anotherString is now "hello"
```

在上述代码中，定义的函数 swapTwoValues 是受 swap 函数启发而实现的。函数 swap 存在于 Swift 标准库中，并可以在其他类中任意使用。如果在自己代码中需要类似 swapTwoValues 函数的功能，可以使用已存在的交换函数 swap 函数。

9.3 类型参数

在本章前面的 swapTwoValues 例子中，占位类型 T 是一种类型参数的示例。类型参数指定并命名为一个占位类型，并且紧随在函数名后面，使用一对尖括号括起来（如<T>）。

在 Swift 语言中，一旦一个类型参数被指定，那么其可以被使用来定义一个函数的参数类型（如 swapTwoValues 函数中的参数 a 和 b），或作为一个函数返回类型，或用作函数主体中的注释类型。在这种情况下，被类型参数所代表的占位类型不管函数任何时候被调用，都会被实际类型所替换（在上面 swapTwoValues 例子中，当函数第一次被调用时，T 被 Int 替换，第二次调用时被 String 替换）。

在 Swift 语言中，可支持多个类型参数，命名方法是在尖括号中用逗号“,”进行分开。例如在下面的实例中，演示了如下所示的功能。

- callback 函数的声明与使用。
- 函数作为形参进行传递。
- 函数作为返回值。
- 函数和 class 类支持泛型。

实例 9-2	使用函数和类支持泛型
源码路径	源代码下载包:\daima\9\9-2

实例文件 main.swift 的具体实现代码如下所示。

```
import Foundation


import Foundation

typealias Point = (Int, Int)

let origin: Point = (0, 0)


//初始化函数
func willDoit(sender : CallBackManager)
{
   print("willDoit defaulft.")
}

func didDoit(sender : CallBackManager)
{
   print("didDoit defaulft.")
}

class CallBackManager
{
   //声明两个函数变量
   var willdoitcallback : (CallBackManager) → () = willDoit
   var diddoitcallback : (CallBackManager) → () = didDoit

   var callbackName = "hello world"
   init()
   {

   }

   func testCall()
   {
      self.willdoitcallback(self)

      callbackName = "reset data"
      print("to do something.")

      self.diddoitcallback(self)
   }

   //函数地址作为形参传递
   func testparams(addfunc:(Int,Int)→(Int),instruction : String) →Bool
   {
      print("3 + 5 = \(addfunc(3,5)) , 第二个参数值为:\(instruction)")
      return true
   }
```

```
    //函数作为返回值
    func testfunctionReturn(instruction : String) → (Int,Int) → Int
    {
        func Multiplication(a:Int,b:Int) →Int
        {
            return a * b
        }

        return Multiplication
    }

    //可变参数
    func unknowParam(slist : String...)
    {
        var ret : String = ""
        for usb in slist
        {
            print(usb)
            ret += (usb + ",")
        }
    }

    //使用泛型
    //simpleMin(17, 42)                //整型参数
    //simpleMin(3.14159, 2.71828)      //浮点型

    func simpleMin<T: Comparable>(x: T, y: T) → T {
        if x < y {
            return y
        }
        return x
    }
}

    func willcallback(callback : CallBackManager)
    {
        print("回调前结果\(callback.callbackName)")
    }

    func didcallback(callback : CallBackManager)
    {
        print("回调后结果\(callback.callbackName)")
    }

    func add(a:Int,b:Int) → Int
    {
        return a + b
    }
         var test = CallBackManager()
        test.willdoitcallback = willcallback
        test.diddoitcallback = didcallback
        test.testCall()
```

```
test.testparams(add,instruction: "测试函数作为传参")

let funcMulti = test.testfunctionReturn("返回函数地址")

let ret = funcMulti(5,5)
print("5 * 5 = \(ret)")
```

本实例执行后的效果如图 9-2 所示。

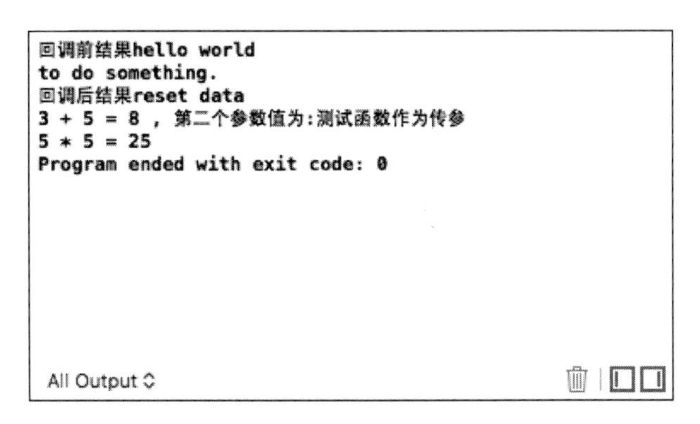

图 9-2　执行效果

注意：在 Xcode 6.1.1 的 Swift 语法更新中规定，在以后版本的泛型使用场景下，遵循了协议类要求的构造器方法或者类型方法可以直接调用继承类中的方法。而在 Xcode6 Beta7 的 Swift 语法更新中规定，将泛型的类库函数或接口统一从 T!更换为 T? 或 T，这样做使得语法更加严谨，明确了可能返回为空和不为空的情况。

9.4 命名类型参数和泛型类型

在 Swift 语言中，在简单的情况下的泛型函数或泛型类型需要指定一个占位类型（如上面的 swapTwoValues 泛型函数，或一个存储单一类型的泛型集，如数组）。通常用单个字母 T 来命名类型参数，但是可以使用任何有效的标识符来作为类型参数名。

在 Swift 语言中，如果使用多个参数定义更复杂的泛型函数或泛型类型，那么使用更多的描述类型参数是非常有用的。例如，Swift 字典（Dictionary）类型有两个类型参数，一个是键，另外一个是值。如果是自己编写的字典实现代码，那么或许会定义这两个类型参数为 KeyType 和 ValueType，用来记住它们在泛型代码中的作用。

注意：在 Swift 语言中，建议开发者始终使用大写字母开头的驼峰式命名法（例如 T 和 KeyType）来给类型参数命名，以表明它们是类型的占位符，而不是类型值。

在 Swift 语言中，通常在泛型函数中允许定义自己的泛型类型。这些自定义类、结构体和枚举作用于任何类型，如同 Array 和 Dictionary 的用法一样。这部分展示了写一个泛型集类型--Stack（栈）的方法。一个栈是一系列值域的集合，和 Array（数组）类似，但其是一个比 Swift 的 Array 类型更多限制的集合。一个数组可以允许其里面任何位置的插入/删除操作，而栈只允许在集合的末端添加新的项（如同 push 一个新值进栈）。同样的一个栈也只能从末端移除项（如同 pop 一个值出栈）。

注意：在 Swift 语言中，栈的概念已被 UINavigationController 类使用来模拟试图控制器的导航结构。通过调用 UINavigationController 的 pushViewController:animated:方法来为导航栈添加（add）新的试图控制器。而通过 popViewControllerAnimated:的方法来从导航栈中移除（pop）某个试图控制器。每当需要一个严格的后进先出方式来管理集合，堆栈都是最实用的模型。

图 9-3 展示了一个栈的压栈（push）/出栈（pop）的行为。

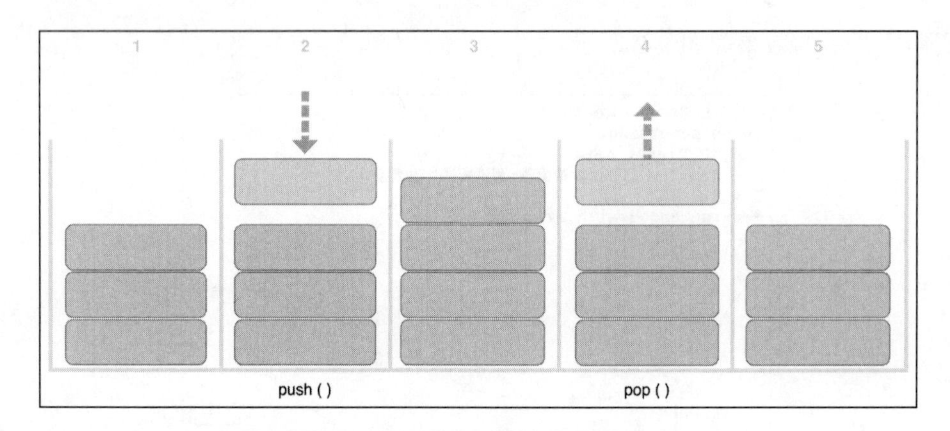

图 9-3　压栈(push)/出栈(pop)的行为

具体说明如下所示。

- 现在有三个值在栈中。
- 第四个值“pushed”到栈的顶部。
- 现在有四个值在栈中，最近的那个在顶部。
- 栈中最顶部的那个项被移除，或称之为“popped”。
- 移除掉一个值后，现在栈又重新只有三个值。

例如在下面的演示代码中展示了写一个非泛型版本的栈的方法，是一个 Int 值类型的栈。

```
struct IntStack {
    var items = Int[]()
    mutating func push(item: Int) {
        items.append(item)
    }
    mutating func pop() → Int {
        return items.removeLast()
    }
}
```

在上述代码中，结构体在栈中使用一个 Array 性质的 items 存储值。Stack 提供两个方法：push 和 pop，从栈中压进一个值和移除一个值。这些方法标记为可变的，因为它们需要修改（或转换）结构体的 items 数组。

上面所展现的 IntStack 类型只能用于 Int 值，不过，其对于定义一个泛型 Stack 类（可以处理任何类型值的栈）是非常有用的。例如在下面的演示代码中，实现了一个相同代码的泛型版本。

```
struct Stack<T> {
    var items = T[]()
```

```
    mutating func push(item: T) {
        items.append(item)
    }
    mutating func pop() → T {
        return items.removeLast()
    }
}
```

在上述代码中，Stack 的泛型版本基本上和非泛型版本相同，但是泛型版本的占位类型参数为 T 代替了实际 Int 类型。这种类型参数包含在一对尖括号里（<T>），紧随在结构体名字后面。T 定义了一个名为“某种类型 T”的节点提供给后来用。这种将来类型可以在结构体的定义里任何地方表示为“T”。在这种情况下，T 在如下三个地方被用作节点：

- 创建一个名为 items 的属性，使用空的 T 类型值数组对其进行初始化。
- 指定一个包含一个参数名为 item 的 push 方法，该参数必须是 T 类型。
- 指定一个 pop 方法的返回值，该返回值将是一个 T 类型值。

当创建一个新单例并初始化时， 通过用一对紧随在类型名后的尖括号里写出实际指定栈用到类型。创建一个 Stack 实例的方法同创建 Array 和 Dictionary 一样，例如如下所示的演示代码。

```
var stackOfStrings = Stack<String>()
stackOfStrings.push("uno")
stackOfStrings.push("dos")
stackOfStrings.push("tres")
stackOfStrings.push("cuatro")
// 现在栈已经有4个string了
```

图 9-4 展示了 stackOfStrings 如何 push 这四个值进栈的过程。

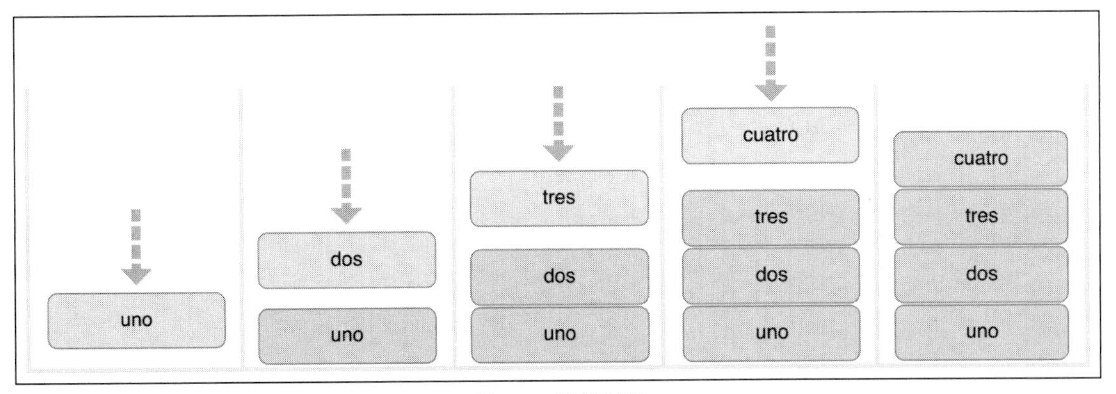

图 9-4 进栈过程

从栈中 pop 并移除值"cuatro"的演示代码如下所示。

```
let fromTheTop = stackOfStrings.pop()
// fromTheTop is equal to "cuatro", and the stack now contains 3 strings
```

图 9-5 展示了从栈中 pop 一个值的过程。

由于 Stack 是泛型类型，所以在 Swift 中其可用来创建任何有效类型的栈，这种方式如同 Array 和 Dictionary。

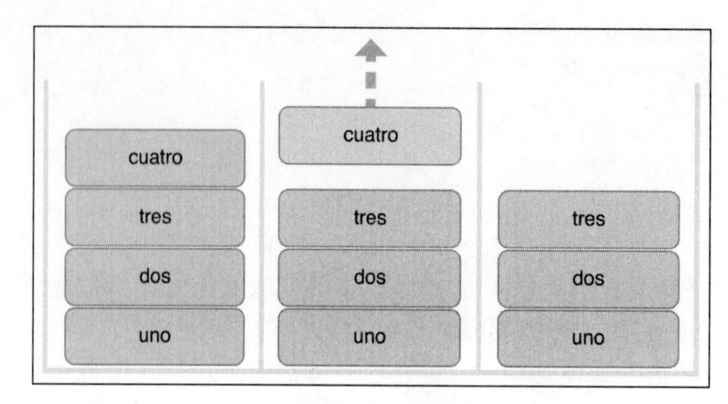

图 9-5 pop 一个值的过程

9.5 扩展一个泛型

当扩展一个泛型类型时，不能提供一个类型参数列表作为扩展定义的一部分。与之相反的是，从原来的类型定义的类型参数列表在扩展的主体中是可用的，并且原始类型参数名称用于定义原始引用类型的参数。例如在下面的演示代码中，在扩展泛型 Stack 中添加一个只读属性 topItem。

```
extension Stack {
    var topItem: T? {
        return items.isEmpty ? nil : items[items.count - 1]
    }
}
```

在上述代码中，如果 Stack 栈为空的，则 topitem 属性返回类型 T 的一个可选值，topitem 返回 nil；若栈不空，topitem 在项目列表中返回最终的项目。上述扩展没有定义一个类型参数列表，而 Stack 的现有类型参数的名字 T 在扩展用来表示可选类型的 topitem 属性。

此时 topitem 的属性现在可以在任何堆栈实例被使用，以用于访问和查询其顶端项目是否消除。

```
if let topItem = stackOfStrings.topItem {
    print("The top item on the stack is \(topItem).")
}
// prints "The top item on the stack is tres."
```

9.6 类型约束

在 Swift 语言中，swapTwoValues 函数和 Stack 类型可以作用于任何类。但是，有时对使用在泛型函数和泛型类型上的类型强制约束为某种特定类型是非常有用的。类型约束指定了一个必须继承自指定类的类型参数，或者遵循一个特定的协议或协议构成。

例如，Swift 的 Dictionary 类型对作用于其键的类型做了些限制。在字典的描述中，字典的键类型必须是可散列。也就是说，必须有一种方法可以使其被唯一的表示。Dictionary 之所以需要其键是可散列的是为了便于其检查其是否已经包含某个特定键的值。如果无此需求，Dictionary既不会告诉是否插入或者替换了某个特定键的值，也不能查找到已经存储在字典里面的给定键值。这个需求强制加上一个类型约束作用于Dictionary的键上，当然其键类型必须遵循Hashable协议（Swift 标准库中定义的一个特定协议）。所有的 Swift 基本类型（如String，Int， Double和 Bool）默认都是可散列。

在Swift语言中，在创建自定义泛型类型时可以定义你自己的类型约束。当然，这些约束要支持泛型编程的强力特征中的多数。抽象概念如可散列具有的类型特征是根据它们概念特征来界定的，而不是它们的直接类型特征。

9.6.1 类型约束语法

在 Swift 语言中，可以写一个在一个类型参数名后面的类型约束，通过冒号“:”分隔以作为类型参数链的一部分。这种作用于泛型函数的类型约束的基础语法如下所示（和泛型类型的语法相同）。例如如下所示的演示代码。

```
func someFunction<T: SomeClass, U: SomeProtocol>(someT: T, someU: U) {
    // function body goes here
}
```

在上述格式中有如下两个类型参数。

- 第一个类型参数T，有一个需要T必须是SomeClass子类的类型约束；
- 第二个类型参数U，有一个需要U必须遵循SomeProtocol协议的类型约束。

9.6.2 类型约束行为

接下来假设有一个名为 findStringIndex 的非泛型函数，该函数功能是去查找包含一个给定String值的数组。如果查找到匹配的字符串，函数findStringIndex会返回该字符串在数组中的索引值（Int），反之则返回nil。

```
func findStringIndex(array: String[], valueToFind: String) → Int? {
    for (index, value) in enumerate(array) {
        if value == valueToFind {
            return index
        }
    }
    return nil
}
```

函数 findStringIndex 可以作用于查找一字符串数组中的某个字符串，例如如下所示的演示代码。

```
let strings = ["cat", "dog", "llama", "parakeet", "terrapin"]
if let foundIndex = findStringIndex(strings, "llama") {
    print("The index of llama is \(foundIndex)")
}
// 输出 "The index of llama is 2"
```

如果只是针对字符串而言查找在数组中的某个值的索引，用处不是很大，但是可以写出相同功能的泛型函数 findIndex，用某个类型 T 值替换掉提到的字符串。

例如在如下所示的演示代码中，展示如何写一个期望的 findStringIndex 的泛型版本 findIndex 的方法。请注意这个函数仍然返回 Int，为什么不是泛型类型呢？这是因为函数返回的是一个可选的索引数，而不是从数组中得到的一个可选值。在需要提醒的是，这个函数不会编译，具体原因将在本章后面例子中说明。

```
func findIndex<T>(array: T[], valueToFind: T) → Int? {
    for (index, value) in enumerate(array) {
        if value == valueToFind {
            return index
        }
    }
    return nil
}
```

上面所写的函数不会编译。这个问题的位置在等式的检查上，“if value == valueToFind”。不是所有的 Swift 中的类型都可以用等式符（==）进行比较。例如创建一个你自己的类或结构体来表示一个复杂的数据模型，那么 Swift 没法猜到对于这个类或结构体而言“等于”的意思。正因如此，这部分代码不能可能保证工作于每个可能的类型 T，当你试图编译这部分代码时估计会出现相应的错误。

在 Swift 标准库中定义了一个 Equatable 协议，该协议要求任何遵循的类型实现等式符“==”和不等符“!=”对任何两个该类型进行比较。所有的 Swift 标准类型自动支持 Equatable 协议。

任何 Equatable 类型都可以安全的使用在 findIndex 函数中，因为其保证支持等式操作。为了说明这个事实，当你定义一个函数时，可以写一个 Equatable 类型约束作为类型参数定义的一部分，例如如下所示的演示代码。

```
func findIndex<T: Equatable>(array: T[], valueToFind: T) → Int? {
    for (index, value) in enumerate(array) {
        if value == valueToFind {
            return index
        }
    }
    return nil
}
```

在上述代码中，findIndex 中这个单个类型参数写作“T: Equatable”，这也就意味着“任何 T 类型都遵循 Equatable 协议”。

此时函数 findIndex 可以成功的编译，并且作用于任何遵循 Equatable 的类型（例如 Double 或 String）。例如如下所示的演示代码。

```
let doubleIndex = findIndex([3.14159, 0.1, 0.25], 9.3)
// doubleIndex is an optional Int with no value, because 9.3 is not in the array
let stringIndex = findIndex(["Mike", "Malcolm", "Andrea"], "Andrea")
// stringIndex is an optional Int containing a value of 2
```

9.7 关联类型

在 Swift 语言中，当定义一个协议时，有时声明一个或多个关联类型作为协议定义的一部分是非常有用的。一个关联类型给定作用于协议部分的类型一个节点名（或别名），作用于关联类型上实际类型是不需要指定的，直到该协议被接受为止。关联类型被指定为 typealias 关键字。

9.7.1 关联类型行为

例如在如下所示的演示代码中，实现了一个 Container 协议的例子，定义了一个 ItemType 关联类型。

```
protocol Container {
    typealias ItemType
    mutating func append(item: ItemType)
    var count: Int { get }
    subscript(i: Int) → ItemType { get }
}
```

在上述代码中，Container 协议定义了如下三个任何容器必须支持的兼容要求。

- 必须可能通过 append 方法添加一个新 item 到容器里。
- 必须可能通过使用 count 属性获取容器里 items 的数量，并返回一个 Int 值。
- 必须可能通过容器的 Int 索引值下标可以检索到每一个 item。

这个协议没有指定容器中 item 是如何存储的或何种类型是允许的，只是指定了三个任何遵循 Container 类型所必须支持的功能点。一个遵循的类型也可以提供其他额外的功能，只要满足这三个条件。

任何遵循 Container 协议的类型必须指定存储在其里面的值类型，必须保证只有正确类型的 items 可以加进容器里，必须明确可以通过其下标返回 item 类型。为了定义这三个条件，Container 协议需要一个方法指定容器里的元素将会保留，而不需要知道特定容器的类型。Container 协议需要指定任何通过 append 方法添加到容器里的值和容器里元素是相同类型，并且通过容器下标返回的容器元素类型的值的类型是相同类型。为了达到此目的，Container 协议声明了一个 ItemType 的关联类型，写作 typealias ItemType。这个协议不会定义 ItemType 是什么的别名，这个信息留给了任何遵循协议的类型来提供。尽管如此，ItemType 别名支持一种方法识别在一个容器中的 items 类型，以及定义一种使用在 append 方法和下标中的类型，以便保证任何期望的 Container 的行为是强制性的。

例如在如下所示的演示代码中，是一个早前 IntStack 类型的非泛型版本，适用于遵循 Container 协议。

```
struct IntStack: Container {
    // original IntStack implementation
    var items = Int[]()
    mutating func push(item: Int) {
        items.append(item)
    }
```

```
    mutating func pop() → Int {
        return items.removeLast()
    }
    // conformance to the Container protocol
    typealias ItemType = Int
    mutating func append(item: Int) {
        self.push(item)
    }
    var count: Int {
    return items.count
    }
    subscript(i: Int) → Int {
        return items[i]
    }
}
```

在上述代码中，类型 IntStack 实现了 Container 协议的所有三个要求，在 IntStack 类型的每个包含部分的功能都满足这些要求。此外，IntStack 指定了 Container 的实现，适用的 ItemType 被用作 Int 类型。对于这个 Container 协议实现而言，定义 typealias ItemType = Int，将抽象的 ItemType 类型转换为具体的 Int 类型。

通过是 Swift 类型参考，不用在 IntStack 定义部分声明一个具体的 Int 的 ItemType。因为 IntStack 遵循 Container 协议的所有要求，只要通过简单的查找 append 方法的 item 参数类型和下标返回的类型，Swift 就可以推断出合适的 ItemType 来使用。如果在上面的代码中删除了 "typealias ItemType = Int" 这一行，那么一切工作可以仍然进行，因为它清楚地知道 ItemType 使用的是何种类型。

例如在如下所示的演示代码中，也可以生成遵循 Container 协议的泛型 Stack 类型。

```
struct Stack<T>: Container {
    // original Stack<T> implementation
    var items = T[]()
    mutating func push(item: T) {
        items.append(item)
    }
    mutating func pop() → T {
        return items.removeLast()
    }
    // conformance to the Container protocol
    mutating func append(item: T) {
        self.push(item)
    }
    var count: Int {
    return items.count
    }
    subscript(i: Int) → T {
        return items[i]
    }
}
```

在上述代码中，占位类型参数 T 被用作 append 方法的 item 参数和下标的返回类型。Swift 可以推断出被用作这个特定容器的 ItemType 的 T 的合适类型。

9.7.2 扩展一个存在的类型为一指定关联类型

在 Swift 语言中，当使用扩展来添加协议兼容性中有描述扩展一个存在的类型添加遵循一个协议，这个类型包含一个关联类型的协议。Swift 的 Array 已经提供了 Jappend 方法，一个 count 属性和通过下标来查找一个自己的元素。这三个功能都达到 Container 协议的要求。也就意味着你可以扩展 Array 去遵循 Container 协议，只要通过简单声明 Array 适用于该协议而已。

9.8 Where 语句

在 Swift 语言中，通过类型约束描述的类型约束可以确保定义的关于类型参数的需求和一个泛型函数或类型有关联，这对于关联类型的定义需求也非常有用。开发者可以通过这样去定义 where 语句作为一个类型参数队列的一部分。一个 where 语句使你能够要求一个关联类型遵循一个特定的协议，以及（或）那个特定的类型参数和关联类型可以是相同的。开发者可写一个 where 语句，通过紧随放置 where 关键字在类型参数队列后面，其后跟着一个或者多个针对关联类型的约束，以及（或）一个或多个类型和关联类型的等于关系。

例如在如下所示的演示代码中，定义了一个名为 allItemsMatch 的泛型函数，用来检查是否两个 Container 单例包含具有相同顺序的相同元素。如果匹配到所有的元素，那么会返回一个为 true 的 Boolean 值，反之则相反。

```
func allItemsMatch<
    C1: Container, C2: Container
    where C1.ItemType == C2.ItemType, C1.ItemType: Equatable>
    (someContainer: C1, anotherContainer: C2) → Bool {

        // check that both containers contain the same number of items
        if someContainer.count != anotherContainer.count {
            return false
        }

        // check each pair of items to see if they are equivalent
        for i in 0..someContainer.count {
            if someContainer[i] != anotherContainer[i] {
                return false
            }
        }

        // all items match, so return true
        return true

}
```

在上述代码中，这两个容器可以被检查出是否是相同类型的容器（虽然它们可以是），但它们确实拥有相同类型的元素。这个需求通过一个类型约束和 where 语句结合来表示。这个函数用到了两个参数：someContainer 和 anotherContainer。其中参数 someContainer 是类型 C1，参数 anotherContainer 是类型 C2。C1 和 C2 是容器的两个占位类型参数，决定了这个函数何时被调用。这个函数的类型参数列紧随在两个类型参数需求的后面。

- C1 必须遵循 Container 协议（写作 C1: Container）。
- C2 必须遵循 Container 协议（写作 C2: Container）。
- C1 的 ItemType 同样是 C2 的 ItemType（写作 C1.ItemType == C2.ItemType）。
- C1 的 ItemType 必须遵循 Equatable 协议（写作 C1.ItemType: Equatable）。

第三个和第四个要求被定义为一个 where 语句的一部分，写在关键字 where 后面，作为函数类型参数链的一部分。这些要求的意思是：someContainer 是一个 C1 类型的容器。anotherContainer 是一个 C2 类型的容器。 someContainer 和 anotherContainer 包含相同的元素类型。someContainer 中的元素可以通过不等于操作(!=)来检查它们是否不同。

第三个和第四个要求结合起来的意思是 anotherContainer 中的元素也可以通过 != 操作来检查，因为它们在 someContainer 中元素确实是相同的类型。

这些要求能够使 allItemsMatch 函数比较两个容器，即便它们是不同的容器类型。

allItemsMatch 首先检查两个容器是否拥有同样数目的 items，如果它们的元素数目不同，没有办法进行匹配，函数就会 false。

检查完之后，函数通过 for-in 循环和半闭区间操作（..）来迭代 someContainer 中的所有元素。对于每个元素，函数检查是否 someContainer 中的元素不等于对应的 anotherContainer 中的元素，如果这两个元素不等，则这两个容器不匹配，返回 false。

如果循环体结束后未发现没有任何的不匹配，那表明两个容器匹配，函数返回 true。

例如在如下所示的代码中，演示了 allItemsMatch 函数运算的过程。

```
var stackOfStrings = Stack<String>()
stackOfStrings.push("uno")
stackOfStrings.push("dos")
stackOfStrings.push("tres")

var arrayOfStrings = ["uno", "dos", "tres"]

if allItemsMatch(stackOfStrings, arrayOfStrings) {
   print("All items match.")
} else {
   print("Not all items match.")
}
// 输出 "All items match."
```

在上述代码中，创建一个 Stack 单例来存储 String，然后压了三个字符串进栈。这个例子也创建了一个 Array 单例，并初始化包含三个同栈里一样的原始字符串。即便栈和数组否是不同的类型，但它们都遵循 Container 协议，而且它们都包含同样的类型值。因此可以调用 allItemsMatch 函数，用这两个容器作为它的参数。在上面的例子中，函数 allItemsMatch 正确的显示了所有的这两个容器的 items 匹配。

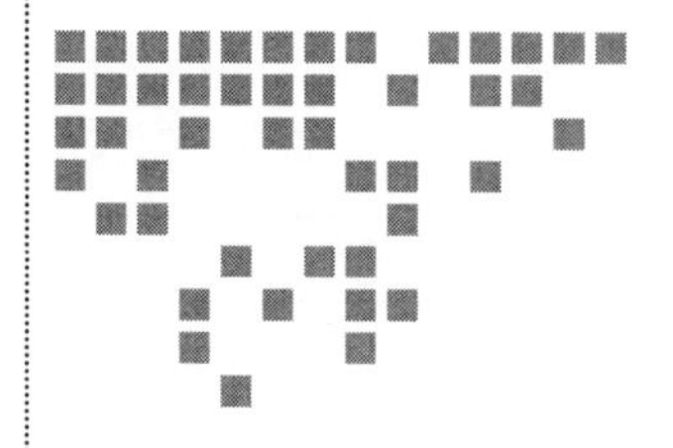

Chapter 10 第 10 章

协议和扩展

在 Swift 语言中，协议（Protocol）用于定义完成某项任务或功能所必须的方法和属性。协议并不提供这些功能或任务的具体实现（Implementation），而只用来描述这些实现应该是什么样的。类、结构体、枚举通过提供协议所要求的方法，属性的具体实现来采用（adopt）协议。任意能够满足协议要求的类型被称为协议的遵循者。协议可以要求其遵循者提供特定的实例属性、实例方法、类方法、操作符或下标（subscripts）等。另外，在 Swift 语言中，扩展能够向一个已有的类、结构体或枚举类型添加新功能，这包括在没有权限获取原始源代码的情况下扩展类型的能力（即逆向建模）。在本章的内容中，将详细讲解 Swift 协议和扩展的基本知识。

10.1 协议的语法

在 Swift 语言中，定义协议的方式与类、结构体和枚举的定义相似，具体格式如下所示。

```
SomeProtocol {
    // 协议内容
}
```

在上述格式中，在类型名称后加上协议名称，中间以冒号“:”分隔即可实现协议。当需要实现多个协议时，在各协议之间用逗号“,”分隔，例如如下所示的演示代码。

```
struct SomeStructure: FirstProtocol, AnotherProtocol {
    // 结构体内容
}
```

如果一个类在含有父类的同时也采用了协议，应当将父类放在所有的协议之前。例如如下所示的演示代码。

```
class SomeClass: SomeSuperClass, FirstProtocol, AnotherProtocol {
    // 类的内容
}
```

实例 10-1	定义并使用协议
源码路径	源代码下载包:\daima\10\10-1

实例文件 main.swift 的具体实现代码如下所示。

```
import Foundation
//----------------------------协议(理解为java的白接口)---------------------------
protocol A{
    var a: String { get }        //属性
    var b: String { get set }    //属性 set针对扩展时才用到,而class,struct可有可无
    mutating func method1();     // 函数
}


//类实现协议
class Test : A{                  //与继承的用法是一样的
    var a:String = "hello victor";
    var b:String = "okok";
    func method1(){

    }
}

//结构实现协议
struct Test1 : A{
    var a:String = "hello victor";
    var b:String = "okok";
    func method1(){

    }
}


var m = Test();
m.a="aaaa";
m.b="ccc";
print(m.a+m.b);


var m1 = Test1();
m1.a="aaaa";
m1.b="ccc";
print(m1.a+m1.b);


//---------------------------------扩展---------------------------------------
extension Int : A{               //扩展整型
```

```
    var a:String{
    return "a";
    }
    var b:String {
    set{}
    get{
        return "b";
    }
    }

    func method1(){

    }

    func add5()→Int{
        return (self+5);
    }
}
print(10.add5());
```

本实例执行后的效果如图 10-1 所示。

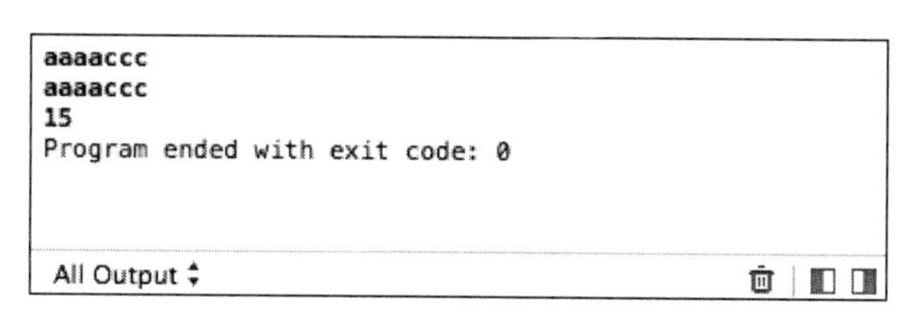
aaaaccc
aaaaccc
15
Program ended with exit code: 0

All Output

图 10-1 执行效果

结构是值类型，class 是引用类型，也就是说，值类型直接传递。而前面 mutating 的作用就是表示值类型的结构或者枚举的这个函数，有 writeback 的作用，就是修改值类型本身。

10.2 对属性的规定

在 Swift 语言中，协议可以规定其遵循者提供特定名称与类型的实例属性（instance property）或类属性（type property），而不管其是存储型属性（stored property）还是计算型属性（calculate property）。另外，也可以指定属性是只读的还是可读写的。

在 Swift 语言中，如果协议要求属性是可读写的，那么这个属性不能是常量存储型属性或只读计算型属性。如果协议要求属性是只读的（gettable），那么计算型属性或存储型属性都能满足协议对属性的规定。在 Swift 程序中，即使为只读属性实现了写方法（settable）也依然有效。

在 Swift 语言中，协议中的属性经常被加以 var 前缀声明其为变量属性，在声明后加上“{ set get }”来表示属性是可读/写的，只读的属性则写为“{ get }”。例如如下所示的演示代码。

```
protocol SomeProtocol {
    var musBeSettable : Int { get set }
    var doesNotNeedToBeSettable: Int { get }
}
```

在如下所示的演示代码中，通常在协议的定义中使用class前缀表示该属性为类成员。在枚举和结构体实现协议时中，需要使用static关键字作为前缀。

```
protocol AnotherProtocol {
    class var someTypeProperty: Int { get set }
}
```

在如下所示的演示代码中，实现了含有一个实例属性要求的协议。

```
protocol FullyNamed {
    var fullName: String { get }
}
```

在上述代码中，FullyNamed协议定义了任何拥有fullName的类型。它并不指定具体类型，而只是要求类型必须提供一个fullName。任何FullyNamed类型都得有一个只读的fullName属性，类型为String。

在如下所示的演示代码中，实现了FullyNamed协议的简单结构体。

```
struct Person: FullyNamed{
    var fullName: String
}
let john = Person(fullName: "John Appleseed")
//john.fullName 为 "John Appleseed"
```

通过上述代码定义了一个名为Person的结构体，用来表示具有指定名字的人。从第一行代码中可以看出，它采用了FullyNamed协议。

Person结构体的每一个实例都有一个叫作fullName和String类型的存储型属性，这正好匹配了FullyNamed协议的要求。也就意味着，Person结构体完整的遵循了协议。如果协议要求未被完全满足，则会在编译时发生报错。

接下来定义了一个更为复杂的类，它采用并实现了FullyNamed协议。例如如下所示的演示代码。

```
class Starship: FullyNamed {
    var prefix: String?
    var name: String
    init(name: String, prefix: String? = nil ) {
        self.anme = name
        self.prefix = prefix
    }
    var fullName: String {
    return (prefix ? prefix ! + " " : " ") + name
    }
}
var ncc1701 = Starship(name: "Enterprise", prefix: "USS")
// ncc1701.fullName == "USS Enterprise"
```

在上述代码中，类Starship将fullName属性实现为只读的计算型属性。每一个Starship类的实例都有一个名为name的必备属性和一个名为prefix的可选属性。当prefix存在时，将prefix插入name之前为Starship构建fullName。当prefix不存在时，则直接使用name构建fullName。

10.3　对方法的规定

在 Swift 语言中，协议可以要求其遵循者实现某些指定的实例方法或类方法。这些方法作为协议的一部分，像普通的方法一样清晰地放在协议的定义中，而不需要大括号和方法体。

注意：在 Swift 语言中，协议中的方法支持变长参数（variadic parameter），不支持参数默认值（default value）。

例如在如下所示的演示代码中，协议中类方法的定义与类属性的定义相似，在协议定义的方法前置 class 关键字来表示。当在枚举或结构体实现类方法时，需要使用 static 关键字来代替。

```
protocol SomeProtocol {
    class func someTypeMethod()
}
```

例如如下所示的演示代码中，定义了含有一个实例方法的协议。

```
protocol RandomNumberGenerator {
    func random() → Double
}
```

在上述代码中，RandomNumberGenerator 协议要求其遵循者必须拥有一个名为 random，返回值类型为 Double 的实例方法。尽管这里并未指明，但是仍然假设返回值在[0，1]区间内。RandomNumberGenerator 协议并不在意每一个随机数是怎样生成的，它只强调这里有一个随机数生成器。

例如在如下所示的演示代码中，实现了一个遵循了 RandomNumberGenerator 协议的类，该类实现了一个称作线性同余生成器（linear congruential generator）的伪随机数算法。

```
class LinearCongruentialGenerator: RandomNumberGenerator {
    var lastRandom = 42.0
    let m = 139968.0
    let a = 3877.0
    let c = 29573.0
    func random() → Double {
        lastRandom = ((lastRandom * a + c) % m)
        return lastRandom / m
    }
}
let generator = LinearCongruentialGenerator()
print("Here's a random number: \(generator.random())")
// 输出 : "Here's a random number: 0.37464991998171"
print("And another one: \(generator.random())")
// 输出 : "And another one: 0.729023776863283"
```

10.4　对突变方法的规定

在 Swift 语言中，有时不得不在方法中更改实例的所属类型。在基于值类型（value types）

（结构体，枚举）的实例方法中，将 mutating 关键字作为函数的前缀，写在 func 之前表示可以在该方法中修改实例及其属性的所属类型。

在 Swift 程序中，如果协议中的实例方法打算改变其遵循者实例的类型，那么在协议定义时需要在方法前加 mutating 关键字，才能使结构体和枚举来采用并满足协议中对方法的规定。

注意：当使用类实现协议中的 mutating 方法时，不用写 mutating 关键字。当用结构体、枚举实现协议中的 mutating 方法时，必须写 mutating 关键字。

例如在如下所示的演示代码中，Togglable 协议含有一个名为 toggle 的突变实例方法。根据名称推测，toggle 方法用于切换或恢复其遵循者实例或其属性的类型。

```
protocol Togglable {
   mutating func toggle()
}
```

在上述代码中，当使用枚举或结构体来实现 Togglabl 协议时，需要提供一个带有 mutating 前缀的 toggle 方法。

例如在如下所示的演示代码中，枚举 OnOffSwitch 遵循了 Togglable 协议。

```
enum OnOffSwitch: Togglable {
   case Off, On
   mutating func toggle() {
      switch self {
      case Off:
         self = On
      case On:
         self = Off
      }
   }
}
var lightSwitch = OnOffSwitch.Off
lightSwitch.toggle()
//lightSwitch 现在的值为.On
```

在上述代码中，On 和 Off 两个成员用于表示当前状态。枚举的 toggle 方法被标记为 mutating，用以匹配 Togglabel 协议的规定。

注意：可失败构造器的规定。

在 Swift 程序中，可以通过给协议 Protocols 添加可失败构造器的方法，使遵循该协议的类型必须实现该可失败构造器。如果在协议中定义一个可失败构造器，则在遵循该协议的类型中必须添加同名同参数的可失败构造器或非可失败构造器。如果在协议中定义一个非可失败构造器，则在遵循该协议的类型中必须添加同名同参数的非可失败构造器或隐式解析类型的可失败构造器（init!）。

10.5 协议类型

在 Swift 语言中，尽管协议本身并不实现任何功能，但是协议可以被当作类型来使用。协议类型的使用场景如下所示。

- 协议类型作为函数、方法或构造器中的参数类型或返回值类型。
- 协议类型作为常量、变量或属性的类型。
- 协议类型作为数组、字典或其他容器中的元素类型。

在 Swift 程序中，协议是一种类型，因此协议类型的名称应该使用驼峰式写法，这与其他类型（Int，Double，String）的写法相同。

例如在如下所示的演示代码中将协议当作类型来使用。

```
class Dice {
    let sides: Int
    let generator: RandomNumberGenerator
    init(sides: Int, generator: RandomNumberGenerator) {
        self.sides = sides
        self.generator = generator
    }
    func roll() → Int {
        return Int(generator.random() * Double(sides)) +1
    }
}
```

对上述代码的具体说明如下所示。

- 定义类 Dice 来表示桌游中拥有 N 个面的骰子。Dice 的实例含有 sides 和 generator 两个属性，前者是整型，用来表示骰子有几个面，后者为骰子提供一个随机数生成器。
- 因为属性 generator 的类型为 RandomNumberGenerator，因此任何遵循了 RandomNumberGenerator 协议的类型的实例都可以赋值给 generator，除此之外，并无其他要求。
- 在类 Dice 中也有一个构造器（initializer），用来进行初始化操作。构造器中含有一个名为 generator，类型为 RandomNumberGenerator 的形参。在调用构造方法时创建 Dice 的实例时，可以传入任何遵循 RandomNumberGenerator 协议的实例给 generator。
- 类 Dice 提供了一个名为 roll 的实例方法用来模拟骰子的面值，先使用 generator 的 random 方法来创建一个[0-1]区间内的随机数种子，然后加工这个随机数种子生成骰子的面值。generator 被认为是遵循了 RandomNumberGenerator 的类型，因而保证了 random 方法可以被调用。

例如在如下所示的代码中，展示了使用 LinearCongruentialGenerator 的实例作为随机数生成器创建一个六面骰子的过程。

```
var d6 = Dice(sides: 6,generator: LinearCongruentialGenerator())
for _ in 1...5 {
    print("Random dice roll is \(d6.roll())")
}
//输出结果
//Random dice roll is 3
//Random dice roll is 5
//Random dice roll is 4
//Random dice roll is 5
//Random dice roll is 4
```

10.6 委托（代理）模式

在 Swift 语言中，委托是一种设计模式，它允许类或结构体将一些需要它们负责的功能交由（委托）给其他的类型的实例。在 Swift 程序中，委托模式的实现方法是：定义协议来封装那些需要被委托的函数和方法，使其遵循者拥有这些被委托的函数和方法。

在 Swift 语言中，可以用委托模式来响应特定的动作或接收外部数据源提供的数据，而无须知道外部数据源的所属类型。

例如下面的演示代码是两个基于骰子游戏的协议。

```
protocol DiceGame {
    var dice: Dice { get }
    func play()
}

protocol DiceGameDelegate {
    func gameDidStart(game: DiceGame)
    func game(game: DiceGame, didStartNewTurnWithDiceRoll diceRoll:Int)
    func gameDidEnd(game: DiceGame)
}
```

在上述代码中，DiceGame 协议可以在任意含有骰子的游戏中实现，DiceGameDelegate 协议可以用来追踪 DiceGame 的游戏过程。

例如在如下所示的演示代码中，SnakesAndLadders 是 Snakes and Ladders 游戏的新版本。在这个版本中使用 Dice 作为骰子，并且实现了 DiceGame 和 DiceGameDelegate 协议，后者用来记录游戏的过程。

```
class SnakesAndLadders: DiceGame {
    let finalSquare = 25
    let dic = Dice(sides: 6, generator: LinearCongruentialGenerator())
    var square = 0
    var board: Int[]
    init() {
        board = Int[](count: finalSquare + 1, repeatedValue: 0)
        board[03] = +08; board[06] = +11; borad[09] = +09; board[10] = +02
        borad[14] = -10; board[19] = -11; borad[22] = -02; board[24] = -08
    }
     var delegate: DiceGameDelegate?
     func play() {
         square = 0
         delegate?.gameDidStart(self)
         gameLoop: while square != finalSquare {
             let diceRoll = dice.roll()
             delegate?.game(self,didStartNewTurnWithDiceRoll: diceRoll)
             switch square + diceRoll {
             case finalSquare:
                 break gameLoop
             case let newSquare where newSquare > finalSquare:
                 continue gameLoop
```

```
            default:
            square += diceRoll
            square += board[square]
            }
        }
        delegate?.gameDIdEnd(self)
    }
}
```

对上述代码的具体说明如下所示。

- 将游戏封装到了 SnakesAndLadders 类中，该类采用了 DiceGame 协议，并且提供了 dice 属性和 play 实例方法用来遵循协议。属性 dice 在构造之后就不再改变，并且协议只要求 dice 为只读，因此将 dice 声明为常量属性。
- 在类 SnakesAndLadders 的构造器（initializer）中初始化游戏。所有的游戏逻辑被转移到 play 方法中，play 方法使用协议规定的 dice 属性提供骰子摇出的值。
- 因为 delegate 并不是游戏的必备条件，所以 delegate 被定义为遵循 DiceGameDelegate 协议的可选属性，delegate 使用 nil 作为初始值。
- DicegameDelegate 协议提供了三个方法用来追踪游戏过程，这些方法被放置在游戏逻辑中，即 play()方法内。分别在游戏开始时，新一轮开始时，游戏结束时被调用。
- 因为 delegate 是一个遵循 DiceGameDelegate 的可选属性，因此在 play()方法中使用了可选链来调用委托方法。如果属性 delegate 为 nil，则 delegate 所调用的方法失效。如果 delegate 不为 nil，则方法能够被调用。

例如在如下所示的演示代码中，DiceGameTracker 遵循了 DiceGameDelegate 协议。

```
class DiceGameTracker: DiceGameDelegate {
    var numberOfTurns = 0
    func gameDidStart(game: DiceGame) {
        numberOfTurns = 0
        if game is SnakesAndLadders {
            print("Started a new game of Snakes and Ladders")
        }
        print("The game is using a \(game.dice.sides)-sided dice")
    }
    func game(game: DiceGame, didStartNewTurnWithDiceRoll diceRoll: Int) {
        ++numberOfTurns
        print("Rolled a \(diceRoll)")
    }
    func gameDidEnd(game: DiceGame) {
        print("The game lasted for \(numberOfTurns) turns")
    }
}
```

在上述代码中，DiceGameTracker 实现了 DiceGameDelegate 协议规定的三个方法，用来记录游戏已经进行的轮数。当游戏开始时，属性 numberOfTurns 被赋值为 0，然后在每个新一轮中得到递加。当游戏结束后，输出打印游戏的总轮数。方法 gameDidStart 从 game 参数中获取游戏信息并输出。game 在方法中被当作 DiceGame 类型而不是 SnakeAndLadders 类型，所以方法中只能访问 DiceGame 协议中的成员。

DiceGameTracker 的运行过程如下所示。

```
let tracker = DiceGameTracker()
let game = SnakesAndLadders()
game.delegate = tracker
game.play()
// Started a new game of Snakes and Ladders
// The game is using a 6-sided dice
// Rolled a 3
// Rolled a 5
// Rolled a 4
// Rolled a 5
// The game lasted for 4 turns
```

10.7 在扩展中添加协议成员

在 Swift 程序中，即使无法修改源代码，依然可以通过扩展（Extension）来扩充已存在类型。扩展可以为已存在的类型添加属性、方法、下标和协议等成员。

在 Swift 程序中，当通过扩展为已存在的类型遵循协议时，该类型的所有实例也会随之添加协议中的方法。例如如下所示的演示代码。

```
TextRepresentable协议含有一个asText，如下所示：

protocol TextRepresentable {
    func asText() → String
}
```

通过扩展为本章上一节中提到的 Dice 类设设置遵循 TextRepresentable 协议，例如如下所示的演示代码。

```
extension Dice: TextRepresentable {
    cun asText() → String {
        return "A \(sides)-sided dice"
    }
}
```

此时 Dice 类型的实例可被当作 TextRepresentable 类型来处理，例如如下所示的演示代码。

```
let d12 = Dice(sides: 12,generator: LinearCongruentialGenerator())
print(d12.asText())
// 输出 "A 12-sided dice"
```

类 SnakesAndLadders 也可以通过扩展的方式来遵循协议，例如如下所示的演示代码。

```
extension SnakeAndLadders: TextRepresentable {
    func asText() → String {
        return "A game of Snakes and Ladders with \(finalSquare) squares"
    }
}
print(game.asText())
// 输出 "A game of Snakes and Ladders with 25 squares"
```

10.8　通过扩展补充协议声明

在 Swift 语言中，当一个类型已经实现了协议中的所有要求却没有声明时，可以通过扩展来补充协议声明。例如如下所示的演示代码。

```
struct Hamster {
    var name: String
    func asText() → String {
        return "A hamster named \(name)"
    }
}
extension Hamster: TextRepresentabl {}
```

此时 Hamster 的实例可以作为 TextRepresentable 类型使用，例如如下所示的演示代码。

```
let simonTheHamster = Hamster(name: "Simon")
let somethingTextRepresentable: TextRepresentabl = simonTheHamester
print(somethingTextRepresentable.asText())
// 输出 "A hamster named Simon"
```

在 Swift 语言中，即使满足了协议的所有要求，类型也不会自动转变，因此必须为它做出明显的协议声明操作。

10.9　集合中的协议类型

在 Swift 语言中，协议类型可以被集合使用，表示集合中的元素均为协议类型。例如如下所示的演示代码。

```
let things: TextRepresentable[] = [game,d12,simoTheHamster]
```

例如在如下所示的演示代码中，数组 things 可以被直接遍历，并调用其中元素的 asText() 函数。

```
for thing in things {
    print(thing.asText())
}
// A game of Snakes and Ladders with 25 squares
// A 12-sided dice
// A hamster named Simon
```

在上述代码中，thing 被当作 TextRepresentable 类型，而不是 Dice、DiceGame 和 Hamster 等类型。因此能且仅能调用 asText 方法

10.10　协议的继承

在 Swift 语言中，协议能够继承一个或多个其他协议。具体实现语法与类的继承相似，在

多个协议间使用逗号“,”进行分隔。具体格式如下所示。

```
protocol InheritingProtocol: SomeProtocol, AnotherProtocol {
    // 协议定义
}
```

例如在如下所示的演示代码中,PrettyTextRepresentable 协议继承了 TextRepresentable 协议。

```
protocol PrettyTextRepresentable: TextRepresentable {
    func asPrettyText() → String
}
```

在上述代码中,在遵循 PrettyTextRepresentable 协议的同时,也需要遵循 TextRepresentable 协议。

例如在如下所示的演示代码中，用扩展为 SnakesAndLadders 遵循 PrettyTextRepresentable 协议。

```
extension SnakesAndLadders: PrettyTextRepresentable {
    func asPrettyText() → String {
        var output = asText() + ":\n"
        for index in 1...finalSquare {
            switch board[index] {
                case let ladder where ladder > 0:
                output += "▲ "
            case let snake where snake < 0:
                output += "▼ "
            default:
                output += "○ "
            }
        }
        return output
    }
}
```

在上述代码中，在 for in 中迭代出了 board 数组中的每一个元素。

- 当从数组中迭代出的元素的值大于 0 时，用▲表示。
- 当从数组中迭代出的元素的值小于 0 时，用▼表示。
- 当从数组中迭代出的元素的值等于 0 时，用○表示。

此时 SankesAndLadders 的实例都可以使用 asPrettyText()方法,例如如下所示的演示代码。

```
print(game.asPrettyText())
// A game of Snakes and Ladders with 25 squares:
// ○ ○ ▲ ○ ○ ▲ ○ ○ ▲ ▲ ○ ○ ○ ▼ ○ ○ ○ ○ ▼ ○ ○ ▼ ○ ▼ ○
```

10.11 协议合成

在 Swift 语言中，一个协议可由多个协议采用 protocol<SomeProtocol， AnotherProtocol> 这样的格式进行组合，这被称为协议合成（protocol composition）。例如如下所示的演示代码。

```
protocol Named {
    var name: String { get }
}
protocol Aged {
    var age: Int { get }
}
struct Person: Named, Aged {
    var name: String
    var age: Int
}
func wishHappyBirthday(celebrator: protocol<Named, Aged>) {
    print("Happy birthday \(celebrator.name) - you're \(celebrator.age)!")
}
let birthdayPerson = Person(name: "Malcolm", age: 21)
wishHappyBirthday(birthdayPerson)
// 输出 "Happy birthday Malcolm - you're 21!
```

在上述代码中，Named 协议包含 String 类型的 name 属性，Aged 协议包含 Int 类型的 age 属性。Person 结构体遵循了这两个协议。函数 wishHappyBirthday 的形参 celebrator 的类型是 protocol<Named，Aged>，可以传入任意遵循这两个协议的类型的实例

注意：在 Swift 语言中，协议合成并不会生成一个新协议类型，而是将多个协议合成为一个临时的协议，超出范围后立即失效。

10.12 检验协议的一致性

在 Swift 语言中，使用 is 和 as 操作符来检查协议的一致性或转化协议类型，具体检查和转化的语法格式和之前相同。

- is 操作符用来检查实例是否遵循了某个协议。
- as?返回一个可选值，当实例遵循协议时，返回该协议类型;否则返回 nil。
- as 用以实现强制向下转型。

例如如下所示的演示代码。

```
@objc protocol HasArea {
    var area: Double { get }
}
```

在上述格式中，@objc 用来表示协议是可选的，也可以用来表示暴露给 Objective-C 的代码。此外，@objc 型协议只对类有效，因此只能在类中检查协议的一致性。

例如在如下所示的演示代码中定义了 Circle 和 Country 类，它们都遵循了 haxArea 协议。

```
class Circle: HasArea {
    let pi = 3.1415927
    var radius: Double
    var area:≈radius }
    init(radius: Double) { self.radius = radius }
}
class Country: HasArea {
    var area: Double
```

```
    init(area: Double) { self.area = area }
}
```

在上述代码中，类 Circle 把 area 实现为基于存储型属性 radius 的计算型属性。类 Country 则把 area 实现为存储型属性，这两个类都遵循了 haxArea 协议。

例如在如下所示的演示代码中，Animal 是一个没有实现 HasArea 协议的类。

```
class Animal {
    var legs: Int
    init(legs: Int) { self.legs = legs }
}
```

这样因为类 Circle、Country 和 Animal 并没有一个相同的基类，所以采用 AnyObject 类型的数组来装载它们的实例。例如如下所示的演示代码。

```
let objects: AnyObject[] = [
    Circle(radius: 2.0),
    Country(area: 243_610),
    Animal(legs: 4)
]
```

在上述代码中，objects 数组使用字面量初始化，数组包含一个 radius 为 2。在 0 的 Circle 的实例中，一个保存了英国面积的 Country 实例和，一个保存了 legs 为 4 的 Animal 实例。

例如在如下所示的演示代码中，objects 数组可以被迭代，对迭代出的每一个元素进行检查，看它是否遵循了 HasArea 协议。

```
for object in objects {
    if let objectWithArea = object as? HasArea {
        print("Area is \(objectWithArea.area)")
    } else {
        print("Something that doesn't have an area")
    }
}
// Area is 12.5663708
// Area is 243610.0
// Something that doesn't have an area
```

在上述代码中，当迭代出的元素遵循 HasArea 协议时，通过“as?”操作符将其可选绑定（optional binding）到 objectWithArea 常量上。因为 objectWithArea 是 HasArea 协议类型的实例，所以属性 area 可以被访问和打印。

在上述 Swift 程序中，objects 数组中元素的类型并不会因为向下转型而改变，它们仍然是 Circle、Country、Animal 类型。然而，当它们被赋值给 objectWithArea 常量时，则只被视为 HasArea 类型，因此只有 area 属性能够被访问。

10.13 对可选协议的规定

在 Swift 语言中，可选协议含有可选成员，其遵循者可以选择是否实现这些成员。在协议中使用@optional 关键字作为前缀来定义可选成员。在 Swift 语言中，可选协议在调用时使用可选链。

在 Swift 程序中，像 someOptionalMethod?（someArgument）这样，可以在可选方法名称后加上“?”来检查该方法是否被实现。可选方法和可选属性都会返回一个可选值（optional value），当其不可访问时，“?”之后语句不会执行，并整体返回 nil

在 Swift 语言中，可选协议只能在含有@objc 前缀的协议中生效，并且@objc 的协议只能被类遵循。例如在如下所示的演示代码中，类 Counter 使用含有两个可选成员的 CounterDataSource 协议类型的外部数据源来提供增量值（increment amount）。

```
@objc protocol CounterDataSource {
    @optional func incrementForCount(count: Int) → Int
    @optional var fixedIncrement: Int { get }
}
```

在上述代码中，CounterDataSource 含有 incrementForCount 的可选方法和 fiexdIncrement 的可选属性，它们使用了不同的方法来从数据源中获取合适的增量值。因为 CounterDataSource 中的属性和方法都是可选的，因此可以在类中声明但不实现这些成员，尽管技术上允许这样做，不过最好不要这样写。

在如下所示的演示代码中，在类 Counter 中含有 CounterDataSource?类型的可选属性 dataSource。

```
@objc class Counter {
    var count = 0
    var dataSource: CounterDataSource?
    func increment() {
        if let amount = dataSource?.incrementForCount?(count) {
            count += amount
        } else if let amount = dataSource?.fixedIncrement? {
            count += amount
        }
    }
}
```

对上述代码的具体说明如下所示。

- 属性 count 用于存储当前的值，increment 方法用来为 count 赋值。
- 方法 increment 方法通过可选链，尝试从两种可选成员中获取 count。
- 由于 dataSource 可能为 nil，因此在 dataSource 后边加上了“?”标记，这表明只有在 dataSource 为非空时才去调用 incrementForCount 方法。
- 即使 dataSource 存在，但是也无法保证其是否实现了 incrementForCount 方法，因此在 incrementForCount 方法后边也加有“?”标记。
- 在调用 incrementForCount 方法后，Int 型可选值通过可选绑定（optional binding）自动拆包并赋值给常量 amount。
- 当 incrementForCount 不能被调用时，尝试使用可选属性 fixedIncrement 来代替。

在如下所示的演示代码中，ThreeSource 实现了 CounterDataSource 协议。

```
class ThreeSource: CounterDataSource {
    let fixedIncrement = 3
}
```

在如下所示的演示代码中，使用 ThreeSource 作为数据源去实例化一个 Counter。

```
var counter = Counter()
counter.dataSource = ThreeSource()
for _ in 1...4 {
    counter.increment()
    print(counter.count)
}
// 3
// 6
// 9
// 12
```

在如下所示的演示代码中，TowardsZeroSource 实现了 CounterDataSource 协议中的 incrementForCount 方法。

```
class TowardsZeroSource: CounterDataSource {
func incrementForCount(count: Int) → Int {
        if count == 0 {
            return 0
        } else if count < 0 {
            return 1
        } else {
            return -1
        }
    }
}
```

而下边是对应的执行代码：

```
counter.count = -4
counter.dataSource = TowardsZeroSource()
for _ in 1...5 {
    counter.increment()
    print(counter.count)
}
// -3
// -2
// -1
// 0
// 0
```

10.14 扩展详解

Swift 语言中的扩展和 Objective-C 中的分类（categories）类似，只是与 Objective-C 不同的是，Swift 的扩展没有名字。在本节的内容中，将详细讲解 Swift 扩展的基本知识。

10.14.1 扩展语法

在 Swift 语言中，Swift 中的扩展可以实现如下所示的功能。

- 添加计算型属性和计算静态属性。
- 定义实例方法和类型方法。
- 提供新的构造器。
- 定义下标。
- 定义和使用新的嵌套类型。
- 使一个已有类型符合某个协议。

在 Swift 中扩展是没有名字的，但在 Objective-C 中 Category 是有名字的，而且只能扩展类（类别）。例如在 Swift 中扩展是这么写的：

```
extension String {
  func reverseString() → String {
    // do something if necessary
  }
}
在Objective-C中的写法如下所示。
@interface NSString (ReverseStringExtension)
- (NSString *)reverseString; // implementent in .m file
@end
```

如果定义了一个扩展向一个已有类型添加新功能，那么这个新功能对该类型的所有已有实例中都是可用的，即使它们是在你的这个扩展的前面定义的。

在 Swift 语言中，使用关键字 extension 声明一个扩展，具体格式如下所示。

```
extension SomeType {
    // 加到SomeType的新功能写到这里
}
```

一个扩展可以扩展一个已有类型，使其能够适配一个或多个协议（protocol）。当这种情况发生时，协议的名字应该完全按照类或结构体的名字的方式进行书写。例如如下所示的演示代码。

```
extension SomeType: SomeProtocol, AnotherProctocol {
    // 协议实现写到这里
}
```

按照这种方式添加的协议遵循者（protocol conformance）被称为在扩展中添加协议遵循者。

10.14.2 计算型属性

在 Swift 语言中，扩展可以向已有类型添加计算型实例属性和计算型类型属性。例如在下面的演示代码中，向 Swift 的内建 Double 类型添加了 5 个计算型实例属性，从而提供与距离单位协作的基本支持。

实例 10-2	演示计算型属性的用法
源码路径	源代码下载包:\daima\10\10-2

实例文件 main.swift 的具体实现代码如下所示。

```
extension Double {
    var km: Double { return self * 1_000.0 }
    var m : Double { return self }
    var cm: Double { return self / 100.0 }
    var mm: Double { return self / 1_000.0 }
    var ft: Double { return self / 3.28084 }
}
let oneInch = 25.4.mm
print("One inch is \(oneInch) meters")
// 打印输出: "One inch is 0.0254 meters"
let threeFeet = 3.ft
print("Three feet is \(threeFeet) meters")
// 打印输出: "Three feet is 0.914399970739201 meters"
```

本实例执行后的效果如图 10-1 所示。

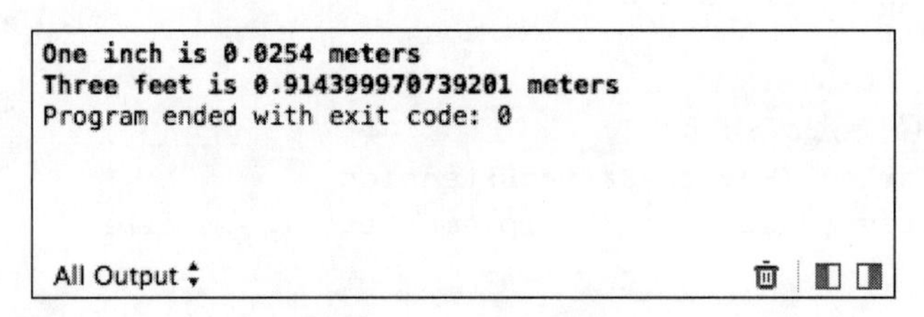

图 10-1　执行效果

在上述代码中，计算属性的含义是将一个 Double 型的值看作是某单位下的长度值。即使它们被实现为计算型属性，但这些属性仍可以接一个带有 dot 语法的浮点型字面值，而这恰恰是使用这些浮点型字面量实现距离转换的方式。在上述例子中，一个 Double 型的值 1.0 被用来表示“1 米”。这就是为什么 m 计算型属性返回 self 的原因，因为表达式 1.m 被认为是计算 1.0 的 Double 值。

其他单位则需要一些转换来表示在米下测量的值。因为 1 千米等于 1 000 米，所以 km 计算型属性要把值乘以 1_000.00 来转化成单位米下的数值。与之类似的是，1 米有 3.28 024 英尺，所以 ft 计算型属性要把对应的 Double 值除以 3.28 024 来实现英尺到米的单位换算。

上述属性是只读的计算型属性，所有从简考虑它们不用 get 关键字表示。它们的返回值是 Double 型，而且可以用于所有接受 Double 的数学计算中。例如如下所示的演示代码。

```
let aMarathon = 42.km + 195.m
print("A marathon is \(aMarathon) meters long")
// 打印输出: "A marathon is 42495.0 meters long"
```

在 Swift 语言中，扩展可以添加新的计算属性，但是不可以添加存储属性，也不可以向已有属性添加属性观测器（property observers）。

10.14.3　构造器

在 Swift 语言中，扩展可以向已有类型添加新的构造器。这可以让开发者扩展其他类型，将自己的定制类型作为构造器参数，或者提供该类型的原始实现中没有包含的额外初始化选项。扩展能向类中添加新的便利构造器，但是它们不能向类中添加新的指定构造器或析构函数。指定构造器和析构函数必须总是由原始的类实现来提供。

在 Swift 语言中，如果使用扩展向一个值类型添加一个构造器，该构造器向所有的存储属性提供默认值，而且没有定义任何定制构造器（custom initializers），那么来自扩展构造器中的值类型可以调用默认构造器（default initializers）和逐一成员构造器（memberwise initializers）。正如在值类型的构造器授权中描述的，如果已经把构造器写成值类型原始实现的一部分，上述规则不再适用。

例如在下面的例子中，定义了一个用于描述几何矩形的定制结构体 Rect。这个例子同时定义了两个辅助结构体 Size 和 Point，它们都把 0.0 作为所有属性的默认值。

实例 10-3	演示构造器的用法
源码路径	源代码下载包:\daima\10\10-3

实例文件 main.swift 的具体实现代码如下所示。

```
struct Size {
    var width = 0.0, height = 0.0
}
struct Point {
    var x = 0.0, y = 0.0
}
struct Rect {
    var origin = Point()
    var size = Size()
}
```

因为结构体 Rect 提供了其所有属性的默认值，所以正如默认构造器中描述的那样，它可以自动接受一个默认的构造器和一个成员级构造器，这些构造器可以构造新的 Rect 实例。例如如下所示的演示代码。

```
let defaultRect = Rect()
let memberwiseRect = Rect(origin: Point(x: 2.0, y: 2.0),
    size: Size(width: 5.0, height: 5.0))
```

在 Swift 语言中，可以提供一个额外的使用特殊中心点和大小的构造器来扩展 Rect 结构体。例如如下所示的演示代码。

```
extension Rect {
    init(center: Point, size: Size) {
        let originX = center.x - (size.width / 2)
        let originY = center.y - (size.height / 2)
        self.init(origin: Point(x: originX, y: originY), size: size)
    }
}
```

在上述代码中，新的构造器首先根据提供的 center 和 size 值计算一个合适的原点。然后调用该结构体自动的成员构造器 init（origin:size:），该构造器将新的原点和大小存到了合适的属性中。例如如下所示的演示代码。

```
let centerRect = Rect(center: Point(x: 4.0, y: 4.0),
size: Size(width: 3.0, height: 3.0))
//centerRect的原点是 (2.5, 2.5)，大小是 (3.0, 3.0)
```

如果使用扩展提供了一个新的构造器，你仍然有责任保证构造过程能够让所有实例完全初始化。

10.14.4 扩展方法

在 Swift 语言中，扩展可以向已有类型添加新的实例方法和类型方法。例如在如下所示的代码中，向 Int 类型中添加一个名为 repetitions 的新实例方法。

实例 10-4	演示扩展方法的用法
源码路径	源代码下载包:\daima\10\10-4

实例文件 main.swift 的具体实现代码如下所示。

```
import Foundation

extension Int {
    // 参数是一个单类型的闭包，没有参数，没有返回值的闭包
    func repetions(task: () → ()) {
        for _ in 0..<self {
            task()
        }
    }
    // 仅是例子，这是不好的设计
    static func multiply(a: Int, b: Int) → Int {
        return a * b
    }

    // 要修改Self，就需要是可改类型方法，需要添加关键字mutating
    mutating func square() {
        self = self * self
    }
}
let number = 4
number.repetions {        // 使用了trailing closure
    print("test extension")
}
5.repetions {             // 使用了trailing closure
    print("AAAAA")
}
```

在上述代码中，repetitions 方法使用了一个() → ()类型的单参数（single argument），表明函数没有参数而且没有返回值。在定义该扩展之后就可以对任意整数调用 repetitions 方法，功能则是多次执行某一个任务。

本实例执行后的效果如图 10-2 所示。

```
test extension
test extension
test extension
test extension
AAAAA
AAAAA
AAAAA
AAAAA
AAAAA
Program ended with exit code: 0
All Output ÷
```

图 10-2　执行效果

接下来可以使用 trailing 闭包使调用变得更加简洁，例如如下所示的演示代码。

```
5.repetions { // 使用了trailing closure
    print("AAAAA")
}
```

在 Swift 语言中，通过扩展添加的实例方法也可以修改该实例本身。结构体和枚举类型中修改 self 或其属性的方法必须将该实例方法标注为 mutating，正如来自原始实现的修改方法一样。

例如在下面的例子中，向 Swift 的 Int 类型添加了一个新的名为 square 的修改方法，来实现一个原始值的平方计算。

```
extension Int {
    mutating func square() {
        self = self * self
    }
}
var someInt = 3
someInt.square()
// someInt 现在值是 9
```

10.14.5　下标

在 Swift 语言中，扩展可以向一个已有类型添加新下标。例如在下面的演示代码中，向 Swift 内建类型 Int 添加了一个整型下标，该下标[n]返回十进制数字从右向左数的第 n 个数字。

```
123456789[0]返回9
123456789[1]返回8
...
```

实例 10-5	演示下标的用法
源码路径	源代码下载包:\daima\10\10-5

实例文件 main.swift 的具体实现代码如下所示。

```
import Foundation

struct TimesTable {
    let multiplier: Int
    subscript(index: Int) → Int {
        return multiplier * index
    }
}
let threeTimesTable = TimesTable(multiplier: 3)
print("six times three is \(threeTimesTable[6])")
// prints "six times three is 18"
```

本实例执行后的效果如图 10-3 所示。

```
six times three is 18
Program ended with exit code: 0

All Output ⇕
```

图 10-3　执行效果

在上述代码中，如果该 Int 值没有足够的位数，即下标越界，那么上述实现的下标会返回 0，因为它会在数字左边自动补 0。例如如下所示的演示代码。

```
746381295[9]
//returns 0, 即等同于:
0746381295[9]
```

10.14.6 嵌套类型

在 Swift 语言中，扩展可以向已有的类、结构体和枚举添加新的嵌套类型。例如如下所示的演示代码。

```
extension Character {
    enum Kind {
        case Vowel, Consonant, Other
    }
    var kind: Kind {
        switch String(self).lowercaseString {
        case "a", "e", "i", "o", "u":
            return .Vowel
        case "b", "c", "d", "f", "g", "h", "j", "k", "l", "m",
             "n", "p", "q", "r", "s", "t", "v", "w", "x", "y", "z":
            return .Consonant
        default:
            return .Other
        }
    }
}
```

在上述代码中，向 Character 添加了新的嵌套枚举，上述名为 Kind 的枚举表示特定字符的类型。具体来说，表示一个标准的拉丁脚本中的字符是元音还是辅音（不考虑口语和地方变种），或者是其他类型。另外，这个例子还向 Character 中添加了一个新的计算实例属性 kind，用来返回合适的 Kind 枚举成员。

此时这个嵌套枚举可以和一个 Character 值联合使用，例如如下所示的演示代码。

```
func printLetterKinds(word: String) {
    print("'\\(word)' is made up of the following kinds of letters:")
    for character in word {
        switch character.kind {
        case .Vowel:
            print("vowel ")
        case .Consonant:
            print("consonant ")
        case .Other:
            print("other ")
        }
    }
    print("\n")
}
printLetterKinds("Hello")
// 'Hello' is made up of the following kinds of letters:
// consonant vowel consonant consonant vowel
```

在上述代码中，函数 printLetterKinds 的输入是一个 String 值并对其字符进行迭代。在每次迭代过程中，考虑当前字符的 kind 计算属性，并打印出合适的类别描述。所以 printLetterKinds 即可用来打印输出一个完整单词中所有字母的类型，正如上述单词"hello"所展示的。因为已知 character.kind 是 Character.Kind 类型，所以 Character.Kind 中的所有成员值都可以使用 switch 语句里的形式简写，比如使用“.Vowel”代替“Character.Kind.Vowel”。

10.14.7　扩展字符串的用法

实例 10-6	演示扩展字符串的用法
源码路径	源代码下载包:\daima\10\10-6

实例文件 main.swift 的具体实现代码如下所示。

```
import Foundation
var s="1234567890"

let index = advance(s.startIndex, 5)
let index2 = advance(s.endIndex, -6);
var range = Range<String.Index>(start: index2,end: index)

var s1:String=s.substringFromIndex(index)
var s2:String=s.substringToIndex(index2)
var s3=s.substringWithRange(range)

print(s1)//67890
print(s2)//1234
print(s3)//5
通过String定义可以看出属性Index是个结构体扩展,具体代码如下:
extension String : CollectionType {
   struct Index : BidirectionalIndexType, Comparable, Reflectable {
      func successor() → String.Index
      func predecessor() → String.Index
      func getMirror() → MirrorType
   }
   var startIndex: String.Index { get }
   var endIndex: String.Index { get }
   subscript (i: String.Index) → Character { get }
   func generate() → IndexingGenerator<String>
}
```

本实例执行后的效果如图 10-4 所示。

```
67890
1234
5

All Output ◇
```

图 10-4　执行效果

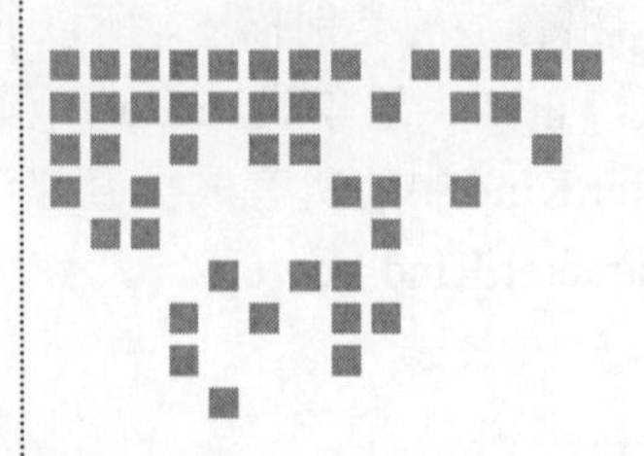

Chapter 11 第 11 章

Swift 和 Objective-C 混编开发

在 Swift 语言被推出之前，开发 iOS 应用程序的语言是 Objective-C。当推出 Swift 语言后，在开发 iOS 项目时不但可以同时联合使用 Swift 语言和 Objective-C，甚至可以调用 C 语言文件。在本章的内容中，将详细讲解混编开发 iOS 项目的基本知识，为读者步入本书后面知识的学习打下基础。

11.1 在同一个工程中使用 Swift 和 Objective-C

借助于 Swift 语言与 Objective-C 语言的兼容能力，可以在同一个工程中同时使用这两种语言。开发者可以使用 Mix and Match 特性来开发基于混合语言的 iOS 应用，可以用 Swift 的最新特性实现某个 iOS 应用的一部分功能，并无缝地加入已有的 Objective-C 的代码中。

11.1.1 Mix and Match 概述

Objective-C 文件和 Swift 文件可以在一个工程中并存，无论这个工程原本是基于 Objective-C 还是 Swift。可以直接向现有工程中添加另一种语言的源文件，这种创建混合语言的应用或框架 target 的方式与用单独一种语言时一样简单。

混合语言的工作流程和单一语言的开发流程相比，仅有的区别在于开发者编写的是应用还是框架。图 11-1 描述了使用两种语言在一个 target 中导入模型的情况。

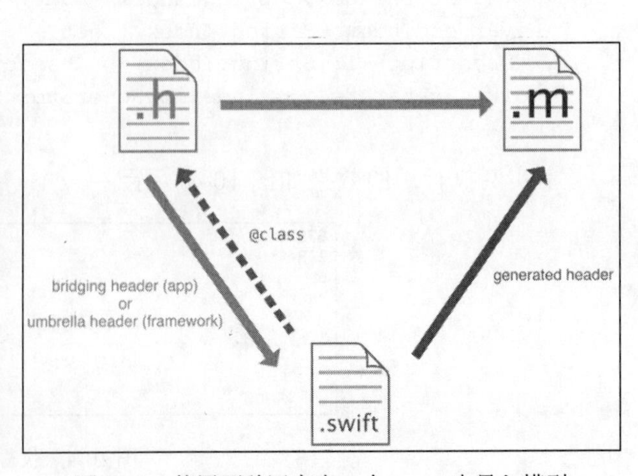

图 11-1　使用两种语言在一个 target 中导入模型

11.1.2　在同一个应用的 target 中导入

如果在写混合语言的应用，可能需要使用 Swift 代码访问 Objective-C 代码，或者反之。下面的流程描述了在非框架 target 中的应用。

1. 将 Objective-C 导入 Swift

当在一个 iOS 应用的 target 中导入 Objective-C 文件供 Swift 代码使用时，需要依赖于 Objective-C 的桥接头文件（bridging header）来暴露给 Swift。当添加 Swift 文件到现有的 Objective-C 应用（或反之）时，Xcode 会自动创建这些头文件。在创建时 Xcode 会弹出如图 11-2 所示的提示框进行询问。

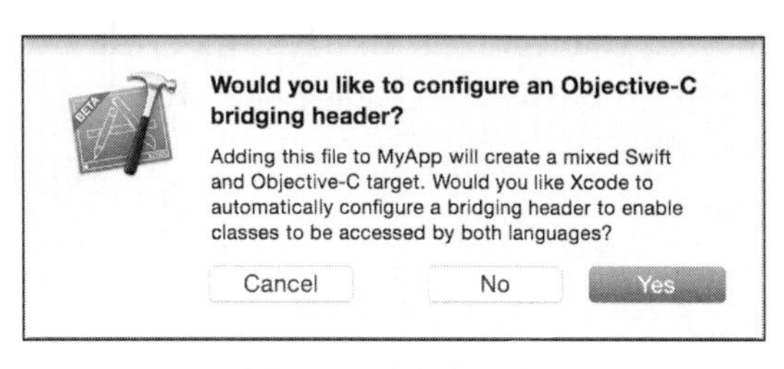

图 11-2　询问提示框

如果单击“Yes”按钮同意，Xcode 会在源文件创建的同时生成头文件，并用 product 的模块名加上“-Bridging-Header.h”后缀来命名。

如果在同一 target 中将 Objective-C 代码导入 Swift 中，需要经过如下所示的操作。

（1）在 Objective-C 桥接头文件中，import（引入）任何想暴露给 Swift 的头文件，例如：

```
// OBJECTIVE-C
#import "XYZCustomCell.h"
#import "XYZCustomView.h"
#import "XYZCustomViewController.h"
```

（2）在 Build Settings 中，确保 Objective-C 桥接头文件的 build setting 是基于 Swift 编译器，即 Code Generation 含有头文件的路径。这个路径必须是头文件自身的路径，而不是它所在的目录。此路径是工程的相对路径，类似 Info.plist 在 Build Settings 中指定的路径。在大多数情况下，不需要修改这个设置。

（3）在桥接头文件中列出的所有 public 的 Objective-C 头文件对 Swift 可见。之后当前 target 的所有 Swift 文件都可以使用这些头文件中的方法，不需要任何 import 语句。用 Swift 语法使用这些 Objective-C 代码，就像使用系统自带的 Swift 类一样。例如如下所示的 Swift 代码。

```
let myCell = XYZCustomCell()
myCell.subtitle = "A custom cell"
```

2. 将 Swift 导入 Objective-C

当向 Objective-C 中导入 Swift 代码时，需要依赖 Xcode 生成的头文件来向 Objective-C 暴露 Swift 代码。这是自动生成 Objective-C 头文件，在里面包含了 target 中所有 Swift 代码中定义的接口。可以把这个 Objective-C 头文件看作 Swift 代码的 umbrella header（保护伞头文件），此文件以 product 模块名加“-Swift.h”后缀来命名。

开发者不需要做任何事情来生成这个 umbrella header 文件，只需要将它导入 Objective-C 代码中来使用即可。在这个头文件中的 Swift 接口中，包含了它所使用到的所有 Objective-C 类型。如果在 Swift 代码中使用自己的 Objective-C 类型，需要确保先将对应的 Objective-C 头文件导入 Swift 代码中，然后才可以将 Swift 自动生成的头文件导入 Objective-C 的“.m”

源文件中来访问 Swift 代码。

为了在同一 target 中将 Swift 代码导入 Objective-C 中，需要在相同 target 的 Objective-C “.m” 源文件中用下面的格式导入 Swift 代码。

```
#import "ProductModuleName-Swift.h"
```

在 target 中的任何 Swift 文件将会对 Objective-C “.m” 源文件可见，包括上述 import 语句。Swift 代码和 Objective-C 代码的导入信息说明如表 11-1 所示。

表 11-1 导入信息说明

	导入 Swift	导入 Objective-C
Swift 代码	不需要 import 语句	#import "ProductModuleName-Swift.h”
Objective-C 代码	不需要 import 语句，需要 Objective-C bridging 头文件	#import "Header.h"

11.1.3 在同一个 Framework 的 target 中导入

在 Swift 开发应用中，有时可能需要开发一个混合语言框架，此时可能会从 Swift 代码访问 Objective-C 代码，或者从 Objective-C 代码访问 Swift 代码。

1. 将 Objective-C 导入 Swift

要想将 Objective-C 文件导入同个框架 target 的 Swift 代码中，需要将这些文件导入 Objective-C 的 umbrella header 中供框架使用。

在同一个 framework 中，将 Objective-C 代码导入 Swift 的基本步骤如下所示。

（1）确保将框架 target 的 Build Settings > Packaging > Defines Module 设置为 Yes。

（2）在 umbrella header 头文件中导入想暴露给 Swift 访问的 Objective-C 头文件，例如如下所示的代码。

```
#import <XYZ/XYZCustomCell.h>
#import <XYZ/XYZCustomView.h>
#import <XYZ/XYZCustomViewController.h>
```

（3）在 Swift 中将会看到所有在 umbrella header 中公开暴露出来的头文件，框架 target 中的所有 Swift 文件都可以访问 Objective-C 文件的内容，而不需要任何的 import 语句。例如：

```
let myCell = XYZCustomCell()
myCell.subtitle = "A custom cell"
```

2. 将 Swift 导入 Objective-C

要想将一些 Swift 文件导入同个框架的 target 的 Objective-C 代码中，不需要导入任何信息到 umbrella header 文件，而是将 Xcode 为 Swift 代码自动生成的头文件导入 Objective-C 的“.m“源文件中去，以便在 Objective-C 代码中访问 Swift 代码。

在同一 framework 中，将 Swift 代码导入 Objective-C 中的流程如下所示。

（1）确保将框架 target 的 Build Settings > Packaging 中的 Defines Module 设置为 Yes。

（2）用下面的语法格式将 Swift 代码导入同个框架 target 下的 Objective-C 的“.m”源文件中。

```
#import <ProductName/ProductModuleName-Swift.h>
```

对于上述 import 语句所包含的 Swift 文件来说，都可以被同个框架 target 下的 Objective-C “.m” 源文件访问。Swift 代码和 Objective-C 代码的导入信息说明如表 11-2 所示。

表 11-2　导入信息说明

	导入 Swift	导入 Objective-C
Swift 代码	不需要 import 语句	#import "ProductName/ProductModuleName-Swift.h"
Objective-C 代码	不需要 import 语句；需要 Objective-C umbrella 头文件	#import "Header.h"

11.1.4　导入外部 Framework

在 Swift 程序中可以导入外部框架，而无论这个框架是纯 Objective-C 语言，纯 Swift 语言，还是混合语言的。使用 import 导入外部框架的流程都是一样的，不管这个框架是用一种语言写的，还是包含两种语言。当导入外部框架时，需要将 Build Setting > Pakaging > Defines Module 设置为 Yes。

在 Swift 程序中，可以用下面的语法将框架导入不同 target 的 Swift 文件中。

```
import FrameworkName
```

可以用下面的语法将框架导入不同 target 的 Objective-C “.m” 文件中。

```
@import FrameworkName;
```

Swift 代码和 Objective-C 代码的导入信息说明如表 11-3 所示。

表 11-3　导入信息说明

	导入 Swift	导入 Objective-C
任意语言框架	import FrameworkName	@import FrameworkName;

11.1.5　在 Objective-C 中使用 Swift

当将 Swift 代码导入 Objective-C 文件后，可以通过普通的 Objective-C 语法来使用 Swift 类。例如：

```
MySwiftClass *swiftObject = [[MySwiftClass alloc] init];
[swiftObject swiftMethod];
```

在 Swift 程序中，类或协议必须用 @Objective-C attribute（属性）来标记，以便在 Objective-C 中可以被访问。这个 attribute（属性）告诉编译器这个 Swift 代码可以从 Objective-C 代码中访问。如果 Swift 类是 Objective-C 类的子类，编译器会自动为添加 @Objective-C attribute。可以访问 Swift 类或协议中用 @Objective-C attribute 标记过东西，只要它和 Objective-C 兼容。不包括如下所示的 Swift 独有的特性。

- Generics：范型。
- Tuples：元组。
- Enumerations defined in Swift：Swift 中定义的枚举。

- Structures defined in Swift：Swift 中定义的结构体。
- Top-level functions defined in Swift：Swift 中定义的顶层函数。
- Global variables defined in Swift：Swift 中定义的全局变量。
- Typealiases defined in Swift：Swift 中定义的类型别名。
- Swift-style variadics：Swift 风格可变参数。
- Nested types：嵌套类型。

另外，带有范型类型作为参数，或者返回元组的方法不能在 Objective-C 中使用。为了避免循环引用，不要将 Swift 代码导入 Objective-C 头文件中。但是可以在 Objective-C 头文件中前向声明（forward declare）一个 Swift 类来使用它，不能在 Objective-C 中继承一个 Swift 类。

当在 Objective-C 头文件中引用 Swift 类时，需要通过如下格式前向声明 Swift 类。

```
MyObjective-CClass.h
@class MySwiftClass;
@interface MyObjective-CClass : NSObject - (MySwiftClass *)
returnSwiftObject;
/* ... */
 @end
```

11.1.6 实践练习

实例 11-1	在 Objective-C 中调用 Swift
源码路径	源代码下载包:\daima\11\11-1

本实例的具体实现流程如下所示。

（1）使用 Xcode 7 新建一个 Objective-C 工程，如图 11-2 所示。

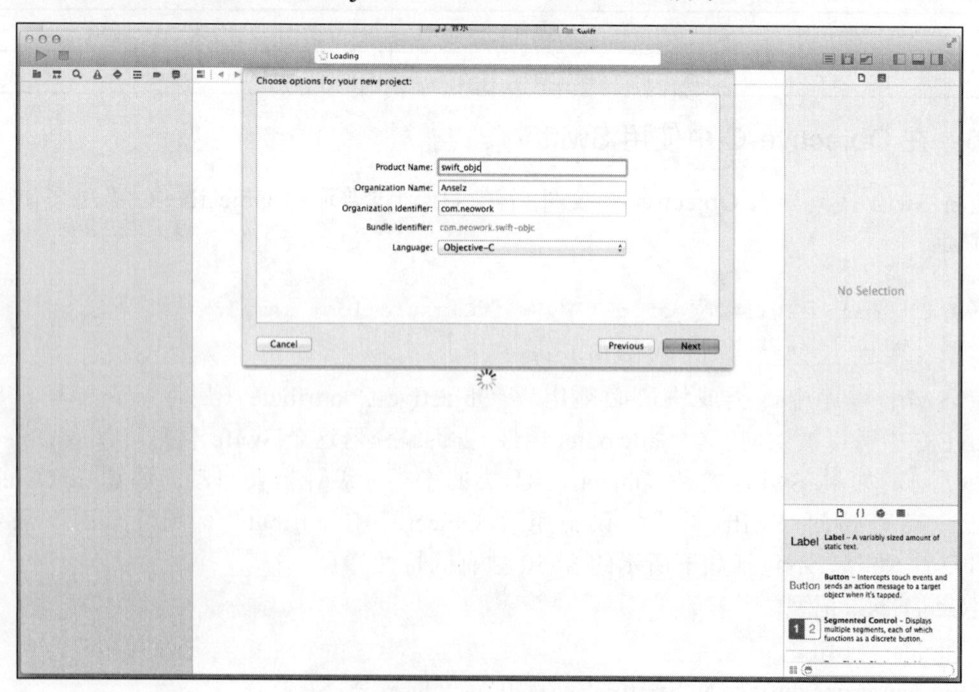

图 11-2 新建一个 Objective-C 工程

（2）右击工程名，在弹出的菜单中选择“New File...”命令新建一个 Swift 文件，新建完成后会出现一个提示框，单击“Yes”按钮。如图 11-3 所示。

图 11-3　单击“Yes”按钮

文件 SwiftObj.swift 具体实现代码如下所示。

```
import Foundation
class SwiftObj : NSObject {
    func sayHello() → Void {
        print("Hello, I am Swift")
    }

    func sayHelloWithObj() → Void {
        var obj = Objective()
        obj.sayHello()
    }
}
```

（3）新建一个 Objecitve-C 文件 Objective.h，具体实现代码如下所示。

```
#import <Foundation/Foundation.h>

@interface Objective : NSObject

-(void)sayHello;

@end
```

文件 Objective.m 的具体实现代码如下所示。

```
#import "Objective.h"

@implementation Objective

-(void)sayHello {
```

```
    NSLog(@"Hello, I am Objective-C");
}

@end
```

经过上面的基本操作之后，现在可以在 Objective-C 中调用 Swift 了。

（4）找到文件 main.m 引入 Swift 的类，在 import 引入工程名+ “-Swift.h”，例如：

```
#import "swift_objc-Swift.h"
```

本实例执行后的效果如图 11-4 所示。

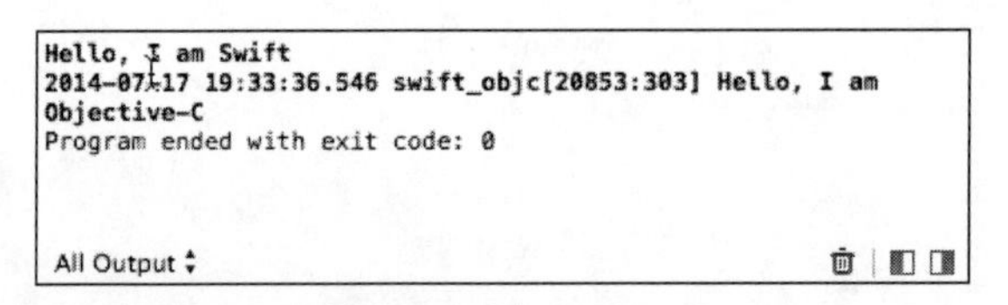

图 11-4 执行效果

11.2 Swift 调用 C 语言函数

在 Swift 程序中可以调用 C 语言编写的函数，例如目前 Swift 语言没有提供输入语句，可以让它调用 C 语言的输入函数来解决这个问题。在本节的内容中，将详细讲解 Swift 调用 C 函数的方法。

11.2.1 调用简单的 C 语言函数

实例 11-2	在 Swift 中调用简单的 C 语言函数
源码路径	源代码下载包:\daima\11\11-2

本实例的具体实现流程如下所示。

（1）新建一个 Swift 项目，如图 11-5 所示。

（2）右击工程名，在弹出的菜单中选择“New File...”命令，如图 11-6 所示。

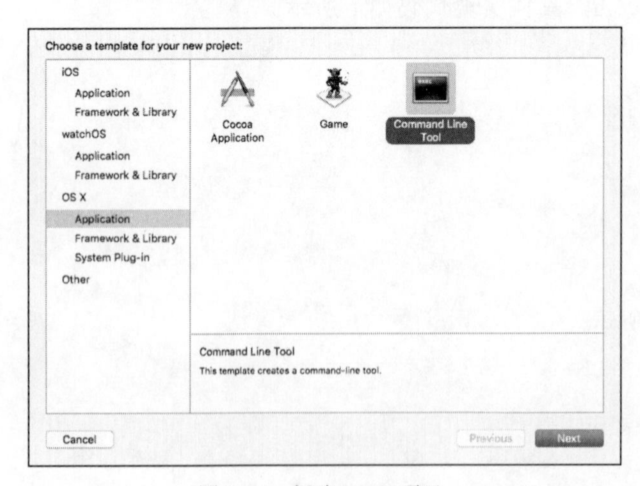

图 11-5 新建 Swift 项目

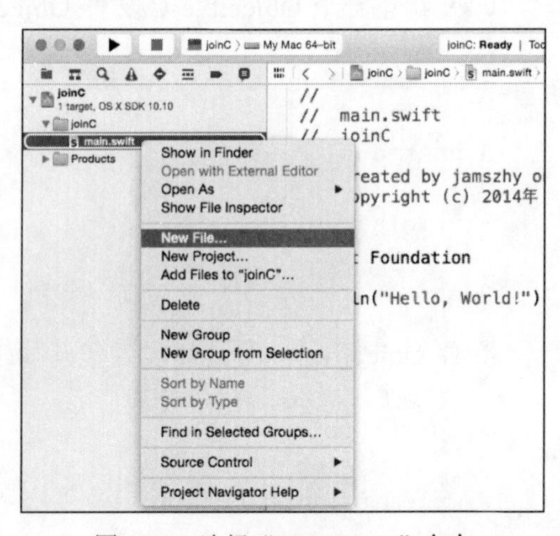

图 11-6 选择“New File...”命令

（3）在弹出的对话框中给项目增加一个 Objective-C 文件，如图 11-7 所示。

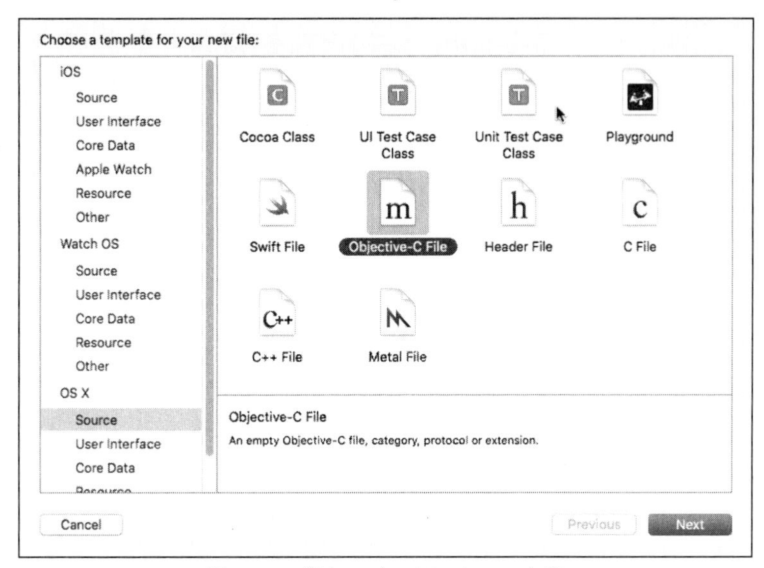

图 11-7　增加一个 Objective-C 文件

（4）单击“Next”按钮，给新建的文件设置保存路径，如图 11-8 所示。

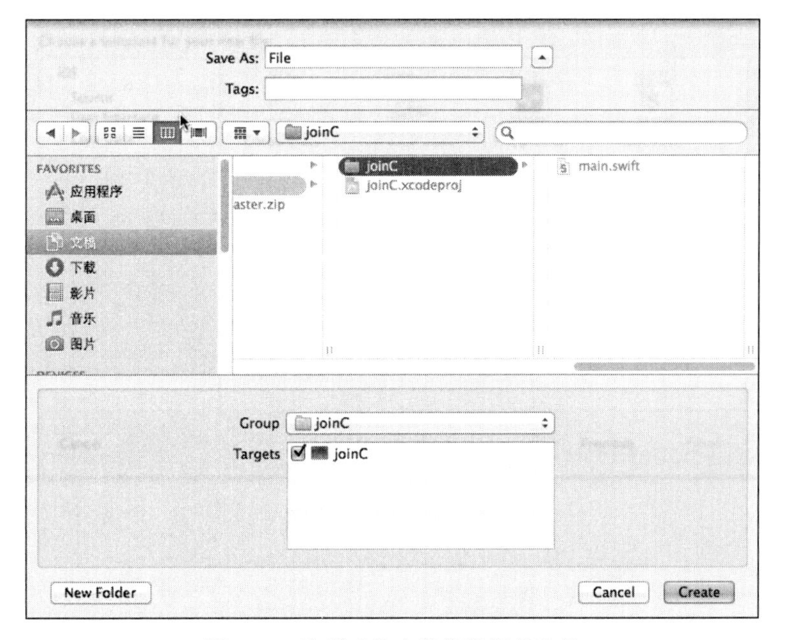

图 11-8　给新建的文件设置保存路径

（5）单击“Create”按钮开始创建，在弹出界面中单击“Yes”按钮。如图 11-9 所示。

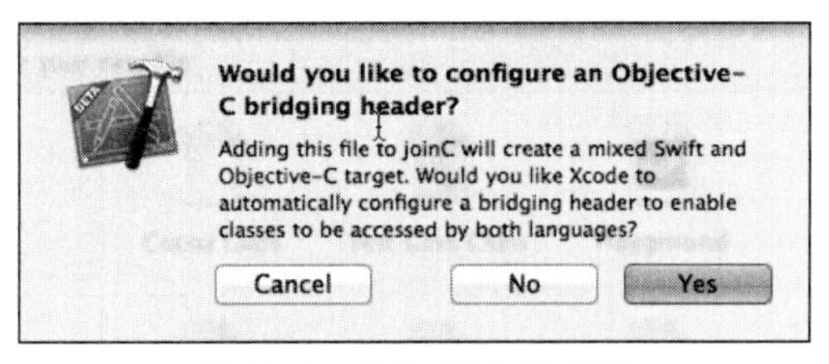

图 11-9　单击“Yes”按钮

（6）新建的 Objective-C 文件如图 11-10 所示。

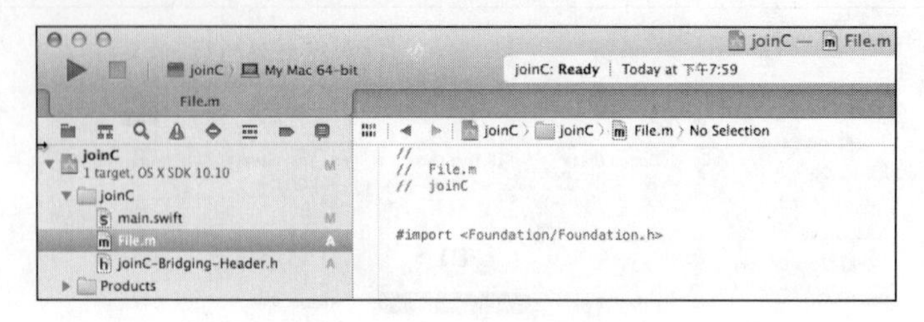

图 11-10　新建的 Objective-C 文件

（7）右击工程名，在弹出的菜单中选择“New File...”命令再创建一个 C 语言文件。如图 11-11 所示。

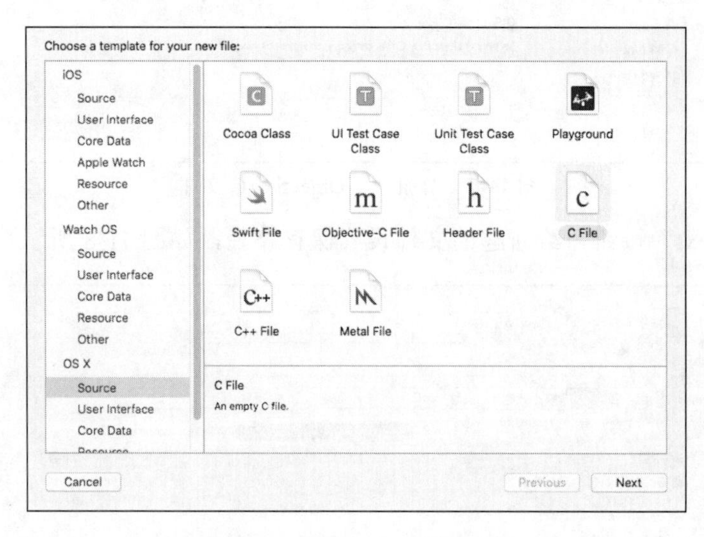

图 11-11　创建一个 C 语言文件

（8）单击“Next”按钮，在弹出界面中给新建的文件设置保存路径，如图 11-12 所示。

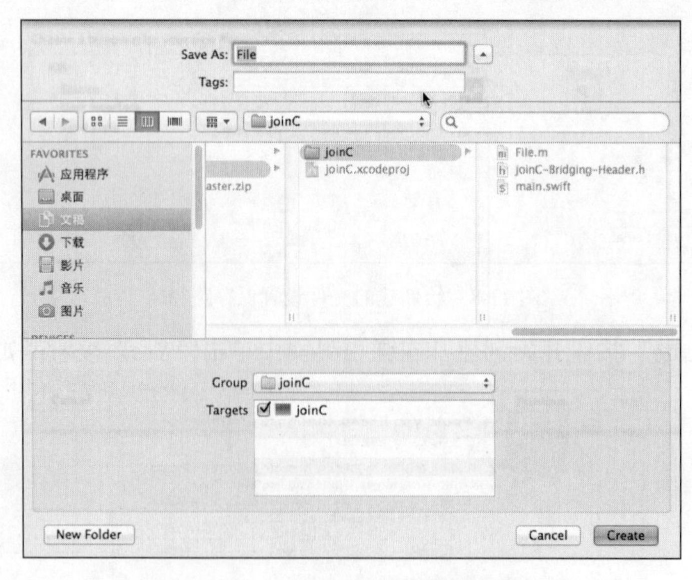

图 11-12　给新建的文件设置保存路径

（9）此时将生成一个桥接文件 joinC-Bridging-Header.h，在此文件中声明一个 C 语言函数。如图 11-13 所示。

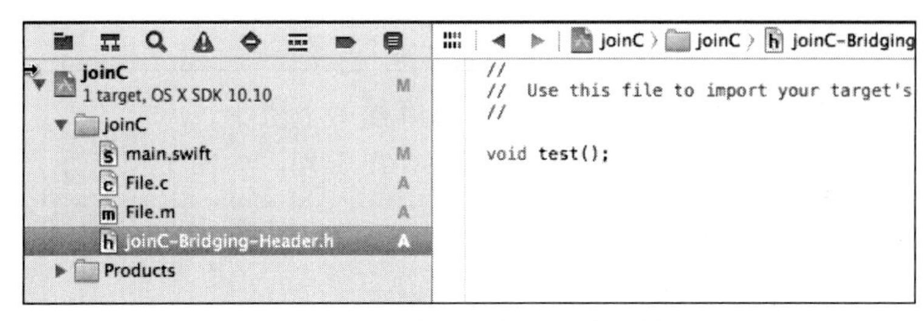

图 11-13　声明一个 C 语言函数

（10）在 C 文件 File.c 中定义一个 C 函数，如图 11-14 所示。

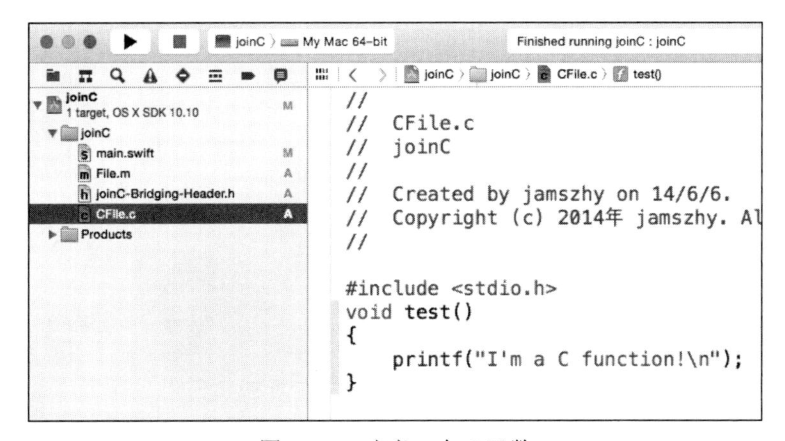

图 11-14　定义一个 C 函数

（11）在文件 main.swift 中直接调用 C 函数，如图 11-15 所示。

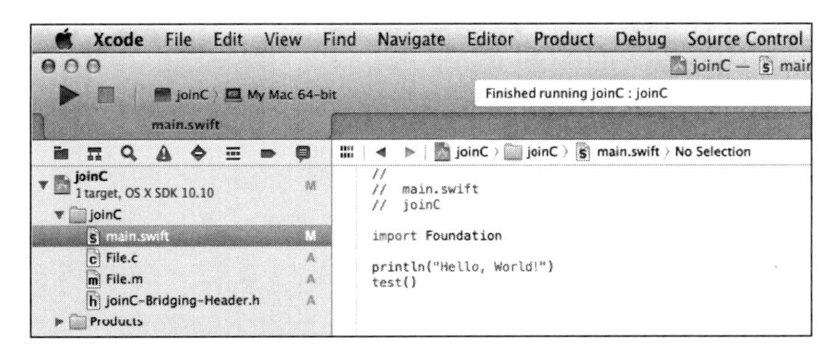

图 11-15　在文件 main.swift 中直接调用 C 函数

本实例的执行效果如图 11-16 所示。

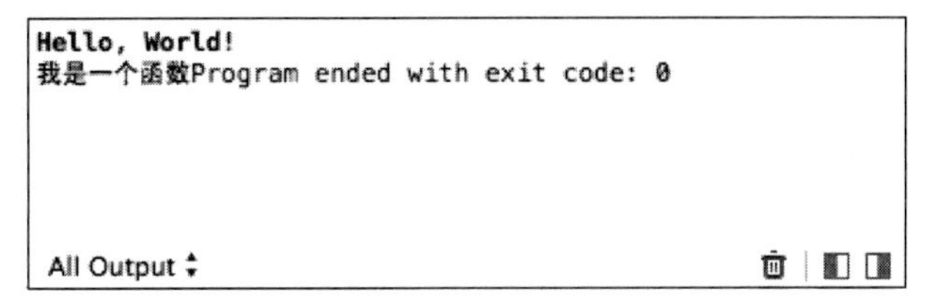

图 11-16　执行效果

11.2.2 增加一个 C 语言键盘输入函数

实例 11-3	演示增加 C 语言键盘输入函数
源码路径	源代码下载包:\daima\11\11-3

本实例以前面的实例 11-2 为基础，具体实现流程如下所示。

（1）使用 Xcode 7 创建一个名为“11-3”的 Swift 工程，如图 11-17 所示。

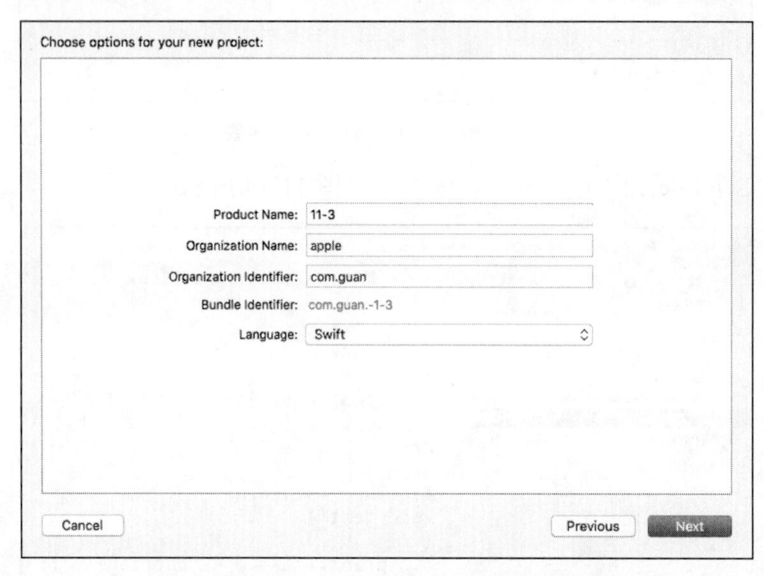

图 11-17　创建一个名为“11-3”的 Swift 工程

（2）在桥接文件 21-3-Bridging-Header.h 中声明一个函数 int getMM()，如图 11-18 所示。

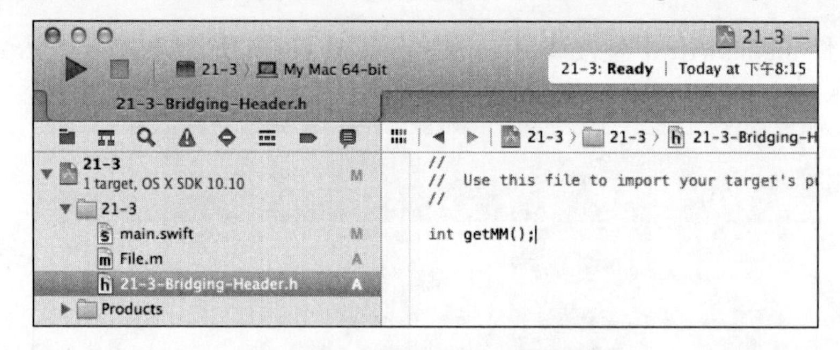

图 11-18　在桥接文件中声明函数

（3）创建一个 C 语言文件 File.c，在此文件中实现前面定义的函数。如图 11-19 所示。

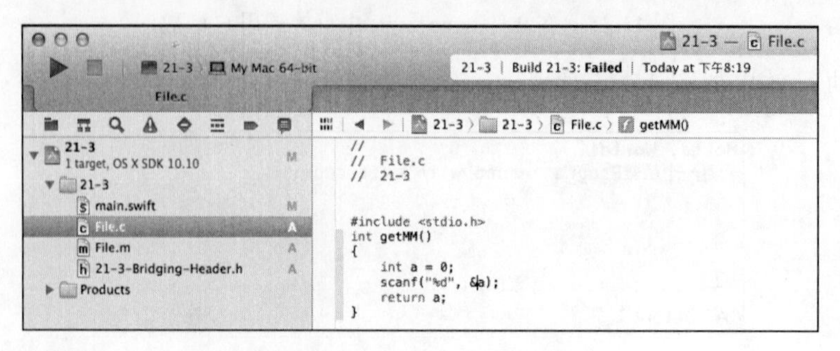

图 11-19　实现前面定义的函数

（4）在文件 main.swift 中直接使用前面定义的 C 函数，如图 11-20 所示。

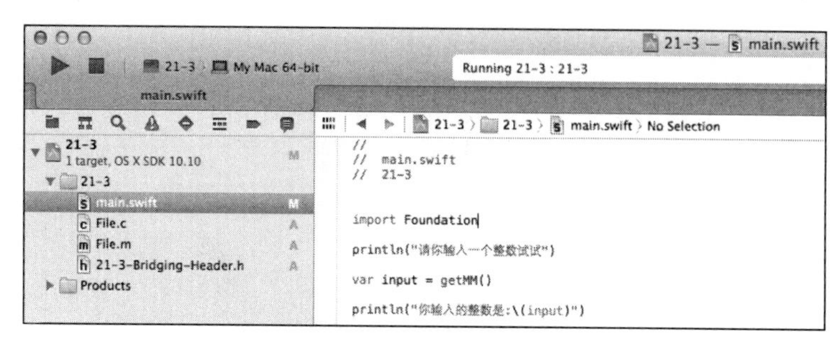

图 11-20　使用前面定义的 C 函数

执行后的初始效果如图 11-21 所示。

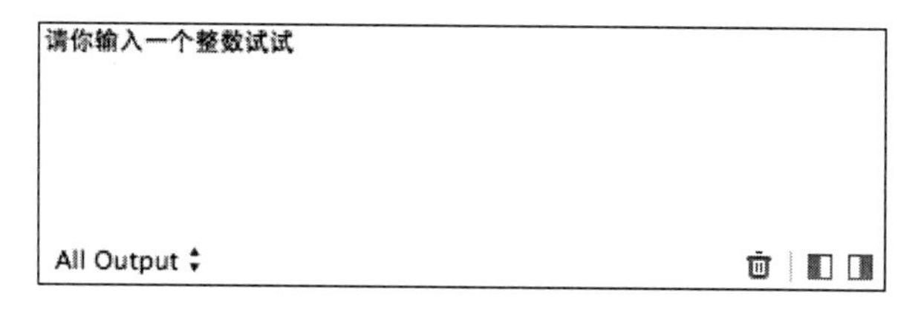

图 11-21　初始执行效果

然后在下方输入一个整数，例如“12345”，如图 11-22 所示。

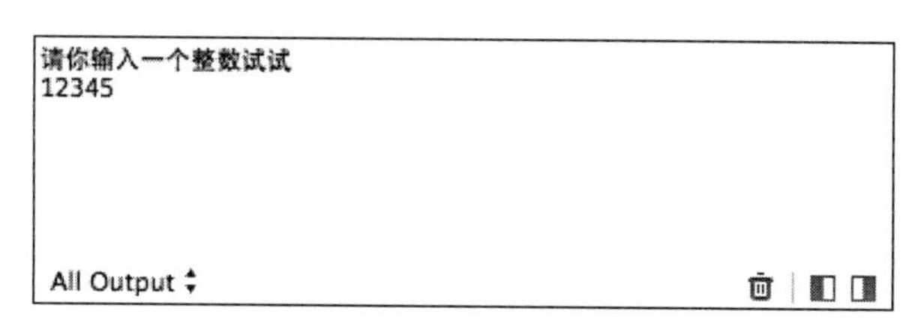

图 11-22　输入一个整数

按下回车键后的执行效果如图 11-23 所示。

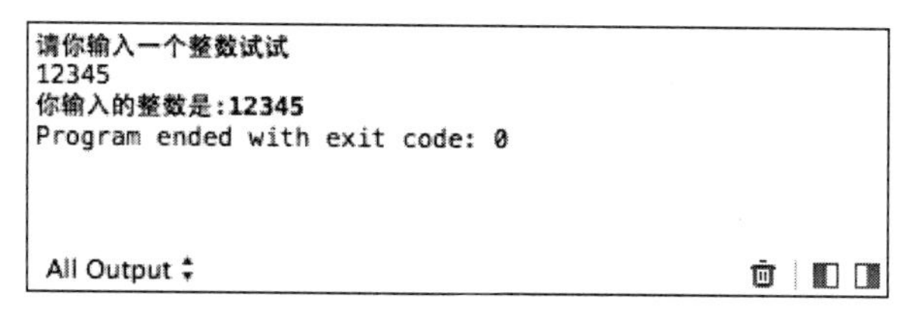

图 11-23　按下回车键后的执行效果

11.3　Swift 调用 C 语言函数的综合演练

在本节的实例中，将延伸在 Swift 程序中调用前面实例 11-3 中 C 函数的方法。

实例 11-4	综合演练调用 C 语言中的各种函数
源码路径	源代码下载包:\daima\11\11-4

本实例以前面的实例 11-3 为基础，具体实现流程如下所示。

（1）创建一个 Xcode 7 工程，如图 11-24 所示。

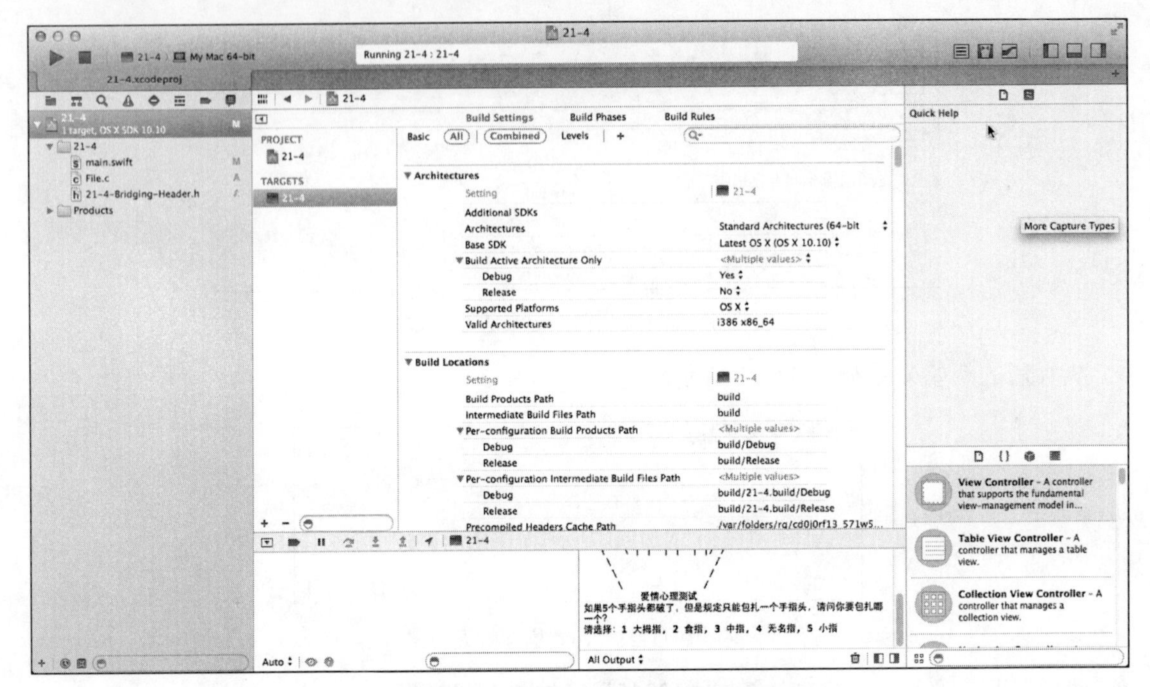

图 11-24　创建一个 Xcode 7 工程

（2）添加一个桥接文件 21-4-Bridging-Header.h，具体实现代码如下所示。

```
int getMM();
```

（3）添加一个 C 文件 File.c，具体实现代码如下所示。

```
#include <stdio.h>
int getMM()
{
   int a = 0;
   scanf("%d", &a);
   return a;
}
```

（4）在 Swift 程序文件中调用 C 函数，文件 main.swift 的具体实现代码如下所示。

```
import Foundation
print("           3        ")

print("         2   (@)    4  ")

print("   1    (@)  | |  (@)    5")

print("  (@)   | |  | |  | |   (@)")

print("  /  \\   | |  | |  | |  / / ")

print("  (   \\  | |  | |  | | / / ")
```

```
print("   (   \\ | |  | |  | |/ / ")

print("    \\                /")

print("     \\              /")

print("      \\            / ")

print("           爱情心理测试")
print("如果5个手指头都破了，但是规定只能包扎一个手指头，请问你要包扎哪一个？")

print("请选择：1 大拇指，2 食指，3 中指，4 无名指，5 小指")
while true {
    // 向变量中装入键盘输入的数据

    var choose = getMM()
    //利用if语句进行判断

    if choose == 1 {
        print("你选择的是大拇指！")
        print("你是幸运神，有人会爱你一生一世！")
       }
    else if choose == 2 {

        print("你选择的是食指！")

        print("你是痴情种，会用一生去爱一个人！")

    }

    else if choose == 3 {

        print("你选择的是中指！")

        print("你是花心大萝卜，一生会爱上很多人！")

    }
        else if choose == 4 {

        print("你选择的是无名指！")

        print("你是自恋狂，不爱别人爱自己！")

    }

    else if choose == 5 {

        print("你选择的是小指！")

        print("你是万人迷，会有很多人爱上你！")

    }
        else {
                print("输入错误！难道你有(choose)个手指头！")
            }
    //当然还可以使用switch语句
```

```
switch choose {
case 1:
    print("你选择的是大拇指！")
    print("你是幸运神，有人会爱你一生一世！")
case 2:
    print("你选择的是食指！")
    print("你是痴情种，会用一生去爱一个人！")
case 3:
    print("你选择的是中指！")
    print("你是花心大萝卜，一生会爱上很多人！")
case 4:
    print("你选择的是无名指！")
    print("你是自恋狂，不爱别人爱自己！")
case 5:
    print("你选择的是小指！")
    print("你是万人迷，会有很多人爱上你！")
default:
    print("输入错误！难道你有(choose)个手指头！")
}
```

本实例执行后的效果如图 11-25 所示。

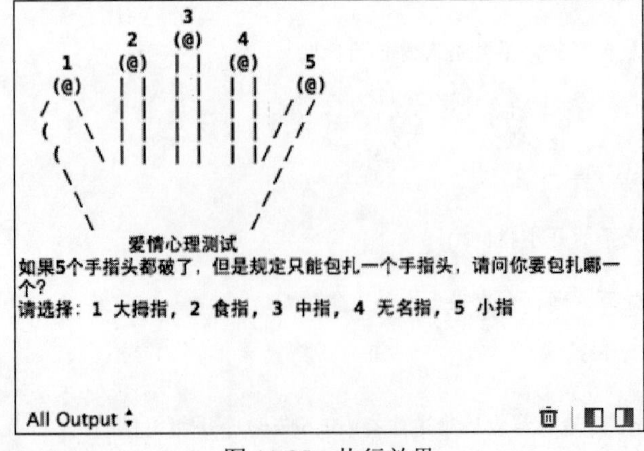

图 11-25 执行效果

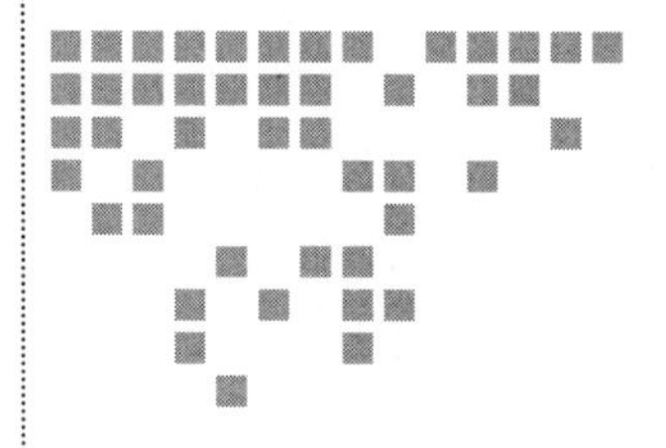

Chapter 12 第 12 章

Xcode Interface Builder 界面开发

Interface Builder（IB）是 Mac OS X 平台下用于设计和测试用户界面（GUI）的应用程序。为了生成 GUI，IB 并不是必需的，实际上 Mac OS X 下所有的用户界面元素都可以使用代码直接生成；但是 IB 能够使开发者简单快捷的开发出符合 Mac OS X human-interface guidelines 的 GUI。通常只需要通过简单的拖动（drag-n-drop）操作来构建 GUI 即可。在本章将详细讲解 Interface Builder 的基本知识，为读者步入本书后面知识的学习打下基础。

12.1 Interface Builder 基础

通过使用 Interface Builder (IB)，可以快速地创建一个应用程序界面。这不仅是一个 GUI 绘画工具，而且还可以在不编写任何代码的情况下添加应用程序。这样不但可以减少 bug，而且缩短了开发周期，并且让整个项目更容易维护。本章的重点是介绍如何在 Interface Builder 中实现导航，这些内容是我们理解本章其余内容的关键。

12.1.1 Interface Builder 的作用

IB 向 Objective-C 开发者提供了包含一系列用户界面对象的工具箱，这些对象包括文本框、数据表格、滚动条和弹出式菜单等控件。IB 的工具箱是可扩展的，也就是说，所有开发者都可以开发新的对象，并将其加入 IB 的工具箱中。

开发者只需要从工具箱中简单地向窗口或菜单中拖动控件即可完成界面的设计。然后，用连线将控件可以提供的“动作”（Action）、控件对象分别和应用程序代码中对象“方法”（Method）、对象“接口”（Outlet）连接起来，就完成了整个创建工作。与其他图形用户界面设计器，例如 Microsoft Visual Studio 相比，这样的过程减小了 MVC 模式中控制器和视图两层的耦合，提高了代码质量。

在代码中，使用 IBAction 标记可以接受动作的方法，使用 IBOutlet 标记可以接受对象接口。IB 将应用程序界面保存为捆绑状态，其中包含了界面对象及其与应用程序的关系。这些对象被序列化为 XML 文件，扩展名为.nib。在运行应用程序时，对应的 NIB 对象调入内存，与其应用程序的二进制代码联系起来。与绝大多数其余 GUI 设计系统不同，IB 不是生成代码以在运行时产生界面（如 Glade，Codegear 的 C++ Builder 所做的），而是采用与代码无关的机制，通常称为 freeze dried。从 IB 3.0 开始，加入了一种新的文件格式，其扩展名为.xib。这种格式与原有的格式功能相同，但是为单独文件而非捆绑，以便于版本控制系统的运作，以及类似 diff 的工具的处理。

12.1.2 Interface Builder 的新特色

将 Interface Builder 集成到 Xcode 之后，和原来的版本相比主要如下四点不同。

（1）在导航区选择 xib 文件后，会在编辑区显示 xib 文件的详细信息。由此可见，Interface Builder 和 Xcode 整合在一起了。如图 12-1 所示。

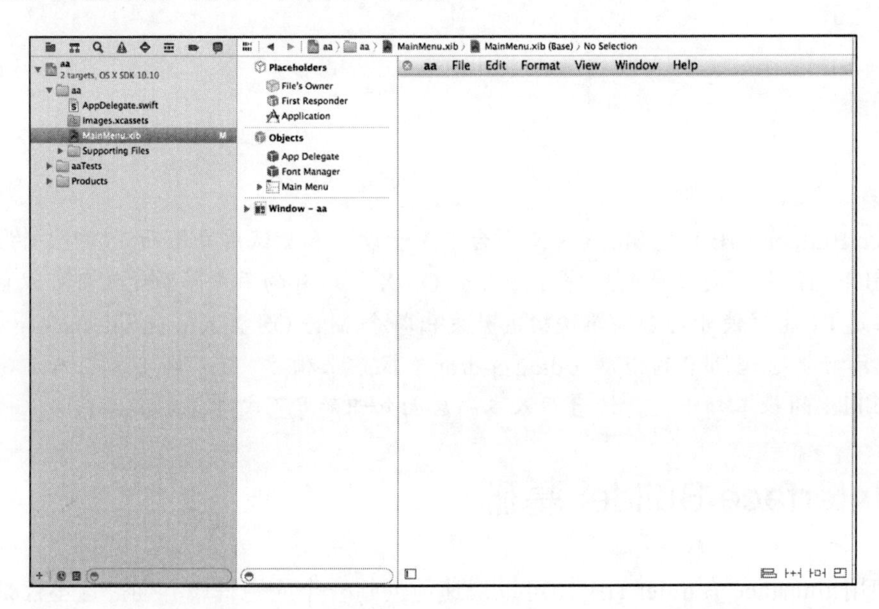

图 12-1 显示 xib 文件

（2）在工具栏选择“View 控制按钮”，单击图 12-2 中最右边的按钮可以调出工具区，如图 12-3 所示。

图 12-2 View 控制按钮

图 12-3 工具区

在图 12-3 的工具区中，最上面的按钮分别是如下四个 inspector：

```
Identity
Attributes
Size
Connections
```

工具区下面是可以向 View 中拖的控件。

（3）隐藏导航区

为了专心设计 UI，可以在刚才提到的“View 控制按钮”中单击第一个，这样可以隐藏导航区。如图 12-4 所示。

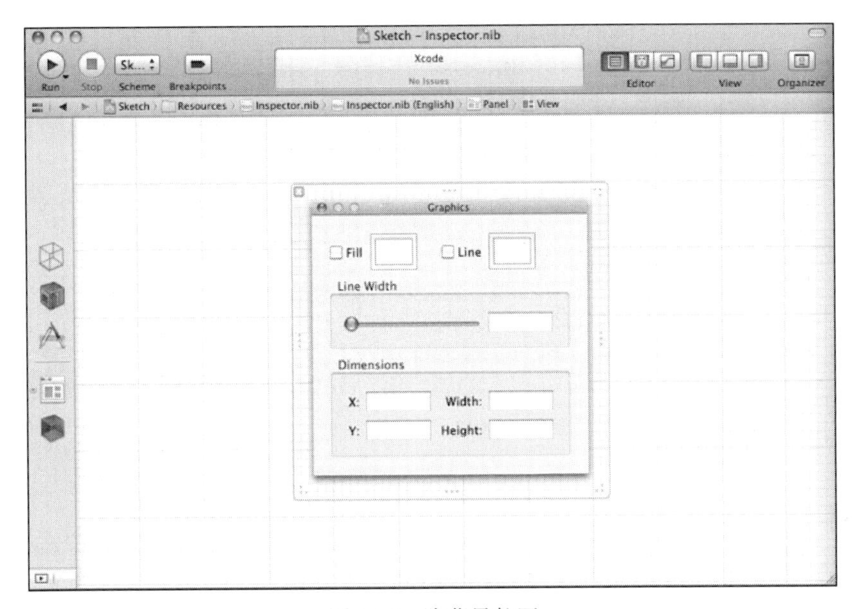

图 12-4　隐藏导航区

（4）关联方法和变量

这是一个所见即所得功能，涉及了 View:Assistant View，是编辑区的一部分。如图 12-5 所示。

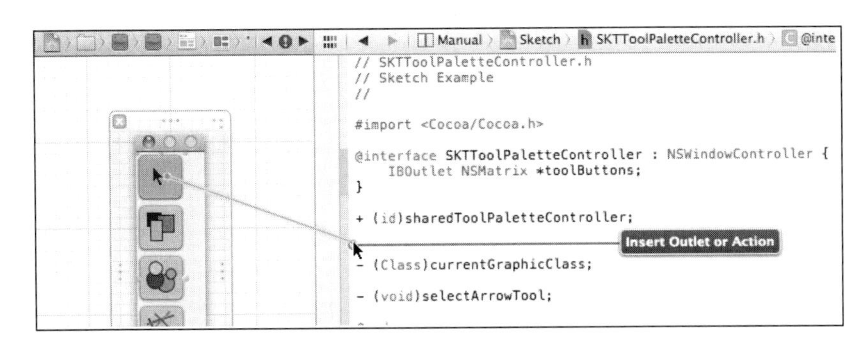

图 12-5　关联方法和变量

此时只需将按钮（或者其他控件）拖到代码指定地方即可。在“拖”时需要按住“Ctrl”键。怎么让 Assistant View 显示要对应的.h 文件？使用 View 上面的选择栏进行选择。

12.2 Interface Builder采用的方法

通过使用Xcode和Cocoa工具集，可手工编写生成iOS界面的代码，实现实例化界面对象、指定它们出现在屏幕的什么位置、设置对象的属性以及使其可见。例如如下所示的代码，可以在iOS设备屏幕设备的一角中显示文本“Hello Xcode”。

```
- (BOOL)application:(UIApplication *)application
     didFinishLaunchingWithOptions:(NSDictionary *)launchOptions
{
   self.window = [[UIWindow alloc]
               initWithFrame:[[UIScreen mainScreen] bounds]];
   // Override point for customization after application launch.
   UILabel *myMessage;
   UILabel *myUnusedMessage;
   myMessage=[[UILabel alloc]
            initWithFrame:CGRectMake(30.0,50.0,300.0,50.0)];
   myMessage.font=[UIFont systemFontOfSize:48];
   myMessage.text=@"Hello Xcode";
   myMessage.textColor = [UIColor colorWithPatternImage:
                        [UIImage imageNamed:@"Background.png"]];
   [self.window addSubview:myMessage];
   self.window.backgroundColor = [UIColor whiteColor];
   [self.window makeKeyAndVisible];
   return YES;
}
```

如果要创建一个包含文本、按钮、图像以及数十个其他控件的界面，会需要编写很多事件。而Interface Builder不是自动生成界面代码，也不是将源代码直接关联到界面元素，而是生成实时的对象，并通过称为连接（connection）的简单关联将其连接到应用程序代码。需要修改应用程序功能的触发方式时，只需修改连接即可。要改变应用程序使用创建的对象的方式，只需连接或重新连接即可。

12.3 Interface Builder的故事板

Storyboarding（故事板）是从iOS 5开始新加入的Interface Builder（IB）的功能。主要功能是在一个窗口中显示整个App用到的所有或者部分的页面，并且可以定义各页面之间的跳转关系，大大增强了IB的便利性。

12.3.1 推出的背景

Interface Builder是Xcode开发环境自带的用户图形界面设计工具，通过它可以随心所欲地将控件或对象（Object）拖动到视图中。这些控件被存储在一个XIB（发音为zib）或NIB文件中。其实XIB文件是一个XML格式的文件，可以通过编辑工具打开并改写这个Xib文件。当编译程序时，这些视图控件被编译成一个NIB文件。

通常，NIB是与ViewController相关联的，很多ViewController都有对应的NIB文件。

NIB 文件的作用是描述用户界面、初始化界面元素对象。其实，开发者在 NIB 中所描述的界面和初始化的对象都能够在代码中实现。之所以使用 Interface Builder 来绘制页面，是为了减少那些设置界面属性的重复而枯燥的代码，让开发者能够集中在功能的实现上。

在 Xcode 4.2 之前，每创建一个视图会生成一个相应的 XIB 文件。当一个应用有多个视图时，视图之间的跳转管理将变得十分复杂。为了解决这个问题，Storyboard 便被推出。

NIB 文件无法描述从一个 ViewController 到另一个 ViewController 的跳转，这种跳转功能只能靠手写代码的形式来实现。相信很多人都会经常用到如下两个方法。

- -presentModalViewController:animated。
- -pushViewController:animated。

随着 Storyboarding 的出现，使得这种方式成为历史，取而代之的是 Segue [Segwei]。Segue 定义了从一个 ViewController 到另一个 ViewController 的跳转。在 IB 中已经熟悉如何连接界面元素对象和方法（Action Method）。在 Stroyboard 中完全可以通过 Segue 将 ViewController 连接起来，而不再需要手写代码。如果想自定义 Segue，也只需写 Segue 的实现即可，而无须编写调用的代码，Storyboard 会自动调用。在使用 Storyboard 机制时，必须严格遵守 MVC 原则。View 与 Controller 需完全解耦，并且不同的 Controller 之间也要充分解耦。

在开发 iOS 应用程序时，有如下两种创建一个视图（View）的方法。

- 在 Interface Builder 中拖动一个 UIView 控件：这种方式看似简单，但是会在 View 之间跳转时，所以不便操控。
- 通过原生代码方式：需要编写的代码工作量巨大，哪怕仅仅创建几个 Label，就得手写上百行代码，每个 Label 都得设置坐标。为解决以上问题，从 iOS 5 开始新增了 Storyboard 功能。

Storyboard 是 Xcode 4.2 自带的工具，主要用于 iOS 5 以上版本。早期的 InterfaceBuilder 所创建的 View，各个 View 之间是互相独立的，没有相互关联，当一个应用程序有多个 View 时，View 之间的跳转很是复杂。为此 Apple 为开发者带来了 Storyboard，尤其是使用导航栏和标签栏的应用。Storyboard 简化了各个视图之间的切换，并由此简化了管理视图控制器的开发过程，完全可以指定视图的切换顺序，而不用手工编写代码。

Storyboard 能够包含一个程序的所有的 ViewController 以及它们之间的连接。在开发应用程序时，可以将 UI Flow 作为 Storyboard 的输入，一个看似完整的 UI 在 Storyboard 唾手可得。故事板可以根据需要包含任意数量的场景，并通过切换（segue）将场景关联起来。然而故事板不仅可以创建视觉效果，还能够创建对象，而无须手工分配或初始化它们。当应用程序在加载故事板文件中的场景时，其描述的对象将被实例化，可以通过代码访问它们。

12.3.2　故事板的文档大纲

为了更加说明问题，可以打开一个演示工程来观察故事板文件的真实面目。双击源代码下载包中本章工程中的文件 Empty.storyboard，此时将打开 Interface Builder，并在其中显示该故事板文件的骨架。该文件的内容将以可视化方式显示在 IB 编辑器区域，而在编辑器区域左边的文档大纲（Document Outline）区域，将以层次方式显示其中的场景。如图 12-6 所示。

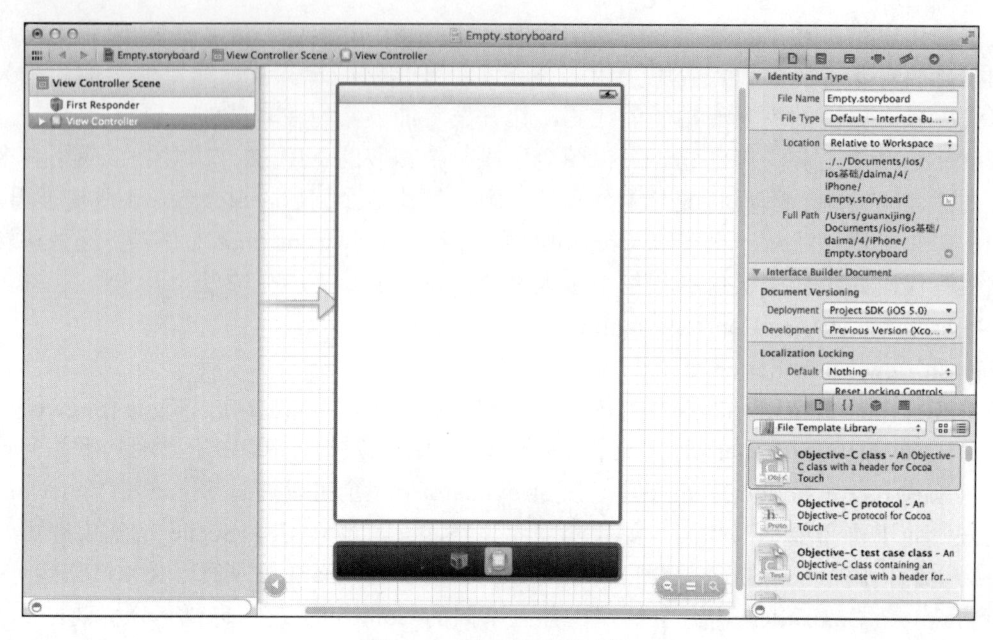

图 12-6 故事板场景对象

本章演示工程文件只包含了一个场景：View Controller Scene。在本书中讲解的创建界面演示工程，在大多数情况下都是从单场景故事板开始的，因为它们提供了丰富的空间，让您能够收集用户输入和显示输出。我们将探索多场景故事板。

在 View Controller Scene 中有如下三个图标。

- First Responder（第一响应者）。
- View Controller（视图控制器）。
- View（视图）。

其中前两个特殊图标用于表示应用程序中的非界面对象，使用的所有故事板场景中都包含它们。

- First Responder：该图标表示用户当前正在与之交互的对象。当用户使用 iOS 应用程序时，可能有多个对象响应用户的手势或键击。第一响应者是当前与用户交互的对象。例如，当用户在文本框中输入时，该文本框将是第一响应者，直到用户移到其他文本框或控件。
- View Controller：该图标表示加载应用程序中的故事板场景并与之交互的对象。场景描述的其他所有对象几乎都是由它实例化的。
- View：该图标是一个 UIView 实例，表示将被视图控制器加载并显示在 iOS 设备屏幕中的布局。从本质上来说，视图是一种层次结构，这意味着在界面中添加控件时，它们将包含在视图中。甚至可在视图中添加其他视图，以便将控件编组或创建可作为一个整体进行显示或隐藏的界面元素。

通过使用独特的视图控制器名称/标签，还有利于场景命名。InterfaceBuilder 自动将场景名设置为视图控制器的名称或标签（如果设置了标签），并加上后缀。例如给视图控制器设置了标签 Recipe Listing，场景名将变成 Recipe Listing Scene。在本项目中包含一个名为 View Controller 的通用类，此类负责与场景交互。

在最简单的情况下，视图（UIView）是一个矩形区域，可以包含内容以及响应用户事件

（触摸等）。事实上，我们将加入视图中的所有控件（按钮、文本框等）都是 UIView 的子类。对于这一点不用担心，只是在文档中可能遇到这样的情况，即将按钮和其他界面元素称为子视图，而将包含它们的视图称为父视图。

需要牢记的是，在屏幕上看到的任何东西几乎都可视为“视图”。当创建用户界面时，场景包含的对象将增加。有些用户界面由数十个不同的对象组成，这会导致场景拥挤而变得复杂 。如果项目程序非常复杂，为了方便管理这些复杂的信息，可以采用折叠或展开文档大纲区域的视图层次结构的方式来解决。

12.3.3　文档大纲的区域对象

在故事板中，文档大纲区域显示了表示应用程序中对象的图标，这样可以展现给用户一个漂亮的列表，并且通过这些图标能够以可视化方式引用它们代表的对象。开发人员可以从这些图标拖动到其他位置或从其他地方拖动到这些图标，从而创建让应用程序能够工作的连接。假如我们希望一个屏幕控件（如按钮）能够触发代码中的操作。通过从该按钮拖动到 View Controller 图标，可将该 GUI 元素连接到希望它激活的方法，甚至可以将有些对象直接拖动到代码中，这样可以快速地创建一个与该对象交互的变量或方法。

当在 Interface Builder 中使用对象时，Xcode 为开发人员提供了很大的灵活性。例如可以在 IB 编辑器中直接与 UI 元素交互，也可以与文档大纲区域中表示这些 UI 元素的图标交互。另外，在编辑器中的视图下方有一个图标栏，所有在用户界面中不可见的对象（如第一响应者和视图控制器）都可在这里找到，如图 12-7 所示。

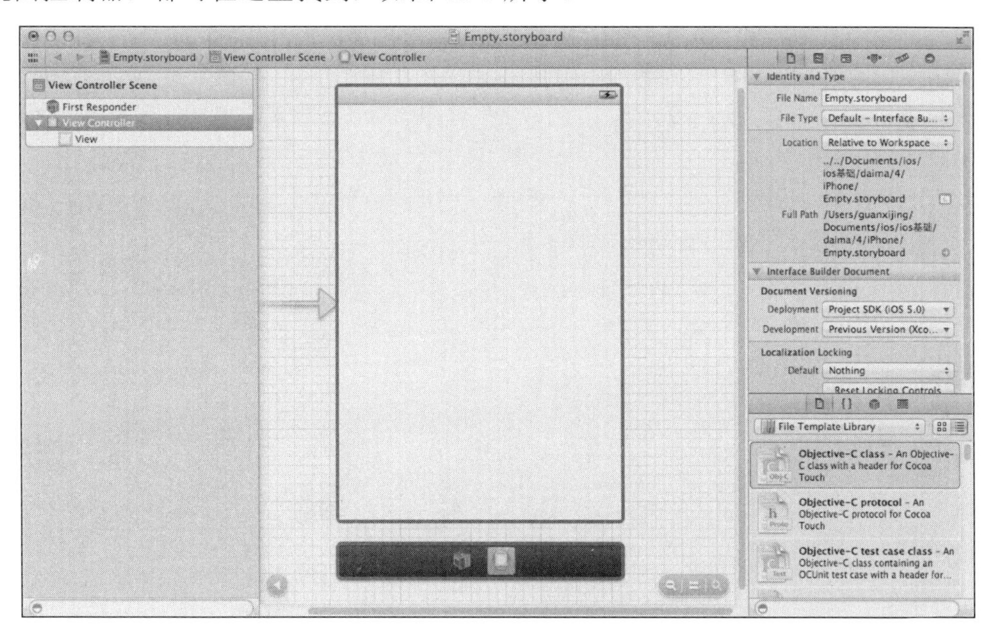

图 12-7　在编辑器和文档大纲中对象交互

12.4　创建一个界面

在本节的内容中，将详细讲解如何使用 Interface Builder 创建界面的方法。在开始之前，需要首先创建一个 Empty.storyboard 文件。

12.4.1 对象库

添加到视图中的任何控件都来自对象库（Object Library），从按钮到图像再到 Web 内容。可以依次选择 Xcode 菜单 View>Utilities>Show Object Library（Control+Option+Command+3）来打开对象库。如果对象库以前不可见，此时将打开 Xcode 的 Utility 区域，并在右下角显示对象库。确保从对象库顶部的下拉列表中选择了 Objects，这样将列出所有的选项。

其实在 Xcode 中有多个库，对象库包含将添加到用户界面中的 UI 元素，但还有文件模板（File Template）、代码片段（Code Snippet）和多媒体（Media）库。通过单击 Library 区域上方的图标的操作来显示这些库。如果发现在当前的库中没有显示期望的内容，可单击库上方的立方体图标或再次选择菜单 View>Utilities>Show Object Library，如图 12-8 所示，这样可以确保处于对象库中。

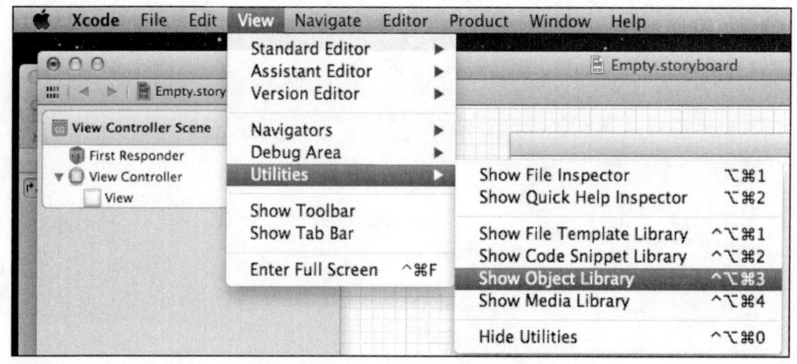

图 12-8 打开对象库命令

在单击对象库中的元素并将鼠标指向它时会出现一个弹出框，在其中包含了如何在界面中使用该对象的描述，如图 12-9 所示。这样无须打开 Xcode 文档，即可得知 UI 元素的真实功能。

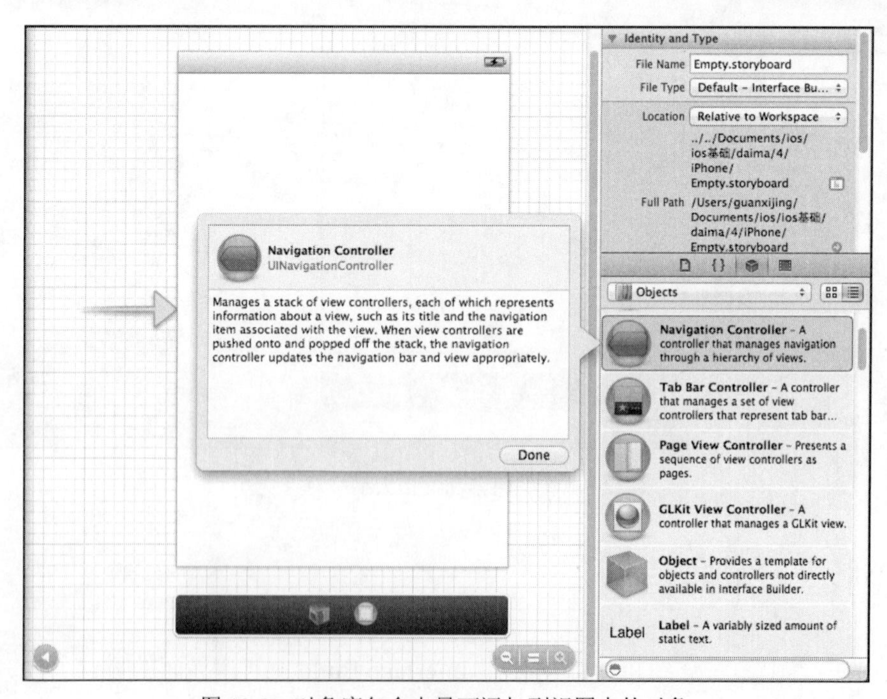

图 12-9 对象库包含大量可添加到视图中的对象

另外，通过使用对象库顶部的视图按钮，可以在列表视图和图标视图之间进行切换。如果只想显示特定的 UI 元素，可以使用对象列表上方的下拉列表。如果知道对象的名称，但是在列表中找不到它，可以使用对象库底部的过滤文本框快速找到。

12.4.2 将对象加入视图中

在添加对象时，只需在对象库中单击某一个对象，并将其拖动到视图中即可将这个对象加入视图中。例如在对象库中找到标签对象（Label），并将其拖动到编辑器中的视图中央。此时标签将出现在视图中，并显示 Label 信息。假如双击 Label 并输入文本“how are you”，这样显示的文本将更新，如图 12-10 所示。

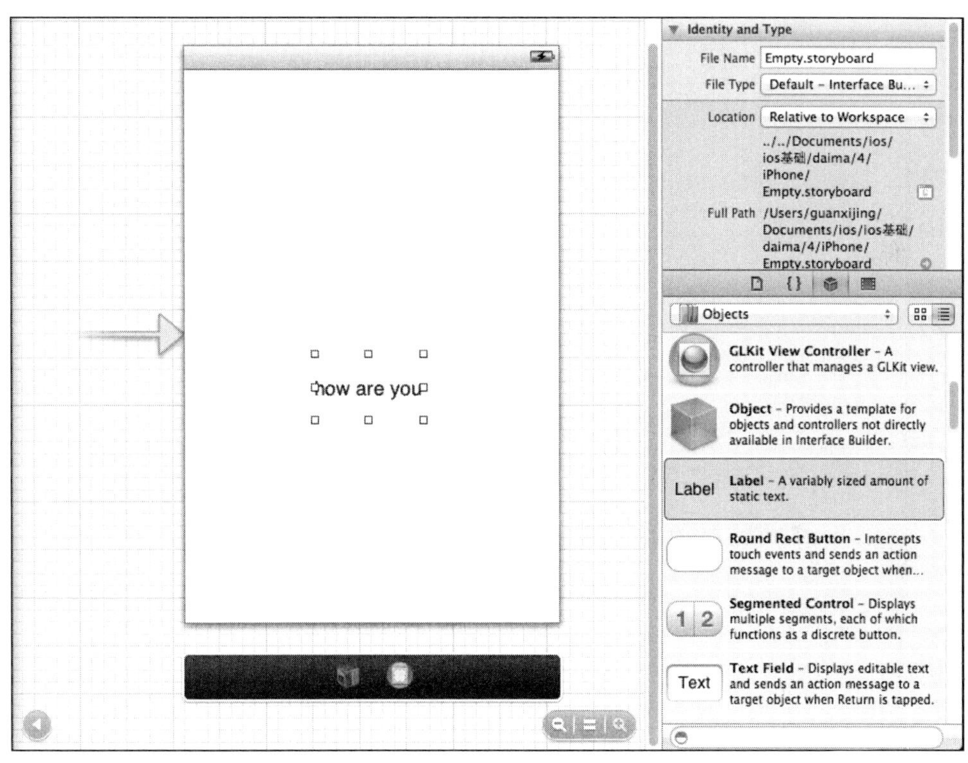

图 12-10 插入了一个 Label 对象

其实可以继续尝试将其他对象（按钮、文本框等）从对象库中拖动到视图，原理和实现方法都是一样。在大多数情况下，对象的外观和行为都符合您的预期。要将对象从视图中删除，可以单击选择它，再按【Delete】键。另外还可以使用 Edit 菜单中的选项，在视图间复制并粘贴对象以及在视图内复制对象多次。

12.4.3 使用 IB 布局工具

通过使用 Apple 为我们提供的调整布局的工具，我们无须依赖于敏锐的视觉来指定对象在视图中的位置。其中常用的工具如下所示。

1. 参考线

当在视图中拖动对象时，将会自动出现蓝色的帮助布局的参考线。通过这些蓝色的虚线能够将对象与视图边缘、视图中其他对象的中心，以及标签和对象名中使用的字体的基线对齐。并且当间距接近 Apple 界面指南要求的值时，参考线将自动出现以便指出这一点。也可以手工添加参考线，方法是依次选择菜单 Editor>Add Horizontal Guide 或 Editor> Add Vertical Guide 实现。

2．选取手柄

除了可以使用布局参考线外，大多数对象都有选取手柄，可以使用它们沿水平、垂直或这两个方向缩放对象。当选定对象被后在其周围会出现小框，单击并拖动它们可调整对象的大小，例如图 12-11 通过一个按钮演示了这一点。

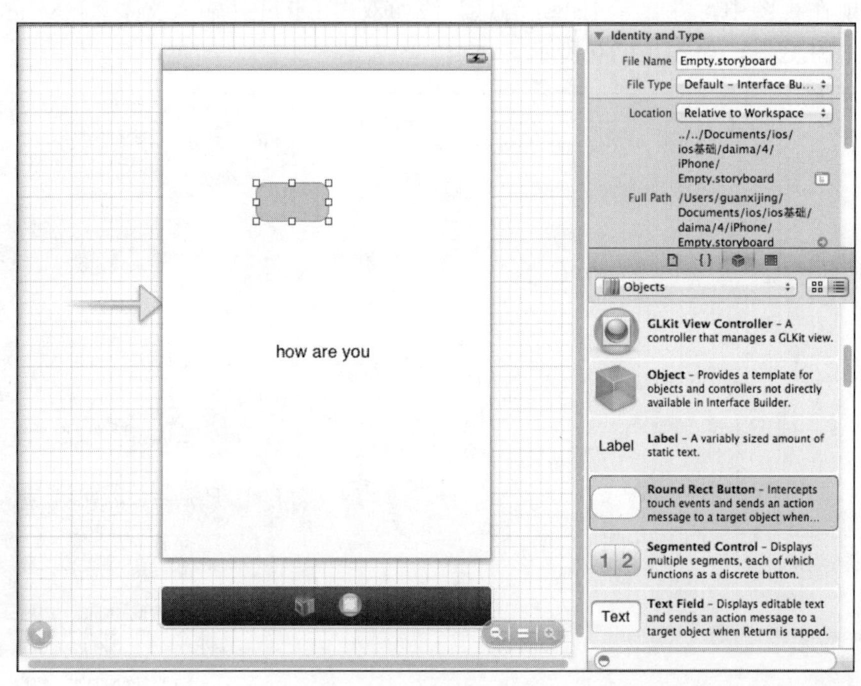

图 12-11　大小调整手柄

读者需要注意的是，在 iOS 中有一些对象会限制我们如何调整其大小，因为这样可以确保 iOS 应用程序界面的一致性。

3．对齐

要快速对齐视图中的多个对象，可单击并拖动出一个覆盖它们的选框，或按住【Shift】键并单击以选择它们，然后从菜单 Editor>Align 中选择合适的对齐方式。例如我们将多个按钮拖放到视图中，并将它们放在不同的位置，我们的目标是让它们垂直居中，此时可以选择这些按钮，再依次选择菜单 Editor>Align>Align Horizontal Centers。如图 12-12 所示。

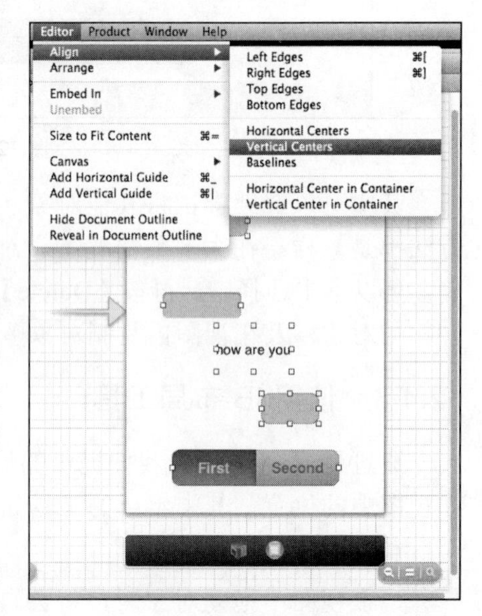

图 12-12　垂直居中

图 12-13 显示了对齐后的效果。

另外，也可以微调对象在视图中的位置，方法是先选择一个对象，然后再使用箭头键以每次一个像素的方式向上、下、左或右调整其位置。

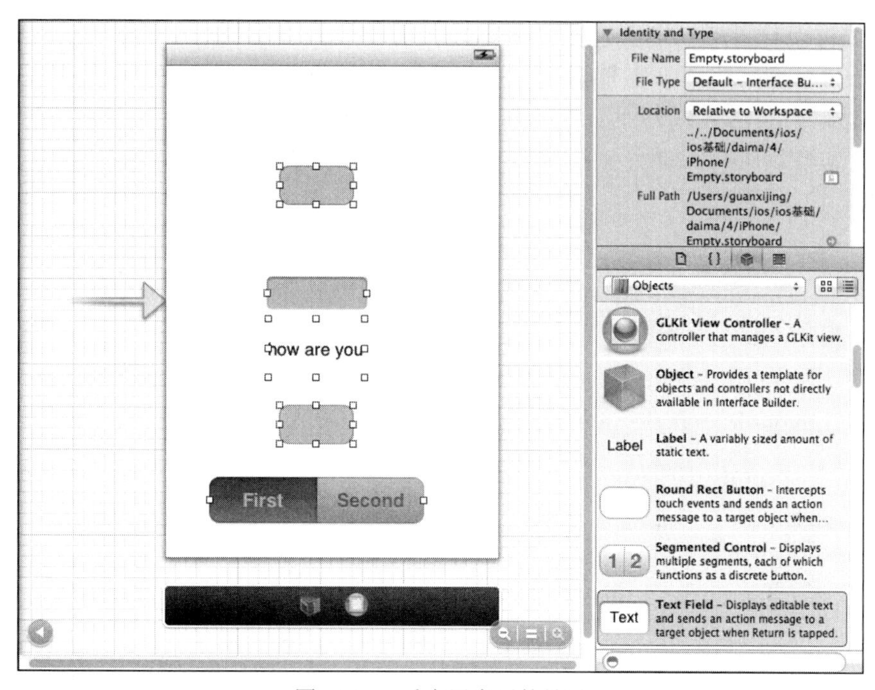

图 12-13　垂直居中后的效果

4．大小检查器

为了控制界面布局，有时需要使用 Size Inspector（大小检查器）工具。Size Inspector 为我们提供了和大小有关的信息，以及有关位置和对齐方式的信息。要想打开 Size Inspector，需要先选择要调整的一个或多个对象，再单击 Utility 区域顶部的标尺图标，也可以依次选择菜单 View>Utilities> Show Size Inspector 或按【Option+ Command+5】快捷键。打开后的界面效果如图 12-14 所示。

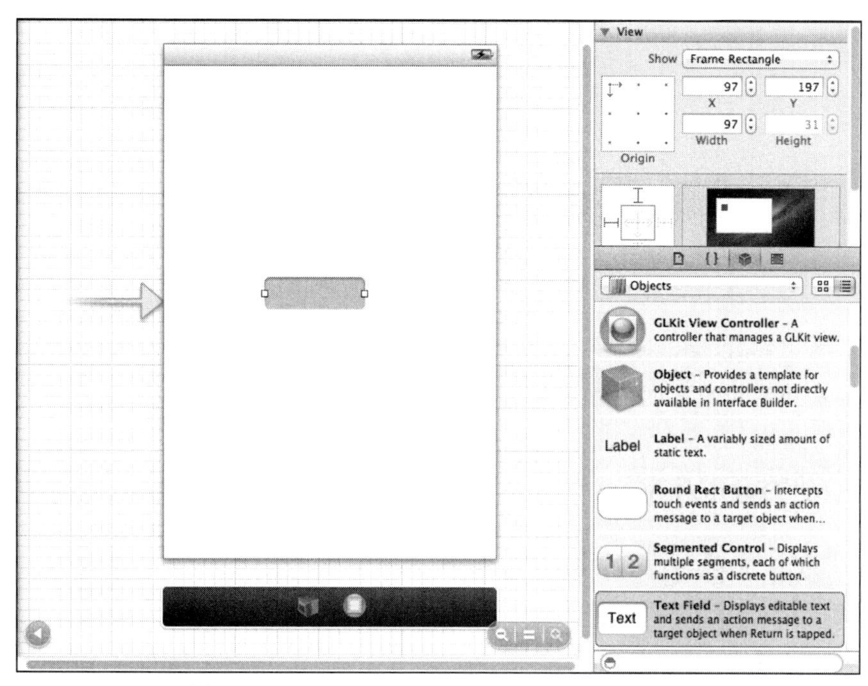

图 12-14　打开 Show Size Inspector 后的界面效果

另外，使用该检查器顶部的文本框可以查看对象的大小和位置，还可以通过修改文本框 Height/Width 和 X/Y 中的坐标了调整大小和位置。另外，通过单击网格中的黑点（它们用于指定读数对应的部分）可以查看对象特定部分的坐标。如图 12-15 所示。

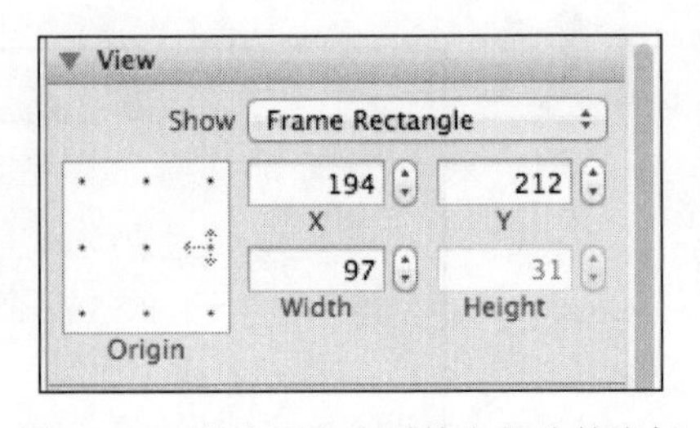

图 12-15 单击黑点查看特定部分的坐标

注意：在 Size&Position 部分，有一个下拉列表，可通过它选择 Frame Rectangle 或 Layout Rectangle。这两个设置的方法通常十分相似，但也有细微的差别。具体说明如下所示。

- 当选择 Frame Rectangle 时，将准确指出对象在屏幕上占据的区域。
- 当选择 Layout Rectangle 时，将考虑对象周围的间距。

使用 Size Inspector 中的 Autosizing 可以设置了当设备朝向发生变化时，控件如何调整其大小和位置。并且该检查器底部有一个下拉列表，此列表包含了与菜单 Editor>Align 中的菜单项对应的选项。当选择多个对象后，可以使用该下拉列表指定对齐方式。如图 12-16 所示。

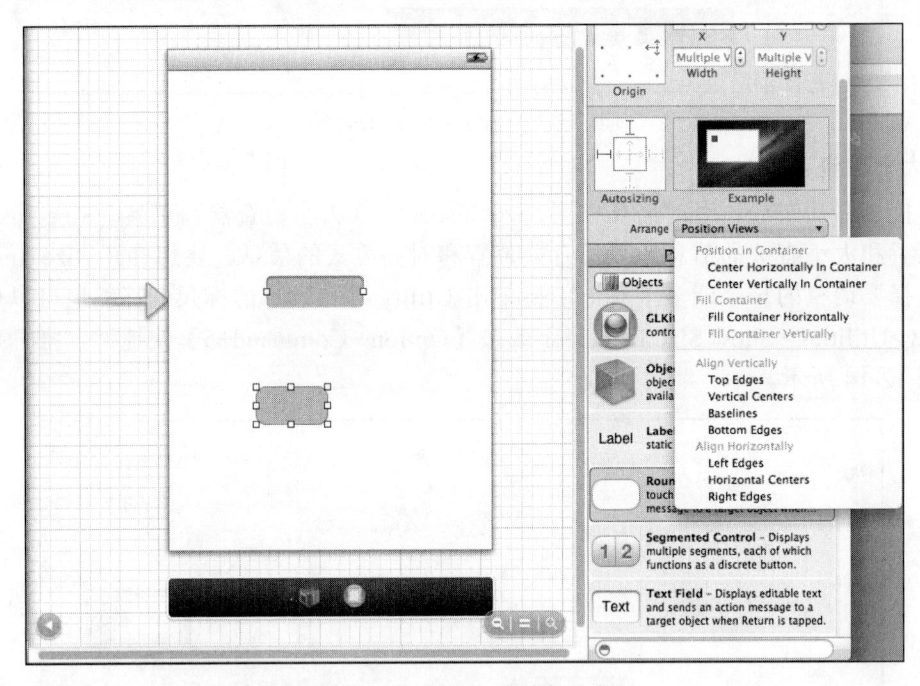

图 12-16 另外一种对齐方式

当在 Interface Builder 中选择一个对象后，如果按住 Option 键并移动鼠标，会显示选定对象与当前鼠标指向的对象之间的距离。

12.5 定制界面外观

在 iOS 应用中，其实最终用户看到的界面不仅仅取决于控件的大小和位置。对于很多对象来说，有数十个不同的属性可供我们进行调整，在调整时可以使用 Interface Builder 中的工具来达到事半功倍的效果。

12.5.1　使用属性检查器

为了调整界面对象的外观，最常用的方式是通过 Attributes Inspector（属性检查器）。要想打开该检查器，可以通过单击 Utility 区域顶部的滑块图标的方式实现。如果当前 Utility 区域不可见，可以依次选择菜单 View>Utility>Show Attributes Inspector（或"Option+ Command+4"快捷键实现）。

接下来通过一个简单演示来说明如何使用它，假设存在一个空工程文件 Empty. toryboard，并在该视图中添加了一个文本标签。选择该标签，再打开 Attributes Inspector，如图 12-17 所示。

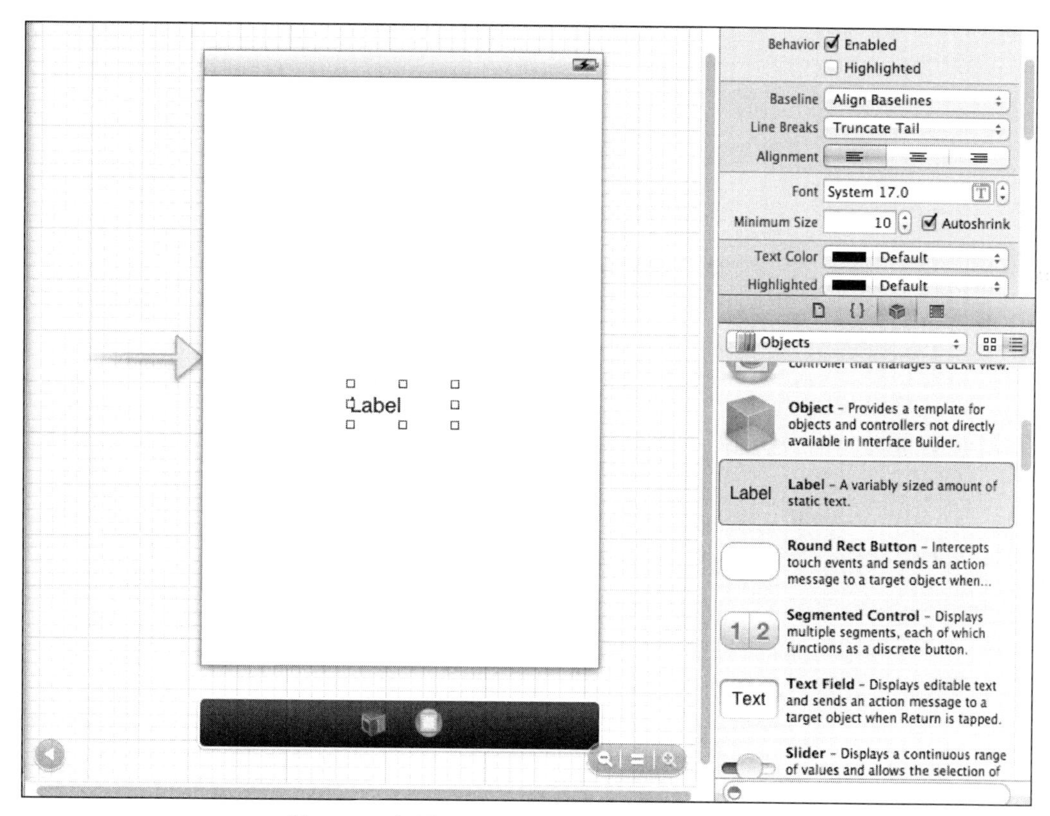

图 12-17　打开 AttributesInspector 后的界面效果

在"Attributes Inspector"面板的顶部包含了当前选定对象的属性。例如就标签对象 Label 包括的属性有字体、字号、颜色和对齐方式等。而在"Attributes Inspector"面板的底部是继承而来的其他属性，在很多情况下，我们不会修改这些属性，因为背景和透明度属性很有用。

12.5.2　设置辅助功能属性

在 iOS 应用中可以使用专业屏幕阅读器技术 Voiceover，此技术它集成了语音合成功能，可以帮助开发人员实现导航应用程序。在使用 Voiceover 后，当触摸界面元素时会听到有关其用途和用法的简短描述。虽然可以免费获得这种功能，但是通过在 Interface Builder 中配置辅助功能（accessibility）属性，可以提供其他协助。要想访问辅助功能设置，需要打开 Identity Inspector（身份检查器），为此可以单击 Utility 区域顶部的窗口图标，也可以依次选择菜单 View>Utility>Show Identity Inspector 或按【Option+Command+3】快捷键。如图 12-18 所示。

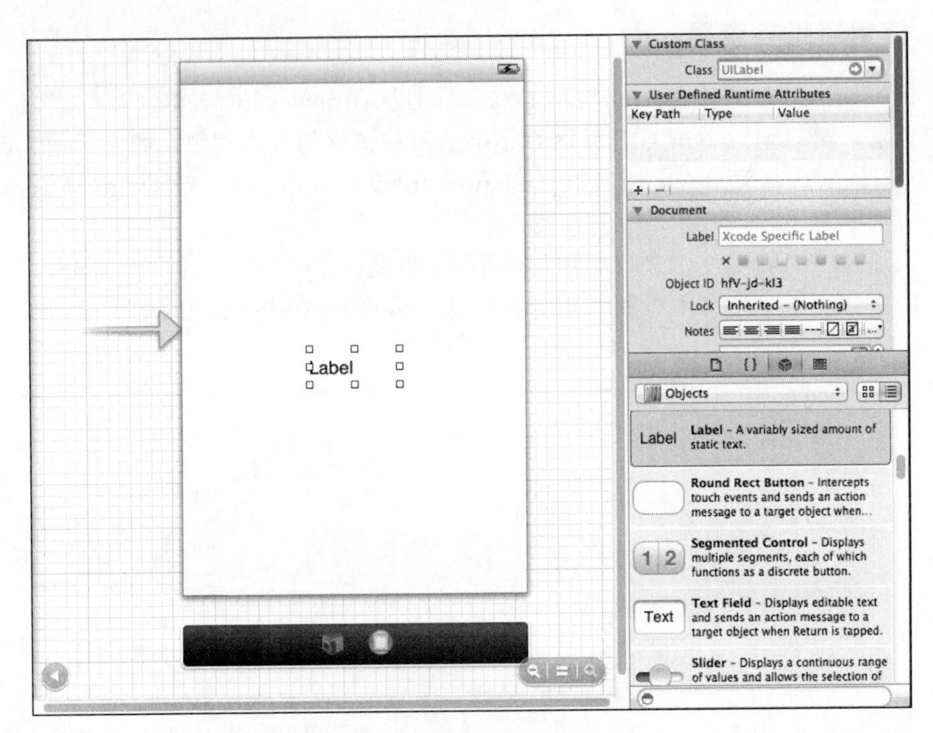

图 12-18　打开 Identity Inspector

在 Identity Inspector 中，辅助功能选项位于一个独立的部分。在该区域，可以配置如下所示的四组属性。

- Accessibility（辅助功能）：如果选中它，对象将具有辅助功能。如果创建了只有看到才能使用的自定义控件，则应该禁用这个设置。
- Label（标签）：一两个简单的单词，用作对象的标签。例如，对于收集用户姓名的文本框，可以使用 your name。
- Hint（提示）：有关控件用法的简短描述。仅当标签本身没有提供足够的信息时才需要设置该属性。
- Traits（特征）：这组复选框用于描述对象的特征——其用途以及当前的状态。

具体界面如图 12-19 所示。

注意：为了让应用程序能够供最大的用户群使用，应该尽可能利用辅助功能工具来开发项目。即使像在本章前面使用的文本标签这样的对象，也应配置其特征（traits）属性，以指出它们是静态文本，这可以让用户知道不能与之交互。

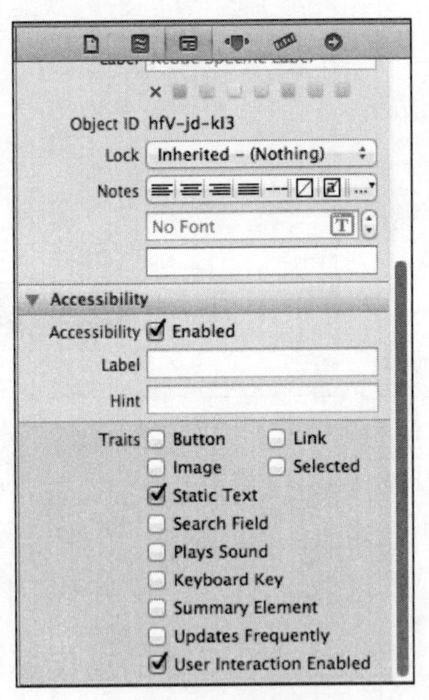

图 12-19　四组属性

12.5.3　测试界面

通过使用 Xcode，能够帮助开发人员编写绝大部分的界面代码。这意味着即使该应用程序还未编写好，在创建界面并将其关联到应用程序类后，依然可以在 iOS 模拟器中运行该应用程序。接下来开始介绍启用辅助功能检查器（Accessibility Inspector）的过程。

如果我们创建了一个支持辅助功能的界面，可能想在 iOS 模拟器中启用 Accessibility Inspector（辅助功能检查器）。此时可启动模拟器，再单击主屏幕（Home）按钮返回主屏幕。单击 Setting（设置），并选择 General>Accessibility（“通用” > “辅助功能”），然后使用开关启用 Accessibility Inspector，如图 12-20 所示。

图 12-20　启用 Accessibility Inspector 功能

通过使用 Accessibility Inspector，能够在模拟器工作空间中添加一个覆盖层，功能是显示我们为界面元素配置的标签、提示和特征。使用该检查器左上角的“X”按钮，可以在关闭和开启模式之间切换。当处于关闭状态时，该检查器折叠成一个小条，而 iOS 模拟器的行为将恢复正常。在此单击 X 按钮可重新开启。要禁用 Accessibility Inspector，只需再次单击 Setting 并选择 General> Accessibility 即可。

Chapter 13 第 13 章

使用 Xcode 编写 MVC 程序

在本书前面的内容中，已经学习了面向对象编程语言 Objective-C 的基本知识，并且探索了 Cocoa Touch、Xcode 和 Interface Builder 编辑器的基本用法。虽然我们已经使用了多个创建好的项目，但是还没有从头开始创建一个项目。在本章的内容中，将向读者详细讲解“模型-视图-控制器”应用程序的设计模式，并从头到尾创建一个 iOS 应用程序的过程，为读者步入本书后面知识的学习打下基础。

13.1 MVC 模式基础

当我们开始编程时，会发现每一个功能都可以使用多种编码方式来实现。但是究竟哪一种方式才是最佳选择呢？在开发 iOS 应用程序的过程中，通常使用的设计方法被称为“模型-视图-控制器”模式，这种模式被简称为 MVC，通过这种模式可以帮助我们创建出整洁、高效的应用程序。

13.1.1 诞生背景

在创建与用户交互的应用程序时，首先必须考虑如下三点。

- 用户界面：必须提供让用户能够与之交互的东西，例如按钮和文本框等。
- 对用户输入进行处理并做出反应。
- 应用程序必须存储必要的信息以便正确地响应用户，这通常是以数据库方式存储的。

为了结合这几个方面，一种方法是将它们合并到一个类中：将显示界面的代码、实现逻辑的代码以及处理数据的代码混合在一起。这是一种非常直观的开发方法，但在多个方面束缚了开发人员。

当众多的代码混合在一起时，多个开发人员难以配合，因为功能单元之间没有明确的界线。不太可能在其他应用程序中重用界面、应用程序逻辑和数据，因为这三方面的组合因项目而异，在其他地方不会有大的用处。总之，混合代码、逻辑和数据将导致混乱。而我们希望 iOS 应用程序与此相反，解决之道便是使用 MVC 设计模式。

13.1.2　分析结构

MVC 最初存在于 Desktop 程序中，M 是指数据模型，V 是指用户界面，C 则是控制器。使用 MVC 的目的是将 M 和 V 的实现代码分离，从而使同一个程序可以使用不同的表现形式。

MVC 即“模型－视图－控制器”，是 Xerox PARC 在 20 世纪 80 年代为编程语言 Smalltalk－80 发明的一种软件设计模式，至今已被广泛使用，特别是 ColdFusion 和 PHP 的开发者。

MVC 是一个设计模式，它能够强制性的使应用程序的输入、处理和输出分开。使用 MVC 的应用程序被分成三个核心部件，分别是模型、视图、控制器。具体说明如下所示。

（1）视图

视图是用户看到并与之交互的界面。对于老式的 Web 应用程序来说，视图就是由 HTML 元素组成的界面。在新式的 Web 应用程序中，HTML 依旧在视图中扮演着重要的角色，但一些新的技术已层出不穷，它们包括 Adobe Flash 和像 XHTML，XML/XSL，WML 等一些标识语言和 Web services。如何处理应用程序的界面变得越来越有挑战性。MVC 的一个好处是它能为应用程序处理很多不同的视图。在视图中其实没有真正的处理发生，不管这些数据是联机存储还是一个雇员列表，作为视图来讲，它只是作为一种输出数据并允许用户操作的方式。

（2）模型

模型表示企业数据和业务规则。在 MVC 的三个部件中，模型拥有最多的处理任务。例如它可能用像 EJBs 和 ColdFusion Components 这样的构件对象来处理数据库。被模型返回的数据是中立的，也就是说模型与数据格式无关，这样一个模型能为多个视图提供数据。由于应用于模型的代码只需写一次即可被多个视图重用，所以减少了代码的重复性。

（3）控制器

控制器用于接受用户的输入并调用模型和视图去完成用户的需求。所以当单击 Web 页面中的超链接和发送 HTML 表单时，控制器本身不输出任何东西和做任何处理。它只是接收请求并决定调用哪个模型构件去处理请求，然后确定用哪个视图来显示模型处理返回的数据。

现在我们总结 MVC 的处理过程，首先控制器接收用户的请求，并决定应该调用哪个模型来进行处理，然后模型用业务逻辑来处理用户的请求并返回数据，最后控制器用相应的视图格式化模型返回的数据，并通过表示层呈现给用户。

13.1.3　MVC 的特点

MVC 是所有面向对象程序设计语言都应该遵守的规范，MVC 思想将一个应用分成三个基本部分：Model（模型）、View（视图）和 Controller（控制器），这三个部分以最少的耦合协同工作，从而提高了应用的可扩展性及可维护性。

在经典的 MVC 模式中，事件由控制器处理，控制器根据事件的类型改变模型或视图。具体来说，每个模型对应一系列的视图列表，这种对应关系通常采用注册来完成，即把多个视图注册到同一个模型，当模型发生改变时，模型向所有注册过的视图发送通知，然后视图从对应的模型中获得信息，然后完成视图显示的更新。

MVC 模式具有如下四个特点。

（1）多个视图可以对应一个模型。按 MVC 设计模式，一个模型对应多个视图，可以减少代码的复制及代码的维护量，一旦模型发生改变易于维护。

（2）模型返回的数据与显示逻辑分离。模型数据可以应用任何的显示技术，例如使用 JSP 页面、Velocity 模板或者直接产生 Excel 文档等。

（3）应用被分隔为三层，降低了各层之间的耦合，提供了应用的可扩展性。

（4）因为在控制层中将不同的模型和不同的视图组合在一起完成不同的请求。由此可见，控制层包含了用户请求权限的概念。

MVC 更符合软件工程化管理的精神。不同的层各司其职，每一层的组件具有相同的特征，有利于通过工程化和工具化产生管理程序代码。

13.1.4 使用 MVC 实现程序设计的结构化

通过使用 MVC 模式，在应用程序的重要组件之间定义了明确的界线。MVC 模式定义了应用程序的如下三个部分。

（1）模型提供底层数据和方法，它向应用程序的其他部分提供信息。模型没有定义了应用程序的外观和工作方式。

（2）用户界面由一个或多个视图组成，而视图由不同的屏幕控件（按钮、文本框、开关等）组成，用户可以与之交互。

（3）控制器通常与视图配对，负责接受用户输入并做出相应的反应。控制器可访问视图并使用模型提供的信息更新它，还可使用用户在视图中的交互结果来更新模型。总之，它在 MVC 组件之间搭建了桥梁。

令开发者振奋的是，Xcode 中的 MVC 模式是天然存在的，当新建项目并开始编码时，会自动被引领到 MVC 设计模式。由此可见，在 Xcode 开发环境中可以很容易的创建结构良好的应用程序。

13.2 Xcode 中的 MVC

在使用 Xcode 编程并在 Interface Builder 中安排用户界面（UI）元素后，Cocoa Touch 的结构旨在利用 MVC（Model-View-Controller，模型-视图-控制器）设计模式。在本节的内容中，将讲解在 Xcode 中 MVC 模式的基本知识。

13.2.1 原理

MVC 模式使 Xcode 项目另分为如下三个不同的模块。

（1）模型

模型是应用程序的数据，比如项目中的数据模型对象类。模型还包括采用的数据库架构，比如 Core Data 或者直接使用 SQLite 文件。

（2）视图

顾名思义，视图是用户看到的应用程序的可视界面。它包含在 Interface Builder 中构建的各种 UI 组件。

（3）控制器

控制器是将模型和视图元素连接在一起的逻辑单元，处理用户输入和 UI 交互。UIKit 组件的子类，比如 UINavigationController 和 UITabBarController 是最先会被想到的，但是这一概念还扩展到了应用程序委托和 NSObject 的自定义子类。

虽然在 Xcode 项目中，上述三个 MVC 元素之间会有大量交互，但是创建的代码和对象应该简单地定义为仅属于三者之一。当然，完全在代码内生成 UI 或者将所有数据模型方法存储在控制器类中非常简单，但是如果源代码没有良好的结构，会使模型、视图和控制器之间的分界线变得非常模糊。

另外，这些模式的分离还有一个很大的好处是可重用性！在 iPad 出现之前，应用程序的结构可能不是很重要，特别是不打算在其他项目中重用任何代码的时候。过去只为一个规格的设备（iPhone 320×480 的小屏幕）开发应用程序。但是现在需要将应用程序移植到 iPad 上，利用平板电脑的新特性和更大的屏幕尺寸。如果 iPhone 应用程序不遵循 MVC 设计模式，那么将 Xcode 项目移植到 iPad 上会立刻成为一项艰巨的任务，需要重新编写很多代码才能生成一个 iPad 增强版。

例如，假设根视图控制器类包含所有代码，这些代码不仅用于通过 Core Data 获取数据库记录，还会动态生成 UINavigationController 以及一个嵌套的 UITableView 用于显示这些记录。这些代码在 iPhone 上可能会良好运行，但是迁移到 iPad 上后可能想用 UISplitViewController 来显示这些数据库记录。但是此时需要手动去除所有 UINavigationController 代码，这样才能添加新的 UISplitViewController 功能。但是如果将数据类（模型）与界面元素（视图）和控制器对象（控制器）分开，那么将项目移植到 iPad 的过程会非常轻松。

13.2.2　模板就是给予 MVC 的

Xcode 提供了若干模板，这样可以在应用程序中实现 MVC 架构。

1．view-based application（基于视图的应用程序）

如果应用程序仅使用一个视图，建议使用这个模板。一个简单的视图控制器会管理应用程序的主视图，而界面设置则使用一个 Interface Builder 模板来定义。特别是那些未使用任何导航功能的简单应用程序应该使用这个模板。如果应用程序需要在多个视图之间切换，建议考虑使用基于导航的模板。

2．navigation-based application（基于导航的应用程序）

基于导航的模板用在需要多个视图之间进行间切换的应用程序。如果可以预见在应用程序中，会有某些画面上带有一个“回退”按钮，此时就应该使用这个模板。导航控制器会完成所有关于建立导航按钮以及在视图“栈”之间切换的内部工作。这个模板提供了一个基本的导航控制器以及一个用来显示信息的根视图（基础层）控制器。

3．utility application（工具应用程序）

适合于微件（Widget）类型的应用程序，这种应用程序有一个主视图，并且可以将其“翻”过来，例如 iPhone 中的天气预报和股票程序等就是这类程序。这个模板还包括一个信息按钮，可以将视图翻转过来显示应用程序的反面，这部分常常用来对设置或者显示的信息进行修改。

4．OpenGL ES application（OpenGL ES 应用程序）

在创建 3D 游戏或者图形时可以使用这个模板，它会创建一个配置好的视图，专门用来显示 GL 场景，并提供了一个例子计时器可以令其演示动画。

5．tab bar application（标签栏应用程序）

提供了一种特殊的控制器，会沿着屏幕底部显示一个按钮栏。这个模板适用于像iPad或者电话这样的应用程序，它们都会在底部显示一行标签，提供一系列的快捷方式，来使用应用程序的核心功能。

6．window-based application（基于窗口的应用程序）

提供了一个简单的、带有一个窗口的应用程序。这是一个应用程序所需的最小框架，可以用它作为开始来编写自己的程序。

13.3 在Xcode中实现MVC

在本书前面的内容中，已经讲解了Xcode及其集成的Interface Builder编辑器的知识。并且在本书上一章的内容中，曾经将故事板场景中的对象连接到了应用程序中的代码。在本节的内容中，将详细讲解将视图绑定到控制器的知识。

13.3.1 视图

在Xcode中，虽然可以使用编程的方式创建视图，但是在大多数情况下是使用Interface Builder以可视化的方式设计它们。在视图中可以包含众多界面元素，在加载运行阶段程序时，视图可以创建基本的交互对象，例如当轻按文本框时会打开键盘。要让想视图中的对象能够与应用程序是想逻辑交互，必须定义相应的连接。连接的东西有两种：输出口和操作。输出口定义了代码和视图之间的一条路径，可以用于读/写特定类型的信息，例如对应于开关的输出口让我们能够访问描述开关是开还是关的信息；而操作定义了应用程序中的一个方法，可以通过视图中的事件触发，例如轻按按钮或在屏幕上轻扫。

如果将输出口和操作连接到代码呢？必须在实现视图逻辑的代码（即控制器）中定义输出口和操作。

13.3.2 视图控制器

控制器在Xcode中被称为视图控制器，功能是负责处理与视图的交互工作，并为输出口和操作之间建立一个人连接。为此需要在项目代码中使用两个特殊的编译指令：IBAction和IBOutlet。IBAction和IBOutlet是Interface Builder能够识别的标记，它们在Objective-C中没有其他用途。在视图控制器的接口文件中添加这些编译指令。不但可以手工添加，而且也可以使用Interface Builder的一项特殊功能自动生成它们。

注意：视图控制器可包含应用程序逻辑，但这并不意味着所有代码都应包含在视图控制器中。虽然在本书中，大部分代码都放在视图控制器中，但当您创建应用程序时，可在合适时定义额外的类，以抽象应用程序逻辑。

1．使用IBOutlet

IBOutlet对于编译器来说是一个标记，编译器会忽略这个关键字。Interface Builder则会根据IBOutlet来寻找可以在Builder里操作的成员变量。在此需要注意的是，任何一个被声明为IBOutlet并且在Interface Builder里被连接到一个UI组件的成员变量，会被额外记忆一次，例如：

```
IBOutlet UILabel *label;
```

这个label在Interface Builder里被连接到一个UILabel。此时，这个label的retainCount为2。所以，只要使用了IBOutlet变量，一定需要在dealloc或者viewDidUnload中释放这个变量。

IBOutlet的功能是让代码能够与视图中的对象交互。假设在视图中添加了一个文本标签(UILabel)，却想在视图控制器中创建一个实例“变量/属性”myLabel。此时可以显式地声明它们，也可使用编译指令@property隐式地声明实例变量，并添加相应的属性：

```
@property (strong, nonatomic) UILabel *myLabel;
```

这个应用程序提供了一个存储文本标签引用的地方，还提供了一个用于访问它的属性，但还需将其与界面中的标签关联起来。为此，可在属性声明中包含关键字IBOutlet。

```
@property (strong, nonatomic) IBOutlet UILabel *myLabel;
```

添加该关键字后，即可在Interface Builder中以可视化方式将视图中的标签对象连接到变量/属性MyLabel，然后可以在代码中使用该属性与该标签对象交互：修改其文本、调用其方法等。这样，这行代码便声明了实例变量、属性和输出口。

2．使用编译指令property和synthesize简化访问

@property和@synthesize是Objective-C语言中的两个编译指令。实例变量存储的值或对象引用可在类的任何地方使用。如果需要创建并修改一个在所有类方法之间共享的字符串，就应声明一个实例变量来存储它。良好的编程惯例是不直接操作实例变量。所以要使用实例变量，需要有相应的属性。

编译指令@property定义了一个与实例变量对应的属性，该属性通常与实例变量同名。虽然可以先声明一个实例变量，再定义对应的属性，但是也可以使用@property隐式地声明一个与属性对应的实例变量。例如要声明一个名为myString的实例变量（类型为NSString）和相应的属性，可以编写如下所示的代码是想。

```
@property (strong, nonatomic) NSString *myString;
```

这与下面两行代码等效。

```
NSString *myString;
@property (strong, nonatomic) NSString *myString;
```

注意：Apple Xcode工具通常建议隐式地声明实例变量，所以建议大家也这样做。

这同时创建了实例变量和属性，但是要想使用这个属性则必须先合成它。编译指令@synthesize创建获取函数和设置函数，让用户很容易访问和设置底层实例变量的值。对于接口文件(.h)中的每个编译指令@property，实现文件（.m）中都必须有对应的编译指令@synthesize：

```
@synthesize myString;
```

3．使用IBAction

IBAction用于指出在特定的事件发生时应调用代码中相应的方法。假如按下按钮或更新文本框，则可能想应用程序采取措施并做出合适的反应。编写实现事件驱动逻辑的方法时，可在头文件中使用 IBAction 声明它，这将向 Interface Builder 编辑器暴露该方法。在接口文件中声明方法（实际实现前）被称为创建方法的原型。

例如，方法 doCalculation 的原型可能类似于下面的情形：

```
-(IBAction)doCalculation: (id) sender;
```

注意到该原型包含一个 sender 参数，其类型为 id。这是一种通用类型，当不知道（或不需要知道）要使用的对象的类型时可以使用它。通过使用类型 id，可以编写不与特定类相关联的代码，使其适用于不同的情形。创建将用作操作的方法（如 doCalculation）时，可以通过参数 sender 确定调用了操作的对象并与之交互。如果要设计一个处理多种事件（如多个按钮中的任何一个按钮被按下）的方法，这将很方便。

13.4 数据模型

Core Data 抽象了应用程序和底层数据存储之间的交互。它还包含一个 Xcode 建模工具，该工具像 Interface Builder 那样可帮助我们设计应用程序，但不是让我们能够以可视化的方式创建界面，而是让我们以可视化方式建立数据结构。Core data 是 Cocoa 中处理数据，绑定数据的关键特性，其重要性不言而喻，但也比较复杂。

下面先给出一张如图 13-1 所示的类关系图。

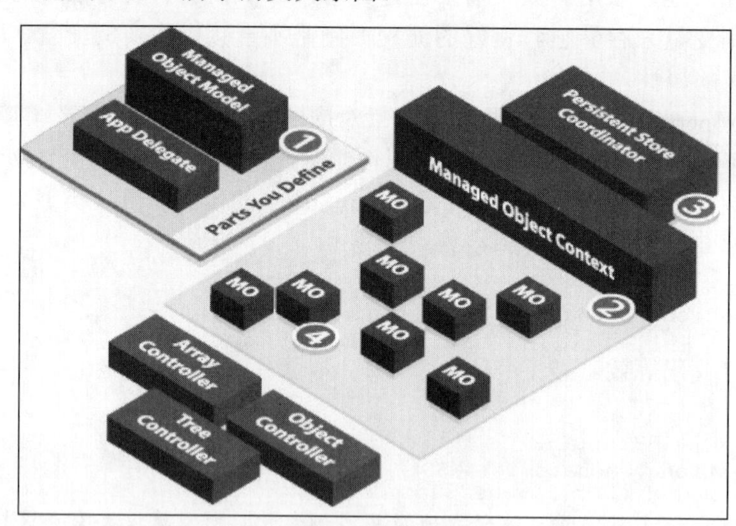

图 13-1 类关系图

在图 13-1 中，我们可以看到有如下五个相关的模块。

（1）Managed Object Model

Managed Object Model 是描述应用程序的数据模型，这个模型包含实体（Entity），特性（Property），读取请求（Fetch Request）等。

（2）Managed Object Context

Managed Object Context 参与对数据对象进行各种操作的全过程，并监测数据对象的变化，以提供对 undo/redo 的支持及更新绑定到数据的 UI。

（3）Persistent Store Coordinator

Persistent Store Coordinator 相当于数据文件管理器，处理底层的对数据文件的读取与写入，一般无须与它打交道。

（4）Managed Object Managed Object 数据对象

与 Managed Object Context 相关联。

（5）Controller 图中绿色的 Array Controller、 Object Controller 和 Tree Controller

这些控制器一般都是通过“control+drag”将 Managed Object Context 绑定到它们，这样即可在 nib 中以可视化地方式操作数据。

上述模块的运作流程如下所示。

（1）应用程序先创建或读取模型文件（后缀为 xcdatamodeld）生成 NSManagedObjectModel 对象。Document 应用程序是一般是通过 NSDocument 或其子类 NSPersistentDocument）从模型文件中（后缀为 xcdatamodeld）读取。

（2）然后生成 NSManagedObjectContext 和 NSPersistentStoreCoordinator 对象，前者对用户透明地调用后者对数据文件进行读/写。

（3）NSPersistentStoreCoordinator 从数据文件（XML、SQLite、二进制文件等）中读取数据生成 Managed Object，或保存 Managed Object 写入数据文件。

（4）NSManagedObjectContext 对数据进行各种操作的整个过程，它持有 Managed Object。通过它来监测 Managed Object。监测数据对象有两个作用：支持 undo/redo 以及数据绑定。这个类是最常被用到的。

（5）Array Controller、Object Controller 和 Tree Controller 等控制器一般与 NSManaged ObjectContext 关联，因此可以通过它们在 nib 中可视化地操作数据对象。

13.5 综合演练

在下面的内容中，将通过一个具体实例的实现过程，详细讲解基于 Swift 语言创建一个 MVC 程序的过程。

实例 13-1	使用 UISwitch 控件控制是否显示密码明文
源码路径	源代码下载包:\daima\13\QiitaFeeds

（1）打开 Xcode 7，然后新建一个名为“QiitaFeeds”的工程，然后根据 MVC 开发模式的原则构建工程目录。工程的最终目录结构如图 13-2 所示。

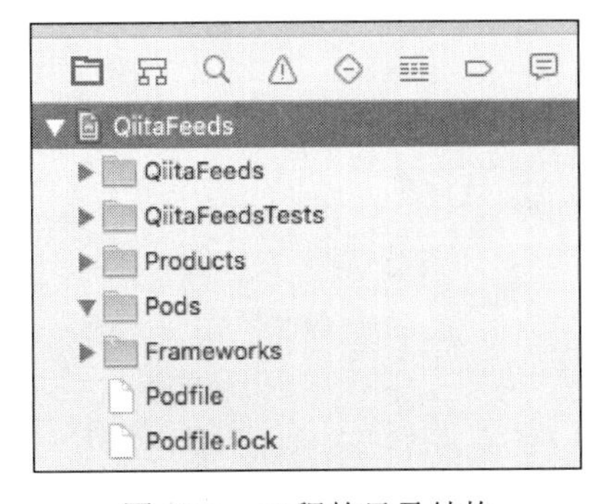

图 13-2 工程的目录结构

（2）打开 Main.storyboard，为本工程设计一个视图界面，如图 13-3 所示。

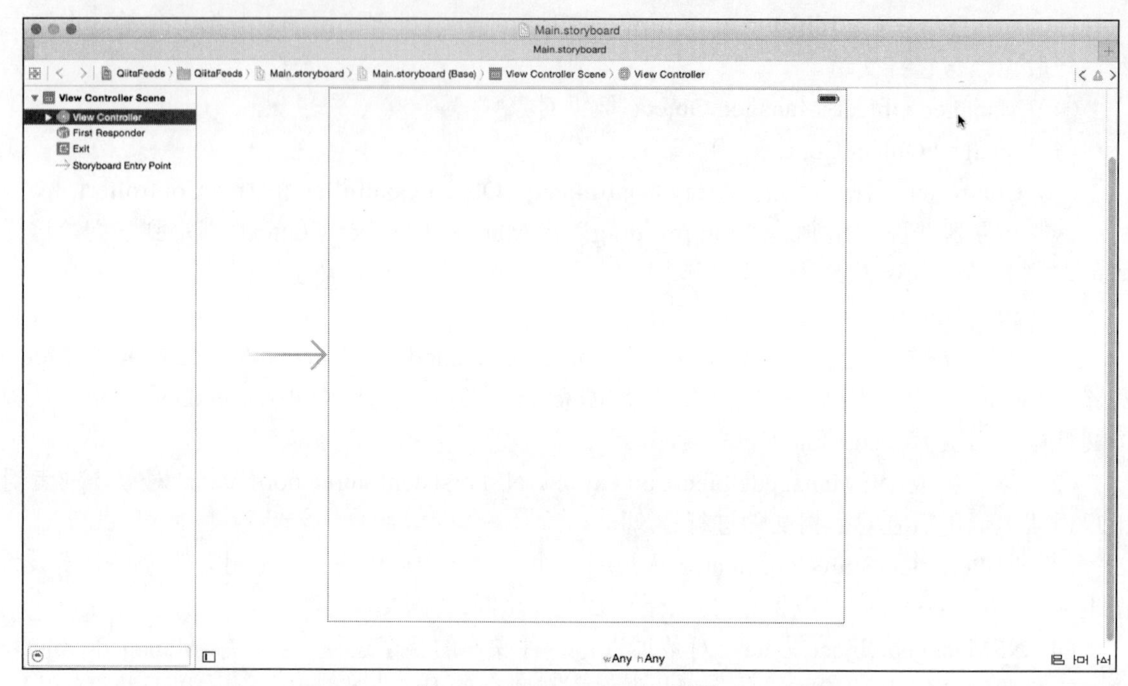

图 13-3　Main.storyboard 界面

（3）实现“models”目录

文件 QiitaApiModel.swift 是实现业务模型核心，用于处理应用程序数据逻辑的部分，此模型对象通常负责在数据库中存取数据。在本实例中，此文件用于获取 https://qiita.com/api/v2/items 中的条目数据。文件 QiitaApiModel.swift 的具体实现代码如下所示。

```
import Foundation
import Alamofire
import SwiftyJSON
import Alamofire_SwiftyJSON

class QiitaApiModel : NSObject{

    dynamic var articles: [[String: String]] = []
    let api_uri = "https://qiita.com/api/v2/items"

    override init() {
    }

    func lists() → [[String: String]]{
        return self.articles
    }

    func updateLists() {
        var lists: [[String: String]] = []
        Alamofire.request(.GET, self.api_uri, parameters: nil)
            .responseJSON { (req, res, json, error) in
                if(error != nil) {
```

```
                NSLog("Error: \(error)")
                println(req)
                println(res)
            }
            else {
                NSLog("Success: \(self.api_uri)")
                var json = JSON(json!)

                let count:Int! = json.count
                for var i = 0; i < count; i++ {
                    lists.append(["title": json[i]["title"].string!, "uri":
                    json[i]["url"].string!])
                }
                self.articles = lists
            }
        }
    }
}
```

（4）在“views”目录下，文件 ListView.swift 用于显示从“models”模块中获取的条目数据。文件 ListView.swift 的具体实现代码如下所示。

```
import Foundation
class ListView:UIView {
    var myTableView: UITableView = UITableView()
    override init(frame: CGRect) {
        super.init(frame: frame)
        myTableView = UITableView(frame: frame)
        myTableView.registerClass(UITableViewCell.self, forCellReuseIdentifier:
        "MyCell")
        self.addSubview(myTableView)
        self.backgroundColor = UIColor.greenColor()
    }
    required init(coder aDecoder: NSCoder) {
        super.init(coder: aDecoder)
    }

    func set(vc: ViewController) {
        myTableView.dataSource = vc
        myTableView.delegate = vc
    }
}
```

（5）在“controllers”目录下有两个文件：ViewController.swift 和 DetailViewController.swift。我们知道，Controller（控制器）是应用程序中处理用户交互的部分。通常控制器负责从视图读取数据，控制用户输入，并向模型发送数据。文件 ViewController.swift 的功能是构建了一个列表显示界面，在视图中构建列表显示信息标题的效果。文件 ViewController.swift 的具体实现代码如下所示。

```
import UIKit
import SVProgressHUD
```

```
class ViewController: UIViewController, UITableViewDelegate,
UITableViewDataSource {
    var articles: [[String: String]] = []
    let qiitaApiModel: QiitaApiModel = QiitaApiModel()
    var listView: ListView?

    override func viewWillAppear(animated: Bool) {
        super.viewWillAppear(animated)

        qiitaApiModel.addObserver(self, forKeyPath: "articles", options: .New,
        context: nil)
        qiitaApiModel.updateLists()
    }
    override func viewDidLoad() {
        super.viewDidLoad()

        listView = ListView(frame: self.view.bounds);
        self.listView!.set(self)
        self.view = self.listView

    }

    override func observeValueForKeyPath(keyPath: String, ofObject object:
    AnyObject, change: [NSObject : AnyObject], context: UnsafeMutablePointer<Void>) {
        if(keyPath == "articles"){
            self.articles = qiitaApiModel.lists()
            self.listView!.myTableView.reloadData()
        }
    }
    override func didReceiveMemoryWarning() {
        super.didReceiveMemoryWarning()
        // Dispose of any resources that can be recreated.
    }

    func tableView(tableView: UITableView, didSelectRowAtIndexPath indexPath:
    NSIndexPath) {
        println(articles[indexPath.row]["uri"])

        let detailView: DetailViewController = DetailViewController()
        detailView.targetURL = articles[indexPath.row]["uri"]!
        self.presentViewController(detailView, animated: true, completion: nil)
    }
    func tableView(tableView: UITableView, numberOfRowsInSection section: Int)
    -> Int {
        return articles.count
    }
    func tableView(tableView: UITableView, cellForRowAtIndexPath indexPath:
    NSIndexPath) -> UITableViewCell {
        let cell = tableView.dequeueReusableCellWithIdentifier("MyCell",
        forIndexPath: indexPath) as! UITableViewCell
        cell.textLabel!.text = articles[indexPath.row]["title"]
```

```
        return cell
    }
}
```

文件 DetailViewController.swift 的功能是当单击列表中的某个标题后显示这个标题信息的具体详情，具体实现代码如下所示。

```
import Foundation

class DetailViewController: UIViewController {

    var webView: UIWebView?
    var targetURL = ""
    let myButton: UIButton = UIButton()

    override func viewDidLoad() {
        super.viewDidLoad()

        self.webView = self.createWebView()
        self.view.addSubview(self.webView!)
        var url = NSURL(string: targetURL)
        var request = NSURLRequest(URL: url!)
        self.webView?.loadRequest(request)

        myButton.frame = CGRectMake(0,0,200,40)
        myButton.backgroundColor = UIColor.redColor()
        myButton.layer.masksToBounds = true
        myButton.setTitle("閉じる", forState: UIControlState.Normal)
        myButton.setTitleColor(UIColor.whiteColor(), forState: UIControlState.
        Normal)
        myButton.setTitleColor(UIColor.blackColor(), forState: UIControlState.
        Highlighted)
        myButton.layer.cornerRadius = 20.0
        myButton.layer.position = CGPoint(x: self.view.frame.width/2, y:200)
        myButton.tag = 1
        myButton.addTarget(self, action: "onClickMyButton:",
        forControlEvents: .TouchUpInside)
        self.view.addSubview(myButton)
    }

    func createWebView() → UIWebView {
        let _webView = UIWebView()
        _webView.frame = self.view.bounds
        return _webView
    }

    func onClickMyButton(sender: UIButton){
        println("onClickMyButton:")
        println("sender.currentTitile: \(sender.currentTitle)")
        println("sender.tag:\(sender.tag)")

    }
}
```

至此为止，基于 Xcode+Swift 创建了一个基本的 MVC 项目。

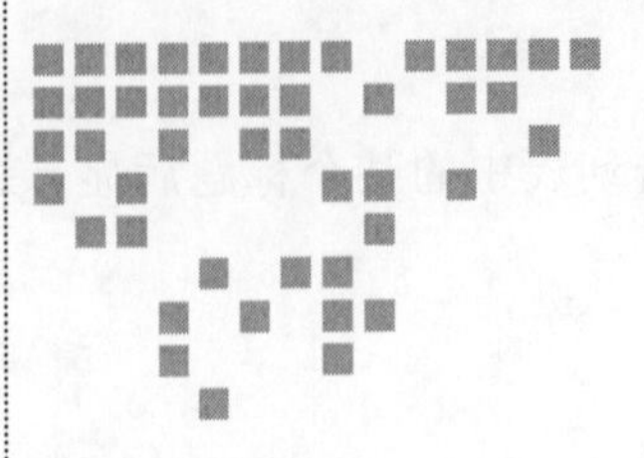

Chapter 14 第 14 章

基本组件

组件是 iOS 界面应用程序的核心，iOS App 应用程序是通过组件的交互实现具体功能的。在本书前面的内容中，已经创建了一个简单的应用程序，并学会了应用程序基础框架和图形界面基础框架。在本章的内容中，将详细介绍 iOS 应用中的基本组件，向读者讲解使用可编辑的文本框、文本视图、按钮、标签、滑块、步进、图像、开关和分段等基本控件的基本知识。

14.1　文本框（UITextField）

在 iOS 应用中，文本框和文本视图都是用于实现文本输入的，在本节的内容中，将首先详细讲解文本框的基本知识，为读者步入本书后面知识的学习打下基础

14.1.1　文本框基础

在 iOS 应用中，文本框（UITextField）是一种常见的信息输入机制，类似于 Web 表单中的表单字段。当在文本框中输入数据时，可以使用各种 iOS 键盘将其输入限制为数字或文本。和按钮一样，文本框也能响应事件，但是通常将其实现为被动（passive）界面元素，这意味着视图控制器可随时通过 text 属性读取其内容。

控件 UITextField 的常用属性如下所示：

（1）borderStyle 属性：设置输入框的边框线样式。

（2）backgroundColor 属性：设置输入框的背景颜色，使用其 font 属性设置字体。

（3）ClearButtonMode 属性：设置一个清空按钮，通过设置 clearButtonMode 可以指定是否以及何时显示清除按钮。此属性主要有如下几种类型：

- UITextFieldViewModeAlways：不为空，获得焦点与没有获得焦点都显示清空按钮。
- UITextFieldViewModeNever：不显示清空按钮。

- UITextFieldViewModeWhileEditing：不为空，且在编辑状态时（获得焦点）显示清空按钮。
- UITextFieldViewModeUnlessEditing：不为空，且不在编译状态时（焦点不在输入框上）显示清空按钮。

（4）Background 属性：设置一个背景图片。

14.1.2　实践练习

在本节的内容中，将通过一个具体实例的实现过程，详细讲解基于 Swift 语言实现一个 UITextField 控件的过程。

实例 14-1	为 TextField 添加震动效果
源码路径	源代码下载包:\daima\14\TextFieldShake

（1）打开 Xcode 7，然后新建一个名为“TextFieldShake”的工程，工程的最终目录结构如图 14-1 所示。

图 14-1　工程的目录结构

（2）本实例是用 Swift 语言编写的 UITextField 扩展，文件 ViewController.swif 具体实现代码如下所示。

```
import UIKit

class ViewController: UIViewController {

  var textField: UITextField?

  override func viewDidLoad() {
    super.viewDidLoad()
    textField = UITextField(frame: CGRectMake(10, 20, 200, 30))
    textField!.borderStyle = UITextBorderStyle.RoundedRect
    textField!.placeholder = "我是文本框"
    textField!.center = self.view.center
    self.view.addSubview(textField!)

    let button: UIButton = UIButton(type: UIButtonType.System)
    button.frame = CGRectMake(20, 64, 100, 44)
    button.setTitle("Shake", forState: UIControlState.Normal)
    button.addTarget(self, action: "_startShake:", forControlEvents:
    UIControlEvents.TouchUpInside)
    self.view.addSubview(button)

  }

  // MARK: - 执行震动
  func _startShake(sender: UIButton) {
    self.textField?.wy_shakeWith(completionHandle: {() → () in
      print("我是回调啊")
    })
  }
  override func didReceiveMemoryWarning() {
    super.didReceiveMemoryWarning()
```

```
        // Dispose of any resources that can be recreated.
    }
}
```

执行后的效果如图 14-2 所示，单击“Shake”会震动文本框。

震动时会在控制台输出在“_startShake”中设置的传递信息“我是回调啊”，如图 14-3 所示。

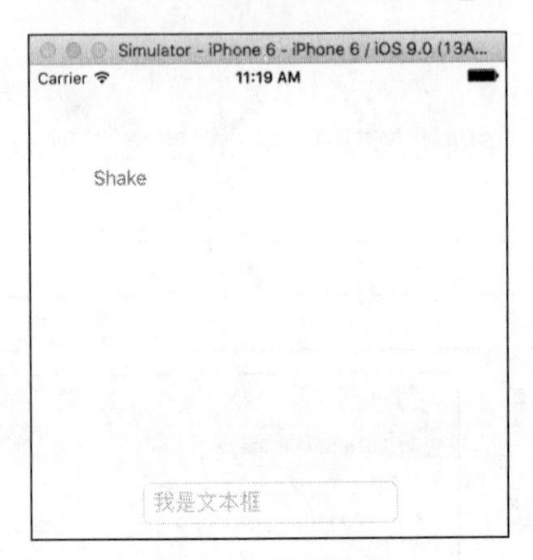

图 14-2　执行效果

图 14-3　在控制台中显示回调信息

14.2　文本视图（UITextView）

文本视图（UITextView）与文本框类似，差别在于文本视图可显示一个可滚动和编辑的文本块，供用户阅读或修改。仅当需要的输入很多时，才应使用文本视图。

14.2.1　文本视图基础

在 iOS 应用中， UITextView 是一个类。在 Xcode 中当使用 IB 给视图拖上去一个文本框后，选中文本框后可以在 Attribute Inspector 中设置其各种属性。

Attribute Inspector 分为三部分，分别是 Text Field、Control 和 View 部分。重点看一下 Text Field 部分，Text Field 部分有以下选项。

（1）Text ：设置文本框的默认文本。

（2）Placeholder ： 可以在文本框中显示灰色的字，用于提示用户应该在这个文本框输入什么内容。当这个文本框中输入了数据时，用于提示的灰色的字将会自动消失。

（3）Background：设置背景。

（4）Disabled：若选中此项，用户将不能更改文本框内容。

（5）接下来是三个按钮，用来设置对齐方式。

（6）Border Style：选择边界风格。

（7）Clear Button：这是一个下拉菜单，可以选择清除按钮什么时候出现，所谓清除按钮就是出一个现在文本框右边的小×，你可以有如下选择。

- Never appears：从不出现。
- Appears while editing：编辑时出现。
- Appears unless editing：编辑时不出现。
- Is always visible：总是可见。

（8）Clear when editing begins：若选中此项，则当开始编辑这个文本框时，文本框中之前的内容会被清除掉。比如，你现在这个文本框 A 中输入了“What”，之后去编辑文本框 B，若再回来编辑文本框 A，则其中的“What”会被立即清除。

（9）Text Color：设置文本框中文本的颜色。

（10）Font：设置文本的字体与字号。

（11）Min Font Size：设置文本框可以显示的最小字体（不过我感觉没什么用）。

（12）Adjust To Fit：指定当文本框尺寸减小时，文本框中的文本是否也要缩小。选择它，可以使得全部文本都可见，即使文本很长。但是这个选项要跟 Min Font Size 配合使用，文本再缩小，也不会小于设定的 Min Font Size。

接下来的部分用于设置键盘如何显示。

（13）Captitalization：设置大写。下拉菜单中有四个选项：

- None：不设置大写。
- Words：每个单词首字母大写，这里的单词指的是以空格分开的字符串。
- Sentances：每个句子中的第一个字母大写，这里的句子是以句号加空格分开的字符串。
- All Characters：所以字母大写。

（14）Correction：检查拼写，默认是 YES 。

（15）Keyboard：选择键盘类型，比如全数字、字母和数字等。

（16）Return Key：选择返回键，可以选择 Search、Return、Done 等。

（17）Auto-enable Return Key：如选择此项，则只有至少在文本框输入一个字符后键盘的返回键才有效。

（18）Secure：当文本框用作密码输入框时，可以选择这个选项。此时，字符显示为星号。

在 iOS 应用中，可以使用 UITextView 在屏幕中显示文本，并且能够同时显示多行文本。UITextView 的常用属性如下所示。

（1）textColor 属性：设置文本的的颜色。

（2）font 属性：设置文本的字体和大小。

（3）editable 属性：如果设置为 YES，可以将这段文本设置为可编辑的。

（4）textAlignment 属性：设置文本的对齐方式，此属性有如下三个值：

- UITextAlignmentRight：右对齐。
- UITextAlignmentCenter：居中对齐。
- UITextAlignmentLeft：左对齐。

14.2.2 实践练习

在本节的内容中，将通过一个具体实例的实现过程，详细讲解基于 Swift 语言使用 UITextView 控件的过程。

实例 14-2	显示 UITextView 中的文本
源码路径	源代码下载包:\daima\14\Swift-UITextView-Placeholder

（1）打开 Xcode 7，然后新建一个名为“Placeholder Test”的工程，工程的最终目录结构如图 14-4 所示。

（2）打开 Main.storyboard，为本工程设计一个 View Controller 视图界面，在故事板中设置文本区域，如图 14-5 所示。

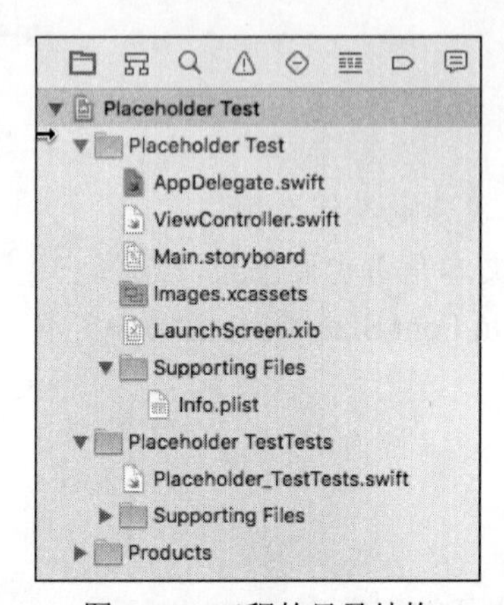

图 14-4　工程的目录结构

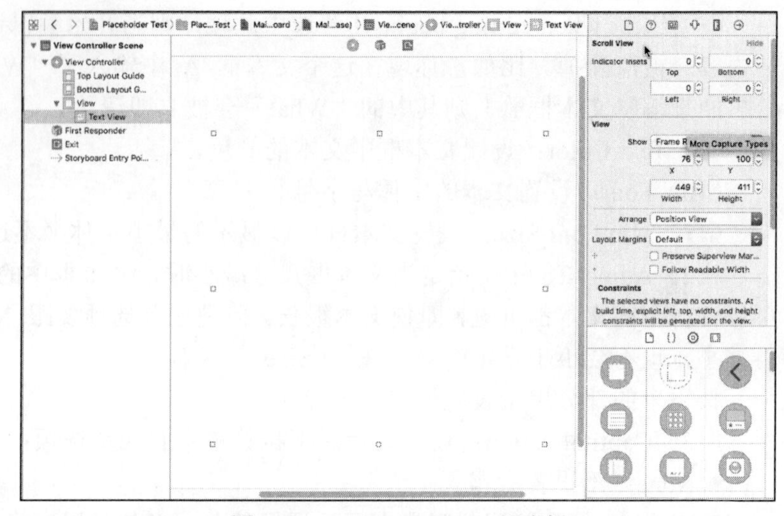

图 14-5　Main.storyboard 记事板

（3）本实例的程序文件是 ViewController.swift，具体实现代码如下所示。

```
import UIKit
class ViewController: UIViewController, UITextViewDelegate {
    @IBOutlet weak var textView: UITextView!
    override func viewDidLoad() {
        super.viewDidLoad()
        textView.delegate = self
        if (textView.text == "") {
            textViewDidEndEditing(textView)
        }
        let tapDismiss = UITapGestureRecognizer(target: self, action: "dismissKeyboard")
        self.view.addGestureRecognizer(tapDismiss)
    }
    func dismissKeyboard(){
        textView.resignFirstResponder()
    }
    override func didReceiveMemoryWarning() {
        super.didReceiveMemoryWarning()
        // Dispose of any resources that can be recreated.
    }

    func textViewDidEndEditing(textView: UITextView) {
        if (textView.text == "") {
            textView.text = "Placeholder"
            textView.textColor = UIColor.lightGrayColor()
        }
        textView.resignFirstResponder()
    }
    func textViewDidBeginEditing(textView: UITextView){
        if (textView.text == "Placeholder"){
            textView.text = ""
```

```
            textView.textColor =
UIColor.blackColor()
            }
            textView.becomeFirstResponder()
        }
    }
```

执行后可以在文本区域输入文本，执行效果如图 14-6 所示。

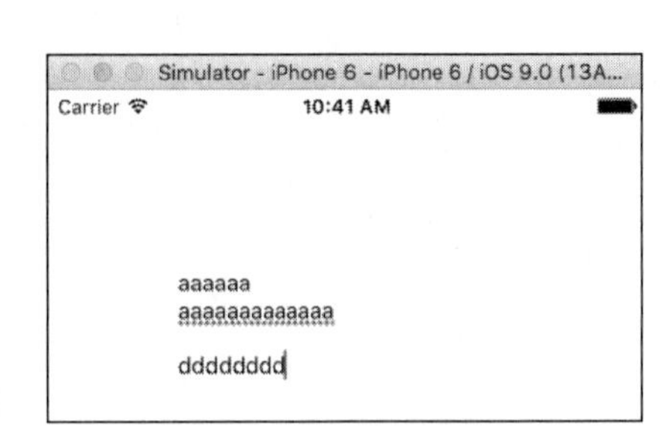

图 14-6 执行效果

14.3 标签（UILabel）

在 iOS 应用中，使用标签（UILabel）可以在视图中显示字符串，这一功能是通过设置其 text 属性实现的。标签中可以控制文本的属性有很多，例如字体、字号、对齐方式以及颜色。通过标签可以在视图中显示静态文本，也可显示在代码中生成的动态输出。

14.3.1 标签（UILabel）的属性

在 iOS 应用程序中，标签（UILabel）有如下五个常用的属性。

（1）font 属性：设置显示文本的字体。

（2）size 属性：设置文本的大小。

（3）backgroundColor 属性：设置背景颜色，并分别使用如下三个对齐属性设置了文本的对齐方式。

- UITextAlignmentLeft：左对齐。
- UITextAlignmentCenter：居中对齐。
- UITextAlignmentRight：右对齐。

（4）textColor 属性：设置文本的颜色。

（5）adjustsFontSizeToFitWidth 属性：如果将 adjustsFontSizeToFitWidth 的值设置为 YES，表示文本文字自适应大小。

14.3.2 实践练习

在本节的内容中，将通过一个具体实例的实现过程，详细讲解联合使用 UILabel 控件显示一个指定样式文本的过程。

实例 14-3	使用 UILabel 控件输出一个指定样式的文本
源码路径	源代码下载包:\daima\14\UILabel-Example

（1）打开 Xcode 7，然后新建一个名为“Swift-UILabel- Example”的工程，工程的最终目录结构如图 14-7 所示。

（2）在 LaunchScreen.xib 面板中设置初始界面的显示内容是一段文本：Swift-UILabel- Example，如图 14-8 所示。

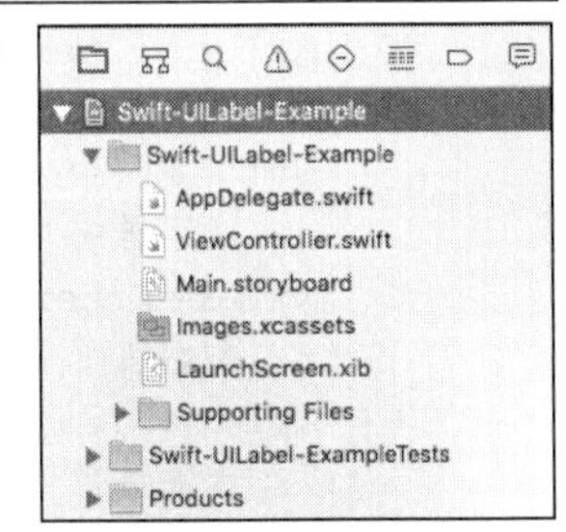

图 14-7 工程目录结构

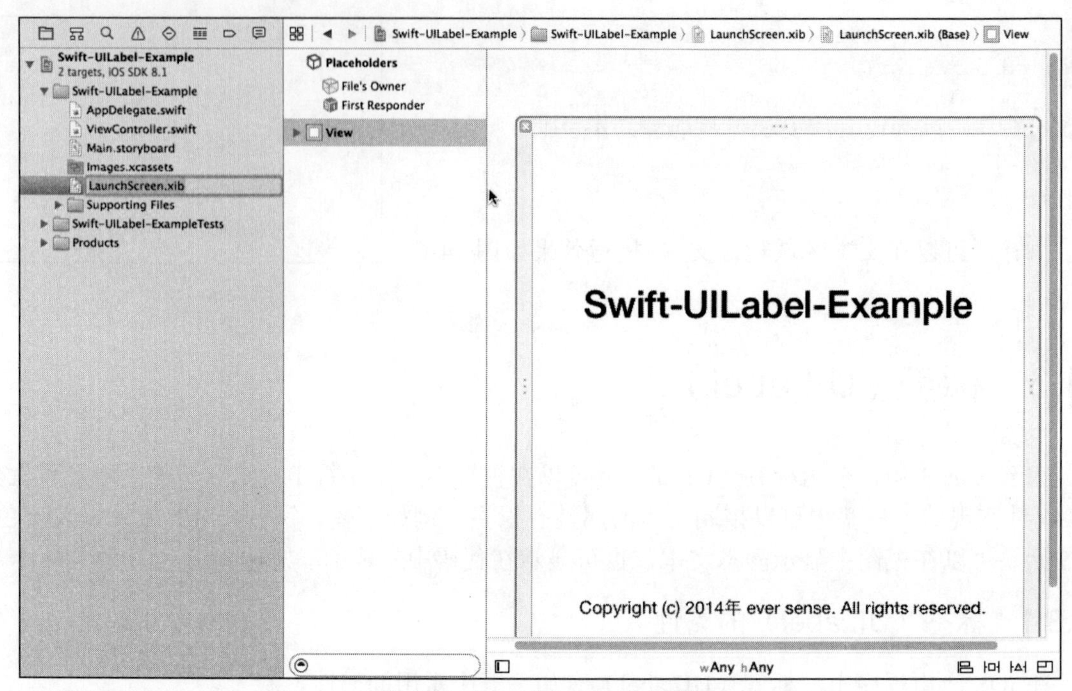

图 14-8　LaunchScreen.xib 面板

（3）文件 ViewController.swift 的功能是定义 UILabel 变量，并设置在屏幕绘制文字的颜色和字体等样式。文件 ViewController.swift 的具体实现代码如下所示。

```
import UIKit
class ViewController: UIViewController {
    override func viewDidLoad() {
      super.viewDidLoad()
      // 定义UILabel变量
      let myLabel: UILabel = UILabel()
      // 绘制文本
      myLabel.frame = CGRectMake(0,0,300,100)
      // 位置
      myLabel.layer.position = CGPoint(x: self.view.bounds.width/2,y: 200)
      // 背景色
      myLabel.backgroundColor = UIColor.redColor()
      // 文字
      myLabel.text = "Hello!!"
      // 设置文本颜色
      myLabel.font = UIFont.systemFontOfSize(40)
      // 文字色
      myLabel.textColor = UIColor.whiteColor()
      // 文字阴影色
      myLabel.shadowColor = UIColor.blueColor()
      // 文字居中对齐
      myLabel.textAlignment = NSTextAlignment.Center
      // 初始值
      myLabel.layer.masksToBounds = true
      // 设置半径
      myLabel.layer.cornerRadius = 20.0
```

```
        // View追加显示
        self.view.addSubview(myLabel)
    }
    override func didReceiveMemoryWarning() {
        super.didReceiveMemoryWarning()
        // Dispose of any resources that can be
        recreated.
    }
}
```

到此为止，整个实例介绍完毕。执行后将在屏幕中显示指定样式的字体和背景颜色，如图 14-9 所示。

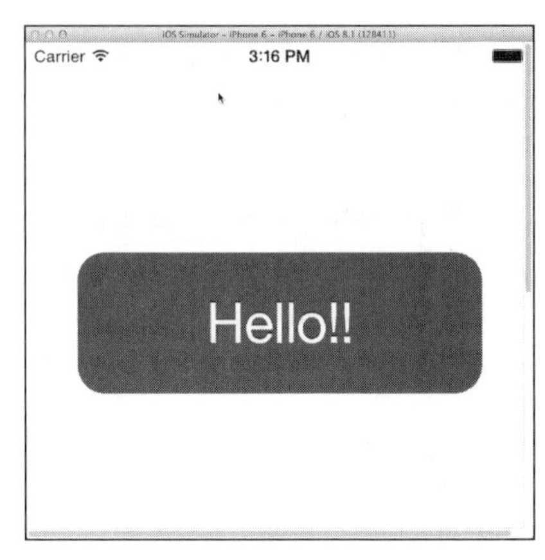

图 14-9　执行效果

14.4　按钮（UIButton）

在 iOS 应用中，最常见的与用户交互的方式是检测用户轻按按钮（UIButton）并对此做出反应。按钮在 iOS 中是一个视图元素，用于响应用户在界面中触发的事件。按钮通常用 Touch Up Inside 事件来体现，能够抓取用户用手指按下按钮并在该按钮上松开发生的事件。当检测到事件后，便可能触发相应视图控件中的操作（IBAction）。在本节的内容中，将详细讲解按钮控件的基本知识。

14.4.1　按钮基础

按钮有很多用途，例如在游戏中触发动画特效，在表单中触发获取信息。虽然到目前为止我们只使用了一个圆角矩形按钮，但通过使用图像可赋予它们以众多不同的形式。其实在 iOS 中可以实现样式各异的按钮效果，并且市面中诞生了各种可用的按钮控件，例如图 14-10 显示了一个奇异效果的按钮。

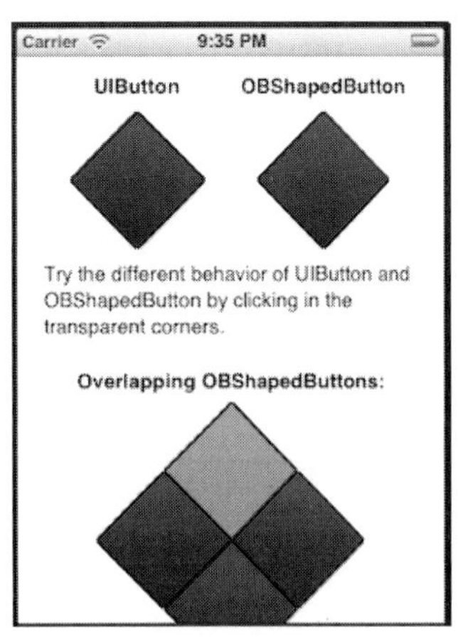

图 14-10　奇异效果的按钮

在 iOS 应用中，使用 UIButton 控件可以实现不同样式的按钮效果。通过使用方法 ButtonWithType 可以指定几种不同的 UIButtonType 的类型常量，用不同的常量可以显示不同外观样式的按钮。UIButtonType 属性指定了一个按钮的风格，其中有如下几种常用的外观风格。

- UIButtonTypeCustom：无按钮的样式。

- UIButtonTypeRoundedRect：一个圆角矩形样式的按钮。
- UIButtonTypeDetailDisclosure：一个详细披露按钮。
- UIButtonTypeInfoLight：一个信息按钮，有一个浅色背景。
- UIButtonTypeInfoDark：一个信息按钮，有一个黑暗的背景。
- UIButtonTypeContactAdd：一个联系人添加按钮。

另外，通过设置 Button 控件的 setTitle:forState:方法可以设置按钮的状态变化时标题字符串的变化形式。

14.4.2 实践练习

在下面的内容中，将通过一个具体实例的实现过程，详细讲解基于 Swift 语言自定义一个按钮的过程。

实例 14-4	自定义一个按钮
源码路径	源代码下载包:\daima\14\Swift-UIButton

（1）打开 Xcode 7，然后新建一个名为“UIButton-Sample”的工程，工程的最终目录结构如图 14-11 所示。

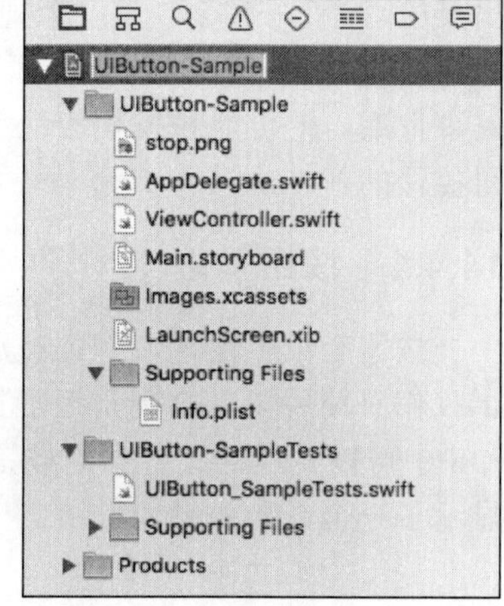

图 14-11 工程的目录结构

（2）编写文件 ViewController.swift，定义继承于类 UIViewController 的类 ViewController，在界面中自定义设计四个按钮，具体实现代码如下所示。

```
import UIKit

class ViewController: UIViewController {

    override func viewDidLoad() {
        super.viewDidLoad()

        // *** UIButton ***

        //无样式Button
        let button = UIButton()
        button.setTitle("Tap Me!", forState: .Normal)
        button.setTitleColor(UIColor.blueColor(), forState: .Normal)
        button.setTitle("Tapped!", forState: .Highlighted)
        button.setTitleColor(UIColor.redColor(), forState: .Highlighted)
        button.frame = CGRectMake(0, 0, 300, 50)
        button.tag = 1
        button.layer.position = CGPoint(x: self.view.frame.width/2, y:100)
        button.backgroundColor = UIColor(red: 0.7, green: 0.2, blue: 0.2, alpha: 0.2)
        button.layer.cornerRadius = 10
        button.layer.borderWidth = 1
        button.addTarget(self, action: "tapped:", forControlEvents:.TouchUpInside)
        self.view.addSubview(button)


        // ***按钮样式 ***

        //ContactAdd Button
        let addButton: UIButton = UIButton.buttonWithType(.ContactAdd) as! UIButton
```

```
        addButton.layer.position = CGPoint(x: self.view.frame.width/2, y:200)
        addButton.tag = 2
        addButton.addTarget(self, action: "tapped:", forControlEvents: .TouchUpInside)
        self.view.addSubview(addButton)


        //DetailDisclosure Button
        let detailButton: UIButton = UIButton.buttonWithType(.DetailDisclosure)
        as! UIButton
        detailButton.layer.position = CGPoint(x: self.view.frame.width/2, y:300)
        detailButton.tag = 3
        detailButton.addTarget(self, action: "tapped:", forControlEvents: .TouchUpInside)
        self.view.addSubview(detailButton)


        // *** 图片按钮UIButton ***
        let image = UIImage(named: "stop.png") as UIImage?
        let imageButton   = UIButton()
        imageButton.tag = 4
        imageButton.frame = CGRectMake(0, 0, 128, 128)
        imageButton.layer.position = CGPoint(x: self.view.frame.width/2, y:450)
        imageButton.setImage(image, forState: .Normal)
        imageButton.addTarget(self, action: "tapped:", forControlEvents:.TouchUpInside)

        self.view.addSubview(imageButton)
    }
    override func didReceiveMemoryWarning() {
        super.didReceiveMemoryWarning()
        // Dispose of any resources that can be recreated.
    }
    func tapped(sender: UIButton){
        println("Tapped Button Tag:\(sender.tag)")
    }
}
```

本实例执行后的效果如图 14-12 所示，单击某个按钮后，会在 Xcode 控制台中显示其操作，如图 14-13 所示。

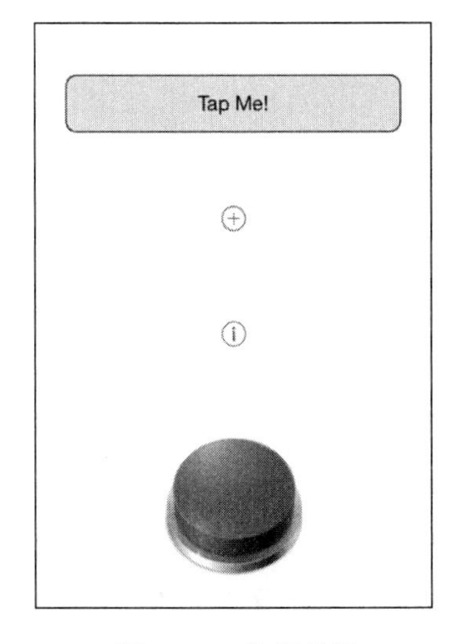

图 14-12 执行效果

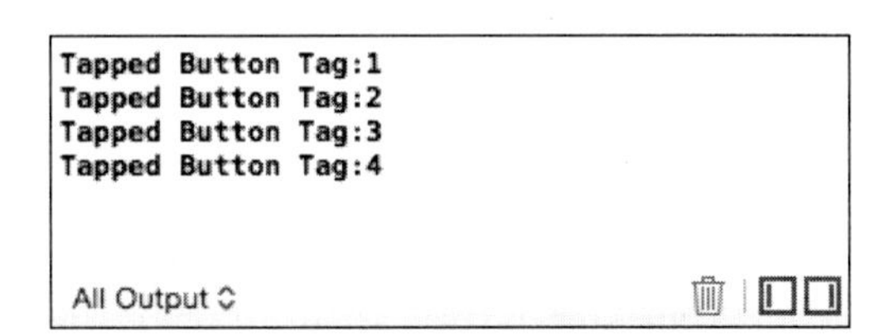

图 14-13 控制台显示操作

14.5 滑块控件（UISlider）

滑块（UISlider）是常用的界面组件，能够让用户可以用可视化方式设置指定范围内的值。假设想让用户提高或降低速度，采取让用户输入值的方式并不合理，可以提供一个如图 14-14 所示的滑块，让用户能够轻按并来回拖动。在幕后将设置一个 value 属性，应用程序可使用它来设置速度。这不要求用户理解幕后的细节，也不需要用户执行除使用手指拖动之外的其他操作。

和按钮一样，滑块也能响应事件，还可像文本框一样被读取。如果希望用户对滑块的调整立刻影响应用程序，则需要让它触发操作。

滑块为用户提供了一种可见的针对范围的调整方法，可以通过拖动一个滑动条改变它的值，并且可以对其配置以适合不同值域。你可以设置滑块值的范围，也可以在两端加上图片，以及进行各种调整让它更美观。滑块非常适合用于表示在很大范围（但不精确）的数值中进行选择，比如音量设置、灵敏度控制等诸如此类的用途。

UI UISlider 控件的常用属性如下所示。

- minimumValue 属性：设置滑块的最小值。
- maximumValue 属性：设置滑块的最大值。
- UIImage 属性：为滑块设置表示放大和缩小的图像素材。

在下面的内容中，将通过一个具体实例的实现过程，详细讲解是有 Swift 语言实现 UISlider 控件效果的过程。

实例 14-5	使用 UISlider 控件
源码路径	源代码下载包:\daima\14\fibo_swift_ui

（1）打开 Xcode 7，然后新建一个名为“Fibonacci”的工程，工程的最终目录结构如图 14-15 所示。

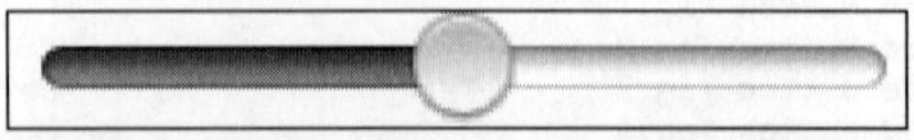

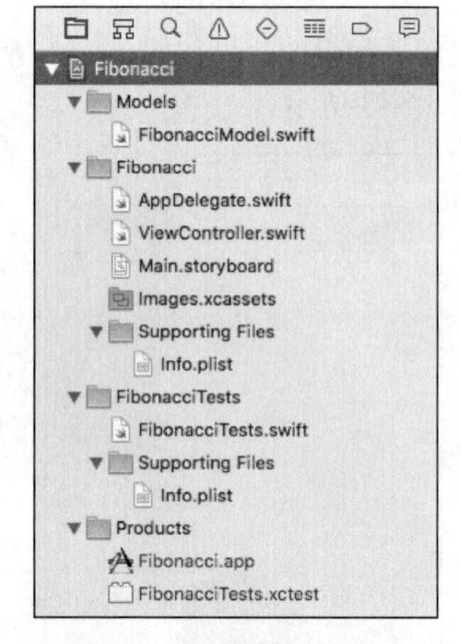

图 14-14 使用滑块收集特定范围内的值

图 14-15 工程的目录结构

（2）打开 Main.storyboard，为本工程设计一个视图界面，在里面分别插入 Horizontal Slider 控件、Label 控件和 Text 控件，如图 14-16 所示。

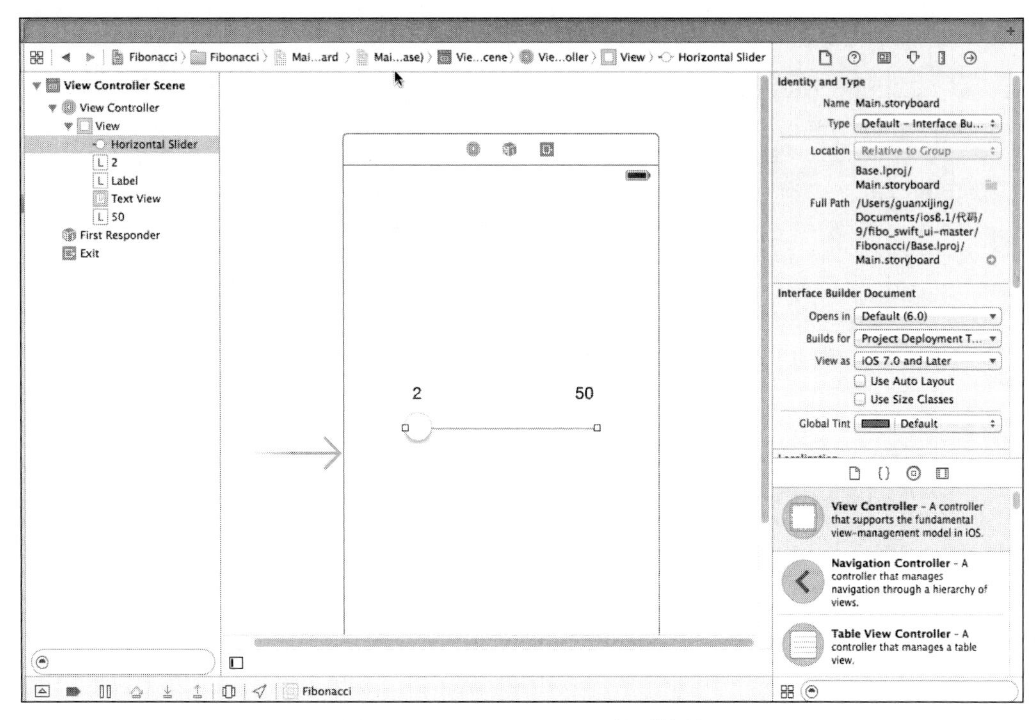

图 14-16　Main.storyboard 界面效果

（3）编写类文件 FibonacciModel.swift，通过 calculateFibonacciNumbers 计算斐波那契数值，具体实现代码如下所示。

```
import Foundation

public class FibonacciModel {

    public init () {}

    public func calculateFibonacciNumbers (minimum2 endOfSequence:Int) → Array<Int> {

        //初始值属性
        var sequence : [Int] = [1,1]

        for number in 2..<endOfSequence {

            var newFibonacciNumber = sequence[number-1] + sequence[number-2]
            sequence.append(newFibonacciNumber)
        }

        return sequence
    }

}
```

（4）编写文件 ViewController.swift，监听滑动条数值的变动，并及时显示滑块中的更新值。文件 ViewController.swift 的具体实现代码如下所示。

```
import UIKit

class ViewController: UIViewController {
    @IBOutlet weak var theSlider: UISlider!

    @IBOutlet weak var outputTextView: UITextView!
    @IBOutlet weak var selectedValueLabel: UILabel!
    var fibo: FibonacciModel = FibonacciModel()

    override func viewDidLoad() {
        super.viewDidLoad()
    }

    override func didReceiveMemoryWarning() {
        super.didReceiveMemoryWarning()
        // Dispose of any resources that can be recreated.
    }


    func addASlider() {
    }


    @IBAction func sliderValueDidChange(sender: UISlider) {


    //func sliderValueDidChange () {

        var returnedArray: [Int] = []
        var formattedOutput:String = ""

        //显示更新的滑块值
        self.selectedValueLabel!.text = String(Int(theSlider!.value))

        //Calculate the Fibonacci elements based on the new slider value
        returnedArray = self.fibo.calculateFibonacciNumbers(minimum2: Int
        (theSlider!.value))

        //Put the elements in a nicely formatted array
        for number in returnedArray {

            formattedOutput = formattedOutput + String(number) + ", "
        }

        //Update the textfield with the formatted array
        self.outputTextView!.text = formattedOutput
    }
}
```

本实例执行后将在屏幕中实现一个滑动条效果，如图 14-17 所示。

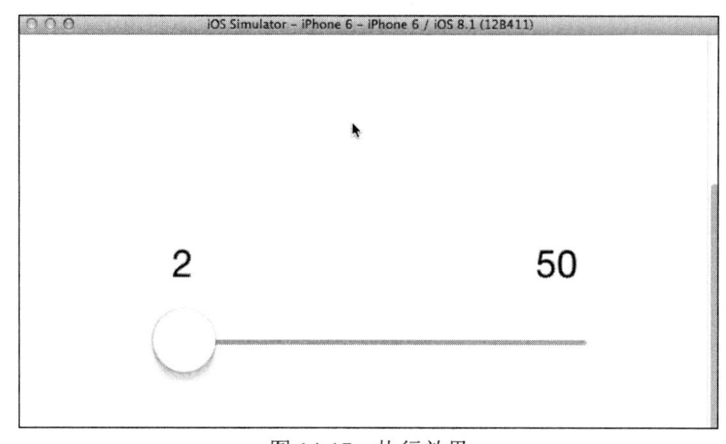

图 14-17　执行效果

14.6　步进控件（UIStepper）

步进控件是从 iOS 5 开始新增的一个控件，可用于替换传统的用于输入值的文本框，如设置定时器或控制屏幕对象的速度。在本节的内容中，将详细讲解步进控件(UIStepper)的级别知识。

14.6.1　步进控件基础

在 iOS 系统中，由于步进控件没有显示当前值，必须在用户单击步进控件时在界面的某个地方指出相应的值发生变化。步进控件支持的事件与滑块相同，这可轻松地对变化做出反应或随时读取内部属性 value。在 iOS 应用中，步进控件（UIStepper）类似于滑块。像滑块控件一样，步进控件也提供了一种以可视化方式输入指定范围值的数字，但它实现这一点的方式稍有不同。如图 14-18 所示，步进控件同时提供了+和-按钮，按其中一个按钮可让内部属性 value 递增或递减。

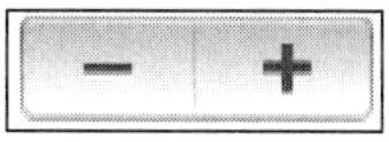

图 14-18　步进控件的作用类似于滑块

UIStepper 继承自 UIControl，它主要的事件是 UIControlEventValueChanged，每当它的值改变了就会触发这个事件。IStepper 主要有下面几个属性：

- value　当前所表示的值，默认 0.0。
- minimumValue　最小可以表示的值，默认 0.0。
- maximumValue　最大可以表示的值，默认 100.0。
- stepValue　每次递增或递减的值，默认 1.0。

除此之外， UIStepper 还有如下三个控制属性：

- continuous　控制是否持续触发 UIControlEventValueChanged 事件。默认 YES，即当按住时每次值改变都触发一次 UIControlEventValueChanged 事件，否则只有在释放按钮时触发 UIControlEventValueChanged 事件。
- autorepeat　控制是否在按住是自动持续递增或递减。默认 YES。
- wraps　控制值是否在[minimumValue,maximumValue]区间内循环。默认 NO。

这几个控制属性只有在特殊情况下使用，一般使用默认值即可。

14.6.2 实践练习

在下面的内容中，将通过一个具体实例的实现过程，详细讲解基于 Swift 语言使用步进控件自动增减数字的过程。

实例 14-6	使用步进控件自动增减数字
源码路径	源代码下载包:\daima\14\SwiftUIStepper

（1）打开 Xcode 7，然后新建一个名为“iOS8SwiftUIStepper”的工程，工程的最终目录结构如图 14-19 所示。

（2）打开 Main.storyboard，为本工程设计一个视图界面，在其中添加一个步进控件，如图 14-20 所示。

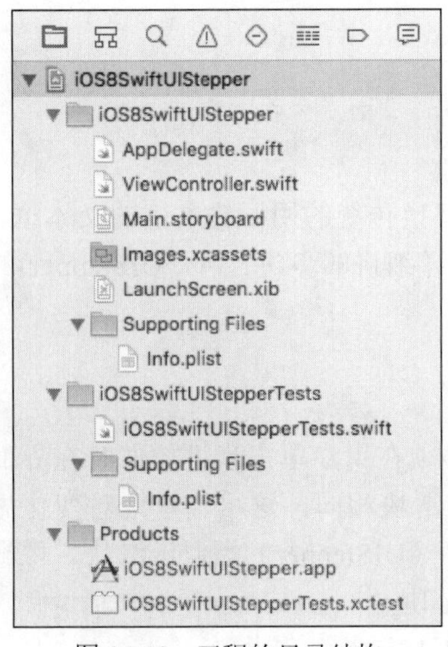

图 14-19 工程的目录结构

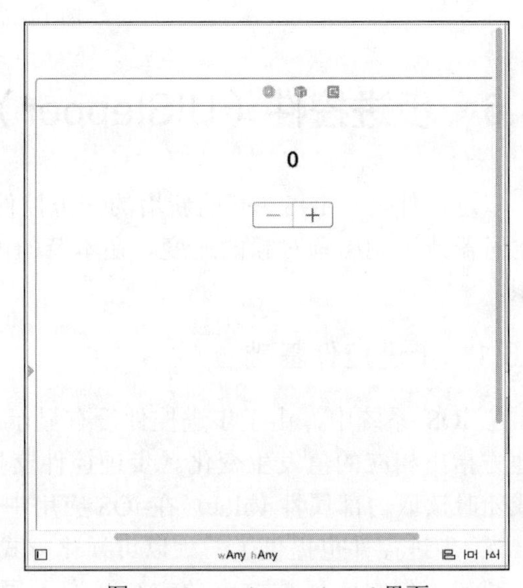

图 14-20 Main.storyboard 界面

（3）编写文件 ViewController.swift 定义界面视图，设置步进控件的 wraps、autorepeat 和 maximumValue 属性。文件 ViewController.swift 的具体实现代码如下所示。

```
import UIKit

class ViewController: UIViewController {
  @IBOutlet weak var valueLabel: UILabel!
  @IBOutlet weak var stepper: UIStepper!
  override func viewDidLoad() {
    super.viewDidLoad()
    stepper.wraps = true
    stepper.autorepeat = true
    stepper.maximumValue = 10
  }
  override func didReceiveMemoryWarning() {
    super.didReceiveMemoryWarning()
  }
  @IBAction func stepperValueChanged(sender: UIStepper) {
    valueLabel.text = Int(sender.value).description
```

```
    }
}
```

（4）测试文件 SwiftUIStepperTests.swift 的具体实现代码如下所示。

```
import UIKit
import XCTest

class iOS8SwiftUIStepperTests: XCTestCase {

    override func setUp() {
        super.setUp()
        // Put setup code here. This method is called before the invocation of each
        test method in the class.
    }

    override func tearDown() {
        // Put teardown code here. This method is called after the invocation of
        each test method in the class.
        super.tearDown()
    }

    func testExample() {
        // This is an example of a functional test case.
        XCTAssert(true, "Pass")
    }
      func testPerformanceExample() {
        // This is an example of a performance test case.
        self.measureBlock() {
            // Put the code you want to measure the time of here.
        }
    }
}
```

执行后将显示步进控件的基本功能，如图 14-21 所示。

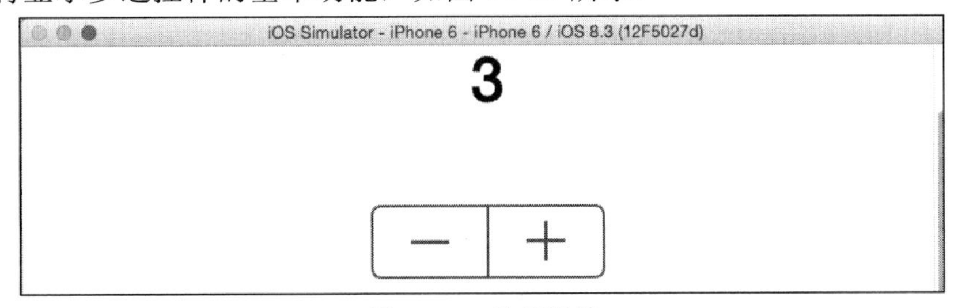

图 14-21　执行效果

14.7　图像视图控件（UIImageView）

在 iOS 应用中，图像视图（UIImageView）用于显示图像。可以将图像视图加入应用程序中，并用于向用户呈现信息。UIImageView 实例还可以创建简单的基于帧的动画，其中包括开始、停止和设置动画播放速度的控件。在使用 Retina 屏幕的设备中，图像视图可利用其高分辨率屏幕。令开发人员兴奋的是，无须编写任何特殊代码，无须检查设备类型，而只需将多幅图像加入项目中，而图像视图将在正确的时间加载正确的图像。

14.7.1 UIImageView 的常用操作

UIImageView 是用来放置图片的，当使用 Interface Builder 设计界面时，可以直接将控件拖进去并设置相关属性。

1. 创建一个 UIImageView

在 iOS 应用中，有如下五种创建一个 UIImageView 对象的方法。

```
UIImageView *imageView1 = [[UIImageView alloc] init];
UIImageView *imageView2 = [[UIImageView alloc] initWithFrame:(CGRect)];
UIImageView *imageView3 = [[UIImageView alloc] initWithImage:(UIImage *)];
UIImageView *imageView4 = [[UIImageView alloc] initWithImage:(UIImage *)
highlightedImage:(UIImage *)];
UIImageView *imageView5 = [[UIImageView alloc] initWithCoder:(NSCoder *)];
```

其中比较常用的是前边三个，当第四个 ImageView 的 highlighted 属性是 YES 时，显示的就是参数 highlightedImage，一般情况下显示的是第一个参数 UIImage。

2. frame 与 bounds 属性

在上述创建 UIImageView 的五种方法中，第二个方法是在创建时就设定位置和大小。当以后想改变位置时，可以重新设定 frame 属性：

```
imageView.frame = CGRectMake(CGFloat x, CGFloat y, CGFloat width, CGFloat heigth);
```

在此需要注意 UIImageView 还有一个 bounds 属性。

```
imageView.bounds = CGRectMake(CGFloat x, CGFloat y, CGFloat width, CGFloat heigth);
```

这个属性和 frame 有一点区别：frame 属性用于设置其位置和大小，而 bounds 属性只能设置其大小，其参数中的 x、y 不起作用即便是之前没有设定 frame 属性，控件最终的位置也不是 bounds 所设定的参数。bounds 实现的是将 UIImageView 控件以原来的中心为中心进行缩放。例如如下所示的代码：

```
imageView.frame = CGRectMake(0, 0, 320, 460);
imageView.bounds = CGRectMake(100, 100, 160, 230);
```

执行之后，这个 imageView 的位置和大小是（80， 115， 160， 230）。

3. contentMode 属性

这个属性是用来设置图片的显示方式，如居中、居右，是否缩放等，有以下几个常量可供设定：

- UIViewContentModeScaleToFill。
- UIViewContentModeScaleAspectFit。
- UIViewContentModeScaleAspectFill。
- UIViewContentModeRedraw。
- UIViewContentModeCenter。
- UIViewContentModeTop。

- UIViewContentModeBottom。
- UIViewContentModeLeft。
- UIViewContentModeRight。
- UIViewContentModeTopLeft。
- UIViewContentModeTopRight。
- UIViewContentModeBottomLeft。
- UIViewContentModeBottomRight。

在上述常量中，凡是没有带 Scale 的，当图片尺寸超过 ImageView 尺寸时，只有部分显示在 ImageView 中。UIViewContentModeScaleToFill 属性会导致图片变形。UIViewContentMode ScaleAspectFit 会保证图片比例不变，而且全部显示在 ImageView 中，这意味着 ImageView 会有部分空白。UIViewContentModeScaleAspectFill 也会证明图片比例不变，但是是用来填充整个 ImageView 的，可能只有部分图片显示出来。

其中前三个效果如图 14-22 所示。

图 14-22 显示效果

4 更改位置

更改一个 UIImageView 的位置，可以做如下处理：

（1）直接修改其 frame 属性

（2）修改其 center 属性

```
imageView.center = CGPointMake(CGFloat x, CGFloat y);
```

center 属性指的就是这个 ImageView 的中间点。

（3）使用 transform 属性

```
imageView.transform = CGAffineTransformMakeTranslation(CGFloat dx, CGFloat dy);
```

其中 dx 与 dy 表示想要向 x 或者 y 方向移动多少，而不是移动到多少。

5. 旋转图像

```
imageView.transform = CGAffineTransformMakeRotation(CGFloat angle);
```

要注意它是按照顺时针方向旋转的，而且旋转中心是原始 ImageView 的中心，也就是 center 属性表示的位置。这个方法的参数 angle 的单位是弧度，而不是我们最常用的度数，所以可以写成一个宏定义：

```
#define degreesToRadians(x) (M_PI*(x)/180.0)
```

用于将度数转化成弧度。图 14-23 所示是旋转 45° 的情况。

图 14-23 旋转后的效果

6. 缩放图像

还是使用 transform 属性。

```
imageView.transform = CGAffineTransformMakeScale(CGFloat scale_w, CGFloat scale_h);
```

其中，CGFloat scale_w 与 CGFloat scale_h 分别表示将原来的宽度和高度缩放到多少倍，图 14-24 所示是缩放到原来的 0.6 倍的效果图。

图 14-24 缩放效果

7. 播放一系列图片

```
imageView.animationImages = imagesArray;
// 设定所有的图片在多少秒内播放完毕
imageView.animationDuration = [imagesArray count];
// 不重复播放多少遍，0表示无数遍
imageView.animationRepeatCount = 0;
// 开始播放
[imageView startAnimating];
```

其中，imagesArray 是一些列图片的数组。如图 14-25 所示。

图 14-25 播放多个图片

8. 为图片添加单击事件

```
imageView.userInteractionEnabled = YES;
UITapGestureRecognizer *singleTap = [[UITapGestureRecognizer alloc]
initWithTarget:self action:@selector(tapImageView:)];
[imageView addGestureRecognizer:singleTap];
```

一定要先将 userInteractionEnabled 置为 YES，这样才能响应单击事件。

9. 其他设置

```
imageView.hidden = YES或者NO;                // 隐藏或者显示图片
imageView.alpha = (CGFloat) al;              // 设置透明度
imageView.highlightedImage = (UIImage *)hightlightedImage; // 设置高亮时显示的图片
imageView.image = (UIImage *)image;          // 设置正常显示的图片
[imageView sizeToFit];                       // 将图片尺寸调整为与内容图片相同
```

14.7.2 实践练习

在本节的内容中，将通过一个具体实例的实现过程，详细讲解基于 Swift 语言使用 UIImage View 控件的过程。

实例 14-7	使用 UIImageView 控件
源码路径	源代码下载包:\daima\14\UIButton-Image

（1）打开 Xcode 7，然后新建一个名为“ButtonWithImageAndTitleDemo”的工程，工程的最终目录结构如图 14-26 所示。

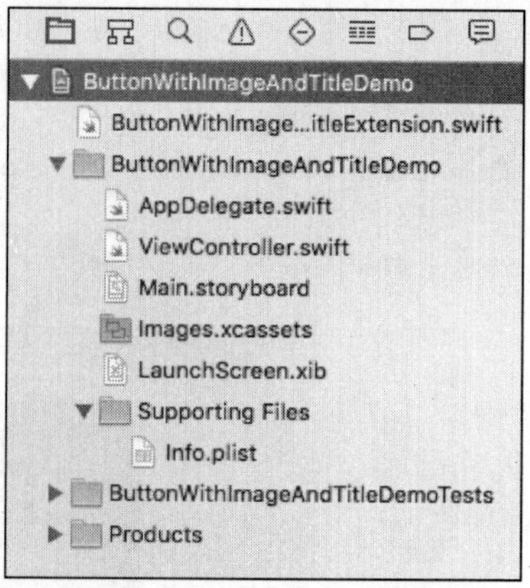

图 14-26　工程的目录结构

（2）编写类文件 ButtonWithImageAndTitleExtension. swift，功能是设置为 UIButton 和按钮图像设置标题，并为每个图像按钮设置对应的标题。在本实现文件中通过case语句处理了Top、Bottom、Left 和 Right 四种位置的图标按钮。文件 ButtonWithImageAndTitleExtension.swift 的具体实现代码如下所示。

```
import UIKit

extension UIButton {
    @objc func set(image anImage: UIImage?, title:
    NSString!, titlePosition: UIViewContentMode,
    additionalSpacing: CGFloat, state: UIControlState){
        self.imageView?.contentMode = .Center
        self.setImage(anImage?, forState: state)

        positionLabelRespectToImage(title!, position: titlePosition, spacing:
        additionalSpacing)

        self.titleLabel?.contentMode = .Center
        self.setTitle(title?, forState: state)
    }

    private func positionLabelRespectToImage(title: NSString, position:
    UIViewContentMode, spacing: CGFloat) {
        let imageSize = self.imageRectForContentRect(self.frame)
        let titleFont = self.titleLabel?.font!
        let titleSize = title.sizeWithAttributes([NSFontAttributeName: titleFont!])

        var titleInsets: UIEdgeInsets
        var imageInsets: UIEdgeInsets

        switch (position){
        case .Top:
            titleInsets = UIEdgeInsets(top: -(imageSize.height + titleSize.height
            + spacing), left: -(imageSize.width), bottom: 0, right: 0)
            imageInsets = UIEdgeInsets(top: 0, left: 0, bottom: 0, right:
            -titleSize.width)
        case .Bottom:
            titleInsets = UIEdgeInsets(top: (imageSize.height + titleSize.height
            + spacing), left: -(imageSize.width), bottom: 0, right: 0)
            imageInsets = UIEdgeInsets(top: 0, left: 0, bottom: 0, right:
            -titleSize.width)
        case .Left:
            titleInsets = UIEdgeInsets(top: 0, left: -(imageSize.width * 2), bottom:
            0, right: 0)
            imageInsets = UIEdgeInsets(top: 0, left: 0, bottom: 0, right:
            -(titleSize.width * 2 + spacing))
        case .Right:
            titleInsets = UIEdgeInsets(top: 0, left: 0, bottom: 0, right: -spacing)
```

```
            imageInsets = UIEdgeInsets(top: 0, left: 0, bottom: 0, right: 0)
        default:
            titleInsets = UIEdgeInsets(top: 0, left: 0, bottom: 0, right: 0)
            imageInsets = UIEdgeInsets(top: 0, left: 0, bottom: 0, right: 0)
        }

        self.titleEdgeInsets = titleInsets
        self.imageEdgeInsets = imageInsets
    }
}
```

（3）文件 ViewController.swift 的功能是调用类文件 ButtonWithImageAndTitleExtension.swift，通过 viewDidLoad()根据屏幕位置载入对应的按钮图像。文件 ViewController.swift 的具体实现代码如下所示。

```
import UIKit

class ViewController: UIViewController {
    @IBOutlet weak var button: UIButton!
    @IBOutlet weak var thirdButton: UIButton!

    override func viewDidLoad() {
        super.viewDidLoad()
        // Do any additional setup after loading the view, typically from a nib.
        button.set(image: UIImage(named: "shout"), title: "Shout",
        titlePosition: .Top, additionalSpacing: 30.0, state: .Normal)
        thirdButton.set(image: UIImage(named: "shout"), title: "This is an XIB
        button", titlePosition: .Bottom, additionalSpacing: 6.0, state: .Normal)

        var secondButton = UIButton.buttonWithType(.System) as UIButton
        secondButton.frame = CGRectMake(0, 50, 100, 400)
        secondButton.center = CGPointMake(view.frame.size.width/2, 50)
        secondButton.set(image: UIImage(named: "settings"), title: "Settings",
        titlePosition: .Left, additionalSpacing: 0.0, state: .Normal)
        view.addSubview(secondButton)
    }

    override func didReceiveMemoryWarning() {
        super.didReceiveMemoryWarning()
        // Dispose of any resources that can be recreated.
    }
}
```

本实例执行后将分别在屏幕顶部、中间和底部显示不同的图标，如图 14-27 所示。

顶部按钮

中间按钮

底部按钮

图 14-27 执行效果

14.8 开关控件（UISwitch）

在大多数传统桌面应用程序中，通过复选框和单选按钮来实现开关功能。在 iOS 中，Apple 放弃了这些界面元素，取而代之的是开关和分段控件。在 iOS 应用中，使用开关控件（UISwitch）来实现“开/关”UI 元素，它类似于传统的物理开关，如图 14-28 所示。开关的可配置选项很少，应将其用于处理布尔值。

图 14-28 开关控件向用户提供了开和关两个选项

注意：复选框和单选按钮虽然不包含在 iOS UI 库中，但通过 UIButton 类并使用按钮状态和自定义按钮图像来创建它们。Apple 让您能够随心所欲地进行定制，但建议您不要在设备屏幕上显示出乎用户意料的控件。

14.8.1 开关控件基础

为了利用开关，将使用 Value Changed 事件来检测开关切换，并通过属性 on 或实例方法 isOn 来获取当前值。检查开关时将返回一个布尔值，这意味着可将其与 TRUE 或 FALSE（YES/NO）进行比较以确定其状态，还可直接在条件语句中判断结果。例如，要检查开关 mySwitch 是否是开的，可使用类似于下面的代码。

```
if([mySwitch isOn]){
<switch is on>
}
else{
<switch is off>
}
```

14.8.2 实践练习

在本节的内容中，将通过一个具体实例的实现过程，详细讲解基于 Swift 语言控制是否显示密码明文的过程。

实例 14-8	使用 UISwitch 控件控制是否显示密码明文
源码路径	源代码下载包:\daima\14\DKTextField

（1）打开 Xcode 7，然后新建一个名为“DKTextField.Swift”的工程，工程的最终目录结构如图 14-29 所示。

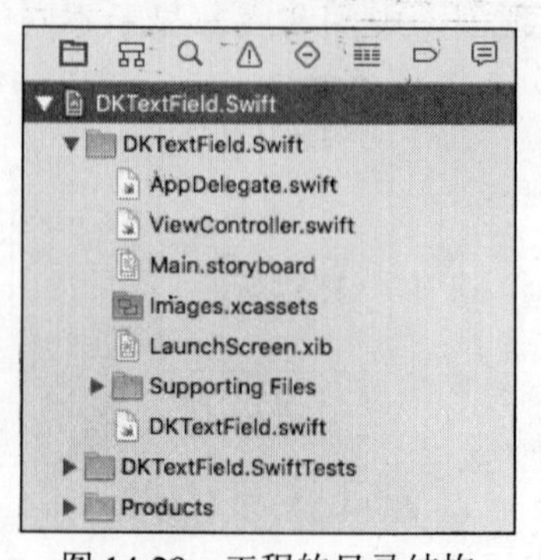

图 14-29 工程的目录结构

（2）打开 Main.storyboard，为本工程设计一个视图界面，在其中添加一个 Switch 控件，此控件作为控制是否显示密码明文的开关，如图 14-30 所示。

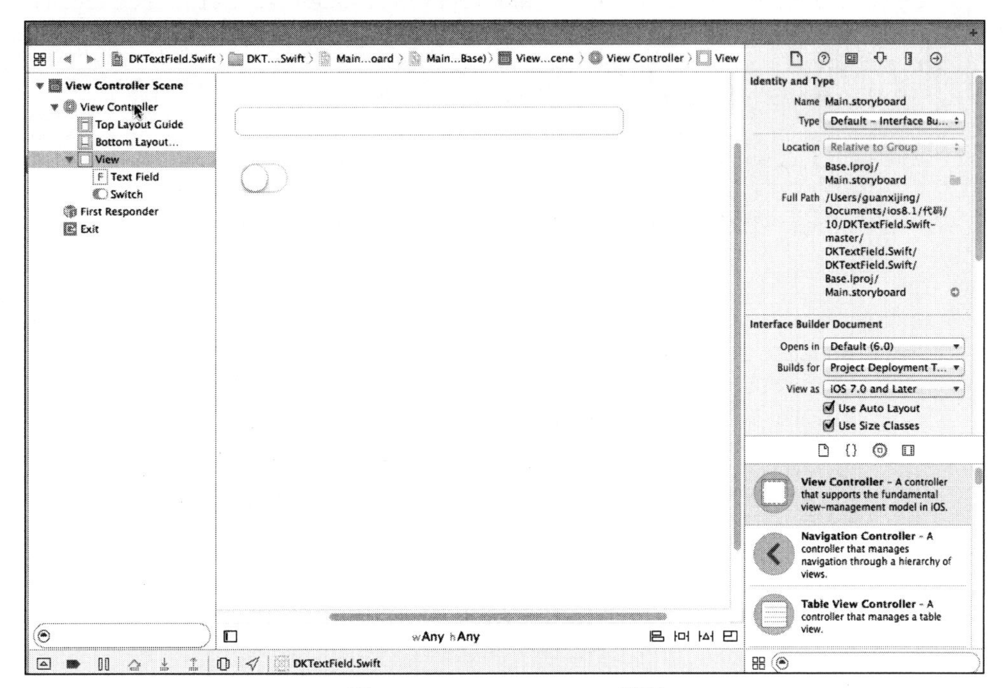

图 14-30　Main.storyboard 界面

（3）由于系统的 UITextField 控件在切换到密码状态时会清除之前的输入文本，于是特意编写类文件 DKTextField.swift，DKTextField 继承于 UITextField，并且不影响 UITextFiel 的 Delegate。文件 DKTextField.swift 的具体实现代码如下所示。

```
import UIKit

class DKTextField: UITextField {

    required init(coder aDecoder: NSCoder) {
        super.init(coder: aDecoder)

    }
    override init(frame: CGRect) {
        super.init(frame: frame)
        self.awakeFromNib()

    }
    private var password:String = ""

    private var beginEditingObserver:AnyObject!

    private var endEditingObserver:AnyObject!

    override func awakeFromNib() {
        super.awakeFromNib()
```

```
    // unowned var that=self

        self.beginEditingObserver = NSNotificationCenter.defaultCenter().
        addObserverForName(UITextFieldTextDidBeginEditingNotification, object:
        nil, queue: nil, usingBlock: {
            [unowned self](note:NSNotification!) in

            if self == note.object as DKTextField && self.secureTextEntry {
                self.text = ""
                self.insertText(self.password)
            }
        })

        self.endEditingObserver = NSNotificationCenter.defaultCenter().
        addObserverForName(UITextFieldTextDidEndEditingNotification, object:
        nil, queue: nil, usingBlock: {
            [unowned self](note:NSNotification!) in

            if self == note.object as DKTextField {
                self.password = self.text
            }
        })
    }

    deinit{

        NSNotificationCenter.defaultCenter().removeObserver(self.
        beginEditingObserver)
        NSNotificationCenter.defaultCenter().removeObserver(self.
        endEditingObserver)
    }

    override var secureTextEntry: Bool{
        get {
            return super.secureTextEntry
        }
        set{
            self.resignFirstResponder()
            super.secureTextEntry = newValue
            self.becomeFirstResponder()
        }
    }
}
```

（4）编写文件 ViewController.swift，功能是通过 switchChanged 监听 UISwitch 控件的开关状态，并根据监听到的状态设置密码的显示样式。文件 ViewController.swift 的具体实现代码如下所示。

```
import UIKit

class ViewController: UIViewController {
```

```
    @IBOutlet weak var textField: DKTextField!

    override func viewDidLoad() {
        super.viewDidLoad()
        // Do any additional setup after loading the view, typically from a nib.
    }
    override func didReceiveMemoryWarning() {
        super.didReceiveMemoryWarning()
        // Dispose of any resources that can be recreated.
    }
    @IBAction func switchChanged(sender: AnyObject) {
        self.textField.secureTextEntry = (sender as UISwitch).on
    }
}
```

下面看执行后的效果，如果打开 UISwitch 控件则显示密码，如图 14-31 所示。

如果关闭 UISwitch，则显示密码明文，如图 14-32 所示。

图 14-31 显示密码

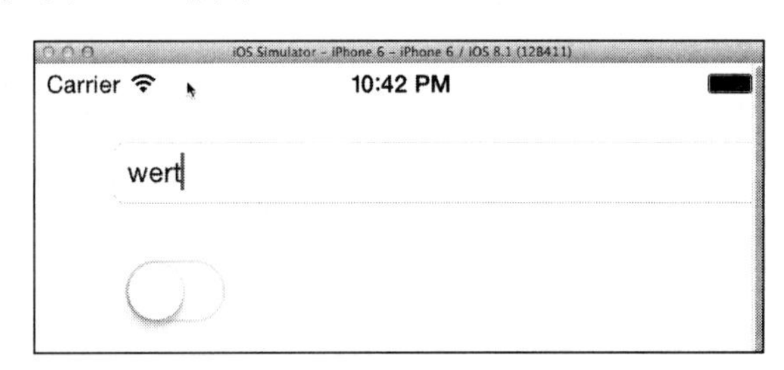

图 14-32 显示明文

14.9 分段控件（UISegmentedControl）

在 iOS 应用中，当用户输入的不仅仅是布尔值时，可使用分段控件 UISegmentedControl 实现用户需要的功能。在本节的内容中，将详细讲解分段控件 UISegmentedControl 的基本知识。

14.9.1 分段控件基础

分段控件提供一栏按钮（有时称为按钮栏），但只能激活其中一个按钮，如图 14-33 所示。

图 14-33 分段控件

如果按 Apple 指南使用 UISegmentedControl，分段控件会导致用户在屏幕上看到的内容发生变化。它们常用于在不同类别的信息之间选择，或在不同的应用程序屏幕——如配置屏幕和结果屏幕之间切换。如果在一系列值中选择时不会立刻发生视觉方面的变化，应使用选择器（Picker）对象。处理用户与分段控件交互的方法与处理开关极其相似，也是通过监视 Value Changed 事件，并通过 selectedSegmentlndex 判断当前选择的按钮，它返回当前选定按钮的编号（从 0 开始按从左到右的顺序对按钮进行编号）。

可以结合使用索引和实例方法 titleForSegmentAtIndex 来获得每个分段的标题。要获取分段控件 mySegment 中当前选定按钮的标题，可使用如下代码段：

```
[mySegment titleForSegmentAtIndex: mySegment.selectedSegmentIndex]
```

14.9.2 实践练习

在本节的内容中，将通过一个具体实例的实现过程，详细讲解基于 Swift 语言使用 UISegmentedControl 控件的过程。

实例 14-9	自定义 UISegmentedControl 控件的样式
源码路径	源代码下载包:\daima\14\UISegmentedControl

（1）打开 Xcode 7，然后新建一个名为“UISegmentedControl”的工程，工程的最终目录结构如图 14-34 所示。

（2）编写文件 ViewController.swift 实现主视图功能，分别设置了三个选项卡显示的内容。文件 ViewController.swift 的具体实现代码如下所示。

```
import UIKit
class ViewController: UIViewController {
    override func viewDidLoad() {
        super.viewDidLoad()


        var items=["选项1","选项2"] as [AnyObject]
        items.append(UIImage(named: "item03")!)
        let segmented=UISegmentedControl(items:items)
        segmented.center=self.view.center
        segmented.selectedSegmentIndex=1
        segmented.tintColor=UIColor.redColor()
        self.view.addSubview(segmented)


    }

    override func didReceiveMemoryWarning() {
        super.didReceiveMemoryWarning()
        // Dispose of any resources that can be recreated.
    }
}
```

至此为止，整个实例介绍完毕。执行效果如图 14-35 所示。

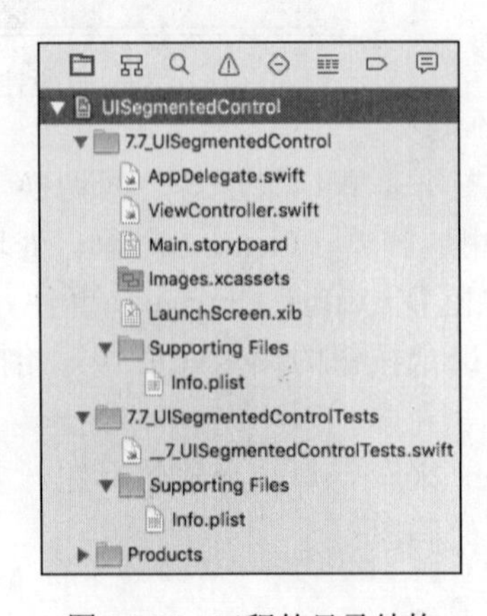

图 14-34　工程的目录结构

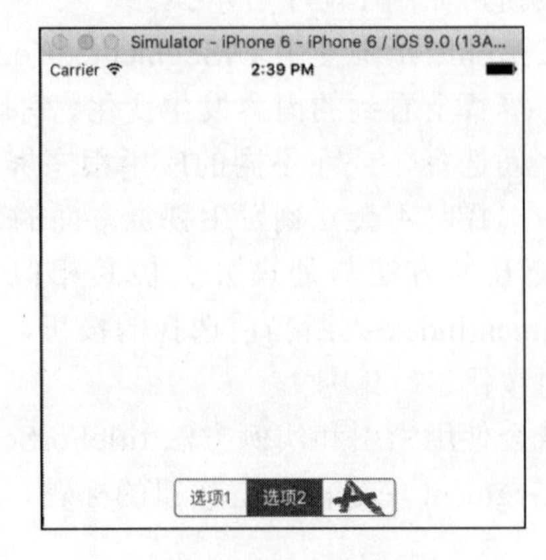

图 14-35　执行效果

Chapter 15 第 15 章

提醒、操作表、工具栏和日期选择器

在 iOS 应用中，工具栏显示在屏幕顶部或底部，其中包含一组执行常见功能的按钮。而选择器是一种独特的 UI 元素，不但可以向用户显示信息，而且也收集用户输入的信息。在本章将讲解三种 UI 元素：UIToolbar、UIDatePicker 和 UIPickerView，它们都能够向用户展示一系列选项。工具栏可以在屏幕顶部或底部显示一系列静态按钮或图标。而选择器能够显示类似于自动贩卖机的视图，用户可以通过旋转其中的组件来创建自定义的选项组合，这两种 UI 元素经常与弹出框结合使用。另外，提醒处理在 PC 设备和移动收集设备中比较常见，通常是以对话框的形式出现的。通过提醒处理功能，可以实现各种类型的用户通知效果。在本章将介绍提醒、操作表、工具栏和日期选择器的用法，为读者步入本书后面知识的学习打下基础。

15.1 提醒视图（UIAlertView）

iOS 应用程序是以用户为中心的，这意味着它们通常不在后台执行功能或在没有界面的情况下运行。它们让用户能够处理数据、玩游戏、通信或执行众多其他的操作。当应用程序需要发出提醒、提供反馈或让用户做出决策时，它总是以相同的方式进行。Cocoa Touch 通过各种对象和方法来引起用户注意，这包括 UIAlertView 和 UIActionSheet。这些控件不同于本书前面介绍的其他对象，需要使用代码来创建它们。

15.1.1 UIAlertView 基础

有时候，当应用程序运行时需要将发生的变化告知用户。例如，发生内部错误事件（如可用内存太少或网络连接断开）或长时间运行的操作结束时，仅调整当前视图是不够的。为此，可以使用 UIAlertView 类。

UIAlertView 类可以创建一个简单的模态提醒窗口，其中包含一条消息和几个按钮，还可能有普通文本框和密码文本框，如图 15-1 所示。

在 iOS 应用中，模态 UI 元素要求用户必须与之交互（通常是按下按钮）后才能做其他事情。它们通常位于其他窗口前面，在可见时禁止用户与其他任何界面元素交互。

图 15-1　典型的提醒视图

15.1.2　实践练习

在本节的内容中，将通过一个具体实例的实现过程，详细讲解基于 Swift 语言使用 UIAlertView 控件的过程。

实例 15-1	演示如何使用 UIAlertView 控件
源码路径	源代码下载包:\daima\15\swift.AlertController

（1）打开 Xcode 7，然后新建一个名为“hello.swift.AlertController”的工程，工程的最终目录结构如图 15-2 所示。

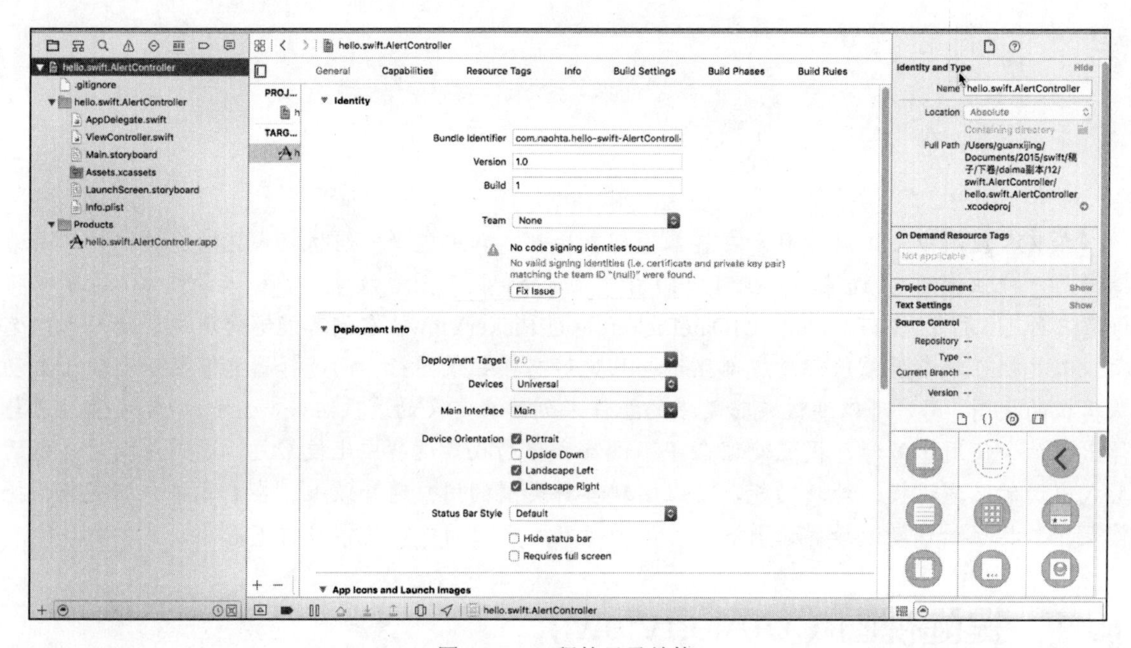

图 15-2　工程的目录结构

（2）实例文件 ViewController.swift 的具体实现代码如下所示。

```
import UIKit
class ViewController: UIViewController {
    override func viewDidAppear(animated: Bool) {
        alertIt()
    }
    func alertIt() {
        let alert = UIAlertController(
            title: "MyAlert",
            message: "Hello, can you see me?",
            preferredStyle: UIAlertControllerStyle.Alert)
        alert.addAction(
            UIAlertAction(
                title: "OK",
                style: UIAlertActionStyle.Default,
```

```
                handler: nil
            )
        )
        presentViewController(alert, animated: true, completion: nil)
    }
}
```

执行后的效果如图 15-3 所示。

图 15-3　执行效果

15.2　操作表（UIActionSheet）

本章上一节介绍的提醒视图可以显示提醒显示消息，这样可以告知用户应用程序的状态或条件发生了变化。然而，有时候需要让用户根据操作结果做出决策。例如，如果应用程序提供了让用户能够与朋友共享信息的选项，可能需要让用户指定共享方法（如发送电子邮件、上传文件等）。如图 15-4 所示。

图 15-4　可以让用户在多个选项之间做出选择的操作表

这种界面元素被称为操作表，在 iOS 应用中，是通过 UIActionSheet 类的实例实现的。操作表还可用于对可能破坏数据的操作进行确认。事实上，它们提供了一种亮红色按钮样式，让用户注意可能删除数据的操作。

在下面的内容中，将通过一个具体实例的实现过程，详细讲解基于 Swift 语言联合使用 UIAlertController 控件和 UIActionsheet 控件的过程。

实例 15-2	使用 UIActionsheet 实现一个分享 App
源码路径	源代码下载包:\daima\15\ShareFacebookTwitter

（1）打开 Xcode 7，然后创建一个名为“sharing”的工程，工程的最终目录结构如图 15-5 所示。

（2）打开 Main.storyboard 设计面板，在主界面中插入一个文本控件，如图 15-6 所示。

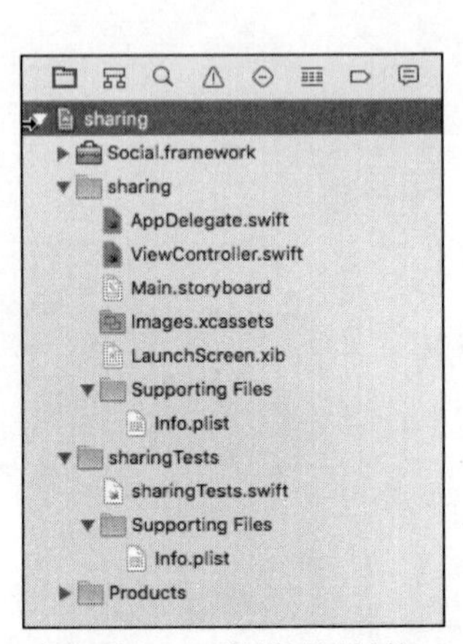

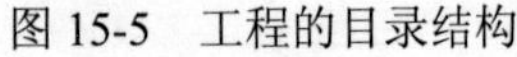

图 15-5　工程的目录结构

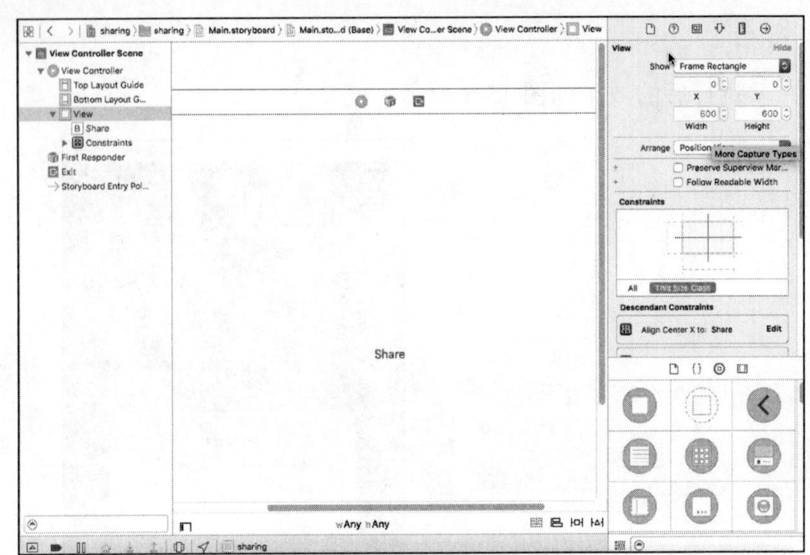

图 15-6　Main.storyboard 设计面板

（3）编写文件 ViewController.swift，功能是监听用户触摸屏幕中的文本，根据触摸的文本来选择执行对应的处理函数 openAlertView 和 openActionSheet，通过这两个函数可以打开两个不同的新界面。文件 ViewController.swift 的具体实现代码如下所示。

```
import UIKit
import Social

class ViewController: UIViewController, UIActionSheetDelegate {

    override func viewDidLoad() {
        super.viewDidLoad()
        // Do any additional setup after loading the view, typically from a nib.
    }
    @IBAction func share(sender: AnyObject) {
        let alert = UIAlertController(title: "Share", message: "Share the app",
        preferredStyle: UIAlertControllerStyle.ActionSheet)
        let twBtn = UIAlertAction(title: "Twitter", style: UIAlertActionStyle.
        Default) { (alert) → Void in
            if SLComposeViewController.isAvailableForServiceType
             (SLServiceTypeTwitter){
                let twitterSheet:SLComposeViewController = SLComposeViewController
                 (forServiceType: SLServiceTypeTwitter)
                twitterSheet.setInitialText("Share on Twitter")
                self.presentViewController(twitterSheet, animated: true,
                completion: nil)
            } else {
                let alert = UIAlertController(title: "Accounts", message: "Please
```

```
            login to a Twitter account to share.", preferredStyle:
            UIAlertControllerStyle.Alert)
            alert.addAction(UIAlertAction(title: "OK", style: UIAlertActionStyle.
            Default, handler: nil))
            self.presentViewController(alert, animated: true, completion: nil)
        }
    }

    let fbBtn = UIAlertAction(title: "Facebook", style: UIAlertActionStyle.
    Default) { (alert) → Void in
        if SLComposeViewController.isAvailableForServiceType
         (SLServiceTypeFacebook){
            let facebookSheet:SLComposeViewController = SLComposeViewController
             (forServiceType: SLServiceTypeFacebook)
            facebookSheet.setInitialText("Share on Facebook")
            self.presentViewController(facebookSheet, animated: true,
            completion: nil)
        } else {
            let alert = UIAlertController(title: "Accounts", message: "Please
            login to a Facebook account to share.", preferredStyle:
            UIAlertControllerStyle.Alert)
            alert.addAction(UIAlertAction(title: "OK", style:
            UIAlertActionStyle.Default, handler: nil))
            self.presentViewController(alert, animated: true, completion: nil)
        }
    }
    let cancelButton = UIAlertAction(title: "Cancel", style:
    UIAlertActionStyle.Cancel) { (alert) → Void in
        print("Cancel Pressed")
    }

    alert.addAction(twBtn)
    alert.addAction(fbBtn)
    alert.addAction(cancelButton)
    self.presentViewController(alert, animated: true, completion: nil)

  }


  override func didReceiveMemoryWarning() {
      super.didReceiveMemoryWarning()
      // Dispose of any resources that can be recreated.
  }
}
```

至此为止，整个实例介绍完毕。执行效果如图 15-7 所示。单击 UI 主界面中“Share”文本后将打开一个分享界面，执行效果如图 15-8 所示。

图 15-7　执行效果

图 15-8　单击“ShowAlertView”后的界面

15.3　工具栏（UIToolbar）

在 iOS 应用中，工具栏（UIToolbar）是一个比较简单的 UI 元素之一。工具栏是一个实心条，通常位于屏幕顶部或底部，如图 15-9 所示。

工具栏包含的按钮（UIBarButtonItem）对应于用户可在当前视图中执行的操作。这些按钮提供了一个选择器（selector）操作，其工作原理几乎与 Touch Up Inside 事件相同。

图 15-9　顶部工具栏

15.3.1　工具栏基础

工具栏用于提供一组选项，让用户执行某个功能，而并非用于在完全不同的应用程序界面之间切换。要想在不同的应用程序界面实现切换功能，则需要使用选项卡栏。在 iOS 应用中，几乎可以用可视化的方式实现工具栏，它是在 iPad 中显示弹出框的标准途径。要想在视图中添加工 iPhone 可打开对象库并使用 toolbar 进行搜索，再将工具栏对象拖动到视图顶部或底部——在 iPhone 应用程序中，工具栏通常位于底部。

虽然工具栏的实现与分段控件类似，但是工具栏中的控件是完全独立的对象。UIToolbar 实例只是一个横跨屏幕的灰色条而已，要想让工具栏具备一定的功能，还需要在其中添加按钮。

（1）栏按钮项

Apple 将工具栏中的按钮称为栏按钮项（bar button item，UIBarButtonItem）。栏按钮项是一种交互式元素，可以让工具栏除了看起来像 iOS 设备屏幕上的一个条带外，还能有点作用。在 iOS 对象库中提供了三种栏按钮对象，如图 15-10 所示。

虽然这些对象看起来不同，但是其实都是一个栏按钮项实例。在 iOS 开发过程中，可以定制栏按钮项，可以根据需要将其设置为十多种常见的系统按钮类型，并且还可以设置里面的文本和图像。要在工具栏中添加栏按钮，可以将一个栏按钮项拖动到视图中的工具栏中。在文档大纲区域，栏按钮项将显示为工具栏的子对象。双击按钮上的文本，可对其进行编辑，这像标准 UIButton 控件一样。另外还可以使用栏按钮项的手柄调整其大小，但是不能通过拖动在工具栏中移动按钮。

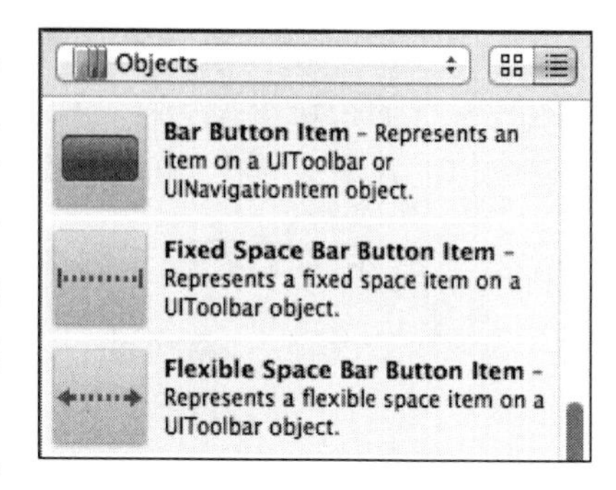

图 15-10　三种对象

要想调整工具栏按钮的位置，需要在工具栏中插入特殊的栏按钮项：灵活间距栏按钮项和固定间距栏按钮项。灵活间距（flexible space）栏按钮项自动增大，以填满它两边的按钮之间的空间（或工具栏两端的空间）。例如，要将一个按钮放在工具栏中央，可在它两边添加灵活间距栏按钮项。要将两个按钮分放在工具栏两端，只需在它们之间添加一个灵活间距栏按钮项即可。固定间距栏按钮项的宽度是固定不变的，可以插入现有按钮的前面或后面。

（2）栏按钮的属性

要想配置栏按钮项的外观，可以选择它并打开 Attributes Inspector（Option+ Command +4），如图 15-11 所示。

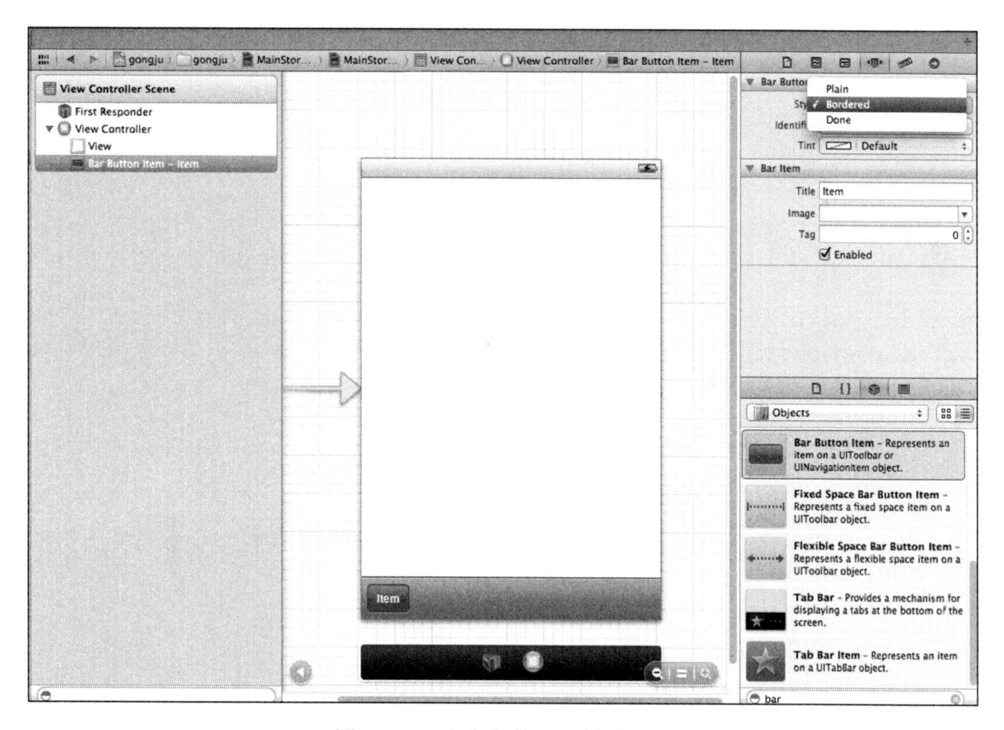

图 15-11　右上角的配置栏按钮项

由此可见，一共有如下三种样式可供我们选择。

- Border：简单按钮。
- Plain：只包含文本。
- Done：呈蓝色。

另外，还可以设置多个“标识符”，它们是常见的按钮图标/标签，让工具栏按钮符合 iOS

应用程序标准。并且通过使用灵活间距标识符和固定间距标识符，可以让栏按钮项的行为像这两种特殊的按钮类型一样。如果这些标准按钮样式都不合适，可以设置按钮显示一幅图像，这种图像的尺寸必须是 20×20 点，其透明部分将变成白色，而纯色将被忽略。

15.3.2 自定义工具栏

在下面的内容中，将通过一个具体实例的实现过程，详细讲解使用工具栏控件（UIToolbar）制作自定义工具栏的过程。

实例 15-3	使用 UIToolbar 控件制作自定义工具栏
源码路径	源代码下载包:\daima\15\SMDatePicker

（1）启动 Xcode 7，然后单击“Creat a new Xcode project”新建一个 iOS 工程，本项目工程的最终目录结构如图 15-12 所示。

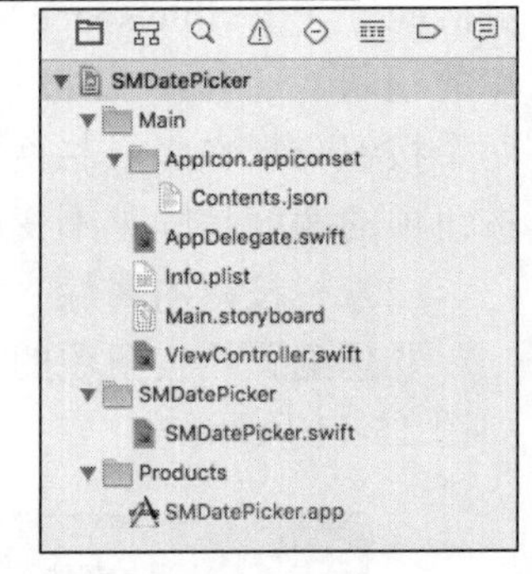

图 15-12　最终的目录结构

（2）ViewController.swift 的功能是构建界面视图，分别构建三个按钮选项对应的界面视图，具体实现流程如下所示。

① 首先定义视图类 ViewController，然后在里面定义用到的常量和变量，对应实现代码如下所示。

```
import UIKit
class ViewController: UIViewController, SMDatePickerDelegate {

    private var yPosition: CGFloat = 50.0
    private var activePicker: SMDatePicker?

    private var picker: SMDatePicker = SMDatePicker()
    private var button: UIButton = ViewController.cusomButton("Default picker")

    private var pickerColor: SMDatePicker = SMDatePicker()
    private var buttonColor: UIButton = ViewController.cusomButton("Custom colors")

    private var pickerToolbar: SMDatePicker = SMDatePicker()
    private var buttonToolbar: UIButton = ViewController.cusomButton("Toolbar
    customization")
```

② 定义载入视图函数 viewDidLoad()，设置在载入界面视图时插入三个按钮，对应实现代码如下所示。

```
    override func viewDidLoad() {
        super.viewDidLoad()
        view.backgroundColor = UIColor.purpleColor().colorWithAlphaComponent(0.8)
        //下面是三个按钮
        button.addTarget(self, action: Selector("button:"), forControlEvents:
        UIControlEvents.TouchUpInside)
        addButton(button)

        buttonColor.addTarget(self, action: Selector("buttonColor:"),
        forControlEvents: UIControlEvents.TouchUpInside)
        addButton(buttonColor)
```

```
        buttonToolbar.addTarget(self, action: Selector("buttonToolbar:"),
        forControlEvents: UIControlEvents.TouchUpInside)
        addButton(buttonToolbar)
    }
```

③ 定义私有函数 addButton()，通过 CGSizeMake 自定义导航栏的背景样式，对应实现代码如下所示。

```
    private func addButton(button: UIButton) {
        button.sizeToFit()
        button.frame.size = CGSizeMake(self.view.frame.size.width * 0.8,
        button.frame.height)

        let xPosition = (view.frame.size.width - button.frame.width) / 2
        button.frame.origin = CGPointMake(xPosition, yPosition)

        view.addSubview(button)

        yPosition += button.frame.height * 1.3
    }
```

④ 定义函数 cusomButton()，通过 UIButton 控件自定义一个指定样式的按钮，分别设置按钮的标题、背景颜色和圆角大小。对应实现代码如下所示。

```
    class func cusomButton(title: String) → UIButton {
        let button = UIButton(type: UIButtonType.Custom) as UIButton
        button.setTitle(title, forState: UIControlState.Normal)
        button.backgroundColor = UIColor.blackColor().colorWithAlphaComponent(0.4)
        button.layer.cornerRadius = 10

        return button
    }
```

⑤ 定义函数 button()构建一个 pickerView 视图，对应实现代码如下所示。

```
    func button(sender: UIButton) {
        activePicker?.hidePicker(true)
        picker.showPickerInView(view, animated: true)
        picker.delegate = self

        activePicker = picker
    }
```

⑥ 定义函数 buttonColor()设置 pickerView 视图的颜色，分别设置导航条背景颜色和 picker 背景颜色，对应实现代码如下所示。

```
    func buttonColor(sender: UIButton) {
        activePicker?.hidePicker(true)

        pickerColor.toolbarBackgroundColor = UIColor.grayColor()
```

```
        pickerColor.pickerBackgroundColor = UIColor.lightGrayColor()
        pickerColor.showPickerInView(view, animated: true)
        pickerColor.delegate = self

        activePicker = pickerColor
    }
```

⑦ 定义函数 buttonToolbar()实现按钮工具栏，分别设置工具栏的标题、字体、字体颜色，对应实现代码如下所示。

```
    func buttonToolbar(sender: UIButton) {
        activePicker?.hidePicker(true)

        pickerToolbar.toolbarBackgroundColor = UIColor.grayColor()
        pickerToolbar.title = "Customized"
        pickerToolbar.titleFont = UIFont.systemFontOfSize(16)
        pickerToolbar.titleColor = UIColor.whiteColor()
        pickerToolbar.delegate = self

        let buttonOne = toolbarButton("One")
        let buttonTwo = toolbarButton("Two")
        let buttonThree = toolbarButton("Three")

        pickerToolbar.leftButtons = [ UIBarButtonItem(customView: buttonOne) ]
        pickerToolbar.rightButtons = [ UIBarButtonItem(customView: buttonTwo) ,
        UIBarButtonItem(customView: buttonThree) ]

        pickerToolbar.showPickerInView(view, animated: true)

        activePicker = pickerToolbar
    }

    private func toolbarButton(title: String) → UIButton {
        let button = UIButton(type: UIButtonType.Custom) as UIButton
        button.setTitle(title, forState: UIControlState.Normal)
        button.frame = CGRectMake(0, 0, 70, 32)
        button.backgroundColor = UIColor.redColor().colorWithAlphaComponent(0.4)
        button.layer.cornerRadius = 5.0

        return button
    }
```

⑧ 定义函数 datePicker()设置在 pickerView 视图中显示的数据信息，对应实现代码如下所示。

```
    func datePicker(picker: SMDatePicker, didPickDate date: NSDate) {
        if picker == self.picker {
            button.setTitle(date.description, forState: UIControlState.Normal)
        } else if picker == self.pickerColor {
            buttonColor.setTitle(date.description, forState: UIControlState.Normal)
        } else if picker == self.pickerToolbar {
            buttonToolbar.setTitle(date.description, forState: UIControlState.
            Normal)
```

```
        }
    }
```

⑨ 定义函数 datePickerDidCancel()设置三种外观样式的切换，对应实现代码如下所示。

```
    func datePickerDidCancel(picker: SMDatePicker) {
        if picker == self.picker {
            button.setTitle("Default picker", forState: UIControlState.Normal)
        } else if picker == self.pickerColor {
            buttonColor.setTitle("Custom colors", forState: UIControlState.Normal)
        } else if picker == self.pickerToolbar {
            buttonToolbar.setTitle("Toolbar customization", forState:
            UIControlState.Normal)
        }
    }

}
```

（3）文件 SMDatePicker.swift 的功能是构建三种样式的 DatePicker 样式，具体实现流程如下所示。

① 首先定义类 SMDatePicker，然后分别定义需要的变量和常量，对应实现代码如下所示。

```
@objc public class SMDatePicker: UIView {

    /** Picker的委托协议*/
    public var delegate: SMDatePickerDelegate?

    /** UIToolbar的标题*/
    public var title: String?
    public var titleFont: UIFont = UIFont.systemFontOfSize(13)
    public var titleColor: UIColor = UIColor.grayColor()

    /**定义工具栏的高度，默认是44像素. */
    public var toolbarHeight: CGFloat = 44.0

    /** 指定不同的UIDatePicker模式， 默认是UIDatePickerMode.DateAndTime */
    public var pickerMode: UIDatePickerMode = UIDatePickerMode.DateAndTime {
        didSet { picker.datePickerMode = pickerMode }
    }
        /**设置不同的颜色的选择器和工具栏. */
    public var toolbarBackgroundColor: UIColor? {
        didSet {
            toolbar.backgroundColor = toolbarBackgroundColor
            toolbar.barTintColor = toolbarBackgroundColor
        }
    }
```

② 定义 pickerBackgroundColor 设置不同的颜色的选择器和工具栏，对应实现代码如下所示。

```
    public var pickerBackgroundColor: UIColor? {
        didSet { picker.backgroundColor = pickerBackgroundColor }
    }
```

③ 定义pickerDate初始化选择器的数据，然后分别实现放在左侧、右侧的数组序列选项条目，对应实现代码如下所示。

```
public var pickerDate: NSDate = NSDate() {
    didSet { picker.date = pickerDate }
}

/** UIBarButtonItem数组序列，放在UIToolbar 左侧*/
public var leftButtons: [UIBarButtonItem] = []

 /** UIBarButtonItem数组序列，放在UIToolbar 右侧*/
public var rightButtons: [UIBarButtonItem] = []
  // 私有对象
   private var toolbar: UIToolbar = UIToolbar()
private var picker: UIDatePicker = UIDatePicker()
    // 生命周期
  public override init(frame: CGRect) {
    super.init(frame: CGRectZero)
    addSubview(picker)
    addSubview(toolbar)
    setupDefaultButtons()
    customize()
}
```

④ 定义init实现按钮、工具栏和picker的初始化操作，对应实现代码如下所示。

```
required public init(coder aDecoder: NSCoder) {
    super.init(coder: aDecoder)
    addSubview(picker)
    addSubview(toolbar)
    setupDefaultButtons()
    customize()
}
```

⑤ 构建Customization普通样式样式的工具栏效果，对应实现代码如下所示。

```
private func setupDefaultButtons() {
    let doneButton = UIBarButtonItem(title: "Done",
        style: UIBarButtonItemStyle.Plain,
        target: self,
        action: Selector("pressedDone:"))

    let cancelButton = UIBarButtonItem(title: "Cancel",
        style: UIBarButtonItemStyle.Plain,
        target: self,
        action: Selector("pressedCancel:"))

    leftButtons = [ cancelButton ]
    rightButtons = [ doneButton ]
}

private func customize() {
    toolbar.barStyle = UIBarStyle.BlackTranslucent
```

```
        toolbar.translucent = false

        backgroundColor = UIColor.whiteColor()

        if let toolbarBackgroundColor = toolbarBackgroundColor {
            toolbar.backgroundColor = toolbarBackgroundColor
        } else {
            toolbar.backgroundColor = backgroundColor
        }

        if let pickerBackgroundColor = pickerBackgroundColor {
            picker.backgroundColor = pickerBackgroundColor
        } else {
            picker.backgroundColor = backgroundColor
        }
    }
```

⑥ 定义函数 toolbarItems()，分别实现工具栏的标题并设置显示的各个菜单选项，对应实现代码如下所示。

```
    private func toolbarItems() → [UIBarButtonItem] {
        var items: [UIBarButtonItem] = []

        for button in leftButtons {
            items.append(button)
        }

        if let title = toolbarTitle() {
            let spaceLeft = UIBarButtonItem(barButtonSystemItem:
            UIBarButtonSystemItem.FlexibleSpace, target: nil, action: nil)
            let spaceRight = UIBarButtonItem(barButtonSystemItem:
            UIBarButtonSystemItem.FlexibleSpace, target: nil, action: nil)
            let titleItem = UIBarButtonItem(customView: title)

            items.append(spaceLeft)
            items.append(titleItem)
            items.append(spaceRight)
        } else {
            let space = UIBarButtonItem(barButtonSystemItem:
            UIBarButtonSystemItem.FlexibleSpace, target: nil, action: nil)
            items.append(space)
        }

        for button in rightButtons {
            items.append(button)
        }

        return items
    }
```

⑦ 定义函数 toolbarTitle()，设置工具栏标题的文本内容、文本字体和字体颜色等样式，对应实现代码如下所示。

```
private func toolbarTitle() → UILabel? {
   if let title = title {
      let label = UILabel()
      label.text = title
      label.font = titleFont
      label.textColor = titleColor
      label.sizeToFit()

      return label
   }

   return nil
}
```

⑧ 定义函数 showPickerInView()，实现显示和隐藏 pickerView 视图的动画显示效果，对应实现代码如下所示。

```
public func showPickerInView(view: UIView, animated: Bool) {
   toolbar.items = toolbarItems()

   toolbar.frame = CGRectMake(0, 0, view.frame.size.width, toolbarHeight)
   picker.frame = CGRectMake(0, toolbarHeight, view.frame.size.width,
   picker.frame.size.height)
   self.frame = CGRectMake(0, view.frame.size.height - picker.frame.size.
   height - toolbar.frame.size.height,
      view.frame.size.width, picker.frame.size.height + toolbar.frame.
      size.height)

   view.addSubview(self)
   becomeFirstResponder()

   showPickerAnimation(animated)
}
```

⑨ 定义函数 hidePickerAnimation()和 hidePickerAnimation()，实现动画样式隐藏 picker View 视图的效果，对应实现代码如下所示。

```
public func hidePicker(animated: Bool) {
   hidePickerAnimation(true)
}

// 动画样式
private func hidePickerAnimation(animated: Bool) {
   delegate?.datePickerWillDisappear?(self)

   if animated {
      UIView.animateWithDuration(0.2, animations: { () → Void in
         self.frame = CGRectOffset(self.frame, 0, self.picker.frame.
```

```
            size.height + self.toolbar.frame.size.height)
        }) { (finished) → Void in
            delegate?.datePickerDidDisappear?(self)
        }
    } else {
        self.frame = CGRectOffset(self.frame, 0, self.picker.frame.size.
        height + self.toolbar.frame.size.height)
        delegate?.datePickerDidDisappear?(self)
    }
}
```

⑩ 定义函数 showPickerAnimation()，实现动画样式显示 pickerView 视图的效果，对应实现代码如下所示。

```
private func showPickerAnimation(animated: Bool) {
    delegate?.datePickerWillAppear?(self)

    if animated {
        self.frame = CGRectOffset(self.frame, 0, self.frame.size.height)

        UIView.animateWithDuration(0.2, animations: { () → Void in
            self.frame = CGRectOffset(self.frame, 0, -1 * self.frame.size.height)
        }) { (finished) → Void in
            delegate?.datePickerDidAppear?(self)
        }
    } else {
        delegate?.datePickerDidAppear?(self)
    }
}
```

⑪ 通过如下所示的代码开始监听用户对控件的操作动作。

```
    public func pressedDone(sender: AnyObject) {
        hidePickerAnimation(true)

        delegate?.datePicker?(self, didPickDate: picker.date)
    }

    public func pressedCancel(sender: AnyObject) {
        hidePickerAnimation(true)
        delegate?.datePickerDidCancel?(self)
    }

}
```

执行后会显示三种样式的日期数据，效果如图 15-13 所示。

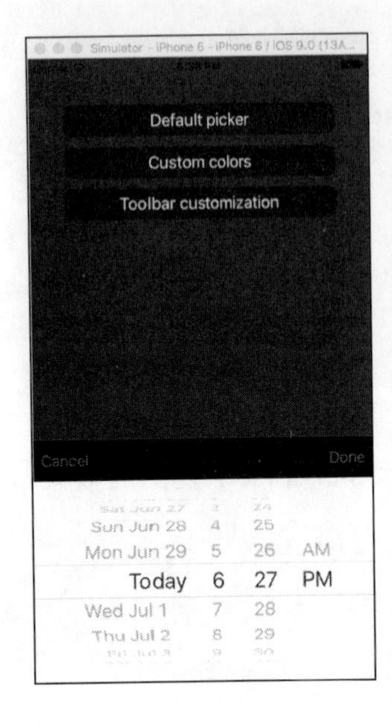

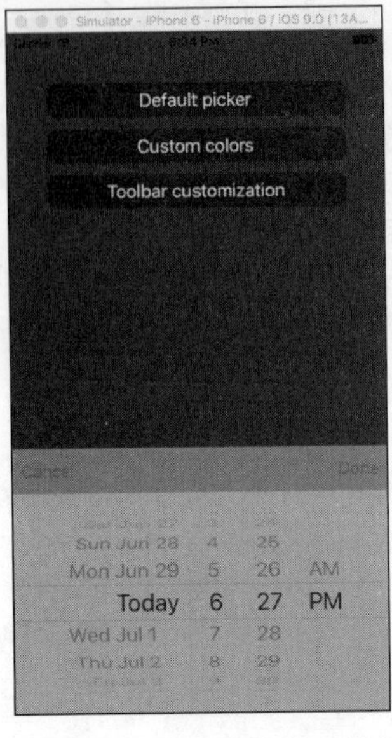

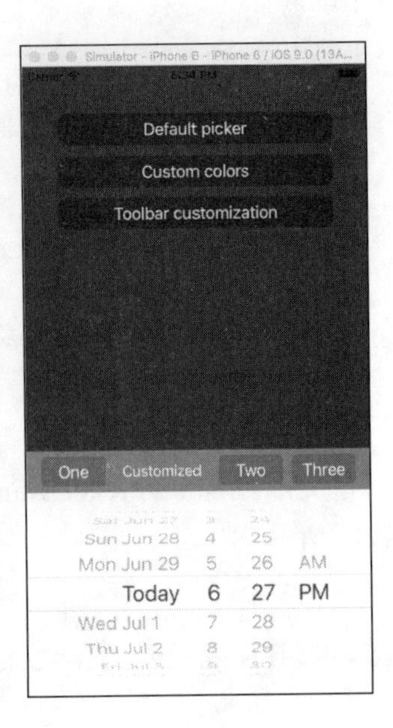

图 15-13　三种样式的执行效果

15.4　选择器视图（UIPickerView）

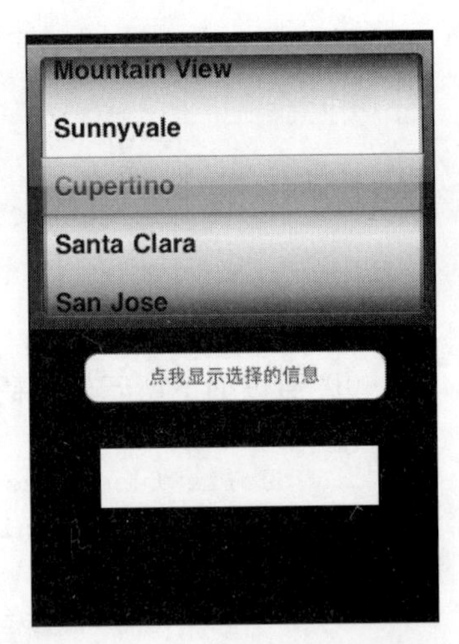

图 15-14　可以配置选择器视图

在选择器视图中只定义了整体行为和外观，选择器视图包含的组件数以及每个组件的内容都将自己进行定义。图 15-14 所示的选择器视图包含两个组件，它们分别显示文本和图像。在本节的内容中，将详细讲解选择器视图（UIPickerView）的基本知识。

15.4.1　选择器视图基础

要想在应用程序中添加选择器视图，可以使用 Interface Builder 编辑器从对象库拖动选择器视图到视图中。但是不能在 Connections Inspector 中配置选择器视图的外观，而需要编写遵守两个协议的代码，其中一个协议提供选择器的布局（数据源协议），另一个提供选择器将包含的信息（委托）。可以使用 Connections Inspector 将委托和数据源输出口连接到一个类，也可以使用代码设置这些属性。

1．选择器视图数据源协议

选择器视图数据源协议（UIPickerViewDataSource）包含如下描述选择器将显示多少信息的方法。

- numberOfComponentInPickerView：返回选择器需要的组件数。
- pickerView:numberOfl< owsInComponent：返回指定组件包含多少行（不同的输入值）。

只要创建这两个方法并返回有意义的数字，便可以遵守选择器视图数据源协议。

2．选择器视图委托协议

委托协议（UIPickerViewDelegate）负责创建和使用选择器的工作。它负责将合适的数据传递给选择器进行显示，并确定用户是否做出了选择。为让委托按我们希望的方式工作，将使用多个协议方法，但只有两个是必不可少的。

- pickerView:titleForRow:forComponent：根据指定的组件和行号返回该行的标题，即应向用户显示的字符串。
- pickerView:didSelectRow:inComponent：当用户在选择器视图中做出选择时，将调用该委托方法，并向它传递用户选择的行号以及用户最后触摸的组件。

15.4.2　实践练习

在本节的内容中，将通过一个具体实例的实现过程，详细讲解基于 Swift 语言实现一个 UIPickerView 倒计时器的过程。

实例 15-4	使用 UIPickerView 实现倒计时器
源码路径	源代码下载包:\daima\15\PickerTableView

（1）打开 Xcode 7，然后创建一个名为“EchoTime”的工程，工程的最终目录结构如图 15-15 所示。

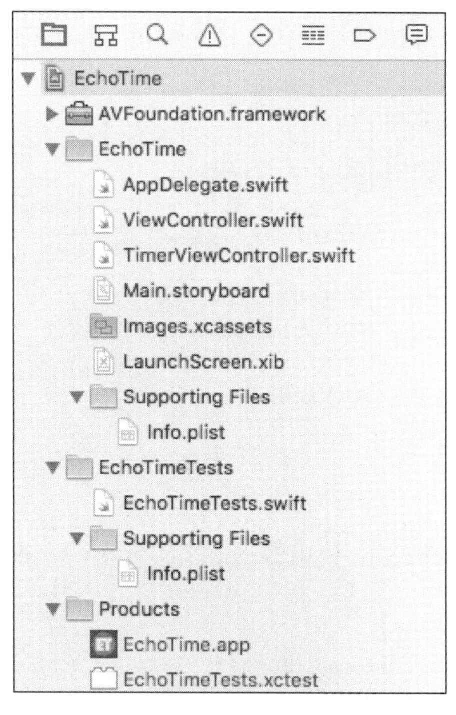

图 15-15　工程的目录结构

（2）打开 Main.storyboard 设计面板，在 UI 视图中设置了 UIPickerView 控件用于显示多个时间列表。如图 15-16 所示。

（3）文件 ViewController.swift 的功能是构建一个可滚动的时间列表视图，可以在列表中选择倒计时的时间。文件 ViewController.swift 的具体实现流程如下所示。

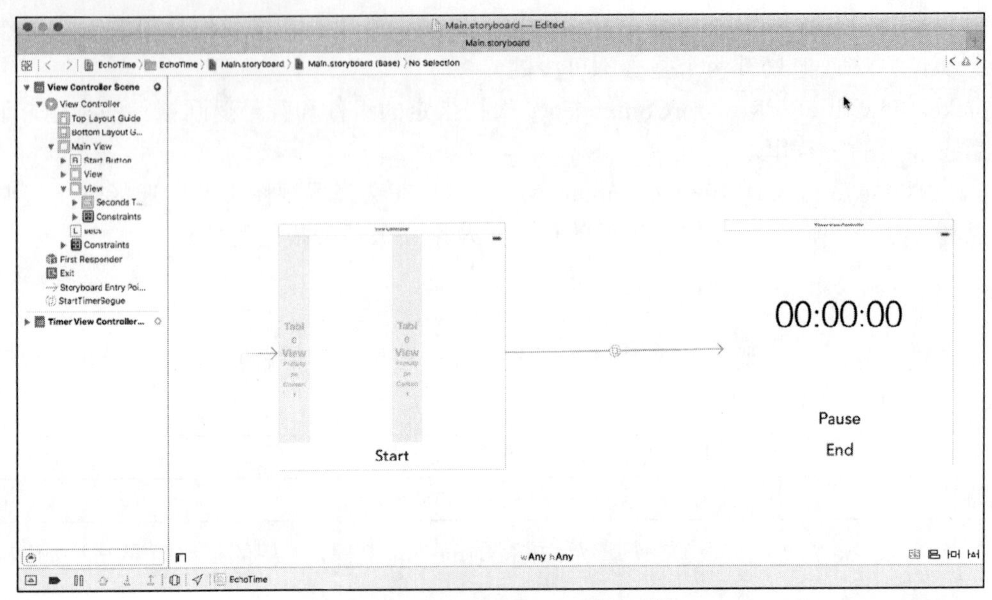

图 15-16 Main.storyboard 设计面板

① 定义类 ViewController 和需要的控件，对应实现代码如下所示。

```
import UIKit

class ViewController: UIViewController {

    var c1: IntervalPickerController!
    var c2: IntervalPickerController!
    @IBOutlet weak var MinutesTableView: UITableView!
    @IBOutlet weak var SecondsTableView: UITableView!
    @IBOutlet weak var StartButton: UIButton!
    @IBOutlet var MainView: UIView!

    @IBAction func startTimer(sender: AnyObject) {
    }
```

② 定义函数 prepareForSegue()，使用 Segue 来实现在两个视图之间的跳转，对应实现代码如下所示。

```
    override func prepareForSegue(segue: UIStoryboardSegue, sender: AnyObject?) {
        if segue.identifier == "StartTimerSegue"
        {
            if let destinationVC = segue.destinationViewController as?
            TimerViewController {
                let minutes = c1.getSelectedValue(MinutesTableView)
                let seconds = c2.getSelectedValue(SecondsTableView)
                destinationVC.speakInterval = Int(minutes)! * 60 + Int(seconds)!
            }
        }
    }
```

③ 定义函数 viewDidLoad()，设置在载入项目时显示的视图信息，分别设置了不同视图的

颜色、透明度和列表行数，对应实现代码如下所示。

```
override func viewDidLoad() {
    super.viewDidLoad()
    let gradient: CAGradientLayer = CAGradientLayer()
    gradient.frame = MainView.bounds;
    gradient.colors = [UIColor(red: 63/255.0, green: 76/255.0, blue: 107/255.0,
    alpha: 1.0).CGColor, UIColor(red: 96/255.0, green: 108/255.0, blue:
    136/255.0, alpha: 1.0).CGColor]
    MainView.layer.insertSublayer(gradient, atIndex: 0)

    var timeUnits: Array<Dictionary<String, String>> = []

    for i in [Int](0...60) {
        timeUnits.append(["index": String(i), "text": String(format: "%02d", i)])
    }
    let numberOfRows: Int = 8
    c1 = IntervalPickerController(tableData: timeUnits, tableView:
    &MinutesTableView, numberOfRows: numberOfRows)
    c2 = IntervalPickerController(tableData: timeUnits, tableView:
    &SecondsTableView, numberOfRows: numberOfRows)
    MinutesTableView.dataSource = c1
    MinutesTableView.delegate = c1
    SecondsTableView.dataSource = c2
    SecondsTableView.delegate = c2
    MinutesTableView.separatorStyle = UITableViewCellSeparatorStyle.None

    MinutesTableView.backgroundColor = UIColor.clearColor()
    SecondsTableView.backgroundColor = UIColor.clearColor()

    MinutesTableView.registerClass(UITableViewCell.self,
    forCellReuseIdentifier: "cell")
    SecondsTableView.registerClass(UITableViewCell.self,
    forCellReuseIdentifier: "cell")

    StartButton.backgroundColor = UIColor.whiteColor()
}
```

④ 定义函数 viewDidAppear()供视图已完全过渡到屏幕上时调用，分别设置了视图中的行高和在行中载入的数据信息，对应实现代码如下所示。

```
override func viewDidAppear(animated: Bool) {
    if c1.initialLoad {
        let rowHeight = Float(MinutesTableView.frame.height) / Float(c1.
        numberOfRows)
        MinutesTableView.rowHeight = CGFloat(rowHeight)
        SecondsTableView.rowHeight = CGFloat(rowHeight)
        MinutesTableView.contentOffset.y = (CGFloat(c1.tableData.count) * 0.5
        - CGFloat(3.1)) * CGFloat(rowHeight)
        SecondsTableView.contentOffset.y = (CGFloat(c2.tableData.count) * 0.5
        + CGFloat(26.1)) * CGFloat(rowHeight)
        MinutesTableView.reloadData()
```

```
            SecondsTableView.reloadData()
            c1.scrollToCellTop(MinutesTableView)
            c2.scrollToCellTop(SecondsTableView)
            c1.initialLoad = false
            c2.initialLoad = false
        }
    }
    override func didReceiveMemoryWarning() {
        super.didReceiveMemoryWarning()
    }
}
```

⑤ 定义类 IntervalPickerController，设置在 TableView 列表中循环显示的数据，对应实现代码如下所示。

```
class IntervalPickerController: NSObject, UITableViewDataSource,
UITableViewDelegate, UIScrollViewDelegate  {
    let tableData: Array<Dictionary<String, String>>!
    let tableView: UITableView!
    let numberOfRows: Int!
    var cleanedTableView = false
    var initialLoad = true

    init(tableData: Array<Dictionary<String, String>>, inout tableView:
    UITableView!, numberOfRows: Int) {

        var loopedData: Array<Dictionary<String, String>> = []

        for i in 1...50 {
            loopedData += tableData
        }

        self.tableData = loopedData
        self.tableView = tableView
        self.numberOfRows = numberOfRows
    }
```

⑥ 定义函数 scrollToCellTop()实现将当前视图滚动到单元格顶部功能，对应实现代码如下所示。

```
    func scrollToCellTop(scrollView: UIScrollView) {
        let tableViewOffset = scrollView.contentOffset.y
        let visibleTableViewHeight = scrollView.frame.height
        let cellHeight = tableView.rectForRowAtIndexPath(NSIndexPath(forRow: 0,
        inSection: 0)).height
        let heightOfFullHiddenCellsAbove = tableViewOffset - (tableViewOffset %
        cellHeight)
        let halfViewMinusMiddleCell = (visibleTableViewHeight - cellHeight) / 2
        let offsetAdjustment = cellHeight - (halfViewMinusMiddleCell % cellHeight)
        if self.numberOfRows % 2 == 1 {
            if ((tableViewOffset % cellHeight) < (cellHeight / 2)) {
                scrollView.setContentOffset(CGPointMake(0, CGFloat(tableViewOffset -
                (tableViewOffset % cellHeight))), animated: true)
```

```
        } else {
            scrollView.setContentOffset(CGPointMake(0, CGFloat(tableViewOffset +
            cellHeight - (tableViewOffset % cellHeight))), animated: true)
        }
    } else {
        scrollView.setContentOffset(CGPointMake(0, CGFloat(tableViewOffset +
        (cellHeight / 2) - (tableViewOffset % cellHeight))), animated: true)
    }
}
```

⑦ 定义函数 setTextOfMiddleElement()设置单元格中的元素居中显示，对应实现代码如下所示。

```
func setTextOfMiddleElement(scrollView: UIScrollView) {
    let tableViewOffset = scrollView.contentOffset.y
    let totalTableViewHeight = scrollView.contentSize.height
    let visibleTableViewHeight = scrollView.frame.height
    let cellHeight = tableView.rectForRowAtIndexPath(NSIndexPath(forRow: 0,
    inSection: 0)).height
    let cellsOnScreen = visibleTableViewHeight / cellHeight

    let middleRowIndex = (cellsOnScreen / 2) + (tableViewOffset / cellHeight)
    tableView.cellForRowAtIndexPath(NSIndexPath(forRow: Int(middleRowIndex),
    inSection: 0))?.textLabel?.textColor = UIColor(red:255.0/255.0, green:
    255.0/255.0, blue:255.0/255.0, alpha:1.0)
    self.cleanedTableView = false
}
```

⑧ 定义函数 getSelectedValue()获取用户在单元格列表中选择的某个选项，对应实现代码如下所示。

```
func getSelectedValue(scrollView: UIScrollView) → String {
    let tableViewOffset = scrollView.contentOffset.y
    let totalTableViewHeight = scrollView.contentSize.height
    let visibleTableViewHeight = scrollView.frame.height
    let cellHeight = tableView.rectForRowAtIndexPath(NSIndexPath(forRow: 0,
    inSection: 0)).height
    let cellsOnScreen = visibleTableViewHeight / cellHeight

    let middleRowIndex = (cellsOnScreen / 2) + (tableViewOffset / cellHeight)
    let tableCell = tableView.cellForRowAtIndexPath(NSIndexPath(forRow:
    Int(middleRowIndex), inSection: 0))
    return tableCell!.textLabel!.text!
}
```

⑨ 定义函数 scrollViewDidScroll()实现界面视图的滚动功能，对应实现代码如下所示。

```
func scrollViewDidScroll(scrollView: UIScrollView) {
    if !self.cleanedTableView {
        for cell in tableView.visibleCells {
            cell.textLabel!.textColor = UIColor(red:255.0/255.0, green:
            255.0/255.0, blue:255.0/255.0, alpha:0.4)
        }
```

```
            self.cleanedTableView = true
        }
    }
```

⑩ 定义函数 tableView()设置单元格视图的样式，对应实现代码如下所示。

```
    func tableView(tableView: UITableView, cellForRowAtIndexPath indexPath:
    NSIndexPath) → UITableViewCell {
        let cell = tableView.dequeueReusableCellWithIdentifier("cell",
        forIndexPath: indexPath) as UITableViewCell
        let item = tableData[indexPath.row]

        cell.backgroundColor = UIColor.clearColor()

        cell.textLabel?.text = String(stringInterpolationSegment: item["text"]!)
        let myFont = UIFont(name: "Avenir-Light", size: 46.0);
        cell.textLabel!.font  = myFont;
        cell.textLabel?.textColor = UIColor(red:255.0/255.0, green:255.0/255.0,
        blue:255.0/255.0, alpha:0.4)
        return cell
    }
}
```

（4）文件 TimerViewController.swift 的功能是根据用户选择的倒计时时间，监听用户单击“Start”按钮，单击“Start”按钮后将开始倒计时，倒计时完毕后会发音。文件 TimerViewController.swift 的具体实现流程如下所示。

① 定义时间视图类 TimerViewController，引入按钮控件和文本控件，对应实现代码如下所示。

```
import UIKit
import AVFoundation

class TimerViewController: UIViewController {
    @IBOutlet weak var PauseButton: UIButton!
    @IBOutlet weak var EndButton: UIButton!
    @IBOutlet weak var timerLabel: UILabel!
```

② 定义函数 endTimer()实现时间到了的处理功能，对应实现代码如下所示。

```
    @IBAction func endTimer(sender: AnyObject) {
        if(self.presentingViewController != nil){
            speakTimer.invalidate()
            speakCatchupTimer.invalidate()
            labelTimer.invalidate()
            self.dismissViewControllerAnimated(true, completion: nil)
        }
    }
```

③ 定义函数 toggleTimer()实现时间切换功能，分别实现开始、暂停和停止三种状态的显示功能，对应实现代码如下所示。

```
@IBAction func toggleTimer(sender: AnyObject) {
    if !timerRunning {
        speakCatchupTimerRunning = true
        timerRunning = true
        let updateSelector: Selector = "updateTime"
        let speakCatchupSelector: Selector = "speakCatchupTimeAloud"
        labelTimer = NSTimer.scheduledTimerWithTimeInterval(0.01, target:
        self, selector: updateSelector, userInfo: nil, repeats: true)
        NSRunLoop.mainRunLoop().addTimer(labelTimer, forMode:
        NSRunLoopCommonModes)

        sender.setTitle("Pause", forState: .Normal)

        let currentTime = NSDate.timeIntervalSinceReferenceDate()
        elapsedPausedTimeTotal += elapsedPausedTime
        let elapsedTime: NSTimeInterval = currentTime - startTime -
        elapsedPausedTimeTotal
        let catchupInterval = Double(speakInterval) - (Double(elapsedTime) %
        Double(speakInterval))
        if speakCatchupTimer.valid {
            speakCatchupTimer.invalidate()
        }
        speakCatchupTimer = NSTimer.scheduledTimerWithTimeInterval
         (catchupInterval, target: self, selector: speakCatchupSelector,
        userInfo: nil, repeats: false)
        NSRunLoop.mainRunLoop().addTimer(speakCatchupTimer, forMode:
        NSRunLoopCommonModes)
    } else {
        timerRunning = false
        pausedTime = NSDate()
        sender.setTitle("Resume", forState: .Normal)
        speakTimer.invalidate()
    }
}
```

④ 定义系统中需要的常量，并分别为这些常量赋初始值，对应实现代码如下所示。

```
var startTime: NSTimeInterval!
var labelTimer: NSTimer = NSTimer()
var speakTimer: NSTimer = NSTimer()
var speakCatchupTimer: NSTimer = NSTimer()
var timerRunning = true
var speakCatchupTimerRunning = false
var pausedTime: NSDate!
var elapsedPausedTime: NSTimeInterval = 0.0
var elapsedPausedTimeTotal: NSTimeInterval = 0.0
var speakInterval: Int!
let synth = AVSpeechSynthesizer()
var audioSession = AVAudioSession.sharedInstance()
```

⑤ 定义函数 viewDidLoad()实现项目载入时显示的视图元素，对应实现代码如下所示。

```
override func viewDidLoad() {
    super.viewDidLoad()
    if (!labelTimer.valid) {
        do {
            try audioSession.setCategory(AVAudioSessionCategoryPlayback,
            withOptions: .DuckOthers)
        } catch _ {
        }
        startTime = NSDate.timeIntervalSinceReferenceDate()
        do {
            try audioSession.setActive(true)
        } catch _ {
        }
        let updateSelector: Selector = "updateTime"
        let speakSelector: Selector = "speakTimeAloud"
        labelTimer = NSTimer.scheduledTimerWithTimeInterval(0.01, target:
        self, selector: updateSelector, userInfo: nil, repeats: true)
        NSRunLoop.mainRunLoop().addTimer(labelTimer, forMode:
        NSRunLoopCommonModes)
        speakTimer = NSTimer.scheduledTimerWithTimeInterval(Double(speakInterval),
        target: self, selector: speakSelector, userInfo: nil, repeats: true)
        NSRunLoop.mainRunLoop().addTimer(speakTimer, forMode: NSRunLoopCommonModes)
    }
}
override func didReceiveMemoryWarning() {
    super.didReceiveMemoryWarning()
}
```

⑥ 定义函数 updateTime()实现倒计时功能，对应实现代码如下所示。

```
func updateTime() {
    if timerRunning {
        let currentTime = NSDate.timeIntervalSinceReferenceDate()
        var elapsedTime: NSTimeInterval = currentTime - startTime -
        elapsedPausedTimeTotal

        let minutes = UInt8(elapsedTime / 60.0)
        elapsedTime -= (NSTimeInterval(minutes) * 60)

        let seconds = UInt8(elapsedTime)
        elapsedTime -= NSTimeInterval(seconds)

        let fraction = UInt8(elapsedTime * 100)

        let strMinutes = minutes > 9 ? String(minutes): "0" + String(minutes)
        let strSeconds = seconds > 9 ? String(seconds): "0" + String(seconds)
        let strFraction = fraction > 9 ? String(fraction) : "0" + String(fraction)

        timerLabel.text = "\(strMinutes):\(strSeconds):\(strFraction)"
    } else {
        let elapsedPausedTimeCalculator = NSDate.timeIntervalSinceDate(NSDate())
        elapsedPausedTime = elapsedPausedTimeCalculator(pausedTime)
```

```
        }
    }
```

⑦ 定义函数 speakTimeAloud()实现倒计时发音功能，对应实现代码如下所示。

```
    func speakTimeAloud() {
        let currentTime = NSDate.timeIntervalSinceReferenceDate()
        let elapsedTime: NSTimeInterval = currentTime - startTime -
        elapsedPausedTimeTotal

        let myUtterance = AVSpeechUtterance(string: "\(Int(elapsedTime)) seconds")
        myUtterance.rate = 0.2
        myUtterance.voice = AVSpeechSynthesisVoice(language: "en-GB")
        synth.speakUtterance(myUtterance)
    }

    func speakCatchupTimeAloud() {
        speakCatchupTimer.invalidate()
        let speakSelector: Selector = "speakTimeAloud"
        speakTimer = NSTimer.scheduledTimerWithTimeInterval(Double(speakInterval),
        target: self, selector: speakSelector, userInfo: nil, repeats: true)
        NSRunLoop.mainRunLoop().addTimer(speakTimer, forMode: NSRunLoopCommonModes)
        speakTimeAloud()
    }
}
```

执行后显示设置时间列表界面，如图 15-17 所示。选择一个时间后单击下方的“Start”按钮，会来到倒计时界面，如图 15-18 所示。

图 15-17　执行效果

图 15-18　倒计时界面

15.5 日期选择（UIDatePicker）

选择器是 iOS 的一种独特功能，它们通过转轮界面提供一系列多值选项，这类似于自动贩卖机。选择器的每个组件显示数行可供用户选择的值，而不是水果或数字。在桌面应用程序中，与选择器最接近的组件是下拉列表。图 15-19 显示了标准的日期选择器（UIDatePicker）。

图 15-19 选择器提供了一系值以供选择

当用户需要选择多个（通常相关）的值时应使用选择器。它们通常用于设置日期和事件，但是可以对其进行定制以处理您想到的任何选择方式。

在选择日期和时间方面，选择器是一种不错的界面元素，所以 Apple 特意提供了如下两种形式的选择器：

- 日期选择器：这种方式易于实现，且专门用于处理日期和时间。
- 自定义选择器视图：可以根据需要配置成显示任意数量的组件。

15.5.1 UIDatePicker 基础

日期选择器（UIDatePicker）与前几章介绍过的其他对象极其相似，在使用前需要将其加入视图，将其 Value Changed 事件连接到一个操作，然后再读取返回的值。日期选择器会返回一个 NSDate 对象，而不是字符串或整数。要想访问 UIDatePicker 提供的 NSDate，可以使用其 date 属性实现。

1. 日期选择器的属性

与众多其他的 GUI 对象一样，也可以使用 Attributes Inspector 对日期选择器进行定制，如图 15-20 所示。

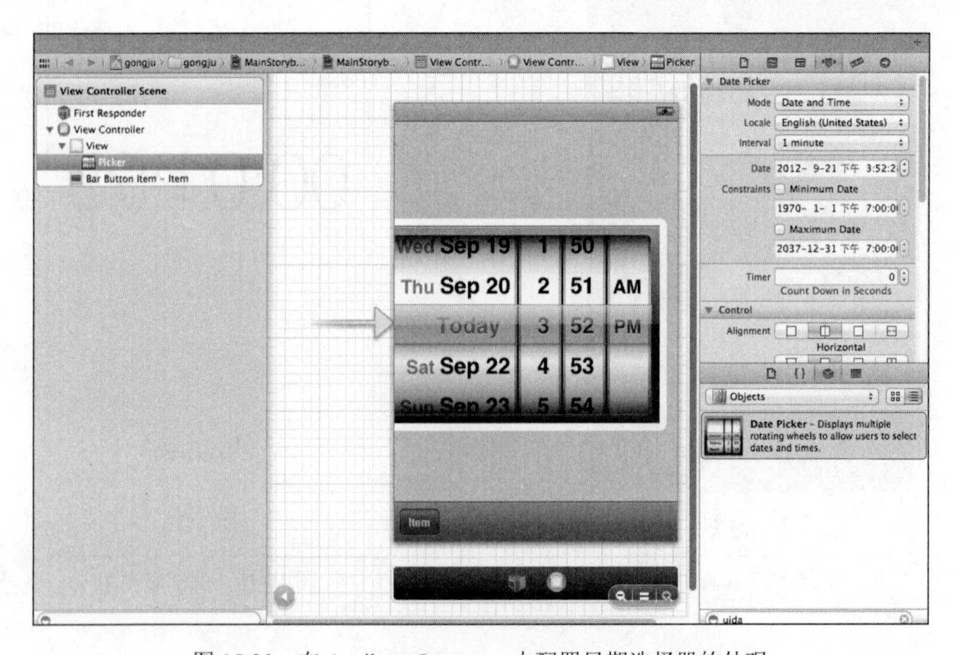

图 15-20 在 AttributesInspector 中配置日期选择器的外观

可以对日期选择器进行配置，使其以四种模式显示。

- Date&Time（日期和时间）：显示用于选择日期和时间的选项。
- Time（时间）：只显示时间。
- Date（日期）：只显示日期。
- Timer（计时器）：显示类似于时钟的界面，用于选择持续时间。

另外还可以设置 Locale（区域，这决定了各个组成部分的排列顺序）、设置默认显示的日期/时间以及设置日期/时间约束（这决定了用户可选择的范围）。属性 Date（日期）被自动设置为在视图中加入该控件的日期和时间。

2. UIDatePicker 的基本操作

UIDatePicker 是一个控制器类，封装了 UIPickerView，但是它是 UIControl 的子类，专门用于接受日期、时间和持续时长的输入。日期选取器的各列会按照指定的风格进行自动配置，这样就让开发者不必关心如何配置表盘这样的底层操作。

15.5.2 实践练习

在本节的内容中，将通过一个具体实例的实现过程，详细讲解基于 Swift 语言使用 UIDatePicker 控件的过程。

实例 15-5	演示如何使用 UIDatePicker 控件
源码路径	源代码下载包:\daima\15\inlineDatePicker

（1）打开 Xcode 7，然后创建一个名为“inlineDatePicker”的工程，工程的最终目录结构如图 15-21 所示。

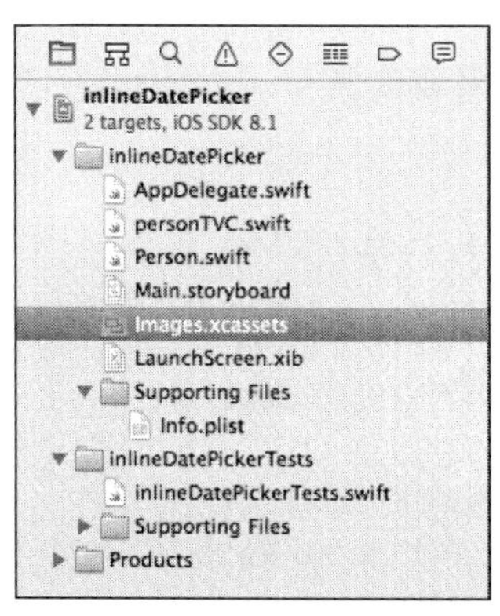

图 15-21　工程的目录结构

（2）在 Main.storyboard 设计面板中分别插入 TableView 和 UIDatePicker 控件，如图 15-22 所示。

（3）编写类文件 Person.swift，功能是定义了类 Person，在其中分别设置了 name 和 data 两个变量。文件 Person.swift 的具体实现代码如下所示：

```
import Foundation
class Person {
    var name: String
    var date: NSDate
```

```
    init(name: String, date: NSDate) {
        self.name = name
        self.date = date
    }
}
```

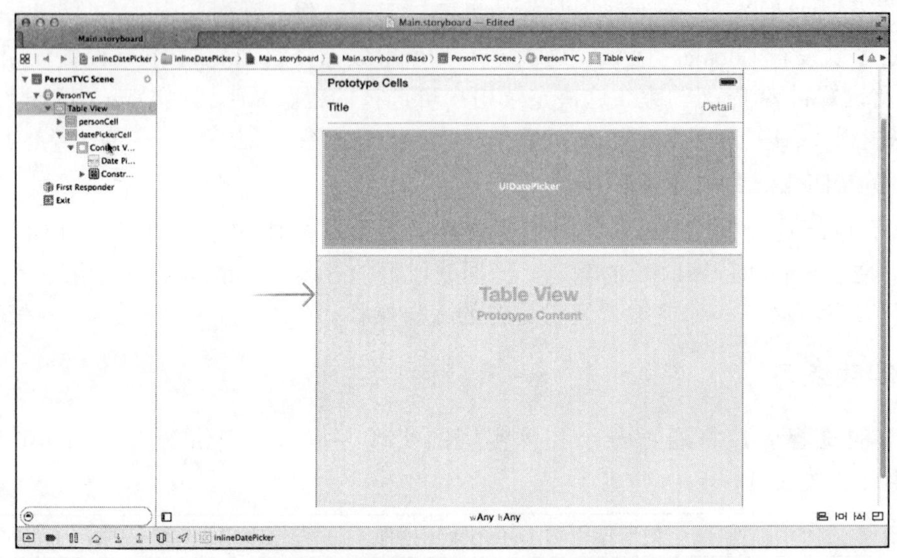

图 15-22 Main.storyboard 设计面板

（4）文件的 personTVC.swift 功能是在主界面中创建数据并生成列表显示，当用户单击某一个列表项后会在下面显示对应的日期和时间格式。文件 personTVC.swift 的主要实现流程如下所示：

① 定义视图类 personTVC 和需要的常量，对应实现代码如下所示。

```
import UIKit
class personTVC: UITableViewController {
    let kDatePickerTag = 2
    let kPersonCellID = "personCell"
    let kDatePickerCellID = "datePickerCell"
    var data: [Person] = []
    var dateFormatter = NSDateFormatter()
    var datePickerIndexPath: NSIndexPath?
    override func viewDidLoad() {
        super.viewDidLoad()
        // Uncomment the following line to preserve selection between presentations
        // self.clearsSelectionOnViewWillAppear = false
        createUselessData()
        dateFormatter.dateStyle = .ShortStyle
        dateFormatter.timeStyle = .NoStyle
        tableView.estimatedRowHeight = 44.0
        tableView.rowHeight = UITableViewAutomaticDimension
    }
```

② 定义函数 createUselessData()创建在系统中显示的用户数据，对应实现代码如下所示。

```
func createUselessData() {
   let person1 = Person(name: "Johnathan Watson", date: NSDate
    (timeIntervalSince1970: 6324480000))
   let person2 = Person(name: "Hazel Lindsey", date: NSDate(timeIntervalSince
   1970: 123456789))
   let person3 = Person(name: "Lola Paul", date: NSDate(timeIntervalSince1970:
   2349872398))
   let person4 = Person(name: "Lynn Walsh", date: NSDate(timeIntervalSince
   1970: 6524480000))
   let person5 = Person(name: "Jacqueline Ramos", date: NSDate(timeIntervalSince
  1970: 2952972398))
   let person6 = Person(name: "Bobbie Casey", date: NSDate(timeIntervalSince
   1970: 6354580800))
   data.append(person1)
   data.append(person2)
   data.append(person3)
   data.append(person4)
   data.append(person5)
   data.append(person6)
}
```

③ 通过如下所示的实现代码创建一个具有内嵌日期的选择器。

```
func hasInlineDatePicker() → Bool {
   if (datePickerIndexPath != nil) {
      return true
   } else {
      return false
   }
}
```

④ 定义函数 displayInlinePickerAtIndexPath()显示内嵌在列表中的导航索引，对应实现代码如下所示。

```
func displayInlinePickerAtIndexPath(indexPath: NSIndexPath) {
   tableView.beginUpdates()
   datePickerIndexPath = indexPath
   tableView.insertRowsAtIndexPaths([indexPath], withRowAnimation:
   UITableViewRowAnimation.Fade)
   tableView.endUpdates()
}
```

⑤ 定义函数 hidePickerCell()隐藏选择器的单元格，对应实现代码如下所示。

```
func hidePickerCell() {
   tableView.beginUpdates()
   tableView.deleteRowsAtIndexPaths([datePickerIndexPath!],
   withRowAnimation: UITableViewRowAnimation.Fade)
   datePickerIndexPath = nil
   tableView.endUpdates()
}
```

⑥ 定义各个构造函数 tableView()，功能是通过 UITableView 控件列表显示用户数据，监听用户单击单元格中的哪一个选项，对应实现代码如下所示。

```
override func tableView(tableView: UITableView, numberOfRowsInSection
section: Int) → Int {
    var rows = data.count
    if (hasInlineDatePicker()) {
        rows++
    }
    return rows
}
override func tableView(tableView: UITableView, cellForRowAtIndexPath
indexPath: NSIndexPath) → UITableViewCell {

    if (datePickerIndexPath?.row == indexPath.row) {
        let person = data[indexPath.row-1]
        let cell = tableView.dequeueReusableCellWithIdentifier(kDatePickerCellID,
        forIndexPath: indexPath) as UITableViewCell
        let targetedDatePicker = cell.viewWithTag(kDatePickerTag) as UIDatePicker
        targetedDatePicker.setDate(person.date, animated: false)
        return cell
    } else {
        var modelRow = indexPath.row
        if (datePickerIndexPath != nil && datePickerIndexPath?.row <=
        indexPath.row) {
            modelRow--
        }
        let cell = tableView.dequeueReusableCellWithIdentifier(kPersonCellID,
        forIndexPath: indexPath) as UITableViewCell
        let person = data[modelRow] as Person
        cell.textLabel.text = person.name
        cell.detailTextLabel!.text = dateFormatter.stringFromDate(person.date)
        return cell
    }
}
override func tableView(tableView: UITableView, didSelectRowAtIndexPath
indexPath: NSIndexPath) {
    let cell = tableView.cellForRowAtIndexPath(indexPath)
    var newPickerRow = Int()
    var currentPickerRow: Int?
    newPickerRow = indexPath.row + 1
    if hasInlineDatePicker() {
        currentPickerRow = datePickerIndexPath?.row
        if (newPickerRow > currentPickerRow) {
            newPickerRow -= 1
        }
        hidePickerCell()
        if (newPickerRow == currentPickerRow) {
            return
        }
```

```
        }
        let pickerIndexPath = NSIndexPath(forRow: newPickerRow, inSection: 0)
        displayInlinePickerAtIndexPath(pickerIndexPath)
    }
```

⑦ 定义函数 datePickerChanged()，功能是更改日期选择器中的日期数据，对应实现代码如下所示。

```
        @IBAction func datePickerChanged(sender: UIDatePicker) {
        if (hasInlineDatePicker()) {
            let parentCellIndexPath = NSIndexPath(forRow: datePickerIndexPath!
            .row-1, inSection: 0)
            let person = data[parentCellIndexPath.row]
            person.date = sender.date

            if let parentCell = tableView.cellForRowAtIndexPath(parentCellIndexPath) {
                parentCell.detailTextLabel?.text = dateFormatter.stringFromDate
                 (sender.date)
            }
        } else {
            return
        }
    }
}
```

至此为止，整个实例介绍完毕。在默认 UI 主界面中会显示生成的列表项，如图 15-23 所示。单击 UI 主界面中某一个列表项后的执行效果如图 15-24 所示。

图 15-23　默认主界面

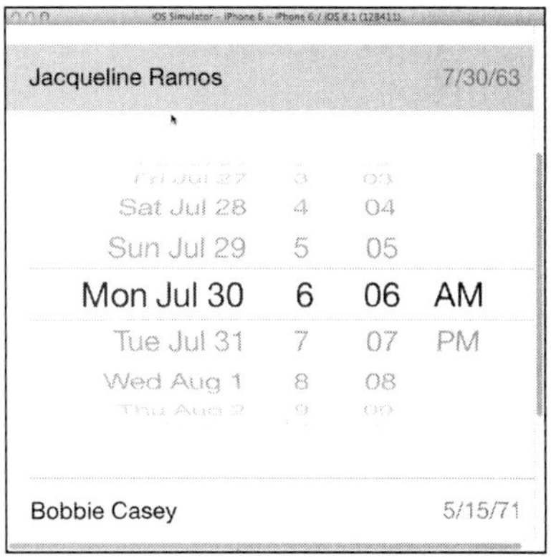

图 15-24　单击某个列表项后的界面

Chapter 16 第 16 章

视图控制处理

在本书前面的内容中，已经讲解了 iOS 应用中基本控件的用法。其实在 iOS 中还有很多其他控件，特别是和视图处理相关的控件，例如开关控件、分段控件、Web 视图控件、可滚动视图控件和表视图等。在本章内容中，将详细讲解 Web 视图控件、可滚动视图控件、翻页控件和表视图的基本用法，为读者步入本书后面知识的学习打下基础。

16.1 Web 视图控件（UIWebView）

在 iOS 应用中，Web 视图（UIWebView）提供了更加高级的功能，通过这些高级功能打开了在应用程序中通往一系列全新可能性的大门。在本节的内容中，将详细讲解 Web 视图控件的基本知识。

16.1.1 Web 视图基础

在 iOS 应用中，可以将 Web 视图视为没有边框的 Safari 窗口，可以将其加入应用程序中并以编程方式进行控制。通过使用这个类，可以用免费方式显示 HTML、加载网页以及支持两个手指张合与缩放手势。

Web 视图还可以用于实现如下类型的文件。

- HTML、图像和 CSS。
- Word 文档（.doc/.docx）。
- Excel 电子表格（.xls/.xlsx）。
- Keynote 演示文稿（.key.zip）。
- Numbers 电子表格（.numbers.zip）。
- Pages 文档（.pages.zip）。
- PDF 文件（.pdf）。

- PowerPoint 演示文稿（.ppt/.pptx）。

可以将上述文件作为资源加入项目中，并在 Web 视图中显示它们，也可以访问远程服务器中的这些文件或读取 iOS 设备存储空间中的这些文件。

在 Web 视图中，通过一个名为 requestWithURL 的方法来加载任何 URL 指定的内容，但是不能通过传递一个字符串来调用它。要想将内容加载到 Web 视图中，通常使用 NSURL 和 NSURLRequest。这两个类能够操作 URL，并将其转换为远程资源请求。为此首先需要创建一个 NSURL 实例，这通常是根据字符串创建的。例如，要创建一个存储 Apple 网站地址的 NSURL，可以使用如下所示的代码实现。

```
NSURL *appleURL;
appleURL=[NSURL alloc] initWithString:@http://www.apple.com/];
```

创建 NSURL 对象后，需要创建一个可将其传递给 Web 视图进行加载的 NSURLRequest 对象。要根据 NSURL 创建一个 NSURLRequest 对象，可以使用 NSURLRequest 类的方法 requestWithURL，它根据给定的 NSURL 创建相应的请求对象。

```
[NSURLRequest requestWithURL: appleURL]
```

最后将该请求传递给 Web 视图的 loadRequest 方法，该方法将接管工作并处理加载过程。将这些功能合并起来后，将 Apple 网站加载到 Web 视图 appleView 中的代码类似于下面这样：

```
NSURL *appleURL;
appleURL=[[NSURL alloc] initWithString:@"http://www.apple.com/"];
  [appleView loadRequest:[NSURLRequest requestWithURL: appleURL]];
```

在应用程序中显示内容的另一种方式是，将 HTML 直接加载到 Web 视图中。例如将 HTML 代码存储在一个名为 myHTML 的字符串中，则可以使用 Web 视图的方法 loadHTMLString:baseURL 加载并显示 HTML 内容。假设 Web 视图名为 htmlView，则可编写类似于下面的代码。

```
[htmlView loadHTMLString:myHTML baseURL:nil]
```

16.1.2　实践练习

在本节的内容中，将通过一个具体实例的实现过程，详细讲解基于 Swift 语言使用 UIWebView 控件的过程。

实例 16-1	加载指定的 HTML 网页并自动播放网页音乐
源码路径	源代码下载包:\daima\16\AutoPlayInWebView

（1）打开 Xcode 7，然后新建一个名为“AutoPlayInWebView”的工程，工程的最终目录结构如图 16-1 所示。

（2）打开故事板文件 Main.storyboard，在里面插入一个 Web View 控件来加载网页视图。如图 16-2 所示。

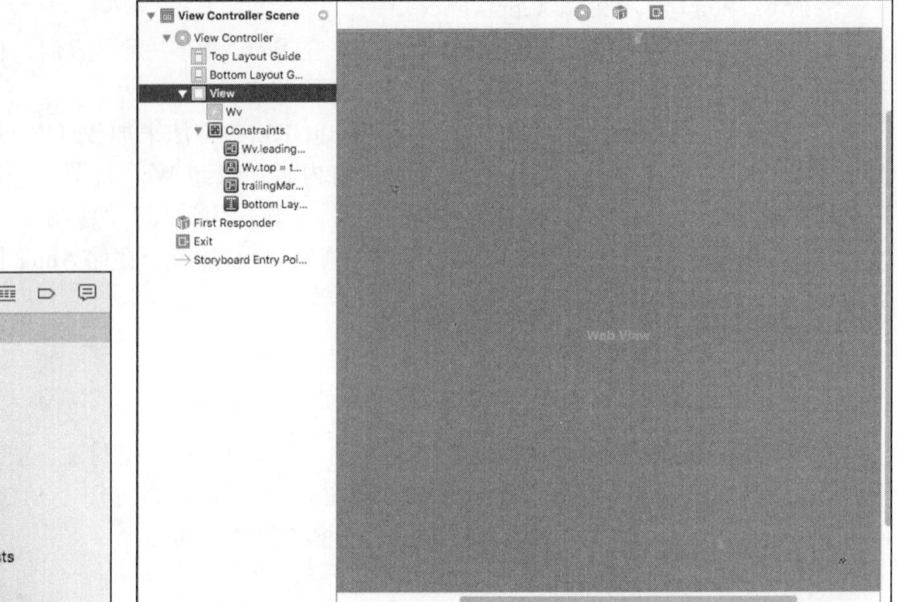

图 16-1　工程的目录结构　　　　图 16-2　故事板界面

（3）网页文件 index.html 的功能是在线播放 MP3 文件，具体实现代码如下所示。

```
<!DOCTYPE html>
<html>
<head>
   <title>AutoPlayInWebView</title>
   <meta charset="UTF-8">
   <meta name="description" content="">
   <meta name="keywords" content="">

   <script type="text/javascript">
      var baseAudio = new Audio();

      function playAudioFn(_arg){
         document.getElementById("bgm").play();

//          baseAudio.src = _arg + ".mp3";
//          baseAudio.play();
      }

      function pauseAudioFn(){
         document.getElementById("bgm").pause();

//          baseAudio.pause();
      }

      function doFireEvent(_arg){
         location.href = _arg;
      }
   </script>
```

```
</head>
<body onload="doFireEvent('autoplaytest://sampleaudio')">
   <p>
      <a href="autoplaytest://sampleaudio">Click AutoPlayInWebView Test</a>
   </p>
   <p>
      <a href="javascript:playAudioFn('sampleaudio')">ClickPlay Test</a>
   </p>
   <p>
      <a href="javascript:pauseAudioFn()">ClickPause Test</a>
   </p>
   <p>
      <audio id="bgm" src="sampleaudio.mp3" controls autoplay />
   </p>
   <p>
      <a href="http://apple.com">Click WebSite:apple Test</a>
   </p>
</body>
</html>
```

（4）编写文件 ViewController.swift，功能是使用 UIWebView 控件加载指定的 HTML 网页，实现自动播放网页音乐的功能。具体实现代码如下所示。

```
import UIKit

class ViewController: UIViewController, UIWebViewDelegate {

   var _prefix:String = "autoplaytest://"

   @IBOutlet weak var wv: UIWebView!
   override func viewDidLoad() {
      super.viewDidLoad()
      // Do any additional setup after loading the view, typically from a nib.

      let _path:String = NSBundle.mainBundle().pathForResource("index", ofType:
      "html", inDirectory: "sound")!
      wv.loadRequest(NSURLRequest(URL: NSURL(string: _path)!))

      wv.delegate = self
   }

   override func didReceiveMemoryWarning() {
      super.didReceiveMemoryWarning()
      // Dispose of any resources that can be recreated.
   }

   func webView(webView: UIWebView, shouldStartLoadWithRequest request:
   NSURLRequest, navigationType: UIWebViewNavigationType) → Bool {
      if let _urlstr:String = request.URL?.absoluteString{
         if(_urlstr.hasPrefix(_prefix)){
            let _param = _urlstr.stringByReplacingOccurrencesOfString(_prefix,
            withString: "")
```

```
                wv.stringByEvaluatingJavaScriptFromString("playAudioFn('" +
                _param + "')")

                return Bool(false)
            }
        }
        return Bool(true)
    }
}
```

执行后的效果如图 16-3 所示，单击链接后会播放音乐。

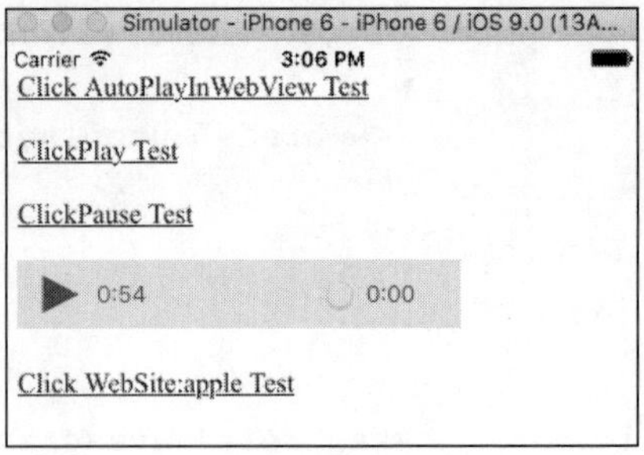

Simulator - iPhone 6 - iPhone 6 / iOS 9.0 (13A...
Carrier 3:06 PM
Click AutoPlayInWebView Test
ClickPlay Test
ClickPause Test
0:54 0:00
Click WebSite:apple Test

图 16-3 执行效果

16.2 可滚动视图控件（UIScrollView）

大家肯定使用过这样的应用程序，它显示的信息在一屏中容纳不下。在这种情况下，使用可滚动视图控件（UIScrollView）来解决 。顾名思义，可滚动的视图提供了滚动功能，可显示超过一的信息。但是在让我们能够通过 Interface Builder 将可滚动视图加入项目中的方面，Apple 做得并不完美。可以添加可滚动视图，但要想让它实现滚动效果，必须在应用程序中编写一行代码。

16.2.1 UIScrollView 的基本用法

在滚动过程当中，其实是在修改原点坐标。当手指触摸后，scroll view 会暂时拦截触摸事件，使用一个计时器。假如在计时器到点后没有发生手指移动事件，那么 scroll view 发送 tracking events 到被单击的 subview。假如在计时器到点前发生了移动事件，那么 scroll view 取消 tracking 自己发生滚动。

（1）初始化

一般的组件初始化都可以使用 alloc 和 init 来初始化， 一般的初始化也有很多方法，都可以确定组件的 Frame 或者一些属性，比如 UIButton 的初始化可以确定 Button 的类型。当然，我比较提倡大家用代码来写，这样比较了解整个代码执行的流程，而不是利用 IB 来布局，确实很多人都用 IB 来布局会省很多时间，但这个因人而异，笔者比较提倡纯代码写。

（2）滚动属性

UIScrollView 的最大属性就是可以滚动，那种效果很好看，其实滚动的效果主要的原理是修改它的坐标，准确地讲是修改原点坐标，而 UIScrollView 跟其他组件的都一样，有自己的 delegate。

（3）结合 UIPageControl 做新闻翻页效果

初始化 UIPageControl 的方法都很简单，就是上面讲的 alloc 和 init，不过大家要记住的一点就是如果你定义了全局变量一定要在 delloc 那里释放掉。

UIPageControl 有一个 userInteractionEnabled 你可以设置它为 NO。就是单击时它不调用任何方法。然后设置它的 currentPage 为 0，并把它加到 view 上去。

UIScrollView 是 iOS 中的一个重要的视图，它提供了一个方法，让我们在一个界面中看到所有的内容，从而不必担心因为屏幕的大小有限，必须翻到下一页进行阅览。确实对于用户来说是一个很好的体验。但是又是如何把所有的内容都加入 scrollview，是简单的 addsubView。

假如是这样，岂不是 scrollView 界面上要放置很多的图形、图片。移动设备的显示设备肯定不如 PC，怎么可能放得下如此多的视图。所以在使用 scrollView 中一定要考虑这个问题，当某些视图滚动出可见范围时，应该怎么处理？苹果公司的 UITableView 就很好的展示了在 UIScrollView 中如何重用可视的空间，减少内存的开销。

UIScrollView 类支持显示比屏幕更大的应用窗口的内容。它通过挥动手势，能够使用户滚动内容，并且通过捏合手势缩放部分内容。UIScrollView 是 UITableView 和 UITextView 的超类。

UIScrollView 的核心理念是它是一个可以在内容视图之上，调整自己原点位置的视图。它根据自身框架的大小，剪切视图中的内容，通常框架是和应用程序窗口一样大。一个滚动的视图可以根据手指的移动，调整原点的位置。展示内容的视图，根据滚动视图的原点位置，开始绘制视图的内容，这个原点位置就是滚动视图的偏移量。ScrollView 本身不能绘制，除非显示水平和竖直的指示器。滚动视图必须知道内容视图的大小，以便于知道什么时候停止；一般而言，当滚动出内容的边界时，它就返回了。

某些对象是用来管理内容显示如何绘制的，这些对象应该是管理如何平铺显示内容的子视图，以便于没有子视图可以超过屏幕的尺寸。即当用户滚动时，这些对象应该恰当的增加或者移除子视图。

因为滚动视图没有滚动条，它必须知道一个触摸信号是打算滚动还是打算跟踪其中的子视图。为了达到这个目的，它临时中断了一个 touch-down 的事件，通过建立一个定时器，在定时器开始行动之前，看是否触摸的手指做了任何的移动。假如定时器行动时，没有任何的大的位置改变，滚动视图就发送一个跟踪事件给触摸的子视图。如果在定时器消失前，用户拖动他们的手指足够得远，滚动视图取消子视图的任何跟踪事件，滚动它自己。子类可以重载 touchesShouldBegin:withEvent:inContentView:、pagingEnabled 和 touchesShouldCancelIn ContentView:方法，从而影响滚动视图的滚动手势。

一个滚动视图也可以控制一个视图的缩放和平铺。当用户做捏合手势时，滚动视图调整偏移量和视图的比例。当手势结束时，管理视图内容显示的对象，就应该恰当的升级子视图的显示。当手势在处理的过程中，滚动视图不能够给子视图，发送任何跟踪的调用。

UIScrollView 类有一个 delegate，需要适配的协议是 UIScrollViewDelegate。为了缩放和平铺工作，代理必须实现 viewForZoomingInScrollView:和 scrollViewDidEndZooming:withView: atScale:方法。另外，最大和最小缩放比例应该是不同的。

注意： *在 UIScrollView 对象中，你不应该嵌入任何 UIWebView 和 UITableView。假如这样做会出现一些异常情况，因为两个对象的触摸事件可能被混合，从而错误的处理。*

假如设置 canCancelContentTouches 为 YES，当在 UIScrollView 上面放置任何子视图时，当在子视图上移动手指时，UIScrollView 会给子视图发送 touchCancel 的消息。而如果该属性设置为 NO，ScrollView 本身不处理这个消息，全部交给子视图处理。

此处可能读者会有疑问：既然该属性设置为 NO 了，那么岂不是 UIScrollView 不能处理任何事件了，那么为何在子视图上快速滚动的时候，UIScrollView 还能移动。这个一定要区分前面所说的 UIScrollView 中断 touch-Down 事件，开启一个定时器。设置的这个 cancancelContentTouches 属性为 NO 时，只是让 UIScrollView 不能发送 cancel 事件给子视图。而前面所说的中断 touch-down 事件和取消 touch 事件是两码事，所以当快速在子视图上移动时，当然可以滚动。

但是如果你慢速移动，即可区分这个属性，假如设定为 YES，在子视图上慢速移动也可以滚动视图，但是如果为 NO。因为 UIScrollView，发送了 cancel 事件给子视图处理，自己当然滚动不了。

接下来需要考虑 scrollView 如何重用内存的，下面写了一个例子模仿 UITableView 的重用的思想，这里只是模仿。这里的例子是在 scrollView 上放置四个 2 排 2 列的视图，但是内存中只占用 6 个视图的内存空间。当 scrollView 滚动时，通过不停的重用之前视图的内存空间，从而达到节省内存的效果。重用的方法如下：

（1）scrollView 中的 frame，也就是改变位置到达末尾，达到重用的效果。

（2）如果 scrollView 向上面滚动，一旦最末排的视图 view 滚出了可视范围，就改变滚动出去的那个 view 在 scrollView 中的 frame，移动到最前面。

下面就需要在你创建的视图控制器中，创建一个重用的视图数组，用来把这些要显示的视图放入内存中，这里虽然界面上显示的是 2 排 2 列的四个视图，但是当拖动时，可能出现前面一排的视图显示一部分，末尾一排的视图显示一部分的情况，所以重用的数组中要放置 6 个视图。

16.2.2 实践练习

在本节的内容中，将通过一个具体实例的实现过程，详细讲解基于 Swift 语言使用 UIScrollView 控件的过程。

实例 16-2	演示如何使用 UIScrollView 控件
源码路径	源代码下载包:\daima\16\UIScrollView

（1）打开 Xcode 7，然后新建一个名为“UIScrollView-Sample”的工程，工程的最终目录结构如图 16-4 所示。

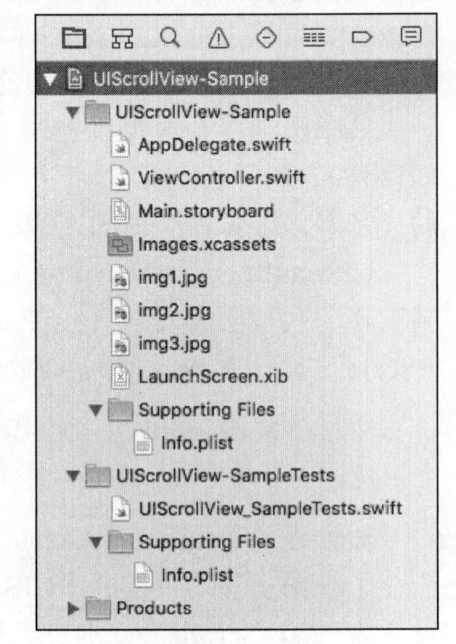

图 16-4 工程的目录结构

（2）编写文件 ViewController.swift，功能是在视图中追加显示指定位置的三幅图像，使用 UIScrollView 控件的来滚动显示展示的图片。文件 ViewController.swift 的主要实现代码如下所示。

```
import UIKit
class ViewController: UIViewController {
    override func viewDidLoad() {
        super.viewDidLoad()
        //设置UIImage的素材位置
        let img1 = UIImage(named:"img1.jpg");
        let img2 = UIImage(named:"img2.jpg");
        let img3 = UIImage(named:"img3.jpg");

        //UIImageView中添加图像
        let imageView1 = UIImageView(image:img1)
        let imageView2 = UIImageView(image:img2)
        let imageView3 = UIImageView(image:img3)

        //UIScrollView滚动
        let scrView = UIScrollView()
```

```
        //表示位置
        scrView.frame = CGRectMake(50, 50, 240, 240)

        //所有视图大小
        scrView.contentSize = CGSizeMake(240*3, 240)

        //UIImageView坐标位置
        imageView1.frame = CGRectMake(0, 0, 240, 240)
        imageView2.frame = CGRectMake(240, 0, 240, 240)
        imageView3.frame = CGRectMake(480, 0, 240, 240)


        //在view追加图像
        self.view.addSubview(scrView)
        scrView.addSubview(imageView1)
        scrView.addSubview(imageView2)
        scrView.addSubview(imageView3)

        // 设置图像边界
        scrView.pagingEnabled = true

        //设置scroll画面的初期位置
        scrView.contentOffset = CGPointMake(0, 0);

    }
    override func didReceiveMemoryWarning() {
        super.didReceiveMemoryWarning()
    }
}
```

执行后将在屏幕中显示指定位置的图像，效果如图 16-5 所示。

图 16-5　执行效果

左右触摸屏幕中的图像时，会展示另外的素材图片，如图 16-6 所示。

图 16-6　显示另外的图片

16.3　翻页控件（UIPageControl）

在开发 iOS 应用程序的过程中，经常需要翻页功能来显示内容过多的界面，其目的和滚动控件类似。iOS 应用程序中的翻页控件是 PageControll，在本节的内容中，将详细讲解 PageControll 控件的基本知识。

16.3.1　PageControll 控件基础

UIPageControl 控件在 iOS 应用程序中出现得比较频繁，尤其在和 UIScrollView 配合来显示大量数据时，会使用它来控制 UIScrollView 的翻页。在滚动 ScrollView 时可通过 PageControl 中的小白点来观察当前页面的位置，也可通过单击 PageContrll 中的小白点来滚动到指定的页面。例如图 16-7 中的小白点。

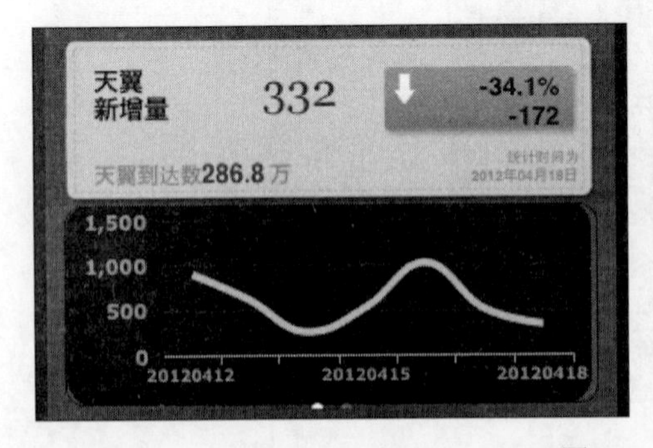

图 16-7　小白点

图 16-7 所示的曲线图和表格便是由 ScrollView 加载两个控件（UIWebView 和 UITableView）实用其翻页属性实现的页面滚动。而 PageControll 担当配合角色，页面滚动小白点会跟着变化位

置，而单击小白点 ScrollView 会滚动到指定的页面。

其实分页控件是一种用来取代导航栏的可见指示器，方便手势直接翻页，最典型的应用便是 iPhone 的主屏幕，当图标过多会自动增加页面，在屏幕底部你会看到原点，用来只是当前页面，并且会随着翻页自动更新。

16.3.2　实践练习

实例 16-3	使用 UIPageControl 控件设置四个界面
源码路径	源代码下载包:\daima\16\UIPageControl

（1）打开 Xcode 7，然后新建一个名为“UIPageControl”的工程，工程的最终目录结构如图 16-8 所示。

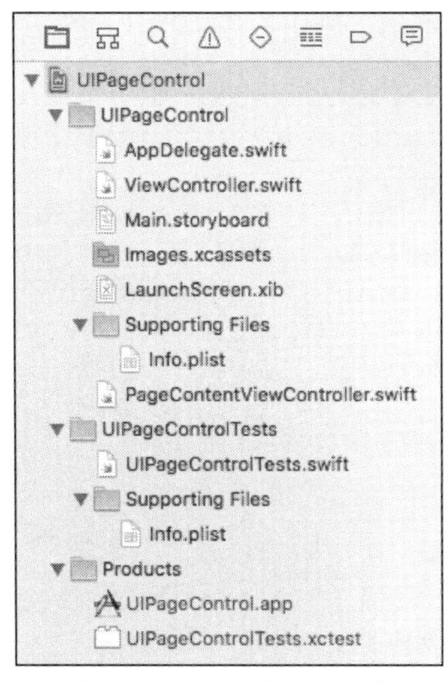

图 16-8　工程的目录结构

（2）打开故事板文件 Main.storyboard，插入 UIPageControl 控件来控制三个视图控制器。如图 16-9 所示。

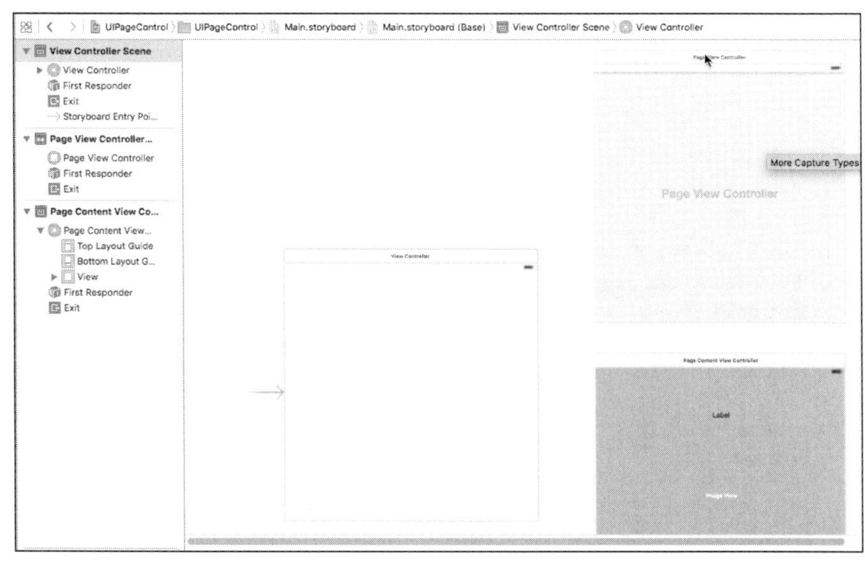

图 16-9　故事板设计界面

（3）编写文件 ViewController.swift，使用 UIPageControl 控件设置在四个界面之间进行切换。具体实现代码如下所示。

```
import UIKit
class ViewController: UIViewController, UIPageViewControllerDataSource,
UIPageViewControllerDelegate {

    let pageTitles = ["Title 1", "Title 2", "Title 3", "Title 4"]
    var images = ["long3.png","long4.png","long1.png","long2.png"]
    var count = 0
    var pageViewController : UIPageViewController!
    func reset() {
        pageViewController = self.storyboard?.instantiateViewControllerWithIdentifier
         ("PageViewController") as! UIPageViewController
        self.pageViewController.dataSource = self
        let pageContentViewController = self.viewControllerAtIndex(0)
        self.pageViewController.setViewControllers([pageContentViewController!],
        direction: UIPageViewControllerNavigationDirection.Forward, animated:
        true, completion: nil)
        self.pageViewController.view.frame = CGRectMake(0, 0, self.view.frame.
        width, self.view.frame.height - 30)
        self.addChildViewController(pageViewController)
        self.view.addSubview(pageViewController.view)
        self.pageViewController.didMoveToParentViewController(self)
    }
    override func viewDidLoad() {
        super.viewDidLoad()
        reset()
        setupPageControl()
    }
    override func didReceiveMemoryWarning() {
        super.didReceiveMemoryWarning()
    }
    func pageViewController(pageViewController: UIPageViewController,
    viewControllerBeforeViewController viewController: UIViewController) →
    UIViewController? {
        var index = (viewController as! PageContentViewController).pageIndex!
        if (index <= 0) {
            return nil
        }
        index--
        return self.viewControllerAtIndex(index)

    }
    func pageViewController(pageViewController: UIPageViewController,
    viewControllerAfterViewController viewController: UIViewController) →
    UIViewController? {

        var index = (viewController as! PageContentViewController).pageIndex!
        index++
        if(index >= self.images.count){
            return nil
        }
        return self.viewControllerAtIndex(index)

    }
```

```
    func viewControllerAtIndex(index : Int) → UIViewController? {
        if((self.pageTitles.count == 0) || (index >= self.pageTitles.count)) {
            return nil
        }
        let pageContentViewController = self.storyboard?.instantiateViewController
        WithIdentifier("PageContentViewController") as! PageContentViewController
        pageContentViewController.imageName = self.images[index]
        pageContentViewController.titleText = self.pageTitles[index]
        pageContentViewController.pageIndex = index
        return pageContentViewController
    }
    private func setupPageControl() {
        let appearance = UIPageControl.appearance()
        appearance.pageIndicatorTintColor = UIColor.grayColor()
        appearance.currentPageIndicatorTintColor = UIColor.whiteColor()
        appearance.backgroundColor = UIColor.darkGrayColor()
    }

    func presentationCountForPageViewController(pageViewController:
    UIPageViewController) → Int {
        return images.count
    }
    func presentationIndexForPageViewController(pageViewController:
    UIPageViewController) → Int {
        return 0
    }
}
```

执行效果如图 16-10 所示。

第一个界面

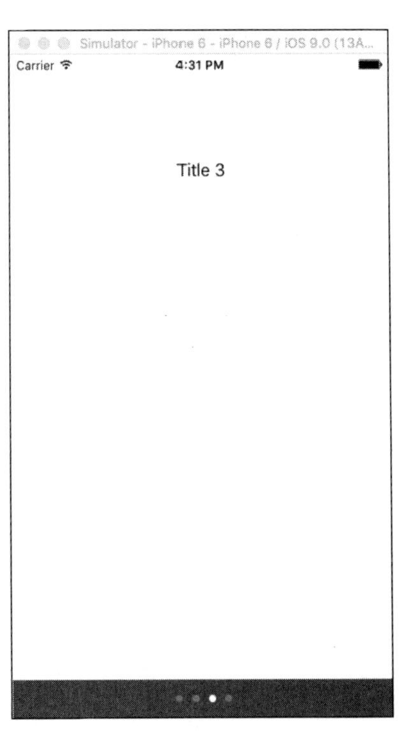

切换到第三个界面

图 16-10　执行效果

16.4 表视图（UITable）

在本节将介绍一个重要的 iOS 界面元素：表视图。在本节前面的实例中，已经多次用到了表视图的功能。表视图让用户能够有条不紊地在大量信息中导航，这种 UI 元素相当于分类列表，类似于浏览 iOS 通讯录时的情形。希望通过本节内容的学习，为读者步入本书后面知识的学习打下基础。

16.4.1 表视图基础

与本书前面介绍的其他视图一样，表视图 UITable 也用于放置信息。使用表视图可以在屏幕上显示一个单元格列表，每个单元格都可以包含多项信息，但仍然是一个整体。并且可以将表视图划分成多个区（section），以便从视觉上将信息分组。表视图控制器是一种只能显示表视图的标准视图控制器，可以在表视图占据整个视图时使用这种控制器。通过使用标准视图控制器可以根据需要在视图中创建任意尺寸的表，只需将表的委托和数据源输出口连接到视图控制器类即可。在本节的内容中，将首先讲解表视图的基本知识。

1. 表视图的外观

在 iOS 中有两种基本的表视图样式：无格式（plain）和分组，如图 16-11 所示。

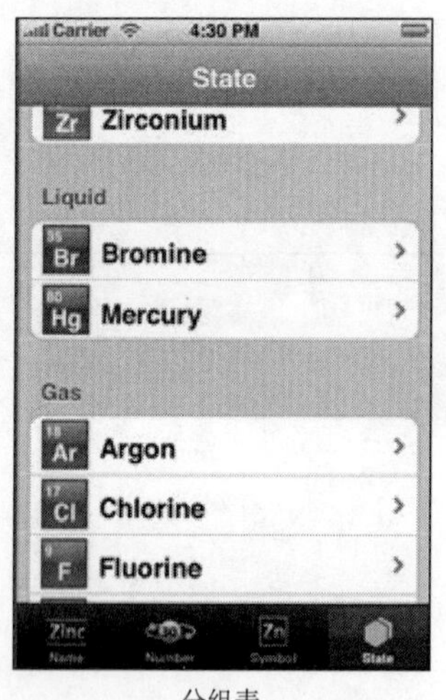

分组表

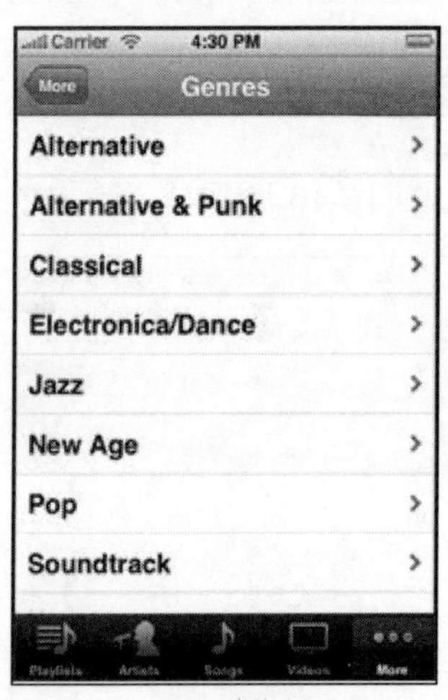

无格式表

图 16-11 两种格式

无格式表不像分组表那样在视觉上将各个区分开，但通常带可触摸的索引（类似于通讯录）。因此，它们有时称为索引表。我们将使用 Xcode 指定的名称（无格式/分组）来表示它们。

图 16-12 表由单元格组成

2. 表单元格

表只是一个容器，要在表中显示内容，您必须给表提供信息，这是通过配置表视图（UITableViewCell）实现的。在默认情况下，单元格可显示标题、详细信息标签（detail label）、图像和附属视图（accessory），其中附属视图通常是一个展开箭头，告诉用户可通过压入切换和导航控制器挖掘更详细的信息。图 16-12 显示了一种单元格布局，其中包含前面说的所有元素。

其实除了视觉方面的设计外，每个单元格都有独特的标识符。这种标识符被称为重用标识符，（reuse identifier）用于在编码时引用单元格；配置表视图时，必须设置这些标识符。

16.4.2　添加表视图

要在视图中添加表格，可以从对象库拖动 UITableView 到视图中。添加表格后，可以调整大小，使其赋给整个视图或只占据视图的一部分。如果拖动一个 UITableViewController 到编辑器中，将在故事板中新增一个场景，其中包含一个填满整个视图的表格。

1．设置表视图的属性

添加表视图后，就可以设置其样式了。为此，可以在 Interface Builder 编辑器中选择表视图，再打开 Attributes Inspector（Option+ Command+ 4），如图 16-13 所示。

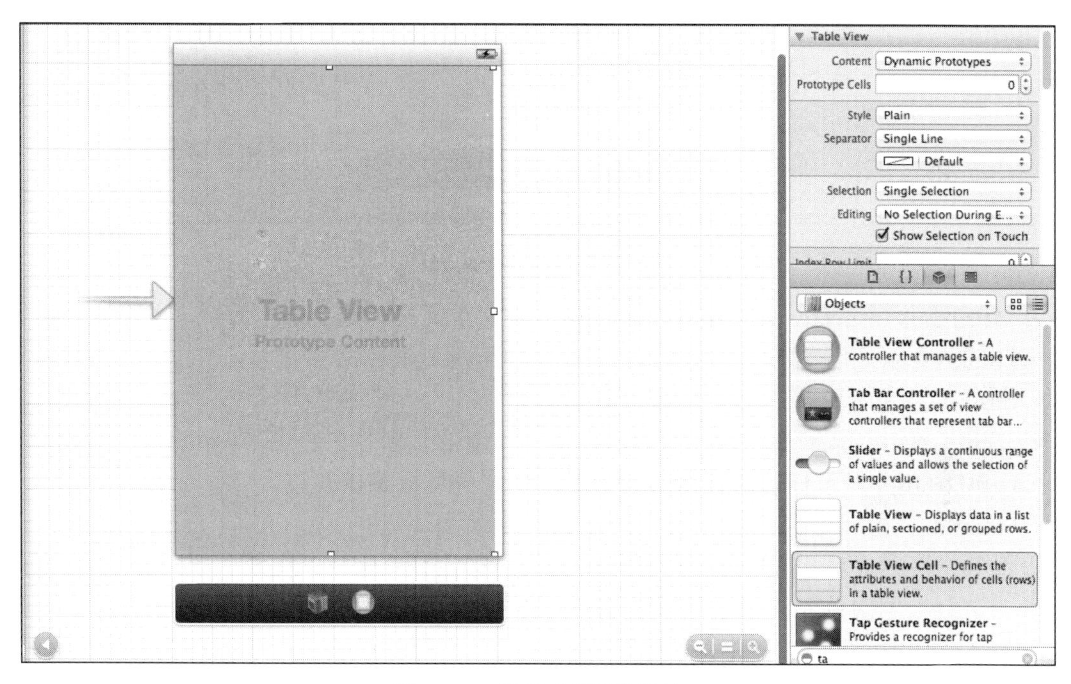

图 16-13　设置表视图的属性

第一个属性是 Content，它被默认设置为 Dynamic Prototypes（动态原型），这表示可以在 Interface Builder 中以可视化方式设计表格和单元格布局。使用下拉列表 Style 选择表格样式 Plain 或 Grouped；下拉列表 Separator 用于指定分区之间的分隔线的外观，而下拉列表 Color 用于设置单元格分隔线的颜色。设置 Selection 和 Editing 用于设置表格被用户触摸时的行为。

2．设置原型单元格的属性

设置好表格后需要设计单元格原型。要控制表格中的单元格，必须配置要在应用程序中使用的原型单元格。在添加表视图时，默认只有一个原型单元格。要编辑原型，首先在文档大纲中展开表视图，再选择其中的单元格（也可在编辑器中直接单击单元格）。单元格呈高亮显示后，使用选取手柄增大单元格的高度。其他设置都需要在 Attributes Inspector 中进行，如图 16-14 所示。

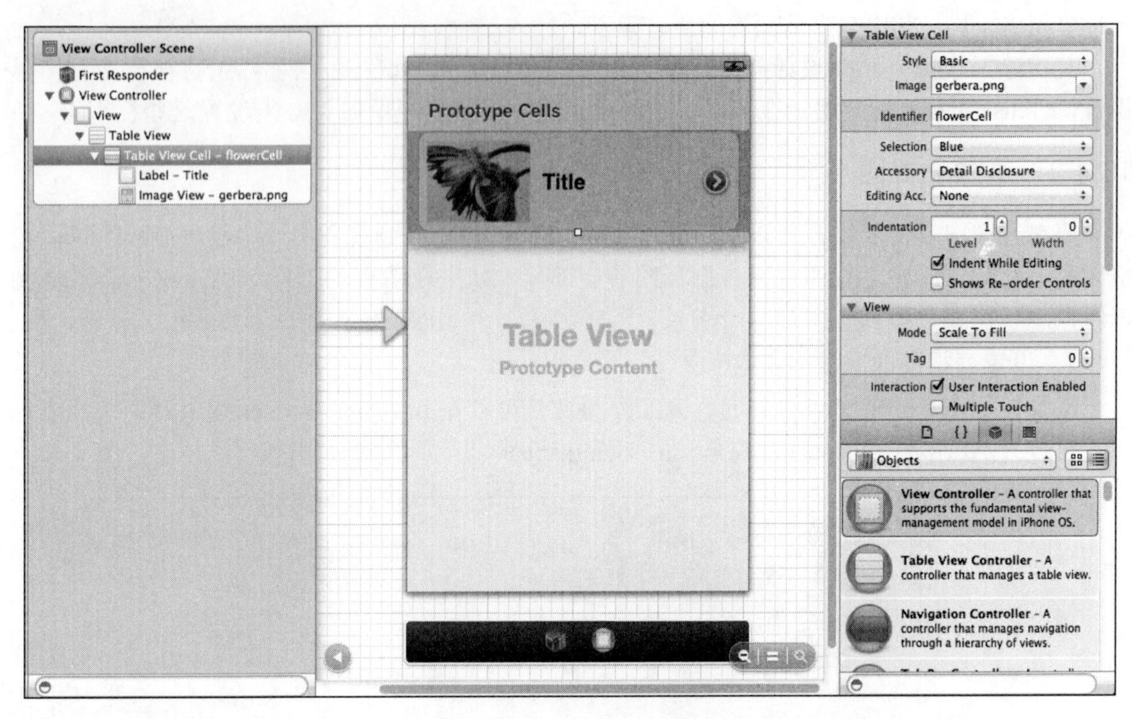

图 16-14　配置原型单元格

在 Attributes Inspector 中，第一个属性用于设置单元格样式。要使用自定义样式，必须建一个 UITableViewCell 子类，大多数表格都使用如下所示的标准样式之一。

- Basic：只显示标题。
- Right Detail：显示标题和详细信息标签，详细信息标签在右边。
- Left Detail：显示标题和详细信息标签，详细信息标签在左边。
- Subtitle：详细信息标签在标题下方。

设置单元格样式后，可以选择标题和详细信息标签。为此可以在原型单元格中单击它们，也可以在文档大纲的单元格视图层次结构中单击它们。选择标题或详细信息标签后，即可使用 Attributes Inspector 定制它们的外观。

使用下拉列表 Image 在单元格中添加图像，当然，项目中必须有需要显示的图像资源在原型单元格中设置的图像以及标题/详细信息标签不过是占位符，将替换为在代码中指定的实际数据。下拉列表 Selection 和 Accessory 分别用于配置选定单元格的颜色以及添加到单元格右边的附属图形（通常是展开箭头）。除 Identifier 外，其他属性都用于配置可编辑的单元格。

如果不设置 Identifier 属性，就无法在代码中引用原型单元格并显示内容。可以将标识符设置为任何字符串，例如 Apple 在其大部分示例代码中都使用 Cell。如果添加了多个设计不同的原型单元格，则必须给每个原型单元格指定不同的标识符。这就是表格的外观设计。

3. 表视图数据源协议

表视图数据源协议（UITableViewDataSource）包含了描述表视图将显示多少信息的方法，并将 UITableViewCell 对象提供给应用程序进行显示。这与选择器视图不太一样，选择器视图的数据源协议方法只提供要显示的信息量。如下四个是最有用的数据源协议方法。

- numberofSectionsInTableView：返回表视图将划分成多少个分区。
- tableView:numberOfRowsInSection：返回给定分区包含多少行。分区编号从 0 开始。

- tableView:titleForHeaderInSection：返回一个字符串，用作给定分区的标题。
- tableView:cellForRowAtIndexPath：返回一个经过正确配置的单元格对象，用于显示在表视图中指定的位置。

4．表视图委托协议

表视图委托协议包含多个对用户在表视图中执行的操作进行响应的方法，从选择单元格到触摸展开箭头，再到编辑单元格。此处只关心用户触摸并选择单元格感兴趣，因此将使用方法 tableView:didSelectRowAtIndexPath。通过向方法 tableView:didSelectRowAtIndexPath 传递一个 NSIndexPath 对象，指出了触摸的位置。这表示需要根据触摸位置所属的分区和行做出响应，具体过程和上一段代码类似。

16.4.3　UITableView 详解

UITableView 主要用于显示数据列表，数据列表中的每项都由行表示，其主要作用如下所示。

- 为了让用户能通过分层的数据进行导航。
- 为了将项以索引列表的形式展示。
- 用于分类不同的项并展示其详细信息。
- 为了展示选项的可选列表。

UITableView 表中的每一行都由一个 UITableViewCell 表示，可以使用一个图像、一些文本、一个可选的辅助图标来配置每个 UITableViewCell 对象，其模型如图 16-15 所示。

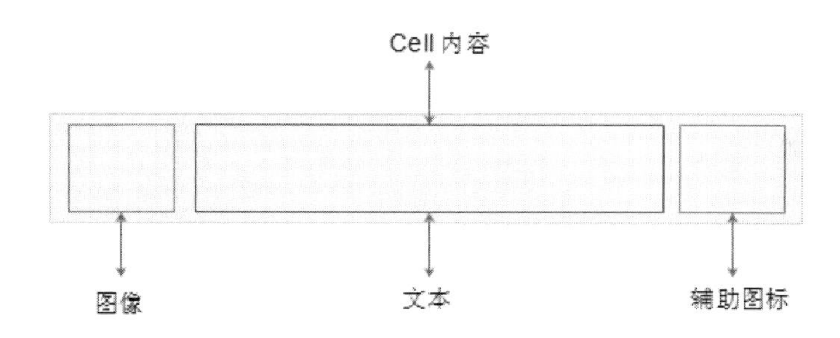

图 16-15　UITableViewCell 的模型

类 UITableViewCell 为每个 Cell 定义了如下所示的属性。

- textLabel：Cell 的主文本标签（一个 UILabel 对象）。
- detailTextLabel：Cell 的二级文本标签，当需要添加额外细节时（一个 UILabel 对象）。
- imageView：一个用来装载图片的图片视图（一个 UIImageView 对象）。

16.4.4　实践练习

实例 16-4	在表视图中动态操作单元格
源码路径	源代码下载包:\daima\16\Swift_Editable_UITableView

（1）打开 Xcode 7，新建一个名为“BasicsOfSwift”的工程，工程的最终目录结构如图 16-16 所示。

（2）在故事板 Main.storyboard 面板中设置 UI 界面，其中一个视图界面是通过 Table View 实现的，在其中插入单元格。如图 16-17 所示。

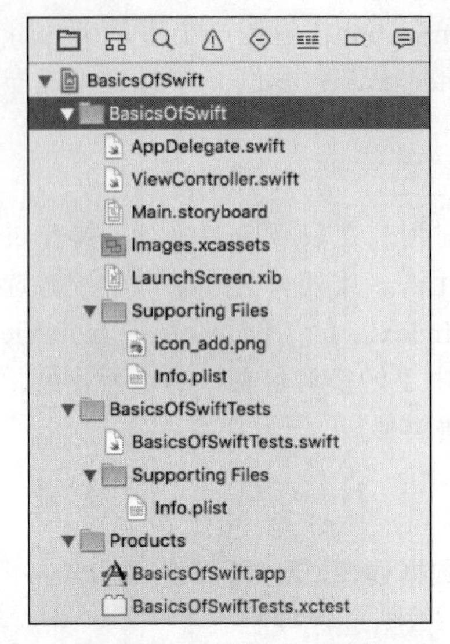

图 16-16 工程的目录结构

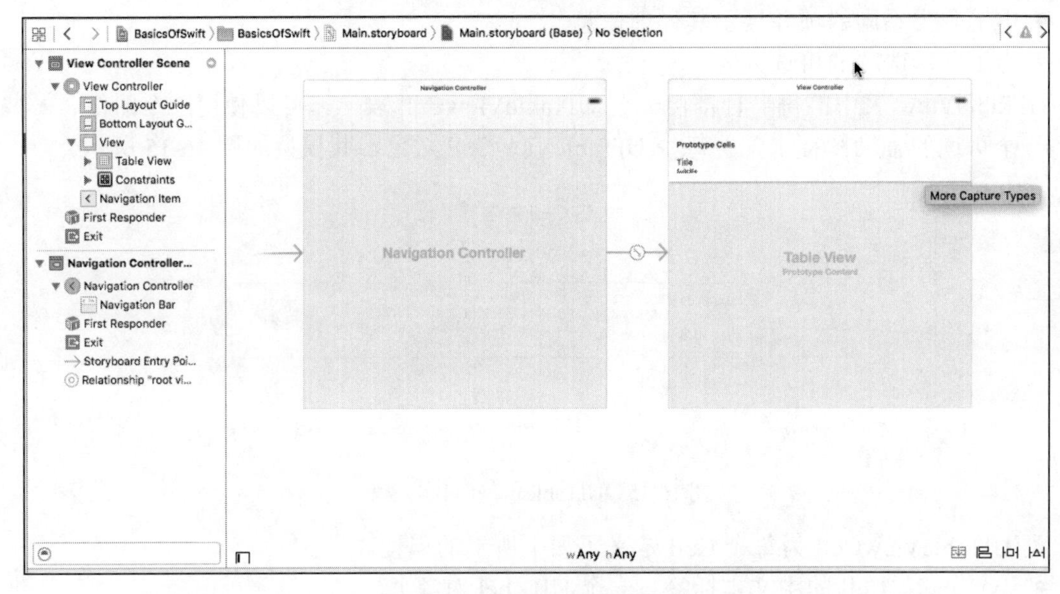

图 16-17 Main.storyboard 面板

（3）文件 ViewController.swift 的功能是构建界面视图，具体实现流程如下所示。

① 定义视图类 ViewController，设置插入的控件，定义两个数组并分别赋初始值，对应代码如下所示。

```
import UIKit

class ViewController: UIViewController, UITableViewDelegate, UITableViewDataSource {

    @IBOutlet var tableView: UITableView!
    var items :[String:NSInteger] = ["Cold Drinks":4, "Water bottles":2, "Burgers":4,
    "Ice Cream":8]

    var arrPlayerNumber = [1,2,3,4,5,6,7,8,9,10,11,12,13,14,15]
```

② 定义函数 viewDidLoad()，设置执行程序时首先载入视图的元素，分别设置在单元格中显示的数据元素，定义了和单元格操作相关的添加和删除函数，对应代码如下所示。

```
override func viewDidLoad() {
    super.viewDidLoad()
    self.title = "Editing TableView"
    ////      类型转换后的数据定义        ////
    let label = "The width is "
    let width = 60
    let widthLabel = label + String(width)
    print(widthLabel)

    ////    在字符串中添加值\()      ////
    let apples = 3
    let oranges = 5
    _ = "I have \(apples) apples"
    let fruitSummary = "I have \(oranges + apples) fruits"
    print(fruitSummary)
    ////      数组     ////
    _ = [String]() //用字符串数据类型初始化空数组
          _ = [] //没有任何数据类型的空数组初始化

    var shoppingListArray = ["Catfish", "Water", "Tulips", "Blue Paint"]
    // Set data to array
    shoppingListArray[1] = "Water Bottle"   // 改变索引Index 1位置对象的数据
    shoppingListArray.append("Toilet Soap") //动态添加对象数组
    shoppingListArray.removeAtIndex(2)      //动态删除数组中的对象
    print(shoppingListArray)

    ////      词典      ////
    _ = [String: Float]()        //用字符串键和浮点值数据类型初始化空字典

    _ = [:] //" 初始化没有任何数据类型“key/ value的空字典

    var heightOfStudents = [
        "Abhi": 5.8,
        "Ashok": 5.5,
        "Bhanu": 6.1,
        "Himmat": 5.10,
        "Kamaal": 5.6
    ]

    heightOfStudents["Ashok"] = 5.4                      // 改变key的值
    heightOfStudents["Paramjeet"] = 5.11                 //动态添加关键值
    heightOfStudents.removeValueForKey("Himmat")         //从字典中动态删除键的值
    print(heightOfStudents)

    ////       调用函数         ////
    self.forEachLoopInSwift()

    self.tableView.registerClass(UITableViewCell.self, forCellReuseIdentifier:
    "TableCell")
    self.navigationItem.leftBarButtonItem = self.editButtonItem()
    let imgBarBtnAdd = UIImage(named: "icon_add.png")
```

```
    let barBtnAddRow = UIBarButtonItem(image: imgBarBtnAdd, style: .Plain,
    target: self, action: "insertNewRow:")
    self.navigationItem .setRightBarButtonItem(barBtnAddRow, animated: true)
}
override func didReceiveMemoryWarning() {
    super.didReceiveMemoryWarning()
}
func forEachLoopInSwift() {
    for player in self.arrPlayerNumber {
        if player < 12 {
            print("Player number \(player) is on field")
        } else {
            print("Player number \(player) is extra player")
        }
    }
}
```

③ 定义各个构造函数 tableView()，使用 UITableView 控件设置在屏幕视图中以单元格列表的方式载入显示数据信息，对应代码如下所示。

```
func tableView(tableView: UITableView, numberOfRowsInSection section: Int)
→ Int {
    // 返回单元格数目
    return self.arrPlayerNumber.count
}
func tableView(tableView: UITableView, cellForRowAtIndexPath indexPath:
NSIndexPath) → UITableViewCell {

    let cell: UITableViewCell = UITableViewCell(style: UITableViewCellStyle.
    Default, reuseIdentifier: "TableCell")
    cell.textLabel!.text = String(self.arrPlayerNumber[indexPath.row])
    return cell
}

func tableView(tableView: UITableView, didSelectRowAtIndexPath indexPath:
NSIndexPath) {
    let alert = UIAlertController(title: "Basics Of Swift", message: "You have
    clicked \(indexPath.row+1) row", preferredStyle: UIAlertControllerStyle.Alert)
    alert.addAction(UIAlertAction (title: "Ok", style: .Default, handler: {
        action in
        switch action.style {
        case .Default:
            print("default")

        case .Cancel:
            print("cancel")

        case .Destructive:
            print("destructive")
        }
    }))
    alert.addAction(UIAlertAction(title: "Cancel", style: UIAlertActionStyle.
    Destructive, handler: nil))
    self.presentViewController(alert, animated: true, completion: nil)
```

```
    }
    override func setEditing(editing: Bool, animated: Bool) {
        self.tableView .setEditing(true, animated: true)
    }
    func tableView(tableView: UITableView, commitEditingStyle editingStyle:
    UITableViewCellEditingStyle, forRowAtIndexPath indexPath: NSIndexPath) {
        if (editingStyle == UITableViewCellEditingStyle.Delete) {
            self.arrPlayerNumber.removeAtIndex(indexPath.row)
            let arrIndexesToDelete = [indexPath]
            self.tableView.deleteRowsAtIndexPaths(arrIndexesToDelete,
            withRowAnimation: UITableViewRowAnimation.Right)
        } else if (editingStyle == UITableViewCellEditingStyle.Insert) {

        }
    }

    func tableView(tableView: UITableView, moveRowAtIndexPath sourceIndexPath:
    NSIndexPath, toIndexPath destinationIndexPath: NSIndexPath) {
        let rowContent = self.arrPlayerNumber[sourceIndexPath.row]
        self.arrPlayerNumber.removeAtIndex(sourceIndexPath.row)
        self.arrPlayerNumber.insert(rowContent, atIndex: destinationIndexPath.row)
    }
```

④ 定义函数 insertNewRow()实现添加单元格功能，对应代码如下所示。

```
    func insertNewRow(sender: UIBarButtonItem) {
        self.arrPlayerNumber .append(self.arrPlayerNumber.count+1)
        let indexOfLastRow = NSIndexPath(forRow: self.arrPlayerNumber.count-1,
        inSection: 0)
        let arrIndexesToInsert = [indexOfLastRow]
        self.tableView .insertRowsAtIndexPaths(arrIndexesToInsert, withRowAnimation:
        UITableViewRowAnimation.Left)
        self.tableView.scrollToRowAtIndexPath(indexOfLastRow, atScrollPosition:
        UITableViewScrollPosition.Bottom, animated: true)
    }

}
```

执行后的初始界面效果如图 16-18 所示。单击“+”可以新增单元格，单击“Edit”后的效果如图 16-19 所示。

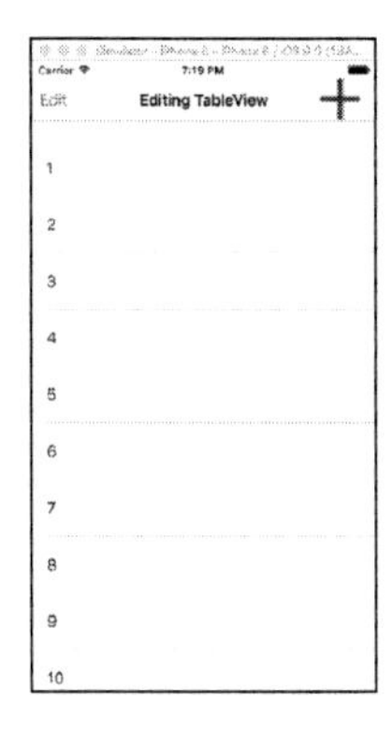

图 16-18　执行效果

图 16-19　单击“Edit”后的效果

单击某个单元格前面的●后的效果如图 16-20 所示。单击“Delete”后会删除这行单元格。

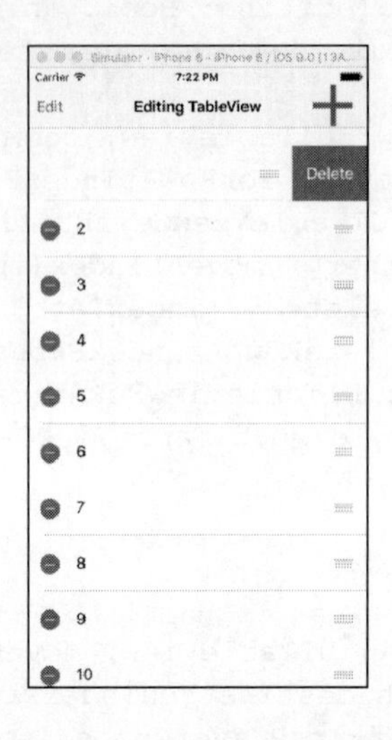

图 16-20　单击某个单元格前面的●后的效果

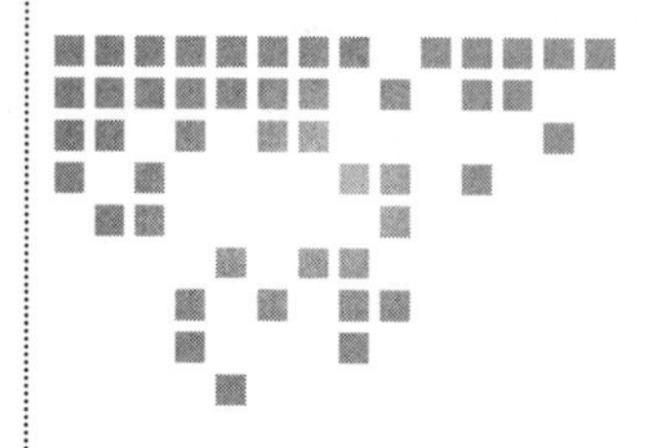

Chapter 17 第 17 章

活动指示器、进度条和检索条

在本章将介绍三个新的控件：活动指示器、进度条和检索条。在 iOS 应用中，可以使用活动指示器实现一个轻型视图效果。通过使用进度条能够以动画的方式显示某个动作的进度，例如播放进度和下载进度。而检索条可以实现一个搜索表单效果。在本章将详细讲解这三个控件的基本知识，为读者步入本书后面知识的学习打下基础。

17.1 活动指示器（UIActivityIndicatorView）

在 iOS 应用中，可以使用控件 UIActivityIndicatorView 实现一个活动指示器效果。在本节的内容中，将详细讲解 UIActivityIndicatorView 的基本知识和具体用法。

17.1.1 活动指示器基础

在开发过程中，可以使用 UIActivityIndicatorView 实例提供轻型视图，这些视图显示一个标准的旋转进度轮。当使用这些视图时，20×20 像素是大多数指示器样式获得清楚显示效果的最佳大小。只要稍大一点，指示器都会变得模糊。

在 iOS 中提供了几种不同样式的 UIActivityIndicatorView 类。UIActivityIndicator-ViewStyle White 和 UIActivityIndicatorViewStyleGray 是最简洁的。黑色背景下最适合白色版本的外观，白色背景最适合灰色外观，它非常瘦小，而且采用夏普风格。在选择白色还是灰色时要格外注意。全白显示在白色背景下将不能显示任何内容。而 UIActivityIndicatorViewStyleWhite Large 只能用于深色背景。它提供最大、最清晰的指示器。

17.1.2 实践练习

在本节的内容中，将通过一个具体实例的实现过程，详细讲解基于 Swift 语言使用 UIActivityIndicator View 控件的过程。

实例 17-1	演示如何使用 UIActivityIndicatorView 控件
源码路径	源代码下载包:\daima\17\UIActivityViewController

（1）打开 Xcode 7，然后创建一个名为“UIActivityViewController”的工程，工程的最终目录结构如图 17-1 所示。

（2）打开 Main.storyboard 设计面板，在里面插入一个“Share”文本框，如图 17-2 所示。

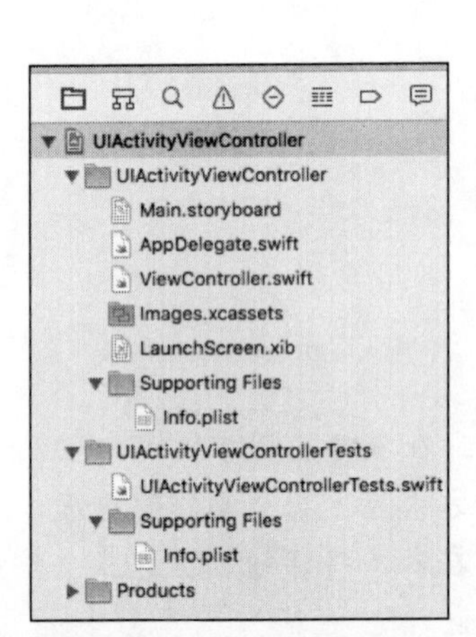

图 17-1　工程的目录结构

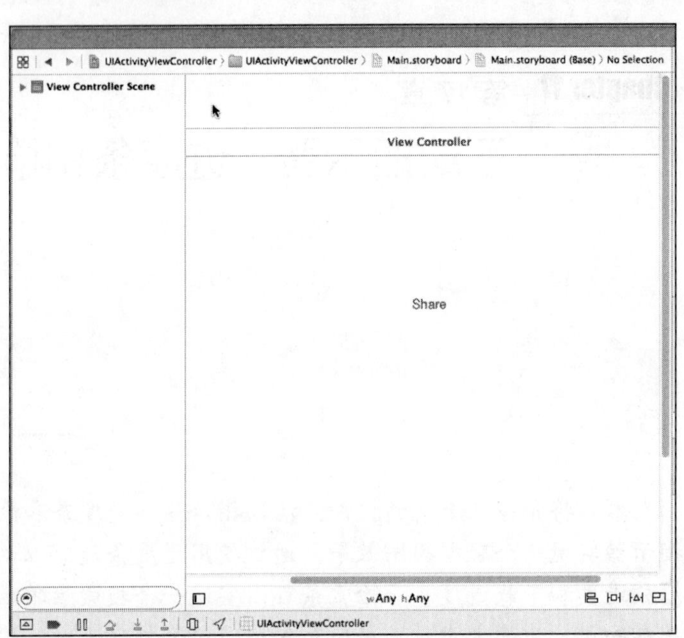

图 17-2　Main.storyboard 设计面板

（3）编写文件 ViewController.swift，功能是当用户单击屏幕中的“Share”文本后会弹出一个新界面，在新界面中显示 Mail 和 Copy 两个选项。文件 ViewController.swift 的具体实现代码如下所示：

```
import UIKit
class ViewController: UIViewController {
    override func viewDidLoad() {
        super.viewDidLoad()
    }
    override func didReceiveMemoryWarning() {
        super.didReceiveMemoryWarning()
    }
    //MARK: UIActivityViewController Setup
    @IBAction func shareSheet(sender: AnyObject){
        let firstActivityItem = "Hey, check out this mediocre site that sometimes
        posts about Swift!"
        let urlString = "http://www.dvdowns.com/"
        let secondActivityItem : NSURL = NSURL(string:urlString)!
        let activityViewController : UIActivityViewController =
        UIActivityViewController(
            activityItems: [firstActivityItem, secondActivityItem],
            applicationActivities: nil)
        activityViewController.excludedActivityTypes = [
```

```
            UIActivityTypePostToWeibo,
            UIActivityTypePrint,
            UIActivityTypeAssignToContact,
            UIActivityTypeSaveToCameraRoll,
            UIActivityTypeAddToReadingList,
            UIActivityTypePostToFlickr,
            UIActivityTypePostToVimeo,
            UIActivityTypePostToTencentWeibo
        ]
        self.presentViewController(activityViewController, animated: true,
        completion: nil)
    }
}
```

至此为止，整个实例介绍完毕。执行后的初始效果如图 17-3 所示。单击屏幕中的“Share”文本后会弹出一个新界面，如图 17-4 所示。

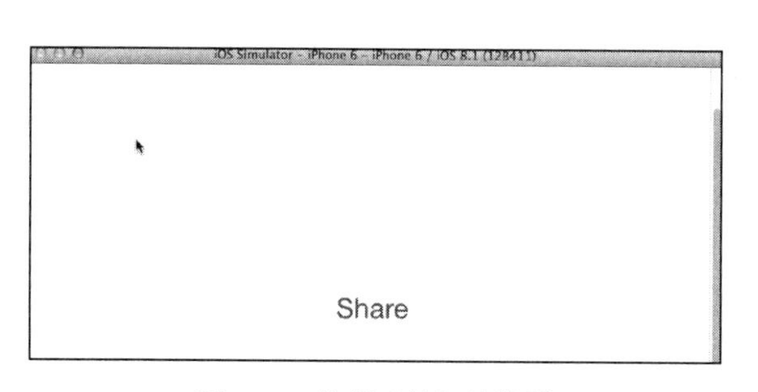

图 17-3　执行后的初始效果

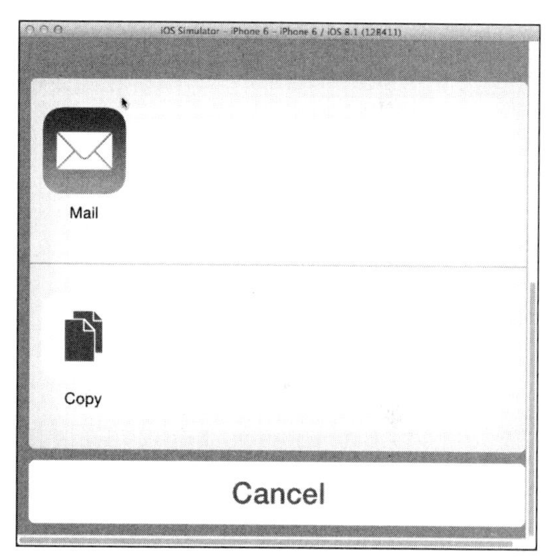

图 17-4　弹出一个新界面

17.2　进度条（UIProgressView）

在 iOS 应用中，通过 UIProgressView 来显示进度效果，如音乐，视频的播放进度，和文件的上传下载进度等。在本节的内容中，将详细讲解 UIProgressView 的基本知识和具体用法。

17.2.1　进度条基础

在 iOS 应用中，UIProgressView 与 UIActivityIndicatorView 相似，只不过它提供了一个接口可以显示一个进度条，这样就能让用户知道当前操作完成了多少。在开发过程中，可以使用控件 UIProgressView 实现一个进度条效果。包括如下三个属性。

（1）center 属性和 frame 属性：设置进度条的显示位置，并添加到显示画面中。

（2）UIProgressViewStyle 属性：设置进度条的样式，可以设置如下两种样式。

- UIProgressViewStyleDefault：标准进度条。

● UIProgressViewStyleDefault：深灰色进度条，用于工具栏中。

17.2.2 实践练习

在本节的内容中，将通过一个具体实例的实现过程，详细讲解基于 Swift 语言实现一个自定义进度条效果的过程。

实例 17-2	实现自定义进度条效果
源码路径	源代码下载包:\daima\17\KYCircularProgress

（1）打开 Xcode 7，然后新建一个名为“KYCircularProgress”的工程，工程的最终目录结构如图 17-5 所示。

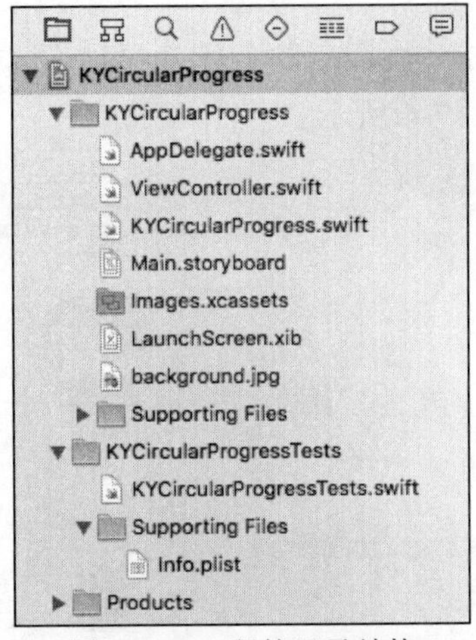

图 17-5 工程的目录结构

（2）再看 LaunchScreen.xib 设计界面，创建了一个 UIViewController 试图界面。如图 17-6 所示。

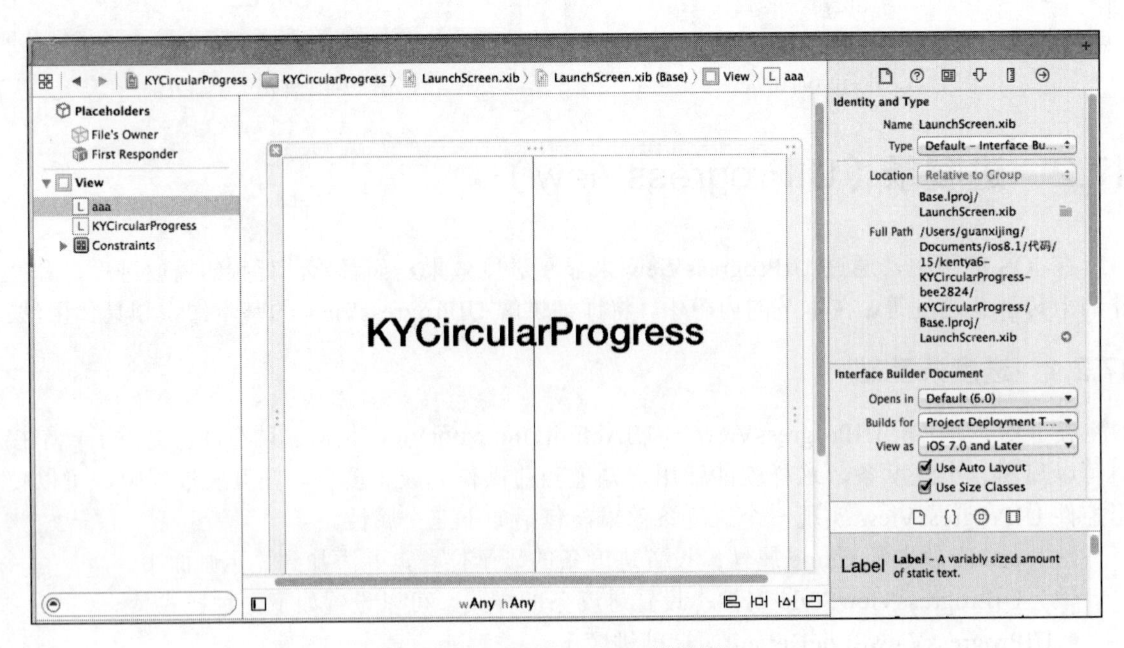

图 17-6 LaunchScreen.xib 设计界面

（3）编写文件 ViewController.swift，功能是在视图界面中创建了三种进度条样式 circularProgress1、circularProgress2 和 circularProgress3，然后分别通过函数 setupKYCircular Progress1()、setupKYCircularProgress2()和 setupKYCircularProgress3()分别设置了上述三种进度条的具体样式，第一种是环形显示进度数字样式，第二种是环形不显示进度数字样式，第三种是绘制五角星样式。文件 ViewController.swift 的具体实现代码如下所示。

```
import UIKit

class ViewController: UIViewController {

    var circularProgress1: KYCircularProgress!
    var circularProgress2: KYCircularProgress!
    var circularProgress3: KYCircularProgress!
    var progress: UInt8 = 0

    override func viewDidLoad() {
        super.viewDidLoad()

        setupKYCircularProgress1()
        setupKYCircularProgress2()
        setupKYCircularProgress3()

        NSTimer.scheduledTimerWithTimeInterval(0.03, target: self, selector: Selector
        ("updateProgress"), userInfo: nil, repeats: true)
    }

    override func didReceiveMemoryWarning() {
        super.didReceiveMemoryWarning()
    }

    func setupKYCircularProgress1() {
        circularProgress1 = KYCircularProgress(frame: CGRectMake(0, 0, self.view.
        frame.
        size.width, self.view.frame.size.height/2))
        let center = (CGFloat(160.0), CGFloat(200.0))
        circularProgress1.path = UIBezierPath(arcCenter: CGPointMake(center.0,
        center.1), radius: CGFloat(circularProgress1.frame.size.width/3.0),
        startAngle: CGFloat(M_PI), endAngle: CGFloat(0.0), clockwise: true)
        circularProgress1.lineWidth = 8.0

        let textLabel = UILabel(frame: CGRectMake(circularProgress1.frame.origin.
        x + 120.0, 170.0, 80.0, 32.0))
        textLabel.font = UIFont(name: "HelveticaNeue-UltraLight", size: 32)
        textLabel.textAlignment = .Center
        textLabel.textColor = UIColor.greenColor()
        textLabel.alpha = 0.3
        self.view.addSubview(textLabel)

        circularProgress1.progressChangedClosure({ (progress: Double,
        circularView: KYCircularProgress) in
            println("progress: \(progress)")
```

```
            textLabel.text = "\(Int(progress * 100.0))%"
        })

        self.view.addSubview(circularProgress1)
    }

    func setupKYCircularProgress2() {
        circularProgress2 = KYCircularProgress(frame: CGRectMake(0, circularProgress1.
        frame.size.height, self.view.frame.size.width/2, self.view.frame.size.
        height/3))
        circularProgress2.colors = [0xA6E39D, 0xAEC1E3, 0xAEC1E3, 0xF3C0AB]

        self.view.addSubview(circularProgress2)
    }

    func setupKYCircularProgress3() {
        circularProgress3 = KYCircularProgress(frame: CGRectMake(circularProgress2.
        frame.size.width*1.25, circularProgress1.frame.size.height*1.15, self.
        view.frame.size.width/2, self.view.frame.size.height/2))
        circularProgress3.colors = [0xFFF77A, 0xF3C0AB]
        circularProgress3.lineWidth = 3.0

        let path = UIBezierPath()
        path.moveToPoint(CGPointMake(50.0, 2.0))
        path.addLineToPoint(CGPointMake(84.0, 86.0))
        path.addLineToPoint(CGPointMake(6.0, 33.0))
        path.addLineToPoint(CGPointMake(96.0, 33.0))
        path.addLineToPoint(CGPointMake(17.0, 86.0))
        path.closePath()
        circularProgress3.path = path

        self.view.addSubview(circularProgress3)
    }

    func updateProgress() {
        progress = progress &+ 1
        let normalizedProgress = Double(progress) / 255.0

        circularProgress1.progress = normalizedProgress
        circularProgress2.progress = normalizedProgress
        circularProgress3.progress = normalizedProgress
    }
}
```

（4）文件的 KYCircularProgress.swift 功能是实现进度条的进度绘制功能，分别通过变量 startAngle 和变量 endAngle 设置进度条的起始点。文件 KYCircularProgress.swift 的主要实现流程如下所示。

① 定义视图类 KYCircularProgress，然后设置进度条的最大值常量，对应实现代码如下所示。

```
import Foundation
```

```
import UIKit

// MARK: - KYCircularProgress
class KYCircularProgress: UIView {
    typealias progressChangedHandler = (progress: Double, circularView:
    KYCircularProgress) → ()
    private var progressChangedClosure: progressChangedHandler?
    private var progressView: KYCircularShapeView!
    private var gradientLayer: CAGradientLayer!
    var progress: Double = 0.0 {
        didSet {
            let clipProgress = max( min(oldValue, 1.0), 0.0)
            self.progressView.updateProgress(clipProgress)

            if let progressChanged = progressChangedClosure {
                progressChanged(progress: clipProgress, circularView: self)
            }
        }
    }
```

② 分别定义多边形的起始时角度和结束时角度，对应实现代码如下所示。

```
    var startAngle: Double = 0.0 {
        didSet {
            self.progressView.startAngle = oldValue
        }
    }
    var endAngle: Double = 0.0 {
        didSet {
            self.progressView.endAngle = oldValue
        }
    }
```

③ 定义进度条线条的宽度，对应实现代码如下所示。

```
    var lineWidth: Double = 8.0 {
        willSet {
            self.progressView.shapeLayer().lineWidth = CGFloat(newValue)
        }
    }
    var path: UIBezierPath? {
        willSet {
            self.progressView.shapeLayer().path = newValue?.CGPath
        }
    }
```

④ 定义进度条线条的颜色，对应实现代码如下所示。

```
    var colors: [Int]? {
        didSet {
            updateColors(oldValue)
        }
    }
```

⑤ 定义进度条线条的透明度，对应实现代码如下所示。

```
var progressAlpha: CGFloat = 0.55 {
    didSet {
        updateColors(self.colors)
    }
}
```

⑥ 定义来自父类的指定构造器 init，因为这个构造器是 required，所以必须实现。对应实现代码如下所示。

```
required init(coder aDecoder: NSCoder) {
    super.init(coder: aDecoder)
    setup()
}

override init(frame: CGRect) {
    super.init(frame: frame)
    setup()
}
```

⑦ 定义函数 setup()，通过 CAGradientLayer 制作渐变色样式的进度条，对应实现代码如下所示。

```
private func setup() {
    self.progressView = KYCircularShapeView(frame: self.bounds)
    self.progressView.shapeLayer().fillColor = UIColor.clearColor().CGColor
    self.progressView.shapeLayer().path = self.path?.CGPath

    gradientLayer = CAGradientLayer(layer: layer)
    gradientLayer.frame = self.progressView.frame
    gradientLayer.startPoint = CGPointMake(0, 0.5);
    gradientLayer.endPoint = CGPointMake(1, 0.5);
    gradientLayer.mask = self.progressView.shapeLayer();
    gradientLayer.colors = self.colors ?? [colorHex(0x9ACDE7).CGColor!,
    colorHex(0xE7A5C9).CGColor!]

    self.layer.addSublayer(gradientLayer)
    self.progressView.shapeLayer().strokeColor = self.tintColor.CGColor
}
```

⑧ 定义函数 progressChangedClosure()，实现进度条完成时的闭合操作效果，对应实现代码如下所示。

```
func progressChangedClosure(completion: progressChangedHandler) {
    progressChangedClosure = completion
}
```

⑨ 定义函数 colorHex()，实现十六进制的颜色转换操作，对应实现代码如下所示。

```
private func colorHex(rgb: Int) → UIColor {
    return UIColor(red: CGFloat((rgb & 0xFF0000) >> 16) / 255.0,
                   green: CGFloat((rgb & 0xFF00) >> 8) / 255.0,
                   blue: CGFloat(rgb & 0xFF) / 255.0,
                   alpha: progressAlpha)
}
```

⑩ 定义函数 updateColors()，通过不同的填充颜色来填充进度条，对应实现代码如下所示。

```
    private func updateColors(colors: [Int]?) → () {
        var convertedColors: [AnyObject] = []
        if let inputColors = self.colors {
            for hexColor in inputColors {
                convertedColors.append(self.colorHex(hexColor).CGColor!)
            }
        } else {
            convertedColors = [self.colorHex(0x9ACDE7).CGColor!, self.colorHex
            (0xE7A5C9).CGColor!]
        }
        self.gradientLayer.colors = convertedColors
    }
}
```

⑪ 定义视图类 KYCircularShapeView，调用上面的函数在屏幕中加载显示进度条，对应实现代码如下所示。

```
class KYCircularShapeView: UIView {
    var startAngle = 0.0
    var endAngle = 0.0

    override class func layerClass() → AnyClass {
        return CAShapeLayer.self
    }

    private func shapeLayer() → CAShapeLayer {
        return self.layer as CAShapeLayer
    }

    required init(coder aDecoder: NSCoder) {
        super.init(coder: aDecoder)
    }

    override init(frame: CGRect) {
        super.init(frame: frame)
        self.updateProgress(0)
    }

    override func layoutSubviews() {
        super.layoutSubviews()

        if self.startAngle == self.endAngle {
            self.endAngle = self.startAngle + (M_PI * 2)
        }
        self.shapeLayer().path = self.shapeLayer().path ?? self.layoutPath().CGPath
    }

    private func layoutPath() → UIBezierPath {
        var halfWidth = CGFloat(self.frame.size.width / 2.0)
        return UIBezierPath(arcCenter: CGPointMake(halfWidth, halfWidth), radius:
        halfWidth - self.shapeLayer().lineWidth, startAngle: CGFloat(self.startAngle),
        endAngle: CGFloat(self.endAngle), clockwise: true)
    }
```

```
    private func updateProgress(progress: Double) {
        CATransaction.begin()
        CATransaction.setValue(kCFBooleanTrue, forKey: kCATransactionDisableActions)
        self.shapeLayer().strokeEnd = CGFloat(progress)
        CATransaction.commit()
    }
}
```

至此为止，整个实例全部介绍完毕。执行后将在屏幕中显示三种不同样式的进度条效果，如图 17-7 所示。

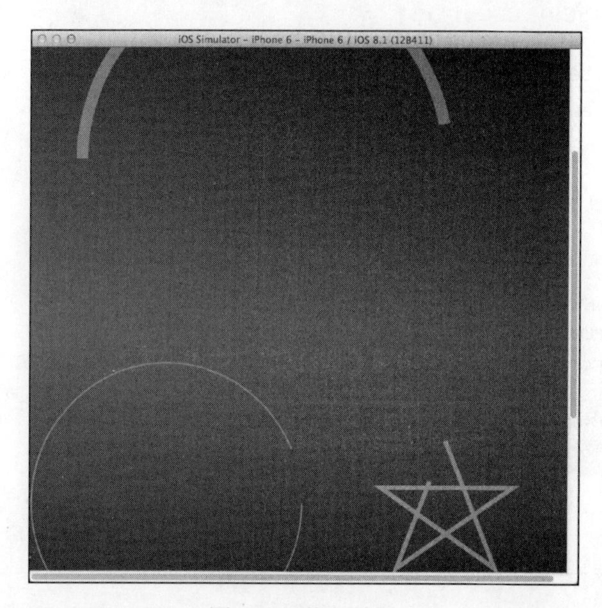

图 17-7　执行效果

17.3　检索条（UISearchBar）

在 iOS 应用中，可以使用 UISearchBar 控件实现一个检索框效果。在本节的内容中，将详细讲解使用 UISearchBar 控件的基本知识和具体用法。

17.3.1　检索条基础

UISearchBar 控件各个属性的具体说明如表 17-1 所示。

表 17-1　UISearchBar 控件的属性

属　　性	作　　用
UIBarStyle barStyle	控件的样式
id<UISearchBarDelegate> delegate	设置控件的委托
NSString *text	控件上面的显示的文字
NSString *prompt	显示在顶部的单行文字，通常作为一个提示行
NSString *placeholder	半透明的提示文字，输入搜索内容消失
BOOL showsBookmarkButton	是否在控件的右端显示一个书的按钮（没有文字时）

续表

属　　性	作　　用
BOOL showsCancelButton	是否显示 cancel 按钮
BOOL showsSearchResultsButton	是否在控件的右端显示搜索结果按钮（没有文字时）
BOOL searchResultsButtonSelected	搜索结果按钮是否被选中
UIColor *tintColor	bar 的颜色（具有渐变效果）
BOOL translucent	指定控件是否会有透视效果
UITextAutocapitalizationTypeautocapitalizationType	设置在什么的情况下自动大写
UITextAutocorrectionTypeautocorrectionType	对于文本对象自动校正风格
UIKeyboardTypekeyboardType	键盘的样式
NSArray *scopeButtonTitles	搜索栏下部的选择栏，数组里面的内容是按钮的标题
NSInteger selectedScopeButtonIndex	搜索栏下部的选择栏按钮的个数
BOOL showsScopeBar	控制搜索栏下部的选择栏是否显示出来

17.3.2 实践练习

在本节的内容中，将通过一个具体实例的实现过程，详细讲解基于 Swift 语言使用 UISearchBar 控件的过程。

实例 17-3	演示如何使用 UISearchBar 控件
源码路径	源代码下载包:\daima\17\UISearchBar-and-TableViewController

（1）打开 Xcode 7，然后创建一个名为“UISearchControllerStoryBoard”的工程，工程的最终目录结构如图 17-8 所示。

（2）打开 Main.storyboard 设计面板，在里面设置 NavagationController 和 TableView 控件，如图 17-9 所示。

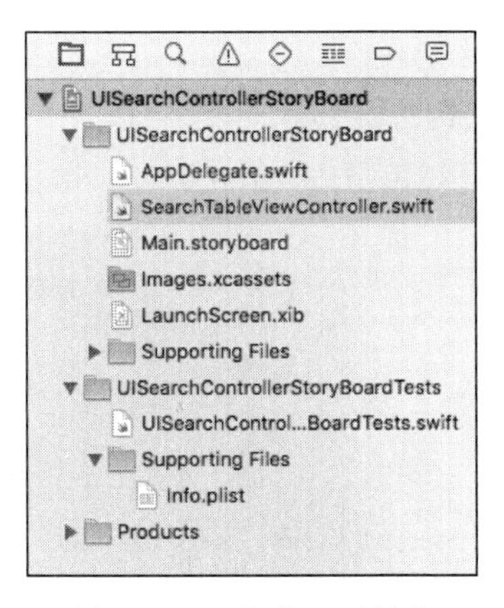

图 17-8　工程的目录结构

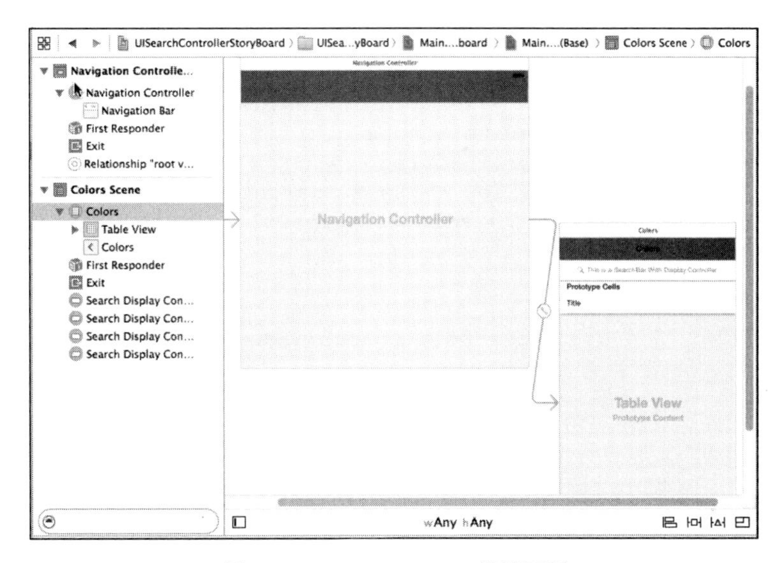

图 17-9　Main.storyboard 设计面板

（3）编写文件 SearchTableViewController.swift，功能是在界面顶部通过 UISearchBar 控件

显示一个搜索表单，在下方通过 TableView 控件显示信息列表和搜索结果。文件 SearchTableViewController.swift 的具体实现代码如下所示。

```
import UIKit
class SearchTableViewController: UITableViewController, UISearchBarDelegate{
    var colors : [String] = []
    var filteredColors = [String]()
    @IBOutlet weak var searchBar: UISearchBar!
    override func viewDidLoad() {
        super.viewDidLoad()
        colors = ["Red","White","Blue","Yellow","Green","Black","Purple",
        "Getting Tired","Have I mentioned that I like Objective C"]
        //searchbar
        searchBar.delegate = self
        searchBar.showsScopeBar = true
    }
    override func didReceiveMemoryWarning() {
        super.didReceiveMemoryWarning()
        // Dispose of any resources that can be recreated.
    }
    // MARK: - Table view data source
    override func numberOfSectionsInTableView(tableView: UITableView) → Int {

        return 1
    }

    override func tableView(tableView: UITableView, numberOfRowsInSection
    section: Int) → Int {
        if tableView == self.searchDisplayController!.searchResultsTableView{
            return self.filteredColors.count
        }else{
          return colors.count
        }

    }
    override func tableView(tableView: UITableView, cellForRowAtIndexPath
    indexPath: NSIndexPath) → UITableViewCell {
        let cell = self.tableView.dequeueReusableCellWithIdentifier("Cell",
        forIndexPath: indexPath) as UITableViewCell
        var color : String
        if tableView == self.searchDisplayController!.searchResultsTableView{
            color = self.filteredColors[indexPath.row]as (String)
        }
        else
        {
            color = self.colors[indexPath.row]as (String)
        }
        cell.textLabel.text = color
        return cell
    }
    func filterContentForSearchText(searchText: String) {
        self.filteredColors = self.colors.filter({( colors: String) → Bool in
            let stringMatch = colors.rangeOfString(searchText)
            return (stringMatch != nil)
        })
        println(self.filteredColors)
```

```
    }
    func searchDisplayController(controller: UISearchDisplayController!,
    shouldReloadTableForSearchString searchString: String!) → Bool {
        self.filterContentForSearchText(searchString)
        return true
    }
    func searchDisplayController(controller: UISearchDisplayController!,
    shouldReloadTableForSearchScope searchOption: Int) → Bool {
        self.filterContentForSearchText(self.searchDisplayController!.searchBar.text)
        return true
    }
}
```

至此为止，整个实例介绍完毕。此时执行后效果如图 17-10 所示。

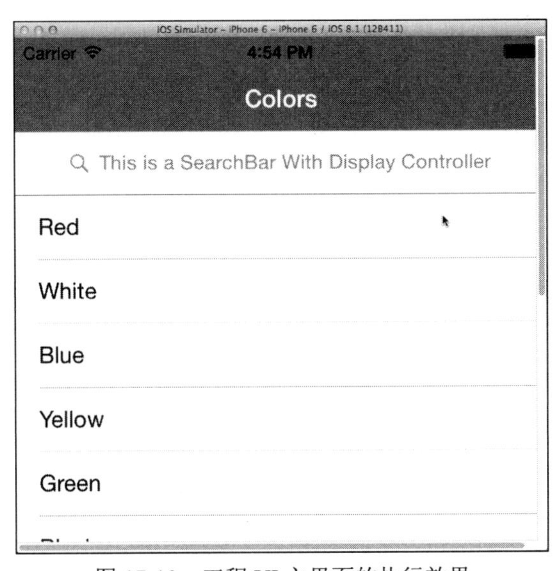

图 17-10　工程 UI 主界面的执行效果

在顶部搜索表单输入关键字后，在下方列表中可以显示检索结果。例如输入关键字“B”后的执行效果如图 17-11 所示。

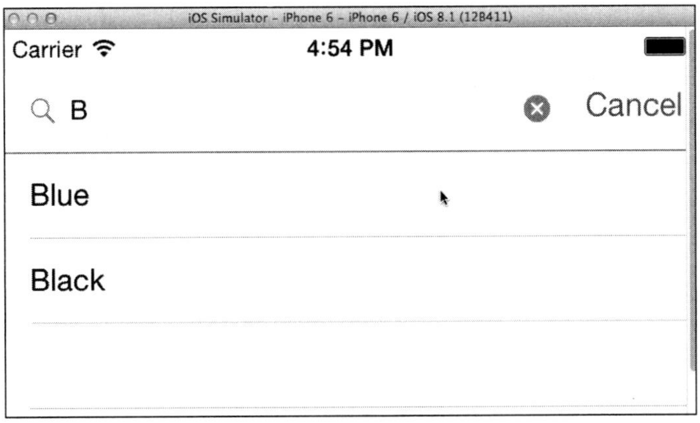

图 17-11　显示检索结果

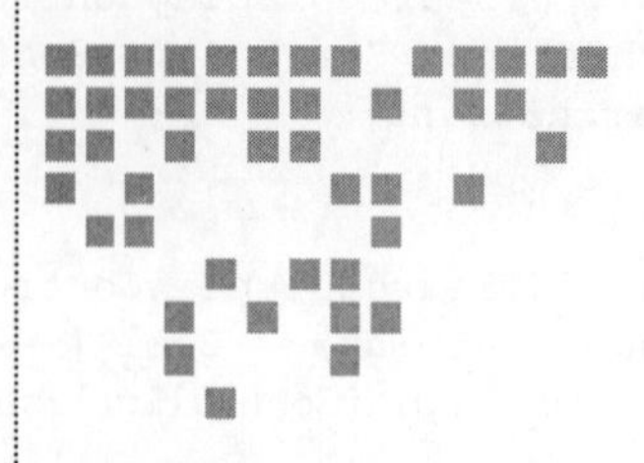

Chapter 18 第 18 章

UIView 和视图控制器

其实在 iOS 系统里看到的和用到的都是使用 UIView 实现的，UIView 在 iOS 开发中具有非常重要的作用。另外，在 iOS 应用程序中可以采用结构化程度更高的场景进行布局，其中有两种最流行的应用程序布局方式，分别是使用导航控制器和选项卡栏控制器。导航控制器让用户能够从一个屏幕切换到另一个屏幕，这样可以显示更多细节，例如 Safari 书签。第二种方法是实现选项卡栏控制器，常用于开发包含多个功能屏幕的应用程序，其中每个选项卡都显示一个不同的场景，让用户能够与一组控件交互。在本章的内容中，将详细讲解 iOS 系统中 UIView 和视图控制器的基本知识和具体用法，为读者步入本书后面知识的学习打下基础。

18.1 UIView 基础

UIView 也是在 MVC 中非常重要的一层，是 iOS 系统下所有界面的基础。UIView 在屏幕上定义了一个矩形区域和管理区域内容的接口。在运行时，一个视图对象控制该区域的渲染，同时也控制内容的交互）。所以说 UIView 具有三个基本的功能，画图和动画，管理内容的布局，控制事件。正是因为 UIView 具有这些功能，它才能担当起 MVC 中视图层的作用。视图和窗口展示了应用的用户界面，同时负责界面的交互。UIKit 和其他系统框架提供了很多视图，你可以就地使用而几乎不需要任何修改。当你需要展示的内容与标准视图允许的有很大的差别时，你也可以定义自己的视图。无论是使用系统的视图还是创建自己的视图，需要理解类 UIView 和类 UIWindow 所提供的基本结构。这些类提供了复杂的方法来管理视图的布局和展示。理解这些方法的工作非常重要，使我们在应用发生改变时可以确认视图有合适的行为。

在 iOS 应用中，绝大部分可视化操作都是由视图对象——即 UIView 类的实例进行的。一个视图对象定义了屏幕上的一个矩形区域，同时处理该区域的绘制和触屏事件。一个视图也可以作为其他视图的父视图，同时决定着这些子视图的位置和大小。UIView 类做了大量的工作去管理这些内部视图的关系，但是需要时也可以定制默认的行为。

在本节的内容中，将详细介绍 UIView 的基本知识。

18.1.1　UIView 的结构

在官方 API 中为 UIView 定义了各种函数接口，首先看视图最基本的功能显示和动画，其实 UIView 的所有绘图和动画的接口，都是可以使用 CALayer 和 CAAnimation 实现的，也就是说苹果公司是不是将 CoreAnimation 的功能封装到 UIView 中。但是每一个 UIView 都会包含一个 CALayer，并且 CALayer 里面可以加入各种动画。再次，我们来看一下 UIView 管理布局的思想其实和 CALayer 也是非常接近的。最后控制事件的功能，是因为 UIView 继承了 UIResponder。经过上面的分析很容易即可分解出 UIView 的本质。UIView 就相当于一块白墙，这块白墙只是负责把加入其中的东西显示出来而已。

1. UIView 中的 CALayer

UIView 的一些几何特性 frame、bounds、center 都可以在 CALayer 中找到替代的属性，所以如果明白了 CALayer 的特点，自然 UIView 的图层中如何显示的都会一目了然。

CALayer 就是图层，图层的功能是渲染图片和播放动画等。每当创建一个 UIView 时，系统会自动的创建一个 CALayer，但是这个 CALayer 对象不能改变，只能修改某些属性。所以通过修改 CALayer，不仅可以修饰 UIView 的外观，还可以给 UIView 添加各种动画。CALayer 属于 CoreAnimation 框架中的类，通过 Core Animation Programming Guide 即可了解很多 CALayer 中的特点，假如掌握了这些特点，自然也就理解了 UIView 是如何显示和渲染的。

UIView 和 NSView 明显是 MVC 中的视图模型，animation layer 更像是模型对象。它们封装了几何，时间和一些可视的属性，并且提供了可以显示的内容，但是实际的显示并不是 layer 的职责。每一个层树的后台都有两个响应树：一个曾现树和一个渲染树）。所以很显然 Layer 封装了模型数据，每当更改 layer 中的某些模型数据中数据的属性时，曾现树都会做一个动画代替，之后由渲染树负责渲染图片。

既然 Animation Layer 封装了对象模型中的几何性质，那么如何取得这些几何特性。一个方式是根据 Layer 中定义的属性，比如 bounds、authorPoint、frame 等属性，其次，Core Animation 扩展了键值对协议，这样就允许开发者通过 get 和 set 方法，方便的得到 layer 中的各种几何属性。

虽然 CALayer 和 UIView 十分相似，也可以通过分析 CALayer 的特点理解 UIView 的特性，但是毕竟苹果公司不是用 CALayer 来代替 UIView 的，否则苹果公司也不会设计一个 UIView 类了。就像官方文档解释的一样，CAlayer 层树是 cocoa 视图继承树的同等物，它具备 UIView 的很多共同点，但是 Core Animation 没有提供一个方法展示在窗口。它们必须“寄宿”到 UIView 中，并且 UIView 给它们提供响应的方法。所以 UIReponder 就是 UIView 的又一个大的特性。

2. UIView 继承的 UIResponder

UIResponder 是所有事件响应的基石，事件（UIEvent）是发给应用程序并告知用户的行动。在 iOS 中的事件有三种，分别是多点触摸事件、行动事件和远程控制事件。定义这三种事件的格式如下所示。

```
typedef enum {
    UIEventTypeTouches,
    UIEventTypeMotion,
    UIEventTypeRemoteControl,
} UIEventType;
```

UIReponder 中的事件传递过程如图 18-1 所示。

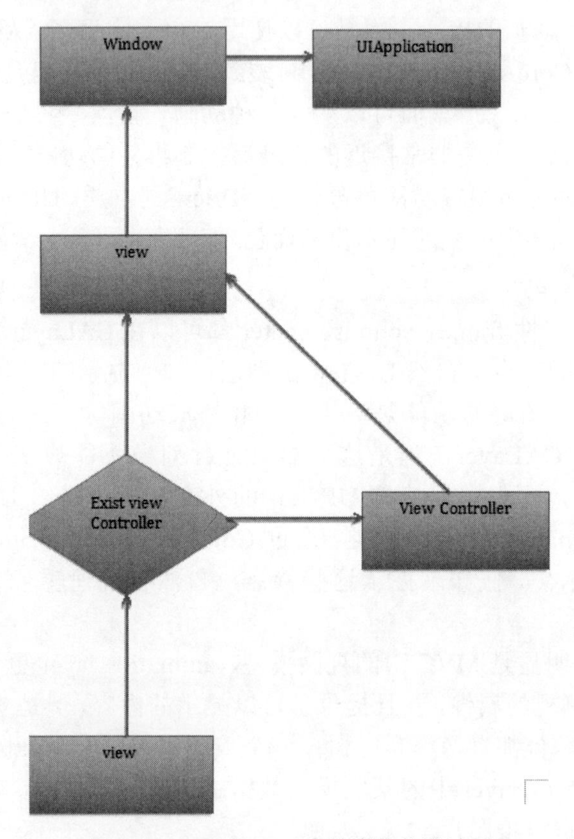

图 18-1　UIReponder 中的事件传递过程

首先是被单击的该视图响应时间处理函数，如果没有响应函数会逐级向上面传递，直到有响应处理函数，或者直到该消息被抛弃为止。关于 UIView 的触摸响应事件中，这里有一个常常容易迷惑的方法是 hitTest:WithEvent。通过发送 PointInside:withEvent:消息给每一个子视图，这个方法能够遍历视图层树，这样可以决定那个视图应该响应此事件。如果 PointInside:withEvent:返回 YES，然后子视图的继承树就会被遍历，否则视图的继承树就会被忽略。在 hitTest 方法中，要先调用 PointInside:withEvent:，看是否要遍历子视图。如果不想让某个视图响应事件，只需要重载 PointInside:withEvent:方法，让此方法返回 NO 即可。

18.1.2　视图架构

在 iOS 系统中，一个视图对象定义了屏幕上的一个矩形区域，同时处理该区域的绘制和触屏事件。一个视图也可以作为其他视图的父视图，同时决定着这些子视图的位置和大小。UIView 类做了大量的工作去管理这些内部视图的关系，但是需要时也可以定制默认的行为。视图 view 与 Core Animation 层联合起来处理着视图内容的解释和动画过渡。每个 UIKit 框架里的视图都被一个层对象支持，这通常是一个 CALayer 类的实例，它管理着后台的视图存储和处理视图相关的动画。然而，当需要对视图的解释和动画行为有更多的控制权时可以使用层。

为了理解视图和层之间的关系，可以借助于一些例子。图 18-2 显示了 ViewTransitions 例程的视图层次及其对底层 Core Animation 层的关系。应用中的视图包括了一个 Window（同时也是一个视图），一个通用的表现是像一个容器视图的 UIView 对象，一个图像视图，一个控制显示用的工具条，和一个工具条按钮（它本身不是一个视图但是在内部管理着一个视图）。注意这个应用包含了一个额外的图像视图，它是用来实现动画的。为了简化流程，同时因为这个视图通常是被隐藏的，所以没将它包含在下面的图中。每个视图都有一个相应的层对象，它可以通过视图属性被访问。因为工具条按钮不是一个视图，所以不能直接访问它的层对象。在它们的层对象之后是 Core Animation 的解释对象，最后是用来管理屏幕上的位的硬件缓存。

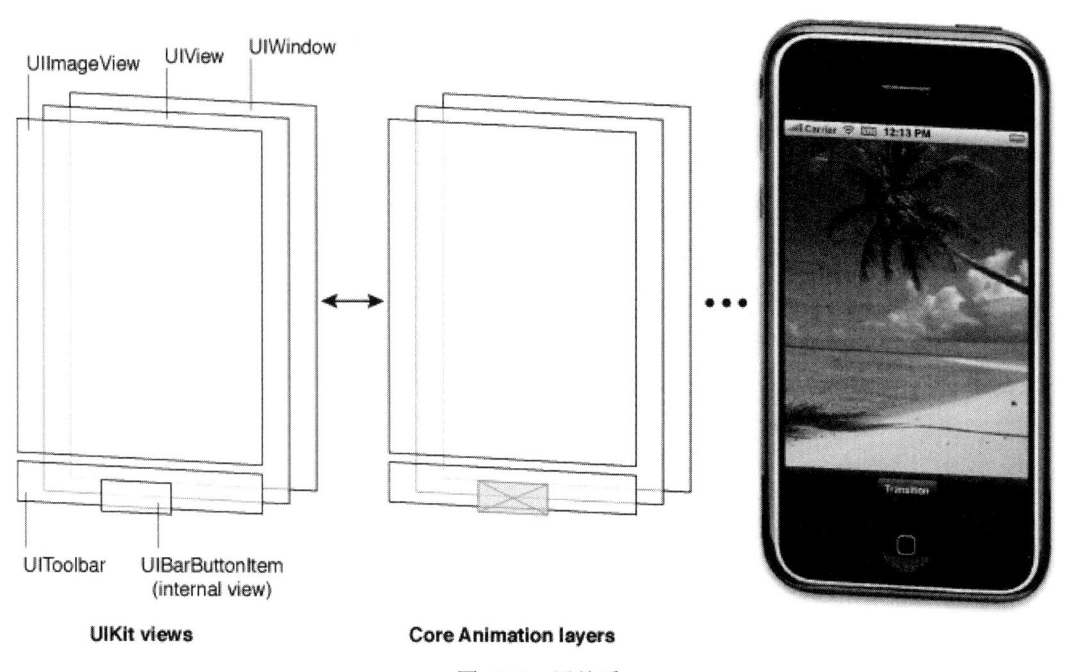

图 18-2 层关系

一个视图对象的绘制代码需要尽量的少被调用，当它被调用时，其绘制结果会被 Core Animation 缓存起来并在往后可以被尽可能的重用。重用已经解释过的内容消除了通常需要更新视图的开销昂贵的绘制周期。

18.1.3 视图层次和子视图管理

除了提供自己的内容之外，一个视图也可以表现得像一个容器一样。当一个视图包含其他视图时，就在两个视图之间创建了一个父子关系。在这个关系中孩子视图被当作子视图，父视图被当作超视图。创建这样一个关系对应用的可视化和行为都有重要的意义。在视觉上，子视图隐藏了父视图的内容。如果子视图是完全不透明的，那么子视图所占据的区域就完全的隐藏了父视图的相应区域。如果子视图是部分透明的，那么两个视图在显示在屏幕上之前就混合在一起了。每个父视图都用一个有序的数组存储着它的子视图，存储的顺序会影响到每个子视图的显示效果。如果两个兄弟子视图重叠在一起，后来被加入的那个（或者说是排在子视图数组后面的那个）出现在另一个上面。父子视图关系也影响着一些视图行为。改变父视图的尺寸会连带着改变子视图的尺寸和位置。在这种情况下，可以通过合适的配置视图来重定义子视图的尺寸。其他会影响到子视图的改变包括隐藏父视图，改变父视图的 alpha 值，或者转换父视图。视图层次的安排也会决定着应用如何去响应事件。在一个具体的视图内部发生的触摸事件通常会被直接发送到该视图去处理。然而，如果该视图没有处理，它会将该事件传递给它的父视图，在响应者链中以此类推。具体视图可能也会传递事件给一个干预响应者对象，例如视图控制器。如果没有对象处理这个事件，它最终会到达应用对象，此时通常就被丢弃了。

18.1.4 视图绘制周期

UIView 类使用一个点播绘制模型来展示内容。当一个视图第一次出现在屏幕前，系统会要求它绘制自己的内容。在该流程中，系统会创建一个快照，这个快照是出现在屏幕中的视图内容的可见部分。如果你从来没有改变视图的内容，这个视图的绘制代码可能永远不会再被调用。这个快照图像在大部分涉及视图的操作中被重用。如果你确实改变了视图内容，也不会直接的重新绘制视图内容。相反，使用 setNeedsDisplay 或者 setNeedsDisplayInRect:方法废止该视图，同时让系统在稍后重画内容。系统等待当前运行循环结束，然后开始绘制操作。这个延迟给了你一个机会来废止多个视图，从层次中增加或者删除视图、隐藏，重设大小和重定位视图。所有做的改变会在稍后同一时间反应。

改变一个视图的几何结构不会自动引起系统重画内容。视图的 contentMode 属性决定了改变几何结构应该如果解释。大部分内容模式在视图的边界内拉伸或者重定位了已有快照，它不会重新创建一个新的快照。获取更多关于内容模式如果影响视图的绘制周期，查看 content modes 当绘制视图内容的时候到了时，真正的绘制流程会根据视图及其配置改变。系统视图通常会实现私有的绘制方法来解释它们的视图，（那些相同的系统视图经常开发接口，方便让你可以用来配置视图的真正表现。）对于定制的 UIView 子类，你通常可以覆盖 drawRect:方法并使用该方法来绘制视图内容。也有其他方法来提供视图内容，像直接在底部的层设置内容，但是覆盖 drawRect:时最通用的技术。

18.1.5 实践练习

在下面的内容中，将通过一个具体实例的实现过程，详细讲解在 UIView 中创建一个滚动图片浏览器的过程。

实例 18-1	在 UIView 中创建一个滚动图片浏览器
源码路径	源代码下载包:\daima\18\ZSocialPullView

（1）打开 Xcode 7，然后新建一个名为“ZSocialPullView”的工程，工程的最终目录结构如图 18-3 所示。

（2）编写文件 ViewController.swift 加载视图中的图片控件，通过 CGRect 绘制不同的图片层次，在视图中可以随意添加需要的图片素材，并需要将 backgroundcolororiginal 属性的 zsocialpullview 作为父视图相同的颜色。文件 ViewController. swift 的具体实现代码如下所示。

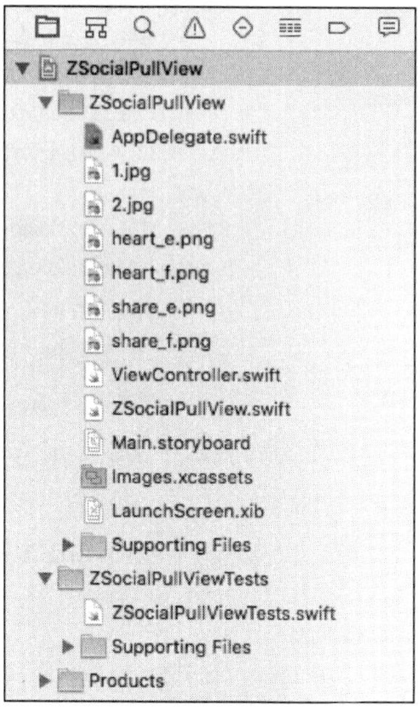

图 18-3　工程的目录结构

```
import UIKit

class ViewController: UIViewController,
ZSocialPullDelegate {
    override func viewDidLoad() {
        super.viewDidLoad()
        // 加载视图中的图片控件.
        var he = UIImage(named: "heart_e.png")
        var hf = UIImage(named: "heart_f.png")
        var se = UIImage(named: "share_e.png")
        var sf = UIImage(named: "share_f.png")
        self.view.backgroundColor = UIColor.
        blackColor()

        var v = UIView(frame: CGRect(x: 0, y: 0, width: 250, height: 375))
        var img1 = UIImageView(frame: CGRect(x: 0, y: 0, width: 250, height: 375))
        img1.image = UIImage(named: "1.jpg")
        v.addSubview(img1)

        var socialPullPortrait = ZSocialPullView(frame: CGRect(x: 0, y: 22, width:
        self.view.frame.width, height: 400))
        socialPullPortrait.setLikeImages(he!, filledImage: hf!)
        socialPullPortrait.setShareImages(se!, filledImage: sf!)
        socialPullPortrait.backgroundColorOriginal = UIColor.blackColor()
        socialPullPortrait.Zdelegate = self
        socialPullPortrait.setUIView(v)
        self.view.addSubview(socialPullPortrait)

        //////////////////////////////////////////////////////////////////////////

        var v2 = UIView(frame: CGRect(x: 0, y: 0, width: self.view.frame.width,
        height: 200))
        var img2 = UIImageView(frame: CGRect(x: 0, y: 0, width: v2.frame.width,
        height: 200))
        img2.image = UIImage(named: "2.jpg")
        v2.addSubview(img2)

        var socialPullLandscape = ZSocialPullView(frame: CGRect(x: 0, y: 450, width:
        self.view.frame.width, height: 200))
        socialPullLandscape.setLikeImages(he!, filledImage: hf!)
        socialPullLandscape.setShareImages(se!, filledImage: sf!)
        socialPullLandscape.backgroundColorOriginal = UIColor.blackColor()
        socialPullLandscape.Zdelegate = self
        socialPullLandscape.setUIView(v2)
        self.view.addSubview(socialPullLandscape)
```

```
    }

    func ZSocialPullAction(view: ZSocialPullView, action: String) {
        println(action)
    }
    override func didReceiveMemoryWarning() {
        super.didReceiveMemoryWarning()
        // Dispose of any resources that can be recreated.
    }
}
```

（3）编写文件 ZSocialScrollView.swift 实现 ZSocialPullDelegate 视图控制器，具体实现流程如下所示。

① 引入接口 ZSocialPullDelegate，对应实现代码如下所示。

```
import UIKit

@objc protocol ZSocialPullDelegate {
    func ZSocialPullAction(view: ZSocialPullView,action:String)
}
```

② 定义视图类 ZSocialPullView，引入需要的图片控件变量和和滚动视图变量，对应实现代码如下所示。

```
class ZSocialPullView: UIView, UIScrollViewDelegate
{
    var Zdelegate: ZSocialPullDelegate?

    var scrollview: UIScrollView!

    var likeEmptyImage: UIImage?
    var likeFilledImage: UIImage?

    var emptyLikeView: UIView!
    var filledLikeView: UIView!

    var shareEmptyImage: UIImage?
    var shareFilledImage: UIImage?

    var emptyShareView: UIView!
    var filledShareView: UIView!

    var backgroundColorOriginal: UIColor?

    private var originalView: UIView!
    private var bounceVar:CGFloat = 0.0
    private var bouncing:Bool = false
```

③ 下面 init()的实现代码是开发工具 Xcode 自动生成的。

```
    required init(coder aDecoder: NSCoder) {
```

```
        super.init(coder: aDecoder)
        fatalError("init(coder:) has not been implemented")
    }

    override init(frame: CGRect) {
        super.init(frame: frame)
    }
```

④ 定义函数 setLikeImages()设置在视图中显示的共享图像，对应实现代码如下所示。

```
    func setLikeImages(emptyImage: UIImage, filledImage: UIImage)
    {
        likeEmptyImage = emptyImage
        likeFilledImage = filledImage
    }

    func setShareImages(emptyImage: UIImage, filledImage: UIImage)
    {
        shareEmptyImage = emptyImage
        shareFilledImage = filledImage
    }
```

⑤ 定义函数 setUIView()设置在屏幕中显示的视图界面，在视图中分别插入空按钮和分享按钮，对应实现代码如下所示。

```
    func setUIView(view: UIView){

        //原来的视图
        view.frame = CGRect(x: self.frame.width/2-view.frame.width/2, y:
        self.frame.height/2-view.frame.height/2, width: view.frame.width, height:
        view.frame.height)
        view.backgroundColor = backgroundColorOriginal
        //
        originalView = view

        //按钮填充
        filledLikeView = UIView(frame: CGRect(x: view.frame.width-65+view.frame.
        origin.x, y: self.frame.height/2-25, width: 50, height:50))
        var likeFilledImageView = UIImageView(frame: CGRect(x: 0, y: 0, width:
        filledLikeView.frame.width, height: filledLikeView.frame.height))
        likeFilledImageView.image = likeFilledImage
        filledLikeView.addSubview(likeFilledImageView)
        self.addSubview(filledLikeView)

        //空按钮
        emptyLikeView = UIView(frame: CGRect(x: view.frame.width-65+view.frame.
        origin.x, y: self.frame.height/2-25, width: 50, height:50))
        emptyLikeView.backgroundColor = backgroundColorOriginal
        var likeEmptyImageView = UIImageView(frame: CGRect(x: 0, y: 0, width:
        emptyLikeView.frame.width, height: emptyLikeView.frame.height))
        likeEmptyImageView.image = likeEmptyImage
        emptyLikeView?.addSubview(likeEmptyImageView)
```

```
        self.addSubview(emptyLikeView!)

        //分享按钮
        filledShareView = UIView(frame: CGRect(x: view.frame.origin.x+15, y:
        self.frame.height/2-25, width: 50, height:50))
        var shareFilledImageView = UIImageView(frame: CGRect(x: 0, y: 0, width:
        filledShareView.frame.width, height: filledShareView.frame.height))
        shareFilledImageView.image = shareFilledImage
        filledShareView.addSubview(shareFilledImageView)
        self.addSubview(filledShareView)

        //分享按钮
        emptyShareView = UIView(frame: CGRect(x: view.frame.origin.x+15, y:
        self.frame.height/2-25, width: 50, height:50))
        emptyShareView.backgroundColor = backgroundColorOriginal
        var shareEmptyImageView = UIImageView(frame: CGRect(x: 0, y: 0, width:
        emptyShareView.frame.width, height: emptyShareView.frame.height))
        shareEmptyImageView.image = shareEmptyImage
        emptyShareView?.addSubview(shareEmptyImageView)
        self.addSubview(emptyShareView!)

        scrollview = UIScrollView(frame:CGRect(x: 0, y: 0, width: self.frame.width,
    height: self.frame.height))
        scrollview.delegate = self
        scrollview.bounces = true
        scrollview.showsHorizontalScrollIndicator = false
        scrollview.alwaysBounceHorizontal = true
        scrollview.backgroundColor = UIColor.clearColor()
        scrollview.contentSize = CGSize(width: self.frame.width+1, height:
        self.frame.height)
        self.addSubview(scrollview)
        scrollview.addSubview(view)

        emptyLikeView.hidden = true
        filledLikeView.hidden = true
        emptyShareView.hidden = true
        filledShareView.hidden = true
    }
```

⑥ 定义函数 scrollViewDidScroll()实现滚动视图的滚动操作，对应实现代码如下所示。

```
func scrollViewDidScroll(scrollView: UIScrollView) {
    var n = scrollView.contentOffset.x / self.frame.width
    if bouncing == false {
        if n>0{
            self.colorLikeView(n)
            emptyLikeView.hidden = false
            filledLikeView.hidden = false
            emptyShareView.hidden = true
            filledShareView.hidden = true

        }
```

```
        else if n<0{
            self.colorShareView(n)
            emptyLikeView.hidden = true
            filledLikeView.hidden = true
            emptyShareView.hidden = false
            filledShareView.hidden = false
        }
    }
}
```

⑦ 定义函数 bounceBack1()、bounceBack2()和 bounceBack3()，分别实现第一个、第二个和第三个滚动视图的反弹特效，对应实现代码如下所示。

```
func scrollViewWillBeginDecelerating(scrollView: UIScrollView) {
    bouncing = true

    if scrollview.contentOffset.x >= 75.0 {
        self.didLike()
    }
    else if scrollview.contentOffset.x <= -75.0 {
        self.didShare()
    }

    if scrollview.contentOffset.x >= 0 {
        self.filledShareView.hidden = true
        self.emptyShareView.hidden = true
    }
    else if scrollview.contentOffset.x < 0 {
        self.filledLikeView.hidden = true
        self.emptyLikeView.hidden = true
    }

    if scrollView.contentOffset.x >= 50 { bounceVar = 50 }
    if scrollView.contentOffset.x < 50 && scrollView.contentOffset.x > -50
    { bounceVar = scrollView.contentOffset.x }
    if scrollView.contentOffset.x < -50 { bounceVar = -50 }

    UIView.animateWithDuration(0.5, delay: 0, usingSpringWithDamping: 2,
    initialSpringVelocity: 5, options: .CurveEaseOut, animations: {
        //self.scrollview.setContentOffset(CGPointMake(0.00266666666666667,
        0), animated: true)
        self.scrollview.setContentOffset(CGPointMake(0.00266666666666667-self.
        bounceVar, 0), animated: true)
        }, completion:{
            finished in
            var timer = NSTimer.scheduledTimerWithTimeInterval(0.3, target:
            self, selector: Selector("bounceBack1"), userInfo: nil, repeats: false)
    })
}

func bounceBack1()
{
```

```
        UIView.animateWithDuration(0.5, delay: 0, usingSpringWithDamping: 2,
        initialSpringVelocity: 5, options: .CurveEaseOut, animations: {
            //self.scrollview.setContentOffset(CGPointMake(0.0026666666666667,
            0), animated: true)
            self.scrollview.setContentOffset(CGPointMake(0.0026666666666667+self.
            bounceVar/2, 0), animated: true)
            self.layoutIfNeeded()
            }, completion:{
                finished in
                self.filledLikeView.hidden = true
                self.emptyLikeView.hidden = true
                self.filledShareView.hidden = true
                self.emptyShareView.hidden = true
                var timer = NSTimer.scheduledTimerWithTimeInterval(0.3, target:
                self, selector: Selector("bounceBack2"), userInfo: nil, repeats: false)
        })
    }

    func bounceBack2()
    {
        UIView.animateWithDuration(0.5, delay: 0, usingSpringWithDamping: 2,
        initialSpringVelocity: 5, options: .CurveEaseOut, animations: {
            //self.scrollview.setContentOffset(CGPointMake(0.0026666666666667,
            0), animated: true)
            self.scrollview.setContentOffset(CGPointMake(0.0026666666666667-self.
            bounceVar/4, 0), animated: true)
            self.layoutIfNeeded()
            }, completion:{
                finished in
                var timer = NSTimer.scheduledTimerWithTimeInterval(0.3, target:
                self, selector: Selector("bounceBack3"), userInfo: nil, repeats: false)
        })
    }

    func bounceBack3()
    {
        UIView.animateWithDuration(0.5, delay: 0, usingSpringWithDamping: 2,
        initialSpringVelocity: 5, options: .CurveEaseOut, animations: {
            //self.scrollview.setContentOffset(CGPointMake(0.0026666666666667,
            0), animated: true)
            self.scrollview.setContentOffset(CGPointMake(0.0026666666666667,
            0), animated: true)
            self.layoutIfNeeded()
            }, completion:{
                finished in
                self.filledLikeView.hidden = false
                self.emptyLikeView.hidden = false
                self.filledShareView.hidden = false
                self.emptyShareView.hidden = false
                self.bouncing = false
        })
    }
```

执行后将构造一个滚动图片浏览器界面效果，如图 18-4 所示。

图 18-4 执行效果

18.2 导航控制器（UIViewController）简介

在本书前面的内容中，其实已经多次用到了 UIViewController。UIViewController 的主要功能是控制画面的切换，其中的 view 属性（UIView 类型）管理整个画面的外观。在开发 iOS 应用程序时，其实不使用 UIViewController 也能编写出 iOS 应用程序，但是这样整个代码看起来会非常凌乱。如果可以将不同外观的画面进行整体的切换显然更合理，UIViewController 正是用于实现这种画面切换方式的。在本节的内容中，将将详细讲解 UIViewController 的基本知识。

18.2.1 UIViewController 基础

类 UIViewController 提供了一个显示用的 view 界面，同时包含 view 加载、卸载事件的重定义功能。需要注意的是在自定义其子类实现时，必须在 Interface Builder 中手动关联 view 属性。类 UIViewController 中的常用属性和方法如下所示。

- @property(nonatomic, retain) UIView *view：此属性为 ViewController 类的默认显示界面，可以使用自定义实现的 View 类替换。
- - (id)initWithNibName:(NSString *)nibName bundle:(NSBundle *)nibBundle：最常用的初始化方法，其中 nibName 名称必须与要调用的 Interface Builder 文件名一致，但不包括文件扩展名，比如要使用“aa.xib”，则应写为[[UIViewController alloc] initWithNibName:@”aa” bundle:nil]。nibBundle 为指定在哪个文件束中搜索指定的 nib 文件，如在项目主目录下，则可直接使用 nil。
- - (void)viewDidLoad：此方法在 ViewController 实例中的 view 被加载完毕后调用，如需要重定义某些要在 View 加载后立刻执行的动作或者界面修改，则应把代码写在此函数中。

- - (void)viewDidUnload：此方法在 ViewControll 实例中的 View 被卸载完毕后调用，如需要重定义某些要在 View 卸载后立刻执行的动作或者释放的内存等动作，则应将代码写在此函数中。
- - (BOOL)shouldAutorotateToInterfaceOrientation:(UIInterfaceOrientation)interfaceOrientation：iPhone 的重力感应装置感应到屏幕由横向变为纵向或者由纵向变为横向是调用此方法。如返回结果为 NO，则不自动调整显示方式；如返回结果为 YES，则自动调整显示方式。
- @property(nonatomic, copy) NSString *title：如 View 中包含 NavBar 时，其中的当前 NavItem 的显示标题。当 NavBar 前进或后退时，此 title 则变为后退或前进的尖头按钮中的文字。

18.2.2 实践练习

实例 18-2	使用 UIViewController 控件创建会员登录系统
源码路径	源代码下载包:\daima\18\UnitTesting-UIViewControllers

（1）打开 Xcode 7，然后新建一个名为“UnitTesting”的工程，工程的最终目录结构如图 18-5 所示。

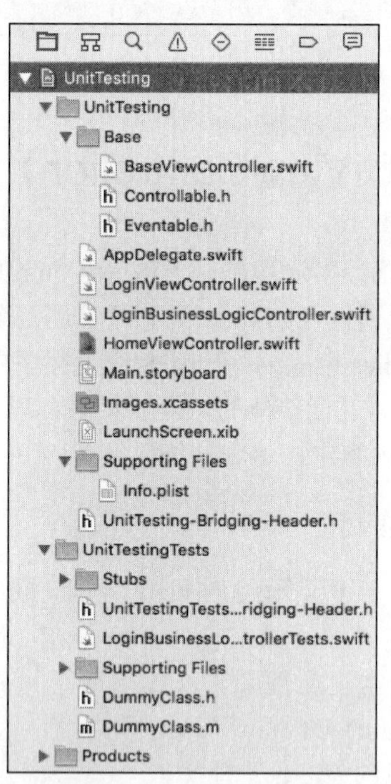

图 18-5 工程的目录结构

（2）打开 Main.storyboard，分别设置 LOGIN 界面和 Home 界面，如图 18-6 所示。

（3）编写登录界面视图文件 LoginViewController.swift，功能是获取文本框中用户名和密码，验证输入信息的正确性。具体实现代码如下所示。

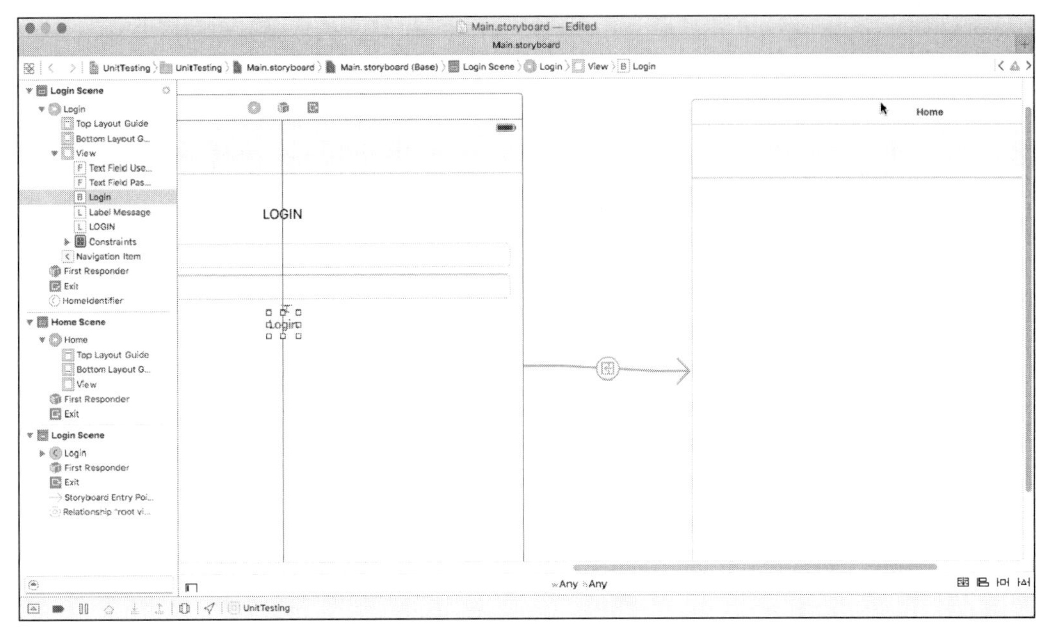

图 18-6　Main.storyboard 视图界面

```
import UIKit
class LoginViewController: BaseViewController{

    @IBOutlet weak var labelMessage: UILabel!
    @IBOutlet weak var textFieldUsername: UITextField!
    @IBOutlet weak var textFieldPassword: UITextField!
    required init(coder aDecoder: NSCoder) {
        super.init(coder: aDecoder)
        self.eventable = LoginBusinessLogicController()
    }

    override func render(key: String!, value: NSObject!) {
        switch(key){
            case "message":
                self.labelMessage.text = value as? String
            default:
                super.render(key, value: value)
        }
    }

    override func getValue(key: String!) -> NSObject {
        switch(key){
        case "username":
            return self.textFieldUsername.text!
        case "password":
            return self.textFieldPassword.text!
        default:
            return super.getValue(key)
        }
    }
```

```
    override func goToPage(pageName: String!) {
        switch(pageName){
            case "Home":
                self.performSegueWithIdentifier("HomeIdentifier", sender: self)
            default:
                super.goToPage(pageName)
        }
    }

    @IBAction func onLoginButtonPressed(sender: AnyObject) {
        self.eventable?.dispatchEvent("loginButtonPressed", object: nil)
    }

}
```

（4）文件 LoginBusinessLogicController.swift 的功能是验证在登录界面中输入登录信息的正确性，具体实现代码如下所示。

```
import Foundation
class LoginBusinessLogicController: NSObject,Eventable{
    var controllable: Controllable?
    private var numberOfAttempts = 0
    private let MAXIMUM_NUMBER_OF_ATTEMPTS = 5
    func dispatchEvent(eventName: String!, object: NSObject!) {
        switch(eventName){
            case "loginButtonPressed":
                checkLogin()
            default:
            NSLog("NO SUCH EVENT IMPLEMENTED\(eventName)")
        }
    }
    func checkLogin(){

        if numberOfAttempts < MAXIMUM_NUMBER_OF_ATTEMPTS {
            let username = controllable?.getValue("username") as! String
            let password = controllable?.getValue("password") as! String
            if isCorrect(username, password: password) {
                controllable?.goToPage?("Home")
            }else{
                controllable?.render("message", value:"Wrong username or password" )
                numberOfAttempts++

            }
        }else{
            controllable?.showAlert!("You have exceeded the maximum number of
            attempts, please try after sometime.")
        }
}

    func isCorrect(username: String,password: String) → Bool{
        if(username == "batman" && password == "bruce"){
```

```
            return true
        }

        return false
    }

}
```

（5）文件 HomeViewController.swift 实现了 Home 视图界面，当输入正确的登录信息并单击“Login”后会来到这个界面，此界面是一个空白界面。文件 HomeViewController.swift 的具体实现代码如下所示。

```
import UIKit
class HomeViewController: UIViewController {

    override func viewDidLoad() {
        super.viewDidLoad()
    }
    override func didReceiveMemoryWarning() {
        super.didReceiveMemoryWarning()
    }
}
```

本实例执行后的效果如图 18-7 所示。

图 18-7　执行效果

18.3　使用 UINavigationController

在 iOS 应用中，导航控制器（UINavigationController）可以管理一系列显示层次型信息的场景。也就是说，第一个场景显示有关特定主题的高级视图，第二个场景用于进一步描述，第三个场景再进一步描述，以此类推。例如，iPhone 应用程序“通讯录”显示一个联系人编组列表。触摸编组将打开其中的联系人列表，而触摸联系人将显示其详细信息。另外，用户可以随时返回到上一级，甚至直接回到起点（根）。

图 18-8 显示了导航控制器的流程。最左侧是“Sttings”的根视图，当用户单击其中的 General 项时，General 视图会滑入屏幕；当用户继续单击 Auto-Lock 项时，Auto-Lock 视图将滑入屏幕。

通过导航控制器可以管理这种场景间的过渡，它会创建一个视图控制器“栈”，栈底是根视图控制器。当用户在场景之间进行切换时，依次将视图控制器压入栈中，并且当前场景的视图控制器位于栈顶。要返回到上一级，导航控制器将弹出栈顶的控制器，从而返回它下面的控制器。

在 iOS 文档中，都使用术语压入（push）和弹出（pop）来描述导航控制器；对于导航控制器下面的场景，也使用压入（push）切换进行显示。

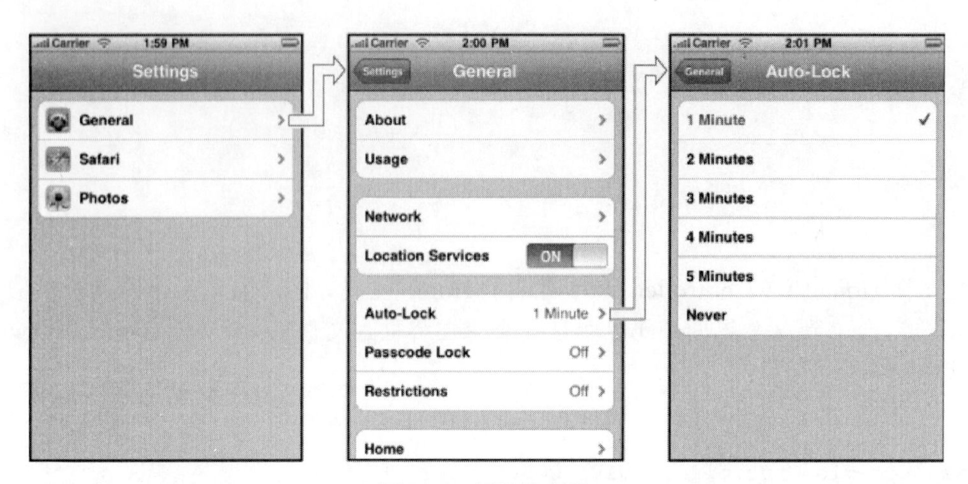

图 18-8　导航控制器

UINavigationController 由 Navigation bar，Navigation View，Navigation toobar 等组成，如图 18-9 所示。

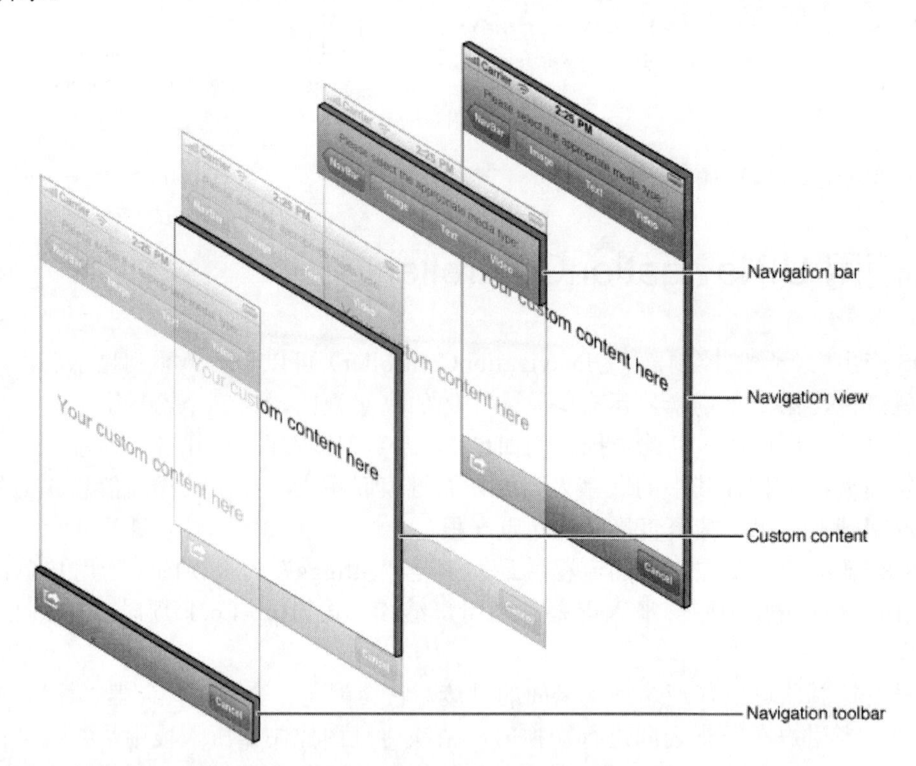

图 18-9　导航控制器的组成

当程序中有多个 view 需要在之间切换时，可以使用 UINavigationController，或者是 ModalViewController。UINabigationController 是通过向导条来切换多个 view。而如果 view 的数量比较少，并且显示领域为全屏时，使用 ModalViewController 就比较合适（比如需要用户输入信息的 view，结束后自动回复到之前的 view）。ModalViewController 并不像 UINavigationController 是一个专门的类，使用 UIViewController 的 presentModalViewController 方法指定之后就是 ModalViewController。

18.3.1 导航栏、导航项和栏按钮项

除了管理视图控制器栈外，导航控制器还管理一个导航栏（UINavigationBar）。导航栏类似于工具栏，但它是使用导航项（UINavigationItem）实例填充的，该实例被加入导航控制器管理的每个场景中。在默认情况下，场景的导航项包含一个标题和一个 Back 按钮。Back 按钮是以栏按钮项（UIBarButtonItem）的方式加入导航项的，就像前一章使用的栏按钮一样。甚至可以将额外的栏按钮项拖动到导航项中，从而在场景显示的导航栏中添加自定义按钮。

通过使用 Interface Builder，可以很容易地完成上述工作。只要知道了如何创建每个场景的方法，就很容易在应用程序中使用这些对象。

18.3.2 UINavigationController 详解

UINavigationController 是 iOS 编程中比较常用的一种容器 view controller，很多系统的控件（如 UIImagePickerViewController）以及很多有名的 App 中（如 qq，系统相册等）都有使用到。

1．navigationItem

navigationItem 是 UIViewController 的一个属性，此属性是为 UINavigationController 服务的。navigationItem 在 navigation Bar 中代表一个 viewController，就是每一个加到 navigation Controller 的 viewController 都会有一个对应的 navigationItem，该对象由 viewController 以懒加载的方式创建，在后面即可在对象中堆 navigationItem 中进行配置。可以设置 leftBarButtonItem、rightBar ButtonItem、backBarButtonItem、title 以及 prompt 等属性。其中前三个都是一个 UIBarButtonItem 对象，最后两个属性是一个 NSString 类型描述，注意添加该描述以后 NavigationBar 的高度会增加 30，总的高度会变成 74（不管当前方向是 Portrait 还是 Landscape，此模式下 navgationbar 都使用高度 44 加上 prompt30 的方式进行显示）。当然如果觉得只是设置文字的 title 不够爽，你还可以通过 titleview 属性指定一个定制的 titleview，这样你就可以随心所欲了，当然注意指定的 titleview 的 frame 大小，不要显示出界。

2．titleTextAttributes

titleTextAttributes 是 UINavigationBar 的一个属性，通过此属性可以设置 title 部分的字体。

3．wantsFullScreenLayout

wantsFullScreenLayout 是 viewController 的一个属性，这个属性默认值是 NO，如果设置为 YES 的话，如果 statusbar、navigationbar、toolbar 是半透明的话，viewController 的 view 就会缩放延伸到它们下面，但需注意 tabBar 不在范围内，即无论该属性是否为 YES，view 都不会覆盖到 tabbar 的下方。

4．navigationBar 中的 stack

此属性是 UINavigationController 的灵魂之一，它维护了一个和 UINavigationController 中 viewControllers 对应的 navigationItem 的 stack，该 stack 用于负责 navigationbar 的刷新。注意：如果 navigationbar 中 navigationItem 的 stack 和对应的 NavigationController 中 viewController 的 stack 是一一对应的关系，如果两个 stack 不同步就会抛出异常。

5．navigationBar 的刷新

通过前面介绍的内容，我们知道 navigationBar 中包含了这几个重要组成部分：leftBarButtonItem、rightBarButtonItem、backBarButtonItem 和 title。当一个 view controller 添加到 navigationController 以后，navigationBar 的显示遵循以下三个原则。

（1）Left side of the navigationBar

- 如果当前的 viewController 设置了 leftBarButtonItem，则显示当前 VC 所自带的 leftBar ButtonItem。
- 如果当前的 viewController 没有设置 leftBarButtonItem，且当前 VC 不是 rootVC 时，则显示前一层 VC 的 backBarButtonItem。如果前一层的 VC 没有显示的指定 backBarButtonItem，系统将会根据前一层 VC 的 title 属性自动生成一个 back 按钮，并显示出来。
- 如果当前的 viewController 没有设置 leftBarButtonItem，且当前 VC 已是 rootVC 时，左边将不显示任何东西。

在此需要注意，从 5.0 开始便新增加了一个属性 leftItemsSupplementBackButton，通过指定该属性为 YES，可以让 leftBarButtonItem 和 backBarButtonItem 同时显示，其中 leftBarButtonItem 显示在 backBarButtonItem 的右边。

（2）title 部分

- 如果当前应用通过.navigationItem.titleView 指定了自定义的 titleView，系统将会显示指定的 titleView，此处要注意自定义 titleView 的高度不要超过 navigationBar 的高度，否则会显示出界。
- 如果当前 VC 没有指定 titleView，系统则会根据当前 VC 的 title 或者当前 VC 的 navigationItem.title 的内容创建一个 UILabel 并显示，其中如果指定了 navigationItem.title 的话，则优先显示 navigationItem.title 的内容。

（3）Right side of the navigationBar

- 如果指定了 rightBarButtonItem 的话，则显示指定的内容。
- 如果没有指定 rightBarButtonItem 的话，则不显示任何东西。

6. Toolbar

navigationController 自带了一个工具栏，通过设置“self.navigationController.toolbarHidden = NO”来显示工具栏，工具栏中的内容可以通过 viewController 的 toolbarItems 来设置，显示的顺序和设置的 NSArray 中存放的顺序一致，其中每一个数据都有一个 UIBarButtonItem 对象，可以使用系统提供的很多常用风格的对象，也可以根据需求进行自定义。

18.3.3 在故事板中使用导航控制器

在故事板中添加导航控制器的方法与添加其他视图控制器的方法类似，整个流程完全相同。在此假设使用模板 Single View Application 新建了一个项目，则具体流程如下所示。

（1）添加视图控制器子类，以处理用户在导航控制器管理的场景中进行的交互。

（2）在 Interface Builder 编辑器中打开故事板文件。如果要让整个应用程序都置于导航控制器的控制之下，选择默认场景的视图控制器并将其删除，还需删除文件 ViewController.m 和 ViewController.h。这就删除了默认场景。

（3）从对象库拖动一个导航控制器对象到文档大纲或编辑器中，这好像在项目中添加了两个场景，如图 18-10 所示。

这样名为 Navigation Controller Scene 的场景表示的是导航控制器。它只是一个对象占位符，此对象将控制与之相关所有场景。虽然您不会想对导航控制器做太多修改，但可使用 Attributes Inspetor 定制其外观（例如指定其颜色）。

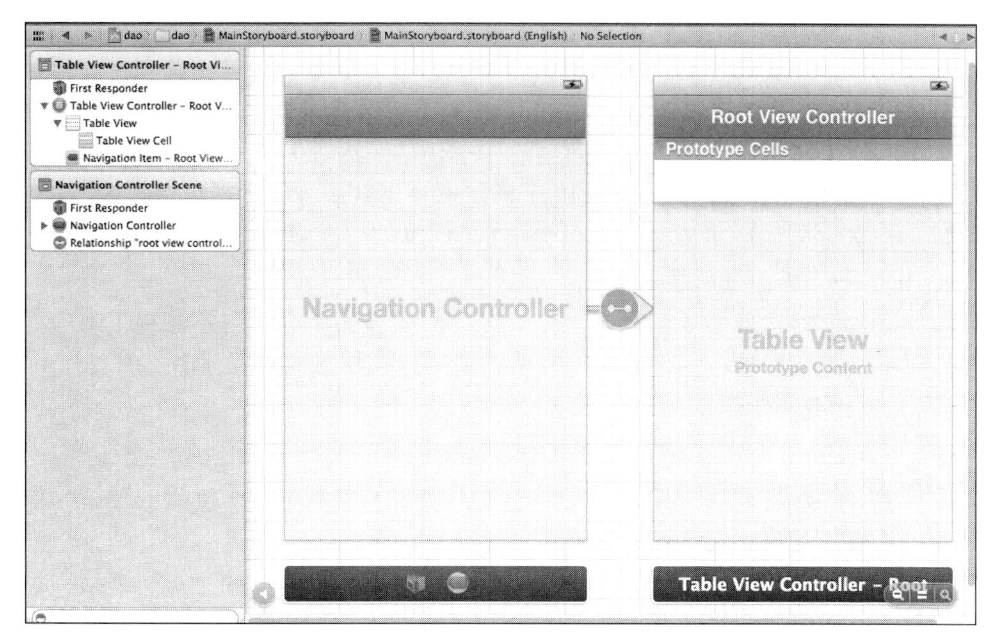

图 18-10 在项目中添加导航控制器

导航控制器通过一个“关系”连接到名为 Root View Controller 的场景，可以将给这个场景指定自定义视图控制器。在此需要说明的一点是，这个场景与其他场景没有任何不同，只是顶部有一个导航栏，并且可以使用压入切换来过渡到其他场景

注意：在此之所以使用模板 Single View Application，是因为使用它创建的应用程序包含故事板文件和初始视图。如果需要，可在切换到另一个视图控制器前显示初始视图；如果不需要初始场景，可将其删除，并删除默认创建的文件 ViewController.h 和 ViewController.m。在我看来，相对于使用空应用程序模板并添加故事板，这样做速度更快，它为众多应用程序提供了最佳的起点。

1．设置导航栏项的属性

要修改导航栏中的标题，只需双击它并进行编辑，也可选择场景中的导航项，再打开 Attributes Inspector（Option+ Command+4），如图 18-11 所示。

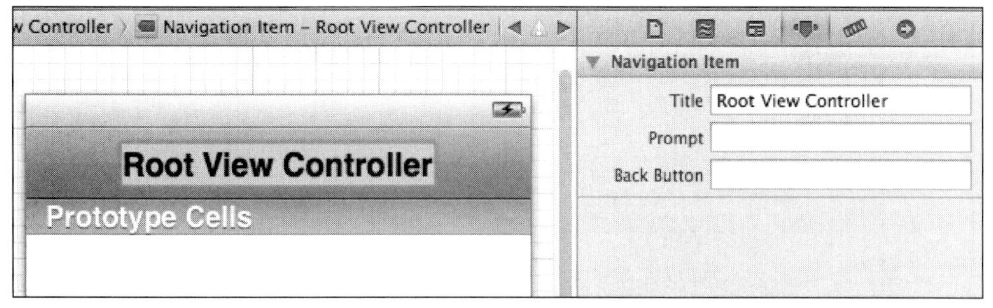

图 18-11 为场景定制导航项

在此可以修改如下三个属性：

- Title（标题）：显示在视图顶部的标题字符串。
- Prompt（提示）：一行显示在标题上方的文本，向用户提供使用说明。
- Back Button（日期）：下一个场景的后退按钮的文本。

在下一个场景还未创建之前，可以编辑其按钮的文本。在默认情况下，从一个导航控制器场景切换到另一个场景时，后者的后退按钮将显示前者的标题。然而标题可能很长或者不合适，在这种情况下，可以将属性 Back Button 设置为所需的字符串；如果用户切换到下一个场景，该字符串将出现在让用户能够返回到前一个场景的按钮上。

编辑属性 Back Button 会导致由于 iOS 不再能够使用默认方式创建后退按钮，因此它在导航项中新建一个自定义栏按钮项，其中包含指定的字符串。可以进一步定制该栏按钮项，使用 Attributes Inspector 修改其颜色和外观。

现在，导航控制器管理的场景只有一个，因此后退按钮不会出现。在接下来的内容中，开始介绍如何串接多个场景，创建导航控制器知道的挖掘层次结构。

2. 添加其他场景并使用压入切换

要在导航层 Control 中添加场景，可以像添加模态场景时那样做。具体流程如下所示。

（1）在导航控制器管理场景中添加一个控件，用于触发到另一个场景的过渡。如果想手工触发切换，只需将视图控制器连接起来即可。

（2）拖动一个视图控制器实例到文档大纲或编辑器中。这将创建一个空场景，没有导航栏和导航项。此时还需指定一个自定义视图控制器子类用于编写视图后面的代码，但是现在应该对这项任务很熟悉了。

（3）按住【Control】键，从用于触发切换的对象拖动到新场景的视图控制器。在 Xcode 提示时，择压入切，这样源场景将新增一个切换，而目标场景将发生很大的变化。

新场景将包含导航栏，并自动添加并显示导航项。可定制标题和后退按钮，还可以添加额外的栏按钮项。我们可以不断地添加新场景和压入切换，还可以添加分支，让应用程序能够沿不同的流程执行，如图 18-12 所示。

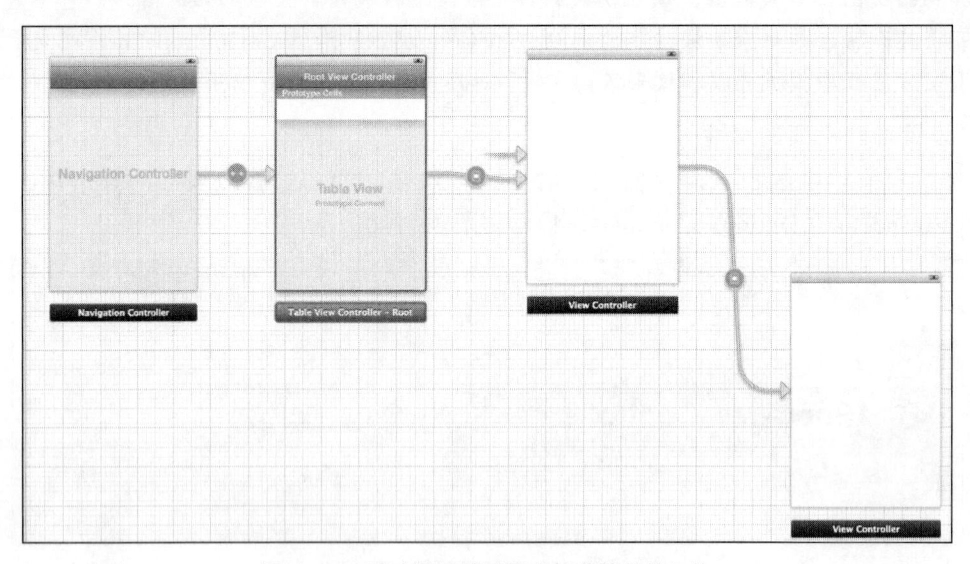

图 18-12　可以根据需要创建任意数量的切换

因为它们都是视图，就像其他视图一样，还可以同时在故事板中添加模态切换和弹出框。相对于模态切换，本章介绍的控制器的优点之一是能够自动处理视图之间的切换，无须编写任何代码，即可在导航控制器中使用后退按钮。在选项卡栏的应用程序中，无须编写任何代码即可在场景间切换。

18.3.4　实践练习

在下面的内容中，将通过一个具体实例的实现过程，详细讲解创建主从关系的“主-子”视图的过程。

实例 18-3	创建主从关系的“主-子”视图
源码路径	源代码下载包:\daima\18\Swift_UINavigationController

（1）打开 Xcode 7，然后新建一个名为“Navigation Controller”的工程，工程的最终目录结构如图 18-13 所示。

（2）编写文件 ViewController.swift 创建一个 ViewController 视图，具体实现代码如下所示。

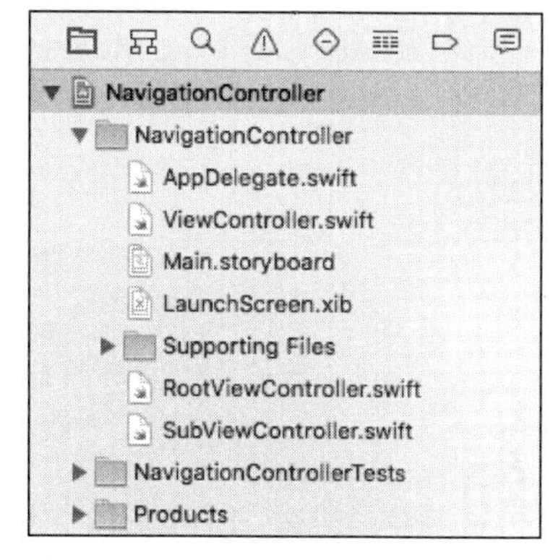

图 18-13　工程的目录结构

```
import UIKit

class ViewController: UIViewController {
    var navController: UINavigationController?
    let rootViewController = RootViewController()

    override func viewDidLoad() {
        super.viewDidLoad()

        navController = UINavigationController(rootViewController: rootViewController)
        self.view.addSubview(navController!.view)
    }

    override func viewDidAppear(animated: Bool) {

    }

    override func didReceiveMemoryWarning() {
        super.didReceiveMemoryWarning()
        // Dispose of any resources that can be recreated.
    }
}
```

（3）编写文件 RootViewController.swift，定义一个继承于类 UIViewController 的主视图类 RootViewController，在里面添加了文本“I am 老管”和标题“无敌的”，并设置单击“按下我”后会来到子视图界面。文件 RootViewController.swift 的具体实现代码如下所示。

```
import UIKit

class RootViewController: UIViewController {

    override func viewDidLoad() {
        super.viewDidLoad()
        let label = UILabel(frame: CGRect(x: 10, y: 200, width: 200, height: 40))
        label.text = "I am 老管"
        self.title = "无敌的"
        self.view.addSubview(label)

        let btn: UIButton = UIButton.buttonWithType(UIButtonType.System) as! UIButton
        btn.frame = CGRectMake(10, 240, 200, 40)
        btn.setTitle("按下我", forState: UIControlState.Normal)
```

```
        btn.addTarget(self, action: "buttonPressed", forControlEvents:
        UIControlEvents.TouchUpInside)
        self.view.addSubview(btn)
    }

    func buttonPressed() {
        let subView = SubViewController()
        self.navigationController?.pushViewController(subView, animated: true)
    }

    override func didReceiveMemoryWarning() {
        super.didReceiveMemoryWarning()
        // Dispose of any resources that can be recreated.
    }

}
```

（4）编写文件 SubViewController.swift 实现子视图界面，在其中添加了文本“I am 老管”和标题“无敌的”，具体实现代码如下所示。

```
import UIKit
class SubViewController: UIViewController {

    override func viewDidLoad() {
        super.viewDidLoad()

        self.view.backgroundColor = UIColor.redColor()
        let label = UILabel(frame: CGRect(x: 10, y: 200, width: 200, height: 40))
        label.text = "I am 老管"
        self.title = "无敌的"
        self.view.addSubview(label)
        // Do any additional setup after loading the view.
    }

    override func didReceiveMemoryWarning() {
        super.didReceiveMemoryWarning()
        // Dispose of any resources that can be recreated.
    }
}
```

执行后的主视图效果如图 18-14 所示，按下“按下我”后来到子视图界面，如图 18-15 所示。

图 18-14　主视图界面

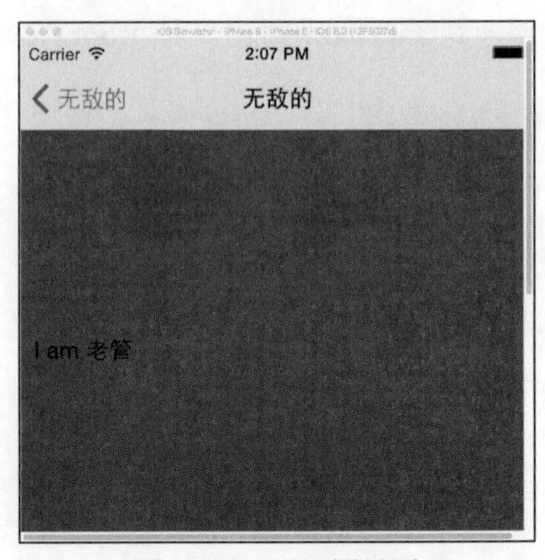

图 18-15　子视图界面

18.4 选项卡栏控制器

选项卡栏控制器（UITabBarController）与导航控制器一样，也被广泛用于各种 iOS 应用程序。顾名思义，选项卡栏控制器在屏幕底部显示一系列“选项卡”，这些选项卡表示为图标和文本，用户触摸它们将在场景间切换。和 UINavigationController 类似，UITabBarController 也可以用来控制多个页面导航，用户可以在多个视图控制器之间移动，并可以定制屏幕底部的选项卡栏。

借助屏幕底部的选项卡栏，UITabBarController 不必像 UINavigationController 那样以栈的方式推入和推出视图，而是组建一系列的控制器（它们各自可以是 UIViewController，UINavigationController，UITableViewController 或任何其他种类的视图控制器），并将它们添加到选项卡栏，使每个选项卡对应一个视图控制器。每个场景都呈现了应用程序的一项功能，或提供了一种查看应用程序信息的独特方式。 UITabBarController 是 iOS 中很常用的一个 viewController，例如系统的闹钟程序，iPod 程序等。UITabBarController 通常作为整个程序的 rootViewController，而且不能添加到别的 container viewController 中。图 18-16 演示了它的 view 层级图。

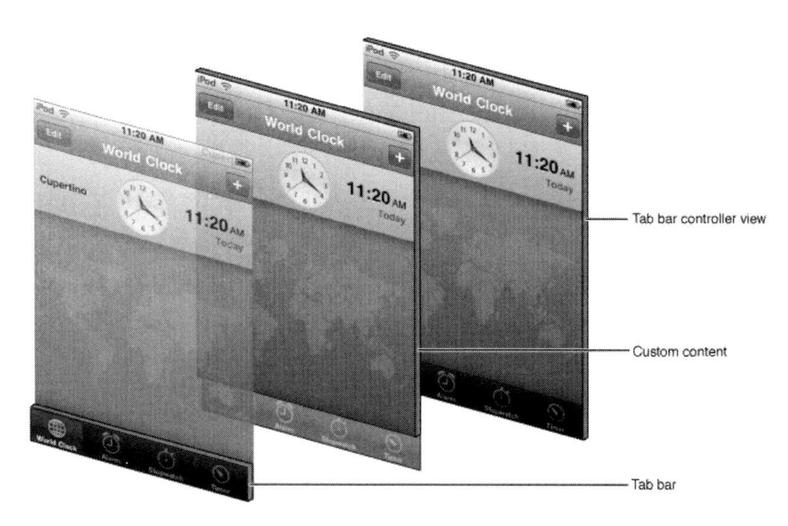

图 18-16 用于在不同场景间切换的选项卡栏控制器

与导航控制器一样，选项卡栏控制器会处理一切。当用户触摸按钮时会在场景间进行切换，无须以编程方式处理选项卡栏事件，也无须手工在视图控制器之间切换。

18.4.1 选项卡栏和选项卡栏项

在故事板中，选项卡栏的实现与导航控制器也很像，它包含一个 UITabBar，类似于工具栏。选项卡栏控制器管理的每个场景都将继承这个导航栏。选项卡栏控制器管理的场景必须包含一个选项卡栏项（UITabBarItem），它包含标题、图像和徽章。

在故事板中添加选项卡栏控制器与添加导航控制器一样容易。下面介绍如何在故事板中添加选项卡栏控制器、配置选项卡栏按钮以及添加选项卡栏控制器管理的场景。如果要在应用程序中使用选项卡栏控制器，推荐使用模板 Single View Application 创建项目。如果不想从默认创建的场景切换到选项卡栏控制器，可以将其删除。为此可以删除其视图控制器，再删除相应的文件 ViewController.h 和 ViewController.m。故事板处于我们想要的状态后，从对象库拖动一个选项卡栏控制器实例到文档大纲或编辑器中，这样会添加一个选项卡栏控制器和两个相关联的场景，如图 18-17 所示。

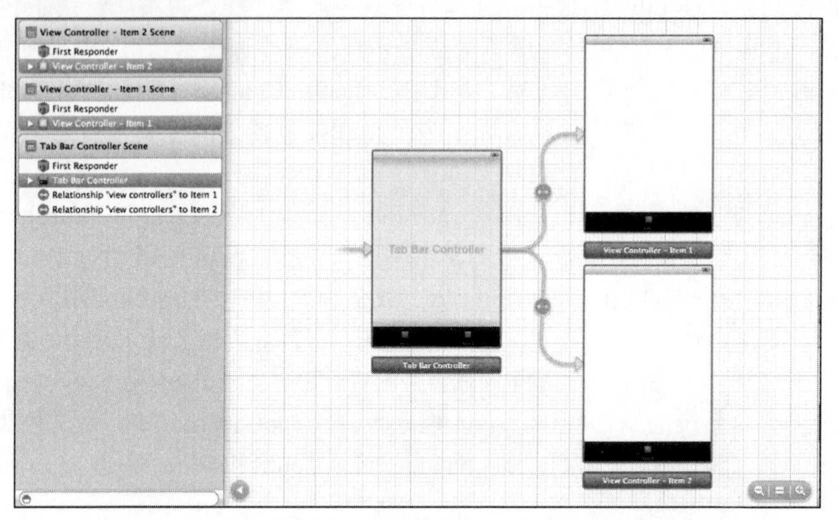

图 18-17　在应用程序中添加选项卡栏控制器时添加两个场景

选项卡栏控制器场景表示 UITabBarController 对象，该对象负责协调所有场景过渡。它包含一个选项卡栏对象，可以使用 Interface Builder 对其进行定制，例如修改为喜欢的颜色。

有两条从选项卡栏控制器出发的“关系”连接，它们连接到将通过选项卡栏显示的两个场景。这些场景可通过选项卡栏按钮的名称（默认为 Iteml 和 Item 2）进行区分。虽然所有的选项卡栏按钮都显示在选项卡栏控制器场景中，但它们实际上属于各个场景。要修改选项卡栏按钮，必须在相应的场景中进行，而不能在选项卡栏控制场景中进行修改。

1. 设置选项卡栏项的属性

要编辑场景对应的选项卡栏项（UITabBarItem），在文档大纲中展开场景的视图控制器，选择其中的选项卡栏项，再打开 Attributes Inspector（Option+ Command+4），如图 18-18 所示。

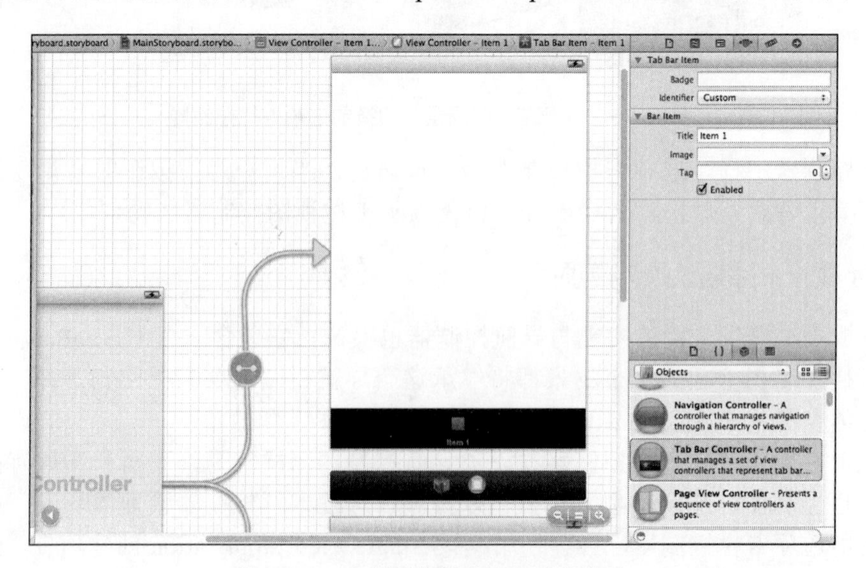

图 18-18　定制每个场景的选项卡栏项

在 Tab Bar Item 部分，可以指定要在选项卡栏项的徽章中显示的值，但是通常应在代码中通过选项卡栏项的属性 badgeValue（其类型为 NSString）进行设置。还可以通过下拉列表 Identifier 从十多种预定义的图标/标签中进行选择；如果选择使用预定义的图标/标签，就不能进一步定制了，因为 Apple 希望这些图标/标签在整个 iOS 中保持不变。

可使用 Bar Item 部分设置自定义图像和标题，其中文本框 Title 用于设置选项卡栏项的标签，而下拉列表 Image 让您能够将项目中的图像资源关联到选项卡栏项。

2．添加额外的场景

选项卡栏明确指定了用于切换到其他场景的对象——选项卡栏项。其中的场景过渡甚至都不称为切换，而是选项卡栏控制器和场景之间的关系。要想添加场景、选项卡栏项以及控制器和场景之间的关系，首先在故事板中添加一个视图控制器，拖动一个视图控制器实例到文档大纲或编辑器中。然后按住【Control】键，并在文档大纲中从选项卡栏控制器拖动到新场景的视图控制器。在 Xcode 提示时，选择 Relationship -viewControllers，如图 18-19 所示。

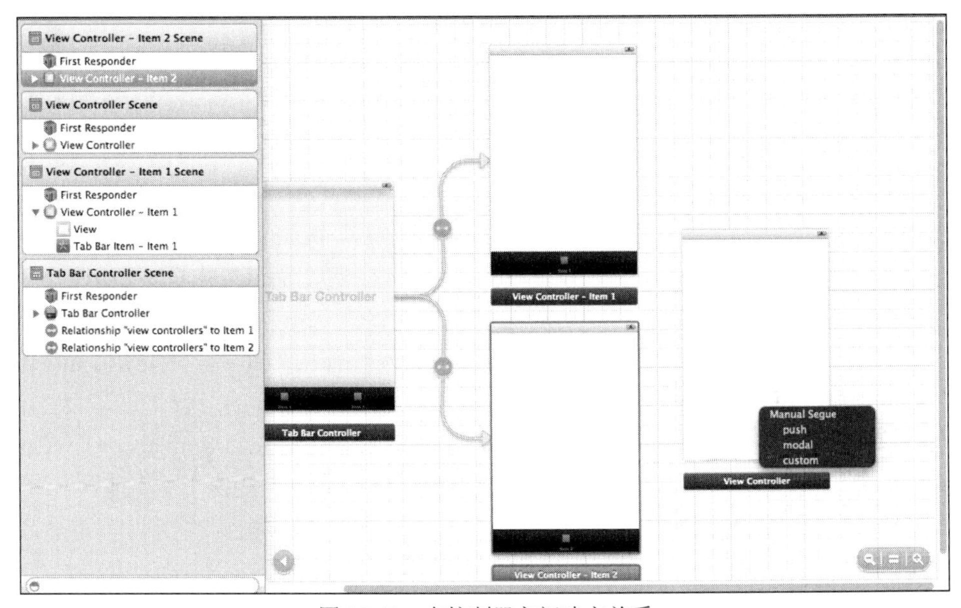

图 18-19　在控制器之间建立关系

这样只需要创建关系即可，这将自动在新场景中添加一个选项卡栏项，可以对其进行配置。可以重复上述操作，根据需要创建任意数量的场景，并在选项卡栏中添加选项卡。

18.4.2　在选项卡栏控制器管理的场景之间共享数据

与导航控制器一样，选项卡栏控制器也可以轻松地实现信息共享。为此可以创建一个选项卡栏控制器（UITabBarController）子类，并将其关联到选项卡栏控制器。然后在这个子类中添加一些属性，用于存储要共享的数据，然后在每个场景中通过属性 parentViewController 获取该控制器，进行访问这些属性。

18.4.3　UITabBarController 使用详解

1．手动创建 UITabBarController

最常见的创建 UITabBarController 的地方就是在 application delegate 中的 applicationDid

FinishLaunching:方法，因为 UITabBarController 通常是作为整个程序的 rootViewController 的，需要在程序的 window 显示之前就创建好它，具体步骤如下所示。

（1）创建一个 UITabBarController 对象。

（2）创建 tabbarcontroller 中每一个 tab 对应的要显示的对象。

（3）通过 UITabBarController 的 viewController 属性将要显示的所有 content viewcontroller 添加到 UITabBarController 中。

（4）通过设置 UITabBarController 对象为 window.rootViewController，然后显示 Windows。

2. UITabBarItem

UITabBar 上面显示的每一个 Tab 都对应着一个 ViewController，可以通过设置 viewcontroller.tabBarItem 属性来改变 tabbar 上对应的 tab 显示内容。否则系统将会根据 viewController 的 title 自动创建一个，该 tabBarItem 只显示文字，没有图像。当创建 UITabBarItem 时，可以显示的指定显示的图像和对应的文字描述。当然还可以通过 setFinishedSelectedImage:withFinishedUnselectedImage:方法给选中状态和非选中状态指定不同的图片。

3. moreNavigationController

在 UITabBar 上最多可以显示五个 Tab，当向 UITabBarController 中添加超过的 viewController 超过五个时，最后一个一个就会自动变成如图 18-20 所示的样式。

图 18-20 样式

按照设置的 viewControlles 的顺序，显示前四个 viewController 的 tabBarItem，后面的 tabBarItem 将不再显示。当单击 More 时将会弹出一个标准的 navigationViewController，其中放有其他未显示的 viewController，并且带有一个 edit 按钮，通过单击该按钮可以进入类似与 ipod 程序中设置 tabBar 的编辑界面。编辑界面中默认所有的 viewController 都是可以编辑的，可以通过设置 UITabBarController 的 customizableViewControllers 属性来指定 viewControllers 的一个子集，即只允许一部分 viewController 是可以放到 tabBar 中显示的。但是这里要注意一个问题就是每当 UITabBarController 的 viewControllers 属性发生变化时，customizableViewControllers 会自动设置成跟 viewControllers 一致，即默认的所有 viewController 都是可以编辑的，如果要始终限制只是某一部分可编辑，记得在每次 viewControlles 发生改变时，重新设置一次 customizableViewControllers。

4. UITabBarController 的 Rotation

UITabBarController 默认只支持竖屏，当设备方向放生变化时，它会查询 viewControllers 中包含的所有 ViewController，仅当所有的 viewController 都支持该方向时，UITabBarController 才会发生旋转，否则默认的竖向。

此处需要注意当 UITabBarController 支持旋转，而且发生旋转时，只有当前显示的 viewController 会接收到旋转的消息。

5. UITabBar

UITabBar 自己有一些方法是可以改变自身状态，但是对于 UITabBarController 自带的 tabBar，不能直接去修改其状态，任何直接修改 tabBar 的操作将会抛出异常。

6. Change Selected Viewcontroller

改变 UITabBarController 中当前显示的 viewController，可以通过如下三种方法实现。

（1）selectedIndex 属性

通过该属性可以获得当前选中的 viewController，设置该属性，可以显示 viewControllers

中对应的 index 的 viewController。如果当前选中的是 MoreViewController，该属性获取出来的值是 NSNotFound，而且通过该属性也不能设置选中 MoreViewController。设置 index 超出 viewControllers 的范围，将会被忽略。

（2）selectedViewController 属性

通过该属性可以获取到当前显示的 viewController，通过设置该属性可以设置当前选中的 viewController，同时更新 selectedIndex。可以通过给该属性赋值 tabBarController.moreNavigationController 可以选中 moreViewController。

（3）viewControllers 属性

设置 viewControllers 属性也会影响当前选中的 viewController，设置该属性时 UITabBarController 首先会清空所有旧的 viewController，然后部署新的 viewController，接着尝试重新选中上一次显示的 viewController，如果该 viewController 已经不存在，会接着尝试选中 index 和 selectedIndex 相同的 viewController，如果该 index 无效的话，则默认选中第一个 viewController。

7. UITabBarControllerDelegate

通过代理可以监测 UITabBarController 的当前选中 viewController 的变化，以及 moreViewController 中对编辑所有 viewController 的编辑。

18.4.4 实践练习

实例 18-4	开发一个界面选择器
源码路径	源代码下载包:\daima\18\UITabBarTransition

（1）打开 Xcode 7，然后新建一个名为“UITabBarTransition”的工程，工程的最终目录结构如图 18-21 所示。

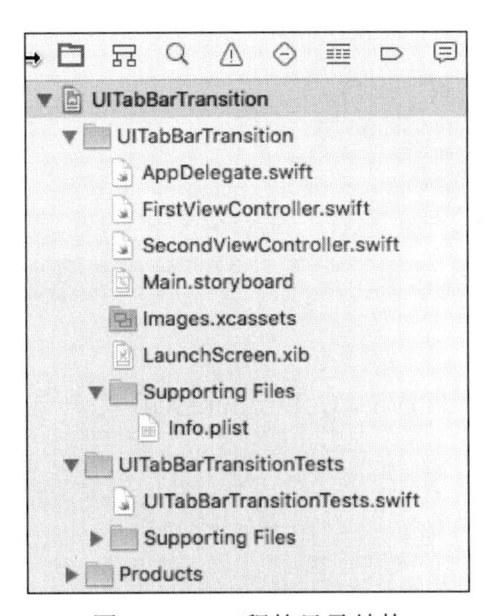

图 18-21 工程的目录结构

（2）打开 Main.storyboard，为本工程设计一个主视图界面和两个子视图界面，在主视图界面中添加了 UITabBarController 控件，如图 18-22 所示。

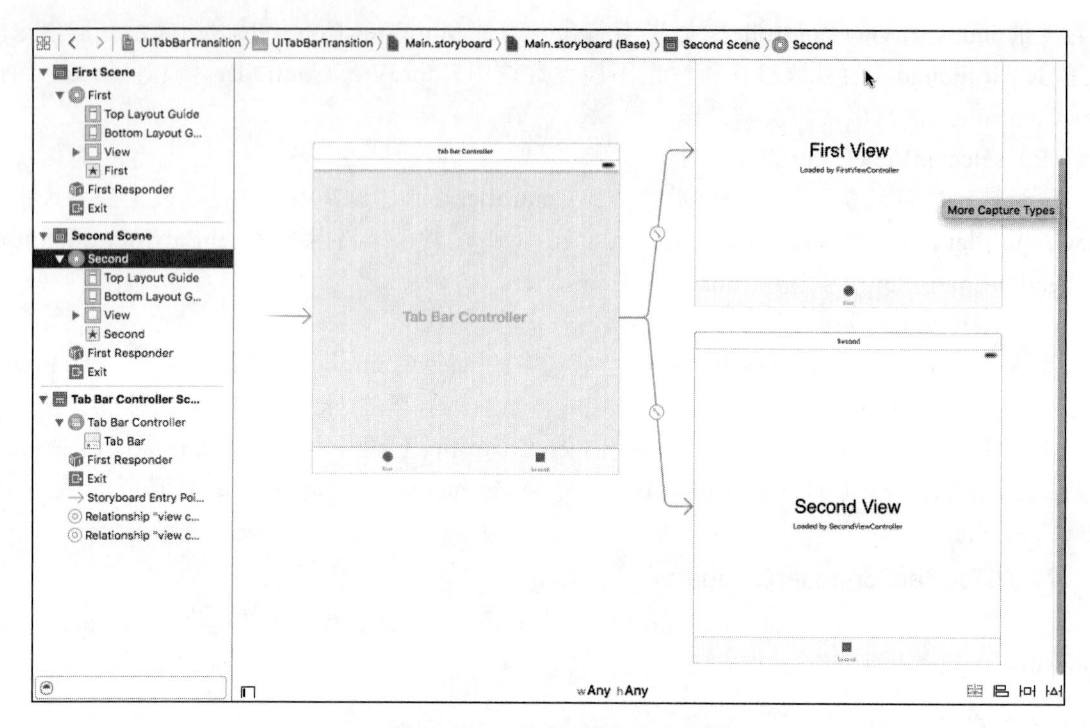

图 18-22 Main.storyboard 界面

（3）第一个子视图文件 FirstViewController.swift 的具体实现代码如下所示。

```
import UIKit

class FirstViewController: UIViewController {

    override func viewDidLoad() {
        super.viewDidLoad()
        // Do any additional setup after loading the view, typically from a nib.
    }
    override func didReceiveMemoryWarning() {
        super.didReceiveMemoryWarning()
        // Dispose of any resources that can be recreated.
    }
}
```

（4）第二个子视图文件 SecondViewController.swift 的具体实现代码如下所示。

```
import UIKit
class SecondViewController: UIViewController {
    override func viewDidLoad() {
        super.viewDidLoad()
        // Do any additional setup after loading the view, typically from a nib.
    }
    override func didReceiveMemoryWarning() {
        super.didReceiveMemoryWarning()
        // Dispose of any resources that can be recreated.
    }
}
```

执行后将默认显示第一个子视图，如图 18-23 所示。通过底部的 UITabBarController 控件可以在两个子视图之间实现灵活切换。第二个子视图界面效果如图 18-24 所示。

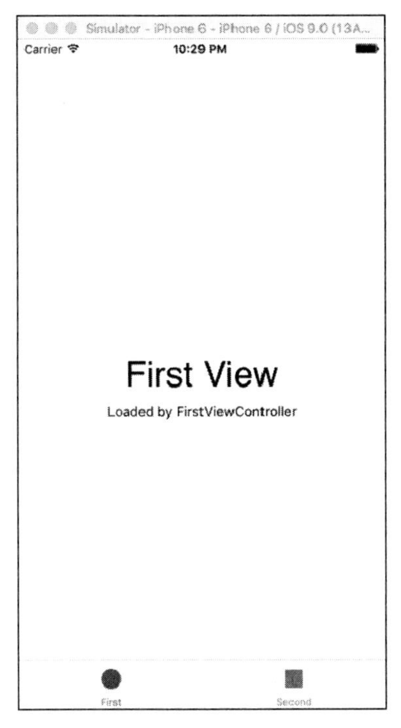

图 18-23　第一个子视图

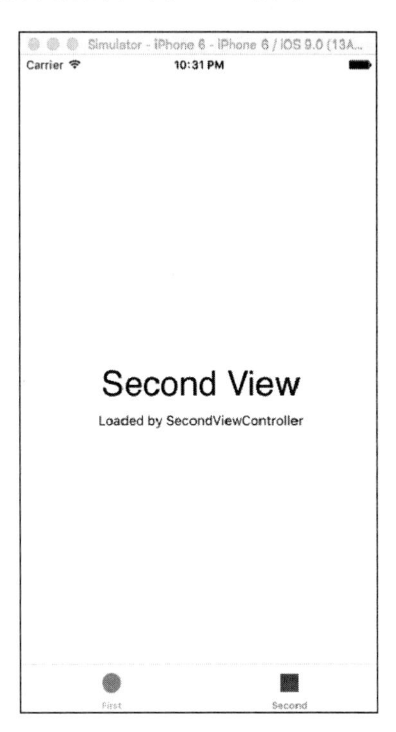

图 18-24　第二个子视图

Chapter 19　第 19 章

图形、图像、图层和动画

经过本书前面内容的学习，已经向大家详细讲解了 iOS 中的常用控件。在本章内容开始，将带领大家更上一层楼，开始详细讲解 iOS 中的典型应用。在本章的内容中，将首先详细讲解 iOS 应用中的图形、图像、图层和动画的基本知识，为读者步入本书后面知识的学习打下基础。

19.1　图形处理

在本节的内容中，将首先讲解在 iOS 中处理图形的基本知识。首先讲解了 iOS 的绘图机制，然后通过具体实例讲解绘图机制的使用方法。

19.1.1　iOS 的绘图机制

iOS 的视图可以通过 drawRect 自己绘图，每个 View 的 Layer（CALayer）就像一个视图的投影，其实也可以来操作它定制一个视图，例如半透明圆角背景的视图。在 iOS 中绘图可以有如下两种方式。

（1）采用 iOS 的核心图形库

iOS 的核心图形库是 Core Graphics，缩写为 CG。主要是通过核心图形库和 UIKit 进行封装，其更加贴近经常操作的视图（UIView）或者窗体（UIWindow）。例如前面提到的 drawRect，只负责在 drawRect 中进行绘图即可，没有必要去关注界面的刷新频率，至于什么时候调 drawRect 都由 iOS 的视图绘制来管理。

（2）采用 OpenGL ES。

OpenGL ES 经常用在游戏等需要对界面进行高频刷新和自由控制，通俗的理解就是其更加贴近直接对屏幕的操控。在很多游戏编程中可能不需要一层一层的框框，直接在界面上绘制，并且通过多个内存缓存绘制来使画面更加流畅。由此可见，OpenGL ES 完全可以作为视图机制的底层图形引擎。

在 iOS 的众多绘图功能中，OpenGL 和 Direct X 等是随处可见的。所以本书不再赘述，今天的主题主要侧重前者，并且侧重如何通过绘图机制来定制视图。先来看一下最熟悉的 Windows 自带画图器（我觉得它就是对原始画图工具的最直接体现），如图 19-1 所示。

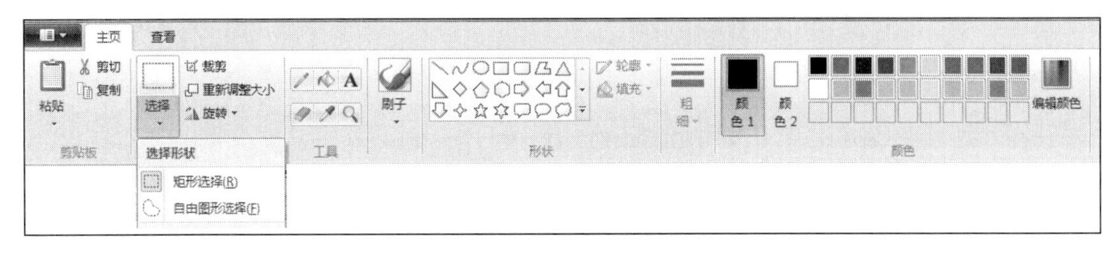

图 19-1　Windows 自带的画图器

如果会使用绘图器来绘制线条、形状、文字、选择颜色，并且可以填充颜色，那么 iOS 中的绘图机制也可以做到这些功能，只是用程序绘制时需要牢牢记住这个画图板。如果要绘图，最起码得有一个面板。在 iOS 绘图中，面板是一个画图板（Graphics Contexts）。所有画图板需要先规定一下，否则计算机的画图都是需要用数字告诉人家，坐标体系需要先要明确一下。

在 iOS 的 2D 绘图中采用的就是我们熟知的直角坐标系，即原点在左下方，右上方为正轴，这里需要注意的是和在视图（UIView）中布局的坐标系不同，它的圆点在左上，右下为正轴。当在视图的 drawRect 中工作时拿到的画板已经是左上坐标的了，这时要去把一个有自己坐标体系的内容直接绘制，就会出现坐标不一致的问题，例如直接绘制图片就会倒立。（后面会讲到坐标变换的一些内容，这里不要急）。

Windows 画图板里面至少能看到一个画图板，在 iOS 绘图中其实也有一个“虚拟”的画图板（Graphics Contexts），所有的绘图操作都在这个画图板里面操作。在视图（UIView)的 drawRect 中操作时，其实视图引擎已经准备好了画板，甚至当前线条的粗细和当前绘制的颜色等都传递过来。只需要“接”到这个画板，然后拿起各种绘图工具画即可。

Core Graphics 中常用的绘图方法如下所示。

- drawAsPatternInRect：在矩形中绘制图像，不缩放，但是在必要时平铺。
- drawAtPoint：利用 CGPoint 作为左上角，绘制完整的不缩放的图像。
- drawAtPoint:blendMode:alpha：drawAtPoint 的一种更复杂的形式。
- drawInRect：在 CGRect 中绘制完整的图像，适当地缩放。
- drawInRect:blendMode:alpha：drawInRect 的一种更复杂的形式。

19.1.2　实践练习

在下面的内容中，将通过一个具体实例的实现过程，详细讲解基于 Swift 使用 Quartz 2D 绘制移动的曲线的过程。

实例 19-1	使用 Quartz 2D 绘制移动的曲线
源码路径	源代码下载包:\daima\19\SwiftGraphics

（1）打开 Xcode 7，然后新建一个名为“SwiftGraphics”的工程，工程的最终目录结构如图 19-2 所示。

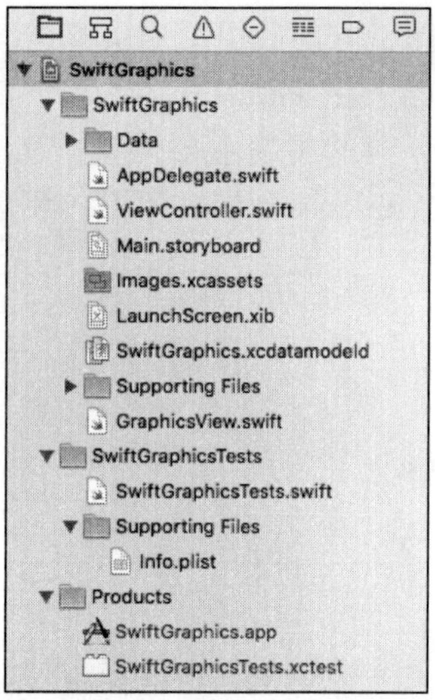

（2）打开 Main.storyboard，为本工程设计一个视图界面，然后编写视图文件 ViewController.swift，设置项目执行后载入绘制视图界面，具体实现代码如下所示。

图 19-2　工程的目录结构

```
import UIKit

class ViewController: UIViewController {
  var timerSource: dispatch_source_t = 0;
  let deltaTMsec:UInt64 = 10;
  override func viewDidLoad() {
    super.viewDidLoad()
    let graphicsView = (view as! GraphicsView)
    graphicsView.createPoints()
    var l:Int8 = 12
    var q = dispatch_queue_create(&l, DISPATCH_QUEUE_SERIAL)
    timerSource = dispatch_source_create(DISPATCH_SOURCE_TYPE_TIMER, 0, 0, q)
    dispatch_source_set_timer(timerSource, dispatch_time(DISPATCH_TIME_NOW, 0),
    deltaTMsec*NSEC_PER_MSEC, 0);
    dispatch_source_set_event_handler(timerSource, {
       dispatch_async(dispatch_get_main_queue(), {
        graphicsView.movePoints(CGFloat(self.deltaTMsec)/1000.0)
      });
    });
    dispatch_resume(timerSource);
  }

  override func didReceiveMemoryWarning() {
    super.didReceiveMemoryWarning()
    // Dispose of any resources that can be recreated.
  }
}
```

（3）编写文件 GraphicsView.swift，调用 Quartz 2D 绘制二维曲线。通过函数 drawRect 绘制曲线，通过函数 movePoints 移动绘制点。文件 GraphicsView.swift 的具体实现代码如下所示。

```
import UIKit
class GraphicsView: UIView {
  var points = [CGPoint]()
  var velocities = [CGPoint]()
  let maxSpeed = 100.0 as CGFloat;
  var pointCount = 1 + 1*3;

  func randomPointInRect(rect: CGRect) → CGPoint {
    return CGPointMake(
      rect.origin.x + CGFloat(rand())*rect.width/CGFloat(RAND_MAX),
      rect.origin.y + CGFloat(rand())*rect.height/CGFloat(RAND_MAX))
  }

  func randomVelocity() → CGPoint {
```

```
    return CGPointMake(
      -maxSpeed + CGFloat(rand())*2.0*maxSpeed/CGFloat(RAND_MAX),
      -maxSpeed + CGFloat(rand())*2.0*maxSpeed/CGFloat(RAND_MAX))
  }

  func seedRandWithCurrentTime() {
    var pt = UnsafeMutablePointer<time_t>.alloc(1)
    time(pt)
    srand(UInt32(pt.move()))
  }

  func createPoints() {
    seedRandWithCurrentTime()
    for _ in 1...pointCount {
      points.append(randomPointInRect(frame))
      velocities.append(randomVelocity())
    }
  }

  func movePoints(deltaT: CGFloat) {
    for i in 0..<pointCount {
      var p = points[i]
      var v = velocities[i];
      p.x += deltaT * v.x
      p.y += deltaT * v.y

      if p.x < frame.origin.x || p.x > frame.origin.x + frame.width {
        v.x = -v.x
        velocities[i] = v
      } else if p.y < frame.origin.y || p.y > frame.origin.y + frame.height {
        v.y = -v.y
        velocities[i] = v
      }

      points[i] = p
    }
    setNeedsDisplay()
  }

  override func drawRect(rect: CGRect) {
    var context = UIGraphicsGetCurrentContext()
    CGContextSetStrokeColorWithColor(context, UIColor.redColor().CGColor)

    var bezierPath = UIBezierPath()
    bezierPath.moveToPoint(points.first!)


    for var i=0; i < pointCount-3; i += 3 {
      bezierPath.addCurveToPoint(points[i+3], controlPoint1:points[i+1],
      controlPoint2:points[i+2])
    }
    bezierPath.addCurveToPoint(points[0], controlPoint1:points[pointCount-2],
```

```
    controlPoint2:points[pointCount-1])
    bezierPath.stroke()
  }
}
```

执行后将在屏幕中绘制一个移动的二维曲线，如图 19-3 所示。

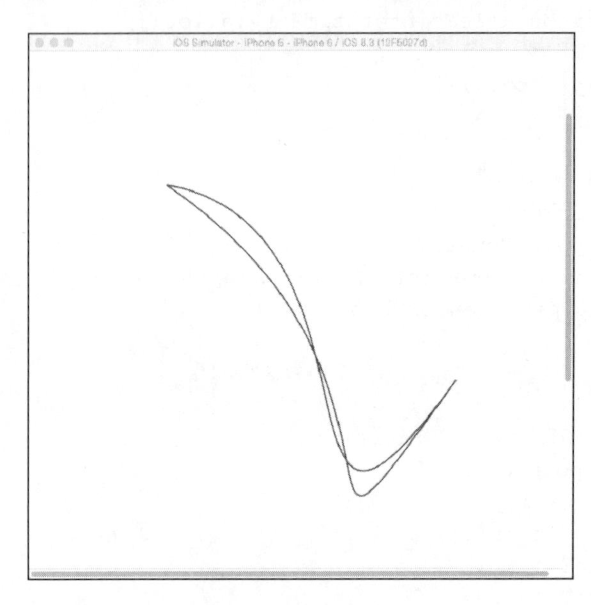

图 19-3　执行效果

19.2　图层

UIView 与图层（CALayer）相关，UIView 实际上不是将其自身绘制到屏幕，而是将自身绘制到图层，然后图层在屏幕上显示出来。iOS 系统不会频繁地重画视图，而是将绘图缓存起来，这个缓存版本的绘图在需要时被使用。缓存版本的绘图实际上就是图层。理解了图层就能更深入地理解视图，图层使视图看起来更强大。尤其是在如下三种情况下。

（1）图层有影响绘图效果的属性

由于图层是视图绘画的接收者和呈现者，可以通过访问图层属性来修改视图的屏幕显示。换言之，通过访问图层，即可让视图达到仅仅通过 UIView 方法无法达到的效果。

（2）图层可以在一个单独的视图中被组合起来

视图的图层可以包含其他图层。由于图层是用来绘图的，在屏幕上显示。这使得 UIView 的绘图能够有多个不同的板块。通过将一个绘图的组成元素看成对象，这将使绘图更加简单。

（3）图层是动画的基本部分

动画能够给界面增添明晰感、着重感，以及简单的酷感。图层被赋有动感（CALayer 中的 CA 代表 Core Animation）。

例如在应用程序界面上添加一个指南针时，可以将箭头放在它自己的图层上。指南针上的其他部分也分别是图层，即圆圈是一个图层，每个基点字母是一个图层。用代码很容易组合绘图，各版块可以重定位以及各自动起来，因此很容易使箭头转动而不移动圆圈。

CALayer 不是 UIKit 的一部分，它是 Quanz Core 框架的一部分，该框架默认情况下不会链接到工程模板。因此，如果要使用 CALayer，应该导入<QuartzCore/QuartzCore.h>，并且必须将 QuartzCore 框架链接到项目中。

19.2.1 视图和图层

UIView 实例有 CALayer 实例伴随，通过视图的图层（layer）属性即可访问。图层没有对应的视图属性，但是视图是图层的委托。在默认情况下，当 UIView 被实例化，它的图层是 CALayer 的一个实例。如果为 UIView 添加子类，并且想要子类的图层是 CALayer 子类的实例，需要实现 UIView 子类的 layerClass 类方法。

由于每个视图都有图层，两者紧密联系。图层在屏幕上显示并且描绘所有界面。视图是图层的委托，并且当视图绘图时，它是通过让图层绘图来绘图。视图的属性通常仅仅为了便于访问图层绘图属性。例如，当你设置视图背景色，实际上是在设置图层的背景色，并且如果你直接设置图层背景色，视图的背景色自动匹配。类似地，视图框架实际上就是图层框架，反之亦然。

视图在图层中绘图，并且图层缓存绘图；可以修改图层来改变视图的外观，无须要求视图重新绘图。这是图形系统高效的一方面。它解释了前面遇到的现象：当视图边界尺寸改变时，图形系统仅仅伸展或重定位保存的图层图像。

图层可以有子图层，并且一个图层最多只有一个超图层，形成一个图层树。这与前面提到过的视图树类似。实际上，视图和它的图层关系非常紧密，它们的层次结构几乎是一样的。对于一个视图和它的图层，图层的超图层就是超视图的图层；图层有子图层，即该视图的子视图的图层。确切地说，由于图层完成视图的具体绘图，也可以说视图层次结构实际上就是图层层次结构。图层层次结构可以超出视图层次结构，一个视图只有一个图层，但一个图层可以拥有不属于任何视图的子图层。

19.2.2 实践练习

在下面的内容中，将通过一个具体实例的实现过程，详细讲解基于 Swift 语言使用 CALayers 图层的过程。

实例 19-2	演示 CALayers 图层的用法
源码路径	源代码下载包:\daima\19\CALayers

（1）打开 Xcode 7，然后新建一个名为“CALayer”的工程，工程的最终目录结构如图 19-4 所示。

（2）打开 Main.storyboard，为本工程设计一个视图界面。在视图文件 ViewController.swift 中分别实现圆角、边框、阴影和动画效果。具体实现代码如下所示。

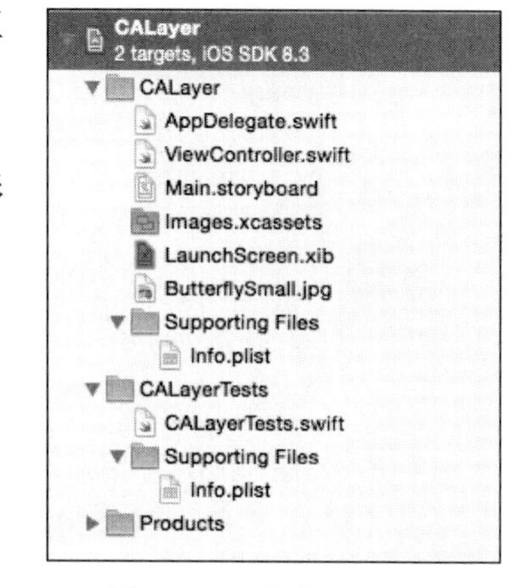

图 19-4　工程的目录结构

```
import UIKit

class ViewController: UIViewController {

    override func viewDidLoad() {
        super.viewDidLoad()
```

```
        setup()
    }

    override func didReceiveMemoryWarning() {
        super.didReceiveMemoryWarning()
        // Dispose of any resources that can be recreated.
    }

    func setup(){
        let redLayer = CALayer()

        redLayer.frame = CGRectMake(50, 50, 300, 50)
        redLayer.backgroundColor = UIColor.redColor().CGColor

        // 圆角
        redLayer.cornerRadius = 15

        //设置边框
        redLayer.borderColor = UIColor.blackColor().CGColor
        redLayer.borderWidth = 2.5

        // 设置阴影
        redLayer.shadowColor = UIColor.blackColor().CGColor
        redLayer.shadowOpacity = 0.8
        redLayer.shadowOffset = CGSizeMake(5, 5)
        redLayer.shadowRadius = 3

        self.view.layer.addSublayer(redLayer)

        let imageLayer = CALayer()
        let image = UIImage(named: "ButterflySmall.jpg")!
        imageLayer.contents = image.CGImage

        imageLayer.frame = CGRect(x: 50, y: 150, width: image.size.width, height:
        image.size.height)
        imageLayer.contentsGravity = kCAGravityResizeAspect
        imageLayer.contentsScale = UIScreen.mainScreen().scale

        imageLayer.shadowColor = UIColor.blackColor().CGColor
        imageLayer.shadowOpacity = 0.8
        imageLayer.shadowOffset = CGSizeMake(5, 5)
        imageLayer.shadowRadius = 3
         self.view.layer.addSublayer(imageLayer)
        // 使用"cornerRadius"创建一个空白动画
        let animation = CABasicAnimation(keyPath: "cornerRadius")
         //设置初始值
        animation.fromValue = redLayer.cornerRadius
         // 完成值
        animation.toValue = 0
        // 设置动画重复值
        animation.repeatCount = 10
        //添加动画层
```

```
        redLayer.addAnimation(animation, forKey: "cornerRadius")
    }
}
```

执行后的效果如图 19-5 所示。

图 19-5　执行效果

19.3　实现动画

动画就是随着时间的推移而改变界面上的显示。例如：视图的背景颜色从红逐步变为绿色，而视图的不透明属性可以从不透明逐步变成透明。一个动画涉及很多内容，包括定时、屏幕刷新、线程化等。在 iOS 上，不需要自己完成一个动画，而只需描述动画的各个步骤，让系统执行这些步骤，从而获得动画的效果。

19.3.1　UIImageView 动画

可以使用 UIImageView 来实现动画效果。UIImageView 的 animationImages 属性或 highlightedAnimationImages 属性是一个 UIImage 数组，这个数组代表一帧帧动画。当发送 startAnimating 消息时，图像就被轮流显示，animationDuration 属性确定帧的速率（间隔时间），animationRepeatCount 属性（默认为 0，表示一直重复，直到收到 stopAnimating 消息）指定重复的次数。

在 UIImageView 中，和动画相关的方法和属性如下所示。

- animationDuration 属性：指定多长时间运行一次动画循环。
- animationImages 属性：识别图像的 NSArray，以加载到 UIImageView 中。
- animationRepeatCount 属性：指定运行多少次动画循环。
- image 属性：识别单个图像，以加载到 UIImageView 中。
- startAnimating 方法：开启动画。
- stopAnimating 方法：停止动画。

19.3.2 视图动画 UIView

通过使用 UIView 视图的动画功能，可以使在更新或切换视图时有放缓节奏、产生流畅的动画效果，进而改善用户体验。UIView 可以产生动画效果的变化包括：

- 位置变化：在屏幕上移动视图。
- 大小变化：改变视图框架（frame）和边界。
- 拉伸变化：改变视图内容的延展区域。
- 改变透明度：改变视图的 alpha 值。
- 改变状态：隐藏或显示状态。
- 改变视图层次顺序：视图哪个前哪个后。
- 旋转：即任何应用到视图上的仿射变换（transform）。

19.3.3 Core Animation 详解

Core Animation 即核心动画，开发人员可以为应用创建动态用户界面，无须使用低级别的图形 API，例如使用 OpenGL 来获取高效的动画性能。Core Animation 负责所有的滚动、旋转、缩小和放大以及所有的 iOS 动画效果。其中 UIKit 类通常都有 animated：参数部分，它可以允许是否使用动画。另外，Core Animation 还与 Quartz 紧密结合在一起，每个 UIView 都关联到一个 CALayer 对象，CALayer 是 Core Animation 中的图层。

Core Animation 在创建动画时会修改 CALayer 属性，然后让这些属性流畅地变化。学习 Core Animation 需要具备如下相关知识点。

- 图层：是动画发生的地方，CALayer 总是与 UIView 关联，通过 layer 属性访问。
- 隐式动画：这是一种最简单的动画，不用设置定时器，不用考虑线程或者重画。
- 显式动画：是一种使用 CABasicAnimation 创建的动画，通过 CABasicAnimation，可以更明确地定义属性如何改变动画。
- 关键帧动画：是一种更复杂的显式动画类型，这里可以定义动画的起点和终点，还可以定义某些帧之间的动画。
- 使用核心动画的好处如下所示。
- 简单易用的高性能混合编程模型。
- 类似视图一样，可以通过使用图层来创建复杂的接口。通过 CALayer 来使用更复杂的一些动画。
- 轻量级的数据结构,它可以同时显示并让上百个图层产生动画效果。控制多个 CALayer 来显示动画效果
- 一套简单的动画接口，可以让动画运行在独立的线程里面，并可以独立于主线程之外。
- 一旦动画配置完成并启动，核心动画完全控制并独立完成相应的动画帧。
- 提高应用性能。应用程序只当发生改变时才重绘内容。再小的应用程序也需要改变和提供布局服务层。核心动画还消除了在动画的帧速率上运行的应用程序代码。
- 灵活的布局管理模型。包括允许图层相对同级图层的关系来设置相应属性的位置和大小。可以使用 CALayer 来更灵活地进行布局。

Core Animation 提供了许多或具体或抽象的动画类，如图 19-6 所示。

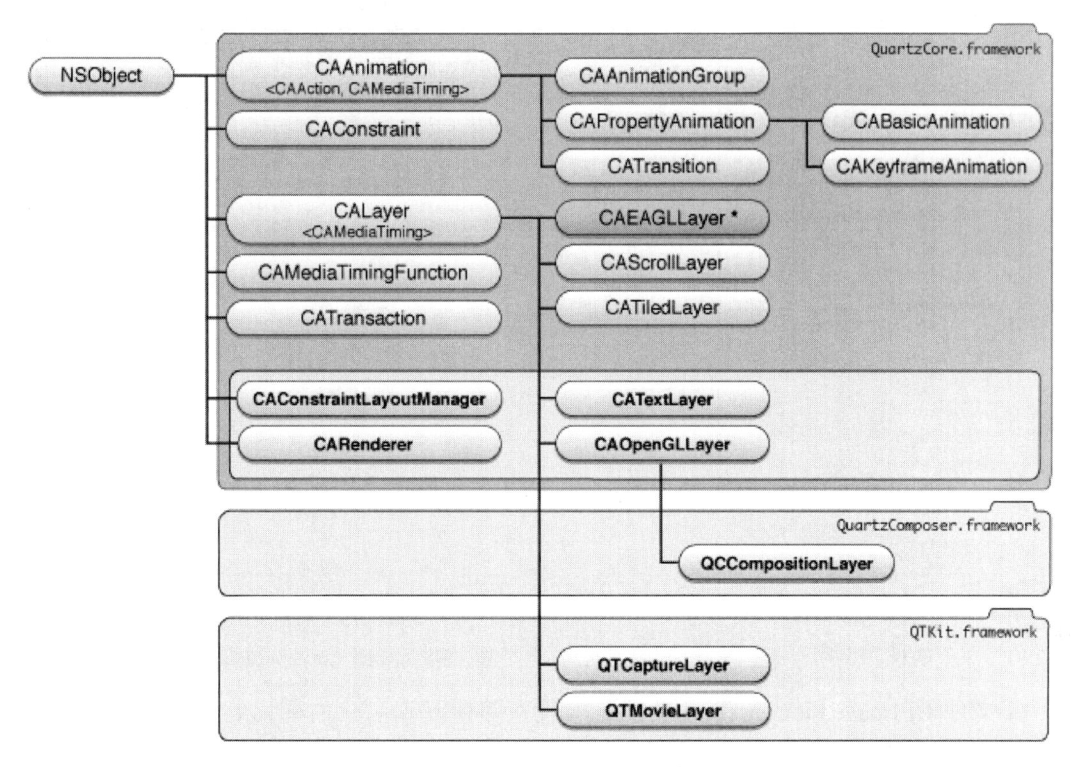

图 19-6　Core Animation 的类

Core Animation 中常用类的具体说明如下所示。

- CATransition：提供了作用于整个层的转换效果。还可以通过自定义的 Core Image filter 扩展转换效果。
- CAAnimationGroup：可以打包多个动画对象并让它们同时执行。
- CAPropertyAnimation：支持基于属性关键路径的动画。
- CABasicAnimation：对属性做简单的插值。
- CAKeyframeAnimation：对关键帧动画提供支持。指定需要动画属性的关键路径，一个表示每一个阶段对应值的数组，还有一个关键帧时间和时间函数的数组。动画运行时，依次设置每一个值的指定插值。

19.3.4　实践练习

在本节的内容中，将通过一个具体实例的实现过程，详细讲解基于 Swift 语言实现人脸检测的过程。在本实例中，用到了 UIImageView 控件、Label 控件和 Toolbar 控件。

实例 19-3	图形图像的人脸检测处理
源码路径	源代码下载包:\daima\19\UIImageView

（1）打开 Xcode 7，然后创建一个名为“bfswift”的工程，工程的最终目录结构如图 19-7 所示。

（2）在 Xcode 7 的 Main.storyboard 面板中设计 UI 界面，上方插入两个 UIImageView 控件来展示图片，在下方插入 Toolbar 控件实现选择控制，如图 19-8 所示。

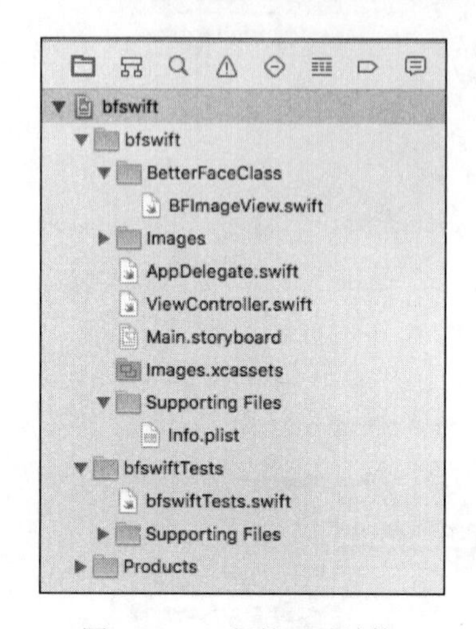

图 19-7 工程的目录结构

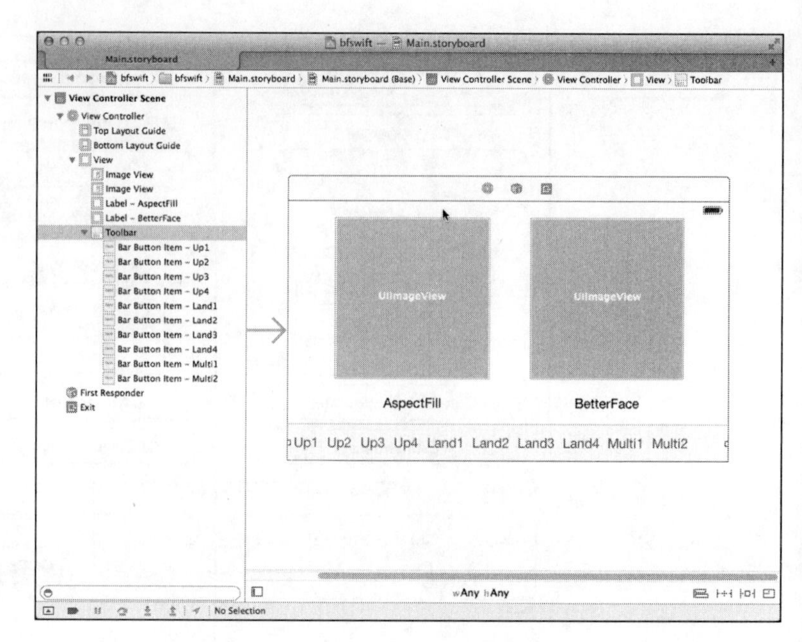

图 19-8 Main.storyboard 面板

（3）文件 BFImageView.swift 的功能是实现人脸检测和对应的标记处理，并根据用户操作实现水平移动或垂直移动操作，并设置对应的图像图层处理。文件 BFImageView.swift 的具体实现流程如下所示：

① 引入需要的框架，定义常用的常量，然后定义视图类 BFImageView，对应的实现代码如下所示。

```
import Foundation
import UIKit
import QuartzCore
let BETTER_LAYER_NAME = "BETTER_LAYER_NAME"
let GOLDEN_RATIO = 0.618

class BFImageView: UIImageView {
    var needsBetterFace: Bool = false

    var fast: Bool = true

    var detector: CIDetector?

    override var image: UIImage! {
    get {
        return super.image
    }
    set {
        super.image = newValue
        if self.needsBetterFace {
            self.faceDetect(newValue)
        }
    }
    }
```

② 定义函数 faceDetect()实现人脸检测功能，通过 dispatch 生成一个串行队列，队列中的 block 按照先进先出（FIFO）的顺序去执行，实际上为单线程执行。第一个参数是队列的名称，在调试程序时会非常有用，所有尽量不要重名了。对应的实现代码如下所示。

```
func faceDetect(aImage: UIImage){
   var queue: dispatch_queue_t = dispatch_queue_create("com.croath.betterface.
   queue", DISPATCH_QUEUE_CONCURRENT)
   dispatch_async(queue,
      {
         var image = aImage.CIImage
         if image == nil {
            image = CIImage(CGImage: aImage.CGImage)
         }

         if self.detector == nil {
            var opts = [(self.fast ? CIDetectorAccuracyLow :
            CIDetectorAccuracyHigh): CIDetectorAccuracy]
            self.detector = CIDetector(ofType: CIDetectorTypeFace, context:
            nil, options: opts)
         }

         var features: AnyObject[] = self.detector!.featuresInImage(image)

         if features.count == 0 {
            println("no faces")
            dispatch_async(dispatch_get_main_queue(),
               {
                  self.imageLayer().removeFromSuperlayer()
               })
         } else {
            println("succeed \(features.count) faces")
            var imgSize = CGSizeMake(Float(CGImageGetWidth(aImage.CGImage)),
            Float(CGImageGetHeight(aImage.CGImage)))
            self.markAfterFaceDetect(features, size: imgSize)
         }
      })
}
```

③ 定义函数 markAfterFaceDetect()实现人脸检测标识功能，通过 CoreImage 中的人脸识别接口进行标识，在标识时分别实现沿着 x 轴或 y 轴方向的水平和垂直移动。对应的实现代码如下所示。

```
func markAfterFaceDetect(features: AnyObject[], size: CGSize) {
   var fixedRect = CGRectMake(MAXFLOAT, MAXFLOAT, 0, 0)
   var rightBorder: Float = 0, bottomBorder: Float = 0
   for f: AnyObject in features {
      var oneRect = CGRectMake(f.bounds.origin.x, f.bounds.origin.y, f.bounds.
      size.width, f.bounds.size.height)
      oneRect.origin.y = size.height - oneRect.origin.y - oneRect.size.height

      fixedRect.origin.x = min(oneRect.origin.x, fixedRect.origin.x)
```

```
            fixedRect.origin.y = min(oneRect.origin.y, fixedRect.origin.y)

            rightBorder = max(oneRect.origin.x + oneRect.size.width, rightBorder)
            bottomBorder = max(oneRect.origin.y + oneRect.size.height, bottomBorder)
        }

        fixedRect.size.width = rightBorder - fixedRect.origin.x
        fixedRect.size.height = bottomBorder - fixedRect.origin.y

        var fixedCenter: CGPoint = CGPointMake(fixedRect.origin.x + fixedRect.size.
        width / 2.0, fixedRect.origin.y + fixedRect.size.height / 2.0)
        var offset: CGPoint = CGPointZero
        var finalSize: CGSize = size
        if size.width / size.height > self.bounds.size.width / self.bounds.size.height {
            //水平移动1
            finalSize.height = self.bounds.size.height
            finalSize.width = size.width/size.height * finalSize.height
            fixedCenter.x = finalSize.width / size.width * fixedCenter.x
            fixedCenter.y = finalSize.width / size.width * fixedCenter.y

            offset.x = fixedCenter.x - self.bounds.size.width * 0.5
            if (offset.x < 0) {
                offset.x = 0
            } else if (offset.x + self.bounds.size.width > finalSize.width) {
                offset.x = finalSize.width - self.bounds.size.width
            }
            offset.x = -offset.x
        } else {
            //垂直移动
            finalSize.width = self.bounds.size.width
            finalSize.height = size.height/size.width * finalSize.width
            fixedCenter.x = finalSize.width / size.width * fixedCenter.x
            fixedCenter.y = finalSize.width / size.width * fixedCenter.y

            offset.y = fixedCenter.y - self.bounds.size.height * Float(1-GOLDEN_RATIO)
            if (offset.y < 0) {
                offset.y = 0
            } else if (offset.y + self.bounds.size.height > finalSize.height){
                finalSize.height = self.bounds.size.height
                offset.y = finalSize.height
            }
            offset.y = -offset.y
        }

        dispatch_async(dispatch_get_main_queue(),
            {
                var layer: CALayer = self.imageLayer()
                layer.frame = CGRectMake(offset.x, offset.y, finalSize.width,
                finalSize.height)
                layer.contents = self.image.CGImage
            })
    }
```

```
    //图片图层
    func imageLayer() → CALayer {
        if let sublayers = self.layer.sublayers {
            for layer: AnyObject in sublayers {
                if layer.name == BETTER_LAYER_NAME {
                    return layer as CALayer
                }
            }
        }

        var layer = CALayer()
        layer.name = BETTER_LAYER_NAME
        layer.actions =
            [
                "contents": NSNull(),
                "bounds": NSNull(),
                "position": NSNull()
        ]
        self.layer.addSublayer(layer)
        return layer
    }
}
```

（4）文件 ViewController.swift 的功能是根据用户的选择，在 IImageView 控件中加载显示不同的图片。文件 ViewController.swift 的具体实现代码如下所示：

```
import UIKit

class ViewController: UIViewController {
    @IBOutlet var view0 : UIImageView
    @IBOutlet var view1 : BFImageView

    override func viewDidLoad() {
        super.viewDidLoad()

        self.view0.layer.borderColor = UIColor.grayColor().CGColor
        self.view0.layer.borderWidth = 0.5
        self.view0.contentMode = UIViewContentMode.ScaleAspectFill
        self.view0.clipsToBounds = true

        self.view1.layer.borderColor = UIColor.grayColor().CGColor
        self.view1.layer.borderWidth = 0.5
        self.view1.contentMode = UIViewContentMode.ScaleAspectFill
        self.view1.clipsToBounds = true
        self.view1.needsBetterFace = true
        self.view1.fast = true
    }

    override func didReceiveMemoryWarning() {
        super.didReceiveMemoryWarning()
        // Dispose of any resources that can be recreated.
    }
```

```
    @IBAction func tabPressed(sender : AnyObject) {
        var imageStr:String = ""
        switch sender.tag {
        case Int(0):
            imageStr = "up1.jpg"
        case Int(1):
            imageStr = "up2.jpg"
        case Int(2):
            imageStr = "up3.jpg"
        case Int(3):
            imageStr = "up4.jpg"
        case Int(4):
            imageStr = "l1.jpg"
        case Int(5):
            imageStr = "l2.jpg"
        case Int(6):
            imageStr = "l3.jpg"
        case Int(7):
            imageStr = "l4.jpg"
        case Int(8):
            imageStr = "m1.jpg"
        case Int(9):
            imageStr = "m2.jpg"
        default:
            imageStr = ""
        }
        self.view0.image = UIImage(named: imageStr)
        self.view1.image = UIImage(named: imageStr)

    }

}
```

至此为止，整个实例介绍完毕，执行后的效果如图 19-9 所示。在下方单击不同的选项，可以在上方展示不同的对应图像。

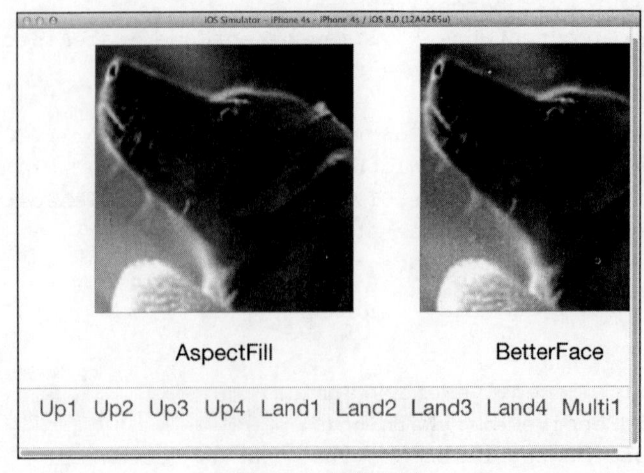

图 19-9　执行效果

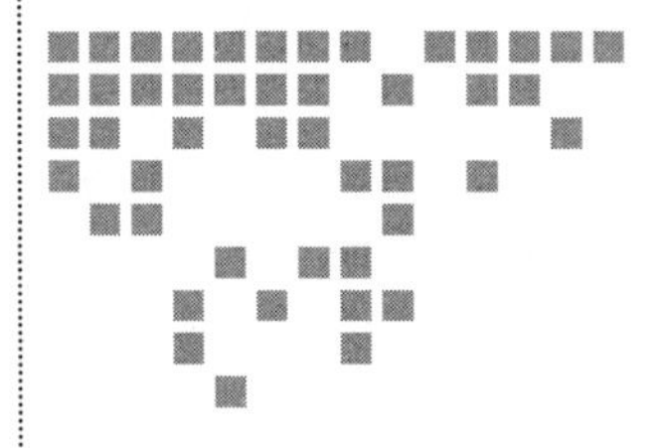

Chapter 20 第 20 章

多媒体应用

作为一款智能设备的操作系统，iOS 提供了功能强大的多媒体功能，例如视频播放、音频播放等。通过这些多媒体应用，吸引了广大用户的眼球。在 iOS 系统中，这些多媒体功能是通过专用的框架实现的，通过这些框架可以实现如下功能。

- 播放本地或远程（流式）文件中的视频。
- 在 iOS 设备中录制和播放视频。
- 在应用程序中访问内置的音乐库。
- 显示和访问内置照片库或相机中的图像。
- 使用 Core Image 过滤器轻松地操纵图像。
- 检索并显示有关当前播放的多媒体内容的信息。

Apple 提供了很多 Cocoa 类，通过这些类可以将多媒体（视频、照片、录音等）加入应用程序中。在本章将详细讲解在 iOS 应用程序中添加的多种多媒体功能的方法，为读者步入本书后面知识的学习打下基础。

20.1 声音服务

在当前的设备中，声音几乎在每个计算机系统中都扮演了重要角色，而不管其平台和用途如何。它们告知用户发生了错误或完成了操作。声音在用户没有紧盯屏幕时仍可提供有关应用程序在做什么的反馈。而在移动设备中，震动的应用比较常见。当设备能够震动时，即使用户不能看到或听到，设备也能够与用户交流。对 iPhone 用户来说，震动意味着即使它在口袋里或附近的桌子上，应用程序也可将事件告知用户。这是不是最好的消息？可通过简单代码处理声音和震动，这让您能够在应用程序中轻松地实现它们。在 iOS 应用中，当提供反馈或获取重要输入时，通过视觉方式进行通知比较合适。但有时为了引起用户注意，通过声音效果可以更好地完成提醒效果。在本节的内容中，将向广大读者朋友们详细讲解 iOS 中声音服务的基本知识，为读者步入本书后面知识的学习打下基础。

20.1.1 声音服务基础

为了支持声音播放和震动功能，iOS 系统中的系统声音服务（System Sound Services）为我们提供了一个接口，用于播放不超过 30 秒的声音。虽然它支持的文件格式有限，目前只支持 CAF、AIF 和使用 PCM 或 IMA/ADPCM 数据的 WAV 文件，并且这些函数没有提供操纵声音和控制音量的功能，但是为开发人员提供了极大的方便。

iOS 使用 System Sound Services 支持如下三种不同的通知。

- 声音：立刻播放一个简单的声音文件。如果手机被设置为静音，用户什么也听不到。
- 提醒：播放一个声音文件，但如果手机被设置为静音和震动，将通过震动提醒用户。
- 震动：震动手机，而不考虑其他设置。

要在项目中使用系统声音服务，必须添加框架 AudioToolbox 以及要播放的声音文件。另外还需要在实现声音服务的类中导入该框架的接口文件：

```
#import <AudioToolbox/AudioToolbox.h>
```

不同于本书讨论的其他大部分开发功能，系统声音服务并非通过类实现的，相反，我们将使用传统的 C 语言函数调用来触发播放操作。

要想播放音频，需要使用的两个函数是 AudioServicesCreateSystemSoundID 和 AudioServices PlaySystemSound。还需要声明一个类型为 SystemSoundID 的变量，它表示要使用的声音文件。

20.1.2 实践练习

在下面的内容中，将通过一个具体实例的实现过程，详细讲解使用 AudioToolbox 播放列表中的音乐的过程。

实例 20-1	使用 AudioToolbox 播放列表中的音乐
源码路径	源代码下载包:\daima\20\MusicSequenceAUGraph

（1）打开 Xcode 7，然后新建一个名为“MusicSequenceAUGraph”的工程，工程的最终目录结构如图 20-1 所示。

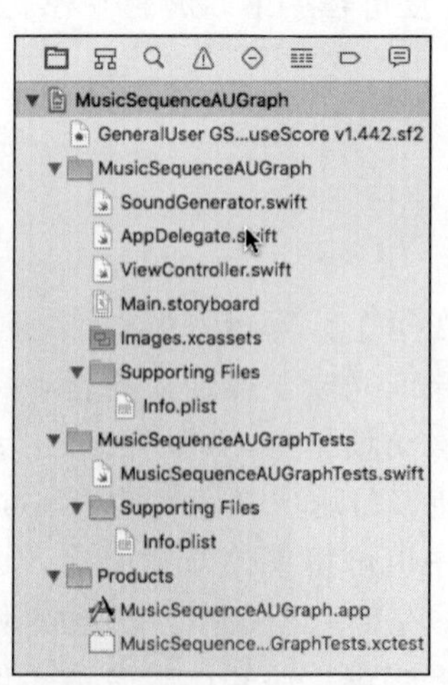

图 20-1 工程的目录结构

（2）打开 Main.storyboard，为本工程设计一个视图界面，在里面分别构建 Play 和 PickView 视图界面，如图 20-2 所示。

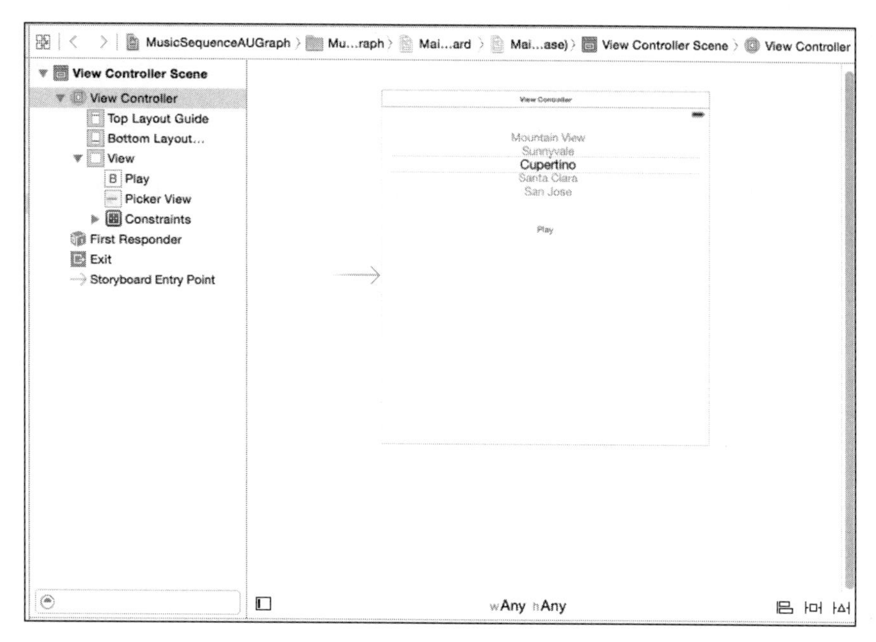

图 20-2　Main.storyboard 界面

（3）编写文件 SoundGenerator.swift，分别引入媒体播放框架 AudioToolbox、AVFoundation 和 CoreAudio，通过 play 函数播放列表中的音乐，具体实现流程如下所示。

① 引入需要的框架，定义类 SoundGenerator，对应的实现代码如下所示。

```
import Foundation
import AudioToolbox
import CoreAudio
import AVFoundation

class SoundGenerator  {

   var processingGraph:AUGraph
   var samplerUnit:AudioUnit
   var musicPlayer:MusicPlayer
```

② 定义初始化函数 init()，调用各个功能函数实现音乐播放器功能，对应的实现代码如下所示。

```
   init() {
      self.processingGraph = AUGraph()
      self.samplerUnit  = AudioUnit()
      self.musicPlayer = nil

      augraphSetup()
      graphStart()
      // after the graph starts
      loadSF2Preset(0)
```

```
        var musicSequence = createMusicSequence()
        self.musicPlayer = createPlayer(musicSequence)

        CAShow(UnsafeMutablePointer<MusicSequence>(self.processingGraph))
        CAShow(UnsafeMutablePointer<MusicSequence>(musicSequence))
    }
```

③ 定义函数augraphSetup(),调用具有校准功能的AUGraph接口来处理音频。在AUGraph中如果不想进行特殊处理，那么可以将每个Node上的音频格式设置成一样的，此时用一组音频格式的设置统一将其他的都设置成相同的。对应的实现代码如下所示。

```
    func augraphSetup() {
        var status : OSStatus = 0
        status = NewAUGraph(&self.processingGraph)
        CheckError(status)

        //创建一个实例
        var samplerNode = AUNode()
        var cd:AudioComponentDescription = AudioComponentDescription(
            componentType: OSType(kAudioUnitType_MusicDevice),
            componentSubType: OSType(kAudioUnitSubType_Sampler),
            componentManufacturer: OSType(kAudioUnitManufacturer_Apple),
            componentFlags: 0,
            componentFlagsMask: 0)
        status = AUGraphAddNode(self.processingGraph, &cd, &samplerNode)
        CheckError(status)

        // 创建 ionode
        var ioNode:AUNode = AUNode()
        var ioUnitDescription:AudioComponentDescription = AudioComponentDescription(
            componentType: OSType(kAudioUnitType_Output),
            componentSubType: OSType(kAudioUnitSubType_RemoteIO),
            componentManufacturer: OSType(kAudioUnitManufacturer_Apple),
            componentFlags: 0,
            componentFlagsMask: 0)
        status = AUGraphAddNode(self.processingGraph, &ioUnitDescription, &ioNode)
        CheckError(status)

        status = AUGraphOpen(self.processingGraph)
        CheckError(status)

        status = AUGraphNodeInfo(self.processingGraph, samplerNode, nil,
        &self.samplerUnit)
        CheckError(status)

        var ioUnit:AudioUnit  = AudioUnit()
        status = AUGraphNodeInfo(self.processingGraph, ioNode, nil, &ioUnit)
        CheckError(status)

        var ioUnitOutputElement:AudioUnitElement = 0
```

```
        var samplerOutputElement:AudioUnitElement = 0
        status = AUGraphConnectNodeInput(self.processingGraph,
            samplerNode, samplerOutputElement, // srcnode, inSourceOutputNumber
            ioNode, ioUnitOutputElement)       // destnode, inDestInputNumber
        CheckError(status)
    }
```

④ 定义函数 graphStart()，当 AUGraphStart 所有的设置都正确时开始设置 AUGraph 功能，对应的实现代码如下所示。

```
    func graphStart() {
        var status : OSStatus = OSStatus(noErr)
        var outIsInitialized:Boolean = 0
        status = AUGraphIsInitialized(self.processingGraph, &outIsInitialized)
        print("isinit status is \(status)")
        print("bool is \(outIsInitialized)")
        if outIsInitialized == 0 {
            status = AUGraphInitialize(self.processingGraph)
            CheckError(status)
        }

        var isRunning:Boolean = 0
        AUGraphIsRunning(self.processingGraph, &isRunning)
        print("running bool is \(isRunning)")
        if isRunning == 0 {
            status = AUGraphStart(self.processingGraph)
            CheckError(status)
        }

    }
```

⑤ 定义函数 loadDLSPreset()实现播放前的音频加载功能，对应的实现代码如下所示。

```
    func loadDLSPreset(pn:UInt8) {
        if let bankURL = NSBundle.mainBundle().URLForResource("gs_instruments",
        withExtension: "dls") {
            var instdata = AUSamplerInstrumentData(fileURL: Unmanaged.
            passUnretained(bankURL),
                instrumentType: UInt8(kInstrumentType_DLSPreset),
                bankMSB: UInt8(kAUSampler_DefaultMelodicBankMSB),
                bankLSB: UInt8(kAUSampler_DefaultBankLSB),
                presetID: pn)
            var status = AudioUnitSetProperty(
                self.samplerUnit,
                UInt32(kAUSamplerProperty_LoadInstrument),
                UInt32(kAudioUnitScope_Global),
                0,
                &instdata,
                UInt32(sizeof(AUSamplerInstrumentData)))
            CheckError(status)
        }
    }
```

⑥ 定义函数 CheckError()实现系统错误检查功能，根据错误类型输出对应的错误提示，对应的实现代码如下所示。

```
func CheckError(error:OSStatus) {
    if error == 0 {return}

    switch(Int(error)) {
        // AudioToolbox
    case kAUGraphErr_NodeNotFound:
        print("Error:kAUGraphErr_NodeNotFound \n");

    case kAUGraphErr_OutputNodeErr:
        print( "Error:kAUGraphErr_OutputNodeErr \n");

    case kAUGraphErr_InvalidConnection:
        print("Error:kAUGraphErr_InvalidConnection \n");

    case kAUGraphErr_CannotDoInCurrentContext:
        print( "Error:kAUGraphErr_CannotDoInCurrentContext \n");
    case kAUGraphErr_InvalidAudioUnit:
        print( "Error:kAUGraphErr_InvalidAudioUnit \n");
    case kAudioToolboxErr_InvalidSequenceType :
        print( " kAudioToolboxErr_InvalidSequenceType ");
    case kAudioToolboxErr_TrackIndexError :
        print( " kAudioToolboxErr_TrackIndexError ");
    case kAudioToolboxErr_TrackNotFound :
        print( " kAudioToolboxErr_TrackNotFound ");
    case kAudioToolboxErr_EndOfTrack :
        print( " kAudioToolboxErr_EndOfTrack ");
    case kAudioToolboxErr_StartOfTrack :
        print( " kAudioToolboxErr_StartOfTrack ");
    case kAudioToolboxErr_IllegalTrackDestination   :
        print( " kAudioToolboxErr_IllegalTrackDestination");

    case kAudioToolboxErr_NoSequence        :
        print( " kAudioToolboxErr_NoSequence ");

    case kAudioToolboxErr_InvalidEventType      :
        print( " kAudioToolboxErr_InvalidEventType");

    case kAudioToolboxErr_InvalidPlayerState    :
        print( " kAudioToolboxErr_InvalidPlayerState");

    case kAudioUnitErr_InvalidProperty        :
        print( " kAudioUnitErr_InvalidProperty");

    case kAudioUnitErr_InvalidParameter       :
        print( " kAudioUnitErr_InvalidParameter");

    case kAudioUnitErr_InvalidElement         :
        print( " kAudioUnitErr_InvalidElement");
```

```
    case kAudioUnitErr_NoConnection          :
        print( " kAudioUnitErr_NoConnection");

    case kAudioUnitErr_FailedInitialization     :
        print( " kAudioUnitErr_FailedInitialization");

    case kAudioUnitErr_TooManyFramesToProcess   :
        print( " kAudioUnitErr_TooManyFramesToProcess");

    case kAudioUnitErr_InvalidFile           :
        print( " kAudioUnitErr_InvalidFile");

    case kAudioUnitErr_FormatNotSupported       :
        print( " kAudioUnitErr_FormatNotSupported");

    case kAudioUnitErr_Uninitialized          :
        print( " kAudioUnitErr_Uninitialized");

    case kAudioUnitErr_InvalidScope           :
        print( " kAudioUnitErr_InvalidScope");

    case kAudioUnitErr_PropertyNotWritable      :
        print( " kAudioUnitErr_PropertyNotWritable");

    case kAudioUnitErr_InvalidPropertyValue     :
        print( " kAudioUnitErr_InvalidPropertyValue");

    case kAudioUnitErr_PropertyNotInUse       :
        print( " kAudioUnitErr_PropertyNotInUse");

    case kAudioUnitErr_Initialized            :
        print( " kAudioUnitErr_Initialized");

    case kAudioUnitErr_InvalidOfflineRender     :
        print( " kAudioUnitErr_InvalidOfflineRender");

    case kAudioUnitErr_Unauthorized           :
        print( " kAudioUnitErr_Unauthorized");

    default:
        print("huh?")
    }
}
```

⑦ 定义函数 createMusicSequence()创建音乐播放序列，对应的实现代码如下所示。

```
func createMusicSequence() → MusicSequence {
    // create the sequence
    var musicSequence:MusicSequence = MusicSequence()
    var status = NewMusicSequence(&musicSequence)
    if status != OSStatus(noErr) {
        print("\(__LINE__) bad status \(status) creating sequence")
```

```
        CheckError(status)
    }

    // add a track
    var track:MusicTrack = MusicTrack()
    status = MusicSequenceNewTrack(musicSequence, &track)
    if status != OSStatus(noErr) {
        print("error creating track \(status)")
        CheckError(status)
    }

    //做一些笔记放在播放轨道上
    var beat:MusicTimeStamp = 1.0
    for i:UInt8 in 60...72 {
        var mess = MIDINoteMessage(channel: 0,
            note: i,
            velocity: 64,
            releaseVelocity: 0,
            duration: 1.0 )
        status = MusicTrackNewMIDINoteEvent(track, beat, &mess)
        if status != OSStatus(noErr) {
            CheckError(status)
        }
        beat++
    }

    //和AUGraph 相结合
    MusicSequenceSetAUGraph(musicSequence, self.processingGraph)

    return musicSequence
}
```

⑧ 定义函数 createPlayer()创建音乐播放实例，显示当前音乐的状态，对应的实现代码如下所示。

```
func createPlayer(musicSequence:MusicSequence) → MusicPlayer {
    var musicPlayer:MusicPlayer = MusicPlayer()
    var status = OSStatus(noErr)
    status = NewMusicPlayer(&musicPlayer)
    if status != OSStatus(noErr) {
        print("bad status \(status) creating player")
        CheckError(status)
    }
    status = MusicPlayerSetSequence(musicPlayer, musicSequence)
    if status != OSStatus(noErr) {
        print("setting sequence \(status)")
        CheckError(status)
    }
    status = MusicPlayerPreroll(musicPlayer)
    if status != OSStatus(noErr) {
        print("prerolling player \(status)")
        CheckError(status)
```

```
        }
        return musicPlayer
    }
```

⑨ 定义函数 play()实现音乐播放功能，显示当前音乐的播放状态，对应的实现代码如下所示。

```
    func play() {
        var status = OSStatus(noErr)
        var playing:Boolean = 0
        status = MusicPlayerIsPlaying(musicPlayer, &playing)
        if playing != 0 {
            print("music player is playing. stopping")
            status = MusicPlayerStop(musicPlayer)
            if status != OSStatus(noErr) {
                print("Error stopping \(status)")
                CheckError(status)
                return
            }
        } else {
            print("music player is not playing.")
        }

        status = MusicPlayerSetTime(musicPlayer, 0)
        if status != OSStatus(noErr) {
            print("setting time \(status)")
            CheckError(status)
            return
        }

        status = MusicPlayerStart(musicPlayer)
        if status != OSStatus(noErr) {
            print("Error starting \(status)")
            CheckError(status)
            return
        }
    }
}
```

（4）实现视图界面文件 ViewController.swift，在其中插入 PickView 罗列显示不同的音乐，触发列表中的音乐后会播放出对应的音效，具体实现流程如下所示。

① 引入系统需要的框架，定义视图类 ViewController，对应的实现代码如下所示。

```
import UIKit

class ViewController: UIViewController {

    @IBOutlet var picker: UIPickerView!

    var gen = SoundGenerator()

    override func viewDidLoad() {
```

```
        super.viewDidLoad()
        picker.delegate = self
        picker.dataSource = self

    }

    override func didReceiveMemoryWarning() {
        super.didReceiveMemoryWarning()

    }

    @IBAction func play(sender: AnyObject) {
        gen.play()
    }
```

② 定义数组 GMDict，在其中存储了当前系统中各种音频的名字，对应的实现代码如下所示。

```
    var GMDict:[String:UInt8] = [
        "Acoustic Grand Piano" : 0,
        "Bright Acoustic Piano" : 1,
        "Electric Grand Piano" : 2,
        "Honky-tonk Piano" : 3,
        "Electric Piano 1" : 4,
        "Electric Piano 2" : 5,
        "Harpsichord" : 6,
        "Clavi" : 7,
        "Celesta" : 8,
        "Glockenspiel" : 9,
        "Music Box" : 10,
        "Vibraphone" : 11,
        "Marimba" : 12,
        "Xylophone" : 13,
        "Tubular Bells" : 14,
        "Dulcimer" : 15,
        "Drawbar Organ" : 16,
        "Percussive Organ" : 17,
        "Rock Organ" : 18,
        "ChurchPipe" : 19,
        "Positive" : 20,
        "Accordion" : 21,
        "Harmonica" : 22,
        "Tango Accordion" : 23,
        "Classic Guitar" : 24,
        "Acoustic Guitar" : 25,
        "Jazz Guitar" : 26,
        "Clean Guitar" : 27,
        "Muted Guitar" : 28,
        "Overdriven Guitar" : 29,
        "Distortion Guitar" : 30,
        "Guitar harmonics" : 31,
        "JazzBass" : 32,
```

```
"DeepBass" : 33,
"PickBass" : 34,
"FretLess" : 35,
"SlapBass1" : 36,
"SlapBass2" : 37,
"SynthBass1" : 38,
"SynthBass2" : 39,
"Violin" : 40,
"Viola" : 41,
"Cello" : 42,
"ContraBass" : 43,
"TremoloStr" : 44,
"Pizzicato" : 45,
"Harp" : 46,
"Timpani" : 47,
"String Ensemble 1" : 48,
"String Ensemble 2" : 49,
"SynthStrings 1" : 50,
"SynthStrings 2" : 51,
"Choir" : 52,
"DooVoice" : 53,
"Voices" : 54,
"OrchHit" : 55,
"Trumpet" : 56,
"Trombone" : 57,
"Tuba" : 58,
"MutedTrumpet" : 59,
"FrenchHorn" : 60,
"Brass" : 61,
"SynBrass1" : 62,
"SynBrass2" : 63,
"SopranoSax" : 64,
"AltoSax" : 65,
"TenorSax" : 66,
"BariSax" : 67,
"Oboe" : 68,
"EnglishHorn" : 69,
"Bassoon" : 70,
"Clarinet" : 71,
"Piccolo" : 72,
"Flute" : 73,
"Recorder" : 74,
"PanFlute" : 75,
"Bottle" : 76,
"Shakuhachi" : 77,
"Whistle" : 78,
"Ocarina" : 79,
"SquareWave" : 80,
"SawWave" : 81,
"Calliope" : 82,
"SynChiff" : 83,
"Charang" : 84,
```

```
        "AirChorus" : 85,
        "fifths" : 86,
        "BassLead" : 87,
        "New Age" : 88,
        "WarmPad" : 89,
        "PolyPad" : 90,
        "GhostPad" : 91,
        "BowedGlas" : 92,
        "MetalPad" : 93,
        "HaloPad" : 94,
        "Sweep" : 95,
        "IceRain" : 96,
        "SoundTrack" : 97,
        "Crystal" : 98,
        "Atmosphere" : 99,
        "Brightness" : 100,
        "Goblin" : 101,
        "EchoDrop" : 102,
        "SciFi effect" : 103,
        "Sitar" : 104,
        "Banjo" : 105,
        "Shamisen" : 106,
        "Koto" : 107,
        "Kalimba" : 108,
        "Scotland" : 109,
        "Fiddle" : 110,
        "Shanai" : 111,
        "MetalBell" : 112,
        "Agogo" : 113,
        "SteelDrums" : 114,
        "Woodblock" : 115,
        "Taiko" : 116,
        "Tom" : 117,
        "SynthTom" : 118,
        "RevCymbal" : 119,
        "FretNoise" : 120,
        "NoiseChiff" : 121,
        "Seashore" : 122,
        "Birds" : 123,
        "Telephone" : 124,
        "Helicopter" : 125,
        "Stadium" : 126,
        "GunShot" : 127
    ]


}
```

③ 通过 extension 定义扩展，通过选择视图控件 UIPickerView 将数组中的音乐添加到选择视图中，对应的实现代码如下所示。

```
extension ViewController: UIPickerViewDataSource {
```

```
    func numberOfComponentsInPickerView(pickerView: UIPickerView) → Int {
        return 1
    }

    func pickerView(pickerView: UIPickerView, numberOfRowsInComponent component:
    Int) → Int {
        return 128
    }
}

extension ViewController: UIPickerViewDelegate {
    func pickerView(pickerView: UIPickerView!, titleForRow row: Int, forComponent
    component: Int) → String! {
        var u:UInt8 = UInt8(row)
        for (k,v) in GMDict {
            if v == UInt8(row) {
                return k
            }
        }
        return nil
    }

    func pickerView(pickerView: UIPickerView!, didSelectRow row: Int, inComponent
    component: Int) {
        gen.loadSF2Preset(UInt8(row))
    }

}
```

执行后的效果如图 20-3 所示，单击 Play 可以播放列表中的音乐。

图 20-3　执行效果

20.2 提醒和震动

提醒音和系统声音之间的差别在于，如果手机处于静音状态，提醒音将自动触发震动。提醒音的设置和用法与系统声音相同，如果要播放提醒音，只需使用函数 AudioServicesPlayAlertSound 即可实现，而不是使用 AudioServicesPlaySystemSound。实现震动的方法更加容易，只要在支持震动的设备（当前为 iPhone）中调用 AudioServicesPlaySystemSound 即可，并将常量 kSystemSoundID_Vibrate 传递给它，例如如下所示的代码。

```
AudioServicesPlaySystemSound( kSystemSoundID_Vibrate);
```

如果试图震动不支持震动的设备（如 iPad2），则不会成功。这些实现震动代码将留在应用程序中，而不会有任何害处，而不管目标设备是什么。

20.2.1 播放提醒音

iOS 开发之多媒体播放是本文要介绍的内容，iOS SDK 中提供了很多方便的方法来播放多媒体。接下来将利用这些 SDK 做一个实例，来讲述一下如何使用它们来播放音频文件。本实例使用了 AudioToolbox framework 框架，通过此框架可以将比较短的声音注册到 system sound 服务上。被注册到 system sound 服务上的声音称为 system sounds。它必须满足下面四个条件。

（1）播放的时间不能超过 30 秒。

（2）数据必须是 PCM 或者 IMA4 流格式。

（3）必须被打包成下面三个格式之一。

- Core Audio Format (.caf)。
- Waveform audio (.wav)。
- Audio Interchange File (.aiff)。

（4）声音文件必须放到设备的本地文件夹下面。通过 AudioServicesCreateSystemSoundID 方法注册这个声音文件。

20.2.2 实践练习

在下面的内容中，将通过一个具体实例的实现过程，详细讲解基于 Swift 语言演示两种震动的过程。

实例 20-2	演示两种震动
源码路径	源代码下载包:\daima\20\Swift-Vibrate

（1）打开 Xcode 7，然后新建一个名为“VibrateTutorial”的工程，工程的最终目录结构如图 20-4 所示。

（2）打开 Main.storyboard，为本工程设计一个视图界面，在里面添加标签“1”和“2”，如图 20-5 所示。

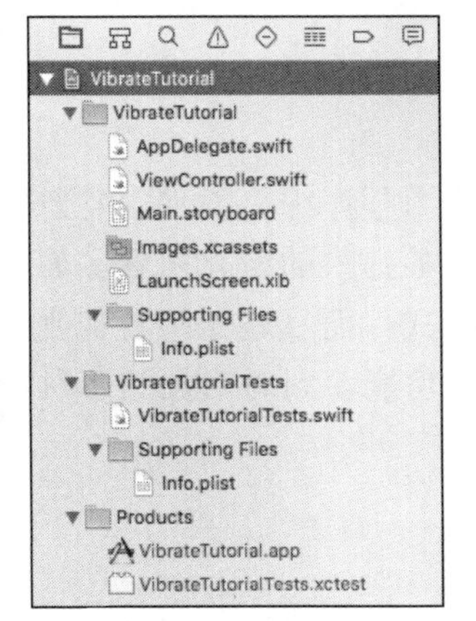

图 20-4　工程的目录结构

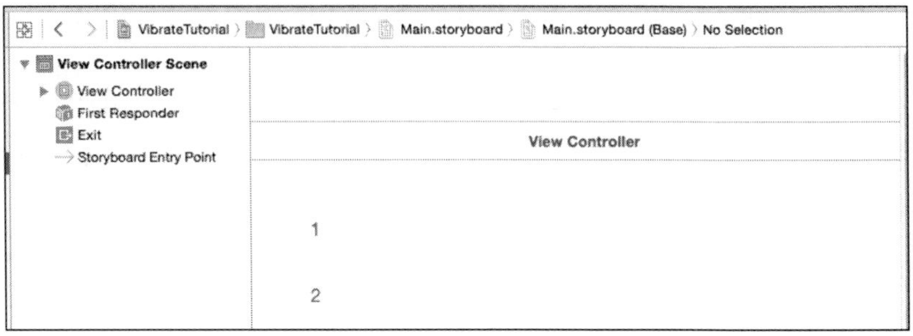

图 20-5　Main.storyboard 界面

（3）在视图界面文件 ViewController.swift 中导入 AudioToolbox 框架以实现真的功能，定义函数 vib1 和 vib2 分别实现两种震动效果，具体实现代码如下所示。

```
import UIKit
import AudioToolbox
class ViewController: UIViewController {
    override func viewDidLoad() {
        super.viewDidLoad()
    }

    override func didReceiveMemoryWarning() {
        super.didReceiveMemoryWarning()
    }

    @IBAction func vib1(sender: AnyObject) {
        AudioServicesPlayAlertSound(SystemSoundID(kSystemSoundID_Vibrate))
       // Plays a vibrate, but plays a sound instead if your device does not support
       vibration
    }
    @IBAction func vib2(sender: AnyObject) {
        AudioServicesPlaySystemSound(SystemSoundID(kSystemSoundID_Vibrate))
        // Plays vibrate only
    }

}
```

执行后的效果如图 20-6 所示，按下“1”和“2”后会发出两种震动。

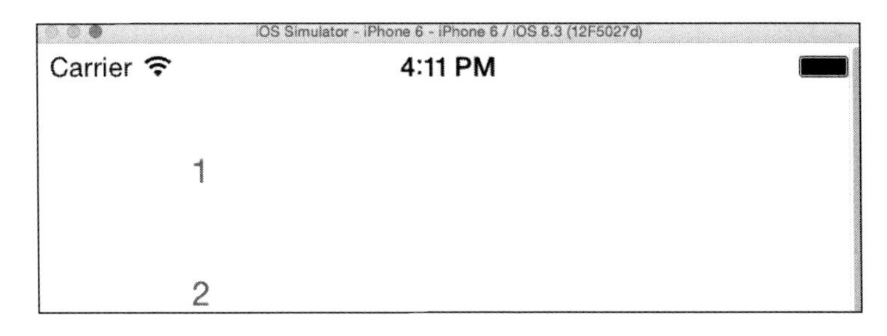

图 20-6　执行效果

20.3 Media Player 框架

Media Player 框架用于播放本地和远程资源中的视频和音频。在应用程序中可以使用它打开模态 iPod 界面、选择歌曲以及控制播放。这个框架让我们能够与设备提供的所有内置多媒体功能集成。iOS 的 MediaPlayer 框架不仅支持 MOV、MP4 和 3GP 格式，而且还支持其他视频格式。该框架还提供控件播放、设置回放点、播放视频及文件停止功能，同时对播放各种视频格式的 iPhone 屏幕窗口进行尺寸调整和旋转。

20.3.1 Media Player 框架中的类

用户可以利用 iOS 中的通知来处理已完成的视频，还可以利用 bada 中 IPlayerEventListener 接口的虚拟函数来处理。在 bada 中，用户可以利用上述 Osp::Media::Player 类来播放视频。Osp::Media 命名空间支持 H264、H.263、MPEG 和 VC-1 视频格式。与音频播放不同，在播放视频时，应显示屏幕。为显示屏幕，借助 Osp::Ui::Controls::OverlayRegion 类来使用 OverlayRegion。OverlayRegion 还可用于照相机预览。

在 Media Player 框架中，通常使用如下所示的五个类。

- MPMoviePlayerController：能够播放多媒体，无论它位于文件系统中还是远程 URL 处，播放控制器可以提供一个 GUI，用于浏览视频、暂停、快进、倒带或发送到 AirPlay。
- MPMediaPickerController：向用户提供用于选择要播放的多媒体界面。可以筛选媒体选择器显示的文件，也可让用户从多媒体库中选择任何文件。
- MPMediaItem：单个多媒体项，如一首歌曲。
- MPMediaItemCollection：表示一个将播放的多媒体项集。MPMediaPickerController 实例提供一个 MPMediaItemCollection 实例，可在下一个类（音乐播放器控制器中）直接使用它。
- MPMusicPlayerController：处理多媒体项和多媒体项集的播放。不同于电影播放器控制器，音乐播放器在幕后工作，让我们能够在应用程序的任何地方播放音乐，而不管屏幕上当前显示的是什么。

要使用任何多媒体播放器功能，都必须导入框架 Media Player，并在要使用它的类中导入相应的接口文件：

```
#import <MediaPlayer/MediaPlayer.h>
```

这就为应用程序使用各种多媒体播放功能做好了准备。

20.3.2 实践练习

实例 20-3	播放指定的视频
源码路径	源代码下载包:\daima\20\VideoPlayer

（1）启动 Xcode 7，单击“Creat a new Xcode project”新建一个 iOS 工程，在左侧选择“iOS”下的“Application”，在右侧选择“Single View Application”。本项目工程的最终目录结构如图 20-7 所示。

（2）在故事板中插入一个文本框控件供用户输入视频的 URL 地址，在下方通过文本控件显示“play”文本，按下“play”后会播放文本框 URL 地址的视频。如图 20-8 所示。

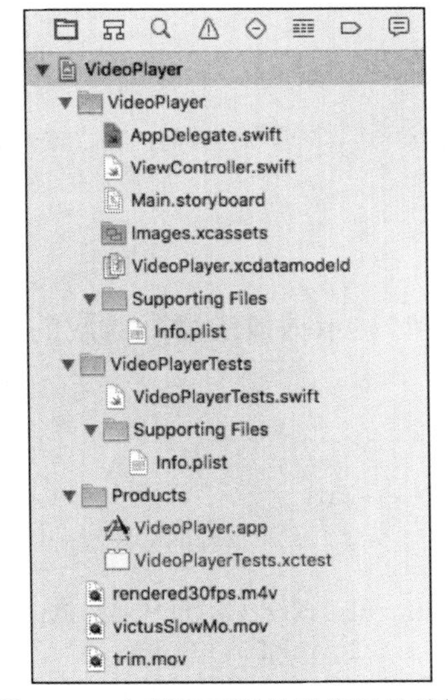

图 20-7　本项目工程的最终目录结构

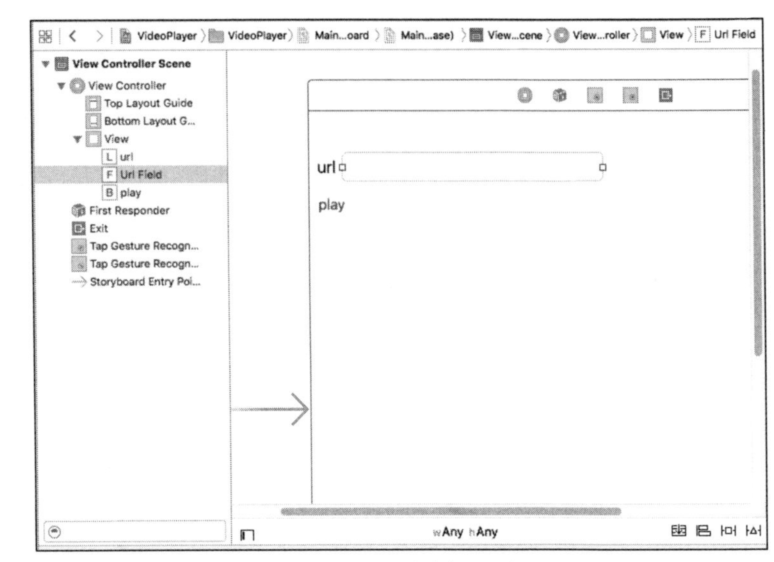

图 20-8　故事版界面

（3）视图控制器文件 ViewController.swift 的功能是，在文本框中加载显示指定的视频路径，监听用户是否按下“play”文本，按下“play”后会调用 MediaPlayer 播放文本框 URL 地址的视频。文件 ViewController.swift 的具体实现流程如下所示。

① 引入需要的框架，定义视图类 ViewController，然后定义用到的变量，对应的实现代码如下所示。

```
import UIKit
import CoreMedia
import MediaPlayer
import AVKit
import AVFoundation

class ViewController: UIViewController {


    @IBOutlet var urlField : UITextField!

    var videoAsset : AVURLAsset?

    var composition : AVMutableComposition?
    var compositionVideoTrack : AVMutableCompositionTrack?
    var compositionAudioTrack : AVMutableCompositionTrack?
    var playerItem : AVPlayerItem?
    var player : AVPlayer?
    var playerController : AVPlayerViewController?
    var rateSet = false
    @IBAction func tapGesture(sender: AnyObject) {
        urlField.resignFirstResponder()
        NSLog("tapGesture called " + urlField.text!)
    }
    @IBAction func urlChanged(sender: AnyObject) {
        NSLog("urlChanged called " + urlField.text!)
        playVideo()
    }
    @IBAction func playPushed(sender: AnyObject) {
```

```
        NSLog("playPushed called " + urlField.text!)
        playVideo()
    }
    var path = NSBundle.mainBundle().pathForResource("victusSlowMo", ofType: "mov")
    func initValues() {
        urlField.text = path!;
    }
```

② 定义函数 playVideo()播放指定 URL 的视频，设置在播放时显示播放进度，对应的实现代码如下所示。

```
    func playVideo() {
        let videoURL = NSURL.fileURLWithPath(urlField.text!)
        self.videoAsset = AVURLAsset(URL: videoURL, options: nil)
        self.composition = AVMutableComposition()
        self.compositionVideoTrack = self.composition?.addMutableTrackWithMediaType
         (AVMediaTypeVideo, preferredTrackID: CMPersistentTrackID())
        self.compositionAudioTrack = self.composition?.addMutableTrackWithMediaType
         (AVMediaTypeAudio, preferredTrackID: CMPersistentTrackID())
        var error : NSError?
        let trimStart = CMTimeMake(75192227, 1000000000)
        let duration = CMTimeMake(2772044114, 1000000000)
        let timeRange = CMTimeRange(start: trimStart, duration: duration)
        let allTime = CMTimeRange(start: kCMTimeZero, duration: self.
        videoAsset!.duration)

        let videoScaleFactor : Double = 8.0
        let videoTracks : [AVAssetTrack] = self.videoAsset!.tracksWithMediaType
         (AVMediaTypeVideo) as [AVAssetTrack]
        var videoInsertResult: Bool
        do {
            try self.compositionVideoTrack?.insertTimeRange(allTime,
                      ofTrack: videoTracks[0],
                      atTime: kCMTimeZero)
            videoInsertResult = true
        } catch var error1 as NSError {
            error = error1
            videoInsertResult = false
        }
        if !videoInsertResult || error != nil {
            print("error inserting time range for video")
        }
        let audioTracks : [AVAssetTrack] = self.videoAsset!.tracksWithMediaType
        (AVMediaTypeAudio) as [AVAssetTrack]
        var audioInsertResult: Bool
        do {
            try self.compositionAudioTrack?.insertTimeRange(allTime,
                      ofTrack: audioTracks[0],
                      atTime: kCMTimeZero)
            audioInsertResult = true
        } catch var error1 as NSError {
            error = error1
            audioInsertResult = false
        }
        if !audioInsertResult || error != nil {
            print("error inserting time range for audio")
```

```
        }
        self.compositionVideoTrack?.scaleTimeRange(timeRange, toDuration: CMTimeMake
        (Int64(Double(duration.value) * videoScaleFactor), duration.timescale))
        self.compositionAudioTrack?.scaleTimeRange(timeRange, toDuration: CMTimeMake
         (Int64(Double(duration.value) * videoScaleFactor), duration.timescale))
        self.playerItem = AVPlayerItem(asset: self.composition!)
        self.playerItem?.audioTimePitchAlgorithm = AVAudioTimePitchAlgorithmVarispeed
        self.player = AVPlayer(playerItem: self.playerItem!)
         self.playerController = AVPlayerViewController()
        self.playerController!.player = player
        self.playerController!.view.frame = self.view.frame
        self.presentViewController(self.playerController!, animated: true,
        completion: nil)
        self.player!.addPeriodicTimeObserverForInterval(
            CMTimeMake(1,30),
            queue: dispatch_get_main_queue(),
            usingBlock: {
                (callbackTime: CMTime) → Void in
                _ = CMTimeGetSeconds(callbackTime)
                let t2 = CMTimeGetSeconds(self.player!.currentTime())
                print(t2)
        })
        NSLog("all done")
        self.player!.play()
    }
```

执行后的初始效果如图 20-9 所示，按下“play”后会播放指定的视频，如图 20-10 所示。

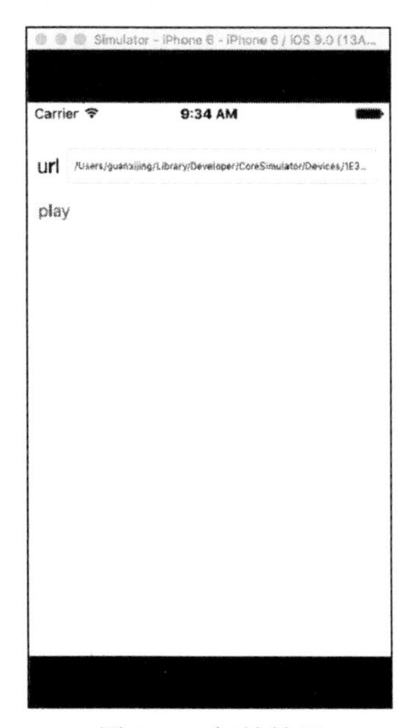

图 20-9　初始效果

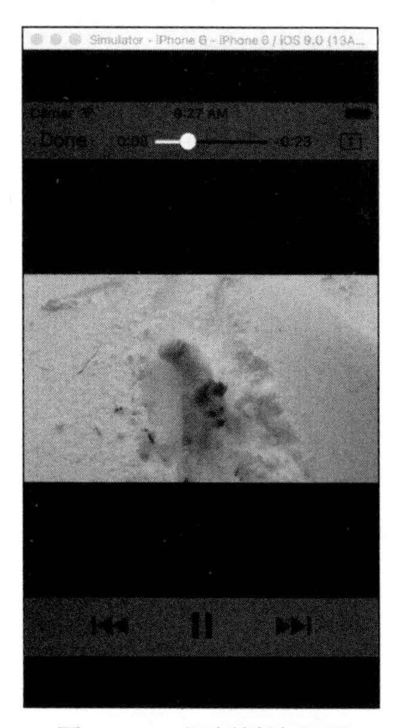

图 20-10　视频播放界面

20.4　AV Foundation 框架

虽然使用 Media Player 框架可以满足所有普通多媒体播放需求，但是 Apple 推荐使用 AV Foundation 框架来实现大部分系统声音服务不支持的、超过 30 秒的音频播放功能。另外，AV

Foundation 框架还提供了录音功能，让您能够在应用程序中直接录制声音文件。整个编程过程非常简单，只需四条语句即可实现录音工作。在本节的内容中，将详细讲解 AV Foundation 框架的基本知识。

20.4.1 准备工作

要在应用程序中添加音频播放和录音功能，需要添加如下所示的两个新类。

（1）AVAudioRecorder：以各种不同的格式将声音录制到内存或设备本地文件中。录音过程可在应用程序执行其他功能时持续进行。

（2）AVAudioPlayer：播放任意长度的音频。使用这个类可实现游戏配乐和其他复杂的音频应用程序。可全面控制播放过程，包括同时播放多个音频。

要使用 AV Foundation 框架，必须将其加入项目中，再导入如下两个（而不是一个）接口文件：

```
#import <AVFoundation/AVFoundation.h>
#import<CoreAudio/CoreAudioTypes.h>
```

在文件 CoreAudioTypes.h 中定义了多种音频类型，因为希望能够通过名称引用它们，所以必须先导入这个文件。

20.4.2 实践练习

在下面的内容中，将通过一个具体实例的实现过程，详细讲解使用 AVAudioPlayer 播放和暂停指定的 MP3 的过程。

实例 20-4	使用 AVAudioPlayer 播放和暂停指定的 MP3
源码路径	源代码下载包:\daima\20\Audio

（1）打开 Xcode 7，然后新建一个名为“Audio”的工程，工程的最终目录结构如图 20-11 所示。

（2）打开 Main.storyboard，为本工程设计一个视图界面，在里面添加文本框控件和滑动条控件构建一个播放界面，如图 20-12 所示。

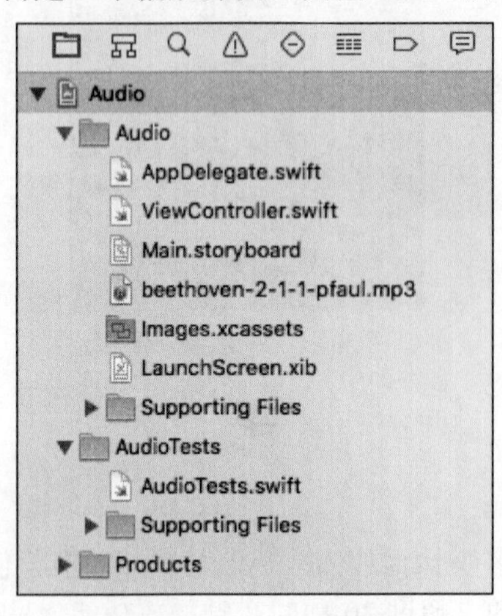

图 20-11 工程的目录结构

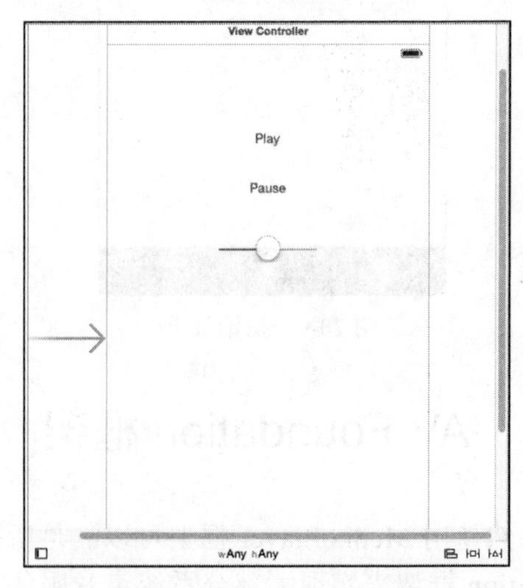

图 20-12 Main.storyboard 界面

（3）实现视图界面文件 ViewController.swift，用以载入播放指定的文件“beethoven-2-1-1-pfaul.mp3”，具体实现代码如下所示。

```
import UIKit
import AVFoundation
class ViewController: UIViewController {
    var player:AVAudioPlayer = AVAudioPlayer()
     @IBAction func play(sender: AnyObject) {
       var audioPath = NSBundle.mainBundle().pathForResource("beethoven-2-1-1-
       pfaul", ofType: "mp3")!
       var error : NSError? = nil
       player = AVAudioPlayer(contentsOfURL: NSURL(string: audioPath), error: &error)
       if error == nil {
          player.play()
       } else {
          println(error)
       }
    }
    @IBAction func pause(sender: AnyObject) {
       player.pause()
    }
    @IBAction func sliderChanged(sender: AnyObject) {
    // both player and slider defaults are between 0 and 1
    player.volume = sliderValue.value
    }
    @IBOutlet var sliderValue: UISlider!
    override func viewDidLoad() {
       super.viewDidLoad()
       // Do any additional setup after loading the view, typically from a nib.
    }
    override func didReceiveMemoryWarning() {
       super.didReceiveMemoryWarning()
       // Dispose of any resources that can be recreated.
    }
}
```

执行后的效果如图 20-13 所示，可以播放或暂停指定的多媒体文件。

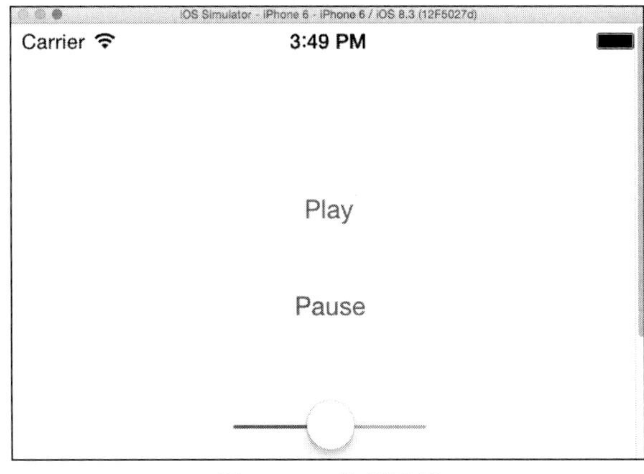

图 20-13　执行效果

20.5 图像选择器（UIImagePickerController）

图像选择器（UIImagePickerController）的工作原理与 MPMediaPickerController 类似，但不是显示一个可用于选择歌曲的视图，而显示用户的照片库。用户选择照片后，图像选择器会返回一个相应的 UIImage 对象。与 MPMediaPickerController 一样，图像选择器也以模态方式出现在应用程序中。因为这两个对象都实现了自己的视图和视图控制器，所以几乎只需调用 presentModalViewController 就能显示它们。在本节的内容中，将详细讲解图像选择器的基本知识。

20.5.1 使用图像选择器

要显示图像选择器，可以分配并初始化一个 UIImagePickerController 实例，然后再设置属性 sourceType，以指定用户可从哪些地方选择图像。此属性有如下三个值。

- UIImagePickerControllerSourceTypeCamera：使用设备的相机拍摄一张照片。
- UIImagePickerControllerSourceTypePhotoLibrary：从设备的照片库中选择一张图片。
- UIImagePickerControllerSourceTypeSavedPhotosAlbum：从设备的相机胶卷选择一张图片。

接下来应设置图像选择器的属性 delegate，功能是设置为在用户选择（拍摄）照片或按 Cancel 按钮后做出响应的对象。最后，使用 presentModalViewController:animated 显示图像选择器。

20.5.2 实践练习

在本节的内容中，将通过一个具体实例的实现过程，详细讲解基于 Swift 语言实现 ImagePicker（通过弹出式菜单选择相机中的照片）控件功能的过程。

实例 20-5	实现 ImagePicker 功能
源码路径	源代码下载包:\daima\20\UIImagePickerController

（1）打开 Xcode 7，然后新建一个名为“BodyCompare”的工程，工程的最终目录结构如图 20-14 所示。

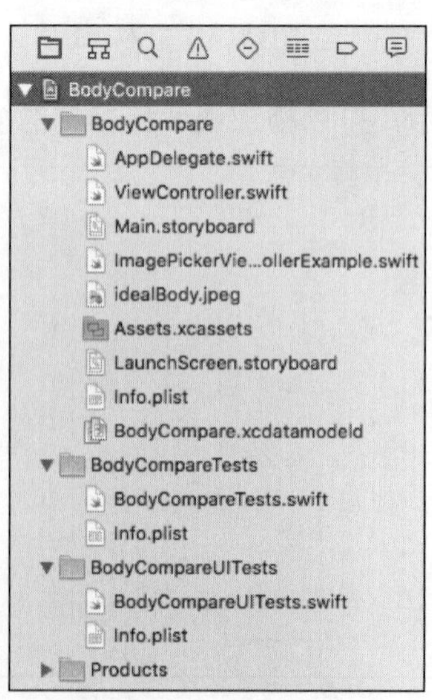

图 20-14 工程的目录结构

（2）打开 Main.storyboard，为本工程设计一个视图界面，在其中插入 UIScrollView 控件，在下方通过 ImageView 控件显示图片。如图 20-15 所示。

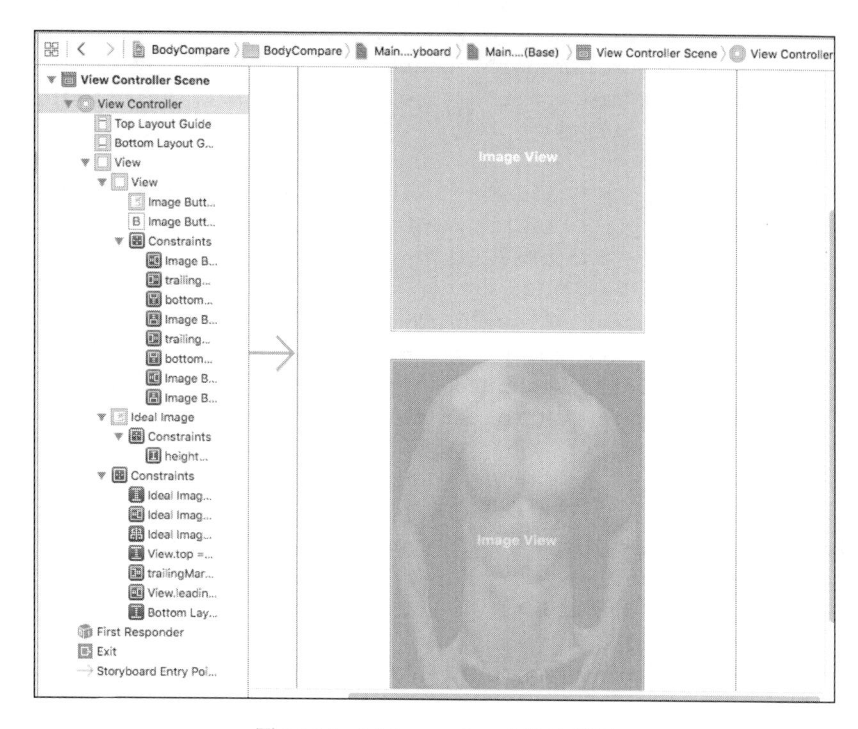

图 20-15　Main.storyboard 设计界面

（3）视图控制器文件 ViewController.swift 的功能是从屏幕底部弹出选择菜单，供用户选择是否要从照片库或从相机中挑选照片。文件 ViewController.swift 的具体实现代码如下所示。

```
import UIKit
class ViewController: UIViewController, UIImagePickerControllerDelegate,
UINavigationControllerDelegate {
    @IBOutlet weak var idealImage: UIImageView!
    let imagePicker = UIImagePickerController()
    override func viewDidLoad() {
        super.viewDidLoad()
        idealImage.image = UIImage(named: "idealBody.jpeg")
        imagePicker.delegate = self
    }
    override func didReceiveMemoryWarning() {
        super.didReceiveMemoryWarning()
    }
    @IBOutlet weak var imageButton: UIButton!
    @IBOutlet weak var imageButtonImage: UIImageView!
    @IBAction func imageButtonDidPress(sender: AnyObject) {
        print("pressed")
        let optionMenu = UIAlertController(title: nil, message: "Where would you
        like the image from?", preferredStyle: UIAlertControllerStyle.ActionSheet)

        let photoLibraryOption = UIAlertAction(title: "Photo Library", style:
       UIAlertActionStyle.Default, handler: { (alert: UIAlertAction!) → Void in
```

```
        print("from library")
        //显示照片库
        self.imagePicker.allowsEditing = true
        self.imagePicker.sourceType = .PhotoLibrary
        self.imagePicker.modalPresentationStyle = .Popover
        self.presentViewController(self.imagePicker, animated: true,
        completion: nil)
    })
    let cameraOption = UIAlertAction(title: "Take a photo", style:
    UIAlertActionStyle.Default, handler: { (alert: UIAlertAction!) → Void in
        print("take a photo")
        //显示相机
        self.imagePicker.allowsEditing = true
        self.imagePicker.sourceType = .Camera
        self.imagePicker.modalPresentationStyle = .Popover
        self.presentViewController(self.imagePicker, animated: true,
        completion: nil)

    })
    let cancelOption = UIAlertAction(title: "Cancel", style: UIAlertActionStyle.
    Cancel, handler: {
        (alert: UIAlertAction!) → Void in
        print("Cancel")
        self.dismissViewControllerAnimated(true, completion: nil)
    })
    optionMenu.addAction(photoLibraryOption)
    optionMenu.addAction(cancelOption)
    if UIImagePickerController.isSourceTypeAvailable(UIImagePickerControl
    lerSourceType.Camera) == true {
        optionMenu.addAction(cameraOption)} else {
        print ("I don't have a camera.")
    }
    self.presentViewController(optionMenu, animated: true, completion: nil)
}

// MARK: - Image Picker Delegates
//显示UIImagePickerController视图控制器

func imagePickerController(picker: UIImagePickerController,
didFinishPickingImage image: UIImage, editingInfo: [String : AnyObject]?) {
    print("finished picking image")
}

func imagePickerController(picker: UIImagePickerController,
didFinishPickingMediaWithInfo info: [String : AnyObject]) {
    //处理照片
    print("imagePickerController called")
        let chosenImage = info[UIImagePickerControllerOriginalImage] as! UIImage
        imageButtonImage.image = chosenImage
    dismissViewControllerAnimated(true, completion: nil)
}
func imagePickerControllerDidCancel(picker: UIImagePickerController) {
```

```
        dismissViewControllerAnimated(true, completion: nil)
    }
}
```

执行后的初始效果如图 20-16 所示，底部弹出选择框的效果如图 20-17 所示。

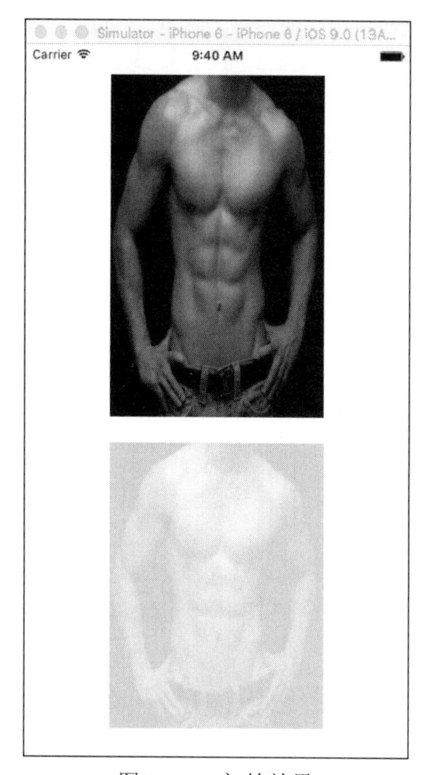

图 20-16　初始效果

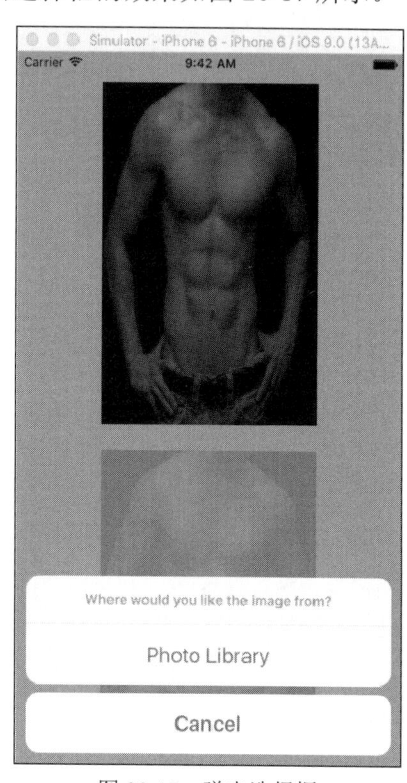

图 20-17　弹出选择框

来到本机相册时的效果如图 20-18 所示。

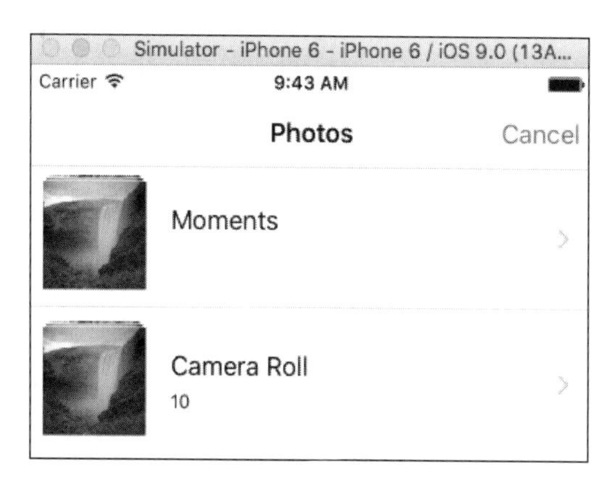

图 20-18　本机相册

Chapter 21 第21章

定位处理

随着当代科学技术的发展，移动导航和定位处理技术已经成为了人们生活的一部分，极大地方便了人们的生活。利用iOS设备中的GPS功能，可以精确地获取位置数据和指南针信息。在本章将分别讲解iOS位置检测硬件、如何读取并显示位置信息和使用指南针确定方向的知识，介绍使用Core Location和磁性指南针的基本流程，为读者步入本书后面知识的学习打下基础。

21.1 Core Location框架

Core Location是iOS SDK中一个提供设备位置的框架，通过这个框架可以实现定位处理。在本节的内容中，将简要介绍Core Location框架的基本知识。

21.1.1 Core Location基础

根据设备的当前状态（在服务区、在大楼内等），可以使用如下三种技术之一。

（1）使用GPS定位系统，可以精确地定位你当前所在的地理位置，但由于GPS接收机需要对准天空才能工作，因此在室内环境基本无用。

（2）找到自己所在位置的有效方法是使用手机基站，当手机开机时会与周围的基站保持联系，如果知道这些基站的身份，即可使用各种数据库（包含基站的身份和它们的确切地理位置）计算出手机的物理位置。基站不需要卫星，和GPS不同，它对室内环境一样管用。但它没有GPS那样精确，它的精度取决于基站的密度，它在基站密集型区域的准确度最高。

（3）依赖Wi-Fi，当使用这种方法时，将设备连接到Wi-Fi网络，通过检查服务提供商的数据确定位置，它既不依赖卫星，也不依赖基站，因此这个方法对于可以连接到Wi-Fi网络的区域有效，但它的精确度也是这三个方法中最差的。

在这些技术中，GPS最为精准，如果有GPS硬件，Core Location将优先使用它。如果设备没有GPS硬件（如Wi-Fi iPad）或使用GPS获取当前位置时失败，Core Location将退而求其次，选择使用蜂窝或 Wi-Fi。

想得到定点的信息，需要涉及如下几个类。

- CLLocationManager。
- CLLocation。
- CLLocationManagerdelegate 协议。
- CLLocationCoodinate2D。
- CLLocationDegrees。

21.1.2　实践练习

实例 21-1	定位显示当前的位置信息
源码路径	源代码下载包:\daima\21\CoreLocationStarter

（1）启动 Xcode 7，单击“Creat a new Xcode project”新建一个 iOS 工程，在左侧选择“iOS”下的“Application”，在右侧选择“Single View Application”。本项目工程的最终目录结构如图 21-1 所示。

（2）在故事板中插入设置显示两个视图界面，如图 21-2 所示。

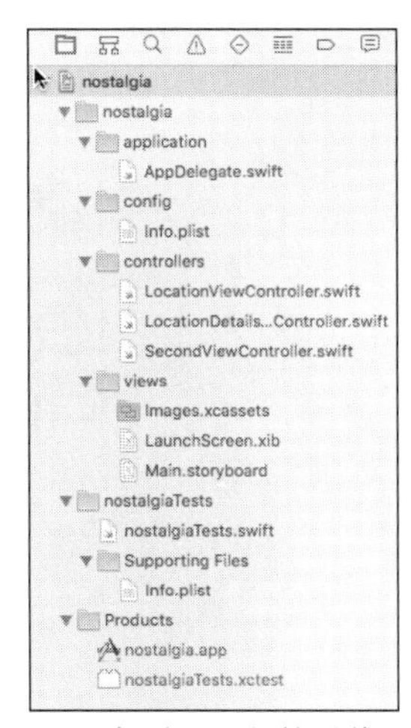

图 21-1　本项目工程的最终目录结构

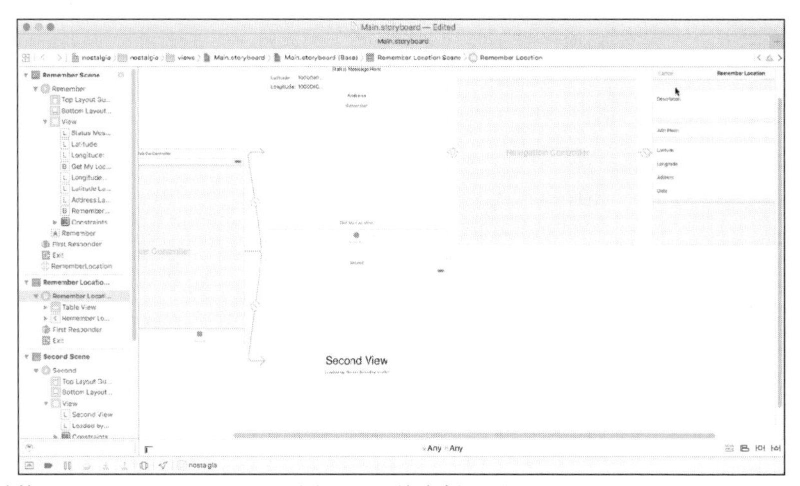

图 21-2　故事版界面

（3）视图控制器文件 LocationViewController.swift 的功能是调用 CLLocationManager 获取当前的位置，通过函数 updateUI 及时更新 UI 视图界面，这样可以及时显示位置更新信息。文件 LocationViewController.swift 的具体实现流程如下所示。

① 引入需要的框架，设置在屏幕中需要插入的按钮控件和文本控件，对应的实现代码如下所示。

```
import UIKit
import CoreLocation
class LocationViewController: UIViewController, CLLocationManagerDelegate {
    // 对象
    @IBOutlet weak var statusMessageLabel: UILabel!
    @IBOutlet weak var latitudeLabel: UILabel!
    @IBOutlet weak var longitudeLabel: UILabel!
    @IBOutlet weak var addressLabel: UILabel!
```

```
@IBOutlet weak var getMyLocationButton: UIButton!
@IBOutlet weak var rememberButton: UIButton!
// 动作
@IBAction func rememberButtonPressed(sender: UIButton) {
}
```

② 定义函数 getMyLocationButton()监听是否按下 GetMyLocation 按钮，如果按下则调用函数 updatingLocation()更新当前的所在位置。对应的实现代码如下所示。

```
@IBAction func getMyLocationButtonPressed(sender: UIButton) {
    let authStatus = CLLocationManager.authorizationStatus()

    if authStatus == .NotDetermined {
        locationManager.requestWhenInUseAuthorization()
        return
    } else if authStatus == .Denied || authStatus == .Restricted {
        showLocationServicesDeniedAlert()
        return
    }
    //位置更新
    if updatingLocation {
        stopLocationManager()
    } else {
        location = nil
        lastLocationError = nil
        placemark = nil
        lastGeocodingError = nil
        startLocationManager()
    }

    updateUI()
}
// 属性
let locationManager = CLLocationManager()
var location: CLLocation?
var updatingLocation = false
var lastLocationError: NSError?
//可以执行地理编码的对象
let geocoder = CLGeocoder()
//对象的地址以及结果
var placemark: CLPlacemark?
var performingReverseGeocoding = false
var lastGeocodingError: NSError?
// 更新UI函数，及时获取当前的地址信息
func updateUI() {
    if let location = location {
        latitudeLabel.text = String(format: "%.8f", location.coordinate.latitude)
        longitudeLabel.text = String(format: "%.8f", location.coordinate.
        longitude)
        if updatingLocation {
            statusMessageLabel.text = "Getting more accurate coordinates..."
            addressLabel.text = ""
```

```
        } else {
            statusMessageLabel.text = ""
        }

        if let placemark = placemark {
            addressLabel.text = stringFromPlacemark(placemark)
            rememberButton.setTitle("Remember", forState: .Normal)
            rememberButton.hidden = false
        } else if performingReverseGeocoding {
            addressLabel.text = "Searching for Address..."
        } else if lastGeocodingError != nil {
            addressLabel.text = "Error Finding Address"
        } else if updatingLocation {
            addressLabel.text = "Waiting for accurate GPS coordinates"
        } else {
            addressLabel.text = "No Address Found"
        }
    } else {
        latitudeLabel.text = ""
        longitudeLabel.text = ""
        addressLabel.text = ""
        rememberButton.hidden = true
        var statusMessage = ""
        if let error = lastLocationError {
            if error.domain == kCLErrorDomain && error.code == CLError.Denied.
            rawValue {
                statusMessage = "Location Services Disabled"
            }
        } else if !CLLocationManager.locationServicesEnabled() {
            statusMessage = "Location Services Disabled"
        } else if updatingLocation {
            statusMessage = "Searching..."
        } else {
            statusMessage = "Tap 'Get My Location' to Start"
        }
        statusMessageLabel.text = statusMessage
    }
    configureGetButton()
}
```

③ 定义函数 startLocationManager()，通过 CLLocationManager 接口开始实现定位处理。对应的实现代码如下所示。

```
func startLocationManager() {
    if CLLocationManager.locationServicesEnabled() {
        locationManager.delegate = self
        locationManager.desiredAccuracy = kCLLocationAccuracyNearestTenMeters
        locationManager.startUpdatingLocation()
        updatingLocation = true
    }
}
```

④ 定义函数 stopLocationManager()结束定位处理工作，对应的实现代码如下所示。

```
func stopLocationManager() {
    if updatingLocation {
        locationManager.stopUpdatingLocation()
        locationManager.delegate = nil
        updatingLocation = false
    }
}
```

⑤ 定义函数 configureGetButton()设置按钮的显示文本，在定位时显示“stop”，没有定位时显示“Get My Location”，对应的实现代码如下所示。

```
func configureGetButton() {
    if updatingLocation {
        getMyLocationButton.setTitle("Stop", forState: .Normal)
    } else {
        getMyLocationButton.setTitle("Get My Location", forState: .Normal)
    }
}
```

⑥ 定义函数 stringFromPlacemark()标记位置字符串，对应的实现代码如下所示。

```
func stringFromPlacemark(placemark: CLPlacemark) → String {

    return "\(placemark.subThoroughfare) \(placemark.thoroughfare)\n" +
    "\(placemark.locality) \(placemark.administrativeArea) " +
    "\(placemark.postalCode)"
}
override func viewDidLoad() {
    super.viewDidLoad()
    updateUI()
}
override func didReceiveMemoryWarning() {
    super.didReceiveMemoryWarning()
}
```

⑦ 定义函数 prepareForSegue()使用 Segue 实现两个视图界面之间的跳转，对应的实现代码如下所示。

```
override func prepareForSegue(segue: UIStoryboardSegue, sender: AnyObject?) {
    if segue.identifier == "RememberLocation" {
        let navigationController = segue.destinationViewController as!
        UINavigationController
        let controller = navigationController.topViewController as!
        LocationDetailsTableViewController

        controller.coordinate = location!.coordinate
        controller.placemark = placemark
    }
}
```

⑧ 定义函数 locationManager()实现位置定位功能，对应的实现代码如下所示。

```
func locationManager(manager: CLLocationManager, didFailWithError error:
NSError) {
   print("didFailWithError \(error)")

   if error.code == CLError.LocationUnknown.rawValue {
      return
   }
   lastLocationError = error
   stopLocationManager()
   updateUI()
}
func locationManager(manager: CLLocationManager, didUpdateLocations
locations: [AnyObject]) {
   let newLocation = locations.last as! CLLocation
   print("didUpdateLocations \(newLocation)")
   //忽略缓存的位置
   if newLocation.timestamp.timeIntervalSinceNow < -5 {
      return
   }
   // 负数无效
   if newLocation.horizontalAccuracy < 0 {
      return
   }
   if location == nil || location!.horizontalAccuracy > newLocation.
   horizontalAccuracy {
      //清除以前的任何错误和更新UI
      lastLocationError = nil
      location = newLocation
      updateUI()
      //如果新的位置的精度等于或优于所需的精度，则停止定位
      if newLocation.horizontalAccuracy <= locationManager.desiredAccuracy {
         print("done")
         stopLocationManager()
         if !performingReverseGeocoding {
            self.updateUI()
            print("*** Going to geocode")
            performingReverseGeocoding = true
            geocoder.reverseGeocodeLocation(location!, completionHandler: {
               placemarks, error in

               print("*** Found placemarks: \(placemarks), error: \(error)")

               self.performingReverseGeocoding = false
               self.updateUI()
            })
         }
         self.updateUI()
      }
   }
}
```

⑨ 定义函数 showLocationServicesDeniedAlert()通过提醒对话框确认是否获得位置服务

权限，对应的实现代码如下所示。

```
        func showLocationServicesDeniedAlert() {
            let alert = UIAlertController(title: "Location Services Disabled", message:
            "Please enable location services for this app in Settings", preferredStyle: .Alert)
            let okAction = UIAlertAction(title: "Ok", style: .Default, handler: nil)
            alert.addAction(okAction)
            presentViewController(alert, animated: true, completion: nil)
        }
    }
```

（4）文件 LocationDetailsTableViewController.swift 的功能是显示位置的详细信息，通过 CLLocationCoordinate2D 获取准确的定位信息，具体实现代码如下所示。

```
import UIKit
import CoreLocation
class LocationDetailsTableViewController: UITableViewController {
    @IBOutlet weak var descriptionTextView: UITextView!
    @IBOutlet weak var latitudeLabel: UILabel!
    @IBOutlet weak var longitudeLabel: UILabel!
    @IBOutlet weak var addressLabel: UILabel!
    @IBOutlet weak var dateLabel: UILabel!
    @IBAction func doneBarButtonPressed() {
        dismissViewControllerAnimated(true, completion: nil)
    }
    @IBAction func cancelBarButtonPressed() {
        dismissViewControllerAnimated(true, completion: nil)
    }
    override func viewDidLoad() {
        super.viewDidLoad()
        descriptionTextView.text = ""
        latitudeLabel.text = String(format: "%.8f", coordinate.latitude)
        longitudeLabel.text = String(format: "%.8f", coordinate.longitude)
        dateFormatter.dateStyle = .MediumStyle
        dateFormatter.timeStyle = .ShortStyle
        if let placemark = placemark {
            addressLabel.text = stringFromPlacemark(placemark)
        } else {
            addressLabel.text = "No Address Found"
        }

        dateLabel.text = formatDate(NSDate())
    }
    override func didReceiveMemoryWarning() {
        super.didReceiveMemoryWarning()
    }
    var coordinate = CLLocationCoordinate2D(latitude: 0, longitude: 0)
    var placemark: CLPlacemark?
    let dateFormatter = NSDateFormatter()
    func stringFromPlacemark(placemark: CLPlacemark) → String { return
        "\(placemark.subThoroughfare) \(placemark.thoroughfare), " +
        "\(placemark.locality), " +
        "\(placemark.administrativeArea) \(placemark.postalCode)," +
        "\(placemark.country)"
    }
```

```
    func formatDate(date: NSDate) → String {
        return dateFormatter.stringFromDate(date)
    }
}
```

执行后的效果如图21-3所示，需要在真机中运行才会显示定位信息。

图21-3 执行效果

21.2 获取位置

Core Location的大多数功能都是由位置管理器提供的，后者是CLLocationManager类的一个实例。使用位置管理器来指定位置更新的频率和精度以及开始和停止接收这些更新。要想使用位置管理器，必须首先将框架Core Location加入项目中，再导入其如下接口文件。

```
#import<CoreLocation/CoreLocation.h>
```

21.2.1 位置管理器委托

位置管理器委托协议定义了用于接收位置更新的方法。对于被指定为委托以接收位置更新的类，必须遵守协议CLLocationManagerDelegate。该委托有如下两个与位置相关的方法。

- locationManager:didUpdateToLocation:fromLocation。
- locationManager:didFailWithError。

方法locationManager:didUpdateToLocation:fromLocation的参数为位置管理器对象和两个CLLocation对象，其中一个表示新位置，另一个表示以前的位置。CLLocation实例有一个coordinate属性，该属性是一个包含longitude和latitude的结构，而longitude和latitude的类型为CLLocationDegrees。CLLocationDegrees是类型为double的浮点数的别名。不同的地理位置定位方法的精度也不同，而同一种方法的精度随计算时可用的点数（卫星、蜂窝基站和Wi-Fi热点）而异。CLLocation通过属性horizontalAccuracy指出了测量精度。

位置精度通过一个圆表示，实际位置可能位于这个圆内的任何地方。这个圆是由属性 coordmate 和 horizontalAccuracy 表示的，其中前者表示圆心，后者表示半径。属性 horizontalAccuracy 的值越大，它定义的圆就越大，因此位置精度越低。如果属性 horizontalAccuracy 的值为负，则表明 coordinate 的值无效，应忽略它。

除经度和纬度外，CLLocation 还以米为单位提供了海拔高度（altitude 属性）。该属性是一个 CLLocationDistance 实例，而 CLLocationDistance 也是 double 型浮点数的别名。正数表示在海平面之上，而负数表示在海平面之下。还有另一种精度-verticalAccuracy，它表示海拔高度的精度。verticalAccuracy 为正表示海拔高度的误差为相应的米数；为负表示 altitude 的值无效。

21.2.2 处理定位错误

应用程序开始跟踪用户的位置时会在屏幕上显示一条警告消息，如果用户禁用定位服务，iOS 不会禁止应用程序运行，但位置管理器将生成错误。

当发生错误时，将调用位置管理器委托方法 locationManager:didFailWithError，让我们知道设备无法返回位置更新。该方法的参数指出了失败的原因。如果用户禁止应用程序定位，error 参数将为 kCLErrorDenied。如果 Core Location 经过努力后无法确定位置，error 参数将为 kCLErrorLocationUnknown。如果没有可供获取位置的源，error 参数将为 kCLErrorNetwork。

通常，Core Location 将在发生错误后继续尝试确定位置，但如果是用户禁止定位，它就不会这样做。在这种情况下，需要使用方法 stopUpdatingLocation 停止位置管理器，并将相应的实例变量。如果使用这样的变量设置为 nil，以释放位置管理器占用的内存。

21.2.3 位置精度和更新过滤器

可以根据应用程序的需要来指定位置精度。例如那些只需确定用户在哪个国家的应用程序，没有必要要求 Core Location 的精度为 10 米，而通过要求提供大概的位置，这样获得答案的速度会更快。要指定精度，可以在启动位置更新前设置位置管理器的 desiredAccuracy。可以使用枚举类型 CLLocationAccuracy 来指定该属性的值。当前有如下五个表示不同精度的常量。

- kCLLocationAccuracyBest。
- kCLLocationAccuracyNearest TenMeters。
- kCLLocationNearestHundredMeters。
- kCLLocation Kilometer。
- kCLLocationAccuracy ThreeKilometers。

启动更新位置管理器后，更新将不断传递给位置管理器委托，一直到更新停止。我们无法直接控制这些更新的频率，但是可以使用位置管理器的属性 distanceFilter 进行间接控制。在启动更新前设置属性 distanceFilter，它指定设备（水平或垂直）移动多少米后才将另一个更新发送给委托。

21.2.4 获取航向

通过位置管理器中的 headingAvailable 属性，能够指出设备是否装备了磁性指南针。如果该属性的值为 YES，便可以使用 Core Location 来获取航向（heading）信息。接收航向更新与接收位置更新极其相似，要开始接收航向更新，可以指定位置管理器委托，设置属性 headingFilter 以指定要以什么样的频率（以航向变化的度数度量）接收更新，并对位置管理器调用方法 startUpdatingHeading。

位置管理器委托协议定义了用于接收航向更新的方法。该协议有如下两个与航向相关的方法。

（1）locationManager:didUpdateHeading：其参数是一个 CLHeading 对象。

（2）locationManager:ShouldDisplayHeadingCalibration：通过一组属性来提供航向读数：magneticHeading 和 trueHeading，这些值的单位为度，类型为 CLLocationDirection，即双精度浮点数。具体说明如下所示。

- 如果航向为 0.0，则前进方向为北。
- 如果航向为 90.0，则前进方向为东。
- 如果航向为 180.0，则前进方向为南。
- 如果航向为 270.0，则前进方向为西。

21.3 地图功能

iOS 的 Google Maps 实现向用户提供了一个地图应用程序，它响应速度快，使用起来很有趣。通过使用 Map Kit，您的应用程序也能提供这样的用户体验。在本节的内容中，将简要介绍在 iOS 中使用地图的基本知识。

21.3.1 Map Kit 基础

通过使用 Map Kit，可以将地图嵌入视图中，并提供显示该地图所需的所有图块（图像）。它在需要时处理滚动、缩放和图块加载。Map Kit 还能执行反向地理编码（reverse geocoding），即根据坐标获取位置信息（国家、州、城市、地址）。

注意： Map Kit 图块（map tile）来自 Google Maps/Google Earth API，虽然我们不能直接调用该 API，但 Map Kit 代表开发者可以进行这些调用，因此在使用 Map Kit 的地图数据时，开发者和开发的应用程序必须遵守 Google Maps/Google Earth API 服务条款。

开发人员无须编写任何代码即可使用 Map Kit，只需将 Map Kit 框架加入项目中，并使用 Interface Builder 将一个 MKMapView 实例加入视图中。添加地图视图后，便可以在 Attributes Inspector 中设置多个属性，这样可以进一步定制它。

可以在地图、卫星和混合模式之间选择，可以指定让用户的当前位置在地图上居中，还可以控制用户是否可与地图交互，例如通过轻扫和张合来滚动和缩放地图。如果要以编程方式控制地图对象（MKMapView），可以使用各种方法，例如移动地图和调整其大小。然而必须先导入框架 Map Kit 的接口文件。

```
#import <MapKit / MapKit-h>
```

当需要操纵地图时，在大多数情况下都需要添加框架 Core Location 并导入其接口文件。

```
#import<CoreLocation / CoreLocation.h>
```

为了管理地图的视图，需要定义一个地图区域，再调用方法 setRegion:animated。区域（region）是一个 MKCoordinateRegion 结构（而不是对象），它包含成员 center 和 span。其中 center 是一个 CLLocationCoordinate2D 结构，这种结构来自框架 Core Location，包含成员 latitude 和 longitude；而 span 指定从中心出发向东西南北延伸多少度。一个纬度相当于 69 英里；在赤道上，一个经度也相当于 69 英里。通过将区域的跨度(span)设置为较小的值，如 0.2，可将地图的覆盖范围缩小到围绕中心点几英里。

21.3.2 为地图添加标注

在应用程序中可以给地图添加标注，就像 Google Maps 一样。要想使用标注功能，通常需要实现一个 MKAnnotationView 子类，它描述了标注的外观以及应显示的信息。对于加入到地图中的每个标注，都需要一个描述其位置的地点标识对象（MKPlaceMark）。

21.3.3 实践练习

实例 21-2	在地图中定位当前的位置信息
源码路径	源代码下载包:\daima\21\LocationDemo

（1）启动 Xcode 7，单击“Creat a new Xcode project”新建一个 iOS 工程，在左侧选择“iOS”下的“Application”，在右侧选择“Single View Application”。本项目工程的最终目录结构如图 21-4 所示。

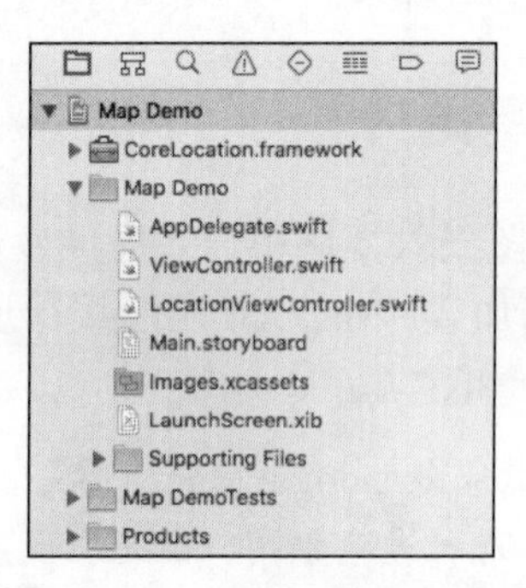

图 21-4 本项目工程的最终目录结构

（2）在故事版中设置两个视图界面，一个显示地图定位信息，另外一个界面用文字显示当前位置的详细位置信息。如图 21-5 所示。

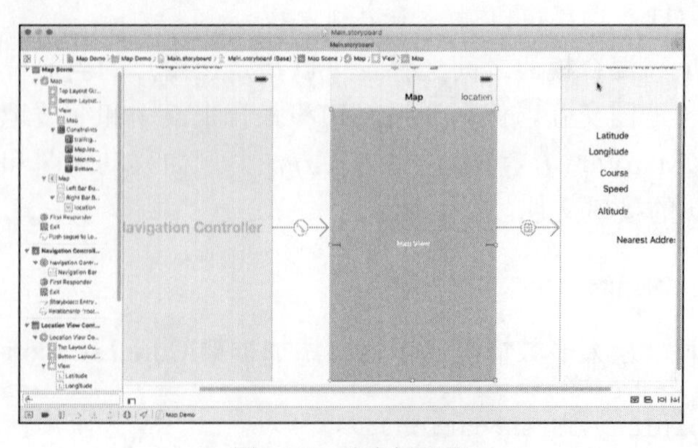

图 21-5 故事板界面

（3）视图控制器文件 ViewController.swift 的功能是调用 MapKit 在地图中定位当前位置，具体实现代码如下所示。

```
import UIKit
import MapKit
import CoreLocation
class ViewController: UIViewController, MKMapViewDelegate, CLLocationManagerDelegate {
   @IBOutlet weak var map: MKMapView!
   var locationManager = CLLocationManager()
   override func viewDidLoad() {
      super.viewDidLoad()
      map.showsUserLocation = true
      locationManager.delegate = self
      locationManager.desiredAccuracy = kCLLocationAccuracyBest
      locationManager.requestWhenInUseAuthorization()
      locationManager.startUpdatingLocation()
      let latitude: CLLocationDegrees = 42.569186
      let longitude: CLLocationDegrees = -83.251906
      let longDelta: CLLocationDegrees = 0.01
      let latDelta: CLLocationDegrees = 0.01
      let span: MKCoordinateSpan = MKCoordinateSpanMake(latDelta, longDelta)
      let location: CLLocationCoordinate2D = CLLocationCoordinate2DMake
      (latitude, longitude)
      let region: MKCoordinateRegion = MKCoordinateRegionMake(location, span)
      map.setRegion(region, animated: true)
      let annotation = MKPointAnnotation()
      annotation.coordinate = location
      annotation.title = "My School"
      annotation.subtitle = "A Test"
      map.addAnnotation(annotation)
      let uilpgr = UILongPressGestureRecognizer(target: self, action: "action:")
      uilpgr.minimumPressDuration = 2
      map.addGestureRecognizer(uilpgr)
   }
   func locationManager(manager: CLLocationManager, didUpdateLocations
   locations: [AnyObject]) {
      print(locations)
      let userLocation: CLLocation = locations[0] as! CLLocation
      let latitude = userLocation.coordinate.latitude
      let longitude = userLocation.coordinate.longitude
      let longDelta: CLLocationDegrees = 0.01
      let latDelta: CLLocationDegrees = 0.01

      let span: MKCoordinateSpan = MKCoordinateSpanMake(latDelta, longDelta)
      let location: CLLocationCoordinate2D = CLLocationCoordinate2DMake(latitude,
      longitude)
      let region: MKCoordinateRegion = MKCoordinateRegionMake(location, span)
      self.map.setRegion(region, animated: true)
   }

   func action(gestureRecognizer: UIGestureRecognizer) {
      print("longPress Detected")
```

```
        let touchPoint = gestureRecognizer.locationInView(self.map)
        let newCorrdinate: CLLocationCoordinate2D = map.convertPoint(touchPoint,
        toCoordinateFromView: self.map)
        let annotation = MKPointAnnotation()
        annotation.coordinate = newCorrdinate
        annotation.title = "New Pin"
        annotation.subtitle = "I like this place"
        map.addAnnotation(annotation)
    }
    override func didReceiveMemoryWarning() {
        super.didReceiveMemoryWarning()
    }
}
```

（4）文件 LocationViewController.swift 的功能是调用 CoreLocation 以文字显示当前的位置信息，包括纬度、经度、速度、高度、最近的地址。文件 LocationViewController.swift 的具体实现代码如下所示。

```
import UIKit
import CoreLocation
class LocationViewController: UIViewController, CLLocationManagerDelegate {
    var manager:CLLocationManager!
    @IBOutlet var latitudeLabel: UILabel!
    @IBOutlet var longitudeLabel: UILabel!
    @IBOutlet var courseLabel: UILabel!
    @IBOutlet var speedLabel: UILabel!
    @IBOutlet var altitudeLabel: UILabel!
    @IBOutlet var addressLabel: UILabel!
    override func viewDidLoad() {
        super.viewDidLoad()
        manager = CLLocationManager()
        manager.delegate = self
        manager.desiredAccuracy - kCLLocationAccuracyBest
        manager.requestWhenInUseAuthorization()
        manager.startUpdatingLocation()


    }

    func locationManager(manager: CLLocationManager, didUpdateLocations
    locations: [AnyObject]) {

        print(locations)

        let userLocation:CLLocation = locations[0] as! CLLocation

        self.latitudeLabel.text = "\(userLocation.coordinate.latitude)"
        self.longitudeLabel.text = "\(userLocation.coordinate.longitude)"
        self.courseLabel.text = "\(userLocation.course)"
        self.speedLabel.text = "\(userLocation.speed)"
        self.altitudeLabel.text = "\(userLocation.altitude)"
```

```
        CLGeocoder().reverseGeocodeLocation(userLocation, completionHandler:
        { (placemarks, error) → Void in

            if (error != nil) {

                print(error)

            }

        })

    }
    override func didReceiveMemoryWarning() {
        super.didReceiveMemoryWarning()
    }
}
```

执行后的效果如图 21-6 所示，文字位置信息界面如图 21-7 所示。

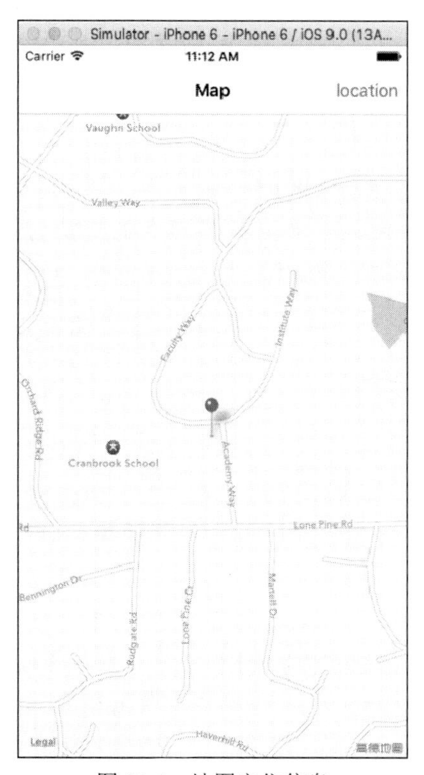

图 21-6　地图定位信息

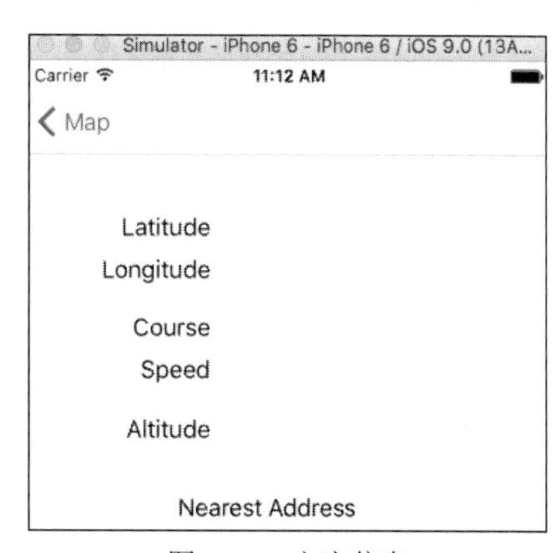

图 21-7　文字信息

Chapter 22 第 22 章

和硬件之间的操作

对于智能手机用户来说，早已经习惯了通过手机移动来控制手机游戏，并且手机可以根据设备的朝向来自动显示屏幕中的信息，通过和硬件之间的交互来实现我们需要的功能。在本章的内容中，将详细讲解 iOS 和硬件结合的基本知识，为读者步入本书后面知识的学习打下基础。

22.1 CoreMotion 框架

在当前应用中，Nintendo Wii 将运动检测作为一种有效的输入技术引入主流消费电子设备中，而 Lpple 将这种技术应用到了 iPhone、iPod Touch 和 iPad 中，并获得了巨大成功。在 Apple 设备中装备了加速计，可用于确定设备的朝向、移动和倾斜。通过 iPhone 加速计，用户只需调整设备的朝向并移动它，便可以控制应用程序。另外，在 iOS 设备（包括 iPhone 4、iPad 2 和更新的产品）中，Apple 还引入了陀螺仪，这样设备能够检测到不与重力方向相反的旋转。总之，如果用户移动支持陀螺仪的设备，应用程序就能够检测到移动并做出相应的反应。在 iOS 系统中，CoreMotion 是专门实现加速度计和陀螺仪的框架。在本节的内容中，将详细讲解 CoreMotion 框架的基本知识。

22.1.1 CoreMotion 框架介绍

CoreMotion 是一个专门处理 Motion 的框架，其中包含了两个部分加速度计和陀螺仪，在 iOS4 之前加速度计是由 UIAccelerometer 类来负责采集数据，现在一般都是使用 CoreMotion 来处理加速度过程，不过由于 UIAccelerometer 比较简单，同样有人在使用。加速计由三个坐标轴决定，用户最常见的操作设备的动作移动，晃动手机（摇一摇），倾斜手机都可以被设备检测到，加速计可以检测到线性的变化，陀螺仪可以更好的检测到偏转的动作，可以根据用户的动作做出相应的动作，iOS 模拟器无法模拟以上动作，真机调试需要开发者账号。

在 iOS 中，通过框架 Core Motion 将这种移动输入机制暴露给了第三方应用程序。并且可以可使用加速计来检测摇动手势。在本章接下来的内容中，将详细讲解如何直接从 iOS 中获取数据，以检测朝向、加速和旋转的知识。在当前所有的 iOS 设备中，都可以使用加速计检测到运动。新型号的 iPhone 和 iPad 新增的陀螺仪都补充了这种功能。为了更好地理解这对应用程序来说意味着什么，下面简要地介绍一下这些硬件可以提供哪些信息。

注意：对本书中的大多数应用程序来说，使用 iOS 模拟器是完全可行的，但模拟器无法模拟加速计和陀螺仪硬件。因此在本章中，您可能需要一台用于开发的设备。要在该设备中运行本章的应用程序，请按第 1 章介绍的步骤进行。

22.1.2　加速计基础

加速计的度量单位 g，这是重力（Gravity）的简称。1g 是物体在地球的海平面上受到的下拉力（$9.8m/s^2$）。您通常不会注意到 1g 的重力，但当您失足坠落时，1g 将带来严重的伤害。如果坐过过山车，您就一定熟悉高于和低于 1g 的力。在过山车底部，将您紧紧按在座椅上的力超过 1g，而在过山车顶部，您感觉要飘出座椅，这是负重力在起作用。

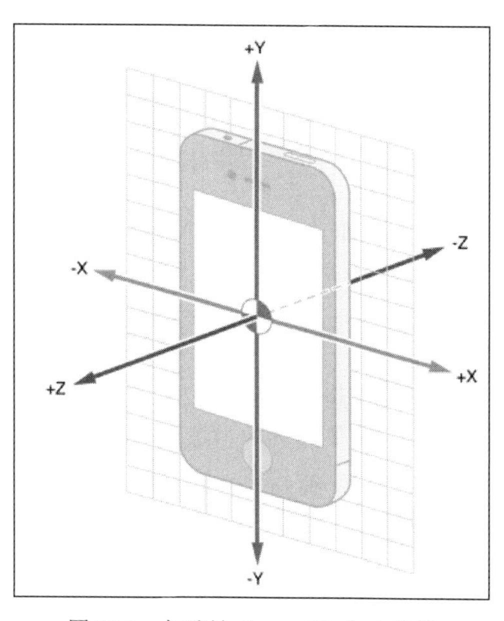

图 22-1　加速计（x、y 和 z）上的值

加速计以相对于自由落体的方式度量加速度。这意味着如果将 iOS 设备在能够持续自由落体的地方（如帝国大厦）丢下，在下落过程中，其加速计测量到的加速度将为 0g。另外，放在桌面上的设备的加速计测量出的加速度为 1g，且方向朝上。假设备静止时受到的地球引力为 1g，这是加速计用于确定设备朝向的基础。加速计可以测量 3 个轴（x、y 和 z）上的值 ，如图 22-1 所示。

如果只需要知道设备的方向，不需要知道具体方向矢量角度，那么可以使用 UIDevice 进行操作，还可以根据方向判断。通过感知特定方向的惯性力总量，加速计可以测量出加速度和重力。iPhone 内的加速计是一个三轴加速计，这意味着它能够检测到三维空间中的运动或重力引力。因此，加速计不但可以指示握持电话的方式（如自动旋转功能），而且如果电话放在桌子上，还可以指示电话的正面朝下还是朝上。加速计可以测量 g 引力，因此加速计返回值为 1.0 时，表示在特定方向上感知到 1g。如果是静止握持 iPhone 而没有任何运动，那么地球引力对其施加的力大约为 1g。如果是纵向竖直地握持 iPhone，那么 iPhone 会检测并报告其 y 轴上施加的力大约为 1g。如果是以一定角度握持 iPhone，那么 1g 的力会分布到不同的轴上，这取决于握持 iPhone 的方式。在以 45° 角握持时，1g 的力会均匀地分解到两个轴上。

如果检测到的加速计值远大于 1g，那么即可以判断这是突然运动。正常使用时，加速计在任意轴上都不会检测到远大于 1g 的值。如果摇动、坠落或投掷 iPhone，那么加速计便会在一个或多个轴上检测到很大的力。iPhone 加速计使用的三轴结构是：iPhone 长边的左右是 X 轴（右为正），短边的上下是 Y 轴（上为正），垂直于 iPhone 的是 Z 轴（正面为正）。需要注意的是，加速计对 y 坐标轴使用了更标准的惯例，即 y 轴伸长表示向上的力，这与 Quartz 2D

的坐标系相反。如果加速计使用 Quartz 2D 作为控制机制，那么必须要转换 y 坐标轴。使用 OpenGL ES 时则不需要转换。

根据设备的放置方式，lg 的重力将以不同的方式分布到这三个轴上。如果设备垂直放置，且其一边、屏幕或背面呈水平状态，则整个 lg 都分布在一条轴上。如果设备倾斜，lg 将分布到多条轴上 。

如果把 iOS 设备正面朝上放到桌面上，加速度传感器的默认原点在手机的物理重心位置，x、y、z 轴分别穿过这个原点，x 轴向右为正方向，y 轴朝手机顶部为正方向，z 轴朝上为正方向，可以通过代理方法来获取相应方向的加速度具体数值。

在 iOS 系统中，加速度传感器使用步骤如下所示。

（1）召唤 UIAccelerometer 这个单例。

（2）设置 UIAccelerometer 的 updateInterval 属性，就是设置通知间隔。

（3）向 UIAccelerometer 的 delegate 属性中设置负责具体处理的委托类。

（4）实现委托方法 accelerometer:didAccelerate:以接受加速度的通知。

（5）从 accelerometer:didAccelerate:方法的第二个参数 UIAcceleration 实例的相关属性中获取加速度。

在 accelerometer:didAccelerate:方法的第二个参数 UIAcceleration 实例中，分别拥有代表 x 轴、y 轴、z 轴方向加速度的属性。

22.1.3 陀螺仪

陀螺仪其实主要方法和方式和加速计没有区别，先看张陀螺仪旋转的角度图片，如图 22-2 所示。

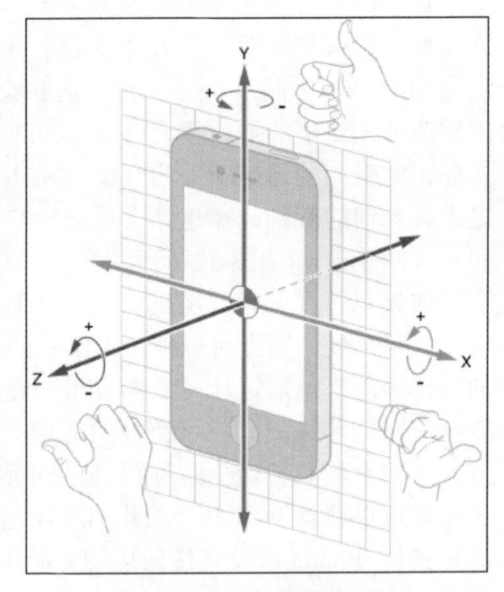

图 22-2 陀螺仪旋转的角度

很多初学者误以为：使用加速计提供的数据好像能够准确地猜测到用户在做什么，其实并非如此。加速计可以测量重力在设备上的分布情况，假设设备正面朝上放在桌子上，将可以使用加速计检测出这种情形，但如果您在玩游戏时水平旋转设备，加速计测量到的值不会发生任何变化。

当设备通过一边直立着并旋转时，情况也如此。仅当设备的朝向相对于重力的方向发生变化时，加速计才能检测到；而无论设备处于什么朝向，只要它在旋转，陀螺仪就能检测到。陀螺仪是一个利用高速回转体的动量矩敏感壳体相对惯性空间、绕正交于自转轴的一个或两个轴的角运动检测装置。另外，利用其他原理制成的角运动检测装置起同样功能的也称陀螺仪。

当查询设备的陀螺仪时，它将报告设备绕 x、y 和 z 轴的旋转速度，单位为弧度每秒。2 弧度相当于一整圈，因此陀螺仪返回的读数 2 表示设备绕相应的轴每秒转一圈。

22.1.4 实践练习

实例 22-1	使用 iPhone 中的 Motion 传感器
源码路径	源代码下载包:\daima\22\Swift-Motion

（1）打开 Xcode，然后新建一个名为“Swift-Motion”的工程，工程的最终目录结构如图 22-3 所示。

（2）打开 Main.storyboard，为本工程设计一个视图界面，在里面添加 Label 控件来展示 Motion 传感器的各个数值，如图 22-4 所示。

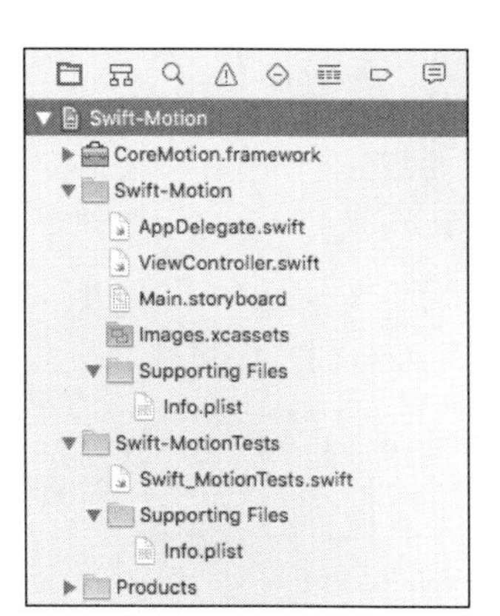

图 22-3　工程的目录结构

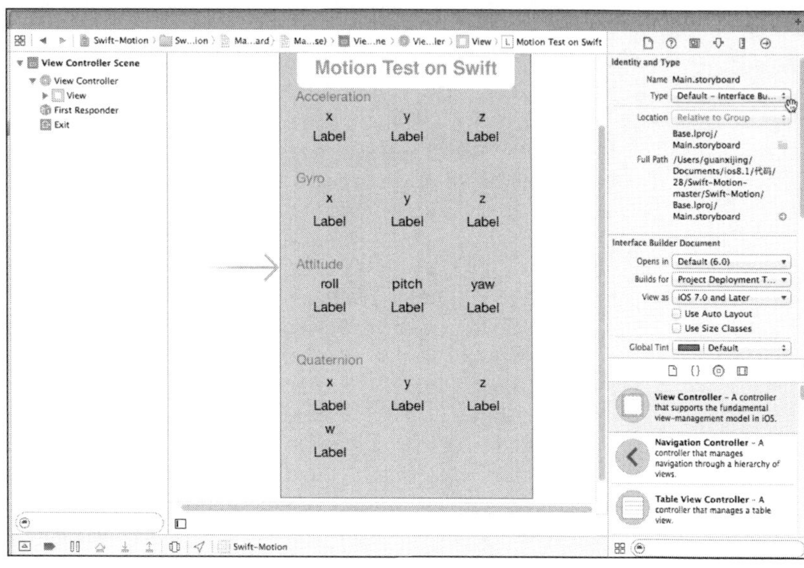

图 22-4　Main.storyboard 设计界面

（3）编写文件 ViewController.swift，调用 iOS 中的 Motion 传感器在屏幕中分别显示如下数据。

- accel：x、y 和 z 轴三个方向的加速值。
- gyro：x、y 和 z 轴三个方向的陀螺值。
- attitude：姿态传感器值。
- Quaternion：旋转传感器，在 Unity 中由 x、y、z、w 表示四个值。

文件 ViewController.swift 的具体实现代码如下所示。

```
import UIKit
import CoreMotion

class ViewController: UIViewController {

    // Connection with interface builder
    @IBOutlet var acc_x: UILabel!
    @IBOutlet var acc_y: UILabel!
    @IBOutlet var acc_z: UILabel!
    @IBOutlet var gyro_x: UILabel!
    @IBOutlet var gyro_y: UILabel!
    @IBOutlet var gyro_z: UILabel!
    @IBOutlet var attitude_roll: UILabel!
    @IBOutlet var attitude_pitch: UILabel!
    @IBOutlet var attitude_yaw: UILabel!
    @IBOutlet var attitude_x: UILabel!
    @IBOutlet var attitude_y: UILabel!
    @IBOutlet var attitude_z: UILabel!
```

```
    @IBOutlet var attitude_w: UILabel!
    // create instance of MotionManager
    let motionManager: CMMotionManager = CMMotionManager()
    override func viewDidLoad() {
        super.viewDidLoad()
        // Initialize MotionManager
        motionManager.deviceMotionUpdateInterval = 0.05 // 20Hz

        // Start motion data acquisition
        motionManager.startDeviceMotionUpdatesToQueue( NSOperationQueue.
        currentQueue(), withHandler:{
            deviceManager, error in
            var accel: CMAcceleration = deviceManager.userAcceleration
            self.acc_x.text = String(format: "%.2f", accel.x)
            self.acc_y.text = String(format: "%.2f", accel.y)
            self.acc_z.text = String(format: "%.2f", accel.z)
            var gyro: CMRotationRate = deviceManager.rotationRate
            self.gyro_x.text = String(format: "%.2f", gyro.x)
            self.gyro_y.text = String(format: "%.2f", gyro.y)
            self.gyro_z.text = String(format: "%.2f", gyro.z)
            var attitude: CMAttitude = deviceManager.attitude
            self.attitude_roll.text = String(format: "%.2f", attitude.roll)
            self.attitude_pitch.text = String(format: "%.2f", attitude.pitch)
            self.attitude_yaw.text = String(format: "%.2f", attitude.yaw)
            var quaternion: CMQuaternion = attitude.quaternion
            self.attitude_x.text = String(format: "%.2f", quaternion.x)
            self.attitude_y.text = String(format: "%.2f", quaternion.y)
            self.attitude_z.text = String(format: "%.2f", quaternion.z)
            self.attitude_w.text = String(format: "%.2f", quaternion.w)
        })
    }
    override func didReceiveMemoryWarning() {
        super.didReceiveMemoryWarning()
        // Dispose of any resources that can be recreated.
    }
}
```

执行后的效果如图 22-5 所示，在真机中运行会显示获取的具体的传感器值。

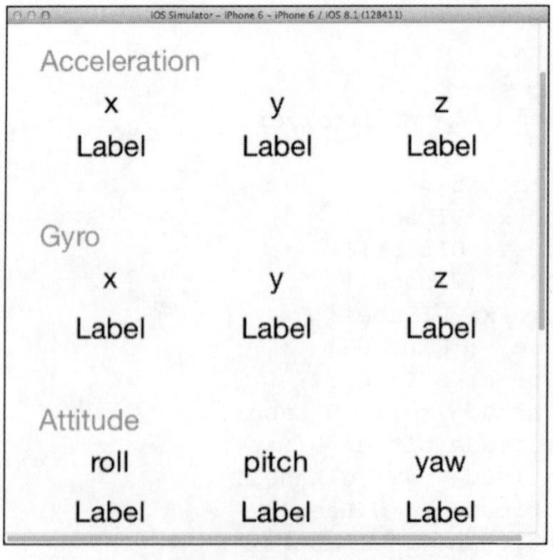

图 22-5　执行效果

22.2　访问朝向和运动数据

要想访问朝向和运动信息，可以使用两种不同的方法。首先，要检测朝向变化并做出反应，可以请求 iOS 设备在朝向发生变化时向编写的代码发送通知，然后将收到的消息与表示各种设备朝向的常量（包括正面朝上和正面朝下）进行比较，从而判断出用户做了什么。其次，可以利用框架 Core Motion 定期地直接访问加速计和陀螺仪数据。

22.2.1　通过 UIDevice 请求朝向通知

虽然可以直接查询加速计并使用它返回的值判断设备的朝向，但 Apple 为开发人员简化了这项工作。单例 UIDevice 表示当前设备，它包含方法 beginGenelatingDeviceOrientationNotifications，该方法命令 iOS 将朝向通知发送到通知中心（NSNotificationCenter）。启动通知后，即可注册一个 NSNotificationCenter 实例，以便设备的朝向发生变化时自动调用指定的方法。

除了获悉发生了朝向变化事件外，还需要获悉当前朝向，为此可使用 UIDevice 的属性 orientation。该属性的类型为 UIDeviceOrientation，其可能取值为下面六个预定义值。

- UIDeviceOrientationFaceUp：设备正面朝上。
- UIDeviceOrientationFaceDown：设备正面朝下。
- UIDeviceOrientationPortrait:：设备处于“正常”朝向，主屏幕按钮位于底部。
- UIDeviceOrientationPortraitUpsideDown:设备处于纵向状态，主屏幕按钮位于顶部。
- UIDeviceOrientationLandscapeLeft:设备侧立着，左边朝下。
- UIDeviceOrientationLandscapeRight:设备侧立着，右边朝下。

通过将属性 orientation 与上述每个值进行比较，即可判断出朝向并做出相应的反应。

22.2.2　使用 Core Motion 读取加速计和陀螺仪数据

直接使用加速计和陀螺仪时，方法稍有不同。首先，需要将框架 Core Motion 加入项目中。在代码中需要创建 Core Motion 运动管理器（CMMotionManager）的实例，应该将运动管理器视为单例——由其一个实例向整个应用程序提供加速计和陀螺仪运动服务。在本书前面的内容中曾经说过，单例是在应用程序的整个生命周期内只能实例化一次的类。向应用程序提供的 iOS 设备硬件服务通常是以单例方式提供的。鉴于设备中只有一个加速计和一个陀螺仪，以单例方式提供它们合乎逻辑。在应用程序中包含多个 CMMotionManager 对象不会带来任何额外的好处，而只会让内存和生命周期的管理更复杂，而使用单例可以避免这两种情况发生。

不同于朝向通知，Core Motion 运动管理器让您能够指定从加速计和陀螺仪那里接收更新的频率（单位为秒），还能够直接指定一个处理程序块（handle block），每当更新就绪时都将执行该处理程序块。

我们需要判断以什么样的频率接收运动更新对应用程序有好处。为此，可尝试不同的更新频率，直到获得最佳频率。如果更新频率超过了最佳频率，可能带来一些负面影响：应用程序将使用更多的系统资源，这将影响应用程序其他部分的性能，当然还有电池的寿命。由于可能需要非常频繁地接收更新以便应用程序能够平滑地响应，因此应花时间优化与 CMMotionManager 相关的代码。

22.2.3 实践练习

在下面的内容中，将通过一个具体实例的实现过程，详细讲解基于 Swift 语言实现一个海拔和距离测试器的过程。

实例 22-2	传感器综合练习：海拔和距离测试器
源码路径	源代码下载包:\daima\22\CoreMotionDemo

（1）打开 Xcode 7，然后新建一个名为“CoreMotionDemo”的工程，工程的最终目录结构如图 22-6 所示。

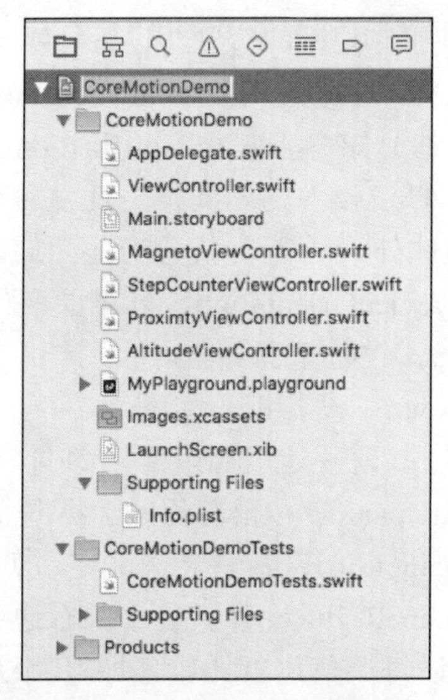

图 22-6 工程的目录结构

（2）打开 Main.storyboard，为本工程设计一个视图界面，分别构建五个子视图界面，如图 22-7 所示。

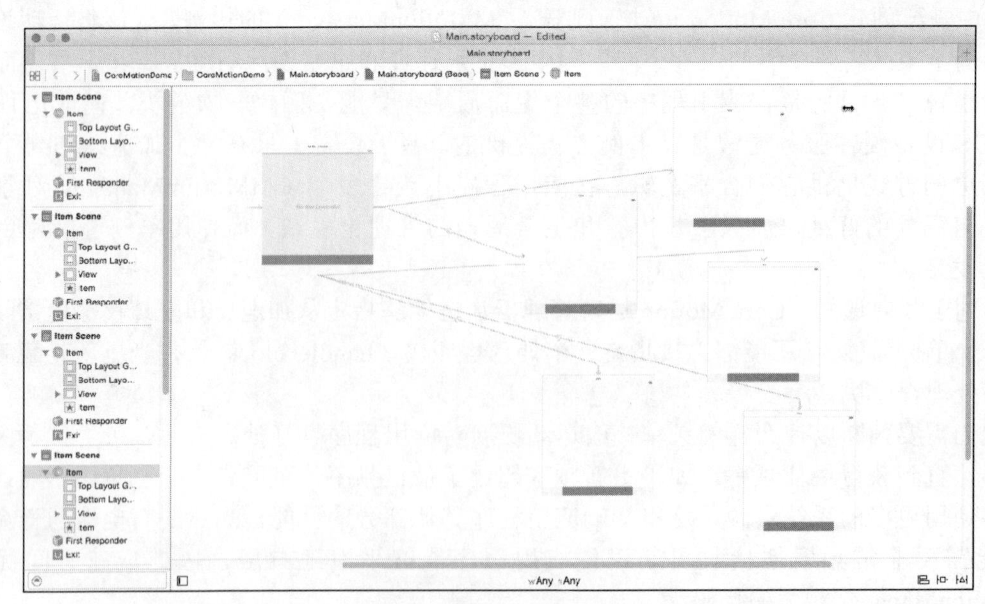

图 22-7 Main.storyboard 界面

（3）通过 Images.xcassets 设置应用程序的屏幕适应性，确保本项目能够在主流 iPhone 和 iPad 设备中正确运行。如图 22-8 所示。

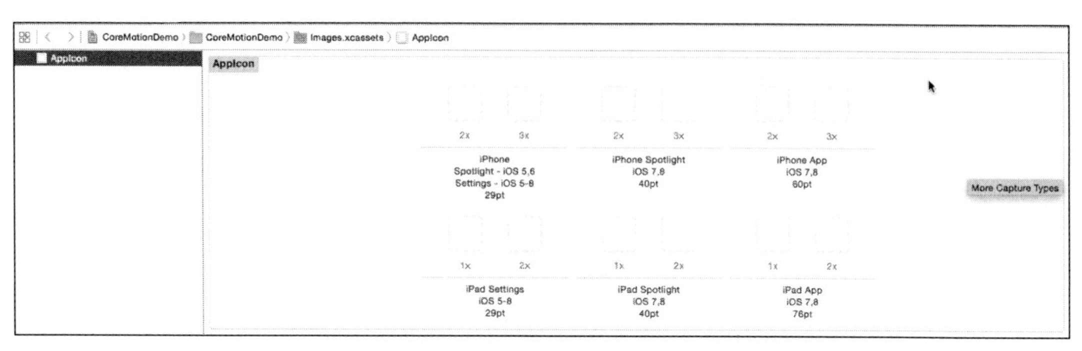

图 22-8　设置屏幕适应性

（4）实现视图界面文件 ViewController.swift，通过 import 命令导入 CoreMotion 框架，插入 UILabel 控件显示信息文本，在 MotionManager 对象中设置更新频率。并且定义专用函数分别实现获取三个轴的加速度和旋转速率值。文件 ViewController.swift 的具体实现流程如下所示。

① 通过 import 命令导入 CoreMotion 框架，插入 UILabel 文本控件显示获取的传感器信息，对应的实现代码如下所示。

```
import UIKit
import CoreMotion
class ViewController: UIViewController {
    @IBOutlet weak var updateRate: UILabel!
    @IBOutlet weak var aLabelX: UILabel!
    @IBOutlet weak var aLabelY: UILabel!
    @IBOutlet weak var aLabelZ: UILabel!

    @IBOutlet weak var aMaxX: UILabel!
    @IBOutlet weak var aMaxY: UILabel!
    @IBOutlet weak var aMaxZ: UILabel!
    var AMX:Double!
    var AMY:Double!
    var AMZ:Double!

    @IBOutlet weak var rLabelX: UILabel!
    @IBOutlet weak var rLabelY: UILabel!
    @IBOutlet weak var rLabelZ: UILabel!

    @IBOutlet weak var rMaxX: UILabel!
    @IBOutlet weak var rMaxY: UILabel!
    @IBOutlet weak var rMaxZ: UILabel!
    var RMX:Double!
    var RMY:Double!
    var RMZ:Double!

    var motionManager = CMMotionManager()
    var isStart = false
```

② 定义函数 viewDidLoad()，设置程序加载时显示各个传感器的默认值为 0，对应的实现代码如下所示。

```
    override func viewDidLoad() {
    super.viewDidLoad()
    AMX = 0
    AMY = 0
    AMZ = 0
    RMX = 0
    RMY = 0
    RMZ = 0

    motionManager.accelerometerUpdateInterval = 0.5//告诉manager，更新频率是5000Hz
    motionManager.gyroUpdateInterval = 0.5      //更新频率
}
```

③ 定义函数 outputA()，功能是测试 x、y、z 三个轴的加速度值，对应的实现代码如下所示。

```
func outputA(data:CMAcceleration) {

    aLabelX.text = String(format: "%.2f", data.x)
    if fabs(data.x) > AMX {
        AMX = fabs(data.x)
        aMaxX.text = String(format: "%.2f", AMX)
    }

    aLabelY.text = String(format: "%.2f", data.y)
    if fabs(data.y) > AMY {
        AMY = fabs(data.y)
        aMaxY.text = String(format: "%.2f", AMY)
    }

    aLabelZ.text = String(format: "%.2f", data.z)
    if fabs(data.z) > AMZ {
        AMZ = fabs(data.z)
        aMaxZ.text = String(format: "%.2f", AMZ)
    }
}
```

④ 定义函数 outputR()，功能是分别测试沿着 x、y、z 三个轴的旋转速率值，对应的实现代码如下所示。

```
func outputR(data:CMRotationRate) {

    rLabelX.text = String(format: "%.2f", data.x)
    if fabs(data.x) > RMX {
        RMX = fabs(data.x)
        rMaxX.text = String(format: "%.2f", RMX)
    }
```

```
        rLabelY.text = String(format: "%.2f", data.y)
        if fabs(data.y) > RMY {
            RMY = fabs(data.y)
            rMaxY.text = String(format: "%.2f", RMY)
        }

        rLabelZ.text = String(format: "%.2f", data.z)
        if fabs(data.z) > RMZ {
            RMZ = fabs(data.z)
            rMaxZ.text = String(format: "%.2f", RMZ)
        }
    }

    override func didReceiveMemoryWarning() {
        super.didReceiveMemoryWarning()
        // Dispose of any resources that can be recreated.
    }
```

⑤ 定义函数 updateRate()，功能是及时监听传感器值的变化事件，对应的实现代码如下所示。

```
    @IBAction func updateRate(sender: UISlider) {
        updateRate.text = String(format: "%.2f", sender.value)
        motionManager.accelerometerUpdateInterval = Double(sender.value)
        motionManager.gyroUpdateInterval = Double(sender.value)
    }
```

⑥ 定义函数 onSwitch()，功能是及时响应开关控件的状态，对应的实现代码如下所示。

```
    @IBAction func onSwitch(sender: UIButton) {
        if !isStart {
            isStart = true
            sender.setTitle("Stop", forState: UIControlState.Normal)
            if isStart {
                motionManager.startAccelerometerUpdatesToQueue(NSOperationQueue.
                currentQueue()) {
                    acceData, error in

                    if (error != nil) {
                        println("Error: \(error)")
                    }
                    self.outputA(acceData.acceleration)
                }
                motionManager.startGyroUpdatesToQueue(NSOperationQueue.
                currentQueue()) {
                    gyroData, error in
                    if (error != nil) {
                        println("Error: \(error)")
                    }
                    self.outputR(gyroData.rotationRate)
                }
            }
```

```
        } else {
            isStart = false
            sender.setTitle("Start", forState: UIControlState.Normal)
            motionManager.stopAccelerometerUpdates()
            motionManager.stopGyroUpdates()
        }
    }
```

⑦ 定义函数 reset()实现系统重置功能，重置时将所有的传感器值设置为 0，对应的实现代码如下所示。

```
    @IBAction func reset(sender: AnyObject) {
        AMX = 0
        AMY = 0
        AMZ = 0
        RMX = 0
        RMY = 0
        RMZ = 0

        aMaxX.text = "0"
        aMaxY.text = "0"
        aMaxZ.text = "0"
        rMaxX.text = "0"
        rMaxY.text = "0"
        rMaxZ.text = "0"

        rLabelX.text = "0"
        rLabelY.text = "0"
        rLabelZ.text = "0"
        aLabelX.text = "0"
        aLabelY.text = "0"
        aLabelZ.text = "0"
    }
}
```

（5）编写文件 MagnetoViewController.swift，实现磁力传感处理。首先通过 import 命令导入 CoreMotion 框架，并插入 UILabel 控件显示信息文本。然后定义专用函数分别获取三个方向的磁力值，并获取设备的当前空间的位置和姿势。文件 MagnetoViewController.swift 的具体实现流程如下所示。

① 通过 import 命令导入 CoreMotion 框架，并插入 UILabel 文本控件显示磁力传感器的值，对应的实现代码如下所示。

```
import UIKit
import CoreMotion
class MagnetoViewController: UIViewController {
    @IBOutlet weak var updateRate: UILabel!

    @IBOutlet weak var mLabelX: UILabel!
    @IBOutlet weak var mLabelY: UILabel!
    @IBOutlet weak var mLabelZ: UILabel!
```

```
@IBOutlet weak var mMaxX: UILabel!
@IBOutlet weak var mMaxY: UILabel!
@IBOutlet weak var mMaxZ: UILabel!
var MMX:Double!
var MMY:Double!
var MMZ:Double!

@IBOutlet weak var dLabelX: UILabel!
@IBOutlet weak var dLabelY: UILabel!
@IBOutlet weak var dLabelZ: UILabel!

@IBOutlet weak var dMaxX: UILabel!
@IBOutlet weak var dMaxY: UILabel!
@IBOutlet weak var dMaxZ: UILabel!
var DMX:Double!
var DMY:Double!
var DMZ:Double!

var motionManager = CMMotionManager()
var isStart = false
```

② 定义函数 viewDidLoad()，设置程序加载时显示传感器的默认值为 0，对应的实现代码如下所示。

```
override func viewDidLoad() {
    super.viewDidLoad()

    MMX = 0
    MMY = 0
    MMZ = 0
    DMX = 0
    DMY = 0
    DMZ = 0
    motionManager.magnetometerUpdateInterval = 0.5//设置磁场数据更新频率为0.5秒
    motionManager.deviceMotionUpdateInterval = 0.5
}
```

③ 定义函数 outputM()，功能是测试 x、y、z 三个轴的磁力值，对应的实现代码如下所示。

```
func outputM(data:CMMagneticField) {

    mLabelX.text = String(format: "%.2f", data.x)
    if fabs(data.x) > MMX {
        MMX = fabs(data.x)
        mMaxX.text = String(format: "%.2f", MMX)
    }
    mLabelY.text = String(format: "%.2f", data.y)
    if fabs(data.y) > MMY {
        MMY = fabs(data.y)
```

```
        mMaxY.text = String(format: "%.2f", MMY)
    }
    mLabelZ.text = String(format: "%.2f", data.z)
    if fabs(data.z) > MMZ {
        MMZ = fabs(data.z)
        mMaxZ.text = String(format: "%.2f", MMZ)
    }
}
```

④ 定义函数 outputD()，功能是获取当前设备传感器的位置值和姿势值，对应的实现代码如下所示。

```
func outputD(data:CMAttitude) {

    dLabelX.text = String(format: "%.2f°", data.pitch*180/M_PI)
    if fabs(data.pitch*180/M_PI) > DMX {
        DMX = fabs(data.pitch*180/M_PI)
        dMaxX.text = String(format: "%.2f°", DMX)
    }

    dLabelY.text = String(format: "%.2f°", data.roll*180/M_PI)
    if fabs(data.roll*180/M_PI) > DMY {
        DMY = fabs(data.roll*180/M_PI)
        dMaxY.text = String(format: "%.2f°", DMY)
    }

    dLabelZ.text = String(format: "%.2f°", data.yaw*180/M_PI)
    if fabs(data.yaw*180/M_PI) > DMZ {
        DMZ = fabs(data.yaw*180/M_PI)
        dMaxZ.text = String(format: "%.2f°", DMZ)
    }
}
override func didReceiveMemoryWarning() {
    super.didReceiveMemoryWarning()
    // Dispose of any resources that can be recreated.
}
```

⑤ 定义函数 updateRate()，功能是及时监听传感器值的变化事件，对应的实现代码如下所示。

```
@IBAction func updateRate(sender: UISlider) {
    updateRate.text = String(format: "%.2f", sender.value)
    motionManager.magnetometerUpdateInterval = Double(sender.value)
    motionManager.deviceMotionUpdateInterval = Double(sender.value)
}
```

⑥ 定义函数 onSwitch()，功能是及时响应开关控件的状态，对应的实现代码如下所示。

```
@IBAction func onSwitch(sender: UIButton) {
    if !isStart {
        isStart = true
```

```
        sender.setTitle("Stop", forState: UIControlState.Normal)

        if isStart {
            motionManager.startMagnetometerUpdatesToQueue(NSOperationQueue.
            currentQueue()){
                magnetoData, error in
                if (error != nil) {
                    println("Error: \(error)")
                }
                self.outputM(magnetoData.magneticField)
            }
            motionManager.startDeviceMotionUpdatesToQueue(NSOperationQueue.
            currentQueue()) {
                deviceData, error in
                if (error != nil) {
                    println("Error: \(error)")
                }
                self.outputD(deviceData.attitude)
            }
        }
    } else {
        isStart = false
        sender.setTitle("Start", forState: UIControlState.Normal)
        motionManager.stopMagnetometerUpdates()
        motionManager.stopDeviceMotionUpdates()
    }
}
```

⑦ 定义函数 reset()实现系统重置功能，重置时将所有的传感器值设置为 0，对应的实现代码如下所示。

```
@IBAction func reset(sender: AnyObject) {

    MMX = 0
    MMY = 0
    MMZ = 0
    DMX = 0
    DMY = 0
    DMZ = 0

    mMaxX.text = "0"
    mMaxY.text = "0"
    mMaxZ.text = "0"
    dMaxX.text = "0°"
    dMaxY.text = "0°"
    dMaxZ.text = "0°"

    dLabelX.text = "0°"
    dLabelY.text = "0°"
    dLabelZ.text = "0°"
    mLabelX.text = "0"
    mLabelY.text = "0"
```

```
        mLabelZ.text = "0"
    }
}
```

（6）编写文件 StepCounterViewController.swift 实现位移计步器功能。首先通过 import 命令导入 CoreMotion 框架，然后通过 updateP 计算移动距离，最后通过函数 onSwitch 检测用户按下了哪个按钮。文件 StepCounterViewController.swift 的具体实现代码如下所示。

```
import UIKit
import CoreMotion
class StepCounterViewController: UIViewController {
    @IBOutlet weak var startDate: UILabel!
    @IBOutlet weak var endDate: UILabel!
    @IBOutlet weak var cnt: UILabel!
    @IBOutlet weak var distance: UILabel!
    @IBOutlet weak var floorsA: UILabel!
    @IBOutlet weak var floorsD: UILabel!

    var pedometer = CMPedometer()
    var startD: String!
    var endD: String!
    var isStart = false

    override func viewDidLoad() {
        super.viewDidLoad()
    }
    override func didReceiveMemoryWarning() {
        super.didReceiveMemoryWarning()
    }
    @IBAction func onSwitch(sender: UIButton) {

        if !isStart {
            isStart = true
            sender.setTitle("Stop", forState: UIControlState.Normal)
            var currentDate = NSDate()
            var formatter = NSDateFormatter()
            formatter.dateFormat = "Y-M-d h:m:s"
            startD = formatter.stringFromDate(currentDate)
            startDate.text = startD
            endDate.text = "----→"
            pedometer.startPedometerUpdatesFromDate(currentDate){
                pedometerHandler in

                self.updateP(pedometerHandler.0)
            }
        } else {
            isStart = false
            sender.setTitle("Start", forState: UIControlState.Normal)

            pedometer.stopPedometerUpdates()
            if endDate.text != "0" {
                var currentDate = NSDate()
```

```
                var formatter = NSDateFormatter()
                formatter.dateFormat = "Y-M-d h:m:s"
                endD = formatter.stringFromDate(currentDate)
                endDate.text = endD
            }
        }
    }
    func updateP(pedo:CMPedometerData) {

        println(pedo.numberOfSteps)
        cnt.text = "\(pedo.numberOfSteps)"
        println(String(format: "%.2f m", Float(pedo.distance)))
        distance.text = String(format: "%.2f m", Float(pedo.distance))
        floorsA.text = "\(pedo.floorsAscended)"
        floorsD.text = "\(pedo.floorsDescended)"

    }
    @IBAction func reset(sender: UIButton) {
        startDate.text = "0"
        endDate.text = "0"
        cnt.text = "0"
        distance.text = "0"
        floorsA.text = "0"
        floorsD.text = "0"
    }
}
```

(7)编写文件 ProximtyViewController.swift 实现接近传感器操作，具体实现代码如下所示。

```
import UIKit

class ProximtyViewController: UIViewController {
    var isStart = false
    @IBOutlet weak var bCnt: UILabel!
    var blinkCnt = 0
    var device = UIDevice.currentDevice()
    override func viewDidLoad() {
        super.viewDidLoad()

        NSNotificationCenter.defaultCenter().addObserver(self, selector:
        "proximityDidChange:", name: UIDeviceProximityStateDidChangeNotification,
        object: nil)
        println(device.batteryLevel)
        println(device.batteryState)
    }
    override func didReceiveMemoryWarning() {
        super.didReceiveMemoryWarning()
    }

    func proximityDidChange(notification:NSNotificationCenter) {
        if device.proximityState {
            println("Close")
            blinkCnt += 1
```

```
        } else {
            println("Far")
            bCnt.text = "\(blinkCnt)"
        }
    }
    @IBAction func onSwitch(sender: UIButton) {

        if !isStart {
            sender.setTitle("Stop", forState: .Normal)
            isStart = true
            device.proximityMonitoringEnabled = true
        } else {
            sender.setTitle("Start", forState: .Normal)
            isStart = false
            device.proximityMonitoringEnabled = false
        }
        var state = device.proximityState
        println(state)
    }
    @IBAction func reset(sender: AnyObject) {
        blinkCnt = 0
        bCnt.text = "0"
    }
}
```

（8）编写文件 AltitudeViewController.swift 实现海拔操作视图界面，具体实现代码如下所示。

```
import UIKit
import CoreMotion
import CoreGraphics
import QuartzCore

class AltitudeViewController: UIViewController {
    var altimeter = CMAltimeter()
    var isStart = false

    @IBOutlet weak var altitude: UILabel!
    @IBOutlet weak var altitudeMax: UILabel!
    @IBOutlet weak var pressure: UILabel!
    var aMax:Float = 0

    override func viewDidLoad() {
        super.viewDidLoad()
    }
    override func didReceiveMemoryWarning() {
        super.didReceiveMemoryWarning()
    }

    @IBAction func onSwitch(sender: UIButton) {
        if !isStart {
            sender.setTitle("Stop", forState: .Normal)
            isStart = true
            altimeter.startRelativeAltitudeUpdatesToQueue(NSOperationQueue.
            currentQueue()) {
                altiData, error in
```

```
                self.updateA(altiData.relativeAltitude)
                self.updateP(altiData.pressure)
            }
        } else {
            sender.setTitle("Start", forState: .Normal)
            isStart = false
            altimeter.stopRelativeAltitudeUpdates()
        }

    }
    func updateA(alti:NSNumber) {
        altitude.text = String(format: "%.2f m", alti.floatValue)
        if fabs(alti.floatValue) > aMax {
            aMax = fabs(alti.floatValue)
            altitudeMax.text = String(format: "%.2f m", aMax)
        }
    }
    func updateP(pres:NSNumber) {

        pressure.text = String(format: "%.2f KPa", pres.floatValue)
    }
    @IBAction func reset(sender: AnyObject) {

        aMax = 0
        altitude.text = "0"
        altitudeMax.text = "0"
        pressure.text = "0"
    }
}
```

执行后将在列表中显示本项目的测试功能列表，如图 22-9 所示。

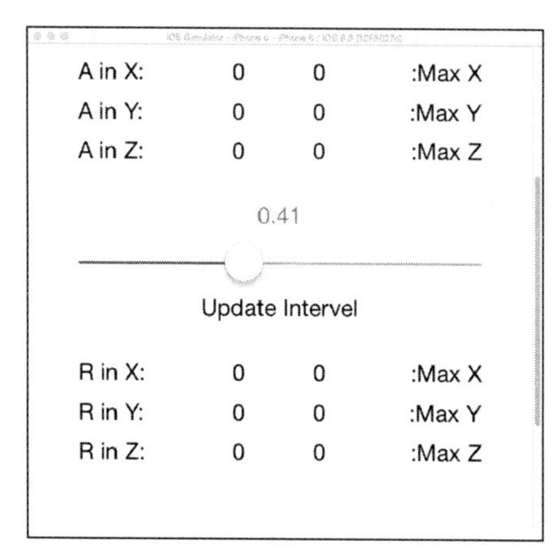

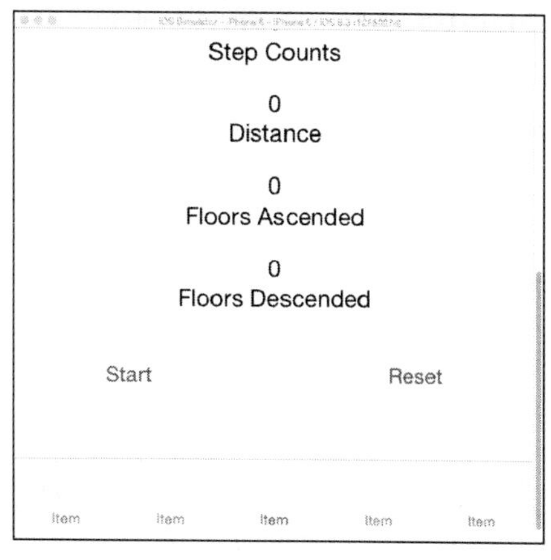

图 22-9　执行效果

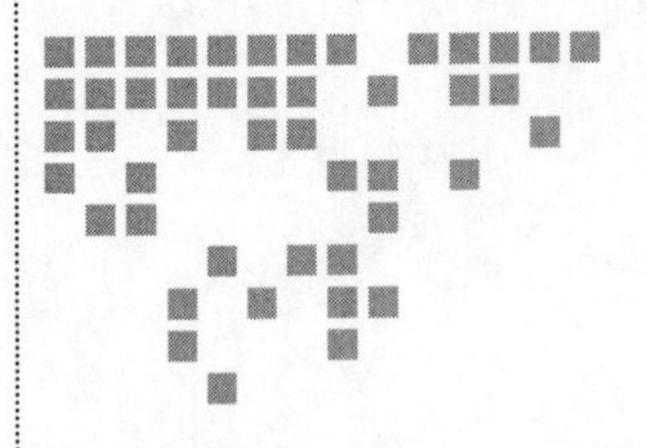

Chapter 23 第23章

游 戏 开 发

根据国外专业统计机构的数据显示，在苹果商店提供的众多应用产品中，游戏数量排名第一。无论是iPhone还是iPad，iOS游戏为玩家提供了良好的用户体验。在本章的内容中，将详细讲解使用Sprite Kit框架开发一个游戏项目的方法。希望读者仔细品味每一段代码，为自己在以后的开发应用工作打下基础。

23.1 Sprite Kit框架基础

Sprite Kit是一个从iOS 7系统开始提供的一个2D游戏框架，在发布时被内置于iOS 7 SDK中。Sprite Kit中的对象被称为“材质精灵（通常简称为Sprite）”，支持很酷的特效，比如视频、滤镜、遮罩等，并且内置了物理引擎库。在本节的内容中，将详细讲解Sprite Kit的基本知识。

23.1.1 Sprite Kit的优点和缺点

在iOS平台中，通过Sprite Kit制作2D游戏的主要优点如下所示。

（1）内置于iOS，因此不需要再额外下载类库也不会产生外部依赖。它是苹果官方编写的，所以可以确信它会被良好支持和持续更新。

（2）为纹理贴图集和粒子提供了内置的工具。

（3）可以让你做一些用其他框架很难甚至不可能做到的事情，比如将视频当作Sprites来使用或者实现很炫的图片效果和遮罩。

在iOS平台中，通过Sprite Kit制作2D游戏的主要缺点如下所示。

（1）如果使用了Sprite Kit，那么游戏就会被限制在iOS系统上。可能永远也不会知道自己的游戏是否会在Android平台上变成热门。

（2）因为Sprite Kit刚刚起步，所以现阶段可能没有像其他框架那么多的实用特性，比如

Cocos2D 的某些细节功能。

（3）不能直接编写 OpenGL 代码。

23.1.2 Sprite Kit、Cocos2D、Cocos2D-X 和 Unity 的选择

在 iOS 平台中，主流的二维游戏开发框架有 Sprite Kit、Cocos2D、Cocos2D-X 和 Unity。读者在开发游戏项目时，可以根据如下原则来选择游戏框架。

（1）如果是一个新手，或只专注于 iOS 平台，那么建议选择 Sprite Kit。因为 Sprite Kit 是 iOS 内置框架，简单易学。

（2）如果需要编写自己的 OpenGL 代码，则建议使用 Cocos2D 或者尝试其他的引擎，因为 Sprite Kit 当前并不支持 OpenGL。

（3）如果想要制作跨平台的游戏，请选择 Cocos2D-X 或者 Unity。Cocos2D-X 的好处是几乎面面俱到，为 2D 游戏而构建，几乎可以用它做任何你想做的事情。Unity 的好处是可以带来更大的灵活性，例如可以为你游戏添加一些 3D 元素，尽管你在用它制作 2D 游戏时不得不经历一些小麻烦。

23.2 实践练习

四子棋是一种益智的棋类游戏。黑白两方（也有其他颜色的棋子）在 8×8 的格子内依次落子。黑方为先手，白方为后手。落子规则为，每一列必须从最底下的一格开始。依次可向上一格落子。一方落子后另一方落子，依此轮次，直到游戏结束为止。

在本节的内容中，将通过一个具体实例的实现过程，详细讲解使用 Xcode 7 + Sprite Kit 开发一个四子棋游戏项目的过程，本实例是基于 Swift 语言实现的。

实例 23-1	开发一个四子棋游戏
源码路径	源代码下载包:\daima\23\ConnectFour

（1）打开 Xcode 7，单击“Create a new Xcode Project”新建一个工程文件。如图 23-1 所示。

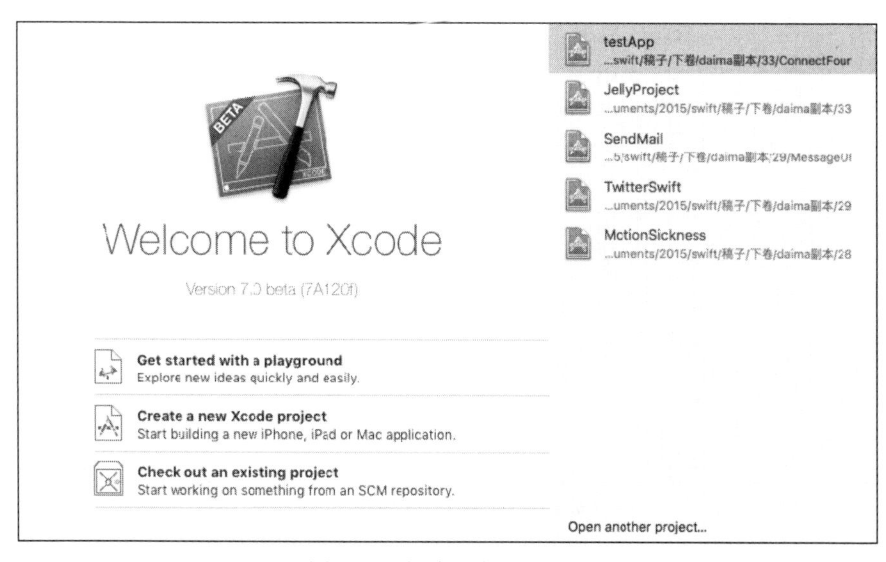

图 23-1 新建一个工程文件

（2）在弹出的界面中，在左侧栏目中选择 iOS 下的“Application”选项，在右侧选择“Game”，然后单击“Next”选项。如图 23-2 所示。

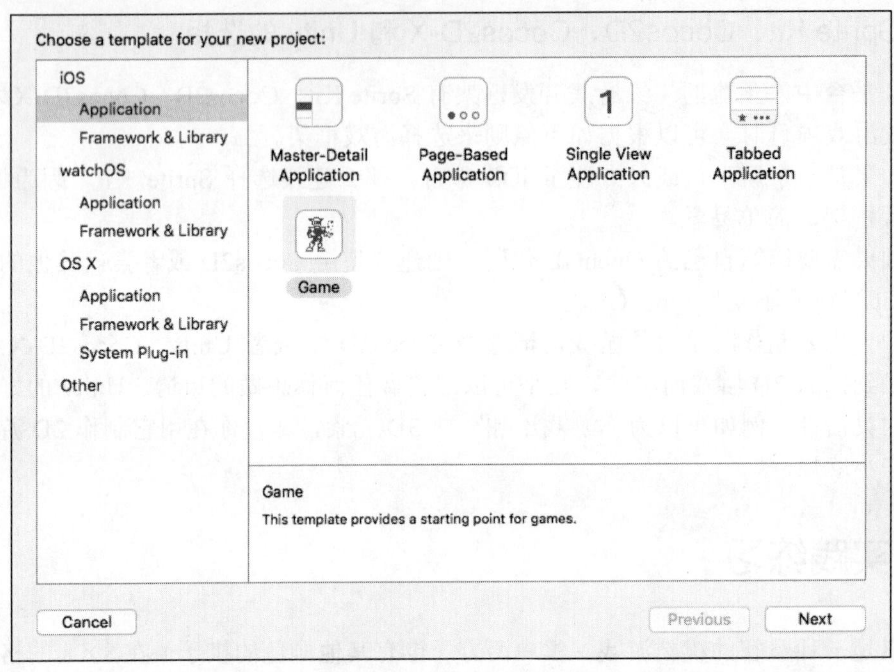

图 23-2　新建一个“Game”工程

（3）在弹出的界面的中设置各个选项值，在“Language”选项中设置编程语言为“Swift”，设置“Game Technology”选项为“SpriteKit”，单击“Next”按钮。如图 23-3 所示。

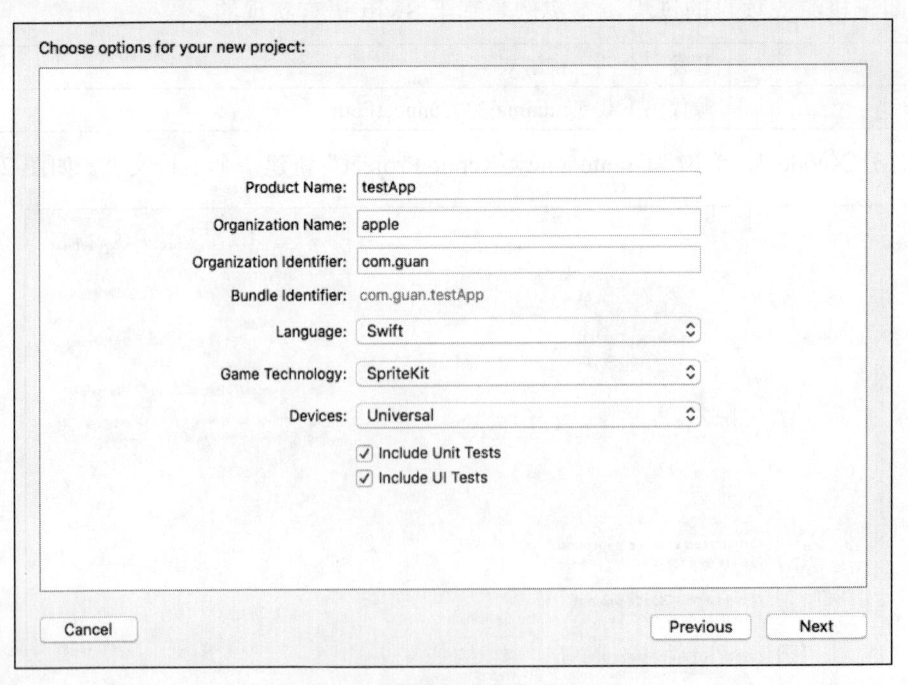

图 23-3　设置编程语言为“Swift”

（4）在弹出的界面的中设置当前工程的保存路径，如图 23-4 所示。

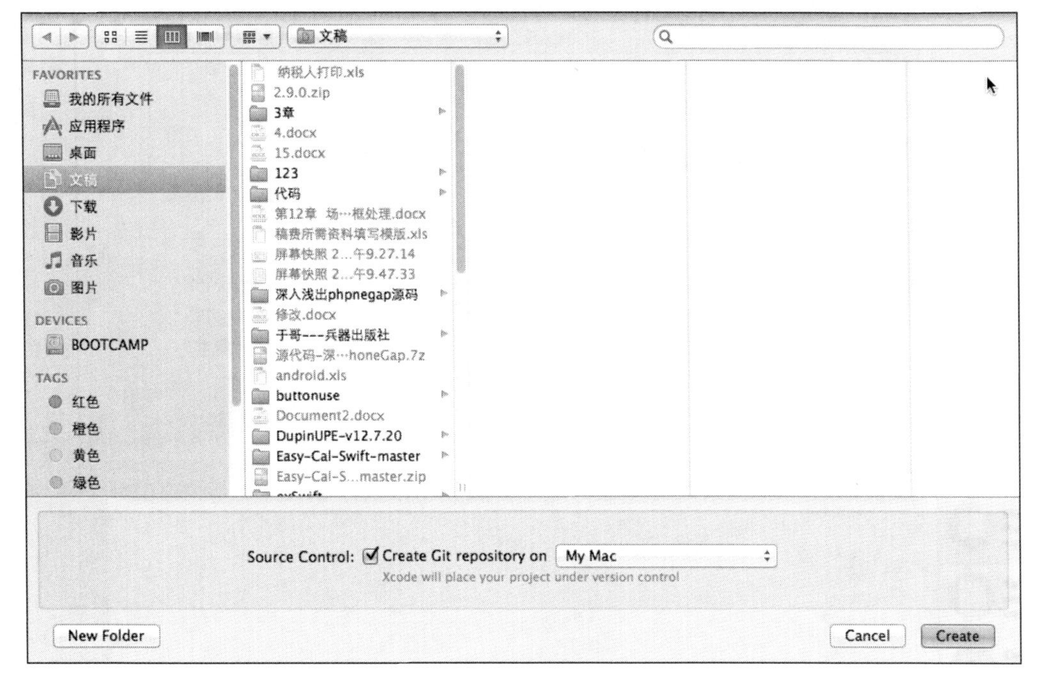

图 23-4　设置保存路径

（5）单击“Create”按钮后将创建一个 Sprite Kit 工程，工程的目录结构如图 23-5 所示。

（6）在项目中加入对 SpriteKit.framework 框架的引用，如图 23-6 所示。

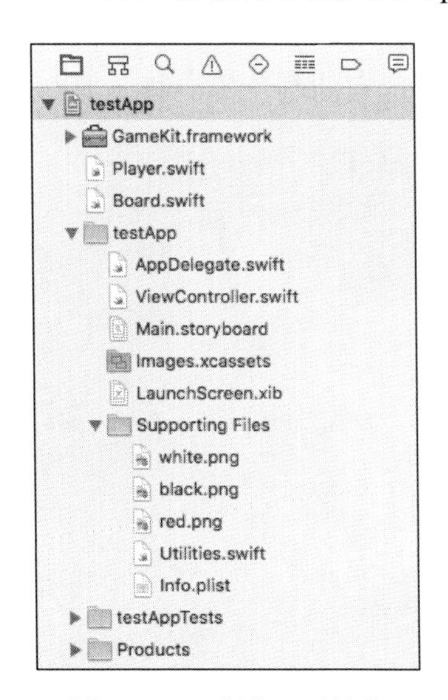

图 23-5　工程的目录结构

图 23-6　引用 SpriteKit.framework 框架

（7）准备系统所需要的图片素材文件，保存在“Supporting Files”目录下，图片素材文件在 Xcode 6 工程目录中的效果如图 23-7 所示。

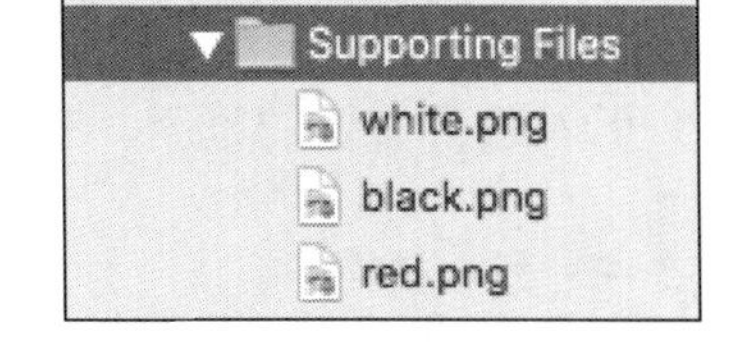

图 23-7　Xcode 7 工程目录中的图片素材文件

（8）打开 Main.storyboard，在 View 视图界面中添加键盘按钮，如图 23-8 所示。

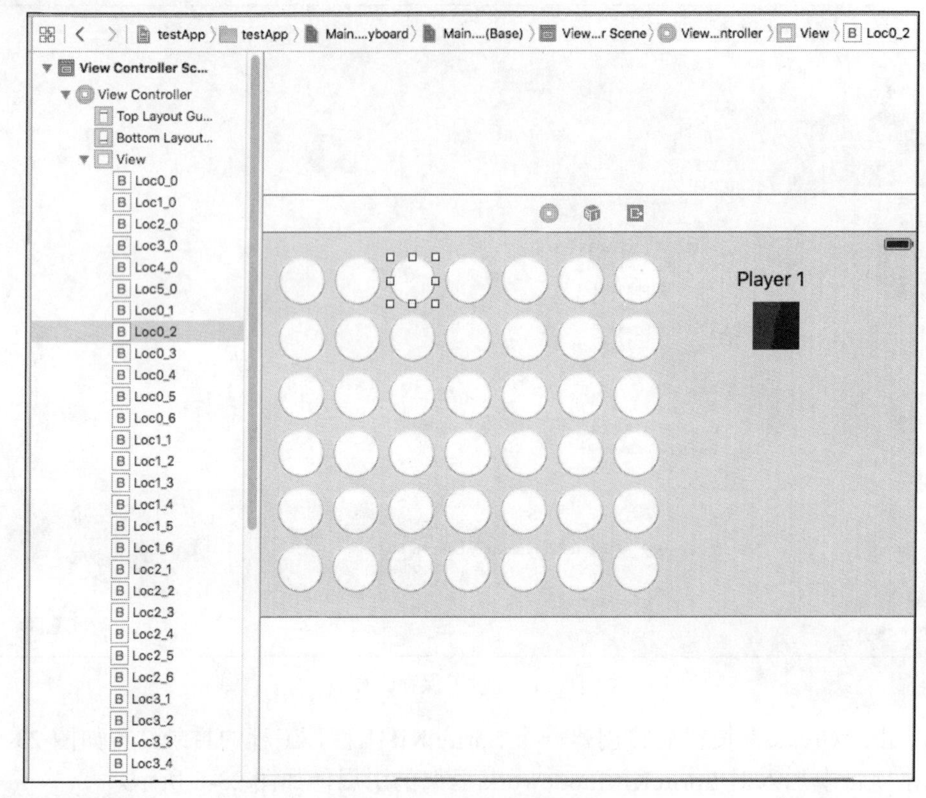

图 23-8 故事板界面

（9）编写文件 Player.swift，功能是定义玩家对象 Player，不同玩家的颜色不一样。具体实现代码如下所示。

```
import Foundation
class Player
{
   var firstName : String
   var color : Board.Slot

   init(colorChosen : Board.Slot)
   {
      firstName = ""
      color = colorChosen
   }
}
```

（10）编写文件 Board.swift 功能，绘制四子棋的棋盘，并设置行和列的显示范围，检查水平方向和垂直方向的棋子。文件 Board.swift 的具体实现流程如下所示。

① 引入项目需要的框架，使用 extension 扩展下标访问功能，对应的实现代码如下所示。

```
import Foundation
extension String {
   subscript (i: Int) → Character {
      return self[advance(self.startIndex, i)]
```

```
    }
    subscript (i: Int) → String {
        return String(self[i] as Character)
    }
    subscript (r: Range<Int>) → String {
        return substringWithRange(Range(start: advance(startIndex, r.startIndex),
        end: advance(startIndex, r.endIndex)))
    }
}
```

② 定义类 Board，设置一个 6 行 7 列的方格矩阵，对应的实现代码如下所示。

```
class Board
{
    enum Slot {
        case Red
        case Black
        case None
    }
    //6行7列
    let rows = 6
    let cols = 7
    private struct Static {
        private static let instance: Board = Board()
    }
    class func shared() → Board
    {
        return Static.instance
    }
    private var theBoard : [[Slot]] = [[.None, .None, .None, .None, .None, .None, .None]]
```

③ 定义函数 init()，设置 6 行 7 列的方格矩阵的初始值都为空，即没有任何棋子，对应的实现代码如下所示。

```
    private init()
    {
        theBoard.append( [.None, .None, .None, .None, .None, .None, .None] )
        theBoard.append( [.None, .None, .None, .None, .None, .None, .None] )
        theBoard.append( [.None, .None, .None, .None, .None, .None, .None] )
        theBoard.append( [.None, .None, .None, .None, .None, .None, .None] )
        theBoard.append( [.None, .None, .None, .None, .None, .None, .None] )
    }
```

④ 定义函数 dropToken()，设置 6 行 7 列的方格矩阵的绘制范围，对应的实现代码如下所示。

```
    func dropToken(atRow atRow: Int, andCol: Int, withSlotType: Slot) → Bool
    {
        // 行的范围
        if atRow >= rows || atRow < 0
        { return false }
        // 列的范围
        if andCol >= cols || andCol < 0
        { return false }
```

```
    if theBoard[atRow][andCol] == Slot.None
    {
       theBoard[atRow][andCol] = withSlotType
       return true
    }
    return false
}
```

⑤ 定义函数 dropTokenAtSlotWithTagNumber()，在绘制棋盘时处理特殊标记号的行和列，严格按照6行7列来绘制，对应的实现代码如下所示。

```
func dropTokenAtSlotWithTagNumber(number number: Int, withSlotType: Slot) → Bool
{
    var numAsString = "\(number)"
    var row = Int(numAsString[0])!
    var col = Int(numAsString[1])!
    row-- ; col--
    //行的范围
    if row >= rows || row < 0
    { return false  }
    //列的范围
    if col >= cols || col < 0
    { return false }
    // 如果是底部行
    if row == 5 &&  theBoard[row][col] == Slot.None
    {
       theBoard[row][col] = withSlotType
       return true
    } else if theBoard[row][col] == Slot.None && theBoard[row+1][col] != Slot.None
    {
       theBoard[row][col] = withSlotType
       return true
    }
    return false
}

func checkWin() → (Bool, [Int], Slot)
{

    for i in 0...5  // 6 rows
    {
       let results = checkHorizontal(i)
       if results.0 == true
       {
          return results
       }
    }

    for i in 0...6  // 7 cols
    {
       let results = checkVertical(i)
       if results.0 == true
       {
          return results
       }
    }
```

```
    let results = checkDiagonal()
    if results.0 == true
    {
        return results
    }

    return (false, [], Slot.None)
}
```

⑥ 定义函数 checkDiagonal()，功能是检查对角线是否可以下棋，分别检查黑方和红方的下棋步骤，其中黑方和红方的检查原理是一样的，下面只列出了黑方的检查过程。

```
func checkDiagonal() → (Bool, [Int], Slot)
{
    //检查黑方的方向
    if theBoard[3][0] == Board.Slot.Black && theBoard[2][1] == Board.Slot.Black
        && theBoard[1][2] == Board.Slot.Black && theBoard[0][3] == Board.Slot.Black
    {
        return (true, [41,32,23,12], Slot.Black)
    } else if theBoard[4][0] == Board.Slot.Black && theBoard[3][1] == Board.Slot.Black
        && theBoard[2][2] == Board.Slot.Black && theBoard[1][3] == Board.Slot.Black
    {
        return (true, [51,42,33,24], Slot.Black)
    }
    else if theBoard[5][0] == Board.Slot.Black && theBoard[4][1] == Board.Slot.Black
        && theBoard[3][2] == Board.Slot.Black && theBoard[2][3] == Board.Slot.Black
    {
        return (true, [61,52,43,34], Slot.Black)
    }
    else if theBoard[3][1] == Board.Slot.Black && theBoard[2][2] == Board.Slot.Black
        && theBoard[1][3] == Board.Slot.Black && theBoard[0][4] == Board.Slot.Black
    {
        return (true, [42,33,24,15], Slot.Black)
    }

    else if theBoard[4][1] == Board.Slot.Black && theBoard[3][2] == Board.Slot.Black
        && theBoard[2][3] == Board.Slot.Black && theBoard[1][4] == Board.Slot.Black
    {
        return (true, [52,43,34,25], Slot.Black)
    } else if theBoard[5][1] == Board.Slot.Black && theBoard[4][2] == Board.Slot.Black
        && theBoard[3][3] == Board.Slot.Black && theBoard[2][4] == Board.Slot.Black
    {
        return (true, [62,53,44,35], Slot.Black)
    }
    else if theBoard[3][2] == Board.Slot.Black && theBoard[2][3] == Board.Slot.Black
        && theBoard[1][4] == Board.Slot.Black && theBoard[0][5] == Board.Slot.Black
    {
        return (true, [43,34,25,16], Slot.Black)
    }
    else if theBoard[4][2] == Board.Slot.Black && theBoard[3][3] == Board.Slot.Black
        && theBoard[2][4] == Board.Slot.Black && theBoard[1][5] == Board.Slot.Black
    {
        return (true, [53,44,35,26], Slot.Black)
    }
```

```
else if theBoard[5][2] == Board.Slot.Black && theBoard[4][3] == Board.Slot.Black
    && theBoard[3][4] == Board.Slot.Black && theBoard[2][5] == Board.Slot.Black
{
    return (true, [63,54,45,36], Slot.Black)
} else if theBoard[3][3] == Board.Slot.Black && theBoard[2][4] == Board.Slot.Black
    && theBoard[1][5] == Board.Slot.Black && theBoard[0][6] == Board.Slot.Black
{
    return (true, [44,35,26,17], Slot.Black)
}
else if theBoard[4][3] == Board.Slot.Black && theBoard[3][4] == Board.Slot.Black
    && theBoard[2][5] == Board.Slot.Black && theBoard[1][6] == Board.Slot.Black
{
    return (true, [54,45,36,27], Slot.Black)
}
else if theBoard[5][3] == Board.Slot.Black && theBoard[4][4] == Board.Slot.Black
    && theBoard[3][5] == Board.Slot.Black && theBoard[2][6] == Board.Slot.Black
{
    return (true, [64,55,46,37], Slot.Black)
}

if theBoard[0][3] == Board.Slot.Black && theBoard[1][4] == Board.Slot.Black
    && theBoard[2][5] == Board.Slot.Black && theBoard[3][6] == Board.Slot.Black
{
    return (true, [14,25,36,47], Slot.Black)
} else if theBoard[1][3] == Board.Slot.Black && theBoard[2][4] == Board.Slot.Black
    && theBoard[3][5] == Board.Slot.Black && theBoard[4][6] == Board.Slot.Black
{
    return (true, [24,35,46,57], Slot.Black)
}
else if theBoard[2][3] == Board.Slot.Black && theBoard[3][4] == Board.Slot.Black
    && theBoard[4][5] == Board.Slot.Black && theBoard[5][6] == Board.Slot.Black
{
    return (true, [34,45,56,67], Slot.Black)
}
else if theBoard[0][2] == Board.Slot.Black && theBoard[1][3] == Board.Slot.Black
    && theBoard[2][4] == Board.Slot.Black && theBoard[3][5] == Board.Slot.Black
{
    return (true, [13,24,35,46], Slot.Black)
}

else if theBoard[1][2] == Board.Slot.Black && theBoard[2][3] == Board.Slot.Black
    && theBoard[3][4] == Board.Slot.Black && theBoard[4][5] == Board.Slot.Black
{
    return (true, [23,34,45,56], Slot.Black)
} else if theBoard[2][2] == Board.Slot.Black && theBoard[3][3] == Board.Slot.Black
    && theBoard[4][4] == Board.Slot.Black && theBoard[5][5] == Board.Slot.Black
{
    return (true, [33,44,55,66], Slot.Black)
}
else if theBoard[0][1] == Board.Slot.Black && theBoard[1][2] == Board.Slot.Black
    && theBoard[2][3] == Board.Slot.Black && theBoard[3][4] == Board.Slot.Black
{
    return (true, [12,23,34,45], Slot.Black)
}
else if theBoard[1][1] == Board.Slot.Black && theBoard[2][2] == Board.Slot.Black
    && theBoard[3][3] == Board.Slot.Black && theBoard[4][4] == Board.Slot.Black
{
```

```
        return (true, [22,33,44,55], Slot.Black)
    }

    else if theBoard[2][1] == Board.Slot.Black && theBoard[3][2] == Board.Slot.Black
        && theBoard[4][3] == Board.Slot.Black && theBoard[5][4] == Board.Slot.Black
    {
        return (true, [32,43,54,65], Slot.Black)
    } else if theBoard[0][0] == Board.Slot.Black && theBoard[1][1] == Board.Slot.Black
        && theBoard[2][2] == Board.Slot.Black && theBoard[3][3] == Board.Slot.Black
    {
        return (true, [11,22,33,44], Slot.Black)
    }
    else if theBoard[1][0] == Board.Slot.Black && theBoard[2][1] == Board.Slot.Black
        && theBoard[3][2] == Board.Slot.Black && theBoard[4][3] == Board.Slot.Black
    {
        return (true, [21,32,43,54], Slot.Black)
    }
    else if theBoard[2][0] == Board.Slot.Black && theBoard[3][1] == Board.Slot.Black
        && theBoard[4][2] == Board.Slot.Black && theBoard[5][3] == Board.Slot.Black
    {
        return (true, [31,42,53,64], Slot.Black)
    }
    // end black checks on diagonal ---------------------------------------
```

⑦ 定义函数 checkHorizontal()，功能是实现水平方向的棋盘检查工作，对应的实现代码如下所示。

```
func checkHorizontal(row :Int) → (Bool, [Int], Slot)
{
    // 检查黑方的方向
    if theBoard[row][0] == Board.Slot.Black && theBoard[row][1] == Board.Slot.Black
      && theBoard[row][2] == Board.Slot.Black && theBoard[row][3] == Board.Slot.Black
    {
        return (true, [0,1,2,3], Slot.Black)
    } else if theBoard[row][1] == Board.Slot.Black && theBoard[row][2] ==
    Board.Slot.Black
    && theBoard[row][3] == Board.Slot.Black && theBoard[row][4] == Board.Slot.Black
    {
        return (true, [1,2,3,4], Slot.Black)
    }
    else if theBoard[row][2] == Board.Slot.Black && theBoard[row][3] ==
    Board.Slot.Black
        && theBoard[row][4] == Board.Slot.Black && theBoard[row][5] == Board.Slot.Black
    {
        return (true, [2,3,4,5], Slot.Black)
    }
    else if theBoard[row][3] == Board.Slot.Black && theBoard[row][4] == Board.Slot.Black
        && theBoard[row][5] == Board.Slot.Black && theBoard[row][6] == Board.Slot.Black
    {
        return (true, [3,4,5,6], Slot.Black)
    }

    //复制粘贴为红色
    if theBoard[row][0] == Board.Slot.Red && theBoard[row][1] == Board.Slot.Red
        && theBoard[row][2] == Board.Slot.Red && theBoard[row][3] == Board.Slot.Red
```

```
        {
            return (true, [0,1,2,3], Slot.Red)
        } else if theBoard[row][1] == Board.Slot.Red && theBoard[row][2] == Board.Slot.Red
            && theBoard[row][3] == Board.Slot.Red && theBoard[row][4] == Board.Slot.Red
        {
            return (true, [1,2,3,4], Slot.Red)
        }
        else if theBoard[row][2] == Board.Slot.Red && theBoard[row][3] == Board.Slot.Red
            && theBoard[row][4] == Board.Slot.Red && theBoard[row][5] == Board.Slot.Red
        {
            return (true, [2,3,4,5], Slot.Red)
        }
        else if theBoard[row][3] == Board.Slot.Red && theBoard[row][4] == Board.Slot.Red
            && theBoard[row][5] == Board.Slot.Red && theBoard[row][6] == Board.Slot.Red
        {
            return (true, [3,4,5,6], Slot.Red)
        }

        return (false, [], Slot.None)
    }
```

⑧ 定义函数 checkVertical()，功能是实现垂直方向的棋盘检查工作，对应的实现代码如下所示。

```
    func checkVertical(col :Int) → (Bool, [Int], Slot)
    {
        // check black
        if theBoard[0][col] == Board.Slot.Black && theBoard[1][col] == Board.Slot.Black
            && theBoard[2][col] == Board.Slot.Black && theBoard[3][col] == Board.Slot.Black
        {
            return (true, [0,1,2,3], Slot.Black)
        } else if theBoard[1][col] == Board.Slot.Black && theBoard[2][col] ==
        Board.Slot.Black
            && theBoard[3][col] == Board.Slot.Black && theBoard[4][col] == Board.Slot.Black
        {
            return (true, [1,2,3,4], Slot.Black)
        }
        else if theBoard[2][col] == Board.Slot.Black && theBoard[3][col] == Board.Slot.Black
            && theBoard[4][col] == Board.Slot.Black && theBoard[5][col] == Board.Slot.Black
        {
            return (true, [2,3,4,5], Slot.Black)
        }


        // copy paste for red
        if theBoard[0][col] == Board.Slot.Red && theBoard[1][col] == Board.Slot.Red
            && theBoard[2][col] == Board.Slot.Red && theBoard[3][col] == Board.Slot.Red
        {
            return (true, [0,1,2,3], Slot.Red)
        } else if theBoard[1][col] == Board.Slot.Red && theBoard[2][col] == Board.Slot.Red
            && theBoard[3][col] == Board.Slot.Red && theBoard[4][col] == Board.Slot.Red
        {
            return (true, [1,2,3,4], Slot.Red)
        }
        else if theBoard[2][col] == Board.Slot.Red && theBoard[3][col] == Board.Slot.Red
            && theBoard[4][col] == Board.Slot.Red && theBoard[5][col] == Board.Slot.Red
```

```
        {
            return (true, [2,3,4,5], Slot.Red)
        }

        return (false, [], Slot.None)
    }
```

⑨ 定义函数 isFull()，功能是检查当前棋盘是否下满，对应的实现代码如下所示。

```
    func isFull() → Bool
    {
        for row in theBoard {
            for col in row
            {
                if col == Slot.None
                {
                    return false
                }
            }
        }

        return true
    }

    func getSlot(row row: Int, andCol : Int) → Slot
    {
        return theBoard[row][andCol]
    }

    func clear()
    {
        theBoard = [[.None, .None, .None, .None, .None, .None, .None],
        [.None, .None, .None, .None, .None, .None, .None],
        [.None, .None, .None, .None, .None, .None, .None],
        [.None, .None, .None, .None, .None, .None, .None],
        [.None, .None, .None, .None, .None, .None, .None],
        [.None, .None, .None, .None, .None, .None, .None]]
    }
}
```

（11）文件 ViewController.swift 的功能是构造四子棋视图界面，在视图中加载显示棋盘和棋子，具体实现流程如下所示。

① 引入项目需要的框架，分别通过 42 个按钮控件表示棋子，对应的实现代码如下所示。

```
import UIKit
import GameKit

class ViewController: UIViewController {

    var theBoard :Board = Board.shared()
    var p1 : Player = Player(colorChosen: Board.Slot.Red)
    var p2 : Player = Player(colorChosen: Board.Slot.Black)
    var p1Turn : Bool = true
    @IBOutlet weak var player: UILabel!
    @IBOutlet weak var imageView: UIImageView!
    @IBOutlet weak var winnerLabel: UILabel!
```

```
@IBOutlet weak var loc0_0: UIButton!
@IBOutlet weak var loc0_1: UIButton!
@IBOutlet weak var loc0_2: UIButton!
@IBOutlet weak var loc0_3: UIButton!
@IBOutlet weak var loc0_4: UIButton!
@IBOutlet weak var loc0_5: UIButton!
@IBOutlet weak var loc0_6: UIButton!
@IBOutlet weak var loc1_0: UIButton!
@IBOutlet weak var loc1_1: UIButton!
@IBOutlet weak var loc1_2: UIButton!
@IBOutlet weak var loc1_3: UIButton!
@IBOutlet weak var loc1_4: UIButton!
@IBOutlet weak var loc1_5: UIButton!
@IBOutlet weak var loc1_6: UIButton!
@IBOutlet weak var loc2_0: UIButton!
@IBOutlet weak var loc2_1: UIButton!
@IBOutlet weak var loc2_2: UIButton!
@IBOutlet weak var loc2_3: UIButton!
@IBOutlet weak var loc2_4: UIButton!
@IBOutlet weak var loc2_5: UIButton!
@IBOutlet weak var loc2_6: UIButton!
@IBOutlet weak var loc3_0: UIButton!
@IBOutlet weak var loc3_1: UIButton!
@IBOutlet weak var loc3_2: UIButton!
@IBOutlet weak var loc3_3: UIButton!
@IBOutlet weak var loc3_4: UIButton!
@IBOutlet weak var loc3_5: UIButton!
@IBOutlet weak var loc3_6: UIButton!
@IBOutlet weak var loc4_0: UIButton!
@IBOutlet weak var loc4_1: UIButton!
@IBOutlet weak var loc4_2: UIButton!
@IBOutlet weak var loc4_3: UIButton!
@IBOutlet weak var loc4_4: UIButton!
@IBOutlet weak var loc4_5: UIButton!
@IBOutlet weak var loc4_6: UIButton!
@IBOutlet weak var loc5_0: UIButton!
@IBOutlet weak var loc5_1: UIButton!
@IBOutlet weak var loc5_2: UIButton!
@IBOutlet weak var loc5_3: UIButton!
@IBOutlet weak var loc5_4: UIButton!
@IBOutlet weak var loc5_5: UIButton!
@IBOutlet weak var loc5_6: UIButton!

override func viewDidLoad() {
   super.viewDidLoad()

}
```

② 定义函数 buttonPressed()，监听用户在屏幕中按下的棋子的位置，对应的实现代码如下所示。

```
@IBAction func buttonPressed(sender: UIButton) {

 if p1Turn == true
```

```
    {
      if theBoard.dropTokenAtSlotWithTagNumber(number: sender.tag,
      withSlotType: Board.Slot.Red)
      {
        sender.setBackgroundImage(UIImage(named: "red.png"), forState:
        UIControlState.Normal)
        if theBoard.isFull()
        {
            self.handelTie()
        }
        let results = theBoard.checkWin()
        if results.0 == true
        {
            handleWin(results)
            return
        }
        p1Turn = false
        player.text = "Player 2"
        imageView.image = UIImage(named: "black.png")
       }

    }
    else  // p2 turn
    {
        if theBoard.dropTokenAtSlotWithTagNumber(number: sender.tag,
        withSlotType: Board.Slot.Black)
        {
            sender.setBackgroundImage(UIImage(named: "black.png"), forState:
            UIControlState.Normal)

            if theBoard.isFull()
            {
                self.handelTie()
            }

            let results = theBoard.checkWin()
            if results.0 == true
            {
                handleWin(results)
                return
            }
            p1Turn = true
            player.text = "Player 1"
            imageView.image = UIImage(named: "red.png")
        }
    }
}
func handelTie()
{
    resetGame()
}
```

③ 定义函数 resetGame()，实现游戏重置功能，对应的实现代码如下所示。

```
func resetGame()
{
    self.theBoard.clear()
```

```
        self.resetBackgroundImages()
        self.player.text = "Player 1"
        self.p1Turn = true
        self.imageView.image = UIImage(named: "red.png")
    }

    @IBAction func resetPressed(sender: AnyObject) {

    }
```

④ 定义函数 handleWin()判断哪一方获胜，对应的实现代码如下所示。

```
    func handleWin(t:(didWin: Bool, atPositions: [Int], withSlotColor: Board.Slot))
    {
        var player = ""

        if  t.withSlotColor == Board.Slot.Black
        {
          player = "Player 2"
        }
        else
        {
            player = "Player 1"
        }

        let alertVC = UIAlertController(title: "Winner", message: "\(player)
        wins!", preferredStyle: UIAlertControllerStyle.Alert)

        let action = UIAlertAction(title: "OK", style: UIAlertActionStyle.Default)
        { (action) → Void in
            self.resetGame()
        }

        alertVC.addAction(action)
        self.presentViewController(alertVC, animated: true) { () → Void in

        }
    }
```

⑤ 定义函数 resetBackgroundImages()重新设置棋盘中的所有的背景图片，对应的实现代码如下所示。

```
    func resetBackgroundImages()
    {
        loc0_0.setBackgroundImage(UIImage(named: "white.png"), forState:
        UIControlState.Normal)
        loc0_1.setBackgroundImage(UIImage(named: "white.png"), forState:
        UIControlState.Normal)
        loc0_2.setBackgroundImage(UIImage(named: "white.png"), forState:
        UIControlState.Normal)
        loc0_3.setBackgroundImage(UIImage(named: "white.png"), forState:
        UIControlState.Normal)
        loc0_4.setBackgroundImage(UIImage(named: "white.png"), forState:
        UIControlState.Normal)
        loc0_5.setBackgroundImage(UIImage(named: "white.png"), forState:
        UIControlState.Normal)
```

```
loc0_6.setBackgroundImage(UIImage(named: "white.png"), forState:
UIControlState.Normal)
loc1_0.setBackgroundImage(UIImage(named: "white.png"), forState:
UIControlState.Normal)
loc1_1.setBackgroundImage(UIImage(named: "white.png"), forState:
UIControlState.Normal)
loc1_2.setBackgroundImage(UIImage(named: "white.png"), forState:
UIControlState.Normal)
loc1_3.setBackgroundImage(UIImage(named: "white.png"), forState:
UIControlState.Normal)
loc1_4.setBackgroundImage(UIImage(named: "white.png"), forState:
UIControlState.Normal)
loc1_5.setBackgroundImage(UIImage(named: "white.png"), forState:
UIControlState.Normal)
loc1_6.setBackgroundImage(UIImage(named: "white.png"), forState:
UIControlState.Normal)
loc2_0.setBackgroundImage(UIImage(named: "white.png"), forState:
UIControlState.Normal)
loc2_1.setBackgroundImage(UIImage(named: "white.png"), forState:
UIControlState.Normal)
loc2_2.setBackgroundImage(UIImage(named: "white.png"), forState:
UIControlState.Normal)
loc2_3.setBackgroundImage(UIImage(named: "white.png"), forState:
UIControlState.Normal)
loc2_4.setBackgroundImage(UIImage(named: "white.png"), forState:
UIControlState.Normal)
loc2_5.setBackgroundImage(UIImage(named: "white.png"), forState:
UIControlState.Normal)
loc2_6.setBackgroundImage(UIImage(named: "white.png"), forState:
UIControlState.Normal)
loc3_0.setBackgroundImage(UIImage(named: "white.png"), forState:
UIControlState.Normal)
loc3_1.setBackgroundImage(UIImage(named: "white.png"), forState:
UIControlState.Normal)
loc3_2.setBackgroundImage(UIImage(named: "white.png"), forState:
UIControlState.Normal)
loc3_3.setBackgroundImage(UIImage(named: "white.png"), forState:
UIControlState.Normal)
loc3_4.setBackgroundImage(UIImage(named: "white.png"), forState:
UIControlState.Normal)
loc3_5.setBackgroundImage(UIImage(named: "white.png"), forState:
UIControlState.Normal)
loc3_6.setBackgroundImage(UIImage(named: "white.png"), forState:
UIControlState.Normal)
loc4_0.setBackgroundImage(UIImage(named: "white.png"), forState:
UIControlState.Normal)
loc4_1.setBackgroundImage(UIImage(named: "white.png"), forState:
UIControlState.Normal)
loc4_2.setBackgroundImage(UIImage(named: "white.png"), forState:
UIControlState.Normal)
loc4_3.setBackgroundImage(UIImage(named: "white.png"), forState:
UIControlState.Normal)
loc4_4.setBackgroundImage(UIImage(named: "white.png"), forState:
UIControlState.Normal)
loc4_5.setBackgroundImage(UIImage(named: "white.png"), forState:
UIControlState.Normal)
loc4_6.setBackgroundImage(UIImage(named: "white.png"), forState:
```

```
            UIControlState.Normal)
            loc5_0.setBackgroundImage(UIImage(named: "white.png"), forState:
            UIControlState.Normal)
            loc5_1.setBackgroundImage(UIImage(named: "white.png"), forState:
            UIControlState.Normal)
            loc5_2.setBackgroundImage(UIImage(named: "white.png"), forState:
            UIControlState.Normal)
            loc5_3.setBackgroundImage(UIImage(named: "white.png"), forState:
            UIControlState.Normal)
            loc5_4.setBackgroundImage(UIImage(named: "white.png"), forState:
            UIControlState.Normal)
            loc5_5.setBackgroundImage(UIImage(named: "white.png"), forState:
            UIControlState.Normal)
            loc5_6.setBackgroundImage(UIImage(named: "white.png"), forState:
            UIControlState.Normal)
        }
    }
```

本游戏项目执行后的效果如图 23-9 所示。

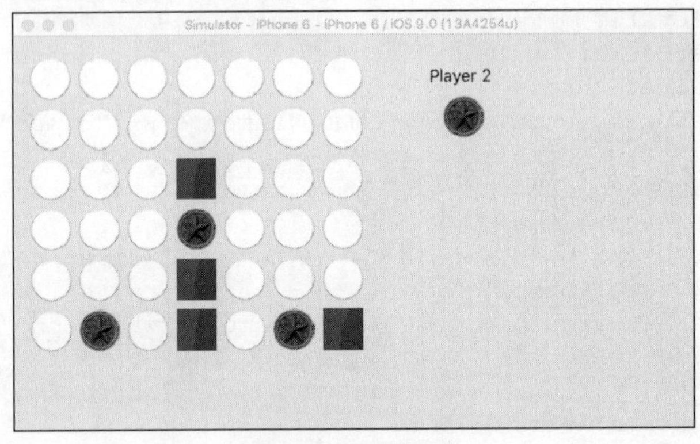

图 23-9　执行效果

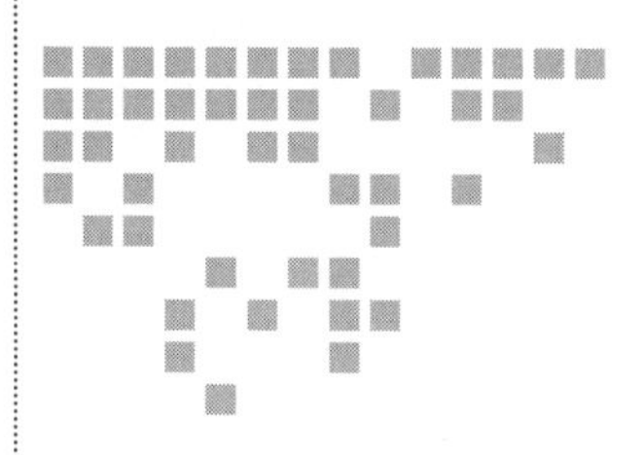

Chapter 24 第 24 章

WatchKit 智能手表开发

在 2015 年 3 月份，发生了一件令科技界振奋的消息，在苹果举行的新品发布会上发布了 Apple Watch。这是苹果公司产品线中的一款全新产品，其对产业链的影响力是无与伦比的，Apple Watch 将于 2015 年 4 月 10 日开始预售。其实在 Apple Watch 的上市之前，2014 年 11 月份，苹果公司针对开发者就推出了开发 Apple Watch 应用程序的平台 WatchKit。在本章的内容中，将详细讲解 WatchKit 的基本知识。

24.1 Apple Watch 介绍

2015 年 3 月 10 日凌晨，苹果公司 2015 年春季发布会在美国旧金山芳草地艺术中心召开。此次亮相 Apple Watch 中包含三个版本，其中 Apple Watch Edition 售价为 10 000 美元起。目前 Apple Watch 国内官网（http://store.apple.com/cn/buy-watch/apple-watch-edition）已经上线，最贵售价为 126 800 元。分为运动款、普通款和定制款三种，采用蓝宝石屏幕，有银色，金色，红色，绿色和白色等多种颜色可以选择。在苹果公司官方页面 http://www.apple.com/cn/ watch/中介绍了 Apple Watch 的主要功能特点，如图 24-1 所示。

在 Apple Watch 官网中，通过 Timekeeping、New Ways to Connect 和 Health&Fitness 三个独立的功能页面，分别对 Apple Watch 所有界面模式命名、新交互方式和健康及健身等方面的细节进行详细介绍。此外，Apple 的市场营销团队还添加了新的动画来展示 Apple Watch 将如何在屏幕之间自由切换，以及 Apple Watch 上的应用都是如何工作的。

图 24-1 苹果官方对 Apple Watch 的介绍

（1）Timekeeping（计时）

进入 Timekeeping 页面后，可以了解到 Apple Watch 拥有着各种风格的所有时间显示界面信息，用户可以对界面颜色、样式及其他元素进行完全自定义。另外，Apple Watch 还具备了常见手表所不具备的功能，除了闹钟、计时器、日历、世界时间之外，使用者还可以获取月光照度、股票、天气、日出/日落时间、日常活动等信息。

（2）New Ways to Connect（全新的交互方式）

New Ways to Connect 详细地展示了 Apple Watch 简单有趣的“腕对腕”互动交流新方式。使用 Apple Watch，并不仅仅只是更简捷地收发信息、电话和邮件那么简单，用户可以使用更个性化、更少文字的表达方式来与人交流。如图 24-2 所示。

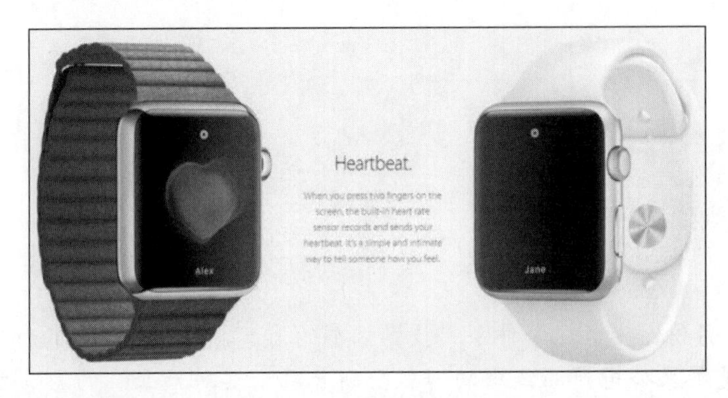

图 24-2　全新的交互方式

其主打的三个功能：Sketch 允许用户直接在表盘上快速绘制简单的图形动画并发送，Tap（基于触觉反馈的无声交互）触碰功能能让对方感受到含蓄的心意，而 Heartbeat（心率传感器）红艳艳的心跳真是让单身“汪”感受到苹果浓浓的恶意了。

（3）Health&Fitness（健康&健身）

健康和健身一直是 Apple Watch 主打的功能项，不同于普通的智能腕带，Apple Watch 能够详细记录用户的所有运动量，从跑步、汽车、健身到遛狗、爬楼梯、抱孩子等皆涵盖在内，并以 Move（消耗卡路里）、Exercise（运 动）、Stand（站立）三个彩色圆环进行直观显示。如图 24-3 所示。

图 24-3　健康&健身

Apple Watch 会针对用户的运动习惯为其制定出合理的健身目标，并用加速计来计算运动量和卡路里燃烧量，心率感应器来测量运动心率，Wi-Fi 和 GPS 来测量户外运动时的距离和速度。除此之外，Apple Watch 内置的 Workout 应用能实时追踪包括时间、距离、卡路里燃烧量、速度、步行和骑行在内的运动状态，而 Fitness 应用则可以记录用户每天的运动量，并将所有数据共享到 Health，实现将健身和健康数据相整合，帮助用户更好地进行健身锻炼。

24.2　WatchKit 开发详解

从苹果公司官方提供的开发文档中可以看出，Apple Watch 最终通过安装在 iPhone 上的 WatchKit 扩展包，以及安装在 Apple Watch 上的 UI 界面来实现两者的互联。如图 24-4 所示。

图 24-4　Apple WatchKit 向开发者发布

除了为 Apple Watch 提供单独的 App 之外，开发者还可以借助与 iPhone 的互联，单独在 Apple Watch 上使用 Glances。顾名思义，WatchKit 像许多已经诞生的智能手表一样，可以让用户通过滑动屏幕浏览卡片式信息及数据；此外还可以单独在 Apple Watch 上实现可操作的弹出式通知，比如当用户离开家时、智能家庭组件可以弹出消息询问是否关闭室内的灯光，在手腕上即可实现关闭操作。苹果公司官方展示了 WatchKit 的几大核心功能，如图 24-5 所示。

图 24-5　WatchKit 核心功能展示

24.2.1　WatchKit 架构

通过使用 WatchKit，可以为 Watch App 创建一个全新的交互界面，而且可以通过 iOS App Extension 去控制它们。所以我们能做的并不只是一个简单的 iOS Apple Watch Extension，而是有很多新的功能需要我们去挖掘。目前提供的比如特定的 UI 控制方式、Glance、可自定义的

Notification、和 Handoff 的深度结合、图片缓存等。

Apple Watch 应用程序包含两个部分，分别是 Watch 应用和 WatchKit 应用扩展。Watch 应用驻留在用户的 Apple Watch 中，只含有故事板和资源文件，需要注意，它并不包含任何代码。而 WatchKit 应用扩展驻留在用户的 iPhone 上（在关联的 iOS 应用当中），含有相应的代码和管理 Watch 应用界面的资源文件。

当用户开始与 Watch 应用互动时，Apple Watch 将会寻找一个合适的故事板场景来显示。它根据用户是否在查看应用的 glance 界面，是否在查看通知，或者是否在浏览应用的主界面等行为来选择相应的场景。当选择完场景后，Watch OS 将通知配对的 iPhone 启动 WatchKit 应用扩展，并加载相应对象的运行界面，所有的消息交流工作都在后台中进行。

Watch 应用和 WatchKit 应用扩展之间的信息交流过程如图 24-6 所示。

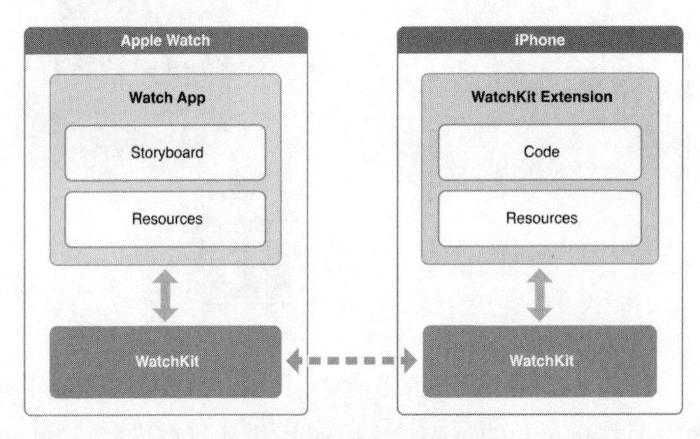

图 24-6 信息交流过程

Watch 应用的构建基础是界面控制器，这部分是由 WKInterfaceController 类的实例实现的。WatchKit 中的界面控制器用来模拟 iOS 中的视图控制器，功能是显示和管理屏幕上的内容，并且响应用户的交互工作。

如果用户直接启动应用程序，系统将从主故事板文件中加载初始界面控制器。根据用户的交互动作，可以显示其他界面控制器以让用户得到需要的信息。究竟如何显示额外的界面控制器，这取决于应用程序所使用的界面样式。WatchKit 支持基于页面的风格以及基于层次的风格。

注意：在图 24-11 所示的信息交流过程中，glance 和通知只会显示一个界面控制器，其中包含了相关的信息。与界面控制器的互动操作会直接进入应用程序的主界面中。

通过上面的描述可知，在运行 Watch App 时是由两部分相互结合进行具体工作的，如图 24-7 所示。

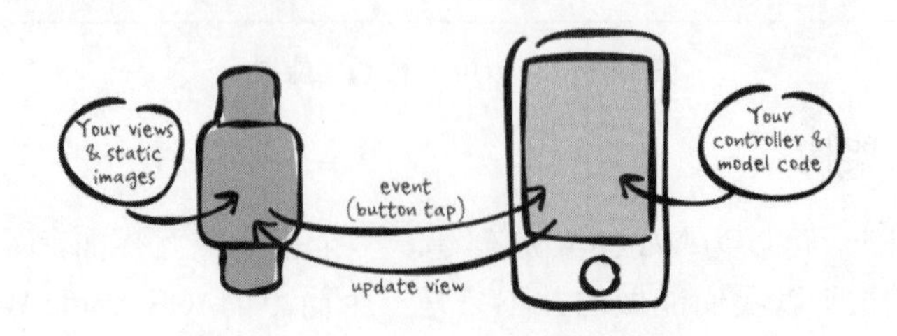

图 24-7 Watch App 运行组成部分

Watch App 运行组成部分的具体说明如下所示。

（1）Apple Watch 主要包含用户界面元素文件（Storyboard 文件和静态的图片文件）和处理用户的输入行为。这部分代码不会真正在 Apple Watch 中运行，也就是说，Apple Watch 仅是一个“视图”容器。

（2）在 iPhone 中包含的所有逻辑代码，用于响应用户在 Apple Watch 上产生的行为，例如应用启动、单点击按钮、滑动滑杆等。也就是说，iPhone 包含了控制器和模型。

上述 Apple Watch 和 iPhone 的这种交互操作是在幕后自动完成的，开发者要做的工作只是在 Storyboard 中设置好 UI 的 Outlet，其他的事都交给 WatchKit SDK 在幕后通过蓝牙技术自动进行交互即可。即使 iPhone 和 Apple Watch 是两个独立的设备，也只需要关注本地的代码以及 Outlet 的连接情况即可。

综上所述，在 Watch App 架构模式中，要想针对 Apple Watch 进行开发，首先需要建立一个传统的 iOS App，然后在其中添加 Watch App 的 target 对象。添加后会在项目中发现多出了如下两个 target：

- 一个是 WatchKit 的扩展。
- 一个是 Watch App。

此时在项目中相应的 group 下可以看到 WatchKit Extension 中含有 InterfaceController.h/m 之类的代码，而在 Watch App 中只包含了 Interface.storyboard。如图 24-8 所示。Apple 并没有像对 iPhone Extension 那样明确要求针对 Watch 开发的 App 必须以 iOS App 为核心。也就是说，将 iOS App 空壳化而专注提供 Watch 的 UI 和体验是被允许的。

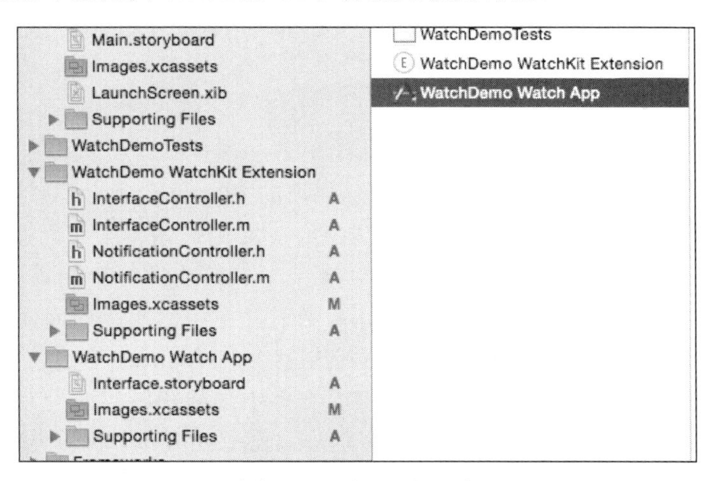

图 24-8　项目工程目录

在安装应用程序时，负责逻辑部分的 WatchKit Extension 将随 iOS App 的主 target 被一同安装到 iPhone 中，而负责界面部分的 WatchKit App 将会在安装主程序后，由 iPhone 检测有没有配对的 Apple Watch，并提示安装到 Apple Watch 中。所以在实际使用时，所有的运算、逻辑以及控制实际上都是在 iPhone 中完成的。当需要界面执行刷新操作时，由 iPhone 向 Watch 发送指令并在手表盘面上显示。反过来，用户触摸手表进行交互时的信息也由手表传回给 iPhone 并进行处理。而这个过程 WatchKit 会在幕后完成，并不需要开发者操心。需要知道的就是，原则上来说，应该将界面相关的内容放在 Watch App 的 target 中，而将所有代码逻辑等放到 Extension 中。

由此可见，在整个 Watch App 中，当在手表上单击 App 图标运行 Watch App 时，手表将会负责唤醒手机上的 WatchKit Extension。而 WatchKit Extension 和 iOS App 之间的数据交互需求则由 App Groups 来完成，这和 Today Widget 以及其他一些 Extension 是一样的。

24.2.2 WatchKit 布局

Watch App 的 UI 布局方式不是用 AutoLayout 实现的，取而代之的是一种新的布局方式 Group。在这种方式中，需要将按钮和 Label 之类的界面元素添加到 Group 中，然后 Group 会自动为添加的界面元素在其内部进行布局。

在 Watch App 中，可以将一个 Group 嵌入另一个 Group 中，用于实现较为复杂一点的界面布局，并且可以在 Group 中设置背景色、边距、圆角半径等属性。

24.2.3 Glances 和 Notifications

在 Apple Watch 应用中，最有用的功能之一就是能让用户很方便的（比如一抬手）就能看到自己感兴趣的事物的提醒通知，比如有人在 Twitter 中提及了你或者比特币的当前价位等。

Glances 和 Notifications 的具体作用是什么呢？具体说明如下所示。

- Glances 能让用户在应用中快速预览信息，这一点有点儿像 iOS 8 中的 Today Extension。
- Notifications 能让用户在 Apple Watch 中接收到各类通知。Apple Watch 中的通知分为两种级别。第一种是提示，只显示应用图标和简单的文本信息。当抬起手腕或者单击屏幕时就会进入第二种级别，此时即可看到该通知更多详细的信息，甚至有交互按钮。

在 Glance 和 Notification 这两种情形下，用户都可以单击屏幕进入对应的 Watch App 中，并且使用 Handoff。用户甚至可以将特定的 View Controller 作为 Glance 或 Notification 的内容发送给用户。

24.2.4 Watch App 的生命周期

当用户在 Apple Watch 上运行应用程序时，用户的 iPhone 会自行启动相应的 WatchKit 应用扩展。通过一系列的握手协议、Watch 应用和 Watch 应用扩展将互相连接，消息能够在两者之间流通，直到用户停止与应用进行交互为止。此时，iOS 将暂停应用扩展的运行。

随着启动队列的运行，WatchKit 将会自行为当前界面创建相应的界面控制器。如果用户正在查看 Glance，则 WatchKit 创建出来的界面控制器会与 Glance 相连接。如果用户直接启动应用程序，则 WatchKit 将从应用程序的主故事板文件中加载初始界面控制器。无论是哪一种情况，WatchKit 应用扩展都会提供一个名为 WKInterfaceController 的子类来管理相应的界面。

当初始化界面控制器对象后，就应该为其准备显示相应的界面。当启动应用程序时，WatchKit 框架会自行创建相应的 WKInterfaceController 对象，并调用 initWithContext:方法来初始化界面控制器，然后加载所需的数据，最后设置所有界面对象的值。对主界面控制器来说，初始化方法紧接着 willActivate 方法运行，以让用户知道界面已显示在屏幕上。

启动 Watch 应用程序的过程如图 24-9 所示。

当用户在 Apple Watch 上与应用程序进行交互时，WatchKit 应用扩展将保持运行。如果用户明确退出应用或者停止与 Apple Watch 进行交互，那么 iOS 将停用当前界面控制器，并暂停应用扩展的运行，如图 24-10 所示。因为与 Apple Watch 的互动操作是非常短暂的，所以这几个步骤都有可能在数秒之间发生。所以，界面控制器应当尽可能简单，并且不要运行长时任务。重点应当放在读取和显示用户想要的信息上来。

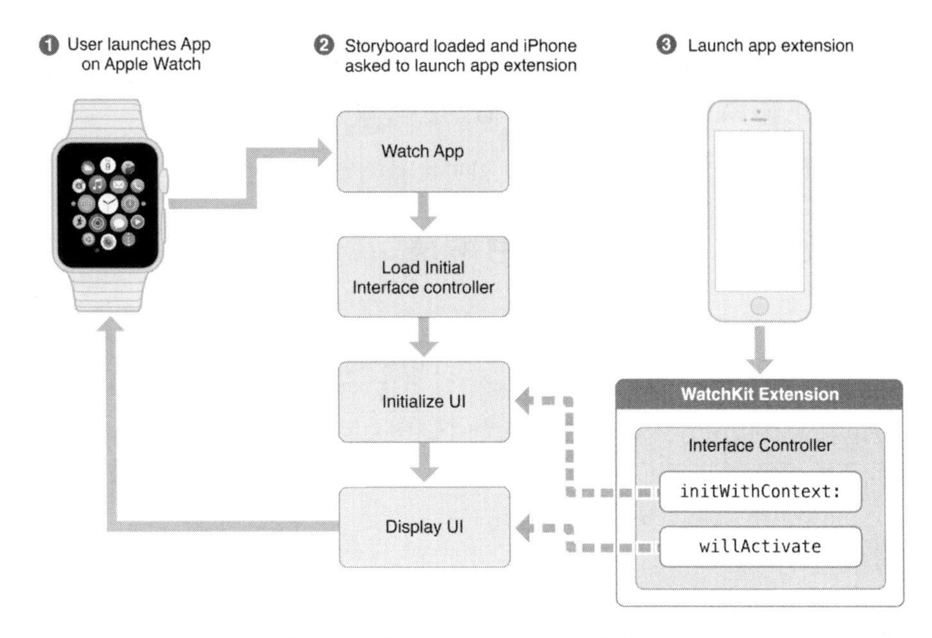

图 24-9 启动 Watch 应用程序的过程

界面控制器的生命周期如图 24-10 所示。

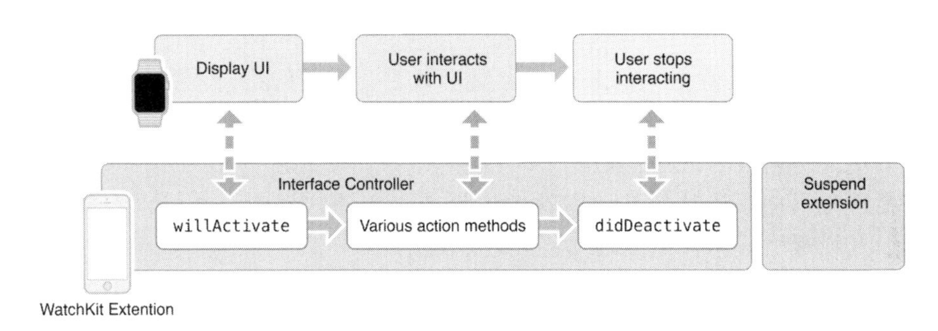

图 24-10 界面控制器的生命周期

在应用生命周期的不同阶段，iOS 将会调用 WKInterfaceController 对象的相关方法来让用户做出相应的操作。表 24-1 列出了大部分应当在界面控制器中声明的主要方法。

表 24-1 WKInterfaceController 的主要方法

方法	要执行的任务
initWithContext:	这个方法用来准备显示界面，借助它来加载数据，以及更新标签、图像和其他在故事板场景上的界面对象
willActivate	这个方法可以让您知道该界面是否对用户可视，借助它来更新界面对象，以及完成相应的任务，完成任务只能在界面可视时使用
didDeactivate	使用 didDeactivate 方法来执行所有的清理任务。例如，使用此方法来废止计时器、停止动画或者停止视频流内容的传输。但是不能在这个方法中设置界面控制器对象的值，在本方法被调用之后到 willActivate 方法再次被调用之前，任何更改界面对象的企图都是被忽略的

除了在表 24-1 中列出的方法，WatchKit 同样也调用了界面控制器的自定义动作方法来响应用户操作。可以基于用户界面来定义这些动作方法，例如可能会使用动作方法来响应单击

按钮、跟踪开关或滑块值的变化，或者响应表视图中单元格的选择。对于表视图来说，同样也可以用 table:didSelectRowAtIndex:，而不是动作方法来跟踪单元格的选择。用好这些动作方法来执行任务，并更新 Watch 应用的用户界面。

注意：Glance 不支持动作方法，单击应用 glance 始终会直接启动应用。

24.3 开发 Apple Watch 应用程序

Apple Watch 为用户提供了一个私人的且不唐突的方式来访问信息，用户只需瞥一眼 Apple Watch 即可获得许多重要的消息，而不用从口袋中掏出 iPhone。Apple Watch 专用应用程序应尽可能地以最直接的方式提供最最相关的信息来简化交互。Apple Watch 的正常运行需要 iPhone 运行相关的第三方应用，在创建第三方应用需要如下两个可执行文件：

（1）在 Apple Watch 上运行的 Watch 应用。

（2）在用户 iPhone 上运行的 WatchKit 应用扩展。

Watch 应用只包含与应用程序的用户界面有关的 storyboards 和资源文件。WatchKit 应用扩展则包含了用于管理、监听应用程序的用户界面以及响应用户交互的代码。借助这两种可执行程序，可以在 Apple Watch 上运行如下不同类型的用户界面。

- Watch 应用拥有 iOS 应用的完整用户界面。用户从主界面启动手表应用，来查看或处理数据。
- 使用 glance 界面以便在 Watch 应用上显示即时、相关的信息，该界面是可选的只读界面。并不是所有的 Watch 应用都需要使用 glance 界面，但是如果使用了它的话即可让用户方便地访问 iOS 应用的数据。
- 自定义通知界面可以让您修改默认的本地或远程通知界面，并可以添加自定义图形，内容以及设置格式。自定义通知界面是可选的。

Watch 应用程序需要尽可能实现 Apple Watch 提供的所有交互动作。由于 Watch 应用目的在于扩展 iOS 应用的功能，因此 Watch 应用和 WatchKit 应用扩展将被捆绑在一起，并且都会被打包进 iOS 应用包。如果用户有与 iOS 设备配对的 Apple Watch，那么随着 iOS 应用程序的安装，系统将会提示用户安装相应的 Watch 应用。

24.3.1 创建 Watch 应用

Watch 应用程序是在 Apple Watch 上进行交互的主体，Watch 应用程序通常从 Apple Watch 的主屏幕上访问，并且能够提供一部分关联 iOS 应用的功能。Watch 应用的目的是让用户快速浏览相关数据。Watch 应用程序与在用户 iPhone 上运行的 WatchKit 应用扩展协同工作，不会包含任何自定义代码，仅仅只是存储了故事板以及和用户界面相关联的资源文件。WatchKit 应用扩展是实现这些操作的核心所在，它包含了页面逻辑以及用来管理内容的代码，实现用户操作响应并刷新用户界面。由于应用扩展是在用户的 iPhone 上运行的，因此它能轻易地和 iOS 应用协同工作，比如说收集坐标位置或者执行其他长期运行任务。

24.3.2 创建 Glance 界面

Glance 是一个展示即时重要信息的密集界面，Glance 中的内容应当言简意赅。Glance 不支持滚动功能，因此整个 glance 界面只能在单个界面上显示，开发者需要保证它拥有合适的大小。Glance 只允许只读，因此不能包含按钮、开关或其他交互动作。单击 Glance 会直接启动 Watch 应用。

开发者需要在 WatchKit 应用扩展中添加管理 Glance 的代码，用来管理 Glance 界面的类与 Watch 应用的类相同。虽然如此 Glance 更容易实现，因为其无须响应用户交互动作。

24.3.3 自定义通知界面

Apple Watch 能够和与之配对的 iPhone 协同工作，来显示本地或者远程通知。Apple Watch 首先使用一个小窗口来显示进来的通知，当用户移动手腕希望看到更多的信息时，这个小窗口会显示出更详细的通知内容。应用程序可以提供详情界面的自定义版本，并且可以添加自定义图像或者改变系统默认的通知信息。

Apple Watch 支持从 iOS 8 开始引入的交互式通知。在这种交互式通知应用中，通过在通知上添加按钮的方式来让用户立即做出回应。比如说，一个日历时间通知可能会包含了接收或拒绝某个会议邀请的按钮。只要你的 iOS 应用支持交互式通知，那么 Apple Watch 便会自行向自定义或默认通知界面上添加合适的按钮。开发者所需要做的只是在 WatchKit 应用扩展中处理这些事件而已。

24.3.4 配置 Xcode 项目

通过使用 Xcode，可以将 Watch 应用和 WatchKit 应用扩展打包，然后放进现有的 iOS 应用包中。Xcode 提供了一个搭建 Watch 应用的模板，其中包含了创建应用、glance，以及自定义通知界面所需的所有资源。该模板在现有的 iOS 应用中创建一个额外的 Watch 应用对象。

1. 向 iOS 应用中添加 Watch 应用

要向现有项目中添加 Watch 应用对象，需要执行如下所示的步骤。

（1）打开现有的 iOS 应用项目。

（2）选择 File > New > Target，然后选中 Apple Watch。

（3）选择 Watch App，单击“Next”按钮。如图 24-11 所示。

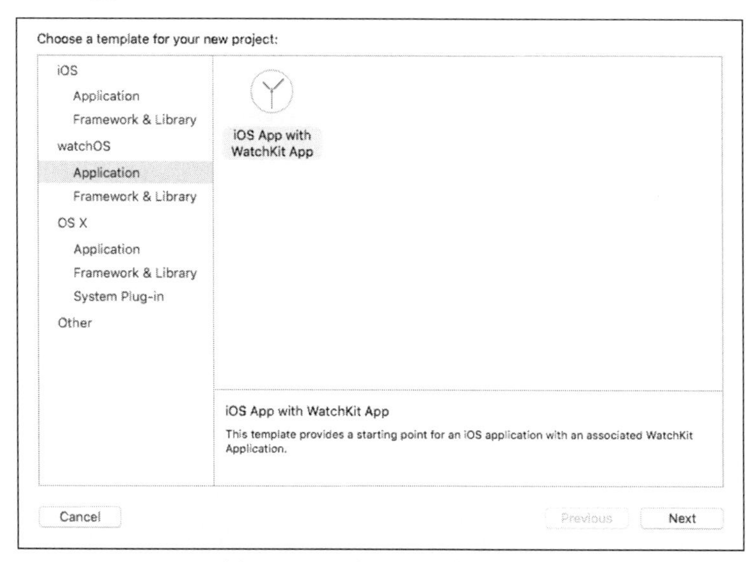

图 24-11 添加 Watch 应用对象

（4）如果想要使用 Glance 或者自定义通知界面，请选择相应的选项。在此建议激活应用通知选项。选中之后就会创建一个新的文件来调试该通知界面。如果没有选择这个选项，那么之后只能手动创建这个文件了。

（5）单击 Finish 按钮。

完成上述操作之后，Xcode 将 WatchKit 应用扩展所需的文件以及 Watch 应用添加到项目当中，并自动配置相应的对象。Xcode 将基于 iOS 应用的 bundle ID 来为两个新对象设置它们的 bundle ID。比如说，iOS 应用的 bundle ID 为“com.example.MyApp”，那么 Watch 应用的 bundle ID 将被设置为“com.example.MyApp.watchapp”，WatchKit 应用扩展的 bundle ID 被设置为“com.example.MyApp.watchkitextension”。这三个可执行对象的基本 ID（即“com.example. MyApp”）必须相匹配，如果更改了 iOS 应用的 bundle ID，那么必须更改另外两个对象的 bundle ID。

2．应用对象的结构

通过 Xcode 中的 WatchKit 应用扩展模板，为 iOS 应用程序创建了两个新的可执行程序。Xcode 同时也配置了项目的编译依赖，从而让 Xcode 在编译 iOS 应用的同时也编译这两个可执行对象。图 24-12 说明了它们的依赖关系，并解释了 Xcode 是如何将它们打包在一起的。WatchKit 依赖于 iOS 应用，而其同时又被 Watch 应用依赖。编译 iOS 应用将会将这三个对象同时编译并打包。

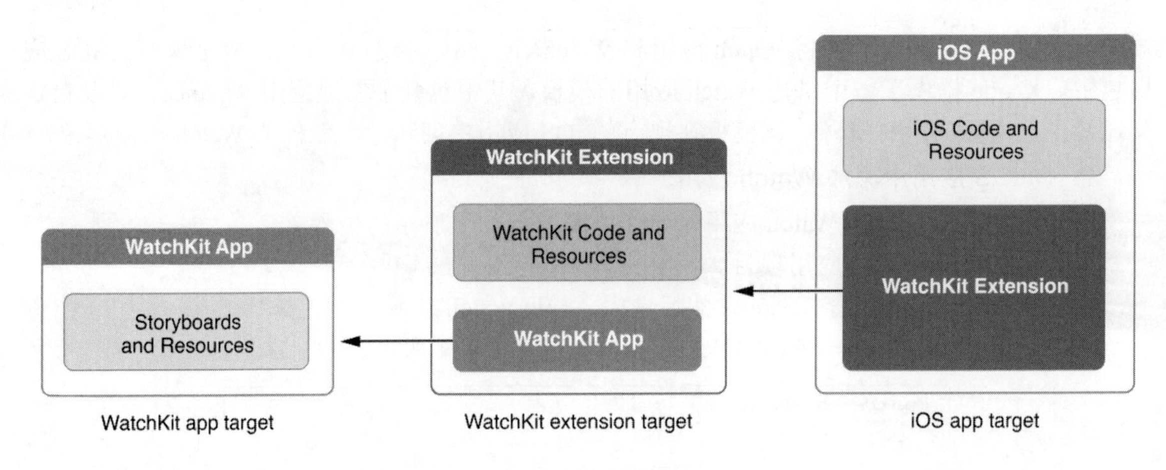

图 24-12　Watch 应用对象的结构

3．编译、运行以及调试程序

当创建完 Watch 应用对象后，Xcode 将自行配置用于运行和调试应用的编译方案。使用该配置在 iOS 模拟器或真机上启动并运行您的应用。对于包含 glance 或者自定义通知的应用来说，Xcode 会分别为其配置不同的编译方案。使用 Glance 配置以在模拟器中调试 Glance 界面，使用通知配置以测试静态和动态界面。

为 glance 和通知配置自定义编译方案的步骤如下所示。

（1）选择现有的 Watch 应用方案，然后从方案菜单中选择 Edit Scheme。如图 24-13 所示。

（2）复制现有的 Watch 应用方案，然后给新方案取一个合适的名字。比如说，命名为“Glance - My Watch app”，表示该方案是专门用来运行和调试 glance。

（3）选择方案编辑器左侧栏的 Run 选项，然后在信息选项卡中选择合适的可执行对象。

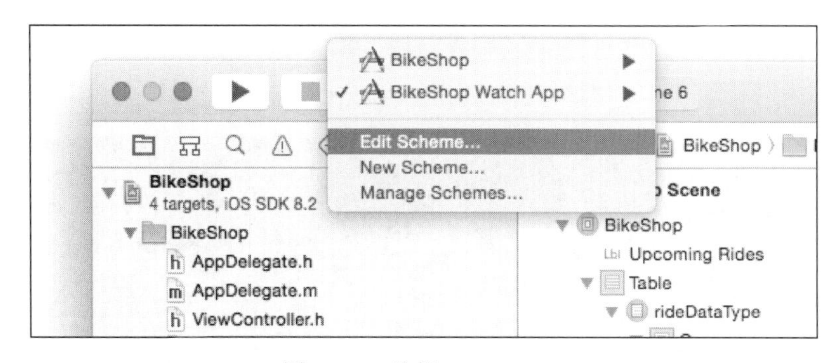

图 24-13　选择 Edit Scheme

（4）关闭方案编辑器以保存更改

当在 iOS 模拟器调试自定义通知界面时，可以指定一个 JSON 负载来模拟进来的通知。通知界面的 Xcode 模板包含一个 RemoteNotificationPayload.json 文件，可以用它来指定负载中的数据。这个文件位于 WatchKit 应用扩展的 Supporting Files 文件夹。只有当在创建 Watch 应用时选中了通知场景选项，这个文件才会被创建。如果这个文件不存在，可以用一个新的空文件手动创建它。

在模拟器中运行 Watch 应用程序的基本步骤如下所示。

（1）和运行正常 iOS 应用程序一样，在 iPhone 模拟器中的执行效果如图 24-14 所示。

图 24-14　iPhone 模拟器

（2）单击模拟器中的“Apple Watch”会在列表中显示当前 iPhone 设备中的手表应用程序列表。如图 24-15 所示。

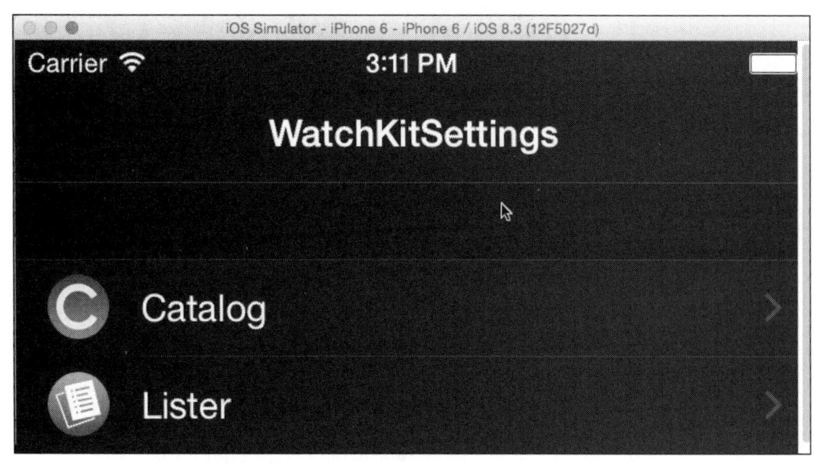

图 24-15　手表应用程序列表

（3）单击列表中的某个应用程序后可以来到开关界面，例如打开 Lister 后的效果如图 24-16 所示。

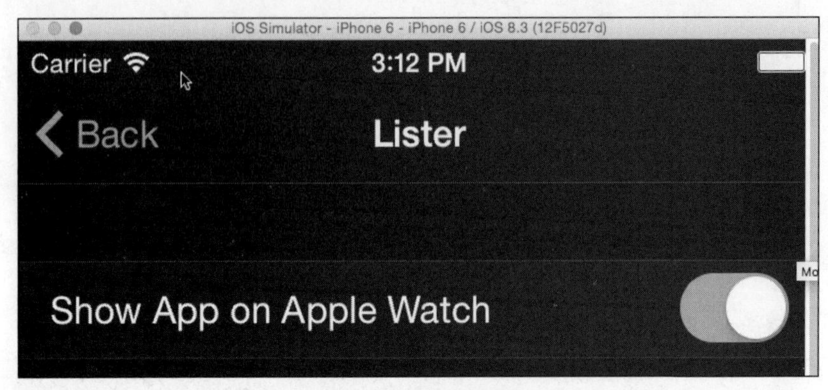

图 24-16 开关界面

（4）通过图 24-16 中的开关可以控制 Apple Watch 和 iPhone 实现互联，在模拟器中的执行效果如图 24-17 所示。

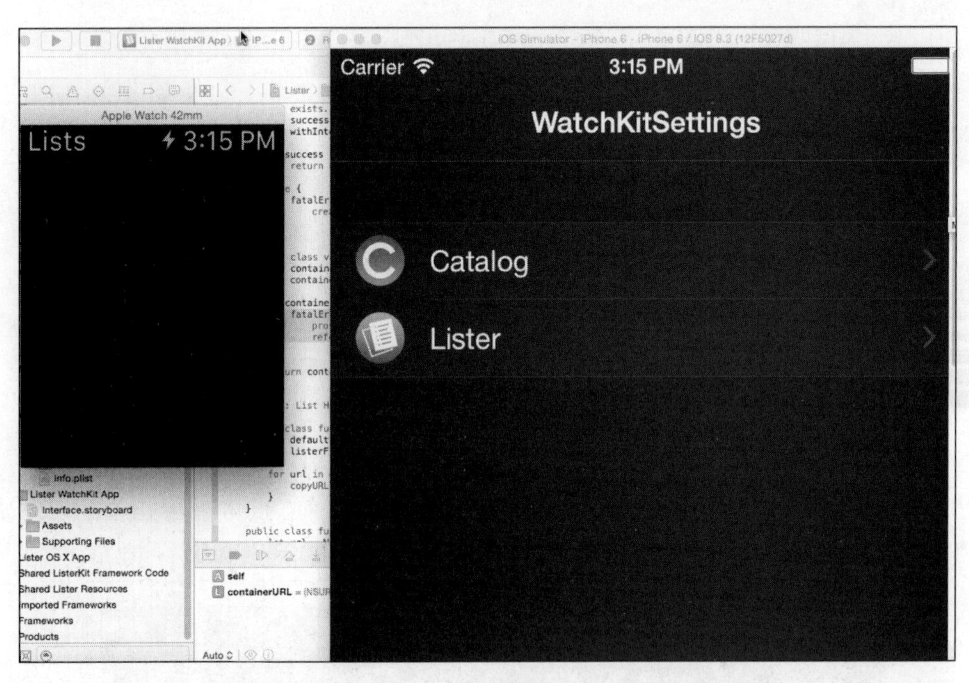

图 24-17 Apple Watch 模拟器和 iPhone 模拟器实现互联

24.4 实践练习

在本节的内容中，将介绍使用 Xcode 7+ watchOS 2 开发一个综合性智能手表管理系统的具体过程，因为源码内容很多，所以在本章只介绍重点的内容。

实例 24-1	开发一个综合性智能手表管理系统
源码路径	源代码下载包:\daima\24\watchOS-2-Sampler-swift

24.4.1 系统介绍

在具体编码之前，需要先了解本实例项目的基本功能，了解各个模块的具体结构，为后期的编码工作打好基础。本综合性智能手表管理系统具有如下所示的功能。

（1）调用 CoreMotion 传感器显示加速度信息。

（2）调用 CoreMotion 传感器显示陀螺仪信息。

（3）调用 CoreMotion 传感器显示计步信息，包括步数、距离、上升和下降数据。

（4）用 HealthKit 框架连接苹果健康应用显示心率信息。

（5）动态增加或删除屏幕中的单元格视图，对手表内的布局进行重组。

（6）提供了三个按钮控制显示屏幕中的图片。

（7）录音或播放音频。

（8）通过触控的方式实现播放控制。

（9）快速打开系统中的短信和电话应用程序。

（10）发送信息到连接的 iPhone 设备，或接收来自 iPhone 设备的信息。

（11）使用 NSURLSession 获取指定网址的图像。

24.4.2 创建工程项目

（1）启动 Xcode 7，默认启动界面如图 24-18 所示。

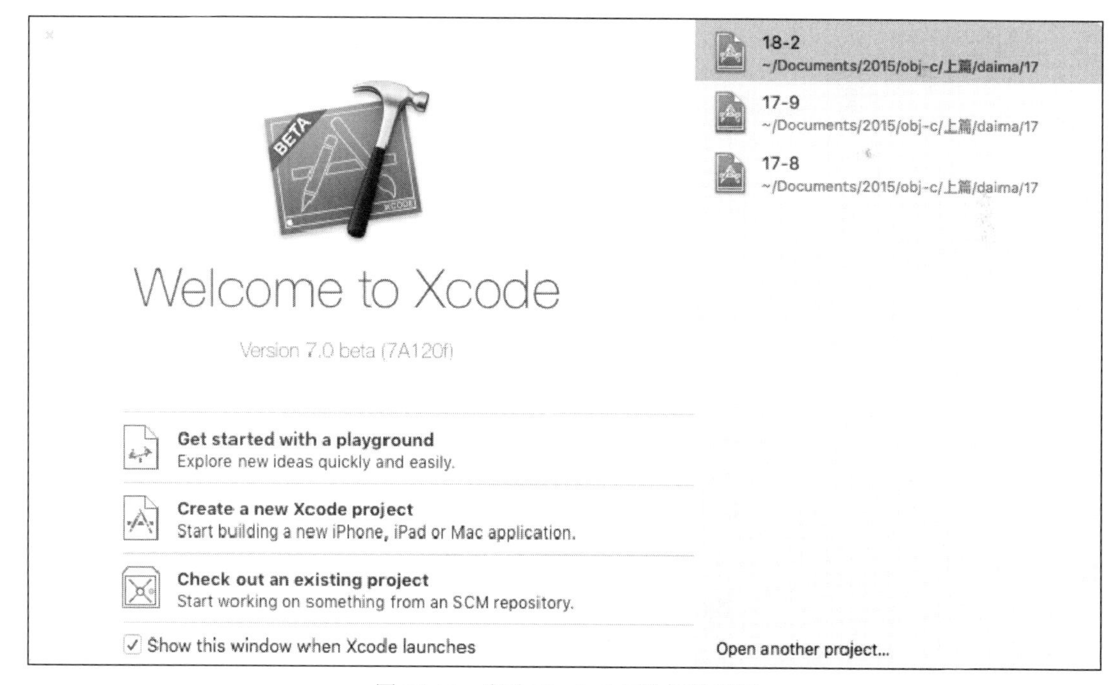

图 24-18 启动 Xcode 7 后的初始界面

（2）单击“Creat a new Xcode project”新建一个 iOS 工程，在左侧选择“watchOS”下的“Application”，在右侧选择“iOS App with WatchKit App”，如图 24-19 所示。

（3）单击“Next”按钮后，在新界面中设置工程名为“watchOS-2-Sampler-swift”，选择开发语言为“Swift”。如图 24-20 所示。

（4）本项目工程的最终目录结构如图 24-21 所示。

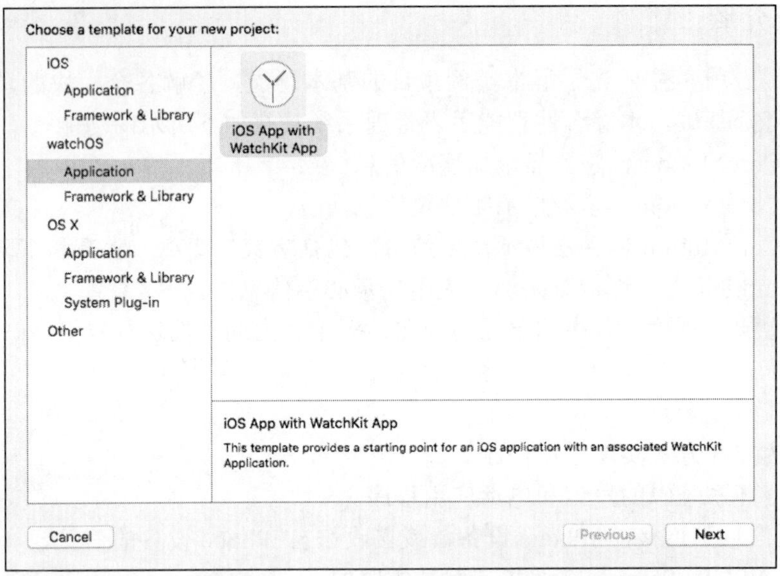

Choose a template for your new project:
iOS
Application
Framework & Library
watchOS
Application
Framework & Library
OS X
Application
Framework & Library
System Plug-in
Other
iOS App with WatchKit App
iOS App with WatchKit App
This template provides a starting point for an iOS application with an associated WatchKit Application.
Cancel
Previous
Next

图 24-19 创建一个“iOS App with WatchKit App”工程

Choose options for your new project:
Product Name: watchOS-2-Sampler-swift
Organization Name: apple
Organization Identifier: com.guan
Bundle Identifier: com.guan.watchOS-2-Sampler-swift
Language: Swift
Devices: iPhone
Include Notification Scene
Include Glance Scene
Include Complication
Include Unit Tests
Include UI Tests
Cancel
Previous
Next

图 24-20 选择开发语言为“Swift”

watchOS2Sampler
HealthKit.framework
CoreMotion.framework
watchOS2Sampler
watchOS2SamplerTests
watchOS2SamplerUITests
watchOS2Sampler WatchKit App
watchOS2Sample...atchKit Extension
Products

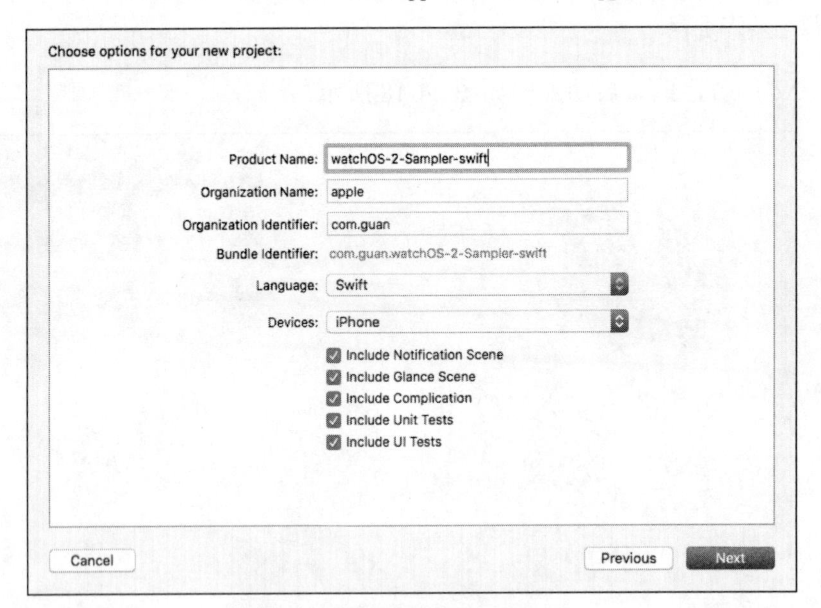

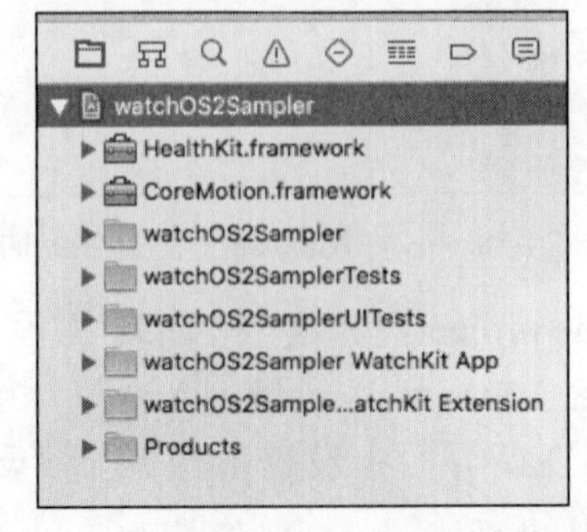

图 24-21 本项目工程的最终目录结构

24.4.3　iPhone 端的具体实现

在 iPhone 端的故事板中插入一个文本控件来显示文本“Send Massage to Watch”，如图 24-22 所示。

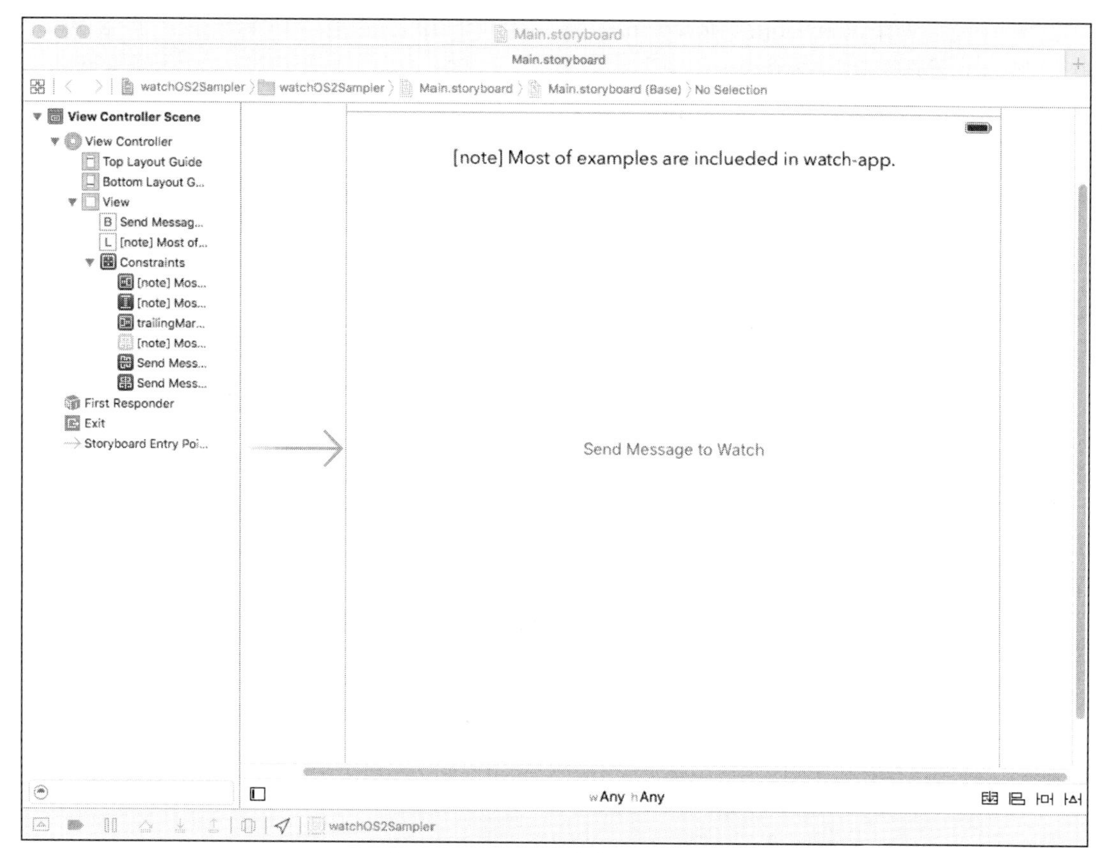

图 24-22　iPhone 端的故事版界面

文件 AppDelegate.swift 的具体实现代码如下所示

```
import UIKit
import WatchConnectivity
@UIApplicationMain
class AppDelegate: UIResponder, UIApplicationDelegate, WCSessionDelegate {

    var window: UIWindow?
    func application(application: UIApplication, didFinishLaunchingWithOptions
    launchOptions: [NSObject: AnyObject]?) → Bool {

        let settings = UIUserNotificationSettings(
            forTypes: [.Badge, .Sound, .Alert],
            categories: nil)
        UIApplication.sharedApplication().registerUserNotificationSettings(settings)

        if (WCSession.isSupported()) {
            let session = WCSession.defaultSession()
            session.delegate = self // 符合WCSessionDelegate
```

```
            session.activateSession()
        }
        return true
    }
```

视图控制器文件 ViewController.swift 的功能是验证 iPhone 是否和手表建立了连接，具体实现代码如下所示。

```
import UIKit
import WatchConnectivity


class ViewController: UIViewController {

    override func viewDidLoad() {
        super.viewDidLoad()
    }

    override func didReceiveMemoryWarning() {
        super.didReceiveMemoryWarning()
    }
    // ========================================================================
    // MARK: - Actions

    @IBAction func sendToWatchBtnTapped(sender: UIButton!) {

        // 验证信息是否送达
        if WCSession.defaultSession().reachable == false {

            let alert = UIAlertController(
                title: "Failed to send",
                message: "Apple Watch is not reachable.",
                preferredStyle: UIAlertControllerStyle.Alert)
            self.presentViewController(alert, animated: true, completion: nil)

            return
        }

        let message = ["request": "showAlert"]
        WCSession.defaultSession().sendMessage(
            message, replyHandler: { (replyMessage)
             → Void in
                //
            }) { (error) → Void in
                print(error.localizedDescription)
        }
    }
}
```

iPhone 端的执行效果如图 24-23 所示。

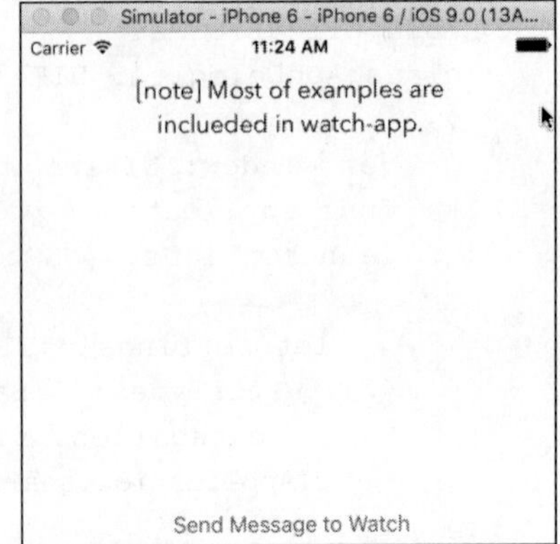

图 24-23　iPhone 端的执行效果

24.4.4　Watch 端的具体实现

打开“watchOS2Sampler WatchKit App”目录下的 Interface.storyboard 文件，这是在 Watch 端的故事板文件，在其中构建 Watch 端的的各个视图界面，如图 24-24 所示。

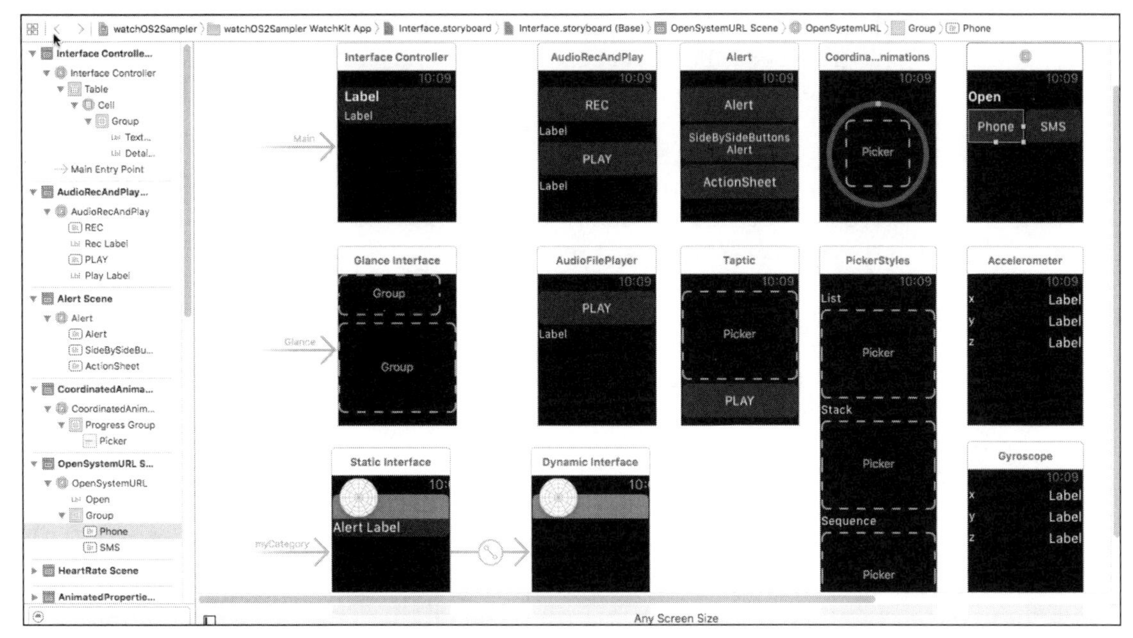

图 24-24　iPhone 端的故事板界面

1. 主界面视图

下面开始介绍“watchOS2Sampler WatchKit Extension”下的程序文件，首先看一下子目录“Main”中的文件 InterfaceController.swift，功能是设置在表盘中列表显示的选项条目，其中“kItemKeyTitle”表示条目标题，“kItemKeyDetail”介绍了当前条目的具体描述和说明信息，“kItemKeyClassPrefix”表示条目的简称代号。文件 InterfaceController.swift 的具体实现代码如下所示。

```
import WatchKit
import Foundation
let kItemKeyTitle       = "title"
let kItemKeyDetail      = "detail"
let kItemKeyClassPrefix = "prefix"
class InterfaceController: WKInterfaceController {
    @IBOutlet weak var table: WKInterfaceTable!
    var items: [Dictionary<String, String>]!
    override func awakeWithContext(context: AnyObject?) {
        super.awakeWithContext(context)
        items = [
            [
                kItemKeyTitle: "Accelerometer",
                kItemKeyDetail: "Access to Accelerometer data using CoreMotion.",
                kItemKeyClassPrefix: "Accelerometer"
            ],
            [
```

```
        kItemKeyTitle: "Gyroscope",
        kItemKeyDetail: "Access to Gyroscope data using CoreMotion.",
        kItemKeyClassPrefix: "Gyroscope",
    ],
    [
        kItemKeyTitle: "Pedometer",
        kItemKeyDetail: "Counting steps demo using CMPedometer.",
        kItemKeyClassPrefix: "Pedometer",
    ],
    [
        kItemKeyTitle: "Heart Rate",
        kItemKeyDetail: "Access to Heart Rate data using HealthKit.",
        kItemKeyClassPrefix: "HeartRate",
    ],
    [
        kItemKeyTitle: "Table Animations",
        kItemKeyDetail: "Insert and remove animations for WKInterfaceTable.",
        kItemKeyClassPrefix: "TableAnimation",
    ],
    [
        kItemKeyTitle: "Animated Props",
        kItemKeyDetail: "Animate width/height and alignments.",
        kItemKeyClassPrefix: "AnimatedProperties",
    ],
    [
        kItemKeyTitle: "Audio Rec & Play",
        kItemKeyDetail: "Record and play audio.",
        kItemKeyClassPrefix: "AudioRecAndPlay",
    ],
    [
        kItemKeyTitle: "Picker Styles",
        kItemKeyDetail: "WKInterfacePicker styles catalog.",
        kItemKeyClassPrefix: "PickerStyles",
    ],
    [
        kItemKeyTitle: "Taptic Engine",
        kItemKeyDetail: "Access to the Taptic engine using playHaptic method.",
        kItemKeyClassPrefix: "Taptic",
    ],
    [
        kItemKeyTitle: "Alert",
        kItemKeyDetail: "Present an alert or action sheet.",
        kItemKeyClassPrefix: "Alert",
    ],
    [
        kItemKeyTitle: "DigitalCrown-Anim",
        kItemKeyDetail: "Coordinated Animations with WKInterfacePicker and
        Digital Crown.",
        kItemKeyClassPrefix: "CoordinatedAnimations",
    ],
    [
        kItemKeyTitle: "Interactive Messaging",
```

```
                kItemKeyDetail: "Sending message to phone and receiving from phone
                demo with WatchConnectivity.",
                kItemKeyClassPrefix: "MessageToPhone",
            ],
            [
                kItemKeyTitle: "Open System URL",
                kItemKeyDetail: "Open Tel or SMS app using openSystemURL: method.",
                kItemKeyClassPrefix: "OpenSystemURL",
            ],
            [
                kItemKeyTitle: "Audio File Player",
                kItemKeyDetail: "Play an audio file with WKAudioFilePlayer.",
                kItemKeyClassPrefix: "AudioFilePlayer",
            ],
            [
                kItemKeyTitle: "Network Access",
                kItemKeyDetail: "Get an image data from network using NSURLSession.",
                kItemKeyClassPrefix: "NSURLSession",
            ],
        ]
    }
    override func willActivate() {
        super.willActivate()
        print("willActivate")

        self.loadTableData()
    }
    override func didDeactivate() {
        super.didDeactivate()
    }
    // 载入列表数据
    private func loadTableData() {
        table.setNumberOfRows(items.count, withRowType: "Cell")
        var i=0
        for anItem in items {
            let row = table.rowControllerAtIndex(i) as! RowController
            row.showItem(anItem[kItemKeyTitle]!, detail: anItem[kItemKeyDetail]!)
            i++
        }
    }
    // 列表中每一行的索引
    override func table(table: WKInterfaceTable, didSelectRowAtIndex rowIndex: Int) {
        print("didSelectRowAtIndex: \(rowIndex)")
        let item = items[rowIndex]
        let title = item[kItemKeyClassPrefix]
        self.pushControllerWithName(title!, context: nil)
    }
}
```

文件 RowController.swift 通过函数 showItem 显示每一个条目的具体内容，显示条目的标题和详情描述信息。

```
import WatchKit
class RowController: NSObject {
    @IBOutlet weak var textLabel: WKInterfaceLabel!
    @IBOutlet weak var detailLabel: WKInterfaceLabel!
    func showItem(title: String, detail: String) {
        self.textLabel.setText(title)
        self.detailLabel.setText(detail)
    }
}
```

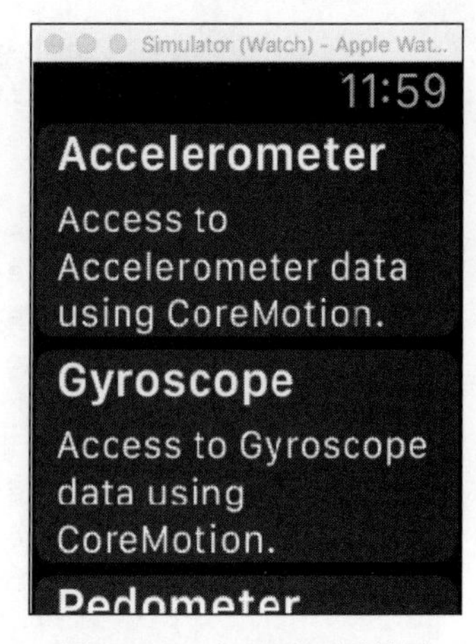

图 24-25　主界面视图效果

主界面视图的执行效果如图 24-25 所示。

2. 各个子界面视图的具体实现

接下来开始分析子目录“SampleControllers”中的各个子视图文件，当按下主视图界面中的列表选项后，就会来到对应的子视图界面。

（1）AccelerometerInterfaceController.swift 是加速计视图控制器文件，功能是调用 CoreMotion 传感器显示加速度信息，具体实现代码如下所示。

```
import WatchKit
import Foundation
import CoreMotion
class AccelerometerInterfaceController: WKInterfaceController {
    @IBOutlet weak var labelX: WKInterfaceLabel!
    @IBOutlet weak var labelY: WKInterfaceLabel!
    @IBOutlet weak var labelZ: WKInterfaceLabel!
    let motionManager = CMMotionManager()


    override func awakeWithContext(context: AnyObject?) {
        super.awakeWithContext(context)

        motionManager.accelerometerUpdateInterval = 0.1
    }
    override func willActivate() {
        super.willActivate()
        if (motionManager.accelerometerAvailable == true) {
            let handler:CMAccelerometerHandler = {(data: CMAccelerometerData?,
            error: NSError?) → Void in
                self.labelX.setText(String(format: "%.2f", data!.acceleration.x))
                self.labelY.setText(String(format: "%.2f", data!.acceleration.y))
                self.labelZ.setText(String(format: "%.2f", data!.acceleration.z))
            }
            motionManager.startAccelerometerUpdatesToQueue(NSOperationQueue.
            currentQueue()!, withHandler: handler)
        }
        else {
            self.labelX.setText("not available")
            self.labelY.setText("not available")
            self.labelZ.setText("not available")
        }
```

```
    }
    override func didDeactivate() {
        super.didDeactivate()

        motionManager.stopAccelerometerUpdates()
    }
}
```

图 24-26　加速计视图界面效果

加速计视图的执行效果如图 24-26 所示。

（2）GyroscopeInterfaceController.swift 是陀螺仪接口视图控制器，功能是调用 CoreMotion 传感器显示陀螺仪信息，具体实现代码如下所示。

```
import WatchKit
import Foundation
import CoreMotion
class GyroscopeInterfaceController: WKInterfaceController {
    @IBOutlet weak var labelX: WKInterfaceLabel!
    @IBOutlet weak var labelY: WKInterfaceLabel!
    @IBOutlet weak var labelZ: WKInterfaceLabel!
    let motionManager = CMMotionManager()
    override func awakeWithContext(context: AnyObject?) {
        super.awakeWithContext(context)

        motionManager.gyroUpdateInterval = 0.1
    }
    override func willActivate() {
        super.willActivate()
        let handler:CMGyroHandler = {(data: CMGyroData?, error: NSError?) → Void in
            self.labelX.setText(String(format: "%.2f", data!.rotationRate.x))
            self.labelY.setText(String(format: "%.2f", data!.rotationRate.y))
            self.labelZ.setText(String(format: "%.2f", data!.rotationRate.z))
        }

        if (motionManager.gyroAvailable == true) {
            motionManager.startGyroUpdatesToQueue(NSOperationQueue.currentQueue()!,
            withHandler: handler)
        }
        else {
            self.labelX.setText("not available")
            self.labelY.setText("not available")
            self.labelZ.setText("not available")
        }
    }

    override func didDeactivate() {
        super.didDeactivate()

        motionManager.stopGyroUpdates()
    }
}
```

图 24-27　陀螺仪界面视图的执行效果

陀螺仪界面视图的执行效果如图 24-27 所示。

（3）PedometerInterfaceController.swift 是计步器视图控制器

文件，功能是调用 CoreMotion 传感器显示计步信息，包括步数、距离、上升和下降数据。具体实现代码如下所示。

```
import WatchKit
import Foundation
import CoreMotion
class PedometerInterfaceController: WKInterfaceController {
    @IBOutlet weak var labelSteps: WKInterfaceLabel!
    @IBOutlet weak var labelDistance: WKInterfaceLabel!
    @IBOutlet weak var labelAscended: WKInterfaceLabel!
    @IBOutlet weak var labelDescended: WKInterfaceLabel!
    let pedometer = CMPedometer()


    override func awakeWithContext(context: AnyObject?) {
        super.awakeWithContext(context)

        // Configure interface objects here.
    }

    override func willActivate() {
        super.willActivate()

        if (CMPedometer.isPaceAvailable() == true) {

            pedometer.startPedometerUpdatesFromDate(NSDate()) { (pedometerData,
            error) → Void in

                if pedometerData != nil {
                    let steps: UInt = pedometerData!.numberOfSteps.unsignedLongValue
                    self.labelSteps.setText(String(format: "%lu", steps))
                    if pedometerData!.distance != nil {
                        let distance: UInt = pedometerData!.distance!.
                        unsignedLongValue
                        self.labelDistance.setText(String(format: "%lu", distance))
                    }
                    if pedometerData!.floorsAscended != nil {
                        let ascended: UInt = pedometerData!.floorsAscended!
                        .unsignedLongValue
                        self.labelAscended.setText(String(format: "%lu", ascended))
                    }
                    if pedometerData!.floorsDescended != nil {
                        let descended: UInt = pedometerData!.floorsDescended!
                        .unsignedLongValue
                        self.labelDescended.setText(String(format: "%lu", descended))
                    }
                }
            }
        }
        else {

            self.labelSteps.setText("not available")
```

```
            self.labelDistance.setText("not available")
            self.labelAscended.setText("not available")
            self.labelDescended.setText("not
available")
         }
      }

      override func didDeactivate() {
         super.didDeactivate()

         pedometer.stopPedometerUpdates()
      }

   }
```

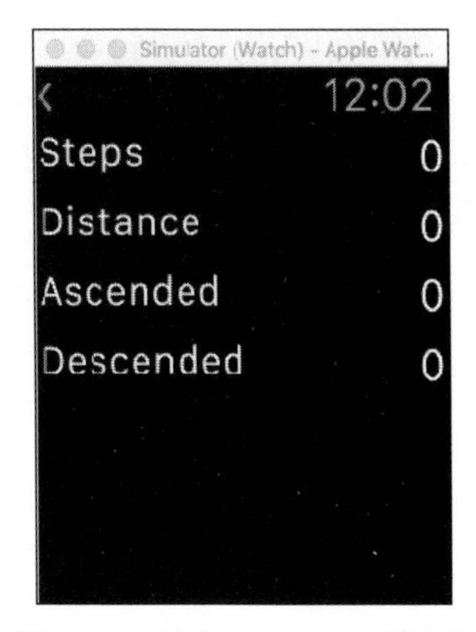

图 24-28　计步器视图界面的效果

计步器视图界面的执行效果如图 24-28 所示。

（4）HeartRateInterfaceController.swift 是心率控制器视图文件，功能是调用 HealthKit 框架连接苹果健康应用显示心率信息。

```
import WatchKit
import Foundation
import HealthKit
class HeartRateInterfaceController: WKInterfaceController {
   @IBOutlet weak var label: WKInterfaceLabel!
   let healthStore = HKHealthStore()
   let heartRateType = HKQuantityType.quantityTypeForIdentifier(HKQuantityType
   IdentifierHeartRate)!
   override func awakeWithContext(context: AnyObject?) {
      super.awakeWithContext(context)
   }
   override func willActivate() {
      super.willActivate()

      if HKHealthStore.isHealthDataAvailable() != true {
         self.label.setText("not availabel")
         return
      }

      let dataTypes = NSSet(object: heartRateType) as! Set<HKObjectType>

      healthStore.requestAuthorizationToShareTypes(nil, readTypes: dataTypes)
      { (success, error) → Void in

         if success != true {
            self.label.setText("not allowed")
         }
      }
   }

   override func didDeactivate() {
```

```
        // This method is called when watch view controller is no longer visible
        super.didDeactivate()
    }
```

心率界面视图的执行效果如图 24-29 所示。

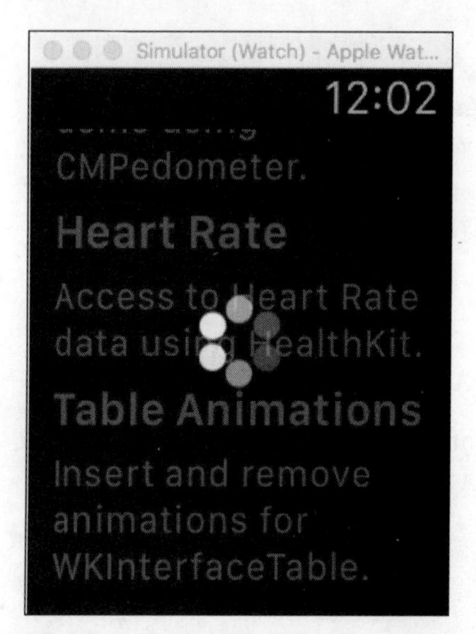

图 24-29　心率界面视图的执行效果

为节省本书篇幅，在书中将只介绍上述几个子视图界面的实现过程。其他视图界面和功能的具体实现过程，请读者参考本书源代码下载包中的源码。

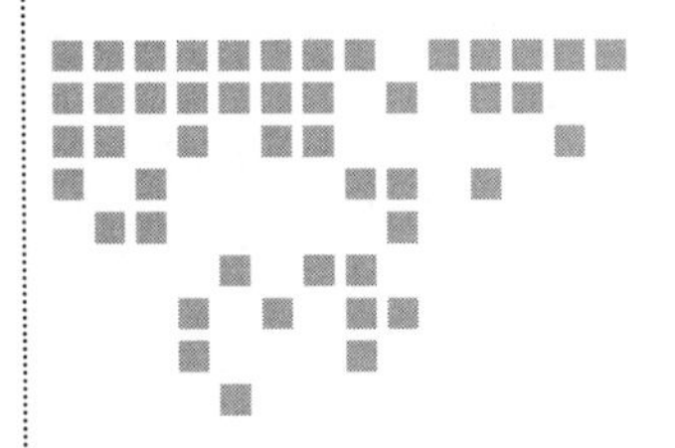

Chapter 25 第 25 章

企业客服即时通信系统（第三方框架+云存储）

即时通信是目前 Internet 上最为流行的通信方式，通过即时通信能够为客户提供更好的售前和售后服务，例如微信公众号等。随着市场的需求，各种各样的即时通信软件层出不穷。为了满足个人客户和企业客户的需求，服务提供商提供了越来越丰富的通信服务功能。在本章的内容中，将通过一个综合实例的实现过程，详细讲解使用 Swift 语言开发一个开发一个企业客服即时通信系统的基本知识，并且在开发过程中用到了第三方框架和云存储服务。

25.1　即时通信系统介绍

即时通信（Instant Messaging，简称 IM）是一个即时通信系统，允许两人或多人使用网络实时的传递文字消息、文件、语音与视频交流。在 21 世纪的今天，Internet 已经成为真正的信息高速公路。从实际工程应用角度出发，以计算机网络原理为指导，结合当前网络中的一些常用技术，编程实现基于 C/S 架构的网络聊天工具是切实可行的。正因如此，所以在市面中诞生了很多杰出的即时通信产品。目前，中国市场上的企业级即时通信工具也是百家争鸣，例如信鸽、视高科技的视高可视协同办公平台、263EM、群英 CC2010、通软联合的 GoCom、腾讯公司的 RTX、IBM 的 Lotus Sametime、点击科技的 GKE、中国互联网办公室的 imo、中国移动的企业飞信、华夏易联的 e-Link、擎旗的 UcStar 等。相对于个人即时通信工具而言，企业级即时通信工具更加强调安全性、实用性、稳定性和扩展性。

即时通信最早的创始人是三个以色列青年，是在 1996 年开发出来的，取名为 ICQ。1998 年当 ICQ 注册用户数达到 1 200 万时，被 AOL 看中，以 2.87 亿美元的天价买走。2008 年 ICQ 有 1 亿多用户，主要市场在美洲和欧洲，已成为世界上最大的即时通信系统。

即时通信是一个终端服务，允许两人或多人使用网路即时的传递文字信息、档案、语音与视频交流。即时通信按使用用途分为企业即时通信和网站即时通信，根据装载的对象又可分为手机即时通信和 PC 即时通信，手机即时通信代表是短信，网站、视频即时通信。

即时通信系统的发展趋势如下所示。

（1）信息化建设的加速将促进企业即时通信市场发展

中国政府积极推进企业信息化应用的发展。国家有关部门已经提出，要加快建立企业信息化应用的公共服务平台，对于中小企业由政府组织并给予一定的资金扶持。当前，政府的有关部门已经着手中小企业电子商务应用的经验交流、技术推广、人才培训等方面的工作。企业即时通信作为企业信息化建设的一部分，同样能从该政策中得到发展机会。

在服务商市场开拓过程中，把为企业服务作为工作的重点之一，越来越多的软件开发商把企业即时通信应用产品的开发作为软件开发的重点之一。政府积极促进企业提高认识，加深对信息化的重要性和必要性以及内涵的理解，间接提高了企业对即时通信应用的自觉性和紧迫性，把即时通信建设作为加速企业发展的助推器。

（2）统一通信成为发展趋势

与个人即时通信需求相比，企业即时通信要求融入更多的通信手段，单一的 PC 对 PC 消息传输必定无法满足企业的需求，由于企业对效益的追求，导致企业对效率的要求不断增高，而信息的有效传达是确保企业内部效率提升的必要条件，这就要求未来即时通信服务商能够提供短信、邮件、电话、传真等多渠道的解决方案，以及支持文字、音频、视频等多媒体的服务平台。

（3）代理渠道萎缩，合作伙伴加强

渠道中除总代理、行业代理和区域分销商外，增值代理商和解决方案业务伙伴将成为未来企业即时通信产品渠道的重要发展环节，在渠道建设中地位也将逐步提高，他们将成为服务商收入的主要来源之一。原因有以下两方面。

- 代理商对于企业即时通信软件服务商来说不够稳定。首先，代理商有自己选择代理产品的权利；其次，服务商无法满足企业客户对技术不断调整的需求；最后，代理商会削弱服务商对客户的掌控能力，一旦客户存在技术需求，服务商难以直接、高效的提供服务，将直接导致客户对服务商产品的满意度。
- 合作伙伴具有自己的核心技术，比如 Anychat、ERP、OA 等产品，在集成企业即时通信模块的过程中，对产品有一个很好的衡量和认识，一旦产品优秀，合作伙伴将会充分的向客户推荐该服务商提供的产品；此外，合作伙伴和服务商之间存在互利关系，合作伙伴可以从所集成的企业即时通信服务中获利。更为重要的是，服务商可以直接的接触到最终客户，为其提供完善的服务。

25.2 系统模块结构

本系统功能模块的具体结构如图 25-1 所示。

注意：因为受本书的篇幅所限，在书中将只介绍上述模块中的其中几个，而其他模块的具体实现，请读者参考本书源码和相关开源信息。

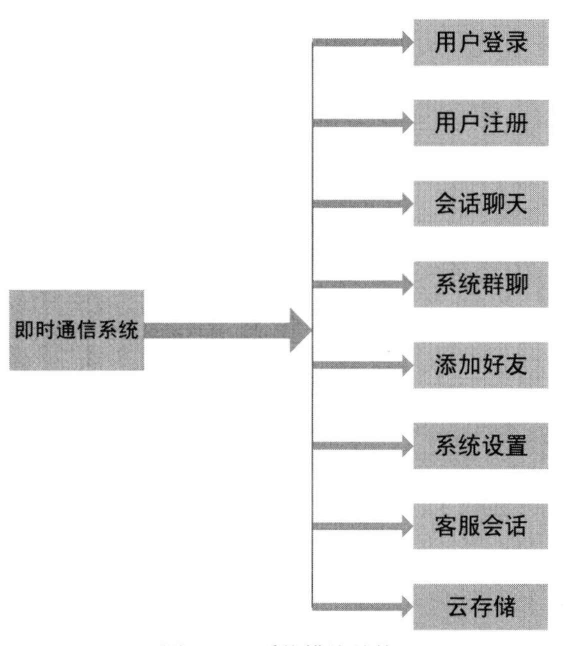

图 25-1　系统模块结构

25.3　创建工程

本项目是使用 Swift 语言开发的，并且使用 CocoaPods 进行了第三方类库的管理索引。使用 Xcode 7 打开之后，本项目的完整目录结构如图 25-2 所示。

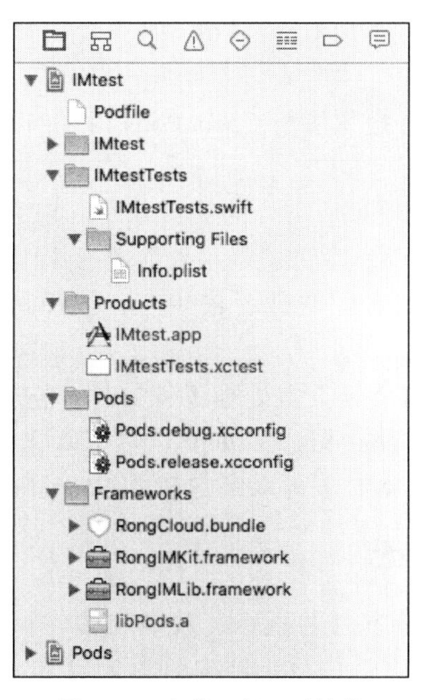

图 25-2　完整工程目录结构

在上述目录结构中，IMtest 目录下包含了项目的核心程序文件，Pods 目录下包含了项目的 CocoaPod 类库索引文件。

25.4 使用 CocoaPods 配置第三方框架

想必开发者应该都知道，在 iOS 项目中使用第三方类库可以说是非常常见的事，但是要正确地配置它们有时候是非常烦琐的事情，幸运的是 CocoaPods 是一个很好的解决方案。因为本项目的功能比较强大，并且涉及的第三方类库和框架比较多，所以使用 CocoaPods 进行了配置。

25.4.1 什么是 CocoaPods

CocoaPods 是 OS X 和 iOS 下的一个第三类库管理工具，通过 CocoaPods 工具可以为项目添加被称为“Pods”的依赖库（这些类库必须是 CocoaPods 本身所支持的），并且可以轻松地管理其版本。在本项目中使用 Cocoapods 的好处如下所示。

- 在引入第三方库时它可以自动完成各种各样的配置，包括配置编译阶段、连接器选项、甚至是 ARC 环境下的-fno-objc-arc 配置等。
- 使用 CocoaPods 可以很方便地查找新的第三方库，这些类库是比较“标准的”，而不是网上随便找到的，这样可以找到真正好用的类库。

25.4.2 CocoaPods 的核心组件

CocoaPods 是用 Ruby 写的，并且划分成了若干个 Gem 包。CocoaPods 在解析执行过程中，包含了几个重要的包的路径，分别是 CocoaPods/CocoaPods、CocoaPods/Core 和 CocoaPods/Xcodeproj，具体说明如下所示。

- CocoaPods/CocoaPod：这是面向用户的组件，每当执行一个 pod 命令时，这个组件将被激活。它包括了所有实用 CocoaPods 的功能，并且还能调用其他 gem 包来执行任务。
- CocoaPods/Core：Core gem 提供了与 CocoaPods 相关的文件（主要是 podfile 和 podspecs）的处理。
- Podfile：该文件用于配置项目所需要的第三方库，它可以被高度定制。
- Podspec：该文件描述了一个库将怎样被添加进工程中。“.podspec”格式的文件可以标识该第三方库所需要的源码文件、依赖库、编译选项，以及其他第三方库需要的配置。
- CocoaPods/Xcodeproj：这个包负责处理工程文件，它能创建以及修改.xcodeproj 文件和.xcworkspace 文件。CocoaPods/Xcodeproj 也可以作为一个独立的包使用，当读者需要编写修改项目文件的脚本时，可以考虑使用 CocoaPods/Xcodeproj。

25.4.3 本项目的 CocoaPods

CocoaPods 的具体用法不是本书的重点，读者可以参阅相关资料。在本项目中，使用 CocoaPods 对类库进行组织管理之后的目录结构如图 25-3 所示。

由图 25-3 所示可知，在本项目中用到了如下所示的第三方类库。

```
AJWValidator
AVOSCloud
```

```
JSAnimatedImagesView
KxMenu
MSWeakTimer
PopMenu
RongCloudIMKit
XHRealTimeBlur
pop
```

例如“AJWValidator”类库的目录结构如图 25-4 所示。

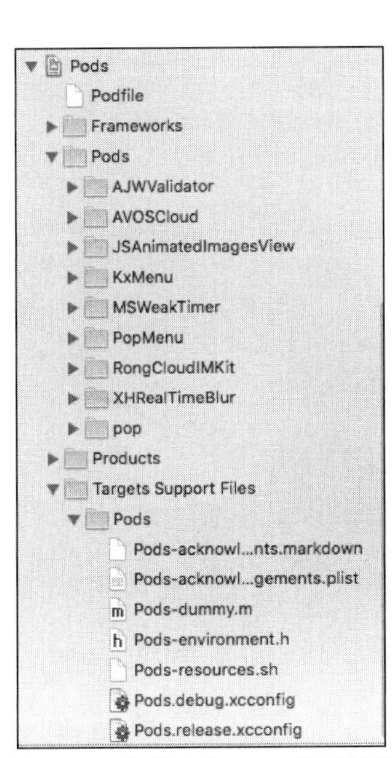

图 25-3　本项目的 Pods 目录结构

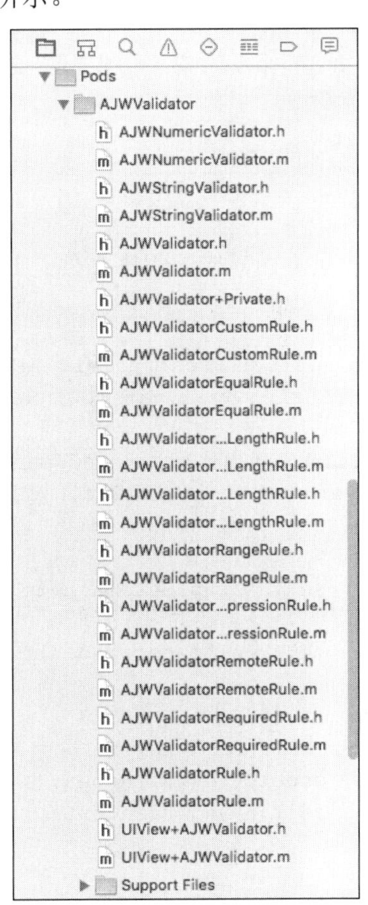

图 25-4　“AJWValidator”类库的目录结构

25.5　用户登录

本项目的系统登录模块的功能比较强大，提供了用户注册和验证机制，并且在登录界面提供了一个绚丽的动画效果视图。在接下来的内容中，将详细讲解本系统用户登录模块的具体实现过程。

25.5.1　登录主界面

本系统登录主界面的故事板文件是 Login.storyboard，其中“Login View Controller”视图的界面效果如图 25-5 所示。

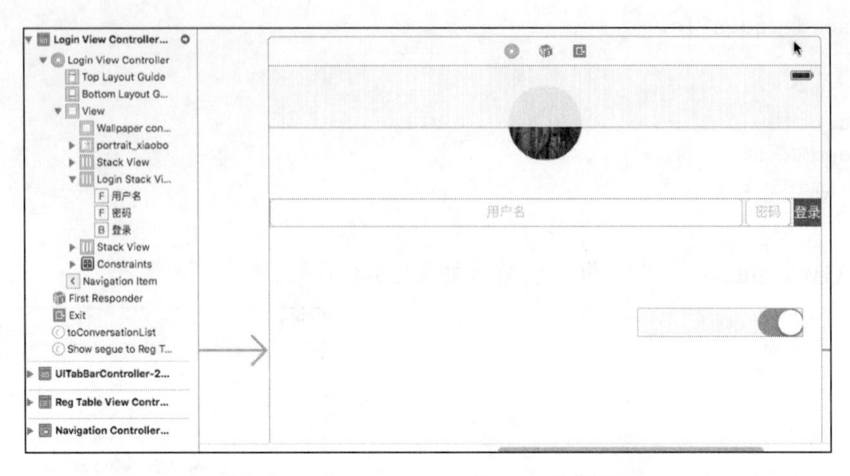

图 25-5 “Login View Controller”视图

（1）登录界面对应的程序文件是 LoginViewController.swift，具体实现代码如下所示。

```
import UIKit
class LoginViewController: UIViewController,RCAnimatedImagesViewDelegate {
    @IBOutlet weak var loginStackView: UIStackView!

    @IBOutlet weak var wallpaperImageView: RCAnimatedImagesView!
    override func viewDidLoad() {
        super.viewDidLoad()

        self.wallpaperImageView.delegate = self

        self.wallpaperImageView.startAnimating()
    }

    override func viewWillAppear(animated: Bool) {
        super.viewWillAppear(animated)
        self.navigationController?.navigationBarHidden = true
    }

    func animatedImagesNumberOfImages(animatedImagesView: RCAnimatedImagesView!)
    → UInt {
        return 3
    }
    func animatedImagesView(animatedImagesView: RCAnimatedImagesView!,
    imageAtIndex index:
    UInt) → UIImage! {
        return UIImage(named: "image\(index + 1)")
    }
    override func viewDidAppear(animated: Bool) {
        super.viewDidAppear(animated)
        UIView.animateWithDuration(1) { () → Void in
            self.loginStackView.axis = UILayoutConstraintAxis.Vertical
        }
    }
    override func didReceiveMemoryWarning() {
```

```
        super.didReceiveMemoryWarning()
    }
    override func prepareForSegue(segue: UIStoryboardSegue, sender: AnyObject?) {
    }
}
```

（2）在上述文件中用到了 RCAnimatedImagesView 视图，通过这个视图实现了壁纸滚动动画效果。接口文件 RCAnimatedImagesView.h 的具体实现代码如下所示。

```
#import <UIKit/UIKit.h>
#define kJSAnimatedImagesViewDefaultTimePerImage 20.0f
@protocol RCAnimatedImagesViewDelegate;
@interface RCAnimatedImagesView : UIView
@property (nonatomic, assign) id<RCAnimatedImagesViewDelegate> delegate;
@property (nonatomic, assign) NSTimeInterval timePerImage;
- (void)startAnimating;
- (void)stopAnimating;
- (void)reloadData;
@end
@protocol RCAnimatedImagesViewDelegate
- (NSUInteger)animatedImagesNumberOfImages:(RCAnimatedImagesView *)animatedImagesView;
- (UIImage *)animatedImagesView:(RCAnimatedImagesView *)animatedImagesView
imageAtIndex:(NSUInteger)index;
@end
```

（3）在文件 RCAnimatedImagesView.m 中实现了在文件 RCAnimatedImagesView.h 中定义的接口函数，具体实现流程如下所示。

① 定义初始化函数 init，通过 UIImageView 控件设置在登录框在的背景图，设置 View 控件的宽度按照父视图的比例进行缩放，距离父视图顶部、左边距和右边距的距离不变。对应的实现代码如下所示。

```
- (void)_init
{
    NSMutableArray *imageViews = [NSMutableArray array];

    for (int i = 0; i < 2; i++)
    {
        UIImageView *imageView = [[UIImageView alloc] initWithFrame:
        CGRectMake(-image
        ViewsBorderOffset*3.3, -imageViewsBorderOffset, self.bounds.size.width +
        (imageViewsBorderOffset * 2), self.bounds.size.height + (imageViewsBorder
        Offset * 2))];
        imageView.autoresizingMask = UIViewAutoresizingFlexibleWidth |
        UIViewAutoresizingFlexibleHeight;
        imageView.contentMode = UIViewContentModeScaleAspectFill;
        imageView.clipsToBounds = NO;
        [self addSubview:imageView];

        [imageViews addObject:imageView];
    }
    self.imageViews = [imageViews copy];
```

```
    currentlyDisplayingImageIndex = noImageDisplayingIndex;
}
```

② 定义函数 startAnimating()实现使用动画样式显示登录框界面，对应的实现代码如下所示。

```
- (void)startAnimating
{
    if (!animating)
    {
        animating = YES;
        [self.imageSwappingTimer fire];
    }
}
```

③ 定义函数 bringNextImage()显示下一幅图像，设置所有视图从当前状态开始运行，按照图片索引来显示背景图。对应的实现代码如下所示。

```
- (void)bringNextImage
{

    UIImageView *imageViewToHide = [self.imageViews objectAtIndex:currentlyDisplaying
    ImageViewIndex];

    currentlyDisplayingImageViewIndex = currentlyDisplayingImageViewIndex == 0 ? 1 : 0;

    UIImageView *imageViewToShow = [self.imageViews objectAtIndex:currentlyDisplaying
    ImageViewIndex];

    NSUInteger nextImageToShowIndex = currentlyDisplayingImageIndex;

    do
    {
        nextImageToShowIndex = [[self class] randomIntBetweenNumber:0 andNumber:
        totalImages-1];
    }
    while (nextImageToShowIndex == currentlyDisplayingImageIndex);
    currentlyDisplayingImageIndex = nextImageToShowIndex;

    imageViewToShow.image = [self.delegate animatedImagesView:self imageAtIndex:
    nextImageToShowIndex];
    static const CGFloat kMovementAndTransitionTimeOffset = 0.1;
    [UIView animateWithDuration:self.timePerImage + imageSwappingAnimationDuration +
    kMovementAndTransitionTimeOffset delay:0.0 options:UIViewAnimationOptionBegin
    FromCurrentState | UIViewAnimationCurveLinear animations:^{
        NSInteger randomTranslationValueX = imageViewsBorderOffset*3.5-[[self class]
    randomIntBetweenNumber:0 andNumber:imageViewsBorderOffset];
        NSInteger randomTranslationValueY = 0;

        CGAffineTransform translationTransform = CGAffineTransformMakeTranslation
        (randomTranslationValueX, randomTranslationValueY);

        CGFloat randomScaleTransformValue = [[self class] randomIntBetweenNumber:115
```

```
        andNumber:120]/100;

        CGAffineTransform scaleTransform = CGAffineTransformMakeScale
        (randomScaleTransformValue, randomScaleTransformValue);

        imageViewToShow.transform = CGAffineTransformConcat(scaleTransform,
        translationTransform);
    } completion:NULL];
    [UIView animateWithDuration:imageSwappingAnimationDuration delay:
    kMovementAndTransitionTimeOffset options:
    UIViewAnimationOptionBeginFromCurrentState
     | UIViewAnimationCurveLinear animations:^{
         imageViewToShow.alpha = 1.0;
         imageViewToHide.alpha = 0.0;
     } completion:^(BOOL finished) {
         if (finished)
         {
             imageViewToHide.transform = CGAffineTransformIdentity;
         }
     }];
}
```

④ 定义函数 reloadData ()载入预设的图片数据，设置图片定时交换显示。对应的实现代码如下所示。

```
- (void)reloadData
{
    totalImages = [self.delegate animatedImagesNumberOfImages:self];

    [self.imageSwappingTimer fire];
}
```

⑤ 定义函数 stopAnimating()实现停止动画显示效果，对应的实现代码如下所示。

```
- (void)stopAnimating
{
    if (animating)
    {
        [_imageSwappingTimer invalidate];
        _imageSwappingTimer = nil;

        [UIView animateWithDuration:imageSwappingAnimationDuration delay:0.0 options:
        UIViewAnimationOptionBeginFromCurrentState animations:^{
            for (UIImageView *imageView in self.imageViews)
            {
                imageView.alpha = 0.0;
            }
        } completion:^(BOOL finished) {
            currentlyDisplayingImageIndex = noImageDisplayingIndex;
            animating = NO;
        }];
    }
}
```

⑥ 通过 timePerImage 设置以指定的频率显示图片动画，对应的实现代码如下所示。

```
- (NSTimeInterval)timePerImage
{
    if (_timePerImage == 0)
    {
        return kJSAnimatedImagesViewDefaultTimePerImage;
    }

    return _timePerImage;
}
```

25.5.2 新用户注册

（1）在故事板设计文件中，Reg Table View Controller 是新用户注册视图，如图 25-6 所示。

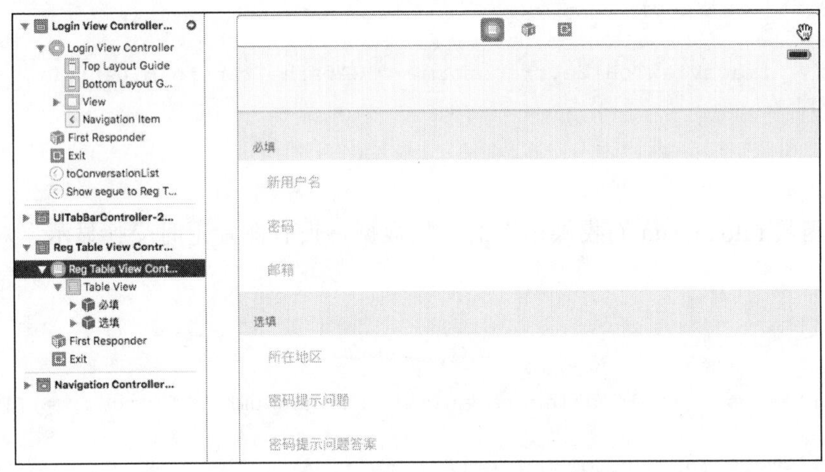

图 25-6　Reg Table View Controller 视图

（2）用户注册功能对应的程序文件是 RegTableViewController.swift，在其中实现了注册数据的验证功能，并且将新注册用户的数据保存到系统中。文件 RegTableViewController.swift 的具体实现流程如下所示。

① 定义函数 checkRequeriedField()，检查必填项是否为空，对应的实现代码如下所示。

```
func checkRequeriedField() {

    for textField in loginTextFields {
        if textField.text!.isEmpty {
            self.errorNotice("必填项为空")
        }
    }

    let regex = "[A-Z0-9a-z._%+-]+@[A-Za-z0-9.-]+\\.[A-Za-z]{2,4}"
    let predicate = NSPredicate(format: "SELF MATCHES %@", regex)
    guard predicate.evaluateWithObject(mail.text) else {
        self.errorNotice("邮箱格式不对!")
        return
    }
}
```

② 定义函数 viewDidLoad()，设置界面载入时显示的控件元素，分别设置用户注册表单中数据的合法范围。对应的实现代码如下所示。

```
override func viewDidLoad() {
    super.viewDidLoad()

    self.navigationController?.navigationBarHidden = false
    self.title = "新用户注册"

    self.navigationItem.rightBarButtonItem = UIBarButtonItem
    (barButtonSystemItem: UIBarButtonSystemItem.Done, target: self, action:
    "doneButtonTap")
    self.navigationItem.rightBarButtonItem?.enabled = false

     doneButton = self.navigationItem.rightBarButtonItem
    let v1 = AJWValidator(type: .String)
    v1.addValidationToEnsureMinimumLength(3, invalidMessage: "用户名至少3位")
    v1.addValidationToEnsureMaximumLength(15, invalidMessage: "最大15位")
    self.user.ajw_attachValidator(v1)

    v1.validatorStateChangedHandler = { (newState: AJWValidatorState) → Void in
        switch newState {

        case .ValidationStateValid:
            self.user.highlightState = .Default
            self.possibleInputs.unionInPlace(Inputs.user)

        default:
            let errorMsg = v1.errorMessages.first as? String
            self.user.highlightState = UITextBoxHighlightState.Wrong
            (errorMsg!)

            self.possibleInputs.subtractInPlace(Inputs.user)
        }

        self.doneButton?.enabled = self.possibleInputs.isAllOK()
    }

    let v2 = AJWValidator(type: .String)
    v2.addValidationToEnsureMinimumLength(3, invalidMessage: "密码至少3位")
    v2.addValidationToEnsureMaximumLength(15, invalidMessage: "最长15位")
    self.pass.ajw_attachValidator(v2)

    v2.validatorStateChangedHandler = {(newState: AJWValidatorState) → Void in
        switch newState {

        case .ValidationStateValid:
            self.pass.highlightState = .Default
            self.possibleInputs.unionInPlace(Inputs.pass)

        default:
            let errorMsg = v2.errorMessages.first as? String
```

```
                self.pass.highlightState = UITextBoxHighlightState.Wrong
                (errorMsg!)
                self.possibleInputs.subtractInPlace(Inputs.pass)
            }
            self.doneButton?.enabled = self.possibleInputs.boolValue

        }

        let v3 = AJWValidator(type: .String)
        v3.addValidationToEnsureValidEmailWithInvalidMessage("Email格式不对")
        self.mail.ajw_attachValidator(v3)
        v3.validatorStateChangedHandler = {(newState: AJWValidatorState) → Void in
            switch newState {

            case .ValidationStateValid:
                self.mail.highlightState = .Default
                self.possibleInputs.unionInPlace(Inputs.mail)
            default:
                let errorMsg = v3.errorMessages.first as? String
                self.mail.highlightState = UITextBoxHighlightState.Wrong
                (errorMsg!)
                self.possibleInputs.subtractInPlace(Inputs.mail)

            }
            self.doneButton?.enabled = self.possibleInputs.boolValue

        }
    }
```

③ 定义函数 doneButtonTap()，功能是获取注册表单中的数据信息，并查询这些数据信息是否已经存在，如果不存在则将这些信息添加到系统数据库中。对应的实现代码如下所示。

```
    func doneButtonTap() {

        //显示一个载入提示
        self.pleaseWait()

        //建立用户的 AVObject
        let user = AVObject(className: "XBUser")

        //将输入的文本框的值，设置到对象中
        user["user"] = self.user.text
        user["pass"] = self.pass.text
        user["mail"] = self.mail.text
        user["region"] = self.region.text
        user["question"] = self.question.text
        user["answer"] = self.answer.text

        //查询用户是否已经注册
        let query = AVQuery(className: "XBUser")
```

```
        query.whereKey("user", equalTo: self.user.text)

        //执行查询
        query.getFirstObjectInBackgroundWithBlock { (object, e) → Void in
            self.clearAllNotice()


            //如果查询到相关用户
            if object != nil {
                self.errorNotice("用户已注册")
                self.user.becomeFirstResponder()
                self.doneButton?.enabled = false

            } else {

                //用户注册
                user.saveInBackgroundWithBlock({ (succeed, error) → Void in
                    if succeed {
                        self.successNotice("注册成功")
                        self.navigationController?.popViewControllerAnimated(true)
                    } else {
                        print(error)
                    }
                })
            }
        }
    }
```

25.6　系统聊天

本系统的会话聊天故事板文件是 coversation.storyboard 中，其中“会话 Scene”场景的界面视图效果如图 25-7 所示。而“最近会话 Scene”场景的视图界面效果如图 25-8 所示。

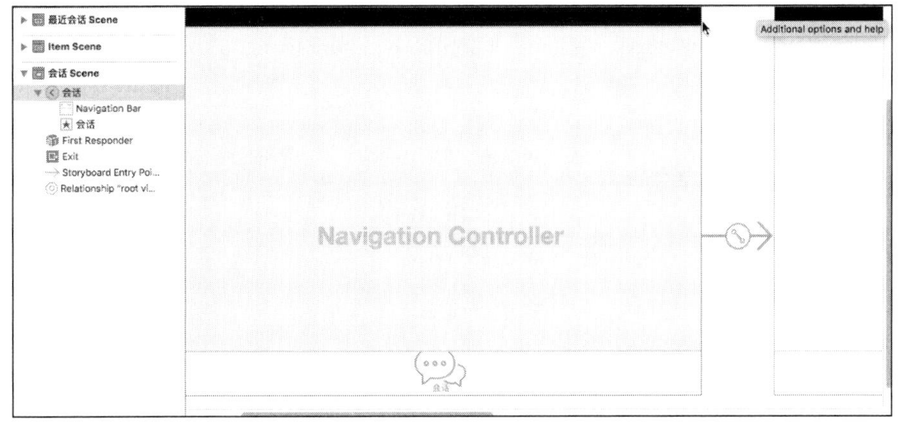

图 25-7　“会话 Scene”　场景视图

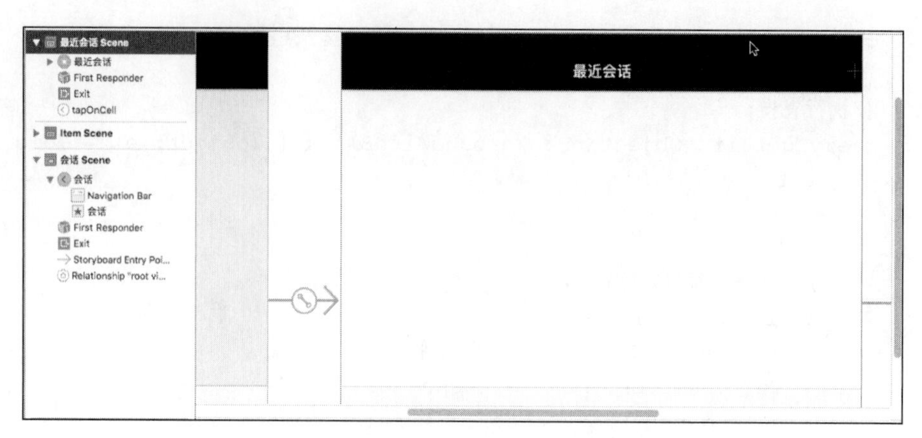

图 25-8 “最近会话 Scene”场景视图

在文件 ConversationListViewController.swift 中提供了一个在线会话的选项框，用户可以分别实现与客户聊天、与普通用户聊天、查看通信录和查看关于信息等操作。文件 ConversationListViewController.swift 的主要实现代码如下所示。

```
@IBAction func ShowMenu(sender: UIBarButtonItem) {
    var frame = sender.valueForKey("view")?.frame
    frame?.origin.y = (frame?.origin.y)! + 30
    let menuItems = [
        KxMenuItem("客服",image: UIImage(named: "serve"), target:self, action:
        "ClickMenu1"),
        KxMenuItem("测试与管管聊天",image: UIImage(named: "contact"),
        target:self,action: "ClickMenu2"),
    ]

    KxMenu.showMenuInView(self.view, fromRect:frame!, menuItems: menuItems)
    let items = [
        MenuItem(title: "客服", iconName: "serve", glowColor: UIColor.
        redColor(), index: 0),
        MenuItem(title: "与管管聊天", iconName: "contact", glowColor: UIColor.
        blueColor(), index: 1),
        MenuItem(title: "通信录", iconName: "coversation", glowColor: UIColor.
        yellowColor(), index: 2),
        MenuItem(title: "关于", iconName: "about", glowColor: UIColor.
        grayColor(), index: 3)
    ]

    let menu = PopMenu(frame: self.view.bounds, items: items)

    menu.menuAnimationType = .NetEase

    if menu.isShowed {
        return
    }

    menu.didSelectedItemCompletion = { (selectedItem: MenuItem!) → Void in

        switch selectedItem.index {
```

```
        case 1:
            //代码跳转到会话界面
            let conVC = RCConversationViewController()

            conVC.targetId = "guanguan"
            conVC.userName = "管管"
            conVC.conversationType = RCConversationType.ConversationType_PRIVATE

            conVC.title = conVC.userName

            self.navigationController?.pushViewController(conVC, animated: true)

            self.tabBarController?.tabBar.hidden = true


        default :
            print(selectedItem.title)
        }

    }
    menu.showMenuAtView(self.view)
}

func ClickMenu1() {
    print("与客服聊天")
}
func ClickMenu2() {
            //代码跳转到会话界面
            let conVC = RCConversationViewController()

            conVC.targetId = "guanguan"
            conVC.userName = "管管"
            conVC.conversationType = RCConversationType.ConversationType_PRIVATE
            conVC.title = conVC.userName

            self.navigationController?.pushViewController(conVC, animated: true)

            self.tabBarController?.tabBar.hidden = true
}
let conVC = RCConversationViewController()
```

25.7　UI 界面优化

在本项目中，为了实现绚丽多彩的 UI 界面效果，特意对文本框和界面背景进行了修饰，专业能够给用户展现出一个专业、美观的界面效果。在本节的内容中，将简要介绍为本项目实现 UI 界面优化的方法。

25.7.1　文本框优化

文件 UITextBox.swift 的功能是实现绚丽的动画文本框效果，主要实现代码如下所示。

```
enum UITextBoxHighlightState {
    case Default
    case Validator  (String)    // 状态提示文字
    case Warning    (String)    // 状态提示文字
    case Wrong      (String)    // 状态提示文字
}

@IBDesignable

class UITextBox: UITextField {

    @IBInspectable var wrongColor:UIColor      = UIColor(number: 0xFFEEEE)   // 淡红色
    @IBInspectable var warningColor:UIColor     = UIColor(number: 0xFFFFCC)  // 淡黄色
    @IBInspectable var validatorColor:UIColor   = UIColor(number: 0xEEFFEE)  // 淡绿色
    @IBInspectable var highlightColor:UIColor   = UIColor(number: 0xEEF7FF)  // 淡蓝色

    @IBInspectable var animateDuration:CGFloat = 0.4
    weak var placeholderLabel:UILabel?

    @NSCopying private var _backgroundColor: UIColor? = nil
    override var backgroundColor: UIColor? {
        set {
            _backgroundColor = newValue
            super.backgroundColor = self.getHighlightColor(self.highlightState)
        }
        get {
            return _backgroundColor
        }
    }
    //获得焦点时高亮动画
    override func becomeFirstResponder() → Bool {
        return animationFirstResponder(super.becomeFirstResponder())
    }

    //失去焦点时取消高亮动画
    override func resignFirstResponder() → Bool {
        return animationFirstResponder(super.resignFirstResponder())
    }

    private func animationFirstResponder(isFirstResponder:Bool) → Bool {
        UIView.animateWithDuration(NSTimeInterval(animateDuration)) {
            let color = self.getHighlightColor(self._highlightState)
            super.backgroundColor = color
            self.placeholderLabel?.textColor = self.getTextColorWithHighlightColor
            (color)
        }
        return isFirstResponder
    }


    //调整子控件布局
    override func layoutSubviews() {
```

```
        super.layoutSubviews()
        let rect = super.placeholderRectForBounds(bounds)
        if isFirstResponder() {
            layoutPlaceholderLabel(rect,false)
        } else if text == nil || text == "" {
            layoutPlaceholderLabel(rect,true)
        } else {
            layoutPlaceholderLabel(rect,false)
        }
    }
    //布局提示文本
    func layoutPlaceholderLabel(rect: CGRect,_ left: Bool = false) {
        guard let label = placeholderLabel else {
            return
        }

        if left {
            UIView.animateWithDuration(NSTimeInterval(animateDuration), delay: 0,
            usingSpringWithDamping: 0.8, initialSpringVelocity: 0, options:
            UIViewAnimationOptions.CurveLinear, animations: {
                label.frame = rect;
            }, completion: nil)
        } else {
            let size = label.sizeThatFits(rect.size)
            var frame = rect
            frame.size.width = size.width
            frame.size.height = rect.height
            //print("super.clearButtonRectForBounds(bounds):\
            (super.clearButtonRectForBounds(bounds))")
            frame.origin.x = super.clearButtonRectForBounds(bounds).minX -
            size.width
            UIView.animateWithDuration(NSTimeInterval(animateDuration), delay: 0,
            usingSpringWithDamping: 0.8, initialSpringVelocity: 0, options:
            UIViewAnimationOptions.CurveLinear, animations: {
                label.frame = frame;
            }, completion: nil)
        }
    }
```

25.7.2 HUD 优化

HUD（平视显示器）是 iOS 界面开发中的一种常见进度指示器效果，在本项目中通过文件 SwiftNotice.swift 对 HUD 组件进行了修饰优化，主要实现代码如下所示。

```
    static func noticeOnSatusBar(text: String, autoClear: Bool) {
        let frame = UIApplication.sharedApplication().statusBarFrame
        let window = UIWindow()
        window.backgroundColor = UIColor.clearColor()
        let view = UIView()
        view.backgroundColor = UIColor(red: 0x6a/0x100, green: 0xb4/0x100, blue:
        0x9f/0x100, alpha: 1)
```

```
        let label = UILabel(frame: frame)
        label.textAlignment = NSTextAlignment.Center
        label.font = UIFont.systemFontOfSize(12)
        label.textColor = UIColor.whiteColor()
        label.text = text
        view.addSubview(label)

        window.frame = frame
        view.frame = frame

        window.windowLevel = UIWindowLevelStatusBar
        window.hidden = false
        window.addSubview(view)
        windows.append(window)

        if autoClear {
            let selector = Selector("hideNotice:")
            self.performSelector(selector, withObject: window, afterDelay: 1)
        }
    }
    static func wait() {
        let frame = CGRectMake(0, 0, 78, 78)
        let window = UIWindow()
        window.backgroundColor = UIColor.clearColor()
        let mainView = UIView()
        mainView.layer.cornerRadius = 12
        mainView.backgroundColor = UIColor(red:0, green:0, blue:0, alpha: 0.8)

        let ai = UIActivityIndicatorView(activityIndicatorStyle:
        UIActivityIndicatorViewStyle.WhiteLarge)
        ai.frame = CGRectMake(21, 21, 36, 36)
        ai.startAnimating()
        mainView.addSubview(ai)

        window.frame = frame
        mainView.frame = frame

        window.windowLevel = UIWindowLevelAlert
        window.center = rv.center
        window.hidden = false
        window.addSubview(mainView)
        windows.append(window)
    }
```

25.8 使用第三方框架

为了更好地为用户提供服务，提高开发效率，本项目使用了第三方框架融云来实现项目集成和管理。融云的官方网站是 http://www.rongcloud.cn，如图 25-9 所示。

25-9　融云主页

在线注册合法的会员后可以创建一个自己的应用，在“API 调试”界面可以对融云应用程序进行在线管理。如图 25-10 所示。

图 25-10　API 调试”界面

要想建立应用程序和融云的连接，需要在用户服务中获取 Token，分别输入 userId 和 name，如图 25-11 所示。

调试环境　◉ 开发环境　○ 生产环境（申请上线通过后才能在生产环境调试 API 接口）
返回数据类型　◉ json　○ xml
App Key　c9kqb3rdku4dj　App Secret　**********
userId　guanxijing　用户在 App 中的唯一标识码
name　管管　用户名称
portraitUri　请输入 portraitUri　用户头像 URI
提交

图 25-11　输入 userId 和 name

单击“提交”按钮后可以生成密钥信息，如图 25-12 所示。

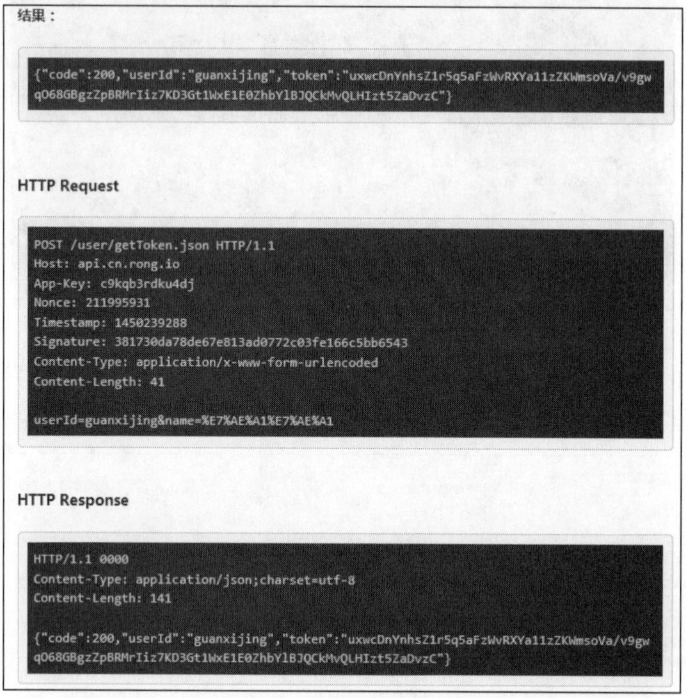

结果：

```
{"code":200,"userId":"guanxijing","token":"uxwcDnYnhsZ1r5q5aFzWvRXYa11zZKWmsoVa/v9gw
qO68GBgzZpBRMrIiz7KD3Gt1WxE1E0ZhbYlBJQCkMvQLHIzt5ZaDvzC"}
```

HTTP Request

```
POST /user/getToken.json HTTP/1.1
Host: api.cn.rong.io
App-Key: c9kqb3rdku4dj
Nonce: 211995931
Timestamp: 1450239288
Signature: 381730da78de67e813ad0772c03fe166c5bb6543
Content-Type: application/x-www-form-urlencoded
Content-Length: 41

userId=guanxijing&name=%E7%AE%A1%E7%AE%A1
```

HTTP Response

```
HTTP/1.1 0000
Content-Type: application/json;charset=utf-8
Content-Length: 141

{"code":200,"userId":"guanxijing","token":"uxwcDnYnhsZ1r5q5aFzWvRXYa11zZKWmsoVa/v9gw
qO68GBgzZpBRMrIiz7KD3Gt1WxE1E0ZhbYlBJQCkMvQLHIzt5ZaDvzC"}
```

图 25-12　生成的密钥信息

而在项目中，需要建议应用程序和融云的连接，对应文件 AppDelegate.swift 的具体实现代码如下所示。

```
import UIKit
@UIApplicationMain
class AppDelegate: UIResponder, UIApplicationDelegate,RCIMUserInfoDataSource {
    var window: UIWindow?
    func getUserInfoWithUserId(userId: String!, completion: ((RCUserInfo!) →
    Void)!) {
        let userInfo = RCUserInfo()
        userInfo.userId = userId

        switch userId {
            case "guanguan":
            userInfo.name = "管管"
            userInfo.portraitUri = "https://ss0.baidu.com/73t1bjeh1BF3odCf/it/u=
            1756054607,4047938258&fm=96&s=94D712D20AA1875519EB37BE0300C008"
            case "guanguan2":
                userInfo.name = "管2"
                userInfo.portraitUri = "http://v1.qzone.cc/avatar/201407/27/09/
                23/53d45474e1312012.jpg!200x200.jpg"
        default:
            print("无此用户")
        }
        return completion(userInfo)
```

```
    }
    func connectServer(completion:()→Void) {
//        //获取保存的token
//        let deviceTokenCache = NSUserDefaults.standardUserDefaults().
objectForKey("kDeviceToken") as? String

        //初始化app key
        RCIM.sharedRCIM().initWithAppKey("c9kqb3rdku4dj")
        RCIM.sharedRCIM().connectWithToken("vWc7vZbNvRn5X4J8Qdtskp4+
        4bd49rXTYsOmSdcvtJA0e04EnHkjeX7H6z/rfhp6dG7ls4AXOfQeYhJNk4f
        Q8F2DCVcjwd15", success: { (str:String!) → Void in

            let currentUserInfo = RCUserInfo(userId: "guanguan", name: "管西京",
            portrait: nil)
            RCIMClient.sharedRCIMClient().currentUserInfo = currentUserInfo

            print("连接成功!")

            dispatch_async(dispatch_get_main_queue(), { () → Void in
                completion()
            })
            }, error: { (code:RCConnectErrorCode) → Void in
                print("无法连接! \(code)")
            }) { () → Void in
                print("无效token! ")
            }
    }
    func application(application: UIApplication, didFinishLaunchingWithOptions
    launchOptions: [NSObject: AnyObject]?) → Bool {
        //设置用户信息提供者为自己 AppDelegate
        RCIM.sharedRCIM().userInfoDataSource = self
        //获得LeanCloud授权
        //如果使用美国站点，请加上这行代码 [AVOSCloud useAVCloudUS];
        AVOSCloud.setApplicationId("eqwfca1zu9t2l9awjvaphmmbh6zd3w7tinu4
        gt3wqwssedyf", clientKey: "nq6td5v6s6e7hwd6ag2zfm03q3mhqfbpc7owhnzgn08h172o")
        return true
    }
    func applicationWillResignActive(application: UIApplication) {
    }
    func applicationDidEnterBackground(application: UIApplication) {
    }

    func applicationWillEnterForeground(application: UIApplication) {
    }
    func applicationDidBecomeActive(application: UIApplication) {
    }
    func applicationWillTerminate(application: UIApplication) {
    }
}
```

请读者登录其官方网站了解和融云有关的具体用法，在上面提供了完整的 SDK 和实例源码，并且详细介绍了 SDK 接口收到试用方法。

25.9 使用云存储保存系统数据

因为项目是面向企业用户使用的，所以需要应对海量级的用户数据，大量的会员会源源不断的注册成为用户。为了提高项目的容量，加快各地用户的访问速度和使用效率，本项目使用第三方云来存储系统中的用户数据。本项目使用的是 LeanCloud，可以利用 LeanCloud 提供的 API 接口来管理本项目中的数据，也可以加速本项目的处理效率。LeanCloud 的主页是 https://www.leancloud.cn/，效果如图 25-13 所示。

图 25-13　LeanCloud 的主页

LeanCloud 的突出优势是提供的教学文档比较全面细致，登录 https://www.leancloud.cn/docs/，可以看到详细的使用教程。如图 25-14 所示。

文档阅读指南	快速入门	Demo	SDK 下载
功能和服务概览	iOS / OS X SDK	Android SDK	JavaScript SDK
数据存储服务总览	数据存储开发指南	数据存储开发指南	数据存储开发指南
消息推送服务总览	消息推送开发指南	消息推送开发指南	消息推送开发指南
实时通信服务总览	iOS 推送证书设置指南	实时通信开发指南	实时通信开发指南
控制台使用指南	实时通信开发指南	权限管理使用指南	权限管理使用指南
数据和安全	关系建模指南	统计分析开发指南	统计分析开发指南
常见问题	权限管理使用指南	短信验证使用指南	短信验证使用指南
常见功能提示	统计分析开发指南	FAQ	FAQ
	短信验证使用指南	Android SDK API	JavaScript SDK API
	崩溃报告使用指南		
	FAQ		
	iOS SDK API		

图 25-14　LeanCloud 的帮助文档

登录后可以在控制台在线创建自己的项目，并且可以在线管理项目数据，如图 25-15 所示。

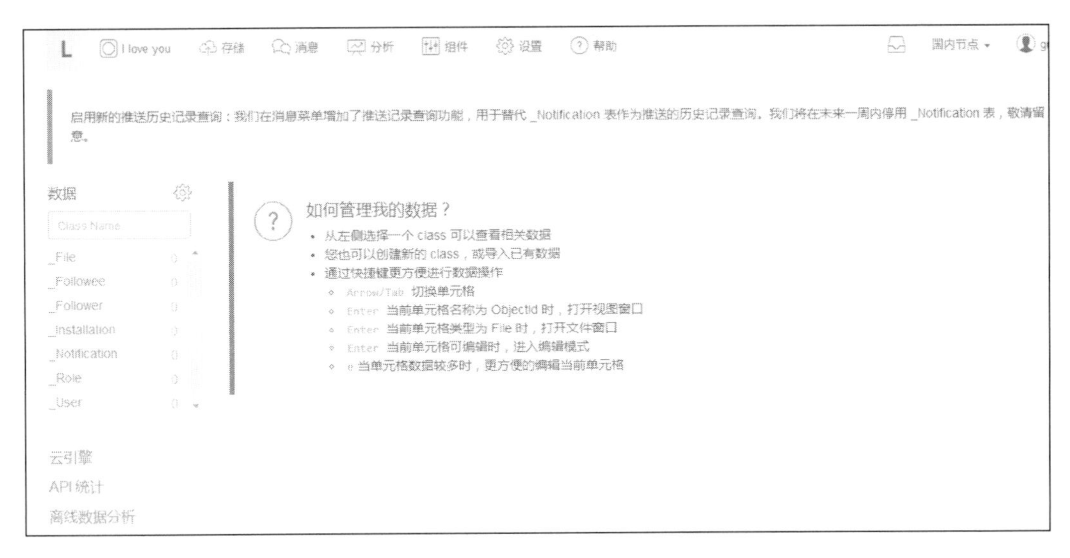

图 25-15　LeanCloud 的控制台

在本书前面的内容中，已经使用 CocoaPods 导入了 LeanCloud 类库，LeanCloud 类库就是项目工程中的 AVOSCloud。读者可以通过 LeanCloud 官网进一步学习相关知识，也可以下载官方提供的 iOS 源码进行深入了解。

25.10　执行效果

用户登录界面如图 25-16 所示，系统会话界面如图 25-17 所示。

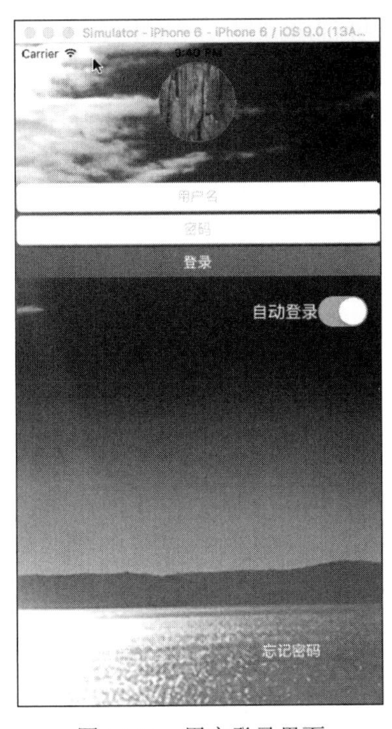

图 25-16　用户登录界面

图 25-17　系统会话界面

用户消息界面如图 25-18 所示，系统聊天室界面如图 25-19 所示。

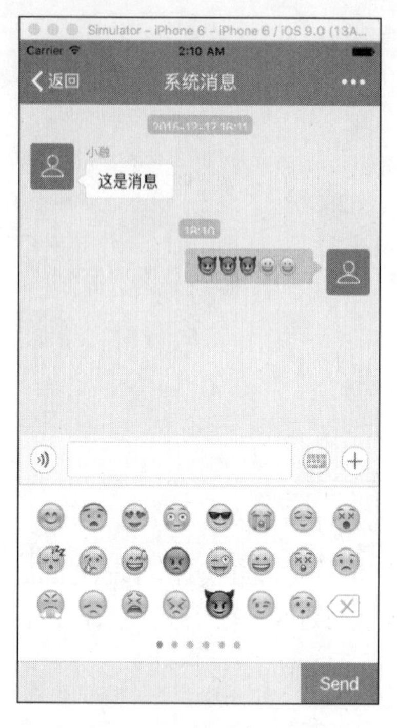

图 25-18　用户消息界面

图 25-19　系统聊天室界面

系统客服界面如图 25-20 所示，系统会话界面如图 25-21 所示。

图 25-20　系统客服界面

图 25-21　系统会话界面